应用型本科院校校企合作开发系列教材

石油炼制工程与技术

主编　高清河　唐龙　王超

哈尔滨工业大学出版社

内容提要

本书主要阐述石油的化学组成、性质、质量要求及评价方案,分析和讨论石油炼制的主要技术、基本原理、工艺过程、影响因素、基本计算、发展趋势、典型设备及炼油厂管理与技术经济等。全书共分 3 部分:第 1 部分为石油化学,包括 1 ~ 3 章;第 2 部分为炼油技术及工艺,包括 4 ~ 11 章;第 3 部分为炼油厂管理与技术经济,包括 12 ~ 14 章。按各校专业特色和教学时数,可根据本科高校和石化企业实际需要,把握精讲的重点。本书中附有部分习题与思考题,供读者参考。

图书在版编目(CIP)数据

石油炼制工程与技术/高清河,唐龙,王超主编. —哈尔滨:
哈尔滨工业大学出版社,2018.4(2019.2 重印)
ISBN 978-7-5603-7285-3

Ⅰ.①石… Ⅱ.①高… ②唐… ③王… Ⅲ.①石油炼
制 Ⅳ.①TE62

中国版本图书馆 CIP 数据核字(2018)第 035737 号

策划编辑	范业婷
责任编辑	范业婷
封面设计	刘长友
出版发行	哈尔滨工业大学出版社
社　　址	哈尔滨市南岗区复华四道街 10 号　邮编 150006
传　　真	0451 - 86414749
网　　址	http://hitpress.hit.edu.cn
印　　刷	黑龙江艺德印刷有限责任公司
开　　本	787mm×1092mm　1/16　印张 32.75　字数 834 千字
版　　次	2018 年 4 月第 1 版　2019 年 2 月第 2 次印刷
书　　号	ISBN 978-7-5603-7285-3
定　　价	65.00 元

前　言

石油炼制工业与国民经济发展的关系十分密切,无论工业、农业、交通运输,还是国防建设都离不开石油产品。石油燃料是使用方便、较洁净、能量利用效率较高的液体燃料。随着全国各大油田的开发和原油产量的增长,石油炼制技术得到迅速发展,石油生产装置具有了相当规模,石油产品品种也日益齐全。目前石油炼制工业已成为一个能基本满足国内需要,并能出口部分产品的加工行业。

本书主要阐述石油的化学组成、性质、质量要求及评价方案,分析和讨论石油炼制的主要技术、基本原理、工艺过程、影响因素、基本计算、发展趋势、典型设备及炼油厂管理与技术经济等。全书共分3部分:第1部分为石油化学,包括1~3章;第2部分为炼油技术及工艺,包括4~11章;第3部分为炼油厂管理与技术经济,包括12~14章。按各校专业特色和教学时数,可根据本科高校和石化企业实际需要,把握精讲的重点。本书中附有部分习题与思考题,供读者参考。

本书由高清河、唐龙、王超任主编,具体编写分工为:第1,2,4章由高清河编写;第3,8章由王超编写;第5,6章由唐龙编写;第7章由张丽编写;第9章由刘伟、程立国编写;第10章,由邓进军编写;第11~14章由钱慧娟编写。高清河对全书进行了统稿和修改,唐龙、张丽等为本书进行了资料收集工作。全书由刘洪胜主审,何丹凤、陈成、孟凡坤等给本书的出版予以指导和帮助,在此深表感谢。

由于编者水平有限,本书内容只是相关研究领域诸多研究成果中的点滴,一定存在若干不足及有待完善之处,由衷盼望有关专家和读者批评指正。

编　者

2017 年 10 月

目　　录

第1部分 石油化学

第1章 石油的化学组成

1.1 石油的一般性状、元素组成及馏分组成

1.1.1 石油的一般性状

石油是从地下开采出来的液体燃料,未经加工的石油称为原油。世界各油区所产石油的性质、外观都有不同程度的差异。石油是一种流动或半流动状态的黏稠液体,颜色大都呈暗色,从褐色至深黑色,亦有赤褐色和浅黄色。我国四川盆地开采出来的原油是黄绿色的,玉门原油是黑褐色的,大庆原油则是黑色的。石油具有不同的颜色,是因为它们所含的胶质和沥青质的数量不同。胶质和沥青质含量越多,石油颜色就越深。石油相对密度一般小于1,绝大多数为0.8~0.98,个别的高达1.016或低于0.707。轻质原油的相对密度一般小于0.8,特点是相对密度小、轻油收率高、渣油含量少,这类原油目前的探明储量较少。我国主要石油相对密度均在0.85以上,属于较重原油。世界各地所产的石油在性质上都有不同程度的差异。

表1.1为我国主要原油的一般性质,表1.2为国外部分原油的一般性质。与国外原油相比,我国主要油区原油的凝点及蜡含量较高、庚烷沥青质含量较低、相对密度大多在0.85~0.95,属偏重的常规原油。

表1.1 我国主要原油的一般性质

原油产地	大庆	胜利	孤岛	辽河	华北	中原	新疆吐哈	鲁宁管输
密度(20 ℃)/(g·cm⁻³)	0.855 4	0.900 5	0.949 5	0.920 4	0.883 7	0.846 6	0.819 7	0.893 7
运动黏度(50 ℃)/(mm²·s⁻¹)	20.19	83.36	333.7	109.0	57.1	10.32	2.72	37.8
凝点/℃	30	28	2	17	36	33	16.5	26.0
蜡含量(质量分数)/%	26.2	14.6	4.9	9.5	22.8	19.7	18.6	15.3
庚烷沥青质含量(质量分数)/%	0	<1	2.9	0	<0.1	0	0	0
残炭值(质量分数)/%	2.9	6.4	7.4	6.8	6.7	3.8	0.90	5.5
灰分(质量分数)/%	0.002 7	0.02	0.096	0.01	0.009 7	—	0.014	—
硫含量(质量分数)/%	0.10	0.80	2.09	0.24	0.31	0.52	0.03	0.80
氮含量(质量分数)/%	0.16	0.41	0.43	0.40	0.38	0.17	0.05	0.29
镍含量/(μg·g⁻¹)	3.1	26.0	21.1	32.5	15.0	3.3	0.50	12.3
钒含量/(μg·g⁻¹)	0.04	1.6	2.0	0.6	0.7	2.4	0.03	1.5

表1.2　国外部分原油的一般性质

原油产地	沙特(轻质)	沙特(中质)	沙特(轻重混合)	伊朗(轻质)	科威特	阿联酋(穆尔班)	伊拉克	印尼(米纳斯)
密度(20 ℃)/(g·cm^{-3})	0.857 8	0.868 0	0.871 6	0.853 1	0.865 0	0.823 9	0.855 9	0.845 6
运动黏度(50 ℃)/(mm^2·s^{-1})	5.88	9.04	9.17	4.91	7.31	2.55	6.50	13.4
凝点/℃	-24	-7	-25	-11	-20	-7	-15(倾点)	34(倾点)
蜡含量(质量分数)/%	3.36	3.10	4.24	—	2.73	5.16		
庚烷沥青质含量(质量分数)/%	1.48	1.84	3.15	0.64	1.97	0.36	1.10	0.28
残值(质量分数)/%	4.45	5.67	5.82	4.28	5.69	1.96	4.2	2.8
硫含量(质量分数)/%	1.91	2.42	2.55	1.40	2.30	0.86	1.95	0.10
氮含量(质量分数)/%	0.09	0.12	0.09	0.12	0.14	—	0.10	0.10

1.1.2　石油的元素组成

石油的组成极其复杂,并且世界各油区所产的石油,甚至同一油区不同油层和油井所产的石油,在组成和性质上也可能存在很大差别。

石油主要由碳、氢两种元素组成,石油中碳、氢含量为95.6%～99.4%,其中碳含量为83%～87%、氢含量为11%～14%。此外,还含有硫、氮、氧及微量元素,其总含量仅为1%～4%。但这仅就一般而言,有的石油(如墨西哥石油)含硫量高达5.3%。大多数石油含氮量甚少,为千分之几到万分之几,也有个别石油如美国加利福尼亚石油含氮量可达2.2%。氧含量一般为0.1%～1%。表1.3中列出某些石油的元素组成。

表1.3　某些石油的元素组成

石油产地	元素组成(质量分数)/%					
	碳(C)	氢(H)	硫(S)	氮(N)	氧(O)	碳/氢(C/H)
大庆	85.74	13.31	0.11	0.15	0.69	6.44
孤岛	84.24	11.74	2.03	0.47	1.52	7.18
克拉玛依	86.1	13.3	0.04	0.25	0.28	6.47
加拿大普灵斯顿	83.69	13.40	0.60	0.18	—	6.24
日本荣川	84.85	13.83	0.32	0.55	0.20	6.14
伊朗	85.40	12.80	1.05	—	0.74	6.67
墨西哥	84.2	11.4	3.5		0.8	7.32
美国宾州	84.9	13.7	0.5		0.9	6.20
俄杜依玛兹	83.9	12.3	2.67	0.33	0.74	6.82

除上述五种主要元素外,石油中还发现某些含量以 ppm(百万分之一)计的微量元素,其

中金属元素主要有铁、镍、铜、钒,还有铅、钙、镁、钠、锌等;非金属元素有氯、硅、磷、砷等。

　　这些非碳、氢元素总含量虽只有 1% ~ 5% ,但它们均以碳氢化合物的衍生物形态存在于石油中,因此含这些元素的化合物所占比例就大得多。这些元素对石油加工过程和产品性质影响很大,常常为了除去某种微量元素而需经特殊的加工处理过程。表 1.4 列出石油中的几种主要微量元素含量。

表 1.4　石油中的几种主要微量元素含量

石油产地	铁	镍	铜	钒	砷
大庆	4.8	3.9	9.7	<0.1	—
胜利	11.5	0.87	0.05	0.29	—
任丘	1.8	15.0	—	0.73	0.22
阿曼	2.5	2.4	0.88	4.7	—
马来西亚	1.4	0.4	0.02	<0.01	

1.1.3　石油的馏分组成

　　原油是一个多组分的复杂混合物,其沸点范围很宽,从常温一直到 500 ℃以上。所以,无论是对原油进行研究还是进行加工利用,都必须对原油进行分馏。分馏就是按照各组分沸点的差别将原油“切割”成若干“馏分”,例如,小于 200 ℃馏分、200 ~ 350 ℃馏分等,每个馏分的沸点范围简称为馏程或沸程。

　　馏分常冠以石油产品的名称,例如汽油馏分、煤油馏分、柴油馏分、润滑油馏分等,但馏分并不就是石油产品。因为馏分并没有满足石油产品规格的要求,还需将馏分进一步加工才能成为石油产品。

　　一般把原油中从常压蒸馏开始馏出的从初馏点到 200 ℃(或 180 ℃)的轻馏分称为汽油馏分(也称为石油脑油馏分),常压蒸馏馏出的 200 ℃(或 180 ℃)~ 350 ℃的中间馏分称为煤柴油馏分或称常压瓦斯油(简称 AGO)。由于原油从 350 ℃开始有明显的分解现象,因此对于沸点高于 350 ℃的馏分,需在减压下进行蒸馏,在减压下蒸出馏分的沸点再换算成常压沸点。一般将相当于常压下 350 ~ 500 ℃的高沸点馏分称为减压馏分、润滑油馏分或称为减压瓦斯油(简称 VGO);将减压蒸馏后残留的大于 500 ℃的馏分称为减压渣油(简称 VR);将常压蒸馏大于 350 ℃的馏分称为常压渣油或常压重油(简称 AR)。表 1.5 是国内外某些原油的馏分组成。

　　我国原油馏分组成的一个特点是 VR 的含量较高,小于 200 ℃的汽油馏分含量较少。原油中的汽油馏分含量低、渣油含量高是我国原油馏分组成的一个特点。

　　原油直接分馏得到的馏分称为直馏馏分。直馏馏分基本上不含不饱和烃,基本上保留了石油原来的性质。石油直馏馏分经过二次加工(如催化裂化等)后所得的馏分与相应直馏馏分的化学组成不同,例如催化裂化产物的化学组成中就含有不饱和烃(并非一切二次加工产物都含有不饱和烃)。

　　本章着重研究石油的直馏馏分的化学组成。

表1.5　国内外某些原油的馏分组成

石油产地	馏分组成/%			
	初馏点~200 ℃	200~350 ℃	350~500 ℃	>500 ℃
大庆	11.5	19.7	26.0	42.8
胜利	7.6	17.5	27.5	47.4
孤岛	6.1	14.9	27.2	51.8
辽河	9.4	21.5	29.2	39.9
华北	6.1	19.9	34.9	39.1
中原	19.4	25.1	23.2	32.3
塔里木	20.71	28.07	22.37	28.85
塔河	11.97	19.46	23.42	45.15
沙特(轻质)	23.3	26.3	25.1	25.3
沙特(混合)	20.7	24.5	23.2	31.6
英国(北海)	29.0	27.6	25.4	18.0

1.2　石油及石油馏分的烃类组成

1.2.1　石油的烃类组成

石油中的烃类包括烷烃、环烷烃和芳烃。石油中一般不含烯烃和炔烃,二次加工产物中常含有一定数量的烯烃。

1. 烷烃

烷烃是组成石油的基本组分之一。某些石油中烷烃含量高达50%~70%,也有一些石油的烷烃含量较低,只有10%~15%。石油中的烷烃包括正构烷烃和异构烷烃。烷烃存在于石油整个沸点范围中,但随着馏分沸点升高,烷烃含量逐渐减少,馏出温度接近500 ℃时,烷烃含量降到5%~19%或更低。我国石油的烷烃含量一般较高。

常温常压下烷烃有气态、液态和固态三种状态。C_1~C_4的烷烃是气态,C_5~C_{15}的烷烃是液态,C_{16}以上的烷烃是固态。

C_1~C_4的气态烷烃主要存在于石油气中。石油气按其来源不同,可分为天然气和炼厂气两类。天然气是指埋藏于地层中自然形成的气体,主要成分是甲烷,其含量为93%~99%,还含有少量的乙烷、丙烷、丁烷以及氮气、硫化氢和二氧化碳等,甚至还含有少量低沸点的液态烃。炼厂气是石油加工过程中产生的,主要含有气态烷烃以及烯烃、氢气、硫化氢等。石油气通常还含有少量易挥发的液态烃蒸气,液态烃含量低于100 g/m³的石油气称为干气,含量高于100 g/m³的石油气称为湿气。

C_5~C_{11}的烷烃存在于汽油馏分中,C_{11}~C_{20}的烷烃存在于煤油、柴油馏分中,C_{20}~C_{36}的烷烃存在于润滑油馏分中。

C_{16}以上的正构烷烃以及某些大相对分子质量的异构烷烃、环烷烃、芳烃,一般多以溶解状态存在于石油中,当温度降低时就会有一部分结晶析出,称之为蜡。按其结晶形状及来源不同,蜡又分为石蜡和微晶蜡。石蜡是从柴油及减压馏分油中分离出来的,晶形较大并呈板状;微晶蜡是从减压渣油中分离出来的,晶形呈细微状,也称地蜡。熔点在 40 ℃ 以下的 C_{10} 到 C_{18} 的各种正构烷烃组成的混合物称为液状石蜡。

石蜡主要由正构烷烃组成,碳原子数为 17 ~ 35,平均相对分子质量为 300 ~ 450,熔点为 30 ~ 70 ℃,主要分布在柴油和轻质润滑油馏分中;微晶蜡主要由环状烃组成,碳原子数为 35 ~ 60,平均相对分子质量为 500 ~ 800,熔点为 70 ~ 95 ℃,主要分布在重质润滑油馏分及渣油中。

蜡对油品的低温流动性影响很大,影响油品的使用性能,但蜡又是很重要的石油产品。石油加工过程中,将蜡从油品中分离出来,改善油品的低温流动性,又使蜡得到充分利用。

烷烃的化学性质较稳定,但在加热或催化剂以及光的作用下,会发生氧化、卤化、硝化、热分解以及催化脱氢、异构化等反应。

2. 环烷烃

环烷烃是环状的饱和烃,也是石油的主要组分之一,含量仅次于烷烃。石油中的环烷烃主要是环戊烷和环己烷的同系物。环烷烃有单环、双环和多环,有的还含有芳香环。环烷烃大多含有长短不等的烷基侧链。

环烷烃在石油馏分中的含量一般随馏分沸点的升高而增多,但在沸点较高的润滑油馏分中,由于芳烃含量的增加,环烷烃含量逐渐减少。

单环环烷烃主要存在于轻汽油等低沸点石油馏分中,重汽油中含有少量双环环烷烃。煤油、柴油馏分中除含有单环环烷烃外,还含有双环及三环环烷烃。在高沸点石油馏分中,还有三环以上的稠环环烷烃。

环烷烃的化学性质与烷烃相似,但活泼些。在一定条件下同样可以发生氧化、卤化、硝化、热分解等反应。环烷烃在一定条件下能脱氢生成芳烃,是生产芳烃的重要原料。

3. 芳香烃

芳香烃简称为芳烃,是含有苯环结构的烃类,也是石油的主要组分之一。芳烃有单环、双环和多环,在石油中的含量通常比烷烃和环烷烃少。芳烃也大多含有长短不等的烷基侧链。有些多环芳烃具有荧光,这是有些油品能发出荧光的原因。

芳烃在石油馏分中的含量随馏分沸点的升高而增多。汽油馏分中主要含单环芳烃,煤油、柴油以及减压馏分油中都含有单环芳烃,只是随着馏分沸点的升高,侧链数目及侧链长度均增加。双环和三环芳烃存在于煤油、柴油及更高沸点馏分中。稠环芳烃主要存在于减压渣油中,其中多数含有硫、氮、氧等杂原子,属非烃类。

芳烃的抗爆性很高,是汽油的良好组分,常用作提高汽油质量的掺合剂。灯用煤油中含芳烃多,点燃时会冒黑烟并易使灯芯结焦,是有害组分。润滑油馏分中含有多环短侧链的芳烃,它将使润滑油的黏温特性变坏,高温时易氧化而生胶,因此,润滑油精制时要设法除去。

芳烃可与硫酸等强酸发生化学反应,例如苯及其同系物与硫酸作用生成苯磺酸,利用这一方法可从油品中分离出芳烃,也可用于油品精制和石油馏分的族组成分析。芳烃与烯烃可进行烷基化反应,生产石油化工原料(如烷基苯)。芳烃被氧化可生成醛和酯,进一步氧化可生成胶状物质。芳烃在镍等催化剂作用下,可进行加氢。

石油中的烷烃、环烷烃、芳烃常常是互相包含的,一个分子中往往同时含有芳香环、环烷环及烷基侧链。

1.2.2　石油及石油馏分烃类组成表示法

石油及石油馏分中的烃类组成可用以下三种方法表示。

1. 单体烃组成

单体烃组成是表明石油及石油馏分中每个单体化合物的含量。单体烃组成要求提供石油馏分中每种烃含量的数据。由于石油及其馏分中的单体化合物的数目十分繁多，随着馏分变重，单体化合物的种类和数目也就变多，分离和鉴定各种单体化合物也就更困难。所以单体烃组成表示法目前一般只用于说明石油气及汽油馏分的烃类组成。

2. 族组成

"族"是指化学结构相似的一类化合物。族组成表示法是以石油馏分中各族烃相对含量的组成数据来表示。这种方法简单而实用。至于分为哪些族则取决于分析方法以及实际应用的需要。一般对汽油馏分的分析以烷烃、环烷烃、芳烃这三族烃的含量来表示。如果对裂化汽油进行分析，则需增加一项不饱和烃。如果对汽油馏分要求分析更细致些，则可将烷烃再分成正构烷烃和异构烷烃，将环烷烃分成环己烷系和环戊烷系等。煤油、柴油及减压馏分油，若采用液相色谱分析通常是以饱和烃（烷烃加环烷烃）、轻芳烃（单环芳烃）、中芳烃（双环芳烃）、重芳烃（多环芳烃）及非烃组分等项目来表示。若采用质谱分析，则族组成可用烷烃（正构烷烃、异构烷烃）、环烷烃（一环、二环、多环）、芳烃（一环、二环及多环）和非烃化合物等项目来表示。

对于减压渣油，目前一般是分成饱和分、芳香分、胶质、沥青质四个组分。

3. 结构族组成

高沸点石油馏分及减压渣油中的烃类分子数目繁多，分子结构也十分复杂，往往在一个分子中同时含有芳香环、环烷环及相当长度和数目的烷基侧链。用单体烃组成表示已不可能，若按族组成表示法，也很难准确地说明它们究竟属于哪一类烃，它们是混合烃类型的结构。此时用结构族组成来表示它们的化学组成。

烃类结构族组成概念，就是把分子结构复杂的烃类，例如把化合物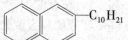
看作由烷基、环烷基和芳香基这三种结构单元组成。石油馏分也可以看作由这三种结构单元组成，把整个馏分当作一个"平均分子"。结构族组成就是确定复杂分子混合物中这三种结构单元的含量，用石油馏分这个"平均分子"中的总环数（R_T）、芳香环数（R_A）、环烷环数（R_N）以及芳香环上的碳原子占分子总碳原子的百分数（$\% C_A$）、环烷环上的碳原子占分子总碳原子的百分数（$\% C_N$）和烷基侧链上的碳原子占分子总碳原子的百分数（$\% C_P$）来表示。

用上述六个结构参数，即$\% C_A$、$\% C_N$、$\% C_P$和R_T、R_A、R_N，就可对石油馏分的结构族组成进行描述。例如，由三种化合物所构成的混合物，其中每种化合物所占的物质的量分数分别为

$C_{15}H_{32}$（30%）、 （30%）、 （40%）。该混合物可以看成由具有上述结构参数的平均分子所组成。分子总碳原子数 $C = 15 \times 30\% + 14 \times 30\% + 14 \times 40\% = 14.3$，其中，$\% C_P = 15 \times 30\%/14.3 = 31.47\%$，$\% C_N = 14 \times 30\%/14.3 = 29.37\%$，$\% C_A = 14 \times 40\%/14.3 = 39.16\%$，$R_A = 3 \times 40\% = 1.2$，$R_N = 3 \times 30\% = 0.9$，$R_T = 1.2 + 0.9 = 2.1$。

1.2.3　汽油馏分的烃类组成

1. 直馏汽油馏分的单体烃组成

石油直接蒸馏所得的汽油称为直馏汽油。表 1.6 是四种原油直馏汽油中的主要单体烃及其质量分数。

表 1.6　四种原油直馏汽油中的主要单体烃及其质量分数

烃类	单体烃名称	质量分数			
		大庆 60~145 ℃	大港 60~153 ℃	胜利 初馏点~130 ℃	任丘 初馏点~130 ℃
正构烷烃/%	正戊烷	0.09	0.39	2.89	5.58
	正己烷	6.33	2.04	6.37	8.91
	正庚烷	13.93	4.42	8.77	8.34
	正辛烷	15.39	8.69	5.40	5.66
	正壬烷	2.17	4.78	—	1.39
	五种正构烷烃总量	37.91	20.32	23.43	29.88
异构烷烃/%	2-甲基戊烷	1.32	0.77	3.67	5.08
	3-甲基戊烷	0.76	0.67	2.68	3.13
	2-甲基己烷	1.40	1.09	2.73	2.57
	3-甲基己烷	1.83	1.25	3.06	2.60
	2-甲基庚烷	2.75	2.38	3.04	3.58
	五种异构烷烃总量	8.06	6.16	15.18	16.96
环烷烃/%	甲基环戊烷	2.72	2.08	6.21	4.26
	环己烷	4.75	2.57	4.35	2.60
	甲基环己烷	11.43	9.18	9.12	5.72
	1-顺-3-二甲基环己烷	3.66	4.62	2.88	2.69
	1-反-4-二甲基环己烷	—	—	—	—
	五种环烷烃总量	22.56	18.45	22.56	15.27
芳烃/%	苯	0.16	0.80	0.80	0.46
	甲苯	1.05	4.17	4.98	1.66
	对二甲苯	0.28	1.57	0.96	0.22
	间二甲苯	0.92	5.21	0.31	—
	邻二甲苯	0.47	0.86	0.38	—
	五种芳烃总量	2.88	12.61	7.43	2.34
单体烃个数		24	22	21	17
占汽油馏分/%		71.41	57.54	68.60	64.45

组成汽油馏分的单体烃数目繁多,如大庆原油 60～200 ℃直馏馏分已鉴定出 187 种单体烃,但各单体烃含量相差悬殊。从表 1.6 所列的数据中可以看出,主要单体烃有 20 种左右,含量占该直馏汽油馏分总量的一半以上。如大庆原油 60～145 ℃直馏汽油馏分中,只有 24 种主要单体烃,含量却占该馏分总质量的 71.41%;任丘原油初馏点～130 ℃汽油馏分中仅有 17 种主要单体烃,但含量占该馏分总质量的 64.45%。大量研究表明,绝大多数石油的直馏汽油馏分中,都存在类似情况。这个事实,在实际应用上具有重要的意义。

从表 1.6 中的数据还可以看出,直馏汽油中 C_5～C_{10} 的正构烷烃含量最高。异构烷烃中支链较少的含量较高;对同碳原子数的异构烷烃,含量随异构程度增加而减少。我国直馏汽油馏分中一般只含环戊环系和环己烷系两类化合物,环己烷系含量高于环戊烷系。在环己烷系中,甲基环己烷的含量最高。直馏汽油馏分中芳烃含量较低,尤其苯含量更低,甲苯和二甲苯的含量相对高些,在三种二甲苯异构体中以间二甲苯含量为最高。

2. 直馏汽油馏分的烃族组成

直馏汽油馏分的单体烃组成分析方法过于细致,较为快速而简便的烃族组成分析法更适于生产上的需要。我国几种原油直馏汽油馏分的烃族组成(液相色谱法)见表 1.7。

表 1.7　我国几种原油直馏汽油馏分的烃族组成(液相色谱法)　　　　　　　%

沸点范围/℃	大庆			胜利			大港			孤岛		
	烷烃	环烷烃	芳烃	烷烃	环烷烃	芳烃	烷烃	环烷烃	芳烃	烷烃	环烷烃	芳烃
60～95	56.8	41.1	2.1	52.9	44.6	2.5	51.5	42.3	6.2	47.5	51.4	1.1
95～122	56.2	39.0	4.8	45.9	49.8	4.3	42.2	47.6	10.2	36.3	59.6	4.1
122～150	60.5	32.6	6.9	44.8	43.6	11.6	44.8	36.7	18.5	27.2	64.1	8.7
150～200	65.0	25.3	9.7	52.0	35.5	12.5	44.9	34.6	20.5	13.3	72.4	14.3

从表 1.7 中可以看出,在直馏汽油馏分中,烷烃和环烷烃占绝大部分,而芳烃含量一般不超过 20%。就其分布规律来看,随着沸点的升高,芳烃含量逐渐增多。芳烃含量的这种分布规律,对大多数国内外原油的直馏汽油馏分都具有普遍意义。

催化裂化、催化重整、焦化等二次加工所得的汽油馏分,烃类族组成与直馏汽油馏分的烃类族组成有较大差别。催化裂化汽油馏分含有较多的异构烷烃,正构烷烃含量比直馏汽油馏分少得多;芳烃含量较直馏汽油馏分有显著增加。催化重整汽油馏分中,芳烃含量远比直馏汽油馏分高得多。此外,大多数二次加工的汽油馏分均含有不同程度的不饱和烃。

1.2.4　煤油、柴油馏分(中间馏分)的烃类组成

煤油、柴油馏分是石油的中间馏分,沸点范围为 200～350 ℃,平均相对分子质量为 200～300。该馏分的烷烃主要是 C_{11}～C_{20} 的烷烃;环烷烃和芳烃以单环及双环为主,三环及三环以上的环烷烃和芳烃的含量明显减少。与汽油馏分相比,烃类的分子结构更加复杂,表现在烷烃的碳原子数增多,环烷烃和芳烃的环数增加,单环环烷烃和单环芳烃的侧链数目增多、侧链长度增长。中间馏分的族组成分析数据见表 1.8,结构族组成见表 1.9。

表 1.8　中间馏分的族组成分析　　　　　　　　　　　　　%

原油	沸点范围/℃	族组成				
		烷烃 + 环烷烃	轻芳烃	中芳烃	重芳烃	非烃
孤岛	180~300	71.21	—	28.44	—	0.35
	300~350	57.69	11.28	14.48	13.21	3.25
胜利	328~373	71.66	10.89	7.34	8.49	1.61
大庆	210~220	93.5	5.4	1.1	—	—
	290~300	84.8	9.9	5.3	—	—
	340~350	87.6	6.0	6.2	—	—

表 1.9　中间馏分的结构族组成　　　　　　　　　　　　　%

原油	馏分范围/℃	结构族组成					
		R_A	R_N	R_T	$\% C_P$	$\% C_A$	$\% C_N$
大庆	200~250	0.15	0.43	0.58	68.5	6.0	25.5
	250~300	0.22	0.60	0.82	74.0	8.0	18.0
	300~350	0.28	0.58	0.86	74.5	9.0	16.5
胜利	200~250	0.24	0.77	1.01	55.4	11.0	33.6
	250~300	0.31	0.62	0.93	62.1	12.5	25.4
	300~350	0.31	0.71	1.02	64.7	10.7	24.6
大港	200~250	0.3	1.0	1.3	38.6	17.2	44.2
	250~300	0.4	1.1	1.5	50.0	17.9	32.1
	300~350	0.5	1.1	1.6	56.0	16.0	28.0

　　从表 1.8 中的数据可以看出,大庆原油低于 350 ℃馏分的重芳烃(三环以上)含量极低;而孤岛原油 300~350 ℃馏分的重芳烃含量已相当可观(13.21%),孤岛原油的特点是中、重芳烃和非烃含量都较高。

　　从表 1.9 中的数据可以看出,随着沸点的升高,总环数(R_T)和芳香环数(R_A)逐渐增加,侧链碳原子百分数($\% C_P$)也逐渐增加,而环上碳原子百分数($\% C_A$ 和 $\% C_N$)总的趋势是减少,这说明侧链上碳原子数比环上碳原子数增加得更多。侧链碳原子百分数($\% C_P$)大多在 50% 以上,大庆原油 200~350 ℃馏分中侧链碳原子百分数($\% C_P$)高达 74.0%,说明中间馏分油的平均结构中烷基碳占主体。

1.2.5　高沸点馏分的烃类组成

　　石油中的高沸点馏分沸点范围为 350~500 ℃,平均相对分子质量在 300 以上。与中间馏分相比,该馏分的烃类碳原子数更多、环数更多,且环的侧链数更多或侧链更长、结构更复杂。高沸点馏分的烷烃主要是 C_{20}~C_{36} 的烷烃;环烷烃包括单环到六环的带有环戊烷环或环己烷环的环烷烃,结构主要是稠合类型;芳烃包括单环到四环以及高于四环的芳烃;此外还有稠合的环烷－芳香混合烃。表1.10为大庆、胜利、大港原油高沸点馏分脱蜡油（－30 ℃脱蜡）的烃类族组成及结构族组成的分析数据表格。

表1.10　高沸点馏分脱蜡油（－30 ℃脱蜡）的烃类族组成及结构族组成

原油名称	馏分范围/℃	烃类族组成（占脱蜡油）/%				结构族组成					
		饱和烃	轻芳烃	中芳烃	重芳烃及胶质	$\%C_P$	$\%C_A$	$\%C_N$	R_A	R_N	R_T
大庆	350～400	76.8	6.5	8.1	8.6	62.5	23.8	13.7	1.21	0.51	1.72
	400～450	75.6	6.4	9.8	8.3	63.0	23.8	13.2	1.78	0.67	2.45
	450～500	66.2	17.5	7.9	8.6	60.5	25.0	14.5	2.10	0.92	3.02
胜利	355～399	58.1	18.1	11.8	12.0	66	21.8	12.2	1.0	0.5	1.5
	399～450	59.4	18.1	11.0	11.5	64	25.0	11.0	1.7	0.5	2.2
	450～500	55.3	15.6	15.2	14.5	60	27.5	12.5	2.3	0.7	3.0
大港	350～400	63.1	12.6	8.3	16.0	62	23.4	14.6	1.09	0.48	1.57
	400～450	66.0	10.6	7.7	15.7	60	28	12.0	1.92	0.48	2.40
	450～500	60.5	12.9	8.0	18.6	57.9	27.7	14.4	2.08	0.67	2.75

这些原油高沸点馏分虽然经过脱蜡，其饱和烃含量仍很高，一般占脱蜡油馏分的一半以上，其中大庆原油高沸点馏分饱和烃的含量最高，在350～400 ℃馏分中饱和烃高达76.8%。从结构族组成数据可以看出，随着馏分沸点升高，烷基侧链上的碳原子占总碳原子的百分数逐渐降低，而环烷烃和芳烃的环数却在增加。烷基侧链上的碳原子占总碳原子的百分数最低为57.9%，最高为66%，说明在350～500 ℃高沸点馏分的平均分子结构中烷基碳仍然占主体。

1.3　石油中的非烃化合物

石油中含有相当数量的非烃化合物，尤其在石油重质馏分和减压渣油中其含量更高。在上一节曾提到烃类是石油的主体，组成石油的主要元素是碳和氢，而硫、氮、氧等杂元素总量一般占1%～4%。切不可以为它们的含量是无足轻重的，因为这含量是就元素而言的，而在石油中硫、氮、氧主要是以化合物形态存在，而不是以元素形态存在的。因此从非烃化合物角度来看，它们在石油中的含量就相当可观了。

非烃化合物的存在对于石油的加工工艺以及石油产品的使用性能都具有很大的影响。例如，石油加工中大部分精制过程以及催化剂的中毒问题、石油化工厂的环境污染问题以及石油产品的储存、使用等许多问题都与非烃化合物密切相关。

为了更好地解决石油加工和产品应用中的一些问题，同时也为了合理利用非烃化合物这部分石油资源，就必须对石油中非烃化合物的化学组成、存在形态及分布规律等有所认识。

石油中的非烃化合物主要包括含硫、含氮、含氧化合物以及胶状、沥青状物质。

1.3.1　石油中的含硫化合物

硫是石油的常见组成元素之一。不同石油的含硫量相差很大,从万分之几(如我国克拉玛依石油含硫量只有 0.04% ~ 0.09%)到百分之几(如委内瑞拉原油含硫量高达 5.5%)。由于硫对石油加工、油品应用和环境保护的影响很大,因此含硫量常作为评价石油的一项重要指标。

通常将含硫量高于 2.0% 的石油称为高硫石油,低于 0.5% 的称为低硫石油,介于 0.5% ~ 2.0% 的称为含硫石油。由本章表 1.3 中可看出,我国原油大多属于低硫石油(如大庆等原油)和含硫石油(如孤岛等原油)。

硫在石油馏分中的分布一般是随着石油馏分沸程的升高而增加。大部分硫均集中在重馏分和渣油中。表 1.11 为我国主要原油各馏分中硫的分布。数据表明,汽油馏分的硫含量最低,减压渣油中的硫含量最高,除新疆吐哈和轮一联原油外,我国大多数原油中约有 70% 的硫集中在减压渣油中。表 1.12 为中东地区原油各馏分中硫的分布。数据也表明,随着石油馏分沸程的升高,硫含量也呈增多的趋势。

表 1.11　我国主要原油各馏分中硫的分布

馏分(沸程)/℃	硫含量/($\mu g \cdot g^{-1}$)							
	大庆	胜利	孤岛	辽河	中原	江汉	吐哈	轮一联
原油	1 000	8 000	20 900	2 400	5 200	18 300	300	8 598
<200	108	200	1 600	60	200	600	20	30
200 ~ 250	142	1 900	5 200	230	1 300	4 400	110	250
250 ~ 300	208	3 900	8 800	460	2 200	5 900	200	980
300 ~ 350	457	4 600	12 300	880	2 800	6 300	300	3 020
350 ~ 400	537	4 600	14 200	1 190	3 400	10 400	350	5 540
400 ~ 450	627	6 300	11 020	1 100	3 400	15 400	440	6 640
450 ~ 500	802	5 700	13 300	1 460	4 300	16 000	680	8 570
>500	1 700	13 500	29 300	3 600	9 400	23 500	940	16 700
$\dfrac{渣油中硫含量}{原油中硫含量}$/%	74.7	73.3	75.0	70.0	68.0	72.2	30.1	38.1

表 1.12　中东地区原油各馏分中硫的分布

馏分(沸程)/℃	硫含量/($\mu g \cdot g^{-1}$)						
	伊朗轻质	沙特中质	沙特重质	沙特轻质	阿联酋	阿曼	安哥拉
原油	14 000	24 200	28 500	18 000	8 300	9 500	2 170
<200	800	700	790	410	270	300	80
200 ~ 250	4 300	2 840	3 230	1 730	1 030	1 400	250

续表 1.12

馏分(沸程)/℃	硫含量/(μg·g⁻¹)						
	伊朗轻质	沙特中质	沙特重质	沙特轻质	阿联酋	阿曼	安哥拉
250~300	9 300	8 120	10 960	10 310	5 600	2 900	540
300~350	14 400	14 230	20 400	16 110	9 300	6 200	7 500
350~400	17 000	19 590	25 200	22 100	11 600	7 400	1 090
400~450	17 000	22 420	27 100	23 400	12 500	9 200	1 100
450~500	20 000	25 400	30 100	25 700	13 500	11 600	1 250
>500	34 000	38 100	55 000	39 300	16 000	21 700	2 400
渣油中硫含量/原油中硫含量/%	88.9	48.2	57.3	43.4	30.6	66.1	38.8

原油中硫醇(RSH)的含量一般不多且多存在于轻馏分中,在轻馏分中硫醇的硫含量往往占其总硫含量的40%~50%。随着馏分沸程升高,硫醇的硫含量急剧降低,在350 ℃以上的高沸点馏分中硫醇的硫含量极少(表1.13)。硫醇中的R可为烷基,也可以是环烷基或芳香基(如苯硫酚),有的硫醇同时含有芳香基和烷基,例如苄硫醇以及混合结构更为复杂的硫醇。低分子的甲硫醇(CH₃SH)、乙硫醇(CH₃CH₂SH)等具有极为强烈的特殊臭味,空气中含甲硫醇浓度为2.2×10^{-12} g/m³时,人们的嗅觉可以感觉到,因此可以将它们加入到煤气中作为漏气的警报信号。

硫醇对热不稳定,低分子硫醇如丙硫醇在300 ℃下可分解生成硫醚和硫化氢,当温度高于400 ℃时,硫醇分解生成相应的烯烃和硫化氢。硫醇可与氢氧化钠反应生成硫醇钠。

$$RSH + NaOH \longrightarrow RSNa + H_2O$$

随着硫醇的相对分子质量的增大其酸性减弱,使得所生成的硫醇钠更容易发生水解,从而使碱洗脱硫醇变得更加困难。此外,硫醇在一定条件下可以氧化生成二硫化物,从而脱除臭味。

硫醚(RSR′)是石油中含量较高的硫化物,它在石油的轻馏分和中间馏分中的硫含量往往可达到该馏分总含硫量的50%~70%(表1.13)。

硫醚的存在形态很多,硫醚中的R基可以是烷基(正构或异构)、环烷基或芳香基。当R为环烷基时也称为环硫醚。环硫醚是硫原子在环结构上的硫醚,在石油中多为五元环或六元环的环硫醚,但也发现少量其他结构的环硫醚。研究表明,在许多原油的柴油及减压馏分中,所含的硫醚主要是环硫醚。此外,也存在R为芳香基的硫醚(如二苯硫醚)。芳香硫醚和环硫醚的热稳定性相当高,在400~450 ℃或更高的温度下才开始分解。但当有硅酸铝(催化裂化催化剂)存在时,硫醚加热到300~450 ℃就开始分解而生成硫化氢等产物。

表 1.13　原油各馏分中的硫化物类型分布

原油	馏分		馏分中硫化物类型分布(质量分数)/%					
	沸程/℃	硫含量 (质量分数)/%	元素硫	硫化氢硫	硫醇硫	硫醚硫	二硫化物硫	其余硫
达留斯	<38	0.010 0	—	—	84.00	—	—	16.00
	38~110	0.041 0	0.98	9.76	46.34	39.02	—	3.90
	110~150	0.113 7	3.52	7.04	50.15	29.46	7.04	2.81
	150~200	0.178 0	2.13	3.37	18.87	64.43	5.00	6.18
	200~250	0.365 0	—	—	1.26	65.75	0.63	32.36
	250~300	1.180 0	—	0.06	0.40	30.76	0.34	68.44
	300~350	1.760 0	—	0.04	0.06	26.55	0.07	73.27
阿拉伯 中质	20~100	0.05	0.00	2.14	49.00	35.45	9.00	4.45
	100~150	0.07	0.00	1.80	43.60	33.99	4.29	16.32
	150~200	0.11	0.00	0.36	16.36	54.55	2.27	26.45
	200~250	0.41	0.00	0.00	0.73	48.25	0.12	50.90
	250~300	1.06	0.00	0.00	0.26	25.28	0.00	74.44
	300~350	1.46	0.00	0.00	0.18	21.23	0.00	78.59

　　硫醚属于中性液态物质,因此不能用碱将它除去。低分子硫醚无色但有臭味,沸点比相应的醚类高。硫醚不溶于水,也不与金属发生反应。但它的分子中的硫原子有形成高价的倾向,在室温下,硫醚与硝酸或过氧化物作用时生成亚砜;在较高温度下,过氧化氢冰醋酸溶液能使硫醚直接氧化成砜。其反应式如下:

$$H_3C—S—CH_3 + H_2O_2 \longrightarrow H_3C—\overset{O}{\overset{\|}{S}}—CH_3 + H_2O$$

$$H_3C—S—CH_3 + H_2O_2—HAc \longrightarrow H_3C—\overset{\overset{O}{\|}}{\underset{\underset{O}{\|}}{S}}—CH_3 + H_2O$$

　　二硫化物(RSSR')在石油馏分中的含量很低,一般不超过该馏分含硫量的 10%(质量分数),而且较多集中于石油的低沸点馏分中。二硫化物也是中性的,不与金属作用,但它的热安定性较差,受热后分解成硫醚和元素硫,也可分解成硫醇、烯烃和元素硫。其反应式如下:

$$\begin{matrix} R—CH_2CH_2—S \\ | \\ R—H_2CH_2C—S \end{matrix} \xrightarrow{加热} \begin{matrix} R—CH_2CH_2 \\ \\ R—H_2CH_2C \end{matrix} S + S$$

$$\begin{matrix} R—CH_2CH_2—S \\ | \\ R—H_2CH_2C—S \end{matrix} \xrightarrow{加热} CH_3CH_2SH + H_2C = CH_2 + S$$

噻吩( )及其同系物是一种芳香性的杂环化合物,它们是石油中主要的一类含硫

化合物。噻吩的物理化学性质与苯系芳烃很接近,例如易溶于浓硫酸中,容易被磺化等。噻吩没有难闻的气味,对热的稳定性很高,故在热分解产物中噻吩含量相当高。目前在石油馏分中已分离出许多噻吩的同系物,例如:

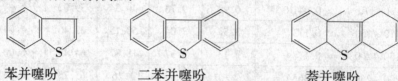

苯并噻吩　　　　　　　二苯并噻吩　　　　　　　萘并噻吩

苯并噻吩系、二苯并噻吩系和萘并噻吩系化合物主要集中于石油重质馏分中,它们的结构及性质都与苯系稠环化合物相似,热稳定性都很高,化学反应性也不活泼。

除上述含硫化合物外,原油中还有一部分硫存在于渣油及其胶质、沥青质中,这方面的内容将在第 1.5 节中讲述。

1.3.2　石油中的含氮化合物

石油中含氮量一般比含硫量低,通常在 0.05% ~ 0.5%。我国原油的含氮量偏高,在 0.1% ~ 0.5%。氮化合物含量随石油馏分沸点的升高而迅速增加,约有 80% 的氮集中在 400 ℃ 以上的渣油中。我国大多数原油的渣油集中了约 90% 的氮。而煤油以前的馏分中,只有微量的氮化物存在。表 1.14 是某些原油各馏分中氮的分布。

表 1.14　某些原油各馏分中氮的分布　　　　　　　　　　　　　$\mu g \cdot g^{-1}$

产地		大庆	胜利	孤岛	中原	二连	轮南	惠州	伊朗轻质	阿曼
馏分(沸程)/℃	原油	1 600	4 100	4 300	1 700	3 600	1 100	390	1 200	1 600
	<200	0.8	3.0	2.4	1.6	<24	1.3	1.2	2.7	1.7
	200 ~ 250	6.4	12.4	17.6	11.0	47	4.7	4.2	9.5	2.6
	250 ~ 300	12.4	77.4	44.3	43.0	148	15.5	13	87.5	8.4
	300 ~ 350	67.0	111	199	102	531	—	35	558	94.4
	350 ~ 400	176	776	927	280	1 221	240	127	1 072	132
	400 ~ 450	414	1 000	1 060	440	1 700	615	427	1 518	906
	450 ~ 500	705	1 600	1 710	660	1 900	1 265	750	1 948	1 300
	>500	2 900	8 500	8 800	5 300	5 400	2 800	3 098	3 700	5 200
渣油中氮含量/原油中氮含量/%		90.9	92.2	92.5	93.5	89.2	64.9	73.6	70.4	88.9

石油中的含氮化合物可分为碱性含氮化合物和非碱性含氮化合物两大类。碱性含氮化合物是指在冰醋酸和苯的样品溶液中能够被高氯酸 - 冰醋酸滴定的含氮化合物,不能被高氯酸 - 冰醋酸滴定的含氮化合物是非碱性含氮化合物。

为了更精确地研究石油中的含氮化合物,可根据高氯酸的滴定曲线,按 pKa 值将其进一

步分成强碱性氮、弱碱性氮和非碱性氮。即以 pKa > 2 为强碱氮，−2 < pKa < 2 为弱碱氮，pKa < −2为非碱氮。一般粗略地认为，吡啶、喹啉类属于强碱性含氮化合物；吡咯、酰胺类属于弱碱性含氮化合物；咔唑、吲哚类归为非碱性含氮化合物。但这种区分并不严格，而且碱性的强弱仅具有相对的意义。

石油及其馏分中的碱性含氮化合物主要有吡啶系、喹啉系、异喹啉系和吖啶系；弱碱性和非碱性含氮化合物主要有吡咯系、吲哚系和咔唑系。随着馏分沸点的升高，碱性含氮化合物的环数也增多。目前已检测到的石油中的含氮化合物，不论碱性还是非碱性含氮化合物，其氮原子均处在环结构中，为氮杂环系化合物，脂肪族含氮化合物在石油中较少发现。

石油中还有另一类重要的非碱性含氮化合物，即卟啉化合物。卟啉化合物是重要的生物标志物质，在研究石油的成因中有重要的意义。

石油中的非碱性含氮化合物性质不稳定，易被氧化和聚合生成胶质，是导致石油二次加工油品颜色变深和产生沉淀的主要原因。在石油加工过程中碱性氮化物会使催化剂中毒，石油及石油馏分中的氮化物应精制并予以脱除。

1.3.3　石油中的含氧化合物

石油中的含氧量很少，一般在千分之几范围内，只有个别地区石油含氧量为 2% ~ 3%。石油中的含氧量多是从元素分析中用减差法求得，实际上包含了全部的分析误差，数据并不十分可靠。石油中的含氧量随馏分沸点升高而增加，主要集中在高沸点馏分中，大部分富集在胶状、沥青状物质中。胶状、沥青状物质中的含氧量占原油总含氧量的90% ~ 95%。

石油中的氧元素以有机含氧化合物的形式存在，虽然在石油中的含氧量很低，但含氧化合物的数量仍然可观。

石油中的含氧化合物包括酸性含氧化合物和中性含氧化合物，以酸性含氧化合物为主。酸性含氧化合物包括环烷酸、芳香酸、脂肪酸和酚类等，总称为石油酸。中性含氧化合物包括酮、醛和酯类等。

石油酸主要是环烷酸，脂肪酸等的含量很低。环烷酸约占石油酸性含氧化合物的90%。环烷酸为难挥发的黏稠状液体，相对密度介于 0.93 到 1.02 之间，有强烈的臭味，不溶于水而易溶于油品、苯、醇及乙醚等有机溶剂中。刚蒸出的环烷酸为浅黄色，经放置后会迅速变成黄色或浅琥珀色。

环烷酸在石油馏分中的分布较特殊，中间馏分（沸程为 250 ~ 400 ℃）环烷酸含量最高，低沸点馏分及高沸点重馏分中的含量都比较低。例如我国克拉玛依原油在沸程为 250 ~ 400 ℃时，环烷酸含量最高。纯环烷酸的酸值随馏分沸程升高而降低。表 1.15 是克拉玛依混合原油中各馏分的环烷酸含量。

环烷酸一般是一元羧酸，其环烷环数从一至五，且多为稠合环系。碳数为 C_6 ~ C_{10} 的低分子环烷酸主要是环戊烷的衍生物；碳数为 C_{12} 以上的高分子环烷酸，既有五元环又有六元环，但以六元环为主，其羧基有的直接与环烷环相连，有的与环烷环之间以若干个亚甲基相连。在高分子环烷酸中甚至还存在环烷 – 芳香混合环的环烷酸。

表 1.15   克拉玛依混合原油中各馏分的环烷酸含量

沸点范围/℃	馏分油占原油/%	环烷酸占馏分油/(kg·t⁻¹)	环烷酸占原油/(kg·t⁻¹)	纯环烷酸酸值/(mgKOH·g⁻¹)
200~250	6.86	0.063	0.004	245.2
250~300	7.05	1.50	0.106	240.5
300~350	9.32	3.00	0.280	166.2
350~400	9.13	5.80	0.530	101.5
400~450	7.90	5.50	0.435	81.9
450~500	11.61	3.90	0.453	74.3

环烷酸呈弱酸性,容易与碱反应生成各种盐类。环烷酸还可与很多金属作用而腐蚀设备,低分子环烷酸因酸性较强对设备的腐蚀性较强,特别是酸值较大、有水存在和较高的温度下,对设备的腐蚀更严重。环烷酸与金属作用生成的环烷酸盐留在油品中还将促进油品氧化。石油加工过程中,通常用碱洗的方法将环烷酸等酸性含氧化合物除去,但重馏分中的环烷酸在碱洗时易乳化而难于分离。

石油中分离出来的环烷酸是非常有用的化工产品。石油酸广泛用作木材防腐剂或制作环烷酸皂的原料。石油酸的钠盐易溶于水,是很好的水包油型表面活性剂以及乳化沥青的乳化剂,也可用作油包水型原油乳状液的破乳脱水剂以及植物生长的促进剂。环烷酸中的含锰、钙、锌、铁、镍、钴等盐类可作为燃料和润滑油的添加剂以及油漆催干剂。石油酸本身还可作为许多稀土金属的萃取剂。

石油中还含有脂肪酸和酚类等酸性含氧化合物以及醇、酮、醛、酯类等中性含氧化合物。酚有强烈的气味,呈弱酸性。石油馏分中的酚可以用碱洗法除去。酚能溶于水,炼厂污水中常含有酚,导致环境污染。石油中的中性含氧化合物含量极低,是非常复杂的混合物。中性含氧化合物可氧化生成胶质,影响油品的使用性能。

1.4   石油中的微量元素

石油中所含的微量元素与石油中碳、氢、硫、氮、氧这五种元素相比,其含量要少得多,一般都处在百万分级至十亿分级范围。但其中有些元素却对石油的加工过程,特别是对所用催化剂的活性有很大影响。因此,必须对石油中的微量元素的含量、存在形态及其分布等引起重视。众多的研究资料表明,石油中有几十种微量元素存在,到目前为止已从石油中检测出 59 种微量元素,其中金属元素有 45 种。我国大庆、胜利、大港等原油的灰分中也检测出 34 种微量元素。石油中的微量元素按其化学属性可划分成如下三类:

①变价金属,如 V、Ni、Fe、Mo、Co、W、Cr、Cu、Mn、Pb、Ga、Hg、Ti 等。

②碱金属和碱土金属,如 Na、K、Ba、Ca、Sr、Mg 等。

③卤素和其他元素,如 Cl、Br、I、Si、Al、As 等。

表 1.16 列出了某些原油中的微量元素含量。表中数据表明,石油中含量最多的微量元素是钒(V),我国高升原油镍(Ni)含量高达 122.5 μg/g。

表 1.16　某些原油中的微量元素含量　　　　　μg·g^{-1}

元素	高升	王官屯	孤岛	胜利	羊三木
Fe	22.0	8.2	12.0	13.0	7.0
Ni	122.5	92.0	21.1	26.0	25.8
Ca	0.4	0.1	<0.2	0.1	0.17
V	3.1	0.5	2.0	1.6	0.9
Pb	0.1	0.1	0.2	0.2	0.1
Ce	1.6	15.0	3.6	8.9	38.0
Mg	1.2	3.0	3.6	2.6	2.5
Na	29.0	30.0	26.0	81.0	1.2
Zn	0.6	0.4	0.5	0.7	0.5
Co	17.0	13.0	1.4	3.1	3.9
As	0.208	0.090	0.250	—	0.140
Mn	<0.1	<0.1	0.1	0.1	0.2
Al	0.5	0.5	0.3	12.0	1.1

　　我国大多数原油的镍含量明显高于钒含量。石油中钒、镍等微量元素的含量与石油的属性有关。一般来说,相对密度比较大的环烷基原油,镍或钒的含量高于相对密度较小的石蜡基原油。国外原油有的是镍高于钒,有的是钒高于镍。一般来说,含硫及相对密度较大的海相成油的石油钒含量较高,低硫高氮及陆相成油的石油镍含量较高。

　　石油中的微量元素主要浓集在大于 500 ℃的减压渣油中,含量随着馏分沸程的升高而增加。表 1.17 为我国某些原油各馏分中五种微量元素的含量分布。表中数据表明,我国原油微量元素以镍含量最高,其次是钒含量。

表 1.17　我国某些原油各馏分中五种微量元素的含量分布　　　　　μg·g^{-1}

微量元素		Fe	Ni	Cu	V	As
大庆	原油	0.7	3.1	<0.2	0.04	0.900
	馏分(沸程)/℃　初馏点~200	<0.4	<0.1	<0.2	<0.01	0.200
	200~350	<0.4	<0.1	<0.2	<0.01	0.500
	350~500	<0.4	<0.1	<0.2	0.01	0.700
	>500	2.4	7.2	<0.2	0.1	1.700
胜利	原油	13	26	0.1	1.6	—
	馏分(沸程)/℃　200~350	0.5	0.05	0.08	0.03	0.059
	350~500	2.5	0.08	0.4	0.03	0.026
	>500	15.0	75	<0.3	4.1	0.054

续表 1.17

微量元素			Fe	Ni	Cu	V	As
华北	原油		1.8	15	<0.3	0.73	0.220
	馏分(沸程)/℃	200~350	0.4	0.05	0.08	0.04	0.033
		350~500	0.96	0.08	0.06	0.03	0.020
		>500	—	56.9	0.5	1.5	—
辽河	原油		9.3	32.5	0.3	0.6	0.045
	馏分(沸程)/℃	350~500	1.2	0.2	0.1	0.01	—
		>350	17.7	34.0	0.2	0.8	—
		>500	36.8	64.7	0.3	2.2	—
大港	原油		—	18.5	0.76	<1	
	馏分(沸程)/℃	350~500	—	1.86	0.38	<0.1	
		>500		67.5	2.6	<1	

在原油中,钾、钠等微量金属多以水溶性无机盐类的形式存在。这些金属盐主要存在于原油乳化的水相里。在原油脱盐过程中,这些盐类可通过水洗或加破乳剂破乳而除去。镍、钒、铁、铜等微量金属以油溶性的有机化合物或络合物形式存在,它们在原油脱盐过程中很难除去,经过蒸馏后,大部分浓集于减压渣油中。此外,还有一些微量金属可能以极细的矿物质微粒悬浮于原油中。在经过脱盐、脱水的原油中,微量金属主要以有机化合物或络合物形式存在,例如金属卟啉类络合物。石油中常见的金属卟啉类络合物是镍或钒的卟啉络合物。

原油的几十种微量元素中,对石油加工影响最大的微量元素有钒(V)、镍(Ni)、铁(Fe)、铜(Cu),它们是催化裂化催化剂的毒物,在重油固定床加氢裂化过程中可造成催化剂失活或床层堵塞;砷(As)是催化重整催化剂的毒物;钠(Na)和钾(K)也会使催化剂减活;在燃气透平中,燃料油中金属钒的存在会对透平叶片产生严重的熔蚀和烧蚀作用。为了延长催化剂的使用寿命,必须尽可能降低催化加工原料中微量元素的含量。

1.5 渣油以及渣油中的胶质、沥青质

1.5.1 渣油的组成

减压渣油是原油中沸点最高、相对分子质量最大、杂原子含量最多和结构最为复杂的部分。我国大多数油田的原油减压渣油含量较高,大于 500 ℃ 的减压渣油产率一般为 40% ~ 50%,几乎占原油的一半。充分利用和合理加工渣油是石油炼制工作者的重要课题之一。

我国原油减压渣油中的含碳量一般在 85% ~ 87%,含氢量一般在 11% ~ 12%,含硫量一般都不高,含氮量相对较高,氢碳原子比为 1.6 左右,平均相对分子质量大多在 1 000 左右。我国原油减压渣油性质的另一特点是金属含量一般不高,并且镍含量远大于钒含量,镍含量一般为几十 $\mu g \cdot g^{-1}$,而钒含量只有几个 $\mu g \cdot g^{-1}$,镍、钒比一般都大于 10。

研究渣油的化学组成,常采用将渣油分离成饱和分、芳香分、胶质和沥青质的四组分分析

法。该法首先是用正庚烷将渣油中的沥青质沉淀出来,并进行定量。正庚烷的可溶部分则在含水量为 1% 的中性氧化铝吸附色谱柱上用不同的溶剂进行冲洗,从而再分离为饱和分、芳香分和胶质。表 1.18 为我国及国外部分减压渣油的化学组成。我国原油减压渣油中的饱和分含量差别较大,井楼渣油只有 14.3%,新疆白克渣油高达 47.3%。我国原油减压渣油中的芳香分含量不太高,一般在 30% 左右;庚烷沥青质的含量普遍较低,大多数小于 3%;胶质含量一般较高,大多在 40%~50%,几乎占减压渣油的一半。随着近代分析仪器的发展,借助于核磁共振波谱、红外光谱等一些近代分析手段,对渣油组分进行结构族组成分析,获得减压渣油的结构参数,包括芳碳率、环烷碳率、烷基碳率以及渣油平均分子中的总环数、芳环数、环烷环数、平均链长等。这些结构参数可以近似地反映出各组分在化学结构上的差异,从而为渣油的深度加工和利用提供可靠的基础数据。

表 1.18　我国及国外部分减压渣油的化学组成

渣油名称	饱和分	芳香分	胶质	庚烷沥青质	戊烷沥青质
大庆	40.8	32.2	26.9	<0.1	0.4
胜利	19.5	32.4	47.9	0.2	13.7
孤岛	15.7	33.0	48.5	2.8	11.3
单家寺	17.1	27.0	53.5	2.4	17.0
高升	22.6	26.4	50.8	0.2	11.0
欢喜岭	28.7	35.0	33.6	2.7	12.6
任丘	19.5	29.2	51.1	0.2	10.1
大港	30.6	31.6	37.5	0.3	—
中原	23.6	31.6	44.6	0.2	15.5
新疆白克	47.3	25.2	27.5	<0.1	3.0
新疆九区	28.2	26.9	44.8	<0.1	8.5
井楼	14.3	34.3	51.3	0.1	5.4
科威特	15.7	55.6	22.6	6.1	13.9
卡夫基	13.3	50.8	22.3	13.6	22.6
新疆塔河(>560 ℃)	9.0	33.0	33.5	24.5	—
新疆塔里(>520 ℃)	25.3	34.7	—	39.9	—
卡奇萨兰(伊朗)	19.6	50.5	23.0	6.9	13.3
阿哈加依(伊朗)	23.3	51.2	21.1	4.4	9.6
米那斯(印尼)	46.8	28.8	22.6	1.8	12.2
阿拉伯(轻质)	21.0	54.7	18.5	5.8	11.1

1.5.2　减压渣油中的胶质、沥青质

关于胶质和沥青质,目前国际上尚没有统一的分析方法和确定的定义。胶质、沥青质的成分并不十分固定,它们是各种不同结构的高分子化合物的复杂混合物。由于分离方法和所采

用的溶剂不同,所得的结果也不相同。目前的方法大多根据胶状、沥青状物质在各种溶剂中的不同溶解度来进行区分。一般把石油中不溶于低分子($C_5 \sim C_7$)正构烷烃,但能溶于热苯的物质称为沥青质。在生产和研究中常用到的是正戊烷沥青质和正庚烷沥青。既能溶于苯,又能溶于低分子($C_5 \sim C_7$)正构烷烃的物质称为可溶质,因此渣油中的可溶质实际上包括了饱和分、芳香分和胶质。通常采用氧化铝吸附色谱法,用不同溶剂进行洗提,可将渣油中的可溶质再分离成饱和分、芳香分和胶质。

1. 石油减压渣油中的胶质

如上所述,在我国石油减压渣油中的胶质是用氧化铝吸附色谱法,从正庚烷可溶质中分离出饱和分、芳香分而得到的(即四组分分析法)。由于分离方法及分离条件的差别,胶质的含量和性质会有较大的差异。

胶质通常为褐色或暗褐色的黏稠且流动性很差的液体或无定型固体,受热时熔融。胶质的相对密度在 1.0 左右。胶质是石油中相对分子质量及极性仅次于沥青质的大分子非烃化合物。

胶质具有很强的着色能力,在无色汽油中只要加入极少量的胶质,汽油将被染成草黄色。从不同沸点馏分中分离出来的胶质,其相对分子质量随着馏分沸程的升高而逐渐增大。

从表 1.19 及表 1.20 中的数据可以看出,胶质和沥青质元素组成的特点是其中的杂原子含量明显地高于渣油中饱和分和芳香分的含量。渣油中大约有 80% 的氮和 60% 的硫以及绝大多数金属均浓集在胶质、沥青质中。表 1.20 中的数据进一步表明,尽管我国石油的产地不同,但各产地渣油胶质的 H、C 原子比变化范围很小,为 1.4 ~ 1.5。

表 1.19　胶质的元素组成和平均相对分子质量

石油产地	平均相对分子质量（VPO 法）	元素组成（质量分数）/%				H、C 原子比
		C	H	N	S	
大庆	1 780	86.7	10.6	0.99	0.31	1.47
胜利	1 730	84.3	10.2	1.44	1.61	1.45
孤岛	1 380	85.8	10.0	1.49	3.31	1.40
华北	2 260	86.3	10.4	1.42	—	1.44
中原	2 780	85.4	10.0	1.07	—	1.39
科威特	860	83.1	10.2	0.5	5.6	1.47
加拿大某地	790	86.1	11.9	0.5	0.4	1.66
苏联苏维脱	1 060	80.8	10.5	1.24	1.41	1.56

表 1.19 中的数据表明,虽然胶质的平均相对分子质量为 1 000 ~ 3 000,但由于它们是由不同的物质所组成的很复杂的多分散体系,因此它们的相对分子质量分布范围很宽。而表 1.20 中的数据表明,大庆渣油胶质各组分的平均相对分子质量中,最小的不足 1 000,最大的已经超过 7 000。

表 1.20　减压渣油中胶质的相对分子质量分布（凝胶色谱法）

样品	大庆渣油胶质							胜利渣油胶质			
组分编号	1	2	3	4	5	6	7	1	2	3	4
平均相对分子质量	860	1 100	1 160	1 740	2 840	5 180	7 460	1 050	1 120	1 200	1 330
占胶质(质量分数)/%	12.7	17.4	18.8	17.6	15.6	12.5	5.4	14.0	15.0	10.6	17.0

样品	胜利渣油胶质				孤岛渣油胶质						
组分编号	5	6	7	8	1	2	3	4	5	6	7
平均相对分子质量	1 620	1 940	2 890	4 320	1 020	1 070	1 290	1 350	1 550	2 340	3 310
占胶质(质量分数)/%	13.4	13.0	11.4	5.6	21.0	12.2	14.4	19.5	13.7	10.0	9.2

样品	任丘渣油胶质							
组分编号	1	2	3	4	5	6	7	8
平均相对分子质量	1 080	1 160	1 200	1 470	1 680	2 030	2 770	4 630
占胶质(质量分数)/%	6.5	22.5	12.0	10.8	10.8	11.0	14.1	12.3

从化学性质上看,胶质是一个不稳定的物质,即使在常温下,它也易被空气氧化而缩合为沥青质。胶质对热很不稳定,即使在没有空气的情况下,若温度升高到 260 ~ 300 ℃,胶质也能缩合成沥青质。当温度升高到 350 ℃ 以上时,胶质将发生明显的分解,产生气体、液体产物,沥青质以及焦。胶质很容易磺化而溶解在硫酸中,因此可用硫酸来脱除油料中的胶质以及用硫酸法测定胶质的含量。胶质还能与金属氯化物(例如四氯化钛)等生成络合物。

胶质是道路沥青、建筑沥青、防腐沥青等沥青产品的重要组分之一,它的存在提高了石油沥青的延伸度。但在油品中含有胶质则会使油品在使用时生成炭渣,造成机器零件磨损和堵塞,所以一般来说应将其脱除。

2. 石油减压渣油中的沥青质

从复杂的多组分系统(石油或渣油等)中分离沥青质的主要依据是沥青质对不同溶剂具有不同的溶解度,溶剂的性质以及分离条件直接影响着沥青质的组成和性质。所以在涉及沥青质时,必须指明它是用什么溶剂分离而得到的沥青质,通常采用正庚烷沥青质或正戊烷沥青质。

从石油或渣油中用 C_5 ~ C_7 正构烷烃沉淀分离的沥青质是固体的无定型物质,颜色为深褐色或黑色,相对密度稍高于胶质,略大于 1.0,加热时不熔化,但当温度升高到 300 ~ 350 ℃ 时,它会分解成气态、液态产物以及缩合生焦。沥青质一般不挥发,石油中的全部沥青质都集中在减压渣油中。

沥青质是石油中相对分子质量最大,结构最为复杂,含杂原子最多的物质。由于测定相对分子质量的方法不同以及所用溶剂和测定条件的不同,因此所得的沥青质相对分子质量数值相差很大。例如某沥青质样品,用质谱法测得的沥青质的平均相对分子质量约为 1 000,而用超离心法测得的平均相对分子质量却为几十万。目前人们常用的沥青质相对分子质量测定法是以苯为溶剂的蒸气压渗透(VPO)法。

第2章 石油及油品的物理性质

2.1 蒸气压、沸程和平均沸点

石油及其产品的物理性质是评定石油产品质量和控制石油炼制过程的重要指标,也是设计石油炼制工艺装置和设备的重要数据。

石油及其产品的物理性质是组成它的各种化合物性质的综合表现。石油及其产品是各种化合物的复杂混合物,化学组成不易直接测定,而且许多物理性质没有可加性,所以石油及其产品的物理性质是采用规定的、条件性的试验方法来测定的,离开专门的仪器和规定的试验条件,所测油品的性质数据就毫无意义。

在实际工作中,往往是根据某些基本物性数据借助图表查找或借助公式计算其他物性数据。这些图表和公式是依据大量实测数据归纳得到的,是经验性的或半经验性的。由于计算机技术的广泛应用,人们将各种物性之间的关联用数学式表示,物性数据的计算很简便。

2.1.1 蒸气压

蒸气压是在某一温度下一种物质的液相与其上方的气相呈平衡状态时的压力,也称饱和蒸气压。蒸气压表示该液体在一定温度下的蒸发和汽化的能力,蒸气压越高的液体越易于汽化。蒸气压是石油加工设备设计的重要基础物性数据之一,也是某些轻质油品的质量指标之一。

对于同一族烃类,在同一温度下,相对分子质量较大的烃类的蒸气压较小。就某一种纯烃而言,其蒸气压是随温度的升高而增大的。当体系的压力不太高,液相的物质的量体积与气相的物质的量体积相比可以忽略,且温度远高于其临界温度,气相可看作理想气体时,纯化合物的蒸气压与温度间的关系可用下列克拉珀龙 – 克劳修斯 Clapeyron – Clausius 方程表示:

$$\frac{\mathrm{d}\ln p}{\mathrm{d}T} = \frac{\Delta H_v}{RT^2} \tag{2.1}$$

式中,ΔH_v 为物质的量蒸发热,J/mol;R 为物质的量气体常数,$R = 8.314\ 3\ \mathrm{J/(mol \cdot K)}$;$T$ 为温度,K;p 为化合物在 T 时的蒸气压,Pa。

当温度变化不大时,ΔH_v 可视为常数,将上式积分可得到

$$-\ln p = -\frac{\Delta H_v}{RT} + C \tag{2.2}$$

或

$$\ln \frac{p_1}{p_2} = \frac{\Delta H}{R}\left(\frac{1}{T_2} - \frac{1}{T_1}\right) \tag{2.3}$$

即 $\ln p$ 与 $1/T$ 之间呈线性关系。

2.1.2　沸　程

对于液态纯物质,其饱和蒸气压等于外压时的温度,称为该液体在该外压下的沸点。因此,在一定的外压下,液态纯物质的沸点为一定值。如不加说明,物质的沸点一般都是指其在常压下的沸腾温度。当液体为若干种化合物的混合物时,在一定外压下其沸腾温度并不是恒定的,随着汽化过程中液相里较重组分的不断富集,其沸点会逐渐升高。所以,对于石油馏分这类组成复杂的混合物,一般常用沸点范围来表征其蒸发及汽化性能。沸点范围又称为沸程。

石油馏分沸程的数值,会因所用的蒸馏设备不同而不同。对于同一种油样,当采用分离精确度较高的蒸馏设备时,其沸程较宽,反之则较窄。因此,在列举石油馏分的沸程数据时,需说明所用的蒸馏设备和方法。在石油加工生产和设备计算中,常常是以馏程来简便地表征石油馏分的蒸发和汽化性能。

馏程测定是一种在标准设备中,按照《石油蒸馏测定法》(GB/% 6536—1986)规定的方法进行的简单蒸馏。国外将此类方法称为 ASTM(american society for testing material,美国材料与试验学会)蒸馏或恩氏蒸馏。由于这种蒸馏属于渐次汽化,基本不具有蒸馏作用,随着温度的逐渐升高,不断汽化和馏出的是组成范围较宽的混合物,因而馏程只是概略地表示该油品的沸点范围和一般蒸发性能,同时只有严格按照所规定的条件进行测定,其结果才有意义,才能相互进行比较。其测定过程是,将 100 mL(20 ℃时)油品放入标准的蒸馏瓶中按规定的速度进行加热,其馏出第一滴冷凝液时的气相温度称为初馏点。随后,其温度逐渐升高而不断地馏出,依次记下馏出液达 10 mL、20 mL 直至 90 mL 时的气相温度,称为10%,20%,…,90%馏出温度。当气相温度升高到一定数值后,它就不再上升反而回落,这个最高的气相温度称为干点(或终馏点)。有时也可根据产品规格的要求,以 98% 或97.5%时的馏出温度来表示终馏温度。在大多数液体燃料规格中,只要求测定其具有代表性的 10%、50% 和 90% 的馏出温度及干点。

根据馏程测定的数据,以气相馏出温度为纵坐标,以馏出体积分数为横坐标作图,即可得到该油品的蒸馏曲线。图 2.1 所示为大庆原油中汽油馏分的蒸馏曲线。由图可见,其中10% ~90% 这一段接近于直线。因此,往往可以用蒸馏曲线的 10% ~90% 的斜率S(℃/%)来表示该油品沸程的宽窄,即当石油馏分的沸程越宽时,其蒸馏曲线的斜率越大。具体计算如下:

$$S = \frac{90\% 馏出温度 - 10\% 馏出温度}{90 - 10} \tag{2.4}$$

此斜率表示从馏出 10% ~90%,每馏出1%的沸点平均升高值。例如,某石油馏分恩氏蒸馏曲线中的10%点为 78 ℃,90%点为 180 ℃,则其斜率为

$$S = \frac{180 - 78}{90 - 10} \approx 1.3(℃/\%)$$

由于石油中部分相对分子质量较大的组分对热不稳定,因此蒸馏时的液相温度一般不能超过 350 ℃,否则就会发生分解现象。因此,对于较重的石油馏分需要在减压下进行蒸馏,以降低其馏出温度。从所测得的减压下的馏出温度,可借助有关的图表或计算式求得其相应的常压下的馏出温度。

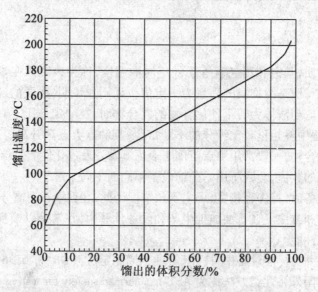

图 2.1　大庆原油中汽油馏分的蒸馏曲线

2.1.3　平均沸点

在求石油馏分的各种物理参数时,为简化起见,常用平均沸点来表征其汽化性能。石油馏分的平均沸点的定义有下列五种。

①体积平均沸点 t_v（℃）。

t_v 是由馏程测定的 10%、30%、50%、70%、90% 这五个馏出温度计算得到的。

$$t_v = \frac{t_{10} + t_{30} + t_{50} + t_{70} + t_{90}}{5} \tag{2.5}$$

②质量平均沸点 t_w（℃）。

$$t_w = \sum_{i=1}^{n} \omega_i t_i \tag{2.6}$$

③实分子平均沸点 t_m（℃）。

$$t_m = \sum_{i=1}^{n} x_i t_i \tag{2.7}$$

④立方平均沸点 T_{cu}（K）。

$$T_{cu} = \left(\sum_{i=1}^{n} v_i T_i^{\frac{1}{3}} \right)^3 \tag{2.8}$$

⑤中平均沸点 t_{Mc}（℃）。

$$t_{Mc} = \frac{t_m + t_{cu}}{2} \tag{2.9}$$

这五种平均沸点各有其相应的用途,涉及平均沸点时必须注意是何种平均沸点。体积平均沸点主要用于求其他难于直接求得的平均沸点;质量平均沸点用于求油品的真临界温度;实分子平均沸点用于求烃类混合物或油品的假临界温度和偏心因数;立方平均沸点用于求取油品的特性因数和运动黏度;中平均沸点用于求油品氢含量、特性因数、假临界压力、燃烧热和平均相对分子质量等。

　　体积平均沸点可根据石油馏分恩氏蒸馏数据直接计算。其他几种平均沸点由体积平均沸点和恩氏蒸馏曲线斜率从图 2.2 中查得校正值,通过间接计算求得。对于沸程小于 30 ℃的窄馏分,可以认为各种平均沸点近似相等,用 50% 点馏出温度代替不会有很大误差。

　　图 2.2 为平均沸点校正图,在一般情况下该图只适用于恩氏蒸馏斜率小于 5 的石油馏分。

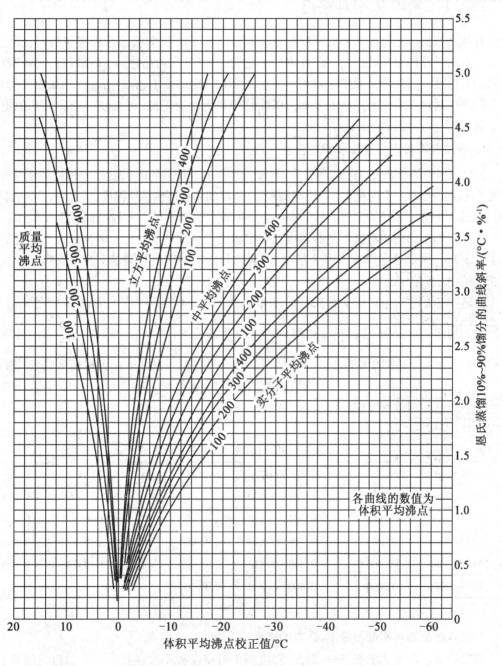

图 2.2　平均沸点温度校正图

　　平均沸点在一定程度上反映了馏分的轻重,但不能看出油品沸程的宽窄。例如沸程为 100 ~ 400 ℃的馏分和沸程为 200 ~ 300 ℃的馏分,它们的平均沸点都可以在 250 ℃左右。

2.2　密度、相对密度、特性因数和平均相对分子质量

2.2.1　密度和相对密度

石油及石油产品密度和相对密度与石油及石油产品的化学组成有着密切的内在联系,是石油和石油产品的重要特性之一。在炼厂工艺设计和生产、油品储运、产品计量等方面都经常用到相对密度。石油产品规格中对相对密度都要有一定的要求,有的石油产品如喷气燃料,在质量标准中对相对密度有严格的要求。以油品相对密度为基础,可关联出油品的其他重要性质参数,建立实用的数学模型。

1. 石油及石油产品密度和相对密度

密度是单位体积物质的质量,单位为 g/cm^3 或 kg/m^3。油品的体积随温度变化,但质量并不随温度变化,同一油品在不同温度下有不同的密度,所以油品密度应标明温度,通常用 ρ_t 表示温度为 t ℃时油品的密度。我国规定把油品在 20 ℃时的密度作为石油产品的标准密度,表示为 ρ_{20}。

液体石油产品的相对密度是其密度与规定温度下水的密度之比。因为水在 4 ℃时的密度等于 1 g/cm^3,所以通常以 4 ℃水为基准,因而油品的相对密度与同温下油品的密度在数值上是相等的。

油品在 t ℃时的相对密度通常用 d_4^t 表示。我国及东欧各国常用的相对密度是 d_4^{20}。欧美各国常用的相对密度是 $d_{60\,^\circ\mathrm{F}}^{60\,^\circ\mathrm{F}}(d_{15.6}^{15.6})$,即 60 ℉(℉为华氏度,$\dfrac{t_F}{°F} = \dfrac{9}{5}\dfrac{t}{℃} + 32 = \dfrac{9}{5}\dfrac{T}{K} - 459.67$)油品的密度与 60 ℉水的密度之比。$d_4^{20}$ 与 $d_{60\,^\circ\mathrm{F}}^{60\,^\circ\mathrm{F}}(d_{15.6}^{15.6})$ 之间可利用表 2.1 根据下式进行换算。

$$d_4^{20} = d_{60\,^\circ\mathrm{F}}^{60\,^\circ\mathrm{F}}(d_{15.6}^{15.6}) - \Delta d \tag{2.10}$$

式中,Δd 为油品相对密度校正值。

表 2.1　$d_{60\,^\circ\mathrm{F}}^{60\,^\circ\mathrm{F}}(d_{15.6}^{15.6})$ 与 d_4^{20} 换算表

$d_{15.6}^{15.6}$ 或 d_4^{20}	Δd	$d_{15.6}^{15.6}$ 或 d_4^{20}	Δd	$d_{15.6}^{15.6}$ 或 d_4^{20}	Δd
0.700 ~ 0.710	0.005 1	0.780 ~ 0.800	0.004 6	0.870 ~ 0.890	0.004 1
0.710 ~ 0.730	0.005 0	0.800 ~ 0.820	0.004 5	0.890 ~ 0.910	0.004 0
0.730 ~ 0.750	0.004 9	0.820 ~ 0.840	0.004 4	0.910 ~ 0.920	0.003 9
0.750 ~ 0.770	0.004 8	0.840 ~ 0.850	0.004 3	0.920 ~ 0.940	0.003 8
0.770 ~ 0.780	0.004 7	0.850 ~ 0.870	0.004 2	0.940 ~ 0.950	0.003 7

2. 液体油品相对密度与温度、压力的关系

温度升高油品受热膨胀,体积增大,密度和相对密度减小。在 0 ~ 50 ℃温度范围内,不同温度(t ℃)下的油品相对密度可按下式换算。

$$d_4^t = d_4^{20} - \gamma(t - 20) \tag{2.11}$$

式中,γ 为油品体积膨胀系数或相对密度的平均温度校正系数,即温度改变 1 ℃时油品相对密度的变化值,可由表2.2查得。

表 2.2　油品相对密度的平均温度校正系数

d_4^{20}	$\gamma/(\text{g} \cdot \text{mL}^{-1} \cdot {}^{\circ}\text{C}^{-1})$	d_4^{20}	$\gamma/(\text{g} \cdot \text{mL}^{-1} \cdot {}^{\circ}\text{C}^{-1})$	d_4^{20}	$\gamma/(\text{g} \cdot \text{mL}^{-1} \cdot {}^{\circ}\text{C}^{-1})$
0.700 0~0.709 9	0.000 897	0.800 0~0.809 9	0.000 765	0.900 0~0.909 9	0.000 633
0.710 0~0.719 9	0.000 884	0.810 0~0.819 9	0.000 752	0.910 0~0.919 9	0.000 620
0.720 0~0.729 9	0.000 870	0.820 0~0.829 9	0.000 738	0.920 0~0.929 9	0.000 607
0.730 0~0.739 9	0.000 857	0.830 0~0.839 9	0.000 725	0.930 0~0.939 9	0.000 594
0.740 0~0.749 9	0.000 844	0.840 0~0.849 9	0.000 712	0.940 0~0.949 9	0.000 581
0.750 0~0.759 9	0.000 831	0.850 0~0.859 9	0.000 699	0.950 0~0.959 9	0.000 568
0.760 0~0.769 9	0.000 813	0.860 0~0.869 9	0.000 686	0.960 0~0.969 9	0.000 555
0.770 0~0.779 9	0.000 805	0.870 0~0.879 9	0.000 673	0.970 0~0.979 9	0.000 542
0.780 0~0.789 9	0.000 792	0.880 0~0.889 9	0.000 660	0.980 0~0.989 9	0.000 529
0.790 0~0.799 9	0.000 778	0.890 0~0.899 9	0.000 647	0.990 0~0.999 9	0.000 518

在温度变化范围较大时,可根据《石油计量法》(GB/T 1885—1988)将测得的油品密度换算成标准密度;如果对相对密度数值上的准确性只要求满足一般工程上的计算时,可以通过图 2.3 进行换算。

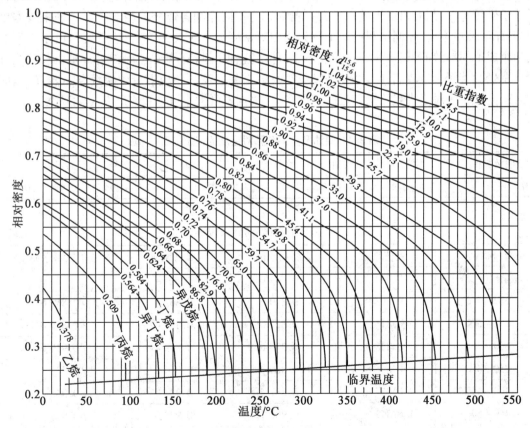

图 2.3　油品相对密度与温度的关系图

液体受压后体积变化很小，压力对液体油品密度的影响通常可以忽略。只有在几十 MPa 的极高压力下才考虑压力的影响。

3. 油品相对密度与馏分组成和化学组成的关系

油品相对密度与烃类分子大小及化学结构有关。表 2.3 为各族烃类的相对密度（d_4^{20}）。

表 2.3 各族烃类的相对密度（d_4^{20}）

烃类	C_6	C_7	C_8	C_9	C_{10}
正构烷烃	0.659 4	0.683 7	0.702 5	0.716 1	0.730 0
正构 α – 烯烃	0.673 2	0.697 0	0.714 9	0.729 2	0.740 8
正烷基环己烷	0.778 5	0.769 4	0.787 9	0.793 6	0.799 2
正烷基苯	0.878 9	0.867 0	0.867 0	0.862 0	0.860 1

从表 2.3 中的数据可以看出，碳原子数相同的各族烃类，因为分子结构不同，相对密度有较大差别。正构烷烃、正构 α – 烯烃和正烷基环己烷，其相对密度随碳原子数的增加而增大。正烷基苯则不同，它们的相对密度随碳原子数的增加而减小，这是由于烷基侧链碳原子数增加，苯环在分子结构中所占的比重下降造成的。

表 2.4 为原油及其馏分相对密度的一般范围。对同一原油的各馏分，随着沸点的上升，相对分子质量增大，相对密度也随之增大。表 2.5 为不同原油各馏分的相对密度。表中数据表明，若原油性质不同，相同沸程的两个馏分的相对密度会有较大的差别，这主要是由于它们的化学组成不同导致的，其从大到小的顺序是：环烷基、中间基、石蜡基。环烷基原油的相应馏分中环烷烃及芳烃含量较高，因此相对密度较大；石蜡基原油的相应馏分中烷烃含量较高，因而相对密度较小。对于沸点范围相近的石油馏分，根据密度大小可大致判断其化学属性。

表 2.4 原油及其馏分相对密度的一般范围

原油及其馏分	原油	汽油	喷气燃料	轻柴油	减压馏分	减压渣油
相对密度（d_4^{20}）	0.8 ~ 1.0	0.74 ~ 0.77	0.78 ~ 0.83	0.82 ~ 0.87	0.85 ~ 0.94	0.92 ~ 1.00

表 2.5 不同原油各馏分的相对密度（d_4^{20}）

馏分（沸程）/℃	大庆原油	胜利原油	孤岛原油	羊三木原油
初馏点 ~ 200	0.743 2	0.744 6	—	0.765 0
200 ~ 250	0.803 9	0.820 6	0.862 5	0.863 0
250 ~ 300	0.816 7	0.827 0	0.880 4	0.890 0
300 ~ 350	0.828 3	0.835 0	0.899 4	0.910 0
350 ~ 400	0.836 8	0.860 6	0.914 9	0.932 0
400 ~ 450	0.857 4	0.887 4	0.934 9	0.943 3
450 ~ 500	0.872 3	0.906 7	0.939 0	0.948 3
>500	0.922 1	0.969 8	1.002 0	0.982 0

续表 2.5

馏分(沸程)/℃	大庆原油	胜利原油	孤岛原油	羊三木原油
原油	0.855 4	0.900 5	0.949 5	0.949 2
原油基属	石蜡基	中间基	环烷 – 中间基	环烷基

4. 混合油品的密度

当属性相近的两种或多种油品混合时,其混合物的密度可近似地按可加性计算,即

$$\rho_{混} = \sum_{i=1}^{n} v_i \rho_i = \frac{1}{\sum_{i=1}^{n} \dfrac{w_i}{\rho_i}} \tag{2.12}$$

式中,v_i 和 w_i 分别为组分 i 的体积分率和质量分率;ρ_i 和 $\rho_{混}$ 分别为组分 i 和混合油品的密度,g/cm^3。

一般情况下,油品混合时,体积基本是可加的,按式(2.12)计算不会引起很大的误差。但当属性相差很大的两类组分(如烷烃和芳烃)混合时,体积可能增大;而密度相差悬殊的两个组分(如重油和轻烃)混合时,体积可能收缩,这样便需加以校正。

计算低相对分子质量烃与原油混合时的体积收缩时,其收缩因子可用下式进行计算:

$$S = 2.14 \times 10^{-3} C^{-0.070\,4} R^{1.70} \tag{2.13}$$

$$R = \frac{141.5(d_h - d_1)}{d_h d_1} \tag{2.14}$$

式中,S 为收缩因子,以轻组分体积分数进行计算,%;C 为轻组分在混合物中的液体体积分数,%;R 为相对密度的函数;d_h 为原油在 15.6 ℃时的相对密度;d_1 为轻组分在 15.6 ℃时的相对密度。

2.2.2　特性因数(K)

相关指数最小,基本为 0,芳烃的相关指数最高(苯的约为 100),环烷烃的相关指数居中(环己烷的约为 52)。换言之,油品的相关指数越大表明其芳香性越强,相关指数越小则表示其石蜡性越强,其关系正好与特性因数 K 的值相反。相关指数这个指标广泛用于表征裂解制乙烯原料的化学组成。特性因数 K 值又称为 Watson K 值或 UOP (Universal Oil Products Company) K 值,它是油品的平均沸点和相对密度的函数,其具体关系如下:

$$K = \frac{1.216 T^{1/3}}{d_{15.6}^{15.6}} \tag{2.15}$$

式中,T 为油品平均沸点的绝对温度,K,此处的 T 最早是分子平均沸点,后改用立方平均沸点,现一般使用中平均沸点。

由此式可知,在平均沸点相近时,K 值取决于其相对密度,相对密度越大则 K 值越小。前已述及,当相对分子质量相近时,相对密度从大到小的顺序是:芳烃、环烷烃、烷烃。而表 2.6 中显示,烷烃的 K 值最大,约为 12.7,环烷烃的次之,为 11 ~ 12,芳烃的 K 值最小,为 10 ~ 11。因此 K 值是表征油品化学组成的重要参数,常可用于关联其他物理性质。但对于含有大量烯烃、二烯烃和芳烃的二次加工产物,特性因数并不能准确地表征其化学属性,使用时会导致较大误差。

表 2.6　烃类的特性因数(K)和相关指数($BMCI$)

化合物	特性因数(K)	相关指数($BMCI$)
正己烷	12.81	0.01
正庚烷	12.71	0.10
正辛烷	12.67	−0.03
正壬烷	12.66	−0.21
正癸烷	12.67	−0.27
环己烷	10.98	51.75
甲基环己烷 (CH_3)	11.32	39.87
乙基环己烷 (C_2H_5)	11.36	38.58
丙基环己烷 (C_3H_7)	11.52	34.21
丁基环己烷 (C_4H_9)	11.64	30.73
苯	9.72	99.84
甲苯 (CH_3)	10.14	82.91
乙苯 (C_2H_5)	10.36	74.99
丙苯 (C_3H_7)	10.62	66.15
丁苯 (C_4H_9)	10.83	59.32

对于相对分子质量大于 300 的较重的石油馏分,其平均沸点不易得到,此时还可从图 2.4 中用相对密度和其他另一个性质来求取其特性因数 K,但其中碳氢质量比及苯胺点两条线的准确性较差。

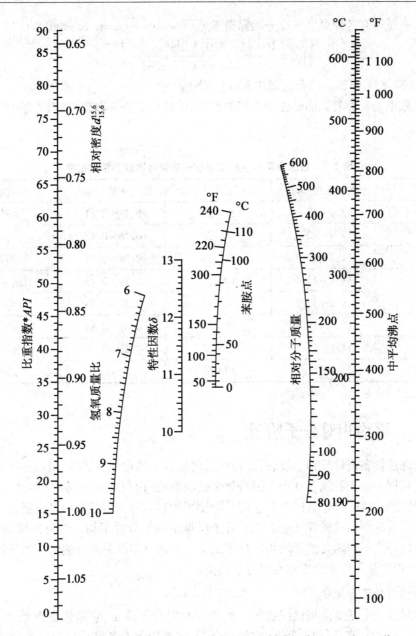

图 2.4　石油馏分特性因数和相对分子质量图(左侧坐标线 0~90 为 *API* 值)

除特性因数 K 外,相关指数 *BMCI*(即美国矿务局相关指数,U. S. Bureau of Mines Correlation Index 的略写)也是一个与相对密度及沸点相关联的指标,其定义式为

$$BMCI = \frac{48\ 640}{t_v + 273} + 473.7 \times d_{15.6}^{15.6} - 456.8 \qquad (2.16)$$

式中,对于烃类混合物,t_v 为体积平均沸点,℃,对于纯烃,t_v 为其沸点,℃。

表 2.6 中的数据还表明,正构烷烃的相关指数最小,基本为 0,其关系正好与 K 值相反。油品的相关指数越大表明其芳香性越强,相关指数越小则表示其石蜡性越强。

表 2.7 所列为各种原油实沸点蒸馏窄馏分的特性因数和相关指数,由表可以清楚地看出,特性因数和相关指数这两种指标都可以大体反映原油的化学属性。

表 2.7 中还列有各种原油窄馏分的黏重常数(viscosity – gravity constant, VGC),其定义为

$$VGC = \frac{10d_{15.6}^{15.6} - 1.075\ 2\lg(\nu_{37.8} - 38)}{10 - \lg(\nu_{37.8} - 38)} \tag{2.17}$$

式中,$\nu_{37.8}$ 为 37.8 ℃时油品的赛氏通用黏度(SUS)。

黏重常数也是一种表征油品化学组成的参数,烷烃的黏重常数较小,而芳烃的黏重常数较大。

表 2.7　各原油实沸点蒸馏窄馏分的特性因数和相关指数

原油	特性因数(K)	相关指数($BMCI$)	黏重常数(VGC)	原油基属
大庆	12.0 ~ 12.6	17 ~ 24	0.78 ~ 0.81	石蜡基
华北	11.9 ~ 12.5	14 ~ 33	0.76 ~ 0.83	石蜡基
中原	11.7 ~ 12.6	17 ~ 29	0.76 ~ 0.81	石蜡基
新疆	11.8 ~ 12.4	19 ~ 32	0.71 ~ 0.83	石蜡 – 中间基
胜利	11.2 ~ 12.2	14 ~ 39	0.81 ~ 0.83	中间基
辽河	11.4 ~ 11.9	28 ~ 47	0.84 ~ 0.88	中间基
孤岛	11.1 ~ 11.7	36 ~ 57	0.82 ~ 0.88	环烷 – 中间基
羊三木	11.1 ~ 11.7	49 ~ 62	0.82 ~ 0.90	环烷基

2.2.3　平均相对分子质量

在进行炼油设备设计计算、关联石油物性及研究石油的化学组成时,相对分子质量是必不可少的原始数据。由于石油及其产品都是复杂的混合物,而所含化合物的相对分子质量是各不相同的,其范围往往又很宽,因此对它们只能用平均相对分子质量来加以表征。

对于石油及其产品这种含有众多相对分子质量不同组分的不均一多分散体系,用不同的统计方法可以得到不同定义的平均相对分子质量。下面介绍两种对石油常用的平均相对分子质量,即数均相对分子质量和重均相对分子质量。

1. 数均相对分子质量 $\overline{M}_n$

数均相对分子质量是应用最广泛的一种平均相对分子质量,它是依据溶液的依数性(冰点下降、沸点上升等)来进行测定的。它的定义是,体系中具有各种相对分子质量的分子的物质的量分数与其相应的相对分子质量的乘积的总和,也就是体系的质量除以其中所含各类分子的物质的量(物质的量)总和的商,具体可由下式进行描述:

$$\overline{M}_n = \sum_{i=1}^{n} x_i M_i = \frac{\sum_{i=1}^{n} N_i M_i}{\sum_{i=1}^{n} N_i} = \frac{\sum_{i=1}^{n} W_i}{\sum_{i=1}^{n} N_i} \tag{2.18}$$

式中,x_i 为 i 组分的物质的量分数;M_i 为 i 组分的相对分子质量;N_i 为 i 组分的物质的量,mol;W_i 为 i 组分的质量,g。

2. 重均相对分子质量 $\overline{M}_w$

它是用光散射方法测定的,其定义式为

$$\overline{M}_{\mathrm{w}} = \sum_{i=1}^{n} w_i M_i = \frac{\sum_{i=1}^{n} W_i M_i}{\sum_{i=1}^{n} W_i} = \frac{\sum_{i=1}^{n} N_i M_i^2}{\sum_{i=1}^{n} N_i M_i} \tag{2.19}$$

应当指出,对于同一混合体系,$\overline{M}_{\mathrm{w}}$ 与 $\overline{M}_{\mathrm{n}}$ 不相等。这是由于混合物中低相对分子质量部分对 $\overline{M}_{\mathrm{n}}$ 的影响较大,而 $\overline{M}_{\mathrm{w}}$ 则主要受其中高相对分子质量部分的影响。这样,对于同一体系,一般来说,$\overline{M}_{\mathrm{w}} > \overline{M}_{\mathrm{n}}$。而 $\overline{M}_{\mathrm{w}}/\overline{M}_{\mathrm{n}}$ 的比值(即多分散系数)的大小则可以表征该体系的多分散程度,也就是说,当体系中相对分子质量的分布范围越宽时,其 $\overline{M}_{\mathrm{w}}/\overline{M}_{\mathrm{n}}$ 比值也就越大。

在炼油工艺计算中所用的石油馏分相对分子质量一般是指其数均相对分子质量。

表 2.8 为某些原油不同馏分的平均相对分子质量数据。石油馏分的平均相对分子质量随沸点升高而增大。由于各原油的化学组成特性不同,相同沸程的石油馏分的平均相对分子质量也存在一定差别。石蜡基原油的相对分子质量最大,中间基原油的次之,环烷基原油的最小。

表 2.8　某些原油不同馏分的平均相对分子质量

沸点范围/℃	大庆原油(石蜡基)	胜利原油(中间基)	欢喜岭原油(环烷基)
200 ~ 250	193	180	185
250 ~ 300	240	205	190
300 ~ 350	270	244	234
350 ~ 400	323	298	273
400 ~ 450	392	374	337
450 ~ 500	461	414	362
>500	1 120	1 080	1 030

2.3　油品的黏度

黏度是评定油品流动性的指标,是油品特别是润滑油质量标准中的重要项目,也是炼油工艺计算中不可缺少的物理性质。任何真实的流体,当其内部分子之间做相对运动时都会因流体分子之间的摩擦而产生内部阻力。黏度值就是用以表示流体运动时分子间摩擦阻力大小的指标。

2.3.1　黏度的单位

1.动力黏度 η

原油的黏度常用动力黏度表示,动力黏度又称绝对黏度,它是根据下列牛顿方程式进行定义的。

$$\frac{F}{A} = \eta \frac{\mathrm{d}v}{\mathrm{d}l} \tag{2.20}$$

式中,F 为做相对运动的两流层间的内摩擦力(剪切力),N;A 为两流层间的接触面积,m^2;dv 为两流层间的相对运动速度,m/s;dl 为两流层间的距离,m;η 为流体内摩擦系数,即该流体的绝对黏度,Pa·s。

绝对黏度不随剪切速度梯度 dv/dl 的变化而变化的体系称为牛顿体系,其绝对黏度在一定温度下为一定值;如其绝对黏度不是定值而是随 dv/dl 的变化而变化时,此体系称为非牛顿体系。一般的液体油品均为牛顿体系,但当有蜡析出或含有较多的沥青质或加入聚合物添加剂后,则往往是非牛顿体系。在 CGS 制中,绝对黏度(η)的单位是泊(P),其百分之一是厘泊(cP),在现用的 SI 制中它的单位是Pa·s,这两者的关系是

$$1 \text{ Pa·s} = 1\,000 \text{ cP}$$

2. 运动黏度 ν

在石油产品的质量标准中常用的黏度是运动黏度,它是绝对黏度 η 与相同温度和压力下该液体密度 ρ 之比,即

$$\nu = \frac{\eta}{\rho} \tag{2.21}$$

在 CGS 制中运动黏度的单位是斯(St),其百分之一为厘斯(或厘泡,cSt),现按 SI 制改以 mm^2/s 为单位,这两者的关系是

$$1 \text{ cSt} = 1 \text{ mm}^2/\text{s}$$

3. 条件黏度

在石油商品质量标准中,还常能见到各种条件黏度指标。它们都是在一定温度下,在一定仪器中,使一定体积的油品流出,以其流出时间(s)或其流出时间与同体积水流出时间之比作为其黏度值。具体的条件黏度有下列几种。

(1)恩氏黏度(Engler viscosity)。

恩氏黏度是以油品从恩氏黏度计中流出 200 mL 的时间与同样体积的水在 20 ℃ 时流出的时间的比值(条件度,°E)作为指标。恩氏黏度源于德国,目前我国的燃料油的质量标准中仍用恩氏黏度作为指标。

(2)赛氏黏度(Saybolt viscosity)。

赛氏黏度是以 60 mL 油品从赛氏黏度计中流出时间(s)作为指标。具体有赛氏通用黏度(SUS)和赛氏重油黏度(SFS)。美国习惯用赛氏通用黏度作为润滑油的指标。

(3)雷氏黏度(Redwood viscosity)。

英国采用的是雷氏黏度,它是以 50 mL 油品从雷氏黏度计中流出的时间作为指标。

这几种黏度之间的近似比值是:运动黏度(mm^2/s):恩氏黏度(条件度,E):赛氏通用黏度(SUS):雷氏黏度(RIS) = 1:0.132:4.62:4.05。

2.3.2　黏度的测定方法

最常用的运动黏度的测定方法是毛细管黏度计法。当油品在层流状态下流经毛细管时,其流动状态符合下列关系式:

$$\frac{Q}{t} = \frac{\Delta p \pi R^4}{8 \eta l} \tag{2.22}$$

式中,Q/t 为单位时间内的体积流量;Δp 为两端压差;R 为毛细管的半径;l 为毛细管的长度;η

为流体的绝对黏度。

由于在毛细管黏度计中油品的流动是靠其自身所受的重力实现的,因此 Δp 与其密度成正比。这样,对于一定形式的黏度计,油品的运动黏度 ν 是与一定体积的该油品流经毛细管的时间 (t) 成正比的,即

$$\nu = ct \tag{2.23}$$

式中,c 为黏度计常数,mm^2/s^2。每支毛细管黏度计均有其特定的黏度计常数,需用已知黏度的标准油样加以标定。

还需说明,毛细管黏度计只能用来测定属于牛顿型体系的油品黏度。对于非牛顿型体系的流体,由于其黏度是剪切速率的函数,故不能用毛细管黏度计,而需用旋转式黏度计来测定其流变特性。

2.3.3　黏度与化学组成的关系

既然黏度反映液体内部分子之间的摩擦力,不言而喻,它必然与分子的大小与结构有着密切的联系。

①对于同一系列的烃类,除个别情况外,化合物的相对分子质量越大,其黏度也越大。

②当相对分子质量相近时,具有环状结构的分子的黏度大于链状结构的黏度,而且分子中的环数越多则其黏度越大。因此,在习惯上有分子中的环状结构是其黏度的载体的说法。这同时也说明了液体的黏度中也包含了它的分子结构的信息。

③当烃类分子中的环数相同时,其侧链越长则其黏度也越大。

2.3.4　黏度与温度的关系

油品的黏度随其温度的升高而减小,而润滑油往往是在环境温度变化较大的条件下使用的,所以要求它的黏度随温度变化的幅度不要太大。

1. 油品黏度随温度变化的关系式

油品黏度与温度的关系一般可用下列经验式关联:

$$\lg \lg(\nu + a) = b + m\lg T \tag{2.24}$$

式中,ν 为运动黏度,mm^2/s;T 为绝对温度,K;a、m、随油品性质而异的经验常数。对于我国的油品,常数 a 取 0.6 较为适宜。

若已知某油品在两个不同温度下的黏度,即可求得该油品的 b 及 m,这样便能利用式(2.24)算出在其他温度下的黏度。也可用以 $\lg \lg(\nu + 0.6)$ 为纵坐标,以 $\lg T$ 为横坐标的作图法求取。此法比较简便,但不很准确,外延过远时误差更大,而且只适用于牛顿体系。

2. 黏度 – 温度关系的表示方法

对于润滑油,其黏度随温度变化的情况是衡量其性质的重要指标。目前常用的表征黏 – 温性质的指标有以下两种。

(1) 黏度指数(viscosity index,VI)。

黏度指数是目前世界上通用的表征黏 – 温性质的指标,我国目前也采用此指标。此法是选定两种原油的馏分作为标准,一种是黏 – 温性质良好的宾夕法尼亚原油,把这种原油的所有窄馏分(称为 H 油)的黏度指数均人为地规定为 100;另一种是黏 – 温性质不好的得克萨斯海湾沿岸原油,把它的所有窄馏分(称为 L 油)的黏度指数都人为地规定为 0。一般油样的黏度

指数介于两者之间,黏度指数越大表明其黏 - 温性质越好。油品的黏度指数可用下面的公式计算。

当黏度指数(VI)为 0 ~ 100 时,

$$VI = \frac{L - U}{L - H} \times 100 \tag{2.25}$$

当黏度指数(VI)等于或大于 100 时,

$$VI = \frac{10^N - 1}{0.007\,15} + 100 \tag{2.26}$$

$$N = \frac{\lg H - \lg U}{\lg Y} \tag{2.27}$$

式中,U 为试样在 40 ℃条件下的运动黏度,mm^2/s;Y 为试样在 100 ℃条件下的运动黏度,mm^2/s;H 为与试样 100 ℃时运动黏度相同、黏度指数为 100 的 H 标准油在 40 ℃时的运动黏度,mm^2/s;L 为与试样 100 ℃时运动黏度相同、黏度指数为 0 的 L 标准油在 40 ℃时的运动黏度,mm^2/s。

图 2.5 是黏度指数示意图。精确的黏度指数数值可用油品的 40 ℃ 及 100 ℃ 的运动黏度(mm^2/s)从石油产品黏度指数表中查得。从有关的列线图也可求得油品的黏度指数,但比较粗略。对于黏 - 温性质很差的油品,其黏度指数可以是负值。

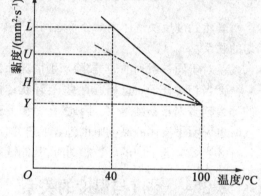

图 2.5　黏度指数示意图

（2）黏度比。

黏度比通常指油品在 50 ℃条件下的运动黏度与其在 100 ℃条件下的运动黏度之比,即 ν_{50}/ν_{100}。对于黏度水平相当的油品,这个比值越小,表示该油品的黏 - 温性质越好;但当黏度水平相差较大时,则不能用黏度比进行比较。

3. 黏温性质与分子结构的关系

烃类的黏 - 温性质与分子的结构有着密切的关系。

①正构烷烃的黏 - 温性质最好,分支程度较小的异构烷烃的黏 - 温性质比正构烷烃的稍差,随其分支程度的增大,黏 - 温性质越来越差。

②环状烃(包括环烷烃和芳烃)的黏 - 温性质都比链状烃的差。当分子中只有一个环时,黏度指数虽有下降,但下降不多。但当分子中环数增多时,则黏 - 温性质明显变差,甚至黏度指数变为负值。

③当分子中的环数相同时,其侧链越长,黏 - 温性质越好,侧链上如有分支也会使黏度指数下降。

综上所述,烃类中除正构烷烃的黏 - 温性质最好外,带有少分支长烷基侧链的少环烃类和分支程度不大的异构烷烃的黏 - 温性质也是比较好的,而多环短侧链的环状烃类的黏 - 温性质非常差。

2.3.5　黏度与压力的关系

当液体所受的压力增大时,其分子间的距离缩小,引力也就增强,导致其黏度增大。对于石油产品而言,只有当压力大到 20 MPa 时才对黏度有显著的影响,如压力达到35 MPa时,油品的黏度约为常压下的两倍。当压力进一步增加时,黏度的变化率增大,直至使油品变成膏状半固体。黏度的这种性质对于在重负荷下应用的润滑油(如齿轮油)特别重要。石油馏分在高压下的黏度可用下列经验方程计算。

$$\lg \frac{\eta}{\eta_0} = \frac{p}{6.894\,76}(0.023\,9 + 0.016\,38\eta_0^{0.278}) \tag{2.28}$$

式中,η 为在温度 T、压力 p 下的黏度,mPa·s;η_0 为在温度 T 和大气压力下的黏度,mPa·s;p 为压力,MPa。

此式不宜用于压力大于 70 MPa 的情况。

2.3.6　石油及石油馏分的黏度和黏 - 温性质

石蜡基及中间基的原油均含有一定量的蜡,这样,它们在较低温度下往往呈现非牛顿流体的特性。所以,对于原油或其重馏分除测定其不同温度下的黏度外,往往还要测定其流变曲线,以便了解其黏度随剪切速率的变化情况,这对于原油和重质油的输送和利用都是很重要的。

表2.9 中的数据表明,石油各馏分的黏度都是随其沸程的升高而增大的,这一方面是由于其相对分子质量增大,更重要的是由于随馏分沸程的升高,其中环状烃增多导致的。当馏分的沸程相同时,石蜡基原油的黏度最小,环烷基的最大,中间基的居中。至于黏 - 温性质,则以石蜡基原油馏分的最好,中间基的次之,环烷基的最差。这些显然是由其化学组成所决定的,也就是说在石蜡基原油中含有较多的黏度较小的黏 - 温性质较好的烷烃和少环长侧链的环状烃,而在环烷基原油中,则含较多的黏度较大而黏 - 温性质不好的多环短侧链的环状烃。

表 2.9　石油减压馏分的黏度比和黏度指数

原油	沸程/℃	$\nu_{50}/(\mathrm{mm^2 \cdot s^{-1}})$	$\nu_{100}/(\mathrm{mm^2 \cdot s^{-1}})$	黏度比 ν_{50}/ν_{100}	黏度指数(VI)
大庆 (石蜡基)	350 ~ 400	6.91	2.66	2.60	200
	400 ~ 450	15.82	4.65	3.40	140
	450 ~ 500	—	8.09	—	—
新疆 (中间基)	350 ~ 400	13.00	3.70	3.51	80
	400 ~ 450	39.74	7.45	5.33	70
	450 ~ 500	128.8	16.20	7.95	60
孤岛 (环烷 - 中间基)	350 ~ 400	16.03	3.99	4.02	40
	400 ~ 450	102.0	12.15	8.40	13
	450 ~ 500	219.3	19.22	11.41	0

续表 2.9

原油	沸程/℃	$\nu_{50}/(mm^2 \cdot s^{-1})$	$\nu_{100}/(mm^2 \cdot s^{-1})$	黏度比 ν_{50}/ν_{100}	黏度指数(VI)
羊三木 （环烷基）	350～400	23.27	4.72	4.93	0
	400～450	146.3	13.66	10.71	−35
	450～500	356.9	23.37	15.27	< −100

2.3.7　油品的混合黏度

实践证明,黏度并没有可加性。相混合的两油品的组成及性质相差越远、黏度相差越大,则混合后实测的黏度与用加和法计算出的黏度两者相差就越大。如不便实测时,可借助图2.6求取混合物的黏度。把需混合的两种油品的黏度值分别标于图中 A、B 两侧的纵坐标上,两点间连一直线,即可在此直线上求得两者以任何比例混合时的黏度。

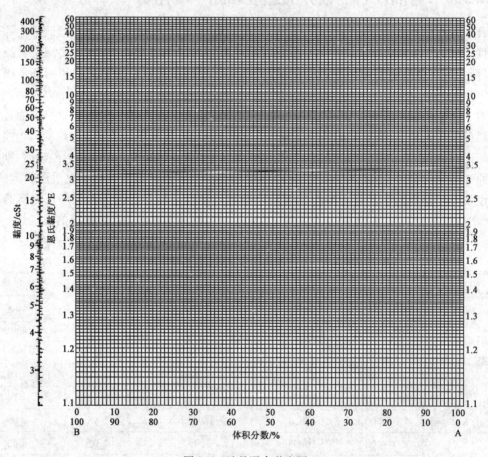

图 2.6　油品混合黏度图

2.3.8　气体的黏度

前已述及,液体的黏滞性源于其分子间的引力,当温度升高时其分子能量增高,从而更易于相互脱离,导致黏度减小。而气体分子间的距离很大,相互间的引力很小,所以气体的黏滞性与液体的有着本质的区别。根据气体分子动理论,可以认为气体的黏滞性取决于分子间的动量传递速度。当温度升高时,气体分子的运动加剧,其动量传递速度加快,从而导致在相对运动时其层间的阻力增大。所以,与液体相反,气体的黏度是随温度的升高而增大的。

在工程计算中,当压力较低时,不同温度下石油馏分蒸气的黏度可由图 2.7 根据其平均相对分子质量查得。

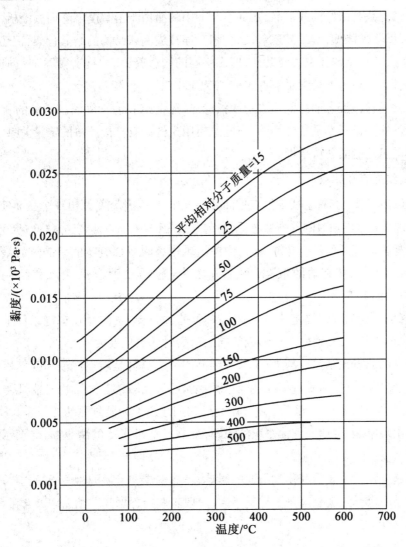

图 2.7　石油馏分蒸气黏度图

2.3.9　低温流动性

低温流动性显著影响着石油产品在冬季、室外、高空等低温条件下使用、输送和储存等方面的使用性能。由于不同石油产品采用不同的评定方法,因此有浊点、结晶点、冰点、凝点、倾点、冷滤点、软化点、熔点和滴点等多种流动性指标。

石油及液体石油产品在低温下失去流动性有两种情况。一种是含蜡很少或不含蜡的石油和油品,在温度降低时,黏度迅速增大,当黏度增大到一定程度后,原油和油品因变成无定型的玻璃状物质而失去流动性,此时所谓的凝固称为黏温凝固。"凝固"一词并不确切,因为在油品刚失去流动性的温度下,它是一种可塑性物质,而不是固体。

另一种情况是含蜡原油或油品,在降温时油中的蜡由于溶解度下降而逐渐析出,形成固态结晶,随着温度不断降低,蜡结晶逐渐长大,相互连接成网状结构的结晶骨架,把还处于液态的组分包在其中,使整个油品失去流动性,形成所谓的构造凝固。"构造凝固"一词也不确切,此时蜡的结晶骨架中还包含着大量液态组分,其硬度离"固"也相差甚远。

下面除分述各种液态油品低温流动性指标外,还把蜡和沥青等固态产品的相关指标一并进行了介绍。这些指标都是条件性的,与低温使用条件没有直接严格的定量关系,但仍是石油和石油产品低温性能的公认指标。

1. 浊点、结晶点和冰点

浊点是煤油的重要指标。所谓浊点是油品在规定条件下降温,因出现结晶而使原本清澈的液态油品出现雾状或混浊时的最高温度,其测定方法为《石油浊点测定法》(GB 6986—1986)。

结晶点是在规定条件下冷却油品时,油中出现用肉眼可以分辨的结晶时的最高温度。在结晶点时,油品仍为可流动的液态,测定方法为《轻质石油产品浊点和结晶点测定法》(SH/T 0179—1992)。

冰点用《航空燃料冰点测定法》(GB/T 2430—2008)测定,它是在规定条件下冷却油品到出现结晶后,再使其升温,使原来已形成的结晶消失时的最低温度。

同一油品的冰点比结晶点高 1~3 ℃。结晶点和冰点都是航空汽油和喷气燃料的重要低温性能,欧美多用冰点作为质量标准,俄罗斯用结晶点,我国航空汽油和 1 号、2 号以及 4 号喷气燃料以结晶点为标准,3 号和 5 号喷气燃料已改用冰点作为质量标准。

燃料中出现结晶,会堵塞供油系统的滤网,影响发动机正常供油,对高空飞行来说是极其危险的。

油品的这些性质主要受其化学组成的影响,正构烷烃和芳烃的这些指标比异构烷烃、环烷烃和烯烃高;同一族烃,随相对分子质量增大,一般这些指标增高。油品中如含微量水分,会严重影响这些指标。

2. 凝点、倾点和冷滤点

纯物质在一定压力下,具有一个与熔点相同的固定冰点,如在常压时,水的熔点和冰点均为 0 ℃。石油及其产品是一些复杂混合物,它们没有固定的"冰点",也没有固定的"熔点"。所谓油品的"凝点",是指在严格规定的仪器及操作条件下测得的油品刚失去流动性时的温度。而所谓失去流动性,也是有条件的,即在某温度时,把装有试油的规定试管倾斜 45°,经 1 min 后,肉眼观察不出试管内油面有所移动,此时就认为油品已"凝固"失去流动性,产生这种现象的最高温度称为该油品的凝点,根据《石油产品凝点测定法》(GB 510—1983)测定。英、美等国把装有试油的规定试管转成水平位置,经过 5 s 后,油品不再移动的温度称为凝点。两种方法所测得的油品凝点大致相同。

倾点是指油品能从规定仪器中流出的最低温度,也称流动极限,根据《石油倾点测定法》(GB/T 3535—1983)测定。

凝点、倾点是柴油、润滑油、燃料油等的重要使用性能指标。

凝点和倾点都不能直接表征油品在低温下堵塞发动机滤网的可能性,因此提出直接表示柴油在低温下堵塞滤网可能性的冷滤点指标。冷滤点测定方法的依据为《柴油和民用取暖油冷滤点测定法》(SH/T 0248—2006),在规定的压力和冷却速度下,测定 20 mL 试油开始不能通过 363 目/m² 过滤网时的最高温度,这个温度称为冷滤点。

国内正逐步采用以倾点代替凝点、用冷滤点取代柴油凝点,目前三者并存。

2.4　临界性质、压缩因子及偏心因子

2.4.1　石油馏分的临界性质

当纯物质的实际气体处于临界状态时,其液态与气态的分界面消失。温度高于临界点时,气体便不能液化,因而临界点的温度是实际气体能够液化的最高温度,称为临界温度 T_c;在临界温度下能使该实际气体液化的最低压力称为临界压力 p_c;实际气体在其临界温度与临界压力下的物质的量体积称为临界体积 V_c。

纯烃的临界常数 T_c、p_c 及 V_c 可从有关图表中查得。

1.二元混合物的临界性质

与纯物质一样,混合物的临界状态也是以液相和气相的分界面消失来确认的。图 2.8 是组成为一定值的二元混合物的 p-T 关系示意图。

由图 2.8 可见,压力为 p_A 时,当温度升至 T_1,该混合物开始沸腾,随汽化分数的增大,体系的温度也逐步升高。而当温度达到 T_2 时,该混合物就全部汽化。因此,T_1 是该混合物液相的泡点,T_2 是该混合物气相的露点。此体系的泡点线与露点线之间为两相区,这两条线会聚于其临界点 C。

从图 2.8 还可以看出,对于混合物来说,在高于其临界温度 T_c 时,仍可能有液相存在,直至达到最高温度 T_3 为止,所以 T_3 为其临界冷凝温度;同样,在高于其临界压力 p_c 时,仍可能有气相存在,直至达到最高压力 p_4 为止,所以 p_4 为其临界冷凝压力。

多元混合物的真实临界点是由试验求得的。其相应的温度和压力分别称为真临界温度和真临界压力。这些真临界常数常用于确定传质和反应设备中的相态及其允许的操作条件范围。

当多元混合物的组成不同时,其临界点也随之不同。图 2.9 为组成不同的二元混合物的 p-T 关系示意图。图中 C_A 为纯组分 A 的临界点,AC_A 为 A 的 p-T 线;C_B 为组分 B 的临界

点,BC_B 为 B 的 $p-T$ 线。①、②、③为三个组成不同的 A - B 混合物的 $p-T$ 曲线,C_1、C_2、C_3 三点为其各自相应的临界点,曲线 $C_AC_1C_2C_3C_B$ 为此 A - B 二元混合物体系的真临界点轨迹。

当涉及混合物的物性关联时,往往所用的并不是真临界常数,而常借助分子平均方法求得的假临界常数(或称虚拟临界常数)。其定义如下:

$$假临界温度\ T'_c = \sum_{i=1}^{n} x_i T_{ci}$$

$$假临界压力\ p'_c = \sum_{i=1}^{n} x_i p_{ci}$$

式中,x_i 为组分 i 的物质的量分数;T_{ci}、p_{ci} 为组分 i 的临界温度和临界压力。

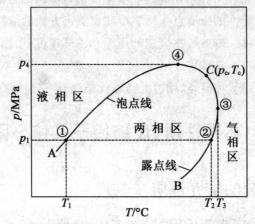

图 2.8　组成为一定值的二元混合物的 $p-T$ 关系示意图

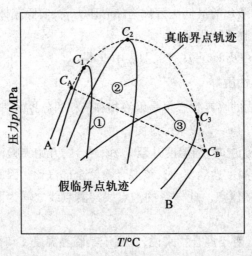

图 2.9　组成不同的二元混合物的 $p-T$ 关系示意图

图 2.9 中的直线 C_AC_B 为该二元混合物的假临界点轨迹。由图可见,算得的假临界常数显然与相应由试验求得的真临界常数不同。例如,一个由正己烷(其临界压力为3.07 MPa)和正癸烷(其临界压力为 2.18 MPa)组成的混合物,其中所含正己烷的物质的量分数为 0.4,经试验测定此混合物的真实临界压力为 2.86 MPa。而当用分子平均法计算其假临界压力时,得

$$p'_c = 0.4 \times 3.07 + 0.6 \times 2.18 = 2.54 (\text{MPa})$$

可见后者明显较小。

2. 石油馏分临界常数的求取方法

石油馏分临界常数的实际测定比较困难,一般常借助其他物性数据用经验关联式或有关图表求取。

石油馏分的真、假临界温度(T_c、T'_c)、假临界压力(p'_c)可从图 2.10 和图 2.11 查得。

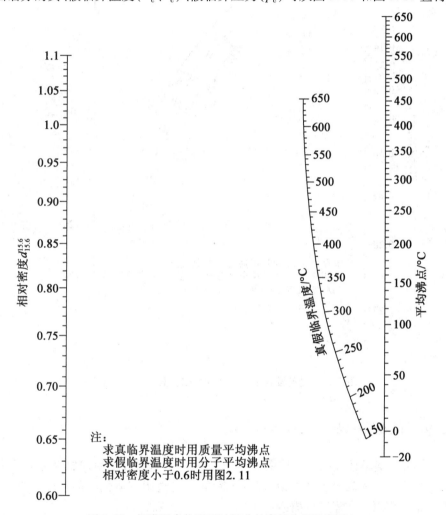

注:
求真临界温度时用质量平均沸点
求假临界温度时用分子平均沸点
相对密度小于0.6时用图2.11

图 2.10　烃类混合物和石油馏分的真假临界温度图 1

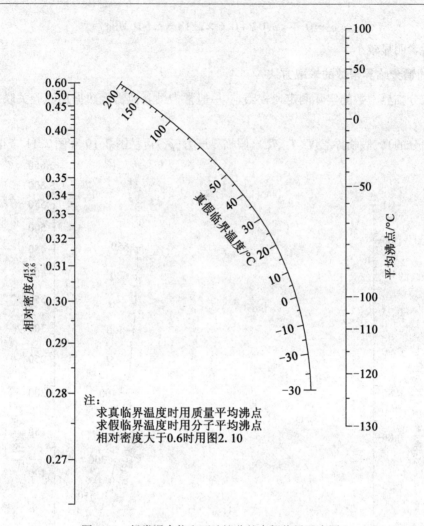

图 2.11　烃类混合物和石油馏分的真假临界温度图 2

2.4.2　压缩因数

理想气体方程简单地表征了气体的 p、V、T 关系。压缩因数是用理想气体方程表征实际气体 p、V、T 关系而引入的校正系数,它表示实际气体与理想气体偏差的程度。所以,实际气体 p、V、T 关系可用以下方程进行描述:

$$pV = ZRT \tag{2.29}$$

式中,Z 为压缩因数,它的数值大小与气体的性质及状态有关。

气体处于临界状态时,压缩因数称为临界压缩因数 Z_c。各种气体在临界状态时的压缩因数 Z_c 具有近似相同的数值,大多数气体的 Z_c 在 0.25～0.31。

物质的状态与其临界状态相比称为对比状态。对比状态用对比温度、对比压力、对比体积等参数来表征。对比状态的参数定义如下:

$$T_r = T/T_c \tag{2.30}$$

$$p_r = p/p_c \tag{2.31}$$

$$V_r = V/V_c \tag{2.32}$$

式中，T_r、p_r、V_r 分别为对比温度、对比压力和对比体积。

对比状态用来表示物质的状态与临界状态的接近程度。在对比状态下，各种物质有相似的特性，这时的压缩因数不受物质性质的影响。各种不同物质，如果具有相同的对比温度 T_r 及对比压力 p_r，那么它们的对比体积 V_r 和压缩因数 Z 值也接近相同。这就是对比状态定律。

压缩因数可以根据对比状态定律，用对比温度和对比压力来求取。图 2.12 所示是物质的对比状态与压缩因数的关系图。

混合物的压缩因数也可按下式计算：

$$Z_{混} = \sum_{i=1}^{n} x_i Z_i \tag{2.33}$$

式中，$Z_{混}$ 为混合物的压缩因数；x_i 为混合物中 i 组分的物质的量分数；Z_i 为混合物中 i 组分的压缩因数。

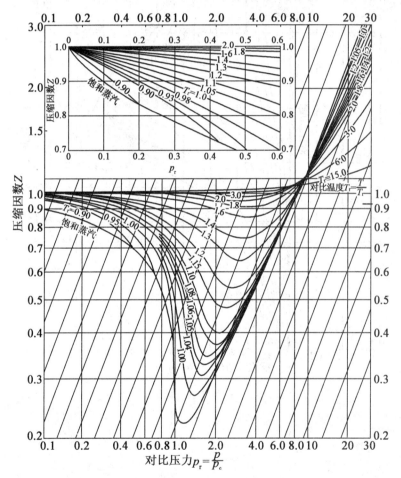

图 2.12　对比状态与压缩因数的关系图

①此图只有在 $T_r < 2.5$ 时才能用于氢气、氮气和氖气，此时 $T_r = \dfrac{T}{T_c + 8}$，$p_r = \dfrac{p}{p_c + 8}$。

②对于气体混合物：$T_r = \dfrac{T}{T_c}$，$p_r = \dfrac{p}{p_c}$。

简单流体的压缩因数 $Z^{(0)}$ 可从图 2.13 查得，非简单流体压缩因数的校正值 $Z^{(1)}$ 可从图

2.14查得，偏心因数 ω。可从表2.10查得。

　　由表2.10可见，对于同一系列烃类，相对分子质量越大，其偏心因数也越大；当分子中的碳数相同时，烷烃的偏心因数较大，环烷烃和芳烃的则较小。对于实际体系，应引入偏心因数，否则会引起较大误差。

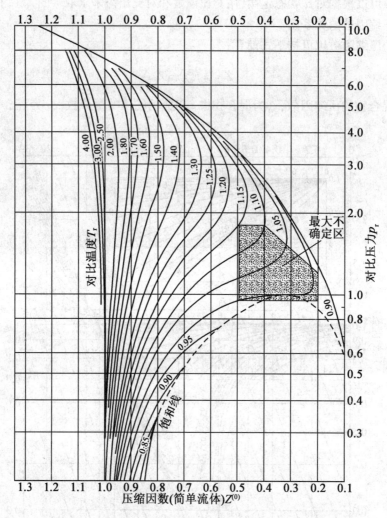

图2.13　简单流体通用压缩因数图

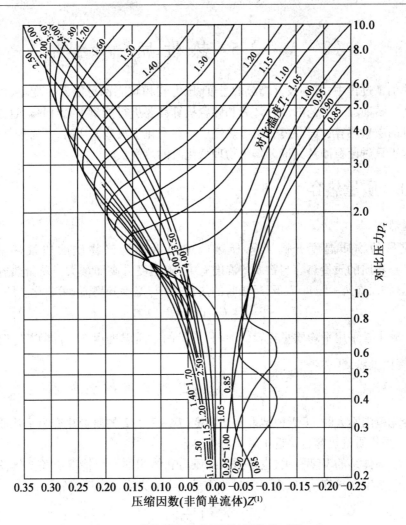

图 2.14　非简单流体通用压缩因数校正图

表 2.10　某些烃类的偏心因数

化合物	甲烷	乙烷	正己烷	正十六烷	正二十烷	2-甲基戊烷	环己烷	苯	甲苯
偏心因数(ω)	0.011 5	0.090 8	0.295 7	0.746 8	0.906 5	0.273 9	0.214 4	0.210 0	0.256 6

混合物的偏心因数可由下式计算：

$$\omega = \sum_{i=1}^{n} x_i \omega_i \tag{2.34}$$

式中，x_i 为组分 i 的物质的量分数；ω_i 为组分 i 的偏心因数。

2.5　热　性　质

在石油加工过程中,石油及其馏分的温度、压力和相状态都可能发生变化,这就涉及体系的能量平衡。石油加工工艺的设计计算和装置核算都要进行能量平衡计算。这就必须知道石油及其馏分的质量热容、汽化潜热、焓等热性质。在有化学反应发生时,还必须知道反应热、生成热等。这里只讨论石油及其馏分发生物理变化时的热性质。

2.5.1　质量热容

1. 质量热容

单位质量的物质温度升高 1 ℃ 所吸收的热量称为该物质的质量热容 C,单位为kJ/(kg·℃)。物质的质量热容与物质的温度有关,随温度升高而增大。质量热容的严格定义是:单位质量物质在某一温度 T 下,所吸收的热量 dQ 与温度升高值 dT 之比。即

$$C = dQ/dT \tag{2.35}$$

工艺计算中常采用平均质量热容 $\overline{C}$。单位质量的物质温度由 T_1 升高到 T_2 时所需的热量为 Q,其平均质量热容 $\overline{C}$ 为

$$\overline{C} = \frac{Q}{T_2 - T_1} \tag{2.36}$$

温度变化范围不大时,可近似地取平均温度 $(T_1 + T_2)/2$ 的质量热容为平均质量热容。温度范围越小,平均质量热容越接近于真实质量热容。

质量热容与体系的温度有关,也与体系的压力和体积的变化情况有关。体积恒定时的质量热容称为质量定容热容 c_V,压力恒定时的质量热容称为质量定压热容 c_p,即

$$c_V = \left(\frac{\partial U}{\partial T}\right)_V \tag{2.37}$$

$$c_p = \left(\frac{\partial H}{\partial T}\right)_p \tag{2.38}$$

对于液体和固体,质量定压热容和质量定容热容相差很少。对于气体,两者相差较大,差值相当于气体膨胀时所做的功。对于理想气体,两者的差值为气体常数,即

$$c_p - c_V = R \tag{2.39}$$

2. 烃类的质量热容

烃类的质量热容随温度和相对分子质量的升高而逐渐增大。压力对于液态烃类质量热容的影响一般可以忽略;但气态烃类的质量热容随压力的增高而明显增大,当压力高于0.35 MPa时,其质量热容需做压力校正。

相对分子质量相近的烃类中,质量热容从大到小的顺序是:烷烃、环烷烃、芳烃;同一族烃类,分子越大质量热容越小;烃类组成相近的石油馏分中,密度越大质量热容越小。

2.5.2　汽化热

单位质量的物质在一定温度下由液态转化为气态所吸收的热量称为汽化热,单位为kJ/kg。物质的汽化热随压力和温度的升高而逐渐减小,至临界点时,汽化热等于零。如不特殊

说明,物质的汽化热通常是指在常压沸点下的汽化热。

　　烃类的汽化热随相对分子质量的增大而减小。当相对分子质量相近时,烷烃与环烷烃的汽化热相差不多,而芳烃的汽化热稍高一些;油品越重,沸点越高,其汽化热越小。

　　纯烃和烃类混合物的汽化热可从有关图表中查得。对于石油馏分,可查图或计算获得在相同条件下气相和液相的焓值,气相和液相的焓值差即为其汽化热。

　　石油馏分的常压汽化热还可根据其中平均沸点、平均相对分子质量和相对密度三个参数中的两个,从图2.15 中查得。对其他温度、压力条件下的汽化热,可以用图 2.16 中查取其校正因子 Φ 后按下式进行校正:

$$\Delta h_r = \Delta h_b \Phi \frac{T}{T_b} \tag{2.40}$$

式中,Δh_r、Δh_b 分别为温度 $T(\mathrm{K})$ 和常压沸点 $T_b(\mathrm{K})$ 时的汽化热,kJ/kg;Φ 为由图 2.16 查得的校正因子。

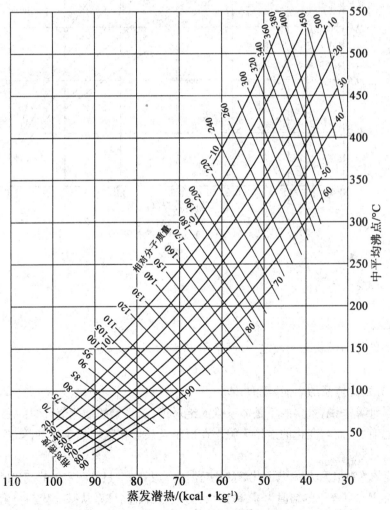

图 2.15　石油馏分常压汽化热图

注:1 cal = 4.184 J

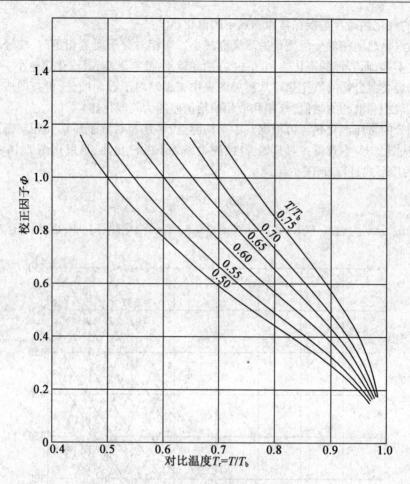

图 2.16 石油馏分汽化热校正图

2.5.3 焓

1. 焓的定义

焓是体系的热力学状态函数之一,通常用 H 表示。定义如下:

$$H = U + pV \tag{2.41}$$

式中,U、p、V 分别为体系的内能、压力、体积。

对热力学计算来说,重要的不是体系焓的绝对值,而是焓的变化值。焓的变化值只与体系的始态和终态有关,而与变化的途径无关。在恒压且只做膨胀功的条件下,体系焓值的变化等于体系所吸收的热量。

体系内能的绝对值无法测得,因此焓的绝对值也无法确定,只能测定焓的变化值。为了便于计算,人为地规定某个状态下的焓值为零,称该状态为基准状态,体系从基准状态变化到某状态时发生的焓变称为该体系在该状态下的焓值。对于烃类和石油馏分,基准温度 T_0 多采用 $-17.8\ ℃$ 或 $0\ K$。油品从某一基准温度加热到 t 所需的热量称为油品的焓。焓的单位为 kJ/kg 或 kJ/mol。

焓值随所选基准状态的不同而不同,只具有相对意义。所以,在计算某个体系物理变化的焓变时,体系的始态和终态焓值的基准状态必须相同,否则无法比较。

2. 石油馏分焓值的求定

油品的焓值是油品性质、温度和压力的函数。在同一温度下，相对密度小及特性因数大的油品具有较高的焓值，烷烃的焓值大于芳烃的焓值，轻馏分的焓值大于重馏分的焓值。压力对液相油品的焓值影响很小，可以忽略；但压力对气相油品的焓值影响较大，在压力较高时必须考虑压力对焓值的影响。

在工艺计算中，一般通过查图求石油馏分的焓值。图 2.17 所示为石油馏分焓图。该图基准温度为 −17.8 ℃，是由特性因数 $K = 11.8$ 的石油馏分在常压下的实测数据绘制而成的。图中有两组曲线，上方的一组为气相石油馏分的焓值，下方的一组为液相石油馏分的焓值。石油馏分的 K 值不等于 11.8 时需要校正。液相焓对 K 的校正查右边中间的小图，校正因数用作乘数。气相焓对 K 的校正查正上方的小图，校正值用作减数；当压力高于 0.5 MPa 时，气相焓值要进行校正，气体焓对压力的校正查左上方小图，校正值用作减数。压力高于 7.0 MPa 时，无法用该图进行焓的压力校正。

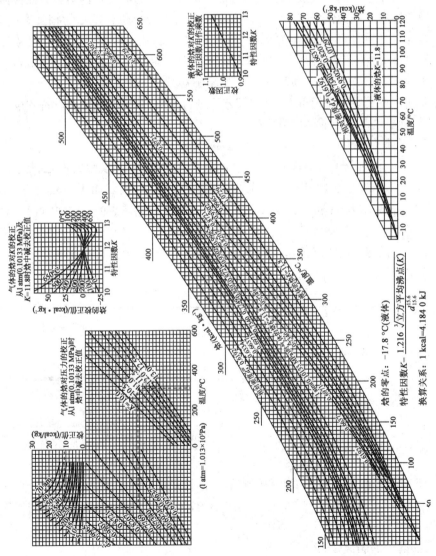

图 2.17　石油馏分焓图

　　油品处于气、液混相状态时,应分别求定气、液相的性质,在已知汽化率的情况下按可加性求其焓值。

　　对恩氏蒸馏馏程斜率小于2的石油窄馏分,相同温度时查得的气、液相的焓值之差,即为该窄馏分在同一温度下的汽化热。

2.6　其他物理性质

2.6.1　表面张力及界面张力

1. 表面张力

　　液体表面分子不同于其内部分子,内部分子所受到的其他分子的引力各个方向相同,而表面分子受上方气相分子的引力远小于受下方液相分子的引力。这种内向引力使液体有尽量缩小其表面积的倾向。表面张力定义为液体表面相邻两部分单位长度上的相互牵引力,其方向与液面相切且与分界线垂直,单位为 N/m,常用符号 σ 表示。表面张力还可定义为液体增大单位表面积时所需要的能量(J/m^2),也称为液体的表面能或表面自由能。液体的表面张力的大小与液体的化学组成、温度及表面气氛等因素有关。

　　在石油加工过程中常需用蒸馏、吸收等方法进行分离,此类气液传质设备的设计中涉及雾沫和泡沫等问题,这些都与液体的表面张力有关。

　　(1)烃类的表面张力。

　　当温度相同、相对分子质量接近时,芳烃的表面张力最大,环烷烃的次之,烷烃的最小(表2.11)。如以 C_6 的烃类为例,苯、环己烷、正己烷在 20 ℃时其表面张力相应分别为 28.8×10^{-3} N/m、25.2×10^{-3} N/m 和 18.0×10^{-3} N/m。表中的数据还表明,就正构烷烃而言,其表面张力是随相对分子质量的增大而增大的,对于环烷烃则不一定如此,而芳烃的表面张力随相对分子质量的变化而变化的程度较小。烃类的表面张力均随温度的升高而减小。

表 2.11　烃类的折射率(n_D^{20})

烃类	正己烷	正庚烷	正辛烷	正壬烷	正癸烷	⬡	⬡-CH₃	⬡-C₂H₅
n_D^{20}	1.374 9	1.387 6	1.397 4	1.405 4	1.411 9	1.426 2	1.423 1	1.433 0

烃类	⬡-C₃H₇	⬡-C₄H₉	⬠	⬠-CH₃	⬠-C₂H₅	⬠-C₃H₇	⬠-C₄H₉	
n_D^{20}	1.437 1	1.440 8	1.501 1	1.496 9	1.495 9	1.492 0	1.489 8	

　　此外,液体的表面张力还受压力和所接触气体性质的影响。增大压力通常使气体的溶解度增大,液体的表面张力是随压力的增大而减小的,其减小的幅度则随所接触的气体性质的不同而不同。

　　(2)石油馏分的表面张力。

　　石油馏分在常温下的表面张力一般在 $24 \times 10^{-3} \sim 39 \times 10^{-3}$ N/m,汽油的约为 26×10^{-3} N/m,

煤油的约为 30×10^{-3} N/m,润滑油的约为 34×10^{-3} N/m。未经精制的石油馏分中还含有一些非烃类物质,它们一般具有表面活性,会在表面富集从而降低体系的表面张力。

石油馏分的表面张力可用下列经验式求取:

$$\sigma = \{673.7[(T_c - T)/T_c]^{1.232}/K\} \times 10^{-3} \qquad (2.42)$$

式中,σ 为液体的表面张力,N/m;T_c 为临界温度,K;T 为体系温度,K;K 为特性因数。

2. 界面张力

界面张力是指每增加一个单位液 – 液相界面面积时所需的能量。与液体的表面能相似,两个液相界面上的分子所处的环境和内部分子所处的环境不同,因而能量也不同。界面张力的单位也是 N/m。界面张力对于萃取等液 – 液传质过程具有重要的影响。虽然温度和压力对于界面张力都有影响,但温度的影响要大得多。

石油在油层中或在生产、加工过程中常与水接触,油 – 水界面上的界面张力受两相化学组成及温度等因素的影响。油或水中原有的或外加的少量表面活性物质会显著影响其界面张力,可增加或降低其界面膜的强度,从而导致油水乳状液的稳定或破坏。

对于烃类与水的界面张力可近似用下式计算:

$$\sigma_{HW} = \sigma_H + \sigma_W - 1.10(\sigma_H \times \sigma_W)^{1/2} \qquad (2.43)$$

式中,σ_{HW} 为烃、水间的界面张力,N/m;σ_H 为烃类的表面张力,N/m;σ_W 为水的表面张力,N/m。

此式主要适用于包含五个或更多碳原子的饱和烃,当烃相的 $T_r > 0.53$ 时,此法的精度迅速下降。

2.6.2　折射率

光在介质中的传播速度与介质的化学组成和结构有关,因此在石油的研究和产品的质量检验中,常常用油品的光学性质诸如折射率、分子折射和色散率等来关联其化学组成和结构。

折射率是光在真空中的速度与在介质中的速度之比,其数值均大于 1.0。油品的折射率一方面取决于其化学组成与结构,另一方面还取决于温度及入射光的波长。常用的测定折射率的仪器是阿贝折光仪。这种折光仪的光源虽然是阳光或电灯,但因其中装有消除色散的补偿器,所以测得的是钠黄光的 D 线(波长为 589.3 nm)的折射率,用 n_D 表示。

折射率还受温度的影响。温度升高,折射率减小。可用下式从温度为 t_0 时测得的折射率 $n_D^{t_0}$ 估算温度为 t 时的折射率 n_D^t。

$$n_D^t = n_D^{t_0} - \gamma(t - t_0) \qquad (2.44)$$

式中,γ 为折射率的温度系数,其值在 0.000 4 ~ 0.000 6 范围内。

对于一般油品,常在 20 ℃下测定其折射率 n_D^{20};而对于含蜡较多、熔点较高的油品,则需在 70 ℃下测定其 n_D^{70}。

从表 2.11 所列的各种烃类的折射率数据可以看出,在各族烃中,烷烃的折射率 n_D^{20} 最小,一般在 1.3 ~ 1.4,芳烃的折射率 n_D^{20} 最大,约为 1.5,环烷烃则介于两者之间。在同一系列的烃中,烷烃和环烷烃的折射率一般是随其相对分子质量的增大而增大的,而单环芳烃的折射率则相反,是随其相对分子质量的增大而减小的,但相对分子质量对折射率的影响远不如分子结构的影响显著。总体看来,折射率与分子结构的关系和相对密度与分子结构的关系是相似的。

表 2.12 所列为石油馏分的折射率 n_D^{20}。从表中的数据,一方面可以看出,对于沸程相同的馏分,石蜡基的大庆原油的折射率最小,环烷基的羊三木原油的折射率最大,中间基的胜利原

油的折射率居中,这显然反映了它们化学组成上的差别;另一方面还可以看出,对于同一种原油,其馏分的折射率随沸程的升高而增大,这主要是由于较重的馏分中芳烃的含量较多导致的。

表 2.12　石油馏分的折射率(n_D^{20})

沸点范围/℃	大庆原油(石蜡基)	胜利原油(中间基)	孤岛原油(环烷 – 中间基)	羊三木原油(环烷基)
200 ~ 250	1.448 4	1.458 0	1.472 4	1.471 4
250 ~ 300	1.456 1	1.463 0	1.488 8	1.489 7
300 ~ 350	1.468 7	1.467 0	1.500 9	1.505 3
350 ~ 400	1.449 3	1.458 3	1.510 2	1.519 0
400 ~ 450	1.459 8	1.477 0	1.502 4	1.523 0
450 ~ 500	1.468 0	1.484 0	1.560 9	1.526 0

2.6.3　导热系数

导热系数又称导热率,它反映物质的热传导能力,其定义为单位温度梯度(在 1 m 长度内温度降低 1 K)在单位时间内经单位导热面所传递的热量,常用符号 λ 表示,以 W/(m·K)为单位。导热系数是进行换热器等传热设备计算时必不可少的物性数据。

1. 气体的导热系数

对于理想气体,其导热系数不受压力影响,只是温度的函数。而当压力较高时,则需考虑压力的影响加以校正。

对于石油馏分低压蒸气,可近似地看作理想气体用下列经验式进行计算:

$$\lambda = A + \frac{B}{M} + \frac{C}{M^2} + (T - 255.37)\left(D + \frac{E}{M} + \frac{F}{M^2}\right) \tag{2.45}$$

式中,λ 为导热系数,W/(m·K);T 为温度,K;M 为相对分子质量;$A = 0.002\ 310\ 3$;$B = 0.426\ 24$;$C = 1.989\ 1$;$D = 1.020\ 8 \times 10^{-4}$;$E = 1.304\ 7 \times 10^{-4}$;$F = 0.005\ 740\ 5$。

当气体中含有少量氢气时,误差较大,此式不适用。

2. 液体的导热系数

当压力低于 3.4 MPa 时,液体的导热系数不受压力影响,它随温度的增高而减小,两者基本呈线性关系。而当对比温度大于 0.8 接近临界点时,其导热系数则随温度的增高而急剧下降。

液体石油馏分低压下的导热系数可用下式估算:

$$\lambda = 0.131\ 2 - 1.420 \times 10^{-4}(T - 273.15) \tag{2.46}$$

式中,λ 为导热系数,W/(m·K);T 为温度,K。

第3章 原油评价及加工方案

3.1 原油评价方法概述

确定一种原油的加工方案是炼厂设计和生产的首要任务。人们根据所加工原油的性质、市场对产品的需求、加工技术的先进性和可靠性,以及经济效益等方面的信息,进行全面的综合分析、研究对比,方能制订出合理的加工方案。在上述的诸多考虑因素中,原油性质是最基本的因素。原油评价就是通过各种试验、分析,取得对原油性质的全面的认识。

原油评价按其目的不同,大体上可分为三个层次:

(1)原油的一般性质。

(2)常规评价。除了原油的一般性质外,还包括原油的实沸点蒸馏数据及窄馏分性质。

(3)综合评价。除上述两项内容外,还包括直馏产品的产率和性质。根据需要,也可增加某些馏分的化学组成、某些重馏分或渣油的二次加工性能等。

根据不同的目的和需要,可以选择不同的评价内容以及具体的测试项目。通常,在取得详细的原油性质数据的基础上,还需对该原油的加工方案提出建议。

以下对原油评价的基本内容和方法分别予以说明。

3.1.1 原油的一般性质

在测定原油性质之前,应先测定原油的含水量、含盐量和机械杂质。若原油含水量大于0.5%应先脱水。表3.1列出了几种国产原油的一般性质。

表3.1 几种国产原油的一般性质

性质	大庆	胜利	大港	克拉玛依	辽河
密度(20 ℃)/(g·cm^{-3})	0.858 7	0.900 5	0.882 6	0.880 8	0.881 8
运动黏度(50 ℃)/(mm^2·s^{-1})	19.5	83.4	17.3	32.3	21.9
凝点/℃	32	28	28	−57	21
含蜡量(吸附法)/%	25.1	14.6	15.4	2.1	8.7
沥青质含量(质量分数)/%	0.1	5.1	13.1	0.5	—
硅胶胶质含量(质量分数)/%	8.9	23.2	9.7	15.0	15.7
酸值/(mgKOH·g^{-1})	—	—	—	0.74	0.98
残炭值/%	3.0	6.4	3.2	3.8	4.8

续表 3.1

性质		大庆	胜利	大港	克拉玛依	辽河
元素分析/%	C	86.3	86.3	85.7	86.1	—
	H	13.5	12.6	13.4	13.3	—
	S	0.15	0.88	0.12	0.12	0.18
	N	—	0.41	0.23	0.27	0.31
微量金属 V/(μg·g^{-1})		<0.1	1.0	<1	—	0.6
微量金属 Ni/(μg·g^{-1})		2	26	18	—	32
<300 ℃馏出/%		25.6	18.0	26.0	31.0	—

3.1.2　原油实沸点蒸馏及窄馏分性质

实沸点蒸馏是用来考察石油馏分组成的试验方法。原油实沸点蒸馏所用的试验装置和操作条件都有一定的规定。该试验装置是一种间歇式釜式精馏设备,精馏柱的理论板数为 15 ~ 17,精馏过程在回流比为 5:1 的条件下进行。馏出物的最终沸点一般为 500 ~ 520 ℃,釜底残留物则为渣油。为避免原油的裂解,蒸馏时釜底温度不得超过 350 ℃。因此,整个蒸馏过程分为三段进行:常压蒸馏、减压蒸馏(10 mmHg)和二段减压蒸馏(1 ~ 2 mmHg,不带精馏柱)。

原油在实沸点蒸馏装置中按沸点高低被切割成多个窄馏分和渣油。一般按每 3% ~ 5% 取作一个窄馏分。将窄馏分按馏出顺序编号、称重及测量体积,然后测定各窄馏分和渣油的性质,所得的数据见表 3.2。

表 3.2　大庆原油实沸点蒸馏及窄馏分性质数据

馏分号	沸点范围/℃	占原油质量分数/%		密度(20 ℃)/(g·cm^{-3})	运动黏度/(mm^2·s^{-1})			凝点/℃	闪点(开)/℃	折射率	
		每馏分	累计		20 ℃	50 ℃	100 ℃			n_D^{20}	n_D^{70}
1	初 ~ 112	2.98	2.98	0.710 8	—	—	—	—	—	1.399 5	—
2	112 ~ 156	3.15	6.13	0.746 1	0.89	0.64	—	—	—	1.417 2	—
3	156 ~ 195	3.22	9.35	0.769 9	1.27	0.89	—	− 65	—	1.435 0	—
4	195 ~ 225	3.25	12.60	0.795 8	2.03	1.26	—	− 41	78	1.444 5	—
5	225 ~ 257	3.40	16.00	0.809 2	2.81	1.63	—	− 24	—	1.450 2	—
6	257 ~ 289	3.40	19.46	0.816 1	4.14	2.26	—	− 9	125	1.456 0	—
7	289 ~ 313	3.44	22.90	0.817 3	5.93	3.01	—	4	—	1.456 5	—
8	313 ~ 335	3.37	26.27	0.826 4	8.33	3.84	1.73	13	157	1.461 2	—
9	335 ~ 355	3.45	29.72	0.834 8	—	4.99	2.07	22	—	—	1.445 0
10	355 ~ 374	3.43	33.15	0.836 3	—	6.24	2.61	29	184	—	1.445 5
11	374 ~ 394	3.35	36.50	0.839 6	—	7.70	2.86	34	—	—	1.447 2
12	394 ~ 415	3.55	40.05	0.847 9	—	9.51	3.33	38	206	—	1.451 5
13	415 ~ 435	3.39	43.44	0.853 6	—	13.3	4.22	43	—	—	1.456 0

续表 3.2

馏分号	沸点范围 /℃	占原油质量分数/%		密度 (20 ℃) /(g·cm⁻³)	运动黏度 /(mm²·s⁻¹)			凝点 /℃	闪点 (开) /℃	折射率	
		每馏分	累计		20 ℃	50 ℃	100 ℃			n_D^{20}	n_D^{70}
14	435~456	3.88	47.32	0.868 6	—	21.9	5.86	45	238	—	1.464 1
15	456~475	4.05	51.37	0.873 2	—	—	7.05	48	—	—	1.467 5
16	475~500	4.52	55.89	0.878 6	—	—	8.92	52	282	—	1.469 7
17	500~525	4.15	60.04	0.883 2	—	—	11.5	55	—	—	1.473 0
渣油	>525	38.5	98.54	0.937 5	—	—	—	41	—	—	—
损失	—	1.46	100.0	—	—	—	—	—	—	—	—

根据表 3.2 中的数据可绘制出原油的实沸点蒸馏曲线和中比性质曲线,如图 3.1 所示。

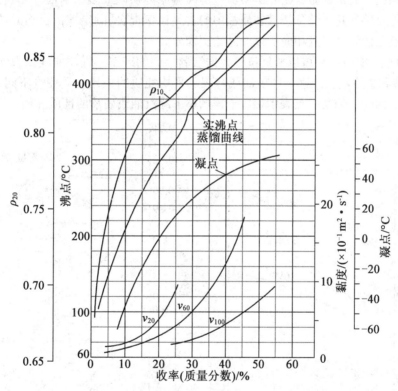

图 3.1 大庆原油实沸点蒸馏曲线和中比性质曲线

以馏出温度为纵坐标,累计馏出质量分数(欧美多用体积分数)为横坐标作图,即可得到实沸点蒸馏曲线。该曲线上的一点表示原油馏出某累计收率时的实沸点。

从原油实沸点蒸馏所得的各窄馏分仍然是一个复杂的混合物,因此,所测得的窄馏分性质是组成该馏分的各种化合物的性质的综合表现,具有平均的性质。在绘制原油性质曲线时,假定测得的窄馏分性质表示该窄馏分馏出一半时的性质,这样标绘的性质曲线就称为中比性质曲线。例如,图 3.1 中第六个窄馏分是从累计收率为 16.00% 开始到 19.46% 结束,密度为

0.816 1 g/cm³,在标绘时,以 0.816 1 为纵坐标、(16.00% + 19.46%)/2 = 17.73% 为横坐标,就得到中比性质曲线上的一个点。连接各点即可得到原油的中比性质曲线。用同样的方法可以绘出其他各馏分的中比性质曲线。

原油中比性质曲线表示了窄馏分的性质随沸点的升高或累计馏出质量分数增大的变化趋势。通过此曲线,也可以预测任意一个窄馏分的性质。例如,欲了解馏出率在23.0% ~ 27.0% 的窄馏分的性质,可从图 3.1 中横坐标为(23.0% + 27.0%)/2 = 25% 时对应的性质曲线上查得该窄馏分的 20 ℃密度为 0.828 g/cm³,20 ℃运动黏度为 8.7×10^{-6} m²/s等。绝大多数的原油物理性质都没有加成性(密度除外),因此,这种预测方法只适用于窄馏分,对宽馏分是不适用的。馏分越宽,预测结果的误差越大。

3.1.3 直馏产品的性质及产率

直馏产品一般是较宽的馏分,为了取得较准确的性质数据作为设计和生产的依据,必须通过试验实际测定。通常的做法是先由实沸点蒸馏将原油切割成多个窄馏分和残油,然后根据产品的需要把相邻的几个馏分按其在原油中的含量比例混合,测定该混合物的性质。也可以直接由实沸点蒸馏切割得到相应于该产品的宽馏分。

对直馏汽油和残油,还可以根据试验数据绘制它们的产率 – 性质曲线以方便使用。如图 3.2 所示和图 3.3 所示。产率 – 性质曲线与表示平均性质的中比性质曲线不同,它表示的是累积的性质。曲线上的某一点表示相应于该产率下的汽油或残油的性质。

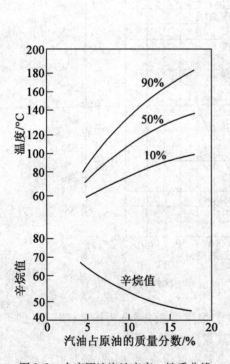

图 3.2　大庆原油汽油产率 – 性质曲线

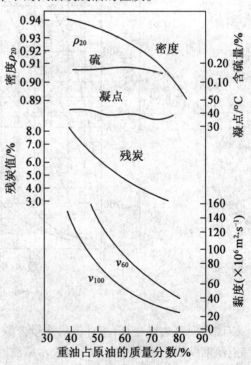

图 3.3　大庆原油残油产率 – 性质曲线

3.2　原油的分类

原油因产地、生成原因等不同而使其组成和性质也不同,无视这些差别,进行混合输送、混合加工,势必增加生产过程的难度和成本,降低产品质量和产率。因此,为了合理地开采、集输和加工原油就必须首先对原油进行分类。原油的组成极为复杂,要确切分类非常困难。人们研究原油的分类方法,按一定的指标将原油进行分类。概括地说,原油可按地质、化学、物理及工业等观点进行分类。一般倾向于化学分类,其次是工业分类。化学分类法包括关键馏分特性分类法、特性因数分类法、相关系数分类法和结构族组成分类法等。这里主要介绍特性因数分类法、关键馏分特性分类法和工业分类法。

3.2.1　化学分类

原油的化学分类以化学组成为基础。化学组成不同是原油性质差异的根本原因,因此化学分类比较科学,相对比较准确,应用比较广泛。但由于原油的化学组成分析比较复杂,通常利用与化学组成有关联的物理性质作为分类依据。

1. 特性因数分类

人们研究了数十种原油的馏分油性质,发现特性因数 K 能反映原油的化学组成性质,可对原油进行分类。原油的特性因数可以与馏分油类似的方法求得。采用特性因数对原油进行分类。

石蜡基原油:特性因数 $K > 12.1$;

中间基原油:特性因数 $K = 11.5 \sim 12.1$;

环烷基原油:特性因数 $K = 10.5 \sim 11.5$。

石蜡基原油烷烃含量一般超过 50%。其特点是密度较小,含蜡量较高,凝点高,含硫、含胶质量低。这类原油生产的汽油辛烷值低,柴油十六烷值较高,生产的润滑油黏温性质好。大庆原油是典型的石蜡基原油。环烷基原油一般密度大、凝点低。生产的汽油环烷烃含量高达50% 以上,辛烷值较高;喷气燃料密度大、凝点低,质量发热值和体积发热值都较高;柴油十六烷值较低;润滑油的黏温性质差。环烷基原油中的重质原油,含有大量胶质和沥青质,可生产高质量沥青,如我国的孤岛原油。中间基原油的性质介于石蜡基和环烷基原油之间。

特性因数分类能够反映原油组成的特性,但存在如下缺陷:第一,原油低沸点馏分和高沸点馏分中烃类的分布规律并不相同,特性因数分类不能分别表明各馏分的特点。第二,原油的组成极为复杂,原油的平均沸点难以测定,无法用公式求得 K 值,而用黏度、相对密度指数查图求得的特性因数 K 不够准确。所以,以特性因数 K 作为原油的分类依据,有时不完全符合原油组成的实际情况。

2. 关键馏分特性分类

关键馏分特性分类以原油的两个关键馏分的相对密度为分类标准。用原油简易蒸馏装置,在常压下蒸馏得到的 250 ~ 275 ℃ 馏分作为第一关键馏分,残油用不带填料柱的蒸馏瓶,在5.3 kPa(40 mmHg)的残压下蒸馏,切取 275 ~ 300 ℃ 馏分(相当于常压下 395 ~ 425 ℃ 馏分)作为第二关键馏分。测定两个关键馏分的相对密度,对照表 3.3 中的相对密度分类标准,确定两个关键馏分的类别。然后按表 3.4 确定该原油所属的类型。关键馏分也可取实沸点蒸馏装置蒸出的 250~275 ℃馏分作为第一关键馏分,取 395~425 ℃馏分作为第二关键馏分。

特性因数 K 是根据关键馏分的中平均沸点和相对密度指数间接求得的,在关键馏分特性分类中,不用 K 作为分类标准,仅作为参考数据。

表 3.3 关键馏分的分类指标

关键馏分	石蜡基	中间基	环烷基
第一关键馏分 (250~275 ℃馏分)	$d_4^{20} < 0.821\,0$ 相对密度指数 >40 ($K > 11.9$)	$d_4^{20} = 0.821\,0 \sim 0.856\,2$ 相对密度指数 =33~40 ($K = 11.5 \sim 11.9$)	$d_4^{20} > 0.856\,2$ 相对密度指数 <33 ($K < 11.5$)
第二关键馏分 (395~425 ℃馏分)	$d_4^{20} < 0.872\,3$ 相对密度指数 >30 ($K > 12.2$)	$d_4^{20} = 0.873\,2 \sim 0.930\,5$ 相对密度指数 =20~30 ($K = 11.5 \sim 12.2$)	$d_4^{20} > 0.930\,5$ 相对密度指数 <20 ($K < 11.5$)

表 3.4 关键馏分的分类类别

序号	第一关键馏分的属性	第二关键馏分的属性	原油类别
1	石蜡基	石蜡基	石蜡基
2	石蜡基	中间基	石蜡－中间基
3	中间基	石蜡基	中间－石蜡基
4	中间基	中间基	中间基
5	中间基	环烷基	中间－环烷基
6	环烷基	中间基	环烷－中间基
7	环烷基	环烷基	环烷基

3.2.2 工业分类

原油工业分类也称商品分类,可作为化学分类的补充,在工业上也有一定的参考价值。分类的依据包括密度、含硫量、含氮量、含蜡量、胶质量等。但各国的分类标准都按本国原油性质规定,互不相同。原油密度低则轻质油收率较高,含硫量高则加工成本高。国际石油市场对原油按密度和含硫量分类并计算不同原油的价格。按原油的相对密度来分类最简单。

1. 按原油的相对密度分类

轻质原油:相对密度 $d_4^{20} < 0.866\,1$;

中质原油:相对密度 $d_4^{20} = 0.866\,2 \sim 0.916\,1$;

重质原油:相对密度 $d_4^{20} = 0.916\,2 \sim 1.000\,0$;

特稠原油:相对密度 $d_4^{20} > 1.000\,0$。

这种分类比较粗略,但也能反映原油的共性。轻质原油一般含汽油、煤油、柴油等轻质馏分较高;或含烷烃较多,含硫及胶质较少,如青海原油和克拉玛依原油。有些原油轻质馏含量并不多,但由于含烷烃多,因此密度小,如大庆原油。

重质原油一般含轻质馏分和蜡都较少,而含硫、氮、氧及胶质、沥青质较多。如孤岛原油、阿尔巴尼亚原油。

2. 按原油的含硫量分类

低硫原油:硫含量小于 0.5% ;

含硫原油:硫含量为 0.5% ~2.0% ;

高硫原油:硫含量大于 2.0% 。

大庆原油为低硫原油,胜利原油为含硫原油,孤岛原油、委内瑞拉保斯加原油为高硫原油。低硫原油重金属含量一般都较低,含硫原油重金属含量有高有低。在世界原油总产量中,含硫原油和高硫原油约占 75% ,我国含硫原油也在逐渐增长。

3. 按原油的含氮量分类

低氮原油:含氮量小于 0.25% ;

高氮原油:含氮量大于 0.25% ;

低硫原油大多数含氮量也低。原油中含氮量比含硫量低。

4. 按原油的含蜡量分类

低蜡原油:含蜡量为 0.5% ~2.5% ;

含蜡原油:含蜡量为 2.5% ~10% ;

高蜡原油:含蜡量大于 10% 。

5. 按原油的硅胶胶质含量分类

低胶原油:原油中硅胶胶质含量不超过 5% ;

含胶原油:原油中硅胶胶质含量为 5% ~15% ;

多胶原油:原油中硅胶胶质含量大于 15% 。

我国目前通常是采用关键馏分特性分类法,补充以按含硫量分类的分类方法。表 3.5 为我国几种主要原油的分类结果。

表 3.5　我国几种主要原油的分类

原油名称	大庆混合	克拉玛依	胜利混合	大港混合	孤岛
相对密度 d_4^{20}	0.861 5	0.868 9	0.924 4	0.889 6	0.957 4
含硫量/%	0.11	0.04	0.83	0.14	2.03
特性因数 K	12.5	12.2 ~12.3	11.8	11.8	11.6
特性因数分类	石蜡基	石蜡基	中间基	中间基	中间基
第一关键馏分 d_4^{20}	0.814 ($K=12.0$)	0.828 ($K=11.9$)	0.832 ($K=11.8$)	0.860 ($K=11.4$)	0.891 ($K=10.7$)
第二关键馏分 d_4^{20}	0.850 ($K=12.5$)	0.850 ($K=12.5$)	0.881 ($K=12.0$)	0.887 ($K=12.0$)	0.936 ($K=11.4$)
关键馏分特性分类	石蜡基	中间基	中间基	环烷 – 中间基	环烷基
建议原油分类命名	低硫石蜡基	低硫中间基	含硫中间基	低硫环烷 – 中间基	含硫环烷基

从表 3.5 中可以看出,由于关键馏分特性分类指标,对低沸点馏分和高沸点馏分规定了不

同的标准。因此,关键馏分特性分类比特性因数分类更符合原油组成的实际情况,比特性因数分类更为合理。例如孤岛原油,用特性因数分类为中间基原油,但从孤岛原油窄馏分的特性因数及其一系列性质看,应属环烷基原油。用关键馏分特性分类,孤岛原油也属环烷基原油,符合原油的实际组成情况。

3.3　原油评价方法

原油评价一般是指在实验室采用蒸馏和分析方法,全面掌握原油性质,以及可能得到产品和半产品的收率和其他一些基本性质。目前,我国原油评价根据目的不同可分为三大类:石油加工原油评价、油田原油评价和商品原油评价。本章主要讨论石油加工原油评价,按评价的目的主要分为两类:一类称为常规评价,目的是为一般炼厂设计提供参数,或作为各炼厂进厂原油每半年或一季度原油评价的基本内容;另一类称为综合评价,目的是为石油化工型的综合性炼厂提供生产方案参数,其内容较全面。石油加工原油评价主要包括以下基本内容。

3.3.1　原油性质分析

原油含水量大于 0.5% 时先脱水。原油经脱水后,进行一般性质分析,包括相对密度、黏度、凝点或倾点、含硫量、含氮量、含蜡量、胶质、沥青质、残炭值、水分、含盐量、灰分、机械杂质、元素分析、微量金属、馏程、闪点及原油的基属等。几种国产原油的一般性质见表 3.1。

3.3.2　原油实沸点蒸馏及窄馏分性质

原油实沸点蒸馏是考察原油馏分组成的重要试验方法。实沸点蒸馏是在实验室中,用比工业上分离效果更好的设备,把原油按照沸点高低分割成许多馏分。所谓实沸点蒸馏也就是分馏精度比较高,其馏出温度与馏出物质的沸点相接近的意思,这并不是说能够真正分离出一个个的纯烃来。

原油实沸点蒸馏,关键在于蒸馏装置。虽然有些国家把它列为标准,但总体来说并不统一,其基本要求是:要有一定的分馏能力,一般要求在全回流时 10 ~ 20 块理论板层数,并要求柱藏量低;能进行常减压蒸馏,保证对原油有一定的蒸馏深度;装置能分离一定数量的样品,提供进一步研究和分析用;操作简便,有一定的灵活性。原油实沸点蒸馏可根据《原油蒸馏标准试验方法》(GB/T 17280—2009)进行。试验装置是一种间歇式釜式精馏设备,精馏柱内装有不锈钢高效填料,顶部有回流,回流比约为 5∶1,分离能力相当于 15 ~ 17 块理论板。热量交换条件和物质交换条件较好,在精馏柱顶部取出的馏出物几乎由沸点相近的组分组成,接近馏出物的真实沸点。

操作时将原油装入蒸馏釜中加热进行蒸馏,控制馏出速度为 3 ~ 5 mL/min,每一窄馏分约占原油装入量的 3%。实沸点蒸馏整个操作过程分三段进行:第一段在常压下进行,大约可蒸出 200 ℃ 前的馏出物;第二段在减压下进行,残压为 1.3 kPa(10 mmHg);第三段也在减压下进行,残压小于 677 Pa(5 mmHg),馏出物不经精馏柱。为避免原油受热分解,蒸馏釜温度不得超过 350 ℃,馏出物的最终沸点通常为 500 ~ 520 ℃,釜底残留物为渣油。蒸馏完毕,将减压下各馏分的馏出温度换算为常压下相应的温度。未蒸出的残油从釜内取出,以便进行物料衡算及有关性质的测定。

原油在实沸点蒸馏装置中按沸点高低切出的窄馏分,按馏出顺序编号、称重及测量体积,然后测定各窄馏分和渣油的性质。如测定密度、黏度、凝点、苯胺点、酸值、含硫量、含氮量和折射率等,并计算黏度指数、特性因数等。

为了合理地制订原油加工方案,还必须将原油进行蒸馏,切割成汽油馏分、煤油馏分、柴油馏分及重整原料、裂解原料和裂化原料等,并测定其主要性质。另外,还要进行汽油、柴油、减压馏分油的烃类族组成分析;进行润滑油、石蜡和地蜡的潜含量测定。为了得到原油的气液平衡蒸发数据,还应进行原油的平衡蒸发试验。

3.3.3　原油的实沸点蒸馏曲线、性质曲线及收率曲线

根据窄馏分的各种性质就可以制出原油及其窄馏分的性质曲线,进一步得到百分比曲线,更重要的是还可得到原油各种产品的收率曲线,如汽油收率曲线。这样就完成了原油的初步评价,对原油的性质有了较全面的了解,为原油的加工方案提供了基础参数和理论依据。

1. 原油的实沸点蒸馏曲线

以原油实沸点蒸馏所得的窄馏分的馏出温度为纵坐标,以总收率(累计质量分数)为横坐标作图,可得原油的实沸点蒸馏曲线。

2. 原油的性质曲线

从原油实沸点蒸馏所得的各窄馏分仍然是一个复杂的混合物,所测得的窄馏分性质是组成该馏分的各种化合物的性质的综合表现,具有平均的性质。在绘制原油性质曲线时,假定测得的窄馏分性质表示该窄馏分馏出一半时的性质,这样标绘的性质曲线就称为百分比性质曲线。以表 3.2 中大庆原油的数据为例,第五号窄馏分开始时的沸点为 225 ℃,最后沸点为 257 ℃,馏程为 30 ℃。该窄馏分从总馏出为 12.60% 开始收集,到总馏出为 16.00% 时收集完毕,馏分占原油质量的 3.40%,其密度在 20 ℃时为 0.809 2 g/cm^3,既不是开始收集时第一滴馏分的密度,也不是收集完毕时最后一滴馏分的密度,该密度实际上是沸程为 225～257 ℃馏分的密度的平均值。在作原油的密度性质曲线时,就假定这一密度平均值相当于该馏分馏出一半时的密度,即代表馏出量为(12.60% + 16.00%)/2 = 14.30% 时馏分的密度。在标绘曲线时,以 0.809 2 为纵坐标、14.30% 为横坐标。第六号窄馏分的密度为 0.816 1,对应的馏出量为(16.0% + 19.46%)/2 = 17.73%,标绘曲线时,以 0.816 1 为纵坐标、17.73% 为横坐标。其余类推。这样就得到中百分比性质曲线上的各个点,连接各点即可得到原油的中百分比性质曲线。用同样的方法可以绘出其他性质的中百分比性质曲线。中百分比性质曲线一般与实沸点蒸馏曲线绘制在一张图上。大庆原油实沸点蒸馏曲线及中百分比性质曲线如图 3.4 所示。

原油中百分比性质曲线表示窄馏分的性质随沸点的升高或累计馏出质量分数增大的变化趋势。通过中百分比性质曲线,可以预测任意一个窄馏分的性质。例如要了解馏出率在 23.0%～27.0% 的窄馏分的性质,可由图 3.4 中横坐标为(23.0% + 27.0%)/2 = 25% 处,查对应的性质曲线,查得该窄馏分的 20 ℃密度为 0.828 g/cm^3,20 ℃运动黏度为 8.7 mm^2/s。原油的性质只有密度有近似的可加性,所以,中百分比性质曲线只能预测窄馏分的性质,预测宽馏分的性质时所得数据不可靠。原油的中百分比性质曲线不能用作制订原油加工方案的依据。

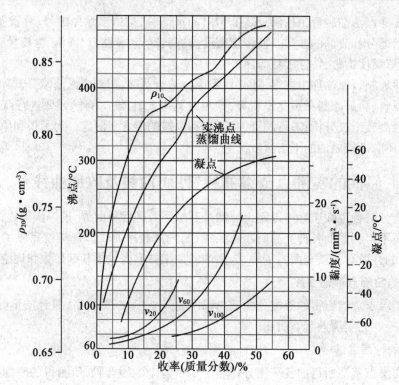

图3.4　大庆原油实沸点蒸馏曲线及中百分比性质曲线

3. 直馏产品的性质及收率曲线

制订原油加工方案时,比较可靠的方法是作出各种直馏产品的收率性质曲线。原油的直馏产品通常是较宽的馏分,为取得较准确可靠的性质数据,必须由试验实际测定。通常的做法是先由实沸点蒸馏将原油切割成多个窄馏分和残油,然后根据产品的需要,按含量比例逐个混入窄馏分并顺次测定混合油品的性质。也可以直接由实沸点蒸馏切割得到相应石油产品的宽馏分,测定宽馏分的性质。

以汽油为例,将蒸出的一个最轻馏分(如初馏点到130 ℃)为基本馏分,测定其密度、馏分组成、辛烷值等,然后按含量比例依次混入后面的窄馏分,就可得到初馏点到130 ℃、180 ℃及200 ℃等汽油馏分,分别测定其性质,将收率性质数据列表或绘制收率性质曲线。要测取不同蒸馏深度的重油收率性质数据时,先尽可能把最重的馏分蒸出,测定剩下残油的性质,然后按含量比例依次混入相邻蒸出的窄馏分,分别测定其性质,所得数据可列表或绘制重油收率性质曲线。

原油常减压蒸馏装置除生产个别产品外,多数馏分可作为调和组分和二次加工的原料,故对原油的蒸馏切割,主要是考虑满足二次加工对原料质量的要求。

能源市场和石油化工生产对轻质油品的需求不断增长,渣油轻质化问题已成为炼油技术发展中最重要的问题之一。因此,还应对渣油进行更深入的评价。例如用超临界溶剂萃取技术,在小于250 ℃的较低温度下,将渣油按相对分子质量大小分离成多个窄馏分。该分离技术所抽出的馏分油的累计收率可达减渣的80% ~90%,最重的窄馏分的平均沸点(相当于常压下)可达850 ℃以上。完成分离后,对各窄馏分和抽余残渣油进行组成、性质的测定,从而得到详细的渣油组成和性质数据。根据试验数据分析各性质的变化规律,较全面地认识渣油的性质,提出合理的渣油加工方案。

3.4　渣油的评价

石油是非再生能源。世界石油市场上的原油趋重,而交通运输和石油化工的发展对轻质油品的需求不断增长,近年来,渣油轻质化问题已成为炼油技术发展中的最重要的问题之一。我国原油偏重,多数原油含大于 500 ℃减压渣油达 40% ~ 50%,渣油轻质化问题更为突出。因此,如何对渣油进行正确的评价并对其性质有一个较深入的认识对于合理加工渣油具有很重要的实际意义。

渣油是十分复杂的混合物,但由于沸点很高、高温下又易分解,不能用蒸馏等一般的分离方法进行进一步的分离。因此,多年来对渣油的认识只限于把它作为一个整体测定其平均性质,或者进一步用色谱法测定其 SARA(saturates aromatics resin asphaltene)族组成。表 3.6 和表 3.7 列出了几种减压渣油的某些主要性质和 SARA 族组成。对于渣油加工技术的发展需要来说,这样程度的认识尚不能完全满足。至于对渣油的特性表征则迄今尚未有较好的方法。目前流行的表征原油化学特性的 UOP 特性因数 K 实际上是根据馏分油的某些物性求得的,然后由此推论整个原油的特性。试验数据表明,这种推论对于渣油并不总是对的。例如,按 UOP 的 K 分类,大庆原油和任丘原油同属石蜡基原油,而实际上,这两种原油的渣油的性质却有很大的差异。在实际生产中也能明显地发现这个问题。

表 3.6　几种减压渣油的主要性质

原油产地	占原油的质量分数/%	H、C 原子比	S 的质量分数/%	N 的质量分数/%	残炭值/%	含镍量/(μg·g⁻¹)
大庆	42.8	1.74	0.27	0.37	11.9	8
胜利	42.4	1.63	1.35	0.86	15.4	47
任丘	39.2	1.60	0.76	0.60	18.6	15
孤岛	51.8	1.56	2.43	0.87	19.2	35
单家寺	65.1	1.50	0.87	1.42	—	67
高升	64.1	1.60	0.77	1.19	17.4	144
阿拉伯(轻)	—	1.44	3.93	0.22	18.2	14(v,62)

表 3.7　几种减压渣油的 SARA 族组成(质量分数)　　　　　　　%

原油产地	饱和分	芳香分	胶质	C_7 - 沥青质
大庆	40.8	32.2	26.9	<0.1
胜利	19.5	32.4	47.9	0.2
任丘	19.5	29.2	51.1	0.2
孤岛	15.7	33.0	48.5	2.8
单家寺	17.1	27.0	53.5	2.4
高升	22.6	26.4	50.8	0.2
阿拉伯(轻)	21.0	54.7	18.5	5.8

　　近年来,石油大学重质油加工国家重点实验室将超临界溶剂萃取技术应用于渣油加工中,发展了分离渣油的超临界溶剂萃取分馏技术(supercritical fluid extraction fractionation,SFEF)。利用此技术可以将渣油大体上按相对分子质量大小在较低的温度下(小于 250 ℃)分离成多个窄馏分,所抽出的馏分油的累计收率可达减渣的 80% ~ 90%,其中,最重的窄馏分的平均沸点(相当于常压下)可达 850 ℃以上。由于试样量较大,可以对各窄馏分和抽余残渣油进行各种组成、性质的测定,从而得到详细的渣油的组成和性质的数据。图 3.5 ~ 3.8 表示了几种渣油的窄馏分的平均相对分子质量、H 与 C 的原子比、残炭值、含镍量等随抽出率变化的规律。同样,对于其他组成和性质,也可以根据其试验数据绘制出表示它们的变化规律的曲线。

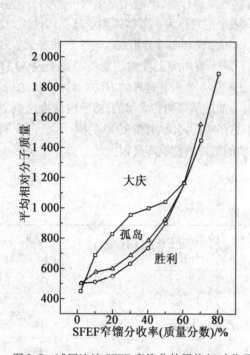

图 3.5　减压渣油 SFEF 窄馏分的平均相对分子质量的变化

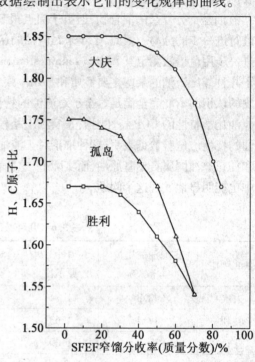

图 3.6　减压渣油 SFEF 窄馏分的 H、C 原子比的变化

　　从图 3.5 中曲线的形状来看,与原油的实沸点蒸馏曲线比较相似,只是纵坐标是渣油的窄馏分的平均相对分子质量而不是馏分油的沸点。图 3.5 表明,采用超临界流体萃取分馏技术可以基本上按相对分子质量大小对渣油进行分离。由图 3.6 ~ 3.8 可知,渣油各窄馏分的组成和性质是有差异的,而且呈规律性的变化。总的来说,随着抽出率的增大(或相对分子质量的提高)。窄馏分的 H、C 原子比降低、残炭值和含镍量增大。但是,对于不同来源的渣油,其具体的变化情况并不完全相同。对于其他的性质和组成,也有它们各自的变化的规律性。

　　由于 UOP 特性因数 K 未能较好地表征渣油的化学特性,石油大学重质油加工国家重点实验室研究并提出了表征渣油的化学特性的特征化参数 K_H,它可以从三个较易测定的性质求得:

$$K_H = 10 \times \frac{H、C 原子比}{M^{0.1236}d}$$

式中,M 为平均相对分子质量;d 为 20 ℃密度,g/cm^3。

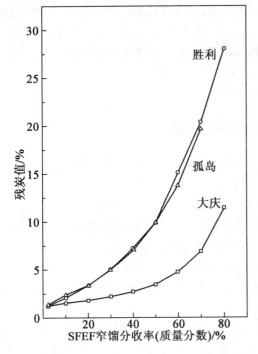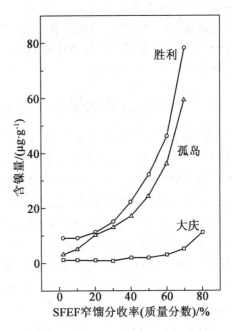

图 3.7　减压渣油 SFEF 窄馏分的残炭值的变化　　图 3.8　减压渣油 SFEF 窄馏分的镍含量的变化

3.5　原油加工方案

为设计建立一个炼厂,在确定厂址、规模、原油来源之后,首要的任务是选择和确定原油的加工方案。原油加工方案的基本内容是生产什么产品及使用什么样的加工过程来生产这些产品。原油加工方案的确定取决于诸多因素,例如市场需要、经济效益、投资力度、原油的特性等。在本节,主要从原油特性的角度来讨论如何选择原油加工方案。理论上,可以从任何一种原油生产出各种所需的石油产品,但实际上,如果选择的加工方案适合原油的特性,则可以做到用最小的投入获得最大的产出。

原油的综合评价结果是选择原油加工方案的基本依据。有时还须对某些加工过程做中型试验以取得更详细的数据。生产航空煤油和某些润滑油,往往还需做产品的台架试验和使用试验。

根据目的产品的不同,原油加工方案大体上可以分为三种基本类型:

(1)燃料型。

主要产品是用作燃料的石油产品。除了生产部分重油燃料油外,减压馏分油和减压渣油通过各种轻质化过程转化为各种轻质燃料。

(2)燃料 – 润滑油型。

除了生产用作燃料的石油产品外,部分或大部分减压馏分油和减压渣油还被用于生产各种润滑油产品。

(3)燃料 – 化工型。

除了生产燃料产品外,还生产化工原料及化工产品,例如某些烯烃、芳烃、聚合物的单体等。这种加工方案体现了充分合理利用石油资源的要求,也是提高炼厂经济效益的重要途径,是石油加工的发展方向。

以上只是大体的分类,实际上,各个炼厂的具体加工方案是多种多样的,没有必要进行严格的区分,主要目标是提高经济效益和满足市场需要。

下面结合几种具体的原油讨论各种类型的加工方案。

3.5.1 大庆原油的燃料－润滑油加工方案

大庆原油是低硫石蜡基原油,其主要特点是含蜡量高、凝点高、沥青质含量低、重金属含量低、含硫量低。其主要的直馏产品的主要性质特点如下:

①初馏点到200 ℃直馏汽油的辛烷值低,仅有37,应通过催化重整提高其辛烷值。

②直馏航空煤油的密度较小、结晶点高,只能符合2号航空煤油的规格指标。

③直馏柴油的十六烷值高、有良好的燃烧性能,但其收率受凝点的限制。

④煤、柴油馏分含烷烃多,是制取乙烯的良好裂解原料。

⑤350～500 ℃减压馏分的润滑油潜含量(烷烃＋环烷烃＋轻芳烃)约占原油的15％,黏度指数可达90～120,是生产润滑油的良好原料。

减压渣油含硫量低,沥青质和重金属含量低、饱和分含量高,可以掺入减压馏分油中作为催化裂化原料,也可以经丙烷脱沥青及精制生产残渣润滑油。由于渣油含沥青质和胶质较少而含蜡量较高,难以生产高质量的沥青产品。

根据上述评价结果,大庆原油的燃料－润滑油加工方案可表示为如图3.9所示的方式。

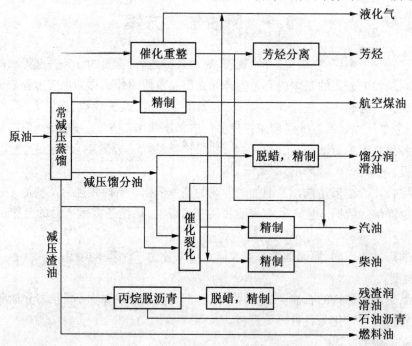

图3.9　大庆原油的燃料－润滑油加工方案

3.5.2　胜利原油的燃料加工方案

胜利原油是含硫中间基原油,含硫量在 1% 左右,在加工方案中应充分考虑原油含硫的问题。

直馏汽油的辛烷值为 47,初馏点到 130 ℃馏分中芳烃潜含量高,是重整的良好原料。

航空煤油馏分的密度大、结晶点低,可以生产 1 号航空煤油,但必须脱硫醇,而且由于芳烃含量较高,应注意解决符合无烟火焰高度的规格要求的问题。

直馏柴油的柴油指数较高、凝点不高,可以生产 −20 号、−10 号、0 号柴油及舰艇用柴油。由于含硫及酸值较高,产品须适当精制。

减压馏分油的脱蜡油的黏度指数低,而且含硫及酸值较高,不宜生产润滑油,可以用作催化裂化或加氢裂化的原料。

减压渣油的黏温性质不好,而且含硫,也不宜用来生产润滑油,但胶质、沥青质含量较高,可以用于生产沥青产品。胜利减压渣油的残炭值和重金属含量都较高,只能少量掺入减压馏分油中作为催化裂化原料,最好是先经加氢处理后再送去催化裂化。由于加氢处理的投资高,一般多用作延迟焦化的原料。由于含硫,所得的石油焦的品级不高。

胜利原油多采用如图 3.10 所示的燃料加工方案。

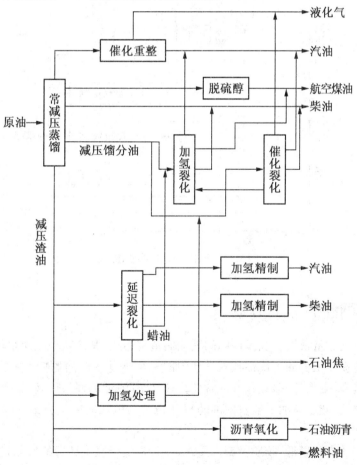

图 3.10　胜利原油的燃料加工方案

3.5.3　燃料－化工型加工方案

为了合理利用石油资源和提高经济效益,许多炼厂的加工方案都考虑同时生产化工产品,只是其程度因原油性质和其他具体条件不同而异。有的是最大量地生产化工产品,有的则只是予以兼顾。关于化工产品的品类,多数炼厂主要是生产化工原料和聚合物的单体,有的也生产少量的化工产品。图3.11列举了一个燃料－化工型加工方案。

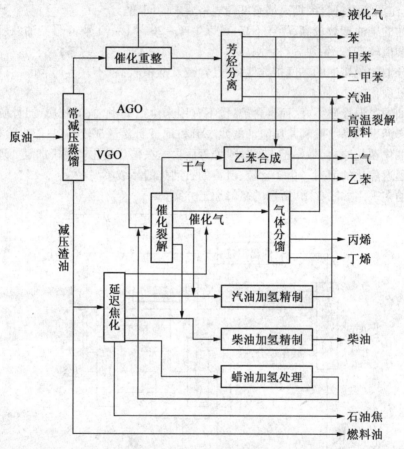

图 3.11　燃料－化工型加工方案

3.5.4　稠油的加工方案

全世界的稠油储量很大。我国探明的稠油储量也不小,其产量也逐年增加,近年已达千万吨以上。如何合理加工稠油是炼油技术发展中的一个难题。稠油的特点是密度和黏度大、胶质及沥青质含量高、凝点低,多数稠油的含硫量较高,其渣油的残炭值高、重金属含量高。稠油的轻质油含量很低,减压渣油一般占原油的60％以上。稠油的加工方案问题主要是如何合理加工其渣油的问题。

稠油的渣油的含蜡量低、胶质及沥青质含量高,是生产优质沥青的好原料。例如单家寺稠油的减压渣油不需复杂的加工就可以生产出高等级道路沥青。因此,对稠油的加工应优先考虑生产优质沥青。由于受沥青市场的限制,除了生产沥青外,还须考虑渣油的轻质化问题。

稠油的渣油的残炭值高、重金属含量高,不宜直接用作催化裂化的原料,比较好的办法是先经加氢处理后再送去催化裂化。但是渣油加氢处理的投资和操作费用很高。采用溶剂萃取脱沥青过程可以抽出渣油中的较轻部分作为催化裂化的原料,但须解决抽提残渣的加工利用问题。采用延迟焦化过程可以得到部分馏分油,经加氢和催化裂化可得到轻质油品,且同时得到相当多的含硫石油焦。

稠油的凝点低,在制订加工方案时应考虑如何利用这个特点。例如,考虑生产低凝点柴油、对黏温性质要求不高的较低凝点的润滑油产品等。

3.6　炼厂构成和工艺流程

3.6.1　炼厂的构成

炼厂主要由两大部分组成,即炼油过程和辅助设施。从原油生产出各种石油产品一般须经过多个物理的及化学的炼油过程。通常,每个炼油过程相对独立地成为一个炼油生产装置。在某些炼厂,从有利于减少用地、余热的利用、中间产品的输送、集中控制等方面考虑,把几个炼油装置组合成一个联合装置。为了保证炼油生产的正常进行,炼厂还必须有完备的辅助设施,例如供电、供水、废物处理、储运等系统。下面对这两部分分别进行简要介绍。

1. 炼油生产装置

各种炼油生产装置大体上按生产目的可以分为以下几类:

(1)原油分离装置。

原油加工的第一步是把原油分离为多个馏分油和残渣油,因此,每个正规的炼厂都应有原油常压蒸馏装置或原油常减压蒸馏装置。在此装置中,还应设有原油脱盐、脱水设施。

(2)重质油轻质化装置。

为了提高轻质油品收率,须将部分或全部减压馏分油及渣油转化为轻质油,此任务由裂化反应过程来完成,如催化裂化、加氢裂化、焦炭化等。

(3)油品改质及油品精制装置。

此类装置的作用是提高油品的质量以达到产品质量指标的要求,如催化重整、加氢精制、电化学精制、溶剂精制、氧化沥青等。加氢处理,减黏裂化也可归入此类。

(4)油品调和装置。

为了达到产品质量要求,通常需要进行馏分油之间的调和(有时也包括渣油),并且加入各种提高油品性能的添加剂。油品调和方案的优化对提高现代炼厂的效益也能起重要作用。

(5)气体加工装置。

如气体分离、气体脱硫、烷基化、C_5/C_6 异构化、合成甲基叔丁基醚(MTBE)等。

(6)制氢装置。

在现代炼厂,由于加氢过程的耗氢量大,催化重整装置的副产品氢气不敷使用,有必要建立专门的制氢装置。

(7)化工产品生产装置。

如芳烃分离、含硫化氢气体制硫、某些聚合物单体的合成等。

此外,为了保证出厂产品的质量,炼厂中都设有产品分析中心。

由于生产方案不同,各炼厂包含的炼油过程的种类和多少,或者说复杂程度也会有很大的不同。一般来说,规模大的炼厂其复杂程度会高些,但也有一些大规模的炼厂的复杂程度并不高。

2. 辅助设施

辅助设施是维持炼厂正常生产所必需的。主要的辅助设施如下:

(1)供电系统。

多数炼厂使用外来高压电源,炼厂应有降低电压的变电站及分配用电的配电站。为了保证电源不间断,多数炼厂备有两个电源。为了保证在断电时不发生安全事故,炼厂还自备有小型的发电机组。

(2)供水系统。

新鲜水的供应系统主要由水源、泵站和管网组成,有的还需水的净化设施。大量的冷却用水需循环使用,故应设有循环水系统。

(3)供水蒸气系统。

主要由蒸汽锅炉和蒸汽管网组成。供应全厂的工艺用蒸汽、吹扫用蒸汽、动力用蒸汽等。一般都备有 1 MPa 和 4 MPa 两种压力等级的蒸汽锅炉。

(4)供气系统。

如压缩空气站、氧气站(同时供应氮气)等。

(5)原油和产品储运系统。

如原油及产品的输油管或码头、铁路装卸站、原油储罐区、产品储罐区等。

(6)三废处理系统。

如污水处理系统、有害气体处理(如含硫化氢、二氧化硫气体)、废渣处理(如废碱渣、酸渣)等。三废的排放应符合环境保护的要求。

此外,多数炼厂还设有机械加工维修、仪表维护、研究机构、消防队等设施。

3.6.2　炼油装置工艺流程

一个炼厂或一个炼油装置的构成和生产程序是用工艺流程图来描述的。炼油生产是自动化程度较高的连续生产过程,正确设计的工艺流程不仅能保证正常生产,而且对提高效益有着重要的作用。

根据使用目的和描述范围的不同,炼厂的工艺流程大体上可分为三类。

1. 全厂生产工艺流程图

全厂生产工艺流程图反映了炼厂的生产方案、各生产装置之间的关系。图 3.12 为某燃料型炼厂的全厂生产工艺流程图。图中的数字表示物流量($\times 10^4$ t/a),生产装置的方框中的数字表示该装置的处理能力。

此流程的主要特点是加工深度比较大,轻质油收率较高;由于减压渣油含硫量以及金属含量都较高,采用了减压渣油加氢处理技术。

2. 生产装置工艺原理流程图

生产装置工艺原理流程图反映了一个炼油生产装置所采用的技术方案、装置内各主要设备之间的关系和物流之间的关系。图 3.13 是一个延迟焦化装置的工艺原理流程图。

3. 炼油装置工艺管线－自动控制流程图

此图的作用主要是作为绘制工艺管线及仪表安装图的依据。在此图中绘出了装置内的所有管线和仪表。

工艺流程图是炼厂和炼油装置的最基本的技术文件,无论是欲了解一个炼厂或炼油装置,或是进行设计及技术改造,都必须首先考虑此技术文件。

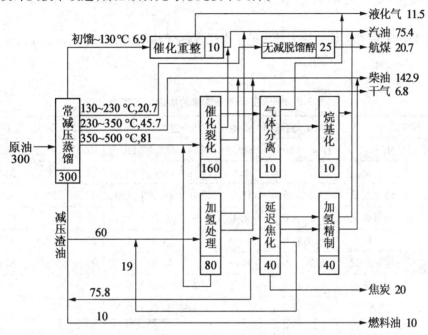

图 3.12　某燃料型炼厂的全厂生产工艺流程图

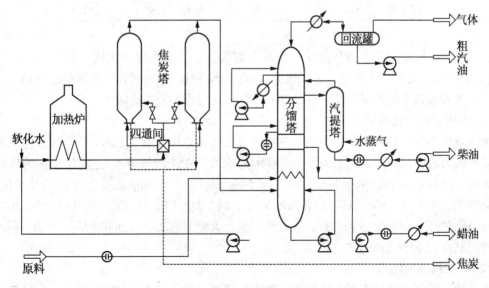

图 3.13　延迟焦化装置的工艺原理流程图

3.6.3 炼油过程的结构分析

本节主要是对一个炼厂或一个国家的炼油过程的结构进行讨论,从而进一步分析某个国家或某个炼厂对原油的加工能力及其特点。这里所说的加工能力除了指原油的年加工量外,更主要的是指从不同性质的原油生产出市场所需的各种产品(包括品种、质量、数量)的适应能力。

表3.8列出了世界上炼油能力最大的十个国家的原油年加工量及其各主要炼油过程所占的地位。

表 3.8 十个主要炼油国家的原油加工能力

国家	美国	独联体	日本	中国	意大利	韩国	德国	英国	加拿大	法国
原油加工能力/(Mt·a^{-1})	771.6	505.3	249.5	143.4	113.1	110.6	109.2	97.1	92.6	89.3
焦化	12.7	2.6	1.8	11.6	2.1	0.9	4.2	3.8	2.3	—
催化裂化	33.6	5.6	15.2	29.8	13.2	4.9	12.6	24.9	20.9	19.9
加氢裂化	8.7	0.5	2.4	4.9	8.7	2.3	8.1	2.9	10.8	0.9
加氢精制	11.0	0.1	43.0	—	14.6	3.7	29.7	14.5	2.0	9.6
加氢处理	55.2	31.9	40.0	6.7	31.3	22.2	41.6	46.2	41.5	25.9
催化重整	20.3	10.2	12.1	4.2	10.9	6.5	15.6	14.8	16.2	11.6
烷基化	6.0	0.1	0.8	0.7	1.4	0.2	0.6	4.6	2.9	0.8
异构化	3.2	0.1	0.4	—	3.4	—	2.2	5.5	2.6	2.9
含氧化合物	0.7	0.1	0.2	—	0.2	0.3	0.5	0.2	—	0.1
润滑油	1.5	1.7	0.9	1.7	1.5	0.4	1.3	1.8	1.2	1.8

(注:左侧纵向标注:炼油过程能力/%)

表3.8中的原油加工能力是指原油常压蒸馏装置的处理能力。在这十个主要炼油大国中,美国的原油加工量中半数以上是依赖进口,而日本、韩国、德国则几乎全部依赖进口。

下面再根据表中的数据从几个方面进一步分析适应市场需要的能力。

(1)重质油轻质化的能力。

指将减压馏分油和渣油转化为轻质油的能力。通常以催化裂化、加氢裂化和焦化三种过程的处理能力之和与原油加工能力之比来表示此能力。在美国等国家,把此比值称为转化指数(conversion index,CI)。全世界 CI 的平均值约为26%。中国和美国是深度加工型的国家,其值分别为55%和46.3%。日本和韩国则是浅度加工型的国家,其CI 分别为19.4%和8.1%,主要原因是它们都是原油进口大国,需从原油中生产大量的重质燃料油和中间馏分油。西欧几个主要国家的 CI 值在30%左右。

(2)生产汽油的能力。

生产汽油的能力包括生产汽油的数量和质量水平。除了直馏汽油外,催化裂化是最主要的生产汽油的过程,因此,催化裂化的处理能力在很大程度上反映了在数量上的生产汽油的能力。催化重整、烷基化、异构化、含氧化合物合成(主要是醚类)等过程的主要作用是提高汽油的辛烷值,同时也改善汽油的其他性能,这些过程的生产能力反映了生产汽油的能力。从表

3.8 可见,中国和美国的催化裂化处理量对原油处理量的比例都较大,分别为 29.8% 和 33.6% 。美国是个汽油消费大国。中国的汽油消费量虽不算太大,但中国的原油偏重,需要通过催化裂化来生产较多的汽油和柴油,故催化裂化的处理能力也较大,但我国在催化重整等提高汽油质量的炼油过程方面,上述四类过程的总比值只有 4.9% ,明显偏低。日本的催化裂化处理量对原油处理量的比值虽较低,只有 15.2% ,但催化重整的比值却相对很高。西欧诸国的催化裂化处理能力不算很大,其比值在 20% 左右,但催化重整等提高汽油质量水平的过程的比值却较高。

(3)加工含硫原油的能力。

国际石油市场上中东原油占有很大的比例,原油进口国所进口的原油主要是中东原油,而中东原油多数含硫量较高。加工含硫原油的主要问题是设备腐蚀和产品质量,近年来由于环境保护的要求日益严格,对汽油、柴油等的含硫量的限制更加苛刻,使加工含硫原油的问题更显突出。加工含硫原油的主要手段是加氢过程,包括加氢裂化、加氢精制、加氢处理等过程。因此,加氢过程处理能力与原油处理能力的比值可以反映加工含硫原油的能力。从表 3.8 可见,日、德、美三国的加氢能力都很强,三种加氢过程的总比值为 75% ~86% ,这三个国家都是原油进口大国。西欧诸国的加氢能力也较强,其比值在 50% ~60% 。我国的加氢能力比值只有 11.6% ,明显偏低,这一方面是由于国产原油多数含硫量较低,另一方面是受到资金和技术的限制。实际上,加氢能力的大小除了反映加工含硫原油的能力以外,还反映了对市场需要的适应能力和提高产品质量的能力。

从表 3.8 还可以看到在发达国家的加氢过程能力中,加氢裂化的比例都较小,而加氢处理的比例却很高。其主要原因是加氢裂化过程的投资及操作费用都很高,加氢处理过程的反应较缓和、投资及操作费用相对较低,而加氢处理过程与其他过程的组合能很好地解决含硫原油加工的问题。

(4)润滑油生产能力。

润滑油的品种很多,在国民经济中的作用也很重要,但是其产量对原油处理量的比例并不大,世界平均比值只有 1.2% ,几个炼油大国的比值比世界平均值稍大些。表 3.8 的数据只是反映了润滑油产量的大小,并不反映其质量水平。

以上的分析方法原则上也适用于对某个炼厂的分析。

上述的分析只是定性的,在分析时还需要结合具体的国情或厂情。在 20 世纪 40 年代末,W. L. Nelson 提出了以"复杂程度"来定量地表示炼厂生产各种产品的能力,至今在国外尚有应用。炼厂的"复杂程度"的计算方法如下:

规定原油常压蒸馏装置的复杂程度为 1.0,计算各炼油装置的复杂程度的公式为

$$炼油装置的复杂程度 = \frac{本装置的投资 \times 本装置处理量占原油处理量的百分数}{原油常压蒸馏装置的投资}$$

各炼油装置的复杂程度值之和再乘以系数 a,即为炼厂的总复杂程度。系数 a 的值与炼厂的复杂性有关,炼厂越复杂,a 值越小,a 值一般在 1.77~3.25。根据此法计算,1990 年全世界的炼厂的平均复杂程度值为 13.2,北美、西欧、中东地区炼厂的平均复杂程度值分别为 15.9、13.2、11.1,亦即其生产各种产品的能力依次变小。

上述的复杂程度值虽能定量地反映炼厂的生产各种产品的能力,但计算比较复杂,而且其中的装置投资及系数 a 值不易准确确定,因此其使用受到很大的限制。

第2部分 炼油技术及工艺

第4章 石油蒸馏过程

石油是极其复杂的混合物。要从原油中提炼出多种多样的燃料、润滑油和其他产品,基本的途径是:将原油分割为不同沸程的馏分,然后按照油品的使用要求,除去这些馏分中的非理想组分,或者是经由化学转化形成所需要的组成,进而获得合格的石油产品。因此,炼厂必须解决原油的分割和各种石油馏分在加工过程中的分离问题。蒸馏正是一种合适的手段,而且常常也是一种最经济、最容易实现的分离手段。它能够将液体混合物按其所含组分的沸点或蒸气压的不同而分离为轻重不同的各种馏分,或者是分离为近似纯的产物。

因此,几乎在所有的炼厂中,第一个加工装置就是蒸馏装置,例如拔顶蒸馏、常减压蒸馏等。所谓的原油一次加工,是针对原油蒸馏而言的。借助于蒸馏过程,可以按所制订的产品方案将原油分割成相应的直馏汽油、煤油、轻柴油或重柴油馏分以及各种润滑油馏分等,这些半成品经过适当的精制和调配便成为合格的产品。在蒸馏装置中,也可以按不同的生产方案分割出一些二次加工过程所用的原料,如重整原料、催化裂化原料、加氢裂化原料等,以便进一步提高轻质油的产率或改善产品质量。

在炼厂的各种二次加工装置中,蒸馏仍然是不可缺少的组成部分。有的装置(如重整)要求将原料进一步比较精确地分割以适应其要求;有的装置(如催化裂化、焦化等)则要求将反应产物混合物中的各种产品与未转化的原料分离;也有的装置(如润滑油溶剂精制)需将工艺过程中所用的溶剂加以回收。所有这些几乎都是通过蒸馏操作来完成的。

在天然气和炼厂气加工过程中,通常要把其中的烃类逐个地或是按窄馏分予以分离,这也常常是借助于蒸馏过程来完成的。

除了工业生产过程中的应用以外,蒸馏也是实验室中常用的方法。原油评价的基本内容之一就是原油的实沸点蒸馏,而恩氏蒸馏则是油品质量控制指标中的一个重要项目。

由此可见,蒸馏是炼油工业中一种最基本的分离方法。蒸馏过程和设备的设计是否合理,操作是否良好,对炼厂生产的影响非常重大。

在炼厂中,可以遇到多种形式的蒸馏操作,但可以把它们归纳为三种基本类型。

1. 闪蒸——平衡汽化

进料以某种方式被加热至部分汽化,经过减压设施,在一个容器(如闪蒸罐、蒸发塔、蒸馏塔的汽化段等)的空间内,于一定的温度和压力下,气、液两相迅即分离,得到相应的气相和液相产物,此过程称为闪蒸,如图4.1所示。在有些场合下,也可以只有加热或减压设施。

在上述过程中,如果气、液两相有足够的时间密切接触,达到了平衡状态,则这种汽化方式称为平衡汽化。在实际生产过程中,并不存在真正的平衡汽化,因为真正的平衡汽化需要气、液两相有无限长的接触时间和无限大的接触面积。然而在适当的条件下,气、液两相可以接近平衡,因而可以近似地按平衡汽化来处理。例如在原油蒸馏装置中,原油流经换热加热系统,从开始汽化起,每一点都可以近似地看作平衡汽化,也就是说,可以把每一点的气、液两相近似地看作在该点温度、压力条件下处于平衡状态的气、液两相进行处理。

平衡汽化的逆过程称为平衡冷凝。例如催化裂化分馏塔顶气相馏出物,经过冷凝冷却,进入接收罐中进行分离,此时汽油馏分冷凝为液相,而裂化气和一部分汽油蒸气则仍为气相(裂化富气),如图4.2所示。

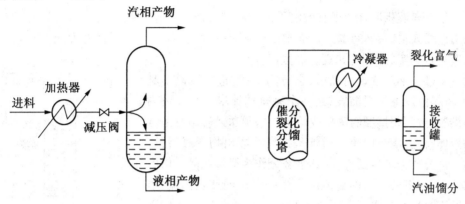

图 4.1　闪蒸　　　　　　　　　　图 4.2　平衡冷凝

平衡汽化和平衡冷凝都可以使混合物得到一定程度的分离,气相产物中含有较多的低沸点轻组分,而液相产物中则含有较多的高沸点重组分。但是在平衡状态下,所有组分都同时存在于气、液两相中,而两相中的每个组分都处于平衡状态,因此这种分离是比较粗略的。

2. 简单蒸馏——渐次汽化

简单蒸馏是实验室或小型装置上常用于浓缩物料或粗略分割油料的一种蒸馏方法。如图4.3所示,液体混合物在蒸馏釜中被加热,在一定压力下,当温度到达混合物的泡点温度时,液体即开始汽化,生成微量蒸气。生成的蒸气当即被引出并经冷凝冷却后收集起来,同时液体继续加热,继续生成蒸气并被引出。这种蒸馏方式称为简单蒸馏或微分蒸馏。

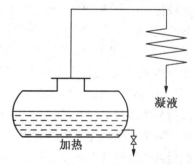

图 4.3　简单蒸馏

在简单蒸馏中,每个瞬间形成的蒸气都与残存液相处于平衡状态(实际上是接近平衡状态),由于形成的蒸气不断被引出,因此,在整个蒸馏过程中,所产生的一系列微量蒸气的组成是不断变化的。最初得到的蒸气含轻组分最多,随着加热温度的升高,相继形成的蒸气中轻组分的浓度逐渐降低,而残存液相中重组分的浓度则不断增大。但是对在每一瞬间所产生的微量蒸气来说,其中的轻组分浓度总是要高于与之平衡的残存液体中的轻组分浓度。由此可见,借助于简单蒸馏,可以使原料中的轻、重组分得到一定程度的分离。

从本质上看,上述过程是由无穷多次平衡汽化所组成的,是渐次汽化过程。与平衡汽化相比较,简单蒸馏所剩下的残液是与最后一个轻组分含量不高的微量气相平衡的液相,而平衡汽化所剩下的残液则是与全部气相处于平衡状态,因此,简单蒸馏所得的液体中的轻组分含量低于平衡汽化所得的液体中的轻组分含量。换言之,简单蒸馏的分离效果要优于平衡汽化。尽管如此,简单蒸馏的分离程度还是不高。

简单蒸馏是一种间歇过程，而且分离程度不高，一般只是在实验室中使用。广泛应用于测定油品馏程的恩氏蒸馏，可以看作简单蒸馏。严格地说，恩氏蒸馏中生成的蒸气并未能在生成的瞬间立即被引出，而且蒸馏瓶壁上也有少量蒸气会冷凝而形成回流，因此，只能把它看作近似的简单蒸馏。

3. 精馏

精馏是分离液相混合物很有效的手段。精馏有连续式和间歇式两种，现代石油加工装置中都采用连续式精馏；而间歇式精馏则由于它是一种不稳定过程，而且处理能力有限，因此只用于小型装置和实验室中（如实沸点蒸馏等）。

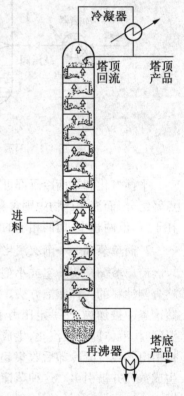

图 4.4 是一个连续式精馏塔，它分为两段，进料段以上是精馏段，进料段以下是提馏段，是一个完全精馏塔。精馏塔内装有提供气、液两相接触的塔板或填料。塔顶送入轻组分浓度很高的液体，称为塔顶回流。通常是把塔顶馏出物冷凝后，取其中的一部分作为塔顶回流，而其余部分作为塔顶产品。塔底有再沸器，加热塔底流出的液体以产生一定量的气相回流，塔底气相回流是轻组分含量很低而温度较高的蒸气。由于塔顶回流和塔底气相回流的作用，沿着精馏塔高度形成了两个梯度：温度梯度（自塔底至塔顶温度逐级下降）和浓度梯度（气、液相物流的轻组分浓度自塔底至塔顶逐级增大）。由于这两个梯度的存在，在每一个气、液接触极内，由下而上的较高温度和较低轻组分浓度的气相与由上而下的较低温度和较高轻组分浓度的液相互相接触，进行传质和传热，达到平衡，产生新的平衡的气、液两相，使气相中的轻组分和液相中的重组分分别得到提浓。如，经过多次的气、液相逆流接触，最后可在塔顶得到较纯的轻组分，而在塔底得到较纯的重组分。这样，不仅可以得到纯度较高的产品，而且可以得到相当高的收率。这样的分离效果显然优于平衡汽化和简单蒸馏。由此可见，精馏塔内沿塔高的温度梯度和浓度梯度的形成以及接触设施的存在是精馏过程得以进行的必要条件。

图 4.4 连续式精馏塔

借助于精馏过程，可以得到一定沸程的馏分，也可以得到纯度很高的产品，例如纯度可达99.99%的产品。对于石油精馏，一般只要求其产品是有规定沸程的馏分，而不是某个组分纯度很高的产品，或者在一个精馏塔内并不要求同时在塔顶和塔底都能产出很纯的产品。因此，在炼厂中，除从精馏段或提馏段塔顶馏出汽油馏分外，常常有些精馏塔在精馏段还抽出一个或几个侧线产品，也有一些精馏塔只有精馏段或提馏段，前者称为复杂塔，后者则称为不完全塔。例如原油常压精馏塔，除了塔顶馏出汽油馏分外，在精馏段还抽出煤油、轻柴油和重柴油馏分（侧线产品）。原油常压精馏塔的进料段以下的塔段，与前述的提馏段不同，在塔底，只是通入一定量的过热水蒸气降低塔内油气分压，使一部分带下来的轻馏分蒸发，回到精馏段。由于过热水蒸气提供轻馏分蒸发时所需的热量主要是依靠物流本身温度降低而得到的，因此，由进料段以下，塔内温度是逐步下降的而不是逐步增高的。综上所述，原油常压精馏塔是一个复杂塔，同时也是一个不完全塔。对于其他的精馏塔，同样也应当从它的实际情况出发，具体地分析其精馏过程的特点。

4.1　石油及其馏分的气液平衡

4.1.1　气液平衡及相平衡常数

当体系中气、液两相呈平衡时,整个相平衡体系的温度和压力都必然是均匀的。热力学第二定律指出,处在相同的温度和压力下的多相体系,其平衡条件是各相中每个组分的化学位 μ_i 相等。对于气液平衡体系,有

$$\mu_{iv} = \mu_{il} \tag{4.1}$$

式中,μ_{iv}、μ_{il} 分别为气相和液相中组分 i 的化学位。

由于恒温下逸度 f_i 与化学位 μ_i 存在着如下关系:

$$d\mu_i = RTd\ln f_i \tag{4.2}$$

故可导出

$$f_{iv} = f_{il} \tag{4.3}$$

式中,f_{iv}、f_{il} 分别为气相和液相中组分 i 的逸度。

上式也是在处理气液平衡问题时使用的最基本的关系。对于各种不同的情况,式(4.3)可以表现为不同的形式。

当气相和液相都是理想溶液时,据路易斯 - 兰道尔定则,得

$$f_{iv} = f_{iv}^0 y_i \tag{4.4}$$

$$f_{il} = f_{il}^0 x_i \tag{4.5}$$

式中,f_{iv}^0 为在体系平衡温度和压力下,纯组分 i 呈气态时的逸度;f_{il}^0 为在体系平衡温度和压力下,纯组分 i 呈液态时的逸度,在压力不太高时,等于纯组分 i 在体系温度及其饱和蒸气压力下的气态逸度。

因此,在体系达到相平衡时,其气液关系可写成

$$f_{iv}^0 y_i = f_{il}^0 x_i \tag{4.6}$$

当气相是理想气体(液相仍是理想溶液)时,式(4.6)可以简化。理想气体的逸度系数等于 1,即组分的逸度可以用其分压来代替。因此,运用道尔顿 - 拉乌尔定律即可由式(4.6)导出

$$\Pi y_i = p_i^0 x_i \tag{4.7}$$

式中,Π 为体系总压;p_i^0 为纯组分 i 在体系温度下的饱和蒸气压;y_i、x_i 分别为组分 i 在气相和液相中的分子数分数。

对于非理想溶液,则组分的逸度应当代入活度来处理相平衡关系,例如 f_{il} 以 $r_{il} f_{il}^0 x_i$ 代替,其中 r_{il} 为组分 i 在液相溶液中的活度系数。

在气液传质过程中,气液平衡常数 K 的应用极为广泛。

$$K_i = y_i / x_i \tag{4.8}$$

K 不仅与物质的属性有关,还取决于温度与压力,有时还是混合物组成的函数。因此,严格来说,K 并非常数,称为平衡分配比更为确切一些。

从前述的气、液平衡关系可以导出计算相平衡常数的计算式。例如当气相为理想气体、液相为理想溶液时,相平衡关系式为

$$\Pi y_i = p_i^0 x_i$$

$$K_i = y_i/x_i = p_i^0/\Pi \tag{4.9}$$

依此类推,可以求得各种条件下的相平衡常数的计算式,表4.1是它们的汇总表。

表 4.1　各种条件下的相平衡常数的计算式

气相				液相				关系式	相平衡常数
状态	r_{iv}	f_{iv}^0	f_{iv}	状态	r_{il}	f_{il}^0	f_{il}	$f_{iv}=f_{il}$	$K_i = y_i/x_i$
理想气体理想溶液	1,0	Π	Πy_i	理想溶液	1,0	p_i^0	$p_i^0 x_i$	$\Pi y_i = p_i^0 x_i$	p_i^0/Π
理想气体理想溶液	1,0	Π	Πy_i	非理想溶液	$\neq 1,0$	$\neq p_i^0$	$r_{il}f_{il}^0 x_i$	$\Pi y_i = r_{il}f_{il}^0 x_i$	$r_{il}f_{il}^0/\Pi$
非理想气体理想溶液	1,0	$\neq \Pi$	$f_{iv}^0 y_i$	理想溶液	1,0	$\neq p_i^0$	$f_{il}^0 x_i$	$f_{iv}^0 y_i = f_{il}^0 x_i$	f_{il}^0/f_{iv}^0
非理想气体理想溶液	1,0	$\neq \Pi$	$f_{iv}^0 y_i$	非理想溶液	$\neq 1,0$	$\neq p_i^0$	$r_{il}f_{il}^0 x_i$	$f_{iv}^0 y_i = r_{il}f_{il}^0 x_i$	$r_{il}f_{il}^0/f_{iv}^0$
非理想气体非理想溶液	$\neq 1,0$	$\neq \Pi$	$r_{iv}f_{iv}^0 y_i$	非理想溶液	$\neq 1,0$	$\neq p_i^0$	$r_{il}f_{il}^0 x_i$	$r_{iv}f_{iv}^0 y_i = r_{il}f_{il}^0 x_i$	$r_{il}f_{il}^0/r_{iv}f_{iv}^0$

由表4.1可知,相平衡常数可以通过有关的热力学参数求取。但实际上有些热力学参数例如活度系数的求取比较复杂,而且数据也很不完备,特别是复杂混合物中各组分的活度系数的求取,即使并非不可能,也是十分困难的。因此,在许多情况下,常用一些经验方法来求取相平衡常数。下面对几种经验方法进行简单介绍。

(1)$p - T - K$ 列线图法。

图 4.5 是轻质烃的 $p - T - K$ 列线图,反映了相平衡常数与压力和温度的关系。此法求得的相平衡常数值只是温度和压力的函数,与混合物的组成无关。显然,此法只适用于气相和液相都是理想状态的体系。此法的精确度虽然不是很高,但是对一般工程计算是适用的,而且方法简捷。

类似的图表为数不少,可以参阅有关书刊文献。

(2)会聚压法。

对于非理想溶液,混合物的组成对相平衡常数会产生影响。对于这个影响,在用热力学参数计算的方法中是借助于活度系数来进行校正的。此外,还有另一种解决办法,就是引进一个新的参数——会聚压。

为了便于说明什么是体系的会聚压,以一个由组分 A(低沸组分)和 B(高沸组分)组成的二元混合物为例。将 A 和 B 在恒温下的相平衡常数 K 随压力 p 的变化予以标绘,得到如图 4.6所示的 $\lg K - \lg p$ 关系曲线。如果是理想溶液,则 A 和 B 是两条互不相关的直线(虚线所示),它们不会交汇。然而在高压条件下,实际混合物必然是非理想溶液,表现出与理想溶液有明显的差别。A、B 两条曲线互相趋近,最后于 $K = 1.0$ 处会聚于一点,对应于这个会聚点的压力称为混合物的会聚压或收敛压 p_{cv},如果所选的温度条件正好是混合物的临界温度 T_c,则此时的会聚压就等于体系的临界压力 p_c。试验证明,只要温度不高于混合物中最重组分的临界温度,就会出现会聚现象,只是温度不同,体系的会聚压数值也是不相同的。

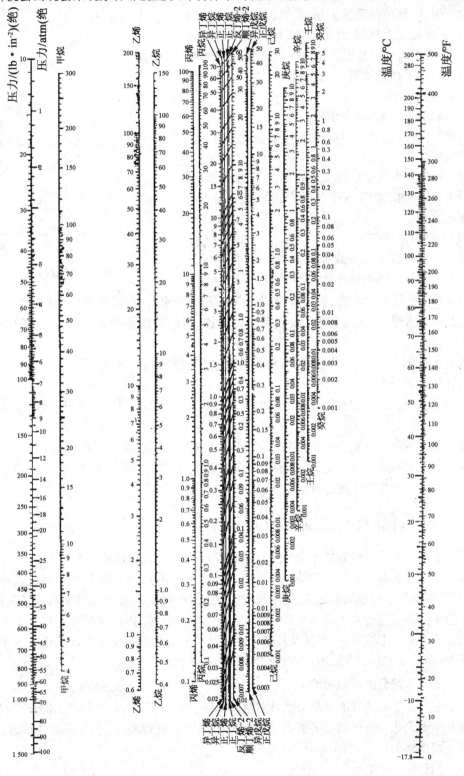

图 4.5　轻质烃的 $p-T-K$ 列线图

会聚压是混合物组成和温度的函数,因此,在一定的温度下,会聚压被看成表示混合物特性的一个因数,它在一定程度上反映了混合物各组分之间的相互影响。据此,可以利用会聚压作为一个参数,对按理想状态计算的相平衡常数进行校正,以求取非理想溶液的相平衡常数。

要精确求取会聚压的数值是相当困难的,通常采用经验方法。得到了会聚压以后,对相平衡常数进行校正的方法也各有不同。具体的方法可参阅有关文献。

会聚压法包含大量比较复杂的图表,比较麻烦,只适于手工计算;此法的精确度也不是很高,这也是本法的局限性所在。

(3) K 值的内插和外延。

在缺乏所需相平衡常数资料的情况下,可以考虑根据已有的数据进行内插和外延,但应注意限度。

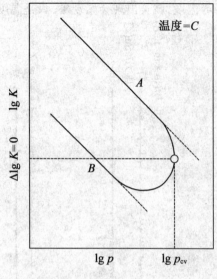

图 4.6　会聚现象

同样分子特征的化合物,如同系物,在温度和压力一定时,它们的 $\lg K$ 与相对分子质量 M 的关系是一条直线。因此,已知几个同系物的 K 值,可用外延的办法来求取其他同类化合物的 K 值。

恒温下,将 $\lg K$ 对总压作图,也可得一直线,在对比压力 $p_r < 4$ 的范围内,可以延长直线以估定其他压力下的 K 值。

恒压下,将 $\lg K$ 对温度作图所得的曲线,可外延到对比温度 $T_r = 0.5$ 处,从而得到其他温度下的 K 值。

除了上述各种方法外,近 30 年来,由于计算机技术的发展,使得通过复杂的计算求得精确度较高的 K 值已成为现实。近年来,应用计算机计算的方法得到了很大的发展,关于这方面的内容将在后面的章节中进行介绍。

4.1.2　石油及石油馏分的蒸馏曲线

当一个体系所含的组分数非常多,以致测定其单体组成极为困难甚至不可能时,即称为复杂体系。复杂体系的主要代表就是石油。某些石油轻质馏分,例如轻质汽油,即使能将其组成分析清楚,可是其组分数如此之多,要用解析的方法进行气液平衡计算,也是极端繁复庞杂的。炼油工业中的蒸馏过程并不要求从石油中直接分出单体烃来,因此也没有必要去做如此繁杂的分析计算。由于上述原因,石油及其馏分的气液平衡关系按惯例不是以其详细的化学组成来表示的,而是以宏观的方法通过实验室蒸馏来测定的。

1. 石油及其馏分的蒸馏曲线

石油和石油馏分的气液平衡关系可以通过三种实验室蒸馏方法来取得,即恩氏蒸馏、实沸点蒸馏和平衡汽化。所得的结果可以通过馏分组成数据进行表达,也可以通过蒸馏曲线(馏出温度 - 馏出体积分数)表示。

(1) 恩氏蒸馏曲线。

恩氏蒸馏是一种简单蒸馏,它是以规格化的仪器、在规定的试验条件下进行的,故是一种条件性的试验方法。将馏出温度(气相温度)对馏出量(体积分数)作图,就得到恩氏蒸馏曲线(图4.7)。

恩氏蒸馏的本质是渐次汽化,基本上没有精馏作用,不能显示油品中各组分的实际沸点,但它能反映油品在一定条件下的汽化性能,而且简便易行,因此是广泛用作反映油品汽化性能的一种规格试验。由恩氏蒸馏数据可以计算油品的一部分性质参数,它也是油品的最基本的物性数据之一。

(2)实沸点蒸馏曲线。

实沸点蒸馏是一种实验室间歇精馏。如果一个间歇精馏设备的分离能力足够高,则可以得到混合物中各个组分的量及对应的沸点,所得的数据在一张馏出温度 – 馏出体积分数的图上标绘,可以得到一条阶梯形曲线,不过这是不大容易做到的。实际上,实沸点蒸馏设备是一种规格化的蒸馏设备,规定其精馏柱应相当于17块理论板,而且是在规定的试验条件下运行,它不可能达到精密精馏那样高的分离效率。另一方面,石油中所含组分数极多,而且相邻组分的沸点十分接近,而每个组分的含量却又很少。因此,原油的实沸点曲线只是一条大体反映各组分沸点变迁情况的连续曲线(图4.8)。

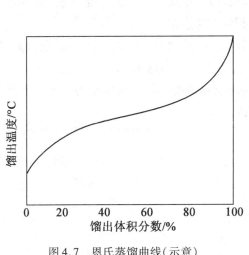

图 4.7 恩氏蒸馏曲线(示意)

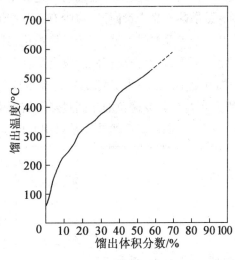

图 4.8 原油的实沸点曲线

实沸点蒸馏主要用于原油评价。原油的实沸点蒸馏试验是相当费时间的,为了节省试验时间,近十几年出现了用气体色谱分析来取得原油和石油馏分的模拟实沸点数据的方法。气体色谱法模拟实沸点蒸馏可以节约大量试验时间,所用的试样量也很少,但是用此方法不能同时得到一定的各窄馏分数量以供测定各窄馏分的性质之用。因此,在进行原油评价时,气体色谱模拟法还不能完全代替实验室的实沸点蒸馏。

(3)平衡汽化曲线。

在实验室平衡汽化设备中,将油品加热汽化,使气、液两相在恒定的压力和温度下密切接触一段足够长的时间后迅即分离,即可测得油品在该条件下的平衡汽化率。在恒压下选择几个合适的温度(一般至少要五个)进行试验,就可以得到恒压下平衡汽化率与温度的关系。以汽化温度对汽化率作图,即可得到石油馏分的平衡汽化曲线(图4.9)。

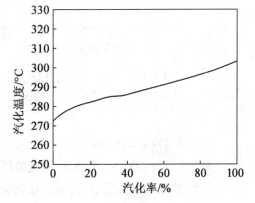

图 4.9 石油馏分的平衡汽化曲线

根据平衡汽化曲线,可以确定油品在不同汽化率时的温度(如精馏塔进料段温度),泡点温度(如精馏塔侧线温度和塔底温度),露点温度(如精馏塔顶温度)等。

2. 三种蒸馏曲线的比较

图4.10是同一种油品的三种蒸馏曲线。由图可知,就曲线的斜率而言,平衡汽化曲线最平缓,恩氏蒸馏曲线比较陡一些,而实沸点蒸馏曲线的斜率则最大。这种差别正是这三种蒸馏方式分离效率的差别的反映,即实沸点蒸馏的分离精确度最高,恩氏蒸馏次之,而平衡汽化则最差。这种差别是由这三种蒸馏的本质所决定的,关于这个问题在本章前面已有论述。

通常在标绘蒸馏曲线时所用温度都是指气相馏出温度,如图4.10所示。为了比较三种蒸馏方式,以液相温度为坐标进行标绘,可得图4.11所示的曲线。由该图可知,为了获得相同的汽化率,实沸点蒸馏要求达到的液相温度最高,恩氏蒸馏次之,而平衡汽化则最低。这是因为实沸点蒸馏是精馏过程,精馏塔顶的气相馏出温度与蒸馏釜中的液相温度必然会有一定的温差,这个温差在原油实沸点蒸馏时可达数十℃之多;恩氏蒸馏基本上是渐次汽化过程,但由于蒸馏瓶颈散热产生少量回流,多少有一些精馏作用,因而造成气相馏出温度与瓶中液相温度之间有几℃至十几℃的温差;至于平衡汽化,其气相温度与液相温度是一样的。

由此可见,在对分离精确度没有严格要求的情况下,采用平衡汽化可以用较低的温度得到较高的汽化率。这一点对炼油过程有重要的实际意义。因为这不但可以减轻加热设备的负荷,而且可以减轻或避免油品因过热分解而引起降质和设备结焦。这就是为什么平衡汽化的分离效率虽然最差却仍然被大量采用的根本原因。

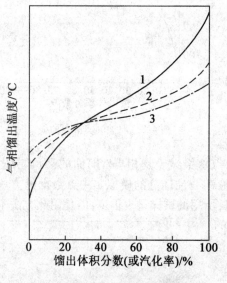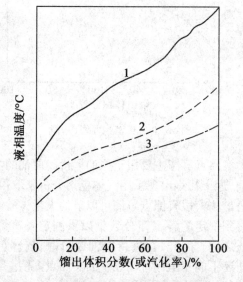

图4.10 三种蒸馏曲线比较　　　　图4.11 用液相温度为坐标的三种蒸馏曲线

1—实沸点蒸馏;2—恩氏蒸馏;3—平衡汽化　　　1—实沸点蒸馏;2—恩氏蒸馏;3—平衡汽化

3. 蒸馏曲线的相互换算

欲取得三种蒸馏曲线数据所需花费的试验工作量有很大的差别,其中平衡汽化的试验工作量最大,恩氏蒸馏的最小,而实沸点蒸馏的工作量则居中。在工艺过程的设计计算中常常遇到平衡汽化的问题,例如计算加热炉管和转油线中的汽化率,精馏塔的进料段的温度等。在计算中还经常遇到压力下或减压下的平衡汽化问题,而这方面的数据则更缺乏。因此,在实际工作中,往往需要通过较易获得的恩氏蒸馏或实沸点蒸馏曲线换算得到平衡汽化数据。此外,有时还需要在这三种蒸馏曲线之间进行相互转换。

三种蒸馏曲线的换算主要求助于经验的方法。通过大量试验数据的处理,找到各种曲线之间的关系,制成若干图表以供换算之用。由于各种石油和石油馏分的性质存在很大的差异,而在做关联工作时不可能对所有的油料都进行蒸馏试验,因而所制得的经验图表不可能具有广泛的适用性,而且在使用时也必然会带来一定的误差。因此,在使用这些经验图表时必须严格注意它们的适用范围以及可能的误差。只要有可能,应尽量采用实测的试验数据。

下面介绍的换算图表一般都是以体积分数来表示收率,这和我们习惯用质量分数来表示不同,在使用换算图表时应注意。

(1)常压蒸馏曲线的相互换算。

①常压恩氏蒸馏曲线和实沸点蒸馏曲线的互换。

这种互换可以利用图 4.12、图 4.13 进行。这两张图适用于特性因数 $K = 11.8$,沸点低于 427 ℃的油品。据考核,计算的馏出温度与试验值相差约 5.5 ℃,偏离规定条件时可能产生重大误差。

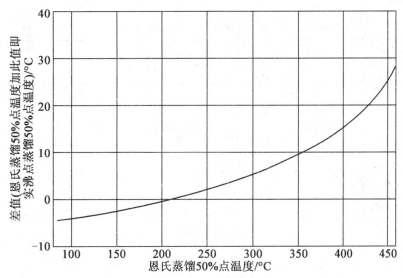

图 4.12　实沸点蒸馏 50% 馏出温度与恩氏蒸馏 50% 馏出温度的关系

具体方法是:首先,用图 4.12 将一种蒸馏曲线的 50% 点温度换算为另一种曲线的 50% 点温度;然后,将该蒸馏曲线分为若干线段(如 0 ~ 10% , 10% ~ 30% ,50% ~ 70% ,70% ~ 90% 和 90% ~ 100%),用图 4.13 将这些线段的温差值换算为另一种蒸馏曲线的各段温差;最后,以已经换得的 50% 点为基点,向两头推算出曲线的其他各点。

换算时,凡恩氏蒸馏温度高出 246 ℃者,考虑到裂化的影响,须用以下公式进行温度校正:

$$\lg D = 0.008\,52t - 1.691 \qquad\qquad (4.10)$$

式中,D 为温度校正值(加至 t 上),℃;t 为超过 246 ℃的恩氏蒸馏温度,℃。

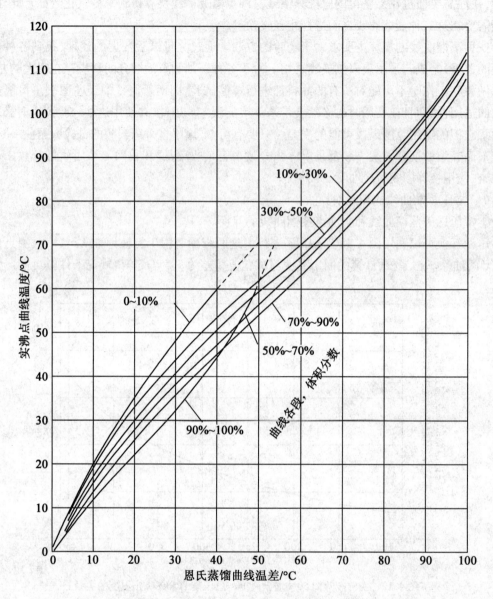

图 4.13　实沸点蒸馏曲线各段温差与恩氏蒸馏曲线各段温差的关系

[例 4.1]　某轻柴油馏分的常压恩氏蒸馏数据见表 4.2。

表 4.2　某轻柴油馏分的常压恩氏蒸馏数据

馏出体积分数/%	0	10	30	50	70	90	100
温度/℃	239	258	267	274	283	296	306

将其换算为实沸点蒸馏曲线。

解　(1)按式(4.10)做裂化校正,校正后的恩氏蒸馏数据见表 4.3。

表 4.3　校正后的恩氏蒸馏数据

馏出体积分数/%	0	10	30	50	70	90	100
温度/℃	239	261.2	270.8	278.4	288.3	302.8	314.2

(2)用图 4.12 确定实沸点蒸馏 50% 点。由图查得它与恩氏蒸馏 50% 点之差值为 4.0 ℃。故

$$实沸点蒸馏 50\% 点 = 278.4 + 4.0 = 282.4(℃)$$

(3)用图 4.13 查得实沸点蒸馏曲线各段温差见表 4.4。

表 4.4　用图 4.13 查得实沸点蒸馏曲线各段温差

曲线线段	恩氏蒸馏温差/℃	实沸点蒸馏温差/℃
0 ~ 10%	22.2	38
10% ~ 30%	9.6	18.9
30% ~ 50%	7.6	13
50% ~ 70%	9.9	13.4
70% ~ 90%	14.5	18.6
90% ~ 100%	11.4	13

(4)由实沸点蒸馏 50% 点(282.4 ℃)推算得其他实沸点蒸馏点温度。

$$30\% 点 = 282.4 - 13 = 269.4(℃)$$

$$10\% \text{ 点} = 269.4 - 18.9 = 250.5(\text{℃})$$
$$0 \text{ 点} = 250.5 - 38 = 212.5(\text{℃})$$
$$70\% \text{ 点} = 282.4 + 13.4 = 295.8(\text{℃})$$
$$90\% \text{ 点} = 295.8 + 18.6 = 314.4(\text{℃})$$
$$100\% \text{ 点} = 314.4 + 13 = 327.4(\text{℃})$$

将实沸点蒸馏数据换算为恩氏蒸馏数据时,计算程序类似,只是50%点需用试差法确定。

在实际计算中,有时会遇到恩氏蒸馏数据不齐全,如果只用少数的几点描出曲线,然后用外延或内插的办法补足所缺各点数据,往往会存在较大的误差。此时可利用图4.14所示的坐标纸来补足所缺数据。该图的横坐标为正态概率坐标,纵坐标为算术坐标。对于不太宽的馏分,绘出的恩氏蒸馏曲线十分接近于直线,因此可以通过不完全的恩氏蒸馏数据在该图上作出直线,从而读出其他各点的馏出温度。实沸点蒸馏数据在该图上标绘时,也接近于一条直线。

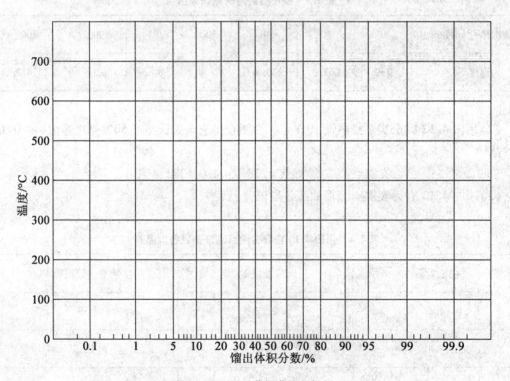

图4.14　恩氏蒸馏曲线坐标纸

②常压恩氏蒸馏曲线和平衡汽化曲线的互相换算。

这类换算可借助于图4.15和图4.16进行,此两图适用于特性因数$K = 11.8$,沸点低于427 ℃的油品,据若干试验数据验证,计算值与试验值之间的偏差在8.3 ℃以内。使用方法同图4.12和图4.13相仿,只是在换算50%点时要用到恩氏蒸馏曲线10% ~70%的斜率。

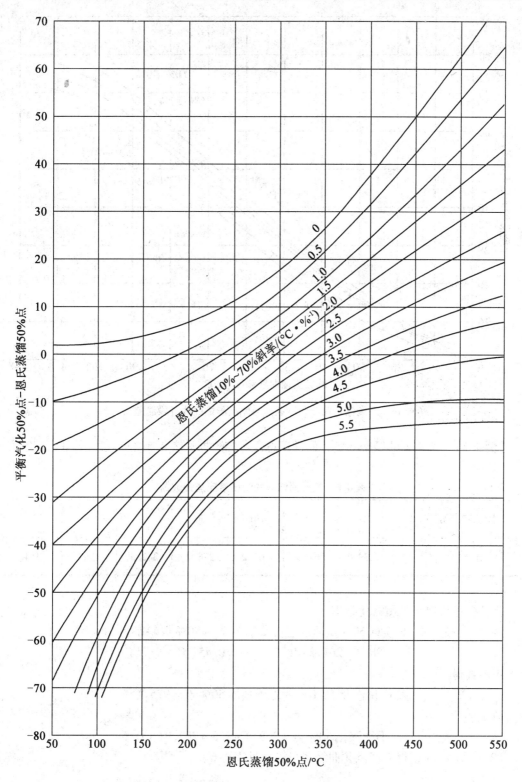

图 4.15　常压恩氏蒸馏 50% 点与平衡汽化 50% 点换算图

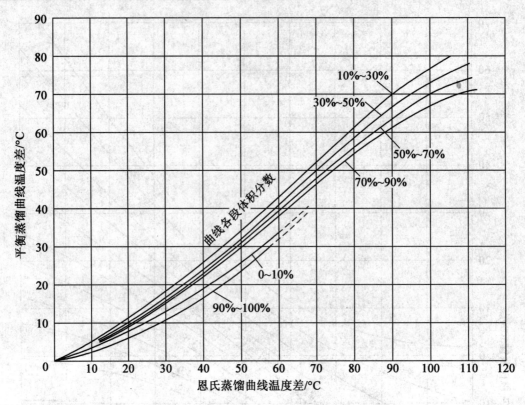

图 4.16　平衡汽化曲线各段温差与恩氏蒸馏曲线各段温差关系图

[例 4.2]　例 4.1 的轻柴油馏分的常压恩氏蒸馏数据见表 4.5(已经裂化校正)。

表 4.5　轻柴油馏分的常压恩氏蒸馏数据

馏出体积分数/%	0	10	30	50	70	90	100
温度/℃	239	261.2	261.2	278.4	288.3	302.8	314.2

将其换算为常压平衡汽化数据。

解　(1)按图 4.15 换算 50% 点温度恩氏蒸馏 10% ~ 70% 点斜率为

$$(288.3 - 261.2)/(70 - 10) = 0.45(℃ \cdot \%^{-1})$$

由图查得

$$平衡汽化 50\% 点 - 恩氏蒸馏 50\% 点 = 9.5 ℃$$

故

$$平衡汽化 50\% 点 = 278.4 + 9.5 = 287.9(℃)$$

(2)由图 4.16 查得平衡汽化曲线各段温差见表 4.6。

表4.6 由图4.16查得平衡汽化曲线各段温差

曲线线段	恩氏蒸馏温差/℃	平衡汽化温差/℃
0~10%	22.2	9.4
10%~30%	9.6	5.0
30%~50%	7.6	3.8
50%~70%	9.9	4.5
70%~90%	14.5	6.2
90%~100%	11.4	3.2

(3)由50%点及各线段温差推算平衡汽化曲线的各点温度。

$$30\%点 = 287.9 - 3.8 = 284.1(℃)$$
$$10\%点 = 284.1 - 5.0 = 279.1(℃)$$
$$0 点 = 279.1 - 9.4 = 269.7(℃)$$
$$70\%点 = 287.9 + 4.5 = 292.4(℃)$$
$$90\%点 = 292.4 + 6.2 = 298.6(℃)$$
$$100\%点 = 298.6 + 3.2 = 301.8(℃)$$

③常压实沸点蒸馏曲线与平衡汽化曲线的换算。

这种换算可以利用经验图(图4.17),该图引进了参考线的概念。所谓参考线是指通过实沸点蒸馏或平衡汽化曲线的10%点与70%点的直线。此图的使用方法通过例4.3进行说明。

[例4.3] 某轻柴油的实沸点蒸馏数据见表4.7。

表4.7 某轻柴油的实沸点蒸馏数据

馏出体积分数/%	0	10	30	50	70	90	100
温度/℃	220.9	258.9	277.8	290.8	304.2	322.8	335.8

试换算为常压平衡汽化曲线。

解 (1)计算实沸点蒸馏曲线的参考线斜率及其各点温度。

按定义,得

实沸点蒸馏曲线参考线的斜率 $= (304.2 - 258.9)/(70 - 10) = 0.766(℃ \cdot \%^{-1})$

由此计算参考线的各点温度为

$$0 点 = 258.9 - 0.76 \times (10 - 0) = 251.3(℃ \cdot \%^{-1})$$
$$30\%点 = 258.9 + 0.76 \times (30 - 10) = 274.1(℃ \cdot \%^{-1})$$
$$50\%点 = 258.9 + 0.76 \times (50 - 10) = 289.3(℃ \cdot \%^{-1})$$
$$90\%点 = 304.2 + 0.76 \times (90 - 70) = 319.4(℃ \cdot \%^{-1})$$
$$100\%点 = 304.2 + 0.76 \times (100 - 70) = 327(℃ \cdot \%^{-1})$$

(2)计算平衡汽化参考线斜率及其各点温度。

用图4.17(a),根据实沸点蒸馏曲线10%~70%斜率(0.76 ℃·%$^{-1}$)查得平衡汽化参考线的斜率为0.25 ℃·%$^{-1}$。

由图4.17(b)可查得 $\Delta F = 0$ ℃,则

平衡汽化参考线50%点＝实沸点蒸馏参考线50%点 $-\Delta F = 289.3 - 0 = 289.3(℃)$

由平衡汽化参考线的50%点和斜率可计算得到其他各点温度为

$$0\ 点 = 289.3 - 0.25 \times (50\% - 0\%) = 276.8(℃)$$
$$10\%\ 点 = 289.3 - 0.25 \times (50\% - 10\%) = 279.3(℃)$$
$$30\%\ 点 = 289.3 - 0.25 \times (50\% - 30\%) = 284.3(℃)$$
$$70\%\ 点 = 289.3 + 0.25 \times (70\% - 50\%) = 294.3(℃)$$
$$90\%\ 点 = 289.3 + 0.25 \times (90\% - 50\%) = 299.3(℃)$$
$$100\%\ 点 = 289.3 + 0.25 \times (100\% - 50\%) = 301.8(℃)$$

（3）计算实沸点蒸馏曲线与其参考线的各点温差 $\Delta F_{i\%}$。

$$\Delta F_0 = 220.9 - 251.3 = -30.4(℃)$$
$$\Delta F_{10\%} = 258.9 - 258.9 = 0(℃)$$
$$\Delta F_{30\%} = 277.8 - 274.1 = 3.7(℃)$$
$$\Delta F_{50\%} = 290.8 - 289.3 = 1.5(℃)$$
$$\Delta F_{70\%} = 304.2 - 304.2 = 0(℃)$$
$$\Delta F_{90\%} = 322.8 - 319.4 = 3.4(℃)$$
$$\Delta F_{100\%} = 335.8 - 327 = 8.8(℃)$$

（4）求平衡汽化曲线各点温度。

由图4.17可查得各馏出体积分数时的温差比值,得到其余各点比值都是0.33。

平衡汽化曲线各点与其参考线相应各点的温差 dT 等于实沸点蒸馏曲线与其参考线相应各点的温差 $\Delta F_{i\%}$ 乘以对应的比值。由此得到平衡汽化各点的 ΔT 为

$$0\ 点\ \Delta T = -30.4 \times 0.25 = -7.6(℃)$$
$$10\%\ 点\ \Delta T = 0 \times 0.4 = 0(℃)$$
$$30\%\ 点\ \Delta T = 3.7 \times 0.33 = 1.2(℃)$$
$$70\%\ 点\ \Delta T = 0 \times 0.33 = 0(℃)$$
$$90\%\ 点\ \Delta T = 3.4 \times 0.33 = 1.1(℃)$$
$$100\%\ 点\ \Delta T = 8.8 \times 0.33 = 2.9(℃)$$

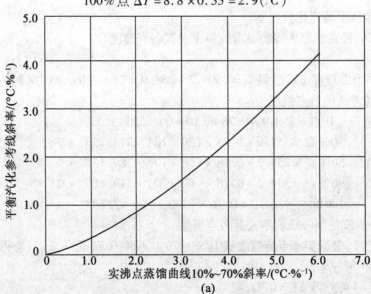

(a)

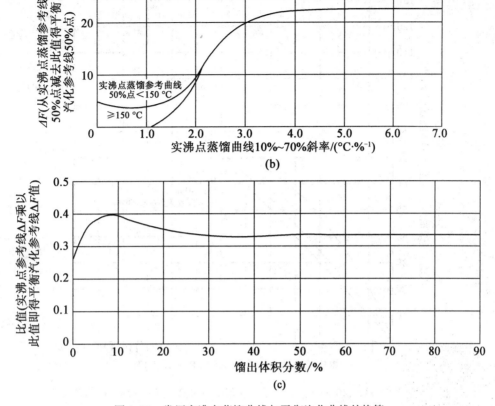

图4.17　常压实沸点蒸馏曲线与平衡汽化曲线的换算

平衡汽化曲线各点温度等于它的参考线各点温度加上相对应的 ΔT 值,得到各点平衡汽化温度为

$$0\ 点 = 275.8 - 7.6 = 269.2(℃)$$
$$10\%\ 点 = 279.3 + 0 = 279.3(℃)$$
$$30\%\ 点 = 284.3 + 1.2 = 285.5(℃)$$
$$50\%\ 点 = 289.3 + 0.5 = 289.8(℃)$$
$$70\%\ 点 = 294.3 + 0 = 294.3(℃)$$
$$90\%\ 点 = 299.3 + 1.1 = 300.4(℃)$$
$$100\%\ 点 = 301.8 + 2.9 = 304.7(℃)$$

这种通过参考线换算的方法比较麻烦,而且偏差也较大,因此,当同时具备恩氏蒸馏和实沸点蒸馏数据时,建议从恩氏蒸馏数据换算平衡汽化曲线更为妥当。

(2)1.33 kPa(10 mmHg)残压下蒸馏曲线的相互换算。

1.33 kPa(10 mmHg)残压下各种蒸馏曲线的相互换算可以采用下列经验图表查得。

恩氏蒸馏和实沸点蒸馏曲线互换采用图4.18,使用该图时假定恩氏蒸馏50%点温度与实沸点蒸馏50%点温度相同。恩氏蒸馏和平衡汽化曲线互换采用图4.19 和图4.20。实沸点蒸馏和平衡汽化曲线互换采用图4.21 和图4.22。

这套换算图表是根据若干重残油的试验数据归纳得到的,当然只适用于重残油。使用这些图表换算的误差在 14 ℃以内。据校验它们的用法同常压恩氏蒸馏与实沸点蒸馏曲线的换算图的用法相似。

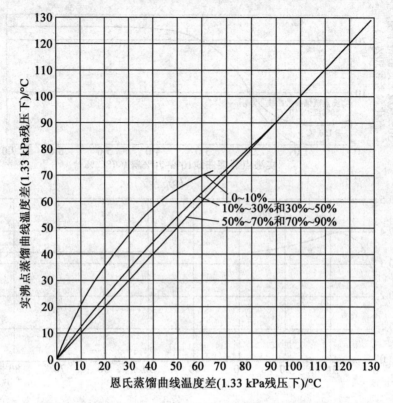

图 4.18　1.33 kPa（10 mmHg）残压下恩氏蒸馏与实沸点蒸馏曲线各段温差换算

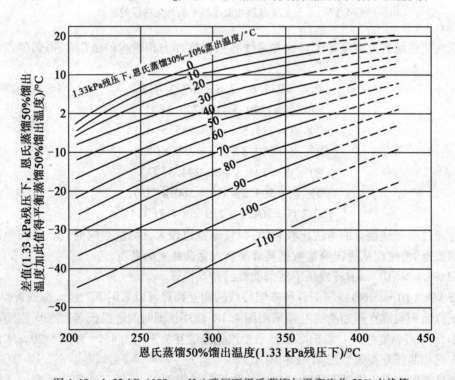

图 4.19　1.33 kPa（100 mmHg）残压下恩氏蒸馏与平衡汽化 50% 点换算

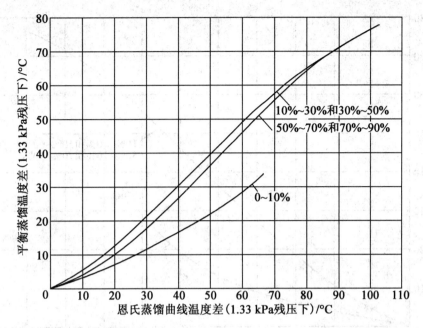

图 4.20 1.33 kPa(10 mmHg)残压下恩氏蒸馏与平衡汽化曲线段温差换算

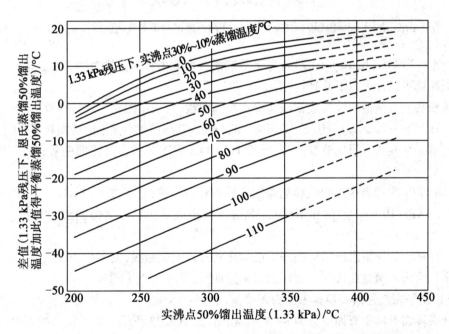

图 4.21 1.33 kPa(10 mmHg)残压下实沸点蒸馏与平衡汽化 50% 点换算

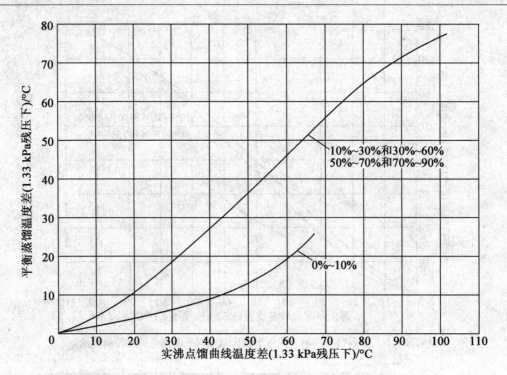

图 4.22　1.33 kPa(10 mmHg)残压下实沸点蒸馏与平衡汽化曲线段温差换算

(3)将 1.33 kPa(压 10 mmHg)残压下蒸馏曲线换算为常压蒸馏曲线。

这类换算可以分为以下几种情况:

①减压实沸点蒸馏曲线换成常压实沸点蒸馏曲线,可采用图 4.1 进行换算。

②1.33 kPa(10 mmHg)残压下,恩氏蒸馏曲线换成常压实沸点蒸馏曲线换算可分两步进行。

a.1.33 kPa 残压下恩氏蒸馏曲线,换成 1.33 kPa 残压下实沸点蒸馏曲线,可采用图 4.18 进行。

b.1.33 kPa 实沸点蒸馏曲线换成常压实沸点蒸馏曲线,见本节 3 (3)①。

③1.33 kPa(10 mmHg)残压下,恩氏蒸馏曲线换成常压恩氏蒸馏曲线,换算可分两步进行。

a.1.33 kPa 残压下恩氏蒸馏曲线换成常压实沸点蒸馏曲线,见本节 3(3)②。

b.常压实沸点蒸馏曲线换成常压恩氏蒸馏曲线,见本节 3(1)①。

(4)常压平衡汽化曲线换算为压力下平衡汽化曲线。

这种换算需借助于石油馏分的 $p-T-e$ 相图,如图 4.23 所示。如果将一种石油馏分在几个不同的压力下的平衡汽化数据标绘在这种坐标纸上,就会发现不同压力下同样汽化率的各点可以连成直线,而且这一束不同汽化率的 $p-T$ 线会聚于一点,这一点称为焦点。基于这种特性,只要能确定该石油馏分的焦点,再有一套常压平衡汽化数据,就可以作出该油品的 $p-T-e$ 相图,从而可以读出不同压力下的平衡汽化数据。

石油馏分 $p-T-e$ 相图中的焦点只不过是由试验数据制作的不同汽化率 e 的几条 $p-T$ 线的会聚点,它并不是临界点。石油馏分的焦点位置可由图 4.24 和图 4.25 求得。

本法只适用于临界温度以下的温度,接近于临界区时不可靠。当采用的常压平衡汽化数据为试验值时,误差一般在 11 ℃ 以内。本法不适用于求定残压下的平衡汽化数据。

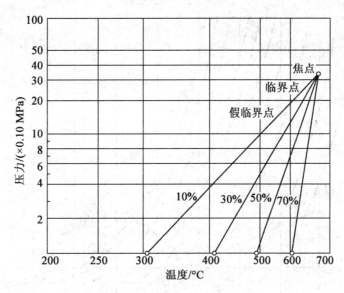

图 4.23　石油馏分的 $p-T-e$ 相图

【例 4.4】　已知某原油的常压平衡汽化数据见表 4.8。

表 4.8　某原油的常压平衡汽化数据

汽化率/%	10	30	50	70
温度/℃	302.5	405.0	492.0	579.5

其他性质有:相对密度 $d_4^{20}=0.945\,9$;特性因数 $K=11.7$;体积平均沸点 $=468.5\,℃$;恩氏蒸馏曲线 $10\%\sim90\%$ 的斜率 $=6.0\,℃\cdot\%^{-1}$;临界温度 $=638\,℃$;临界压力 $=2.72\,MPa$。求该原油在 $22\,kPa$ 下的平衡汽化数据。

解　由图 4.24 和图 4.25 可得

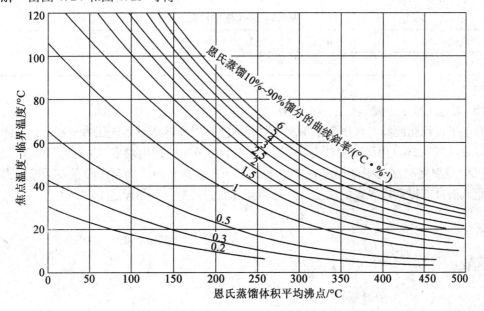

图 4.24　石油馏分焦点温度图

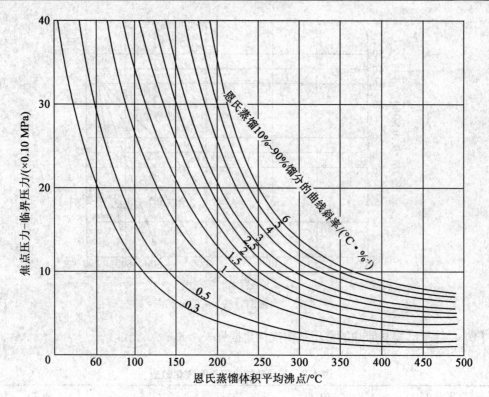

图4.25　石油馏分焦点压力图

$$焦点温度 = 638 + 32 = 670(℃)$$
$$焦点压力 = 2.72 + 0.78 = 3.5(MPa)$$

在 $p - T - e$ 相图坐标纸上标出焦点和常压平衡汽化的各点，连成一组 $p - T - e$ 直线，即可得到该原油的 $p - T - e$ 相图，可得220 kPa下的平衡汽化数据见表4.9。

表4.9　平衡汽化数据

汽化率/%	10	30	50	70
温度/℃	356	448	515	600

（5）常压与减压平衡汽化曲线的换算。

常压平衡汽化曲线与减压下平衡汽化曲线的换算以及减压下不同压力平衡汽化曲线的换算可以采用图4.26。由图查得所需残压下平衡汽化50%的馏出温度（在缺乏50%点数据时可用30%点温度），然后根据一定的假设，即减压下平衡汽化曲线的各线段温差不随压力而发生变化从而推算出其他各点的温度。这种换算方法的误差一般不超过14 ℃。

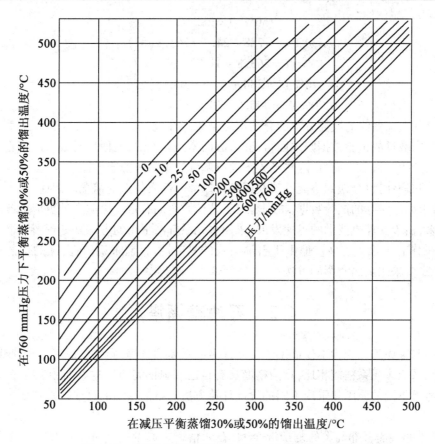

图 4.26 常压与减压平衡汽化 50% 或 30% 点温度换算

【例 4.5】 某油料在 1.33 kPa(10 mmHg)残压下的平衡汽化数据见表 4.10。

表 4.10 某油料在 1.33 kPa(10 mmHg)残压下的平衡汽化数据

汽化率/%	10	30	50	70	90
温度/℃	158.3	190.2	214.2	232.7	263.4

确定它在 13.33 kPa(100 mmHg)残压下的平衡汽化曲线。

解 在图 4.26 的横坐标 214.2 ℃处作一垂直线,与 1.33 kPa(10 mmHg)等压线交于一点。由此点作水平线,与 13.33 kPa(100 mmHg)等压线交于一点。由此点再作垂直线交横坐标于 288 ℃处,此点即为 13.33 kPa(100 mmHg)残压下平衡汽化 50% 点温度。

1.33 kPa 残压下平衡汽化曲线各段温差见表 4.11。

表 4.11 1.33 kPa 残压下平衡汽化曲线各段温差

线段/%	10～30	30～50	50～70	70～90
温差/℃	31.7	24.2	18.5	30.7

此表亦是 13.33 kPa(100 mmHg)残压下平衡汽化曲线的各段温差。

由此可得 13.33 kPa(100 mmHg)残压下各点平衡汽化数据为

$$50\% 点 = 288\ ℃$$
$$30\% 点 = 288 - 24.2 = 263.8(℃)$$
$$10\% 点 = 263.8 - 31.7 = 232.1(℃)$$
$$70\% 点 = 288 + 18.5 = 306.5(℃)$$
$$90\% 点 = 306.5 + 30.7 = 337.2(℃)$$

　　关于各种蒸馏曲线的换算方法的介绍至此结束。在此,要再强调的是所有这些方法图表都是根据一定数量的试验数据归纳而得到的,因而是经验性的,在使用时必须注意它们的适用范围和可能产生的误差。而且,这些经验图表的基础数据都来源于外国原油,虽然其数据来源比较广泛,但是有时也会遇到不能反映我国某些原油的性质特点的情况。因此,在进行工艺计算时,应力求采用实际的试验数据,特别是对工艺计算全局有重要影响之处更应如此。

　　近年来,由于计算机技术的迅速发展,采用多元系气液平衡的方法来处理石油馏分气液平衡的研究工作有了很大进展。但由于石油组成的复杂性,目前来说,在实际的工艺计算过程中,常常还需要采用上面介绍的方法。

4.2　石油精馏塔

　　精馏的基本原理和规律不仅适用于二元或多元系精馏过程,同样也适用于石油精馏过程。但是与二元系或多元系精馏相比,石油精馏具有自己明显的特点。这些特点甚至会导致在实际设计中考虑不同的原则和采用不同的设计计算方法。石油精馏的这些特点主要来源于两个方面:

　　(1)石油是烃类和非烃类的复杂混合物,石油精馏是典型的复杂系精馏。在实际的石油精馏过程中,不可能按组分要求来分离产品,而且石油产品(例如各种燃料和润滑油等)的使用也不需要提出这样的要求。因此,石油精馏时对分馏精确度的要求一般都不如化工产品的精馏所要求的那样高。再者,精馏原料的沸程很宽,对原油来说,甚至在高真空条件下,还有许多重组分也可能发生化学变化而汽化。

　　(2)炼油工业需要进行大规模生产,大型炼厂的年处理量动辄以百万吨乃至千万吨计,即使所谓的小炼厂,其处理量也达几万至几十万吨,这个特点必然会反映到对石油精馏在工艺、设备、成本、安全等方面的要求上。

　　本节的主要内容就是从这些特点出发,以原油常压精馏塔来分析讨论石油精馏过程。

4.2.1　常减压蒸馏流程

　　原油常压精馏塔是常减压蒸馏装置的重要组成部分,因此,在讨论常压精馏塔之前先对常减压蒸馏装置的工艺流程进行简要介绍。所谓工艺流程,就是一个生产装置的设备、机泵、工艺管线和控制仪表按生产的内在联系而形成的有机组合。有时,为了简单起见,在图中只列出主要设备、机泵和主要的工艺管线,这种图称为原理流程图。学会深入分析和正确设计工艺流程是对炼油工程师的一项基本要求。

　　图 4.27 所示是典型的原油常减压蒸馏原理流程图。它是以精馏塔和加热炉为主体而组成的所谓管式蒸馏装置。经过脱盐、脱水的原油(一般要求原油含水量小于 0.5%、含盐量小于 10 mg/L)由泵输送,流经一系列换热器,与温度较高的蒸馏产品换热,再经管式加热炉加热至 370 ℃左右,此时原油的一部分已汽化,油气和未汽化的油一起经过转油线进入一个精馏

塔。此塔在接近大气压力时进行操作,称为常压(精馏)塔,相应的加热炉称为常压(加热)炉。原油在常压塔里进行精馏,从塔顶馏出汽油馏分或重整原料油,从塔侧引出煤油和轻、重柴油等侧线馏分。塔底产物称为常压重油,一般是原油中沸点高于 350 ℃的重组分,原油中的胶质、沥青质等也都集中在这里。为了取得润滑油料和催化裂化原料,需要把沸点高于 350 ℃的馏分从重油中分离出来。如果继续在常压下进行分离,则必须将重油加热至 400 ℃以上,从而导致重油,特别是其中的胶质、沥青质等不安定组分发生较严重的分解、缩合等化学反应。这不仅会降低产品的质量,而且会加剧设备的结焦而缩短生产周期。为此,将常压重油在减压条件下进行蒸馏,温度条件限制在 420 ℃以下。减压塔的残压一般在 8.0 kPa 左右或更低,它是由塔顶的抽真空系统造成的。从减压塔顶逸出的主要是裂化气、水蒸气以及少量的油气,馏分油则从侧线抽出。减压塔底产品是沸点很高(约 500 ℃以上)的减压渣油,原油中绝大部分的胶质、沥青质都集中其中。减压渣油可作为锅炉燃料、焦化原料,也可以进一步加工成高黏度润滑油、沥青或催化裂化原料。

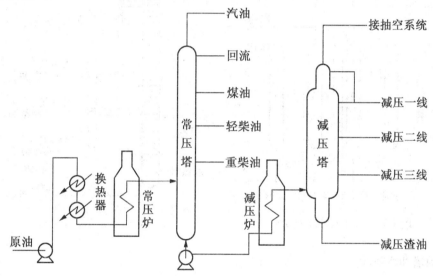

图 4.27 原油常减压蒸馏原理流程图

4.2.2 原油常压精馏塔的工艺特征

在本节开始时已提到,由于石油是复杂混合物及炼油工业规模巨大,必然会使石油精馏具有自己的特点。下面具体讨论原油常压精馏塔的工艺特征,实际上,其他的石油精馏塔也常常具有与之相似的工艺特征。

1. 复合塔

原油通过常压蒸馏要切割成汽油、煤油、轻柴油、重柴油和重油等产品。按照一般的多元精馏办法,需要有 $N-1$ 个精馏塔才能把原料分割成 N 个产品。如图 4.28 所示,当要分成五种产品时就需要四个精馏塔串联或采用其他方式排列。当要求得到较高纯度的产品,或者说,要求分馏精确度较高时,图 4.28 所示常压蒸馏排列方案无疑是必要的。但是在石油精馏中,各种产品本身也还是一种复杂混合物,它们之间的分离精确度并不要求很高,两种产品之间需要的塔板数并不多,如果按照图 4.28 所示的方案,则要有多个矮而粗的精馏塔,其间由油气管线相连。这种方案投资和能耗高,占地面积大,这些问题还由于生产规模大而显得更为突出。因此,可以把这几个塔结合成一个塔,如图4.29所示。这种塔实际上相当于把几个简单精馏塔重叠起来,它的精馏段相当于是由原来四个简单塔的四个精馏段组合而成的,而其下段则相当于塔1的提馏段,这样的塔称为复合塔或复杂塔。因此,这种塔的分馏精确度不会很高,例如在轻柴油侧线抽出板上除了柴油馏分以外还有较轻的煤油和汽油的蒸气通过,这必然会影响到侧线产品——轻柴油的馏分组成。但是,由于这些石油产品要求的分馏精确度不是很高,而且还可以采取一些弥补的措施,因而常压塔采用复合塔的形式在实际上是可行的。

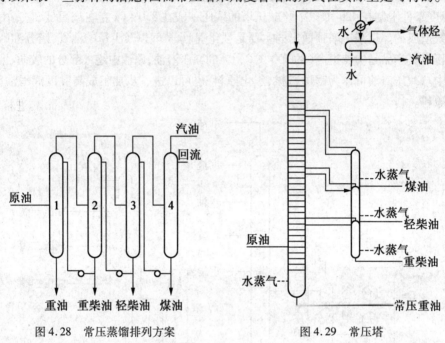

图4.28　常压蒸馏排列方案　　　　　　图4.29　常压塔

2.汽提塔和汽提段

在复合塔内,在汽油、煤油、柴油等产品之间只有精馏段而没有提馏段,侧线产品中必然会含有相当数量的轻馏分,这样不仅会影响侧线产品的质量(如轻柴油的闪点等),而且降低了较轻馏分的收率。为此,在常压塔的外侧,为侧线产品设汽提塔,在汽提塔底部吹入少量过热水蒸气以降低侧线产品的油气分压,使混入产品中的较轻馏分汽化而返回常压塔。这样做既可达到分离要求,也很简便。显然,这种汽提塔与精馏塔的提馏段在本质上有所不同。侧线汽提用的过热水蒸气量通常为侧线产品的2%～3%(质量分数)。各侧线产品的汽提塔常常重叠起来,但相互之间是隔开的。

在有些情况下,侧线的汽提塔不采用水蒸气而仍像正规的提馏段那样采用再沸器。这种做法基于以下几点进行考虑:

(1)侧线产品汽提时,产品中会溶解微量水分,对有些要求低凝点或低冰点的产品(如航空煤油)可能使冰点升高。采用再沸提馏可避免此弊病。

(2)汽提用水蒸气的质量分数虽小,但水的相对分子质量仅为煤油、柴油的几十分之一,因而体积流量相当大,增大了塔内的气相负荷。采用再沸提馏代替水蒸气汽提有利于提高常压塔的处理能力。

(3)水蒸气的冷凝潜热很大,采用再沸提馏有利于降低塔顶冷凝器的负荷。

(4)采用再沸提馏有助于减少装置的含油污水量。

采用再沸提馏代替水蒸气汽提会使流程设备复杂些,因此采用何种方式要具体分析。至于侧线产品用作裂化原料时则可不必汽提。

常压塔进料汽化段中未汽化的油料流向塔底,这部分油料中还含有相当多的小于 350 ℃的轻馏分。因此,在进料段以下也要有汽提段,在塔底吹入过热水蒸气以使其中的轻馏分汽化后返回精馏段,以达到提高常压塔拔出率和减轻减压塔负荷的目的。塔底吹入的过热水蒸气的质量分数一般为 2% ~4% 。常压塔底不可能用再沸器代替水蒸气汽提,因为常压塔底温度一般在 350 ℃左右,如果用再沸器,很难找到合适的热源,而且再沸器也十分庞大。减压塔的情况也是如此。至于某些塔底温度不高的石油精馏塔,例如稳定塔,则另当别论。

由上述可见,常压塔不是一个完全精馏塔,它不具备真正的提馏段。

3. 全塔热平衡

由于常压塔塔底不用再沸器,它的热量来源几乎完全取决于经加热炉加热的进料。汽提水蒸气(一般约 450 ℃)虽也带入一些热量,但由于只放出部分显热,而且水蒸气量不大,因而这部分热量是不大的。

这种全塔热平衡的情况引出以下结果。

(1)常压塔进料的汽化率至少应等于塔顶产品和各侧线产品的产率之和,否则不能保证要求的拔出率或轻质油收率。至于一般的二元或多元精馏塔,从理论上讲,进料的汽化率可以在 0 ~1 任意变化而仍能保证产品产率。在实际设计和操作中,为了使常压塔精馏段最低一个侧线以下的几层塔板(在进料段之上)上有足够的液相回流以保证最低侧线产品的质量,原料油进塔后的汽化率应比塔上部各种产品的总收率略高一些。高出的部分称为过汽化度。常压塔的过汽化度一般为 2% ~4% 。实际生产中,只要侧线产品质量能保证,过汽化度低一些是有利的,这不仅可减轻加热炉负荷,而且由于炉出口温度降低可减少油料的裂化。

(2)在常压塔只靠进料供热,而进料的状态(温度、汽化率)又已被规定的情况下,塔内的回流比实际上就被全塔热平衡确定了。因此,常压塔的回流比是由全塔热平衡决定的,变化的余地不大。幸而常压塔产品要求的分离精确度不太高,只要塔板数选择适当,在一般情况下,由全塔热平衡所确定的回流比已完全能满足精馏的要求。二元系或多元系精馏与原油精馏不同,它的回流比是由分离精确度确定的,至于全塔热平衡,可以通过调节再沸器负荷来达到。在常压塔的操作中,如果回流比过大,则必然会引起塔的各点温度下降,馏出产品变轻,拔出率下降。

4. 恒分子回流的假定完全不适用

在二元系和多元系精馏塔的设计计算中,为了简化计算,对性质及沸点相近的组分所组成的体系做出了恒分子回流的近似假设,即在塔内的气、液相的物质的量流量不随塔高而变化。这个近似假设对原油常压精馏塔是完全不能适用的。石油是复杂混合物,各组分间的性质可以有很大的差别,它们的物质的量汽化潜热可以相差很远,沸点之间的差别甚至可达几百摄氏度,例如常压塔顶和塔底之间的温差就可达 25 ℃左右。显然,以精馏塔上、下部温差不大、塔内各组分的物质的量汽化潜热相近为基础所做出的恒分子回流这一假设对常压塔是完全不适用的。实际上,常压塔内的回流的物质的量流量沿塔高会有很大的变化。关于这个问题在后面还要详细分析讨论。

4.2.3 分馏精确度

1. 分馏精确度的表示方法

对二元或多元系,分馏精确度可以容易地用组成来表示。例如对 A(轻组分)、B(重组分)二元混合物的分馏精确度可用塔顶产物中 B 的含量和塔底产物中 A 的含量来表示。对于石油精馏塔中相邻两个馏分之间的分馏精确度,则通常用该两个馏分的馏分组成或蒸馏曲线(一般是恩氏蒸馏图相邻馏分间的间隙与重叠曲线)的相互关系来表示。如图 4.30 所示,倘若较重馏分的初馏点高于较轻馏分的终馏点,则两个馏分之间有些"脱空",称这两个馏分之间有一定的"间隙"。间隙可以用下式表示:

$$恩氏蒸馏(0 \sim 100)间隙 = t_0^{\mathrm{H}} - t_{100}^{\mathrm{L}} \tag{4.11}$$

式中,t_0^{H} 和 t_{100}^{L} 分别为重馏分的初馏点和轻馏分的终馏点。间隙越大表示分馏精确度越高。

当 $t_0^{\mathrm{H}} < t_{100}^{\mathrm{L}}$ 或 $t_0^{\mathrm{H}} - t_{100}^{\mathrm{L}}$ 为负值时,称为重叠,这意味着一部分重馏分进到轻馏分中去了。重叠值(绝对值)越大,则表示分馏精确度越差。

乍一看,相邻两个馏分"脱空"的现象似乎不可思议。其实,这是因为恩氏蒸馏本身是一种粗略的分离过程,恩氏蒸馏曲线并不严格反映各组分的沸点分布。如果用实沸点蒸馏曲线来表示相邻两个馏分的相互关系,则只会出现重叠而不可能出现间隙。

在图 4.31 中,1 是某一原料馏分的实沸点曲线,要求在 t_f 温度处分馏切割为两个馏分。当分馏精确度很高以致达到理想的分离时,两个产品的实沸点曲线为 2 和 3,它们之间刚好衔接,即 $t_0^{\mathrm{H}} - t_{100}^{\mathrm{L}} = t_f$,既不重叠,也不可能出现间隙。当分馏精确度不是很高时,所得的轻馏分的实沸点曲线 5 与重馏分的实沸点曲线 4 就出现了重叠,一直到分离效果最差的平衡汽化,所得到的轻、重馏分的实沸点曲线 7 和 5 就完全重叠了。

在实际应用中,恩氏蒸馏的 t_0 和 t_{100} 不易得到准确数值,通常是用较重馏分的 5% 点 t_5^{H} 与较轻馏分的 95% 点 t_{95}^{L} 之间的差值来表示分馏精确度,即

$$恩氏蒸馏(5 \sim 95)间隙 = t_5^{\mathrm{H}} - t_{95}^{\mathrm{L}} \tag{4.12}$$

上式结果为负值时表示重叠。

对常压塔馏出的几种馏分,由恩氏蒸馏间隙($t_5^{\mathrm{H}} - t_{95}^{\mathrm{L}}$)换算为实沸点蒸馏重叠($t_0^{\mathrm{H}} - t_{100}^{\mathrm{L}}$)可用图 4.32 近似地进行估计。

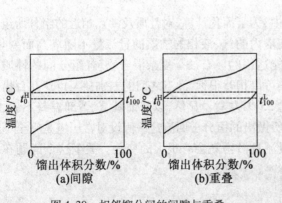

图 4.30 相邻馏分间的间隙与重叠

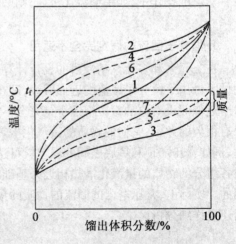

图 4.31 实沸点曲线的重叠

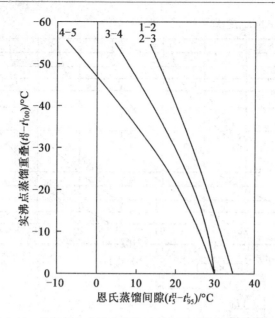

图 4.32　常压馏分实沸点蒸馏重叠与恩氏蒸馏间隙关系图

1—< 150 ℃馏分；2—150～205 ℃馏分；3—205～302 ℃馏分；4—302～370 ℃馏分；5—370～413 ℃馏分

常压馏分的分馏精确度推荐值见表 4.12。

表 4.12　常压馏分的分馏精确度推荐值

馏分	恩氏蒸馏(5～95)间隙/℃
轻汽油 – 重汽油	11～16.5
汽油 – 煤油、轻柴油	14～28
煤油、轻柴油 – 重柴油	0～5.5
重柴油 – 常压瓦斯油	0～5.5

2. 分馏精确度与回流比、塔板数的关系

影响分馏精确度的主要因素是物系中组分之间分离的难易程度、回流比和塔板数。对二元和多元物系,分离的难易程度可以用组分之间的相对挥发度来表示;对于石油馏分则可以用两馏分的恩氏蒸馏 50% 点温度之差 Δt_{50} 来表示。对石油馏分的精馏,从理论上说,可以用虚拟组分体系的办法来计算所需的回流比和塔板数,但是这种方法十分复杂而且目前尚缺乏完整的数据,况且石油精馏塔的回流比是由全塔热平衡确定的而不是由精馏计算确定的,加之石油馏分的分馏精确度一般要求不是非常高,因此,通常可以用经验的方法来估计达到分馏精确度要求所需要的回流比和塔板数。

图 4.33 和图 4.34 分别是原油常压精馏塔塔顶产品与一线之间分馏精确度图和原油常压精馏塔侧线产品之间分馏精确度图,可用于工艺计算。此二图也可用于减压塔,但准确性变差,至于催化裂化分馏塔则不宜采用。两图中纵坐标 F 都是回流比与塔板数的乘积,表示该塔段的分离能力;横坐标是相邻两馏分的恩氏蒸馏间隙;图 4.33 中等 Δt_{50} 线表示塔顶产品与一线产品的恩氏蒸馏 50% 点温度之差,而在图 4.34 则表示第 m 板侧线的 t_{50} 与 m 板以上所有

馏出物(作为一个整体)的 t_{50} 之差。

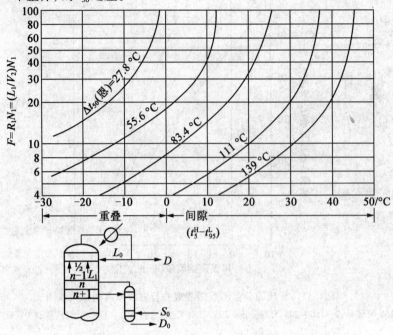

图 4.33　原油常压精馏塔塔顶产品与一线之间分馏精确度图

R_1—第一线下回流比 $= L_1/V_2$，均按 15.6 ℃ 体积流率计算；N_1—塔顶与一线之间实际塔板数

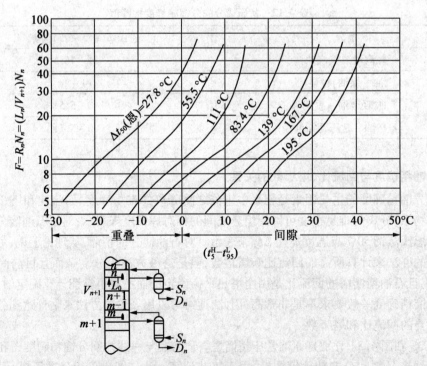

图 4.34　原油常压精馏塔侧线产品之间分馏精确度图

R_n——第 n 板下的回流比，均按 15.6 ℃ 体积流率计算；N_n——该两侧线之间实际板数

以上两图主要是用于校核在选定的回流比和塔板数的条件下能否达到所要求的分馏精确

度,也可以据此来调整所选的回流比和塔板数。

石油精馏塔的塔板数主要靠经验选用,表4.13、表4.14是常压塔塔板数的参考值。

表 4.13　常压塔塔板数国外文献推荐值

被分离的馏分	推荐板数
轻汽油 – 重汽油	6 ~ 8
汽油 – 煤油	6 ~ 8
煤油 – 柴油	4 ~ 6
轻柴油 – 重柴油	4 ~ 6
进料 – 最低侧线	3 ~ 6①
汽提段或侧汽提段	4

①可以用填料代替

表 4.14　国内某些炼厂常压塔塔板数

被分离的馏分	D 厂	N 厂	S 厂
汽油 – 煤油	8	10	9
煤油 – 轻柴油	9	9	6
轻柴油 – 重柴油	7	4	6
重柴油 – 裂化原料	8	4	6
最低侧线 – 进料	4	4	3
进料 – 塔底	4	6	4

①表中板数均未包括循环回流的换热塔板

3. 实沸点切割点和产品收率

在实际工作中,有时会遇到下面这种情况:已知各产品所要求的恩氏蒸馏数据,要求确定实沸点切割点和产品收率。此时可以用下述方法进行求解。

将产品的恩氏蒸馏初馏点和终馏点换算为实沸点蒸馏初馏点和终馏点。这个换算可以采用第4.1节介绍的方法,也可以用图4.35进行近似换算。取 $(t_0^H + t_{100}^L)/2$ 为实沸点切割温度,式中,t_0^H 和 t_{100}^L 分别是重馏分的实沸点初馏点和轻馏分的实沸点终馏点。有了实沸点切割温度,在原油的实沸点曲线上即可查得相应的产品收率。例4.6和图4.36说明了确定实沸点切割点的方法和原理。从生产数据来看,对于汽提良好的馏分,由于重叠引起的相邻两馏分

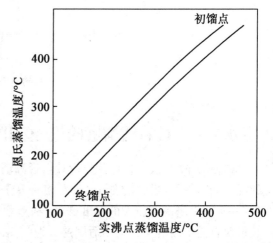

图 4.35　实沸点蒸馏与恩氏蒸馏的初馏点和终馏点的换算

之间互相交换的量(按体积算)是相等的。

【例4.6】　某原油常压蒸馏要求得到的汽油和煤油的恩氏蒸馏馏程见表4.15。若原油的实沸点蒸馏曲线已知,求实沸点切割温度和它们的收率。

表 4.15　汽油和煤油的恩氏蒸馏馏程

馏出体积分数/%	0	10	30	50	70	90	100
汽油/℃	34	60	81	96	109	126	141
煤油/℃	159	171	179	194	208	225	239

解　运用图4.35所示的曲线进行换算,得汽油的实沸点蒸馏终馏点为150℃煤油的实沸点蒸馏初馏点为133℃,实沸点切割点为

$$(150 + 133)/2 = 141.5(℃)$$

在图4.36上141.5℃处作一水平线交原油实沸点曲线于一点,由此点读出汽油的蒸馏收率为4.2%。至于煤油的收率则还须定出煤油和轻柴油之间的切割点后才能确定。

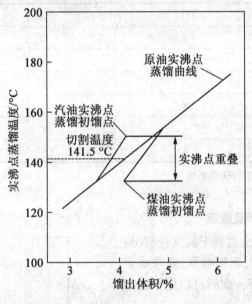

图4.36　相邻两馏分的实沸点切割温度

4.2.4　石油精馏塔的气、液相负荷分布规律

精馏塔中的气、液相负荷是设计塔径和塔板水力学计算的依据。如前所述,石油是很复杂的混合物,其中各组分的分子结构、相对分子质量都有很大的差别,造成它们有很宽的沸程(这一点使沿塔高有较大的温度梯度)和差别很大的物质的量汽化潜热,因此,恒分子回流的假设对石油精馏塔是完全不适用的。为此,必须对石油精馏塔内部的气、液相负荷分布规律进行深入的分析,以便正确地指导设计和生产。常用的分析工具就是热平衡。

为了分析石油精馏塔内气、液相负荷沿塔高的分布规律,可以选择几个有代表性的截面,形成适当的隔离体系,然后分别进行热平衡计算,求出它们的气、液负荷,从而了解它们沿塔高

的分布规律。下面以常压精馏塔为例进行分析。在下面的计算分析中所用的符号意义为：F、D、M、G、W 分别为进料、塔顶汽油、侧线煤油、柴油和塔底重油的流量，kmol/h；t_D、t_M、t_G、t_W 分别为 D、M、G、W 的温度，℃；t_F、t_C 分别为进料和塔顶的温度，℃；L_0 为塔顶回流量，kmol/h；e 为进料汽化率，物质的量分数；S 为塔底汽提蒸气用量，kmol/h；t_S 为汽提用过热水蒸气温度，℃；h 为物流焓，kJ/mol，上角标 V 代表气相、L 表示液相。

1. 塔顶气、液相负荷

图 4.37 是常压精馏塔全塔热平衡示意图，对虚线框画出的这个隔离体系做热平衡分析。为简化计算，侧线汽提蒸气量暂不计入。

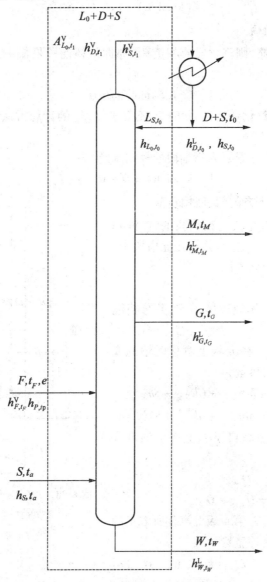

图 4.37 常压精馏塔全塔热平衡示意图

先不考虑塔顶回流，则进入该隔离体系的热量为

$$Q_入(\text{kJ/h}) = Feh_{F,t_F}^V + F(1-e)h_{F,t_F}^L + Sh_{S,t_S}^V$$

离开隔离体系的热量为

$$Q_{出}(\text{kJ/h}) = Dh_{D,t_1}^V + Sh_{S,t_1}^V + Mh_{M,t_M}^L + Gh_{G,t_G}^L + Wh_{W,t_W}^L$$

令　　　　　　　　　　　　　　　$$Q = Q_入 - Q_出$$

则 Q 显然是为了达到全塔热平衡必须由塔顶回流取走的热量,亦即全塔回流热。温度为 t_0,流量为 L_0 的塔顶回流入塔后,在塔顶部第一层塔板上先被加热至饱和液相状态,继而汽化为温度为 t_1 的饱和蒸气,自塔顶逸出并将回流热 Q 带走。所以

$$Q(\text{kJ/h}) = L_0(h_{L_0,t_1}^L - h_{L_0,t_0}^L)$$

由此式得到塔顶回流量为

$$L(\text{kmol/h}) = L_0 + D + S \tag{4.13}$$

2. 汽化段气、液相负荷

如果将过汽化量忽略,则汽化段液相负荷(亦即从精馏段最低一层塔板 n 流下的液相回流量)为

$$L_n(\text{kmol/h}) = 0 \tag{4.14}$$

实际计算中应将过汽化量计入,此时 L_n 不等于零,L_n 的计算方法类似于下面介绍的塔中部某板下的回流的计算方法。

气相负荷(亦即从汽化段进入精馏段的气相流量)为

$$V_F(\text{kmol/h}) = D + M + S + L_n \tag{4.15}$$

3. 最低侧线抽出板下方的气、液相负荷

图 4.38 是常压塔汽化段与精馏段的气、液相负荷。先分析 L_{n-1} 和 L_{m-1},进而分析在此塔段中,气、液相负荷沿塔高的变化规律。

(1)作隔离体系。

先考查 L_{n-1}。为此,作隔离体系 I,并分析隔离体系的工作热平衡。

暂不计液相回流 L_{n-1} 在 n 板上汽化时焓的变化,则进出隔离体系 I 的热量为

$$Q_{入,n}(\text{kJ/h}) = Dh_{D,t_F}^V + Mh_{M,t_F}^V + Gh_{G,t_F}^V + Sh_{S,t_F}^V$$

$$Q_{出,n}(\text{kJ/h}) = Dh_{D,t_n}^V + Mh_{M,t_n}^V + Gh_{G,t_n}^V + Sh_{S,t_n}^V$$

在精馏过程中,沿塔高自下而上有个温度梯度,故 $t_F > t_n$,因此

$$Q_{入,n} > Q_{出,n}$$

令　　　$$Q_n(\text{kJ/h}) = Q_{入,n} - Q_{出,n}$$

则 Q_n 就是液相回流 L_{n-1} 在第 n 板上汽化所取走的热量,称为板上的回流热。显然

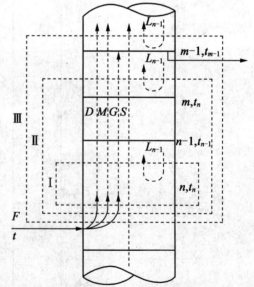

图 4.38　常压塔汽化段与精馏段的气、液相负荷

$$L_{n-1}(\text{kmol/h}) = Q_n / (h_{L_{n-1},t_n}^V - h_{L_{n-1},t_{n-1}}^L) \tag{4.16}$$

上式的分母项是由该回流在温度 t_n 时的千物质的量汽化潜热和回流由 t_{n-1} 升温至 t_n 时吸收的显热所组成的,前者占主要部分。

可见,即使在汽化段处没有液相回流的情况下,汽化段上方的塔板上也有回流出现。若没有这个回流,温度为 t_F 的上升蒸气在第 n 板是不会降低到温度 t_n 的。

式(4.16)中的 L_{n-1} 就是第 $n-1$ 板下的液相负荷。

第 n 板上的气相负荷为

$$V_n(\text{kmol/h}) = D + M + G + S + L_{n-1} \tag{4.17}$$

再考查柴油抽出板(第 $m-1$ 板)下的 V_m 和 L_{m-1}。

在图 4.38 上做隔离体系 II,并分析体系 II 的热平衡。进出隔离体系 II 的热量为

$$Q_{入,m}(\text{kJ/h}) = Dh^V_{D,t_F} + Mh^V_{M,t_F} + Gh^V_{G,t_F} + Sh^V_{G,t_F} = Q_{入,n}$$

$$Q_{出,m}(\text{kJ/h}) = Dh^V_{D,t_m} + Mh^V_{M,t_m} + Gh^V_{G,t_m} + Sh^V_{S,t_m}$$

令 m 板上的回流热为 Q_m,则

$$Q_m = Q_{入,m} - Q_{出,m}$$

从第 $m-1$ 板流至第 m 板的液相回流量为

$$L_{m-1}(\text{kmol/h}) = Q_m / (h^V_{L_{m-1},t_m} - H^L_{L_{m-1},t_{m-1}}) \tag{4.18}$$

由式(4.16)和式(4.18)比较 L_{n-1} 与 L_{m-1}。

前面提到:

$$Q_m = Q_{入,m} - Q_{出,m}, \quad Q_n = Q_{入,n} - Q_{出,n}$$

而

$$Q_{入,m} = Q_{入,n}$$

又因

$$t_m < t_n$$

故

$$Q_{出,m} < Q_{出,n}$$

因此

$$Q_m > Q_n$$

即自汽化段以上,沿塔高上行,须由塔板上取走的回流热逐板增大。

再看式(4.16)和式(4.18)的分母项。分母项基本上是该板上回流的千物质的量汽化潜热。表 4.16 列出了某些烃类的汽化潜热数值。烃类的千物质的量汽化潜热随着相对分子质量和沸点的升高而增大,因此,式(4.16)的分母项大于式(4.18)的分母项。

表 4.16　几种烃的千物质的量汽化潜热

烃		正己烷	正十二烷	环己烷	甲基环己烷	苯	异丙苯
相对分子质量		86.172	170.33	84.16	98.18	78.1	120.19
常压沸点/℃		68.7	216.28	80.74	100.93	80.10	152.39
汽化潜热	kJ/kg	335	230	357	323	394	312
	×10⁴ kJ/kmol	2.886 4	3.917 6	3.009 3	3.173 5	3.076 4	3.754 1

综合上述分析,可得 L_{m-1}、L_{n-1}。由此可得出结论:沿着石油精馏塔自下而上,各层塔板上的油料越来越轻,平均相对分子质量越来越小,其千物质的量汽化潜热也不断减小,但是每层板上的回流热却越来越大。因此,以物质的量表示的液相回流量沿塔高自下而上是逐渐增大的,即

$$L_n < L_{n-1} < L_m < L_{m-1}$$

(2)分析气相负荷。

自第 n 板上升的气相负荷应为

$$V_n(\text{kmol/h}) = D + M + G = S + L_{n-1} \tag{4.19}$$

自第 m 板上升的气相负荷应为

$$V_m(\text{kmol/h}) = D + M + G = S + L_{m-1} \tag{4.20}$$

既然　　　　　　　　　　　　　　　　$L_{n-1} < L_{m-1}$

显然　　　　　　　　　　　　　　　　$V_m > V_n$

和液相回流的变化规律相同,以物质的量流量表示的气相负荷也是沿塔的高度自下而上地增加的。

4. 经过侧线抽出板时气、液相负荷的变化

以柴油侧线抽出板 $m-1$ 板为例。仍用图 4.38 对隔离体系分析热平衡。先不计回流,则

$$Q_{入,m-1}(\text{kJ/h}) = Q_{入,m} = Q_{入,n}$$

而　　　　　　　　$Q_{出,m-1}(\text{kJ/h}) = Dh_{D,t_{m-1}}^V + Mh_{M,t_{m-1}}^V + Gh_{G,t_{m-1}}^L + Sh_{S,t_{M-1}}^V$

为便于分析,上式可写成

$$Q_{出,m-1}(\text{kJ/h}) = Dh_{D,t_{m-1}}^V + Mh_{M,t_{m-1}}^V + Gh_{G,t_{m-1}}^V + Sh_{S,t_{m-1}}^V - G(h_{G,t_{m-1}}^V + h_{G,t_{m-1}}^L)$$

第 $m-1$ 板上的回流热为

$$Q_{m-1}(\text{kJ/h}) = Q_{入,m-1} - Q_{出,m-1}$$

故由第 $m-2$ 板流至第 $m-1$ 板的液相回流量为

$$L_{m-2}(\text{kmol/h}) = Q_{m-1}/(h_{L_{m-2},t_{m-1}}^V - h_{L_{m-2},t_{m-2}}^L) \tag{4.21}$$

由以上分析不难看出,经过柴油抽出板 $m-1$ 板时,除了因为塔板温度的下降而引起的回流热的少量增加以外,回流热还有一个突然的较大增加。这个突增值就是 $G(h_{G,t_{m-1}}^V - h_{G,t_{m-1}}^L)$,它相当于柴油馏分的冷凝潜热。与回流热的突增情况相对应,流到柴油抽出板上的液相回流量 L_{m-2} 也要比自该抽出板流下去的液相回流量 L_{m-1} 要多出一个较大的突增量。多出的回流量由两部分组成:一部分是由于塔板自下而上的温降所需的回流量,这一部分和没有侧线抽出的塔板是类似的;另一部分则相当于上述回流热的突变,即该侧线馏分(如柴油)的冷凝潜热须由这部分回流在抽出板上汽化而带走。正是由于这部分突增回流的变化,才使柴油馏分蒸汽在抽出板上冷凝下来,并从抽出口抽出。

由此又可得出,沿塔高自下而上,每经过一个侧线抽出塔板,液相回流量除由于塔板温降所造成的少量增加外,另有一个突然的增加。这个突增量可以认为等于侧线抽出量,因为 L_{m-2} 与柴油的组成和物性(如汽化潜热)可以近似地看作相同。至于侧线抽出板上的气相负荷,则情况与液相负荷有所不同。柴油抽出板上的气相负荷为

$$V_{m-1}(\text{kmol/h}) = D + M + S + L_{m-2} \tag{4.22}$$

与式(4.20)的 V_m 相比较,V_{m-1} 中减少了 G,但是 L_{m-2} 与 L_{m-1} 相比较,除了因塔板温降而引起的少量增加外,还增加了一个突增量,这个突增量正好相当于式(4.20)中的 G。因此,在经过侧线抽出板时,虽然液相负荷有一个突然的增量,但气相负荷却仍然只是平缓地增大。

5. 塔顶第一、二层塔板之间的气、液相负荷

前面讨论的从汽化段往上的液相回流分布情况所涉及的回流都是热回流。到了塔顶第一板上,情况发生了变化,进入塔顶第一板上的液相回流不是热回流而是冷回流,即温度低于泡点的液体。因此,在第一板上的回流量的变化不同于其下面各板上回流变化的规律。下面分析一下回流量在一、二层板之间的变化情况。

图 4.39 标出了塔顶部的物流及其温度。

令 Q_2 为第一板上的回流热,Q_1 为第一板上的回流热。在不设循环回流时,Q_1 也就是全塔回流热。从第一板流至第二板的回流量为

$$L_1(\text{kmol/h}) = Q_2 / (h_{L_1, t_2}^{\text{V}} - h_{L_1, t_1}^{\text{L}}) \qquad (4.23)$$

塔顶冷回流量为

$$L_0(\text{kmol/h}) = Q_1 / (h_{L_0, t_2}^{\text{V}} - h_{L_0, t_0}^{\text{L}}) \qquad (4.24)$$

根据前面的分析,由于塔板的温降,Q_1 比 Q_2 稍有增加,但增量不大。由于相邻两板的温差不大,为方便比较,可近似地认为 $Q_1 \approx Q_2$,$t_1 \approx t_2$。又因相邻两板上液体的组成和性质相近,因而又可以简化地认为 $h_{L_1, t_2}^{\text{V}} \approx h_{L_0, t_1}^{\text{V}}$。比较以上两式,可以看到由于 t_0 明显低于 t_1,故 h_{L_0, t_0}^{L} 也明显地小于 h_{L_1, t_1}^{L},结果是

$$L_1 > L_0$$

即沿塔高自下而上,液相回流逐渐增大,至第二板上达到最大,而到第一板上则有明显的突降。

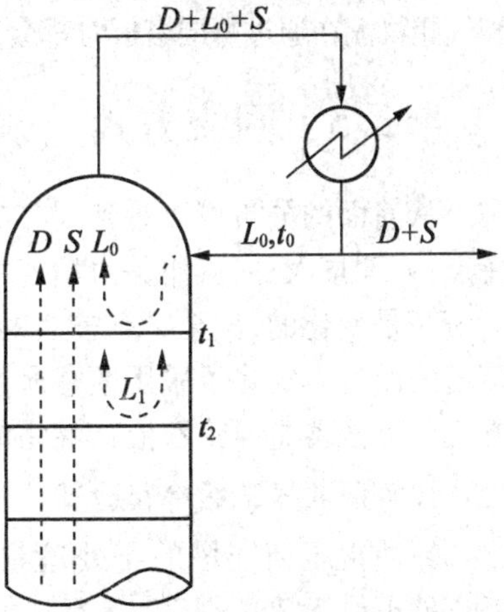

对于气相负荷,可由下式进行计算:

$$V_1(\text{kmol/h}) = D + S + L_0 \qquad (4.25)$$
$$V_2(\text{kmol/h}) = D + S + L_1 \qquad (4.26)$$

显然
$$V_2 > V_1$$

即在从第二板进入第一板后,气相负荷也有明显地突降。

综合以上对各塔段的分析,原油精馏塔内的气、液相负荷分布规律可归纳如下(不考虑汽提水蒸气):

原油进入汽化段后,其气相部分进入精馏段。自下而上,由于温度逐板下降引起液相回流量(kmol/h)逐渐增大,因而气相负荷(kmol/h)也不断增大。到塔顶第一、二层塔板之间,气相负荷达到最大值。经过第一板后,气相负荷显著减小。从塔顶送入的冷回流经第一板后变成了热回流(即处于饱和状态),液相回流量有较大幅度的增加,达到最大值。在这以后自上而下液相回流量逐板减小。每经过一层侧线抽出板,液相负荷均有突然地下降,其减少的量相当于侧线抽出量。到了汽化段,如果进料没有过汽化量,则从精馏段末一层塔板流向汽化段的液相回流量等于零。通常原油进入精馏塔时都有一定的过汽化度,则在汽化段会有少量液相回流,其数量与过汽化量相等。

进料的液相部分向下流入汽提段。如果进料有过汽化度,则相当于过汽化量的液相回流也一起流入汽提段。由塔底吹入水蒸气,自下而上地与下流的液相接触,通过降低油气分压的作用,使液相中所携带的轻质油料汽化。因此,在汽提段,由上而下液相和气相负荷越来越小,其变化大小视流入的液相携带的轻组分的多寡而定。轻质油料汽化所需的潜热主要靠液相本身来提供,因此液体向下流动时温度逐板下降。

图 4.40 为常压塔精馏段的气、液相负荷分布图。

在结束这一段的讨论时,有一点应当提醒读者:在分析精馏塔中的气、液相负荷时,我们只着眼于量的变化而没有涉及质的变化,读者切不可以为从汽化段上升的气相物流在组成上原封不动地通过各层塔板,而从每层塔板流下的液相回流在组成上也毫无变化地全部汽化返回上一层塔板。事实上,液相

图 4.39 塔顶部的气、液相负荷

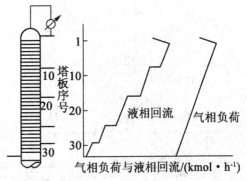

图 4.40 常压塔精馏段的气、液相负荷分布图

和气相物流在通过每层塔板时都会发生热和质的交换作用,亦即在每层塔板上都发生着精馏作用。

4.2.5　回流方式

从前面的分析可以看到,与二元系或多元系精馏塔相比,石油精馏塔具有一些自己的工艺特点:处理量大;回流比是由精馏塔的热平衡确定而不是由分馏精确度确定;塔内气、液相负荷沿塔高是变化的,甚至是有较大的变化幅度;沿塔高的温差比较大等。由于这些特点,石油精馏塔的回流方式除了采用惯常所用的塔顶冷回流和塔顶热回流以外,还常常采用其他的回流方式。下面着重讨论石油精馏塔的一些特殊的回流方式。

1. 塔顶油气二级冷凝冷却

原油常压精馏塔的年处理量经常以数百万吨计。以年处理量为 250×10^4 t 的常压塔为例,其塔顶馏出物的冷凝冷却器的传热面积常达 2～3 km,耗费大量的钢材和投资。塔顶冷凝冷却面积如此巨大的原因有二:一是负荷很大;二是传热温差比较小。为了减少常压塔顶冷凝冷却器所需的传热面积,在某些条件下可采用图4.41 所示的二级冷凝冷却方案。

所谓二级冷凝冷却是指首先将塔顶油气(例如105 ℃)基本上全部冷凝(一般冷到 55～90 ℃),将回流部分泵送回塔顶,然后将出装置的产品部分进一步冷却到安全温度(例如 40 ℃)以下。例 4.7 对两种冷凝冷却方案的热负荷和传热温差进行了对比。

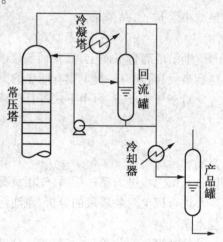

图 4.41　二级冷凝冷却

【**例 4.7**】　某常压塔顶馏出温度为 105 ℃,塔顶馏出物包括汽油 10 000 kg/h、回流 50 000 kg/h、水蒸气 5 000 kg/t。估算一级冷凝冷却(一般的冷回流方式)和二级冷凝冷却两种方案时的热负荷和传热温差。

估算结果见表 4.17。

表 4.17　估算结果

物流	以及冷凝冷却方案		二级冷凝冷却方案			
			第一级		第二级	
	温度/℃	热负荷/ ($\times 10^6$ kJ·h^{-1})	温度/℃	热负荷/ ($\times 10^6$ kJ·h^{-1})	温度/℃	热负荷/ ($\times 10^6$ kJ·h^{-1})
汽油	105(气) →40(液)	4.56	105(气) →70(液)	3.81	70(液) →40(液)	0.75
回流	105(气) →40(液)	22.8	105(气) →70(液)	22.8	—	—
水蒸气	105(气) →40(液)	12.2	105(气) →70(液)	11.57	70(液) →40(液)	0.63
冷却水	40←30		40←30		40←30	
对数平均温差/℃	29.4		51.5		18.2	
总热负荷/ ($\times 10^6$ kJ/h)		39.56		38.18		1.38

从例4.7的估算结果可以看到二级冷凝冷却方案有它自身的优点。由于油气和水蒸气在第一级基本上全部冷凝,故集中了绝大部分的热负荷,而此时的传热温差较大,单位传热负荷需要的传热面积可以减小;到第二级冷却时,虽然传热温差较小,但其热负荷只占总热负荷的很小一部分。因此,回流量要比冷回流量多,输送回流所需的能耗也相应增大。应该指出,无论是哪种方案,回流热都是相同的,在采用二级冷凝冷却方案时回到塔顶的是热回流,因此回流量要比冷回流量多,输送回流所需的能耗也相应增大。此外,在采用二级冷凝冷却方案时,流程也比较复杂。对于是否采用二级冷凝冷却方案应当进行具体而全面的分析。一般来说,对于大型装置,采用此方案会比较有利。

2. 塔顶循环回流

塔顶循环回流的工艺流程如图4.42所示。循环回流从塔内抽出经冷却至某个温度再送回塔中,物流在整个过程中都处于液相,而且在塔内流动时一般不发生相变化,它只是在塔里、塔外循环流动,借助于换热器取走回流热。

循环回流量可由下式进行计算:

$$L_C = Q_C/(h_{t_1}^L - h_{t_2}^L) \tag{4.27}$$

式中,L_C 为循环回流量,kg/h;Q_C 为由 L_C 取走的回流热,kJ/h;$h_{t_1}^L$、$h_{t_2}^L$ 分别为 L_C 在出塔和入塔温度下的液相值,kJ/kg。

式(4.27)对于计算其他形式的循环回流同样适用。

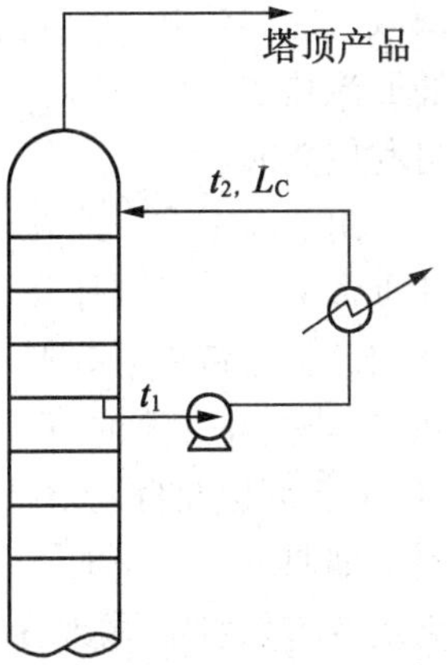

循环回流返塔的温度低于该塔段的塔板上温度,为了保证塔内精馏过程的正常进行,在采用循环回流时必须在循环回流的出入口之间增设2~3块换热塔板,以保证其在流入下一层塔板时能达到要求的相应的温度。

图 4.42 塔顶循环回流

塔顶循环回流主要用在以下几种情况:

(1)塔顶回流热较大,考虑回收这部分热量以降低装置能耗。塔顶循环回流的热量的温位(或者称为能级)较塔顶冷回流的高,便于回收。

(2)塔顶馏出物中含有较多的不凝气(例如催化裂化主分馏塔),使塔顶冷凝冷却器的传热系数降低,采用塔顶循环回流可大大减少塔顶冷凝冷却器的传热负荷,避免使用庞大的塔顶冷凝冷却器群。

(3)要求尽量降低塔顶馏出线及冷凝冷却系统的流动压降,以保证塔顶压力不致过高(如催化裂化主分馏塔),或保证塔内有尽可能高的真空度(例如减压精馏塔)。

在某些情况下,也可以同时采用塔顶冷回流和塔顶循环回流两种形式的回流方案。

3. 中段循环回流

循环回流如果设在精馏塔的中部,就称为中段循环回流。石油精馏塔采用中段循环回流主要是出于以下两点考虑:

(1)在前面关于石油精馏塔的气、液负荷分布规律的讨论中,已得出结论:塔内的气、液相负荷沿塔高分布是不均匀的,当只有塔顶冷回流时,气、液相负荷在塔顶第一、二板之间达到最高峰。在设计精馏塔时,总是根据最大气、液负荷来确定塔径,也就是根据第一、二板间的气、液负荷来确定塔径。实际上,对于塔的其余部位并不要求有这样大的塔径。造成气、液相负荷这样分布的根本原因在于精馏塔内的独特的传热方式,即回流热由下而上逐板传递并逐板有所增加,最后全部回流热由塔顶回流取走。因此,如果在塔的中部取走一部分回流热,则其上部回流量可以减少,第一、二板之间的负荷也会相应减小,从而使全塔沿塔高的气、液相负荷分布比较均匀。这样,在设计时就可以采用较小的塔径,或者对某个生产中的精馏塔,采用中段循环回流后可以提高塔的生产能力。图4.43显示了采用中段循环回流前后塔内气、液相负荷分布的变化情况。

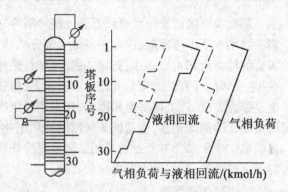

图 4.43　采用中段循环回流前后塔内气、液相
荷分布的变化情况
——只有塔顶冷回流时采用两个中段循
……回流时未包括循环量本身

(2)石油精馏塔的回流热数量很大,如何合理回收利用是一个节约能量的重要问题。石油精馏塔沿塔高的温度梯度较大,从塔的中部取走的回流热的温位显然要比从塔顶取走的回流热的温位高出许多,因而是价值更高的可利用热源。

出于以上两点考虑,大、中型石油精馏塔几乎都采用中段循环回流。当然,采用中段循环回流也会带来一些不利之处:中段循环回流上方塔板上的回流比相应降低,塔板效率有所下降;中段循环回流的出入口之间要增设换热塔板,使塔板数和塔高增大;相应地增设泵和换热器,工艺流程变得复杂些,等等。上述的不利影响应予以注意并采取一定的措施。例如中段回流上部回流比减小的问题,可以对中段回流的取热量适当限制以保证塔上部的分馏精确度能满足要求。对常压塔,中段回流取热量一般以占全塔回流热的 40% ~60% 为宜。

设置中段循环回流时,还须考虑以下几个具体问题:

(1)中段循环回流的数目。理论上讲,数目越多,塔内气、液相负荷越均匀,但工艺流程则越复杂,设备投资也越高。一般来说,对有三四个侧线的精馏塔,推荐用两个中段回流;对只有一二个侧线的塔,以采用一个中段回流为宜。采用第三个中段回流的价值不大。在塔顶和一线之间,一般不设中段回流,因为这对使负荷均匀化的作用不太大,而且取出的热量温位也较低。

(2)中段循环回流进出口的温差。温差越大在塔内需要增设的换热塔板数也越多,而且温位降低过多的热量也不好利用。国外采用的温差常在 60 ~80℃ ,国内则多用80 ~120 ℃。

(3)中段循环回流的进出口位置。中段回流的进塔口一般设在抽出口的上部。在两个侧线之间。抽出口太靠近下一个侧线不好,因为上方的塔板上的回流大减,上面几层塔板的分馏效果降低很多。进塔口紧挨着上一侧线的抽出口也不太好,因为可能会有部分循环回流混入该侧线,使其丁点升高。因此,常用的方案是使中段回流的返塔入口与上一侧线的抽出板隔一层塔板。此时,侧线抽出板要采用全抽出斗。

以上讨论了石油精馏塔的几种回流方式的特点及其选用的一般原则。实际生产情况是多种多样且复杂的,因此,在考虑回流方案时必须特别注意对具体情况进行具体地、综合地分析。例如,近年来炼厂节能的问题日益受到重视,在某些情况下,为了多回收一些能级较高的热量,有的常压塔还考虑了采用第三个中段循环回流,而这在过去一般是不采用的。表4.18列出的几种常压塔的回流方案,其中即使有的是加工同一种原油,所采用的方案也不尽相同,更不要说加工不同原油时的情况了。国内炼厂的常压塔过去几乎都只采用塔顶冷回流而不采用顶循环回流,塔顶产品产率很低。采用顶循环回流这主要是由于我国原油含轻馏分少,塔顶的烃分压降低,在压力不变的条件下,塔顶温度过低,有可能低于塔顶水蒸气的露点温度引起水蒸气在塔内冷凝而无法正常操作。在此情况下,只能采用少量的顶循环回流。但是在节能的经济效益日益显得重要时,考虑的方法又会发生变化。例如某炼厂的常压塔调整了回流方案,增设了顶循环回流并用于回原油换热,回收热量达 15×10^6 kJ/h。表 4.18 中日本炼厂的常压塔顶产品产率达 20% 以上,故有可能采用了塔顶循环回流的方案。

表 4.18　几种常压塔的回流方案

炼厂		S 厂	D 厂	SL 厂	N 厂	日本某厂
加热原油		大庆	大庆	胜利	胜利	轻质原油
各回流取热/%	塔顶冷回流	21.2	46.5	44.7	56.7	—
	塔顶循环回流	27.3	—	—	—	54
	一中循环回流	31.0	31.0	23.6	10.8	25.8
	二中循环回流	20.5	22.5	31.7	32.5	20.4

在采用循环回流时,循环回流的抽出口和返塔口之间必须增设几块换热塔板,以保证循环回流段流入下一层塔板的液体能达到该处的饱和温度,否则将会降低下面塔板的精馏效率。根据经验,换热板板数一般采用 2~3 块即可,但在设计时最好校核一下所设的板数是否能满足传热要求。在校核计算时,换热板上气 – 液直接接触的传热系数一般可采用 3×10^4 ~ 4×10^4 kJ/$(m^2 \cdot h \cdot ℃)$详细的计算方法可参考有关文献。

4.2.6　操作条件的确定

在确定了物料平衡和选定了塔板数之后,就可以着手确定石油精馏塔的压力、温度和回流量等操作条件。下面主要讨论石油精馏塔各点的温度和压力,至于回流方案的选择和回流量的计算方法在前面已讨论过,这里不再做说明了。确定石油精馏塔的温度、压力条件的原则与二元精馏塔是相同的,只是在具体方法上有所差别。确定操作温度和压力条件的主要手段是热平衡和相平衡计算,在计算时可以采用假多元系法,也可以采用经验图表算法。

1. 操作压力

原油常压精馏塔的最低操作压力最终是受制于塔顶产品接受罐的温度下的塔顶产品的泡点压力。常压塔顶产品通常是汽油馏分或重整原料,当用水作为冷却介质时,塔顶产品冷却至 40 ℃,产品接收罐(在不使用二级冷凝冷却流程时也就是回流罐)在 0.1~0.25 MPa 的压力下操作时,塔顶产品基本上能全部冷凝,不凝气很少。为了克服塔顶馏出物流经管线和设备的流动阻力,常压塔顶的压力应稍高于产品接收罐的压力,或者说稍高于常压。

在确定了塔顶产品接收罐或回流罐的操作压力后,加上塔顶馏出物流经管线、管件和冷凝冷却设备的压降即可计算得到塔顶的操作压力。根据经验,通过冷凝器或换热器壳程(包括连接管线在内)的压降一般约为 0.02 MPa,使用空冷器时的压降可能稍低些。国内多数常压塔的塔顶操作压力大约在 0.13~0.16 MPa。

有的文献资料建议常压塔采用较高的操作压力,例如采用 0.3 MPa 左右的塔顶压力,因为在同样的塔径条件下,提高操作压力可以提高处理能力,而且整个塔的操作温度也增高,有利于侧线馏分热量的回收。但提高塔的操作压力也有不利之处,如精馏效率会有所降低,塔顶冷凝冷却器的负荷会增大,特别是由于加热炉的出口温度不能任意提高而使轻质油品的收率会受到影响。

塔顶操作压力确定后,塔的各部位的操作压力随之也可以通过计算得到。塔的各部位的操作压力与油气流经塔板时所造成的压降有关。油气由下而上流动,故塔内压力由下而上逐渐降低。常压塔采用的各种塔板的压力降见表4.19。

表4.19　各种塔板的压力降

塔板形式	压力降/kPa
泡罩	0.5~0.8
浮阀	0.4~0.65
筛板	0.25~0.5
舌形	0.25~0.5
金属破沫网	0.1~0.25

由加热炉出口经转油线到精馏塔汽化段的压力降通常为 0.034 MPa,因此,由汽化段的压力即可推算出炉出口压力。

2. 操作温度

确定精馏塔的各部位的操作压力后,就可以来求定各点的操作温度。

从理论上说,在稳定操作的情况下,可以将精馏塔内离开任一块塔板或汽化段的气、液两相都看成处于相平衡状态。因此,气相温度是该处油气分压下的露点温度,而液相温度则是其泡点温度。虽然在实际上由于塔板上的气、液两相常常未能完全达到相平衡状态而使实际的气相温度偏高或液相的温度偏低,但是在设计计算中都是按上述的理论假设来计算各点的温度。

上述的计算方法中要计算油气分压时必须知道该处的回流量。因此,求定各点的温度时需要综合运用热平衡和相平衡两个工具,采用试差计算的方法。计算时,先假设某处温度为 t,分析热平衡以求得该处的回流量和油气分压,再利用相平衡关系——平衡汽化曲线,求得相应的温度 t'(泡点、露点或一定汽化率的温度)。t' 与 t 的误差应小于1%,否则须另设温度 t,重新计算直至达到要求的精度为止。

为了减小猜算的工作量,应尽可能地参照炼厂同类设备的操作数据来假设各点的温度值。如果缺乏可靠的经验数据,或为进行方案比较而只需粗略地分析热平衡时,可以根据以下经验来假设温度的初值:①在塔内有水蒸气存在的情况下,常压塔顶汽油蒸气的温度可以大致定为该油品的恩氏蒸馏60%点温度。②当全塔汽提水蒸气用量不超过进料量的12%时,侧线抽出板温度大致相当于该油品的恩氏蒸馏5%点温度。

下面分别讨论求定各点温度的方法。

(1)汽化段温度。

(2)塔底温度。

进料在汽化段闪蒸形成的液相部分,汇同精馏段流下的液相回流(相当于过汽化部分),向下流至汽提段。塔底通入过热水蒸气逆流而上与油料接触,不断地将油料中的轻馏分汽提出去。轻馏分汽化需要的热量一部分由过热水蒸气供给,一部分由液相油料本身的显热提供。由于过热水蒸气提供的热量有限,加之又有散热损失,因此油料的温度由上而下逐板下降,塔底温度比汽化段温度低很多。虽然文献资料中有关于计算塔底温度方法的介绍,但计算值与实际情况往往有较大的出入,一般采用经验数据。原油蒸馏装置的初馏塔、常压塔及减压塔的塔底温度一般比汽化段温度低 5 ~ 10 ℃。

　　(3)侧线温度。

　　严格地说,侧线抽出温度应该是未经汽提的侧线产品在该处的油气分压下的泡点温度。它比汽提后的产品在同样条件下的泡点温度略低一点。然而往往得到的是经汽提后的侧线产品的平衡汽化数据。考虑到在同样条件下汽提前后的侧线产品的泡点温度相差不多,为简化起见,通常都是按经汽提后的侧线产品在该处油气分压下的泡点温度来进行计算。

　　侧线温度的计算采用猜算法。先假设侧线温度 t_m,作适当的隔离体和热平衡,求出回流量,算得油气分压,再求得该油气分压下的泡点温度 t'_m。t'_m 应与假设的 t_0 相符,否则重新假设 t_m,直至达到要求的精度为止。这里要说明两点:

　　①汽化段温度就是进料的绝热闪蒸温度。已知汽化段和炉出口的操作压力,而且产品总收率或常压塔拔出率和过汽化度、汽提蒸气量等也已确定,就可以算出汽化段的油气分压。进而可以作出进料(在常压塔的情况下即为原油)在常压下的、在汽化段油气分压下的以及炉出口压力下的三条平衡汽化曲线,如图 4.44 所示。根据预定的汽化段中的总汽化率 e_F,由该图查得汽化段温度 t_F,由 e_F 和 t_F 可算出汽化段内进料的焓值。

　　②在汽化段内发生的是绝热闪蒸过程。如果忽略转油线的热损失,则炉出口处进料的焓 h 应等于汽化段内进料的焓 h_F。炉出口温度必定高于汽化段温度 t'_F,而炉出口处汽化率则必然低于 e_F。

　　为了防止进料中不安定组分在高温下发生显著的化学反应,进料被加热的最高温度(即加热炉出口温度)应有所限制。因此,如果由前面求得的 t_F,e_F 推算出的 t_0 超出允许的最高加热温度,则应对所规定的操作条件进行适当的调整。

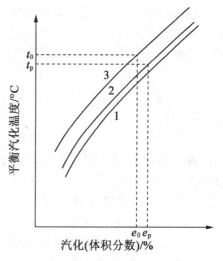

图 4.44　进料的平衡汽化曲线
1—常压下平衡汽化曲线;
2—汽化段油气分压下的平衡汽化曲线;
3—炉出口压力下的平衡汽化曲线

　　生产航空煤油时,原油的最高加热温度一般为 360 ~ 365 ℃,而在生产,一般石油产品时则可放宽至约 370 ℃。在设计计算时可以根据此要求选择一个合适的炉出口温度 t_0,并在图 4.44 上查得炉出口的汽化率 e_0,从而求出炉出口处油料的焓值 h_0,考虑到转油线上的热损失,此 h_0 值应稍大于由汽化段的 t_F,e_F 推算出的 h_F 值。如果 h_0 值高出 h_F 值甚多,说明进料在塔内的汽化率还可以提高;反之,若 h_0 值低于 h_F 值而炉出口温度又不允许再提高,则可以调整汽提水蒸气量或过汽化度使汽化段的油气分压适当降低以保证所要求的拔出率。

　　①计算侧线温度时,最好从最低的侧线开始,这样计算比较方便。因为进料段和塔底温度可以先行确定,自下而上作隔离体和热平衡时,每次只有一个侧线温度是未知数。

　　②为了计算油气分压,需分析一下侧线抽出板上的气相的组成情况。该气相是由通过该层塔板上升的塔顶产品和该侧线上方所有侧线产品的蒸气还有在该层抽出板上汽化的内回流蒸汽以及汽提水蒸气等物料构成的。可以认为内回流的组成与该塔板抽出的侧线产品组成基本相同,因此,所谓的侧线产品的油气分压即是指该处内回流蒸汽的分压。国外书刊介绍的计算方法多是将某侧线产品(如三线)的一个侧线(如二线)的蒸气的存在予以忽略,而将更往上的侧线产

品(如一线)蒸气、塔顶产品蒸气和水蒸气当作是降低分压的惰性气来考虑,然后将求取内回流蒸汽分压下未经汽提的侧线产品的泡点温度作为该抽出板的温度。对这样的算法,有的作者这样解释:该侧线(如三线)抽出板温度接近于上一个侧线(如二线)的临界温度,因此认为上一个侧线对分压没有影响而忽略之,而更上面的侧线(如一线)的临界温度低于该侧线(三线)抽出板温度,故而其蒸汽对所求侧线(如三线)油品起着与水蒸气一样的降低分压的作用,可看作不凝气。尽管算出来的结果可能与实际情况相近,但这种说法未免牵强,而且未经汽提产品的泡点数据缺乏,若按汽提后的油品的泡点来计算时,则又会使算得的侧线温度偏高。因此,国内一般不采用上述的算法而是采用以下的方法:一方面把除回流蒸汽以外的所有油气都看作和水蒸气一样的起着降低分压的作用,另一方面按汽提后侧线产品的平衡汽化数据来计算泡点温度。

(4)塔顶温度。

塔顶温度是塔顶产品在其本身油气分压下的露点温度。塔顶馏出物包括塔顶产品、塔顶回流蒸汽、不凝气(气体烃)和水蒸气。塔顶回流量须通过假设塔顶温度分析全塔热平衡才能求定。算出油气分压后,求出塔顶产品在此油气分压下的露点温度,以此校核所假设的塔顶温度。

原油初馏塔、常压塔的塔顶不凝气量很少,可忽略不计。忽略不凝气以后求得的塔顶温度较实际塔顶温度高出约3%,可将计算所得的塔顶温度乘以系数0.97作为采用的塔顶温度。

在确定塔顶温度时,应同时校核水蒸气在塔顶是否会冷凝。若水蒸气的分压高于塔顶温度下水的饱和蒸气压,则水蒸气就会冷凝。遇到此情况时应考虑减少水蒸气用量或降低塔的操作压力,重新进行全部计算。对于一般的原油常压精馏塔,只要汽提水蒸气用量不是过大,则只有当塔顶温度低于90 ℃时才会出现水蒸气冷凝的可能性。

(5)侧线汽提塔塔底温度。

当用水蒸气汽提时,汽提塔塔底温度比侧线抽出温度低约8~10 ℃,有的也可能低得更多些。当需要严格计算时,可以根据汽提出的轻组分的量通过热平衡计算求取。

当用再沸提馏时,其温度为该处压力下侧线产品的泡点温度,此温度有时可高出该侧线抽出板温度十几度。

3. 汽提水蒸气用量

石油精馏塔的汽提蒸汽一般都是采用温度为400~450 ℃的过热水蒸气(压力约为0.3 MPa),用过热蒸汽的主要原因是防止冷凝水带入塔内。侧线产品汽提的目的主要是驱除其中的低沸组分,从而提高产品的闪点和改善分馏精确度;常压塔底汽提主要是为了降低塔底重油中350 ℃以下馏分的含量以提高直馏轻质油品的收率,同时也减轻了减压塔的负荷,减压塔底汽提的目的则主要是降低汽化段的油气分压,从而在所能达到的最高温度和真空度之下尽量提高减压塔的拔出率。

汽提蒸汽的用量与需要提馏出来的轻组分含量有关,其关系大致如图4.45所示。在设计

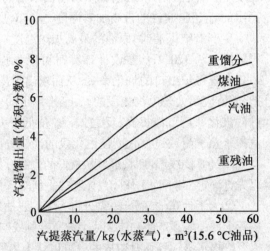

图4.45 汽提蒸汽用量(四层汽提塔板)

计算中可以参考表 4.20 所列的经验数据选择汽提蒸气的用量。

由于原料不同,操作情况多变,适宜的汽提蒸气用量还应当通过实际生产情况的考察来调整。近年来,由于对节能问题的重视,在可能的条件下,倾向于减少汽提蒸汽的用量。

表 4.20　汽提蒸汽的用量

塔	产品	蒸汽用量(质量分数)/%(对产品)
常压塔	溶剂油	1.5 ~ 2
	煤油	2 ~ 3
	轻柴油	2 ~ 3
	重柴油	2 ~ 4
	轻润滑油	2 ~ 4
	塔底重油	2 ~ 4
初馏塔	塔底油	1.2 ~ 1.5
减压塔	中、重润滑油	2 ~ 4
	残渣燃料油	2 ~ 4
	残渣气缸油	2 ~ 5

4.3　石油减压蒸馏塔

原油中的 350 ℃ 以上的高沸点馏分是馏分润滑油和催化裂化、加氢裂化的原料。但是由于在高温下会发生分解反应,所以在常压塔的操作条件下不能获得这些馏分,而只能在减压和较低的温度下通过减压蒸馏取得。在现代技术水平下,通过减压蒸馏可以从常压重油中蒸馏出沸点低于 550 ℃ 的馏分油。减压蒸馏的核心设备是减压精馏塔和它的抽真空系统。

根据生产任务的不同,减压塔可分为润滑油型和燃料型两种。在一般情况下,无论是哪种类型的减压塔,都要求有尽可能高的拔出率。由于馏分油的残炭值较低,重金属含量很少,更适宜于制备润滑油和作裂化原料。减压塔底的渣油可用于制作燃料油、焦化原料、渣油加氢原料或经过加工后生产高黏度润滑油和各种沥青。在生产燃料油时,有时为了照顾到燃料油的规格要求(如黏度)也不能拔得太深。但是在一些大型炼厂则多采用深拔以取得较多的直馏馏分油,然后根据需要,再在渣油中掺入一些质量较差的二次加工馏分油的方案,以获得较好的经济效益。

4.3.1　减压精馏塔的工艺特征

1.减压精馏塔的一般工艺特征

对减压塔的基本要求是在尽量避免油料发生分解反应的条件下尽可能多地拔出减压馏分油。做到这一点的关键在于提高汽化段的真空度,为了提高汽化段的真空度,除了需要有一套良好的塔顶抽真空系统外,一般还采取以下几种措施:

(1)降低从汽化段到塔顶的流动压降板的压降。减压塔在很低的压力这一点主要依靠减少塔板数和降低气相通过每层塔(几千帕)下操作,各组分间的相对挥发度比在常压条件下大为提高,比较容易分离;另一方面,减压馏分之间的分馏精确度要求一般比常压蒸馏的要求低,因此,有可能采用较少的塔板而达到分离的要求。通常在减压塔的两个侧线馏分之间只设3~5块精馏塔板就能满足分离的要求。为了降低每层塔板的压降,减压塔内应采用压降较小的塔板,常用的有舌形塔板、网孔塔板、筛板等。近年来,国内外已有不少减压塔部分或全部地用各种形式的填料以进一步降低压降。例如在减压塔操作时,每层舌形塔板的压降约为0.2 kPa,用矩鞍环(英特洛克斯)填料时每米填料层高的压降约为0.13 kPa,而每米填料高的分离能力约相当于1.5块理论塔板。

(2)降低塔顶油气馏出管线的流动压降。为此,现代减压塔塔顶都不出产品,塔顶管线只供抽真空设备抽出不凝气之用,以减少通过塔顶馏出管线的气体量。因为减压塔顶没有产品馏出,故只采用塔顶循环回流而不采用塔顶冷回流。

(3)一般的减压塔塔底汽提蒸汽用量比常压塔大,其主要目的是降低汽化段中的油气分压。当汽化段的真空度比较低时,要求塔底汽提蒸汽量较大。因此,从总的经济效益来看,减压塔的操作压力与汽提蒸汽用量之间有一个最优的配合关系,在设计时必须进行具体分析。近年来,少用或不用汽提蒸汽的干式减压蒸馏技术有了较大的发展。

(4)减压塔汽化段温度并不是常压重油在减压蒸馏系统中所经受的最高温度,此最高温度的部位是在减压炉出口。为了避免油品分解,对减压炉出口温度要加以限制,在生产润滑油时不得超过395 ℃,在生产裂化原料时不超过420 ℃,同时在高温炉管内采用较高的油气流速以减少停留时间。如果减压炉到减压塔的转油线的压降过大,则炉出口压力高,使该处的汽化率降低而造成重油在减压塔汽化段中由于热量不足而不能充分汽化,从而降低了减压塔的拔出率。降低转油线压降的办法是降低转油线中的油气流速。以往采用的转油线中流速为0.9 m/s,近年来转油线多采用低流速。在减压炉出口之后,油气先经一段不长的转油线过渡段后再进入低速段,在低速段采用的流速约为35~50 m/s,国内多采用较低值。

(5)缩短渣油在减压塔内的停留时间。塔底减压渣油是最重的物料,如果在高温下停留时间过长,则其分解、缩合等反应会进行得比较显著。其结果,一方面生成较多的不凝气使减压塔的真空度下降;另一方面会造成塔内结焦。因此,减压塔底部的直径常常缩小以缩短渣油在塔内的停留时间。例如一座直径为5.4 m的减压塔,其汽提段的直径只有3.2 m。此外,有的减压塔还在塔底打入急冷油以降低塔底温度,减少渣油分解、结焦的倾向。

除了上述为满足"避免分解、提高拔出率"这一基本要求而引出的工艺特征外,减压塔还由于其中的油、气的物性特点而反映出另外一些特征。

(1)在减压条件下,油气、水蒸气、不凝气的比容大,比常压塔中油气的比容要高出十余倍。尽管减压蒸馏时允许采用比常压塔高得多(通常约两倍)的空塔线速,减压塔的直径还是很大。因此,在设计减压塔时需要更多地考虑如何使沿塔高的气相负荷均匀以减小塔径。为此,减压塔一般采用多个中段循环回流,常常在每两个侧线之间都设中段循环回流。

这样做也有利于回收利用回流热。

(2)减压塔处理的油料比较重、黏度比较高,而且还可能含有一些表面活性物质。加之塔内的蒸汽速度又相当高,因此蒸汽穿过塔板上的液层时形成泡沫的倾向比较大。为了减少携带泡沫,减压塔内的板间距比常压塔大。加大板间距同时也是为了减少塔板数。此外,在塔的进料段和塔顶都设计了很大的气相破沫空间,并设有破沫网等设施。

由于上述各项工艺特征,从外形来看,减压塔比常压塔显得粗而短。此外,减压塔的底座较高,塔底液面与塔底油抽出泵入口之间的高差在 10 m 左右,这主要是为了给热油泵提供足够的灌注头。

2. 润滑油型减压塔的工艺特征

润滑油型减压塔为后续的加工过程提供润滑油料,它的分馏效果的优劣直接影响到其后的加工过程和润滑油产品的质量。从蒸馏过程本身来说,对润滑油料的质量要求主要是黏度合适、残炭值低、色度好,在一定程度上也要求馏程要窄。因此,对润滑油型减压塔的分馏精确度的要求与原油常压分馏塔差不多,故它的设计计算也与常压塔大致相同。

图 4.46、图 4.47 都是润滑油型减压塔的示意图。

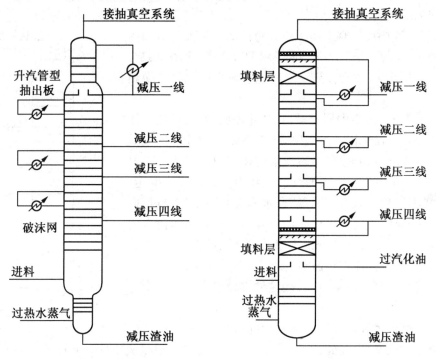

图 4.46　润滑油型减压塔 1　　　　　图 4.47　润滑油型减压塔 2

由于减压下馏分之间的相对挥发度较大,而且减压塔内采用较大的板间距,故两个侧线馏分之间的塔板数比常压塔少,一般 3~5 块塔板即能满足要求。

有的减压塔的侧线抽出板采用升气管式(或称烟囱形)抽出板。这种抽出板形式对于集油和抽油操作比较好,但是它没有精馏作用,其压降约为 0.13~0.26 kPa。

中段回流可以采用图 4.46 所示的形式,也可以采用图 4.47 所示的形式,后者是把中段回流抽出与侧线抽出结合在一起,这样可使塔板效率受循环回流的影响小些,而加设的塔板的数目,有利于降低精馏段的总压降。但是在减压塔中,内回流对油气分压的作用比较难确定,因此,对减压塔的温度条件常按如下经验来求定:

(1)侧线温度。取抽出板上总压的 30%~50% 作为油气分压计算在该分压下侧线油品的泡点;

(2)塔顶温度。是不凝气和水蒸气离开塔顶的温度,一般比塔顶循环回流进塔温度高出 28~40 ℃;

(3)塔底温度。通常比汽化段温度低 5~10 ℃,也有多达十几摄氏度者。

3. 燃料型减压塔的工艺特征

燃料型减压塔的主要任务是为催化裂化和加氢裂化提供原料。对裂化原料的质量要求主要是残炭值要尽可能低,亦即胶质、沥青质的含量要少,以免催化剂上结焦过多;同时还要求控制重金属含量,特别是镍和钒的含量以减少对催化剂的污染。至于对馏分组成的要求则是不严格的。实际上,尽管燃料型减压塔设有2~3个侧线,但常常是把这些馏分又混合到一起去作为裂化原料,之所以要分为少数几个侧线主要是因为照顾到沿塔高的负荷比较均匀。

一般燃料型减压塔只设两个侧线,一线蜡油的量约占全部拔出油的30%。由上述可见,对燃料型减压塔的基本要求是在控制馏出油中的胶质、沥青质和重金属含量的前提下尽可能提高馏出油的拔出率。为达到这个基本要求,燃料型减压塔具有以下的特点:

(1)可以大幅度地减少塔板数以降低从汽化段至塔顶的压降。图4.48所示是一个典型的燃料型减压塔,全塔总共有13层塔板,由图可以看到,侧线之间的塔板实质上只是换热板。

(2)可以大大减少内回流量,在某些塔段,甚至可使内回流量减少到零。这可以通过塔顶循环回流和中段循环回流做到。在图4.48所示的燃料型减压塔的顶部和中部两个塔段中,其回流热几乎全部由顶循环回流和中段循环回流取走。因此,在这两塔段中只有产品蒸气、水蒸气和不凝气通过,而没有内回流蒸汽,塔段与塔段之间只有升气管相通而没有内回流相联系。由此可见,这几层塔板实质上是换热塔板,在其上面,低温的循环回流把该段侧线产品蒸气冷凝下来而抽出,所发生的是一个平衡冷凝过程,故这种塔段事实上是一个冷凝塔。

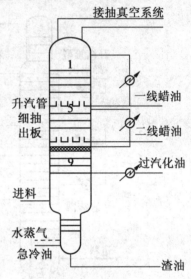

图4.48　燃料型减压塔

塔内内回流大大减少甚至基本消除可降低塔段的压降,提高汽化段的真空度,此外,如果产品蒸气在上升过程中很快减少也会降低上部塔板的压降。因此,在设计时常使二线中段回流热占总回流热的较大比例,亦即使馏出油大部分在二线抽出。通常塔顶循环回流与中段循环回流的取热比例约为1:4。对于有两个中段回流的减压塔,顶循环回流的取热比例更小,例如国内几套装置仅为6%~8%,余下的回流热都由中段回流取走,一线中段回流与二线中段回流取热的比例为1:1~1:2。

(3)为了降低馏出油的残炭值和重金属含量,在汽化段上面设有洗涤段。洗涤段中设有塔板和破沫网。所用的回流油可以是最下一个侧线馏出油洗涤段中设有塔,也可以设循环回流。循环回流的流程比较复杂,目前多倾向于认为,此处气相内存在的杂质主要并不是被气流夹带上去的雾沫或液滴,而是从闪蒸段汽化上去的馏分,因此,使用上一层的液相回流通过蒸馏作用除去杂质的效果比使用冷循环回流的效果要更好一些。为了保证最低侧线抽出板下有一定的回流量,通常应有1%~2%的过汽化度。对裂化原料要求严格时,过汽化度高达4%。一般来说,过汽化度不要过高。

(4)燃料型减压塔的气、液相负荷分布与常压塔或润滑油型减压塔有很大的不同。在燃料型减压塔内,除了汽化段下面的几层塔板上有内回流外,其余塔段里基本上没有内回流。因此,它的气、液相负荷分布无须借助于热平衡和猜算而可以通过分析直接算出。现以图4.49为例进行分析。进料在汽化段中生成的气相,往上进入过汽化油冷凝段(第8~10层),由于温度逐渐下降,故逐板生成一些内回流,因此气、液相负荷由下而上逐板增加。进入第二侧线产品冷凝段的气相量等于所有侧线产品的量加上不凝气和汽提蒸汽以及回流的量。这些气体与过冷的循环回流相接触,温度逐步下降,其中的二线产品蒸气不断被冷凝,因此气相负荷由下而上逐板下降,在上升入一线产品冷凝段时就只剩下一线产品蒸气、不凝气和水蒸气。进入一线产品冷凝段后,气相负荷也同样是逐板下降的,直至塔顶时只剩下不凝气、水蒸气以及它们所携带的少量油气,再进入抽真空系统。至于液相负荷,在一线和二线冷凝段的顶板上,液相负荷就是进塔的循环回流量。如果不考虑循环回流,则每个冷凝段顶上的液相负荷为零。往下流动时,由于侧线产品逐板冷凝而使液相负荷逐板增大,至第一侧线抽出板上,液相负荷等于该侧线产品的流量加上该塔段的循环回流量。这部分液相在抽出板上全部被抽走而不流到下一个冷凝段中去。在下一个塔段中又重现这样的过程。第二侧线抽出板上液相负荷等于该侧线产品的流量加上该塔段的循环回流及送入洗涤段(过汽化油冷凝段)的回流。图4.49的液相负荷中不包括循环回流。

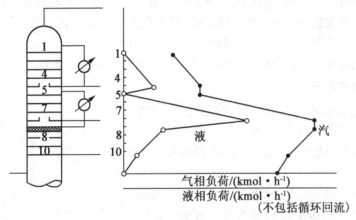

图 4.49　燃料型减压塔的汽、液相负荷分布

除了上述特点外,燃料型减压塔的侧线产品对闪点没有要求,因而可以不设侧线汽提。

燃料型减压塔的温度条件的确定方法如下:因为对油品的分解反应的限制不如对润滑油料那样严格,故进料的加热最高允许温度可提高至 410～420 ℃。

塔底温度比汽化段温度一般低 5～10 ℃。侧线温度是该处油气分压下侧线产品的泡点温度。由于在洗涤段以上的塔段中没有内回流,因此,侧线抽出板上的油气分压的计算是将所有油料蒸气计算在内,只将水蒸气和不凝气看作是惰性气。也可以根据常压重油进料在该处油气分压下的平衡汽化曲线,取在该处的汽化率时的温度作为侧线抽出板温度。在计算油气分压时,有时也可以根据经验,取抽出板上总压的 30%～50% 近似地作为该处的油气分压。

近年来,对燃料型减压塔倾向于用填料取代塔板并采用干式减压蒸馏技术。

4.3.2　减压蒸馏的抽真空系统

减压精馏塔的抽真空设备可以采用蒸汽喷射器(也称蒸汽喷射泵或抽空器)或机械真空泵。蒸汽喷射器的结构简单,没有运转部件,使用可靠而无须动力机械,而且水蒸气在炼厂中也是既安全又容易得到的。因此,炼厂中的减压塔广泛地采用蒸汽喷射器来产生真空。但是蒸汽喷射器的能量利用效率非常低,仅 2% 左右,其中末级蒸汽喷射器的效率最低。机械真空泵的能量利用效率一般比蒸汽喷射器高 8～10 倍,还能减少污水量。蒸汽喷射器与其他机械真空泵的能耗对比数据见表 4.21。

表 4.21　蒸汽喷射器与其他机械真空泵的能耗

吸入压力(绝)/kPa		66.6	33.3	16.6	8.33	1.3
能耗 (空气) /(kJ·kg⁻¹)	蒸汽喷射器	1 745.6	7 007.4	17 522.6	15 140.8	47 686.9
	液环泵	159.1	347.4	699	1 331.2	11 243.6
	鼓风机(罗茨)	67	276.3	422.8	866.5	—
	机械真空泵	105	226	422.8	636.5	2 779.5

对于一套加工能力为 250×10^4 t/a 的常减压装置,若把减压塔的二级蒸汽喷射器改为液环泵,能量效率可由 1.1% 提高到 25%,可节省 3 195.8 MJ/h 原油,使装置能耗下降 10.22 MJ/h。国外大型蒸馏装置的数据表明,采用蒸汽喷射器–机械真空泵的组合抽真空系统操作良好,具有较好的经济效益。因此,近年来,随着干式减压蒸馏技术的发展,采用机械真空泵的炼厂日渐增多。国内小炼厂的减压塔采用机械真空泵的比较多。

1. 抽真空系统的流程

抽真空系统的作用是将塔内产生的不凝气(主要是裂解气和漏入的空气)和吹入的水蒸气连续地抽走以保证减压塔的真空度的要求。图 4.50 是抽真空系统的流程图。

减压塔顶出来的不凝气、水蒸气和由它们带出的少量油气首先进入一个管壳式冷凝器。水蒸气和油气被冷凝后排入水封池,不凝气则由一级喷射器抽出从而在冷凝器中形成真空。由一级喷射器抽出的不凝气再排入一个中间冷凝器,将一级喷射器排出的水蒸气冷凝。不凝气再由二级喷射器抽走而排入大气。为了消除因排放二级喷射器的蒸汽所产生的噪声以及避免排出的蒸汽的凝结水洒落在装置平台上,常常再设一个后冷器将水蒸气冷凝而排入水阱,而不凝气则排入大气。图 4.50 中的冷凝器是采用间接冷凝的管壳式冷凝器,故通常称为间接冷凝式二级抽真空系统。

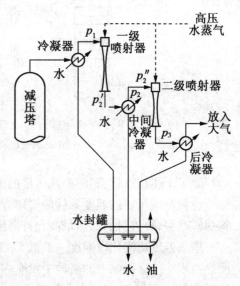

图 4.50　抽真空系统的流程图

在老的炼厂还存在用直接混合式冷凝器代替上述流程中的间接冷凝器的情况。从总体情况来看,直接混合式冷凝器有时可以得到高一些的真空度,但是采用间接式冷凝器可以避免形成大量的含油污水,从而减小污水处理的负荷,有利于环境保护。如果把有关的污水处理也考虑在内,则直接冷却抽真空系统的投资、占地面积和操作费用都比较高,因此,新建炼厂的设计都采用间接冷凝式抽真空系统。

冷凝器是在真空下操作的。为了使冷凝水顺利地排出,排出管内水柱的高度应足以克服大气压力与冷凝器内残压之间的压差以及管内的流动阻力。通常排液管的高度至少应为 10 m,在炼厂俗称此排液管为“大气腿”。

系统中的冷凝器的作用在于使可凝的水蒸气和油气冷凝而排出,从而减轻喷射器的负荷。冷凝器本身并不形成真空,因为系统中还有不凝气存在。

为了减少冷却水用量,进入一级喷射器之前的冷凝器也可以用空冷器来代替。

由抽真空系统排出的放空尾气中,气体烃占80%以上,并含有含硫化合物气体,造成空气污染和可燃气的损失。因此,应考虑回收这部分气体并加以利用(例如用作加热炉燃料等)。

采用机械真空泵的抽真空系统流程与上面介绍的大体相同。

2. 蒸汽喷射器的工作原理

蒸汽喷射器的基本工作原理是利用高压水蒸气在喷管内膨胀,使压力能转化为动能从而达到高速流动,在喷管出口周围造成真空。下面从研究气体在喷管内的稳定连续流动入手,推导出气体在喷管中流动时其流速、压力和截面积变化的关系。

图4.51是两种不同的喷管:收敛型和扩散型。

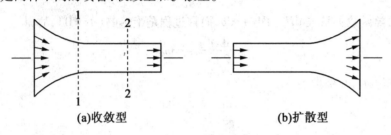

(a)收敛型   (b)扩散型

图 4.51 喷管

气体在喷管中稳定连续流动时存在以下几个基本关系。

(1)对于稳定连续流动,在单位时间内流经各截面的质量流率 G 相等,即

$$G = \frac{A_1 u_1}{v_1} = \frac{A_2 u_2}{v_2} = \cdots = \frac{A_i u_i}{v_i} = 常数 \tag{4.28}$$

式中,A 为截面 i 的面积;u_i、v_i 分别表示流体在截面 i 的比容和流速。

为方便起见,省略下标,并微分,可得

$$G\mathrm{d}v = A\mathrm{d}u + u\mathrm{d}A$$

分别以 $Gv = Au$ 除等式两边,整理后得

$$\frac{\mathrm{d}A}{A} = \frac{\mathrm{d}v}{v} = \frac{\mathrm{d}u}{u} \tag{4.29}$$

式(4.29)说明了喷管截面变化与比容变化、流速变化之间的关系。

(2)假设气体在喷管内的流速很高,在流动中来不及与外界发生热量交换;又假设喷管内壁非常光滑,气体流动时的摩擦阻力可以忽略,则气体在喷管内的流动可以看作理想气体的绝热流动,并且过程是可逆的,于是

$$pv^K = C$$

式中,K 为绝热指数。

由上式得

$$\ln p + K\ln v = \ln C$$

微分并整理可得

$$\frac{\mathrm{d}p}{p} = -K\frac{\mathrm{d}v}{v} \tag{4.30}$$

此式表示了比容变化与压力变化之间的关系。

（3）绝热、可逆的稳定流动体系的能量平衡。

对于连续流动体系，能量平衡的一般公式为

$$\left(H + \frac{u^2}{2g_c} + g\frac{Z}{g_c}\right)_人 - \left(H + \frac{u^2}{2g_c} + g\frac{Z}{g_c}\right)_出 + \Delta Q - W_S = 0$$

根据上面的论述，气体在喷管中流动时不做轴功，因此轴功 $W_S = 0$；过程是绝热的，则 $\Delta Q = 0$；喷管位置是水平的，则 $Z_人 = Z_出$。由此得

$$\left(H + \frac{u^2}{2g_c}\right)_人 - \left(H + \frac{u^2}{2g_c}\right)_出 = 0$$

写成微分式为

$$dH + \frac{du^2}{2g_c} = 0$$

根据热力学函数关系式 $dH = Tds + vdp$，而且过程是绝热的（$ds = 0$），故得

$$\frac{du^2}{2g_c} = -vdp \tag{4.31}$$

两端各除以 u^2，并整理得

$$\frac{du}{u} = -g\frac{vdp}{u^2} \tag{4.32}$$

式（4.32）中的 g 即推导过程中的 g_c。

式（4.29）、式（4.30）和式（4.31）都是描述同一个过程，故可以把它们结合起来。

现将式（4.30）和式（4.31）代入式（4.29），并整理之，可得

$$\frac{dA}{A} = g\frac{Kpv - u^2}{Ku^2} \cdot \frac{dp}{p} \tag{4.33}$$

物理学已证实声音在压力为 p、比容为 V 的介质中的传播速度 α（或称当地声速）为

$$\alpha = \sqrt{gKpv}$$

因此，式（4.33）可写成

$$\frac{dA}{A} = \frac{\alpha^2 - u^2}{Ku^2} \cdot \frac{dp}{p} \tag{4.34}$$

式（4.33）即表示流体在喷管中流动时其流速、压力和截面积变化的关系，式（4.79）也可以写

成以下的形式：

$$\frac{dA}{dp} = (\alpha^2 - u^2) \cdot \frac{A}{Ku^2p} \tag{4.35}$$

由式（4.35）可知，当 $u < \alpha$ 时，$(\alpha^2 - u^2) > 0$，即欲使流动气体的压力下降，则应当使截面积缩小。因此，当气体在收敛型喷管中流动时，随着喷管截面积不断缩小，气体的压力不断降低，气体的流速 u 随之不断增大，直至流速增大至当地声速 α，此时 $\frac{dA}{dp} = 0$，压力不再继续降低，气体流速也不再继续增大。而当 $u > \alpha$ 时，$(\alpha^2 - u^2) < 0$，$\frac{dA}{dp} < 0$，即当气体在扩散型管中流动时，随着喷管截面积的不断增大，气体压力不断下降。

如果将两种形式的喷管组合起来，在收敛型喷管之后紧接一个扩散型喷管就形成一个如

图 4.52 所示的扩缩喷管,这种形式的喷管也称为拉伐尔喷嘴,扩缩喷管的最小截面处称为喉部,喉部是气体流速从亚声速过渡到超声速的转折点。于是,当压力为 p 的高压水蒸气通过一个这样的喷嘴时,在喷嘴的出口处可以达到超声速和很低的压力,从而抽出需要抽走的不凝气等气体。

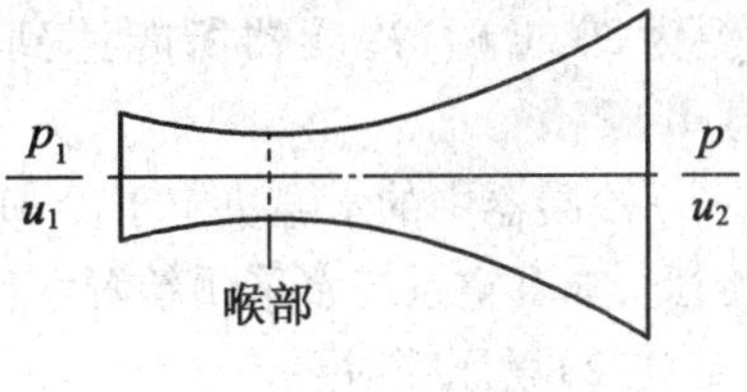

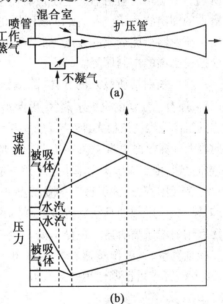

图 4.52　扩缩喷管

现在还需要解决一个问题,即如何将抽出的被吸气体从真空条件下排入大气。通过前面的分析可以设想采用一个与扩缩喷管刚好倒过来的管子来解决此问题,这个管子也称为扩压管。首先,由于扩缩喷管出来的气流处于很低的压力(高真空),其流速大于声速,在进入扩压管后,$(\alpha^2 - u^2) < 0$,故随着扩压管截面积的减小,气流的压力逐渐升高,流速逐渐降低,到达扩压管的喉部时,气体流速降到当地声速,并在越过此点后其流速低于当地声速;其后,由于 $(\alpha^2 - u^2) > 0$,$\dfrac{\mathrm{d}A}{\mathrm{d}p} > 0$,故随着扩压管截面积的增大,气流的压力逐渐升高,流速继续降低;最后,气流的压力达到大气压力,就可以送入大气中了。

根据上述原理,蒸汽喷射器由扩缩喷管、扩压管和一个混合室构成。图 4.53 是蒸汽喷射器的结构示意图以及工作时流体在其中通过时其压力和流速变化的情况。驱动流体(压力为 1.0 MPa 左右的工作蒸汽)进入蒸汽喷射器时先经过扩缩喷管,气流通过喷管时流速增大、压力降低,到喷管的出口处可以达到很高的流速(1 000 ~ 1 400 m/s)和很低的压力(小于8 kPa),在喷管的周围形成了高度真空。不凝气和少量水蒸气、油气(统称被吸气体)从进口处被抽进来,在混合室内与驱动蒸汽部分混合并被带入扩压管,在扩压管前部,两种气流进一步混合并进行能量交换。气流在通过扩压管时,其动能又转化为压力能,流速降低而压力升高,最后压力升高到能满足排出压力的要求。

图 4.53　蒸汽喷射器的结构示意图及工作时流体在其中通过时的压力和速度的变化

常压重油减压蒸馏塔塔顶的残压一般要求在8 kPa以下,通常是由两个蒸汽喷射器串联组成的二级抽真空系统来实现的。在二级抽真空系统中,一级蒸汽喷射泵从第一个冷凝器把不凝气抽来,升高压力后排入中间冷凝器。在中间冷凝器,一级喷射器的工作蒸汽被冷凝,不凝气再被二级喷射器抽走,升压后排入大气。

3. 真空度的极限和增压喷射泵

(1)真空度的极限。

在抽真空系统中,不论是采用直接混合冷凝器、间接式冷凝器还是空冷器,其中都会有水[冷却水和(或)冷凝水]存在。水在其本身温度下有一定的饱和蒸气压,故冷凝器内总是会有若干水蒸气。因此,理论上冷凝器中所能达到的残压最低只能达到该处温度下水的饱和蒸气压。

至于减压塔顶所能达到的残压顶馏出管线的压降、冷凝器的压降,则显然应在上述的理论极限值上加上不凝气的分压塔,故减压塔顶残压还要比冷凝器中水的饱和蒸气压高得多,当水

温为 20 ℃时,冷凝器所能达到的最低残压为 2.3 kPa,此时减压塔顶的残压就可能高于
4.0 kPa了。

冷凝器中的水温决定于冷却水的温度。在炼厂中,循环水的温度一般高于新鲜水的温度,
因此,抽真空系统多采用新鲜水作为冷却水。

（2）增压喷射泵。

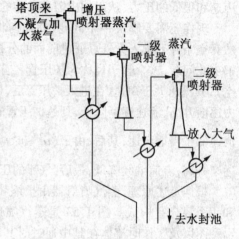

图 4.54　设增压喷射器的抽真空系统

在一般情况下,20 ℃的水温是不容易达到的,因此,二级或三级蒸汽喷射器很难使减压塔顶的残压达到 4.0 kPa 以下。如果要求更高的真空度,就必须打破水的饱和蒸气压这个限制。为此,可以在减压塔顶馏出物进入第一个冷凝器以前再安装一个蒸汽喷射器使馏出气体升压。这个喷射器称为增压喷射器或增压喷射泵。设增压喷射器的抽真空系统如图 4.54所示。由于增压喷射器的上游没有冷凝器,它与减压塔顶的馏出线直接连接,所以减压塔的残压,相当于增压喷射器所能造成的残压,加上馏出线顶真空度就能摆脱水温的限制压降。

增压喷射器所吸入的气体,除减压塔来的不凝气以外,还有减压塔的汽提水蒸气,因此负荷很大。这不仅要求增压泵有很大的尺寸,更重要的是它的工作蒸汽耗量很大,使装置的能耗和操作费用大大增加。表 4.22 所列的某减压塔的蒸汽喷射器的计算数据说明了这一点。因此,除非特别需要,尽可能不使用增压喷射器。但是对于干式减压蒸馏,由于减压塔内基本上不用汽提水蒸气,因此对于这种情况又当别论。

在我国南方,为了适应冬夏气温变化的影响,可以考虑采用能灵活启用的增压喷射器。例如某厂减压塔顶抽真空系统按此原则设计了两套并联的三级抽真空流程,其中第一级是可灵活启用的增压喷射器。在夏季开两套三级抽真空,其工作蒸汽耗量为6.6 t/h;春秋季开两套二级抽真空、其工作蒸汽耗量为 3.6 t/h;冬季则只开一套二级抽真空,其工作蒸汽耗量为1.8 t/h。开工后证明使用效果良好。

表 4.22　某减压塔的蒸汽喷射器的计算数据

项目		增压喷射器	一级喷射器	二级喷射器
喷嘴个数/喉径/mm		9/11.7	1/14.7	1/13.7
扩压管喉径/mm		305	84	46.5
工作蒸气压力/MPa(表)		0.9	0.9	0.9
吸入气体温度/℃		100	40	40
吸入气体量 /(kg · h⁻¹)	油气	780		
	分解气	310	310	310
	空气	25	3	35
	水蒸气	1 000	250	40
吸入气体压力/kPa		2.7	12.0	41.3
工作蒸汽用量/(kg · h⁻¹)		2 760	690	700

抽真空的级数根据塔顶残压来确定,表 4.23 列出二者间的关系。对于湿式减压,减压塔顶残压一般为 5.5 ~ 8.0 kPa,因而通常采用二级(喷射)抽真空系统。对于干式减压,减压塔顶残压一般为 1.3 kPa 左右,通常要用三级抽真空系统。

表 4.23　抽真空的级数与塔顶残压的关系

塔顶残压/kPa	级数
13.3	1
12 ~ 2.7	2
3.3 ~ 0.5	3(有增压喷射器)
0.8 ~ 0.04	4(有增压喷射器)
0.13 ~ 0.007	5(有增压喷射器)

4.3.3　干式减压蒸馏

传统的减压塔使用塔底水蒸气汽提,并且在加热炉管中注入水蒸气,其目的是在最高允许温度和汽化段能达到的真空度的限制条件下尽可能地提高减压塔的拔出率。通常,当减压塔顶残压约为 8 kPa 时,水蒸气用量约为 5 kg/t 进料,而在塔顶残压约为 13.3 kPa 时,水蒸气用量高达20 kg/t进料。

减压塔中使用水蒸气虽然起到提高拔出率的作用,但是也带来一些不利的结果,主要的有:

①消耗蒸汽量大。

②塔内气相负荷增大。塔内水蒸气在质量上虽只占塔进料的1% ~ 3%。但对气相负荷(按体积流量计)却影响很大,因为水蒸气的相对分子质量比减压瓦斯油的平均相对分子质量小得多。例如以拔出率为 35%(质量分数)(对进料)、减压瓦斯油相对分子质量为 350 计算,则当水蒸气量为进料量质量分数的 1% 时,在气相负荷中,水蒸气的份额约占1/3。

③增大塔顶冷凝器负荷。

④含油污水量增大。

如果能够提高减压塔顶的真空度,并且降低塔内的压力降,则有可能在不使用汽提蒸汽的条件下也可以获得提高减压拔出率的同样效果。这种不依赖注入水蒸气以降低油气分压的减压蒸馏方式称为干式减压蒸馏,而传统使用水蒸气的方式则称为湿式减压蒸馏。近年来,干式减压蒸馏技术已有很大发展,在燃料型减压蒸馏方面已有取代湿式减压蒸馏的趋势。

1. 实现干式减压蒸馏的技术措施

从近年的情况来看,实现干式减压蒸馏主要采取了以下的技术措施。

(1)使用三级抽真空以提高减压塔顶的真空度。

在前面已提到减压塔所能达到的真空度受到水温的限制。当塔顶冷凝器内的水温为 20 ℃ 时,理论上的极限真空度约为 2.4 kPa,而实际生产中在使用两级抽真空时,减压塔顶的残压一般在 8.0 kPa 以上,为了把塔顶残压降至 1.3 ~ 2.7 kPa,有必要采用增压泵,而干式减压蒸馏不使用汽提蒸汽,给使用增压泵也创造了条件。通常是在减压塔顶使用增压泵,并在中间冷凝器之后再用两级抽真空。这样的抽真空系统有可能将减压塔顶的残压降至 0.7 kPa 左右,但从优选条件的计算结果来看,塔顶残压在 1.2 ~ 2.7 kPa 时的经济效益为最佳。

干式减压蒸馏完全可以用机械真空泵来代替蒸汽喷射器。据报道,国外已有不少大型炼厂的减压蒸馏装置采用了液环式机械泵,与采用蒸汽喷射器相比,具有效率高、能耗低的优点,可取得良好的经济效益。但蒸汽喷射器具有无机械传动部件、操作可靠和一次投资少的优点,因此在设计时应做综合考虑和比较。目前,国内的机械真空泵如何进一步提高效率,提高操作的可靠性、稳定性等问题还有待于研究。

(2)降低从汽化段至塔顶的压降。

不用或少用水蒸气汽提本身就有利于减小塔内的压力降,但仅靠此还是不够的,还需选用高效、低压降的塔板。近年来,在干式减压塔内广泛采用新型填料部分地或全部地代替塔。这些填料不仅具有气 - 液接触效率高的优点,而且压降小。近年使用较多的填料有阶梯环、英特洛克斯(矩鞍环)、扁环、共轭环等乱堆填料和栅格(格里希)、GEMPAK、MEL - 板环 LAPAK 等规则填料。在一个减压塔里也可以根据需要,在不同的塔段使用不同形式的填料,或在部分塔段使用低压降塔板以减少投资。

对于新型填料,塔径计算采用容量因子法,容量因子 $C(\text{m/s})$ 的定义为

$$C = W \sqrt{\frac{\rho_G}{\rho_L - \rho_G}} \qquad (4.36)$$

式中,W 为空塔气速,m/s;ρ_G、ρ_L 分别为操作条件下气相和液相的密度,kg/m^3。

各种填料有不同的容量因子值,对阶梯环和英特洛克斯填料,推荐用 C 值为 0.08 ~ 0.09,而对格里希填料则用 $C = 0.098 ~ 0.11$。

对于燃料型减压塔,塔的上部实质上是冷凝段,填料层的高度主要是根据传热需要来确定的。填料层的传热系数是容量因子和平均液相负荷的函数,函数的形式因填料类型的不同而异。已知 K,可计算出该段所需的填料层高度 $H(\text{m})$ 为

$$H = Q/(K \cdot \Delta t \cdot F) \qquad (4.37)$$

式中,Q 为该段的传热负荷,J/h;Δt 为该段的对数平均温差,℃;F 为塔的截面积,m^2。

每米高填料层的压力降也是容量因子和液相负荷的函数,可根据有关的具体公式进行计算。

(3)降低减压炉出口至减压塔入口间的压力降。

由于减压炉内不再注入水蒸气,故在炉出口处应维持较高的真空度以保证常压重油在炉出口处有足够的汽化率,否则,即使减压塔汽化段的温度、压力条件具备达到要求的汽化率的可能性,也会由于减压炉供应的热量不足而不能达到要求的汽化率。降低减压炉出口处压力的办法是采用低速转油线以减小从炉出口至减压塔的压力降。关于低速转油线的问题在前面已有论述。

(4)设洗涤和喷淋段。

除了在汽化段上方设洗涤段以减少携带的杂质外,在采用填料时,在填料层的上方应设有适当设计的液体分配器,其作用是将回流液体均匀地喷淋到填料层以保证填料表面的有效利用率。

2. 使用干式减压的效益

根据一些原油蒸馏装置技术改造的情况,将湿式减压蒸馏改造成干式减压蒸馏时,一般都能获得以下效益:提高拔出率或提高处理量,降低能耗,降低加热油料的最高温度,使产品质量

有所改善而不凝气量有所减小,减少含油污水量等。

表4.24列出了国内某厂原油蒸馏装置干式、湿式减压蒸馏的比较数据。分析表中的数据,可以看到以下几点:

(1)由于汽化段真空度的提高,即使汽化段的温度比湿式减压蒸馏低 8 ℃仍然可以得到更高一些的拔出率。

(2)在同样的汽化段温度下,提高原油处理量至 7 089 t/d 时,虽然汽化段的残压稍有升高,但仍可保持较高的拔出率。

(3)虽然干式减压蒸馏时采用了增压喷射泵,但由于减压塔顶馏出线内基本上不含水蒸气,而且由于加热炉出口温度降低,分解产物不凝气减少,因此,增压喷射泵的负荷并不大,后面的两级蒸汽喷射泵的负荷也有所降低,故抽真空系统消耗的水蒸气反而有所减少。

表 4.24 国内某厂原油蒸馏装置干式、湿式减压蒸馏的比较数据

操作方式		干式	干式	湿式
抽真空级数		3	3	2
处理量/(t·d^{-1})		6 009	7 089	6 000
塔顶残压/kPa		0.8	2.0	7.3
汽化段残压/kPa		3.4	5.0	9.3(油气分压6.6)
汽化段温度/℃		365	372	373
塔底温度/℃		362	369	365
拔出率(对减压塔进料)/%		49.61	49.94	49.13
减压系统水蒸气用量/(kg·h^{-1})	汽提蒸汽	0	—	1 900
	炉注入蒸汽	0	—	0
	抽空器蒸汽	2 796	—	3 652
	合计	2 796	—	5 552
减压系统水蒸气单耗/(kg·t^{-1})		11.17	—	22.21
减压炉入口温度/℃		345	—	345
减压炉出口温度/℃		385	—	395
减压炉热负荷/(×10^4 kJ·h^{-1})		4 032	—	4 714
塔顶冷凝器热负荷/(kJ·h^{-1})		7 660	—	18 080
节约能耗(与湿式比)/(×10^4 kJ·h^{-1})(原油)		5.36	—	

(4)由于炉出口温度降低,在同样的处理量时,减压炉的热负荷降低,从而节约了燃料。

(5)塔顶馏出物基本上不含水蒸气,大大降低了塔顶冷凝器的负荷,可以减少冷却水用量或减少风机(当用空冷时)的耗电量。

(6)综合前述三项能耗的减少,采用干式减压蒸馏时节约的能耗约相当于 53.6 kJ·t^{-1}原油。

(7)采用干式减压蒸馏时,塔底温度比汽化段温度只低 3 ℃左右。塔底渣油温位的提高有利于热量的回收利用。

由以上分析可以看出,干式减压蒸馏有许多优点,对燃料型减压塔,采用干式减压蒸馏应当是个发展方向。对于润滑油型减压塔,国外一些资料报道认为在采用填料代替塔板后,润滑油馏分的头尾部分有所延伸,对生产润滑油品不利,但国内某厂采用填料、塔板混合型的干式减压蒸馏的实践表明,馏分油的质量有所提高,其残炭值也符合润滑油馏分的要求。

关于使用填料塔的干式减压蒸馏是否也适用于润滑油型减压塔的问题,还有待于通过实践做进一步的研究。

4.4　原油蒸馏装置工艺流程

一个完整的原油蒸馏过程,除了精馏塔之外,还必须配置加热炉、换热器和冷凝冷却器等设备以及机泵等,这些设备按一定的关系用工艺管线连接起来,并设置自动检测和控制仪表,组成一个有机的整体,从而可以从原油得到合乎要求的产品并能取得较好的经济效益。这就形成了原油蒸馏装置的工艺流程。

每个炼油生产装置都有自己的工艺流程,而整个炼厂则有全厂工艺流程。工艺流程的确定主要取决于原料的来源和性质、对产品的要求、采用的工艺路线或生产方法以及当地具体的技术、经济条件等因素。如果工艺流程选择不适当,则尽管各单个设备都设计得很好,也不可能获得好的经济效益。因此,工艺流程的设计是一个关系到全局的战略性问题。评价一个工艺流程优劣的标准在于看它能否以最低的投资和消耗达到生产的目的。

原油蒸馏工艺流程设计主要考虑以下几个问题:

(1)工程方案的制订。

(2)汽化段数的确定。

(3)换热方案的选择。

回流方式的选择也可以看作工艺流程设计中的一个组成部分,但是这个问题多在精馏塔设计时一并解决。这个问题在前面几节里已讨论过,本节不再重复。

4.4.1　流程方案的制订

所谓原油蒸馏的流程方案,是指根据原油的特性和任务要求所制订的产品生产方案,也即原油加工方案在工艺流程中的体现。

为了更有效地利用石油资源,在制订原油加工方案时应充分考虑所加工原油的特性。例如,大庆原油的高沸馏分制备润滑油时质量好、收率高,生产润滑油时得到的石蜡的质量也很好。但是从大庆原油的减压渣油制作沥青时,则很难得到高质量的沥青产品。因此大庆原油的加工方案,应优先考虑生产润滑油和石蜡,并同时生产燃料。至于孤岛原油及某些重质原油则正好情况相反,用它们生产润滑油必然事倍功半,而其减压渣油却是制作沥青的优良原料,甚至不必进一步加工(如氧化)就可以达到一些沥青产品的质量要求。因此,考虑这类原油的加工方案时不应考虑生产润滑油。

原油的加工方案可以分为以下几种基本类型。

1. 燃料型

这类加工方案的目的产品基本上都是燃料。最简单的燃料型蒸馏流程就是常压蒸馏流程,产品是汽油、煤油、柴油等轻质燃料,常压重油则作为发电厂和钢铁厂的重质燃料。这种方案常被称为拔头蒸馏,它的主要生产目的常常是着眼于燃料油。一般来说,这种方案虽然比较简单,但是经济效益不高,因为重质燃料油的价格较低,而且这样做也没有充分利用好石油资源。因此,这种方案通常只是在某些特定情况下才采用。为了尽量提高轻质燃料产品的收率,燃料型蒸馏流程常常采用常减压蒸馏流程,减压馏分油用作裂化原料供进一步二次加工使用。例如通过催化裂化或加氢裂化等过程生产轻质燃料。这种流程中的减压塔是燃料型的。

由于催化裂化技术的进展,某些金属含量较少的原油(例如大庆原油),其常压重油也可以直接作为催化裂化的原料,此时也可以考虑只有常压蒸馏的简单流程。如果常压重油不是全部用作裂化原料,则往往还需要有减压蒸馏。

2. 燃料 - 化工型

这类方案的目的产品,除了轻、重质燃料以外还有石油化工原料。如果只要求取得直馏轻质油供裂解制取烯烃,那么,拔头蒸馏可能是个合理的流程方案。如果所要求的石油化工原料比较广泛,并且要求多产轻质燃料,例如大型石油化工联合企业中的炼厂蒸馏装置,通常采用常减压蒸馏流程方案。其产品方案可以是以常压 60 ~ 140 ℃ 馏分作为重整原料制取芳烃,轻质油的一部分作为轻质燃料,一部分裂解制取烯烃,重质馏分油用作催化裂化原料以提高轻质燃料的产率,而裂化气又可以作为有机合成的原料,这种流程中的减压塔也是燃料型的。

3. 燃料 - 润滑油型

当原油的性质适于制取润滑油而且又有此必要时,产品方案可以是以生产轻、重质燃料和各种品种的润滑油为目的。这种加工方案所要求的蒸馏流程无例外地是常减压蒸馏流程。其中的减压塔也必然是润滑油型减压塔。采用这种流程方案的炼厂称为“完整型”炼厂。

除了以上三种基本类型之外,还可以有一些其他的加工方案,如燃料 - 润滑油化工型加工方案等,但是这些加工方案的蒸馏流程都属于以上三种基本的流程方案中的某一种,无非是在产品分割上略有不同罢了。

4.4.2　汽化段数

在原油蒸馏流程中,原油经历的加热汽化蒸馏的次数称为汽化段数。例如上面提到的常压蒸馏或拔头蒸馏就是所谓的一段汽化,常减压蒸馏是两段汽化。前者只有一个常压塔,后者有常压塔和减压塔两个塔。也可以这样说,汽化段数和流程中的精馏塔数是直接相关的。

在某些条件下,原油常压蒸馏也采用两段汽化流程。在这种流程中,在常压塔之前再设置一个初馏塔(亦称预汽化塔)。原油经换热升温至一定温度(约 200 ~ 250 ℃)即进入初馏塔,在初馏塔中分馏出原油中的最轻馏分(国内一般占原油的 5% ~ 10%),由初馏塔底抽出的液相部分再经进一步换热和在加热炉中加热至规定的温度(例如约 370 ℃),再进入常压塔。通常在初馏塔只取出一个塔顶产品,即轻汽油馏分或重整原料。也有的初馏塔除塔顶产品外,还产生一个侧线产品。如果蒸馏装置中还有减压蒸馏部分,则此蒸馏流程即为三段汽化流程,包括初馏塔、常压塔和减压塔。图 4.55 是三段汽化的常减压蒸馏工艺流程。

常压蒸馏是否要采用两段汽化流程或双塔流程应根据具体条件对有关因素进行综合分析后决定。在考虑的诸多因素中,原油性质是主要因素。下面分别讨论几种可能导致采用初馏塔的因素。

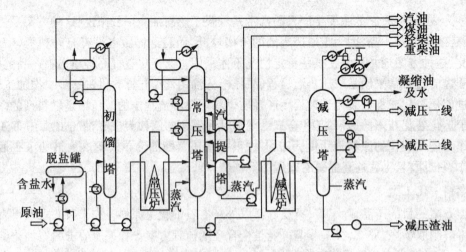

图 4.55　三段汽化的常减压蒸馏工艺流程

1. 原油的含砷量

砷能使铂重整催化剂中毒,因此要求重整原料的含砷量不超过 1×10^{-3} μg/g,这个要求主要是依靠设在重整反应器之前的预加氢精制来达到。如果进入重整装置的原料的含砷量超过 200×10^{-3} μg/g,则仅依靠预加氢精制是不能使原料达到要求的。此时,原料应在装置外进行预脱砷,使其含砷量降至 200×10^{-3} μg/g 以下后才能送入重整装置。重整原料的含砷量不仅与原油的含砷量有关,而且与原油被加热的温度有关。例如在加工大庆原油时,初馏塔进料温度约为 230 ℃,由初馏塔顶得到的重整原料的含砷量小于 200×10^{-3} μg/g,若原油加热到 370 ℃直接进入常压塔,则从常压塔顶得到的重整原料的含砷量常高达 $1\ 500 \times 10^{-3}$ μg/g。重整原料含砷量过高不仅会缩短预加氢精制催化剂的使用寿命,而且有可能保证不了精制后的含砷量降至 1×10^{-3} μg/g 以下。因此,国内加工大庆原油的炼厂一般都采用初馏塔,并且只取初馏塔顶的产物作为重整原料。对于含砷量小的原油,例如胜利、任丘、大港原油,即使是常压塔顶馏分,其含砷量也在 200×10^{-3} μg/g 以下,因而不必采用初馏塔。

2. 原油的轻馏分含量

含轻馏分较多的原油在经过换热器被加热时,随着温度的升高,轻馏分汽化量也逐渐增大,从而增大了原油通过换热器和管路的阻力,这就要求提高原油输送泵的扬程和换热器的压力等级,也就是增加了电能消耗和设备投资。如果原油经换热至一定温度后先进入初馏塔,分出部分轻汽油馏分,然后再继续换热和加热后进入常压塔,则可以显著地减小系统中的阻力。原油中的轻质馏分含量到多少才应该采用初馏塔还与换热流程的安排有关,需要通过综合对比才能得到合理的方案。一般来说,当原油含汽油馏分接近或大于 20% 时,采用初馏塔可能是有利的。

3. 原油脱水效果

原油含水过多,在换热过程中,水的汽化也会造成系统中相当可观的压力降,特别是在水蒸发时,盐分析出会附在换热器管壁和加热炉管壁上,使传热系数下降,压力降进一步增大,严重时还会堵塞管路。一般情况下,原油在井场上已经预脱水,在炼厂的蒸馏装置内又经过电脱盐脱水,这个问题是不大的。但是在某些情况下,例如没有使用电脱盐脱水系统、油田脱水效果很差或原油乳化现象严重而电脱盐脱水的效果不佳时会出现上述问题。如果设有初馏塔,水分在初馏塔中汽化,则可减轻上述的"盐结垢"和"盐堵"的现象。过去有的炼厂设置初馏塔仅仅是为了"保险",随着生产技术水平的提高,这种"保险"的措施已没有必要。

4.原油的含硫量和含盐量

当加工含硫原油时,在温度超过 160~180 ℃ 的条件下,某些含硫化合物会分解而释出 H_2S,原油中的盐分则可能水解而析出 HCl,造成蒸馏塔顶部、气相馏出管线与冷凝冷却系统等低温部位的严重腐蚀。设置初馏塔可使大部分腐蚀转移到初馏塔系统,这在经济上是合理的,从而减轻了主塔、常压塔顶系统的腐蚀。炼厂加工含硫约 1% 的胜利原油,但是这并不是从根本上解决问题的办法。实践证明,加强脱盐脱水和防腐蚀措施,可以大大减轻常压塔的腐蚀而不必设初馏塔。例如胜利原油采用常压单塔流程,也能安全、较长周期地生产。

除了以上讨论的因素外,还有诸如初馏塔可以采用较高的操作压力,例如,4.0 MPa(绝)可以减少轻质馏分的损失、适应原油性质的变动、现有装置提高处理能力等因素。

一般来说,设置初馏塔使工艺流程复杂、投资增加,而且从平衡汽化的角度来看,在达到同样常压拔出率的条件下,常压炉的温度要适当提高。因此,在可能的条件下,以不采用初馏塔为好。然而从国内炼厂的调查资料看,不少炼厂的原油供应情况变化很大,初馏塔对平稳操作、确保产品质量和收率都起了很好的作用。因此,即使不是加工大庆原油的炼厂,常常也采用初馏塔,对于这个问题,应当根据具体条件综合分析其利弊,然后选择经济合理的流程。

在有的两段常压蒸馏流程中,第一段不是初馏塔,而是一个闪蒸塔。闪蒸塔不出塔顶产品,其塔顶蒸气引入常压塔的中上部,因而无须设置冷凝和回流设施,节省了设备投资和操作费用。

除了两段常压蒸馏外,个别炼厂也有采用两段减压蒸馏的。所谓两段减压蒸馏,就是将减压蒸馏分为两段进行,每个减压塔内的塔板数只是原来塔板数的一半,这样可以提高汽化段的真空度和提高减压拔出率。采用两段减压蒸馏无疑会增加流程的复杂程度和投资,而且第一个减压塔的进料中要加入一定量的轻馏分来帮助高黏度油品汽化或者要提高进料的温度,这种流程一般只是在没有丙烷脱沥青装置而又要求多生产高黏度润滑油的炼厂才予以考虑,如果常压蒸馏和减压蒸馏都采用两段流程,则此蒸馏流程就成为四段汽化的流程。

4.4.3　常减压蒸馏的换热流程

常减压蒸馏装置的能耗在炼厂全厂能耗中占有重要的比例,其燃料消耗约相当于加工原油量的 2%,为全厂消耗自用燃料量最大的生产装置中,在原油蒸馏装置中,原油升温及部分汽化所需的热量很大,表 4.25 列出了年加工 250×10^4 t 大庆原油的某蒸馏装置所需的热量。

如果不通过换热回收部分热量,则此热量最终是通过产品被冷却至出装置温度而被冷却水(或冷却空气)带走。从表 4.25 可以看出原油进初馏塔的温度只有 235 ℃,所需的热量完全可以通过与离塔产品换热而取得。如果是这样,则在全部所需热量中就可以回收约 48% 的热量。事实上,在某些蒸馏装置中,原油换热后的终温达 300 ℃ 左右,热量的回收率达 60% 以上。由此可见,换热流程的设计对炼厂节能具有很重要的意义。

表 4.25　年加工 250×10^4 t 大庆原油的某蒸馏装置所需的热量

项目	初馏塔	常压塔	减压塔	合计
拔出率(质量分数)/%	7.94[①]	26.7	23.7	
进塔温度/℃	235	365	400	37 365
所需热量/($\times 10^4$ kJ·h^{-1})	18 042	14 110	5 213	

注:①包括侧线 3.84%

　　由于馏出产品通过与原油换热降低了温度,从而也减少了冷却设备和冷却水用量,不仅节约了电能,而且减少了冷却水循环系统的负荷。由此可见,换热流程的正确设计对装置的投资、钢材消耗量和操作费用(水、电、物料耗量)都有重要的影响。

　　换热流程的设计涉及的方面很广,冷、热流变量也很多,所以问题比较复杂,尤其是常减压蒸馏装置的换热流程,在炼厂各装置中可以说是最复杂的一个。从理论上来说,可能的换热方案几乎是无限多个,因此在选择方案时涉及最优化的问题。可以想象,如果没有计算机的协助是难以实现选择最佳换热流程的,可是换热流程最优化的计算迄今尚无很成熟、完善的方法,因此尚不能完全脱离人工分析和计算。前面已提到可能的换热方案几乎有无限多个,如果不结合人工分析来指导计算机计算,则计算机也很难完成如此复杂而繁重的任务。

　　本节只是讨论设计换热流程时应考虑的几个重要问题和基本方法。

1. 换热流程设计中的几个重要问题

　　如何评价一个换热流程涉及很多方面的问题。一般来说,一个完善的换热流程应当达到以下要求:充分利用各种余热,使原油预热温度较高而且合理;换热器的换热强度较大,可以使用较少的换热面积就能达到换热要求;原油流动压力降较小;操作和检修可靠、方便。总的要求是设备投资小和操作费用低。图 4.56 和图 4.57 分别是我国两个炼厂常减压蒸馏装置的换热流程。这两个换热流程都是经过优化计算选择出来的较好的流程,其特点是原油预热温度较高、换热器传热强度较大、产品换热后温度较低或下一个工序采用热进料等。表 4.26 列出了这两个换热流程的某些重要指标。

表 4.26　换热流程的某些重要指标

项目		S厂1号蒸馏	SL厂南蒸馏
原油处理量/(t·h^{-1})		350	465
原油进装置温度/℃		40	44
原油换热后温度/℃		297.4	285.5
换热总热负荷/($\times 10^4$ kJ·h^{-1})		27 805	27 337
单位原油换热量/($\times 10^4$ kJ·t^{-1})		79	59
换热器总面积/m^2		4 674	5 000
平均热强度/($\times 10^4$ kJ·m^{-2}·h^{-1})		5.95	5.48
原油总压力降/MPa	一路	1.94	2.65
	二路	1.78	2.80

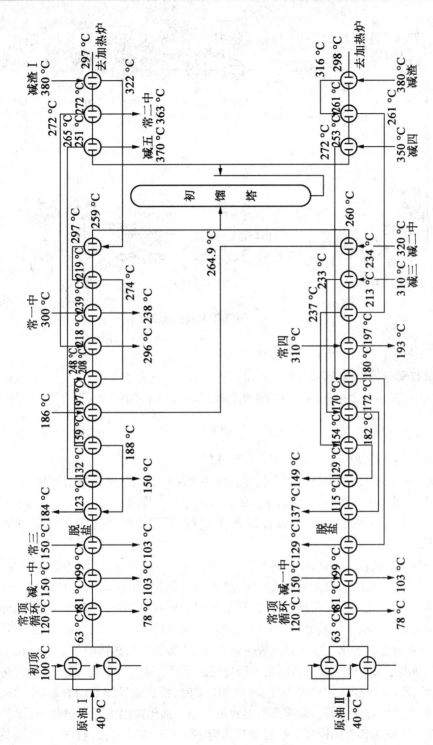

图 4.56　SJ厂 1 号蒸馏装置换热流程

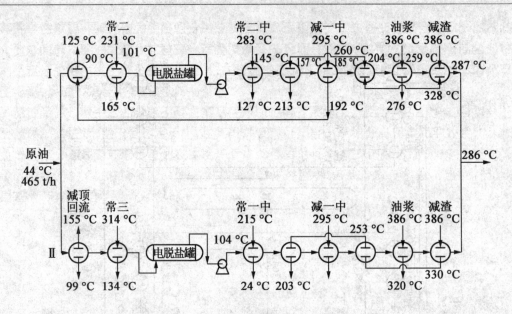

图 4.57　SL 厂南蒸馏装置换热流程

下面再分别讨论制订换热流程方案时应考虑的几个重要问题：

（1）热回收率与原油预热温度。

热回收率 η，是指装置中换热回收的热量与换热回收热量加冷却负荷之和的比值。

$$\eta = \frac{Q_1}{Q_1 + Q_2} \times 100\% \tag{4.38}$$

式中，Q_1 为换热热负荷，kJ/h；Q_2 为冷却热负荷，kJ/h。

一般来说，提高热回收率对充分利用余热，减小产品冷却的热负荷是有利的，但是它也受到总投资和总操作费用的制约，必须从综合的效益来考虑。目前，国内常减压蒸馏装置的热回收率为 50% ~60%，一些经过最优化设计的蒸馏装置的热回收率达到 80% 左右，有的甚至更高。

热回收率与原油换热后的温度直接相关。通常当热回收率高时，原油预热温度也高，但是热回收率还与其他方式的回收热量有关。关于"原油预热温度（进常压炉的温度）多少合适"是一个系统优化的问题。原油预热温度高，则常压炉负荷减小，但是加热炉的效率会降低，原油预热温度低，则情况相反。当加热炉的烟气中热不被利用时，上述情况属实，因为烟气排出温度与原油入炉温度成正比。但是若烟气余热被利用（例如设余热锅炉等），则情况会发生变化。表 4.27 列出了对不同原油预热方案进行比较的结果。从表中数据可以看到，无论是否设烟气余热锅炉，原油预热温度由 275 ℃ 提高到 305 ℃ 时，投资和操作费用都有所下降，而在设余热锅炉时其经济效益更显著。目前国内多数炼厂的原油预热温度低于 300 ℃，S 厂 1 号蒸馏装置和 SL 厂南蒸馏装置的原油预热温度只达到 298 ℃ 和 286 ℃，而且 SL 厂的换热流程中还利用了催化裂化装置的油浆的热量。据报道，美国帕斯卡哥拉炼厂的蒸馏装置中，原油预热温度高达 338 ℃。因此，国内设计常减压蒸馏装置的换热流程时应当尽量提高原油预热温度，在设有加热炉烟气余热回收的装置中则更应如此。

在设有初馏塔的装置中，若原油含砷量较高时，原油进初馏塔的温度应保证初馏塔顶馏出的重整原料的含砷量不超过 200×10^{-3} μg/g，此时，进塔温度一般为 220 ~230 ℃。对于含砷量不高的原油,进初馏塔的温度可以高些,此时需相应地提高初馏塔的压力或采取其他措施,否则必然造成初馏塔负荷增大、塔顶冷凝传热面积增大和冷却水量增加,这是非常不经济的。由初馏塔底抽出的拔头原油(亦称半重油)应进一步换热后再进加热炉。

提高热回收率和提高原油预热程度的途径是减小产品冷却的冷却负荷并开辟低温热源的利用途径。常压塔和减压塔的馏出产品要冷却至安全温度后才出装置,循环回流也要冷却至某个要求的温度后才返回蒸馏塔。过去的设计中常常是将循环回流与原油部分换热后再经水冷冷却至返塔温度,这样做是不合理的。合理的方案应当是在取走一定的回流热的要求下,适当增大循环回流的流量而相应地提高返塔温度,使循环回流取出的热量通过换热完全传给原油,取消冷却器。减压渣油是常减压蒸馏装置中温位最高、热容量最大的热源,除直接作为焦化和氧化沥青装置的热进料外,应该尽量换热以回收其热量。有的炼厂的减压渣油只换热降温至 200 ℃ 左右就用水冷却,损失了不少热量。近年来一些炼厂已将减压渣油经多次换热至 130 ~ 160 ℃,提高了热回收率。在较低的温度下,减压渣油的黏度大,换热器和冷却器的传热系数降低、阻力加大,因此需要寻求最佳的减压渣油换后温度。在尽量回收产品带走的热量时,有时会遇到低温热源难以利用的问题,关于这个问题将在下面继续讨论。

表 4.27 不同原油预热方案的比较

原油预热温度		不设余热锅炉		设余热锅炉	
		305 ℃	275 ℃	305 ℃	275 ℃
加热炉热负荷/($\times 10^6$ kJ·h^{-1})		195	268	195	268
加热炉热效率/%		62.5	66.5	—	—
余热锅炉热负荷/($\times 10^6$ kJ·h^{-1})		—	—	55.3	62.8
基建投资/万元		517	534	651	690
项目	加热炉	124	170	124	170
	换热器	393	364	393	364
	余热锅炉	—	—	134	156
经营费/(万元·a^{-1})		315.7	362.4	329.1	378.0
项目	折旧费	51.7	53.4	65.1	69.0
	燃料费	264.0	309	264.0	309.0
产生蒸汽	数量/(t·h^{-1})	—	—	22.0	25.5
	价值/(万元·a^{-1})	—	—	114	132

(2)冷热流的匹配。

常减压蒸馏装置换热流程中的冷流是原油,热流则是各馏出产品和循环回流。所谓冷热流匹配的问题是指如何安排各热流的换热顺序以获得最合理的总平均传热温差,从而使所需的总传热面积较小。

各热流的换热顺序安排与其温位及热容量有关。温位是表达流体温度高低程度的术语。热容量则是流体流率与焓值的乘积。热源的温位越高、热容量越大,则越值得换热利用。

换热器的传热温差不仅取决于热源的温位,而且与其热容量有着密切的关系。热容量小,则热流在换热过程中温度很快降低,使平均传热温差下降。因此,在安排换热顺序时不仅要考虑热流的温位,而且要考虑其热容量。原油换热的主要目的是将原油加热到较高的温度,一般来说,原油总是先和温位较低的热源换热,然后再和温度较高的热源换热,这样可使总的平均传热温差比较大。但是对于热容量较小的热源,由于在换热过程中温度下降很快,出口端的温差小,因此虽然它的温位可能较高,也应排在较前面,如图4.57所示,换热流程中的常三线,虽然其温度高达314℃,但由于热容量小而排在前面换热。对于热容量大,而且温位又高的热源,如减压渣油,为了充分利用它的热量并且能保证较大的传热温差,则常常分成2~3次换热,即当第一次换热至温度有一定程度的下降后,绕过其他一个或几个热源,到前面去和冷流换热,如图4.57所示的Ⅰ路流程中,减压渣油在第一次换热时,当温度降至328℃时就绕到油浆的前面进行第二次换热,第二次换热温度降至260℃时又绕到减一中前面去和较低温的原油换热。热源的多次换热也可以在不同的"路"中进行,如图4.56中的减二中路在换热至264.9℃后,又到Ⅰ路的前面去进行第二次换热,其温度进一步下降到186.5℃。

换热流程中热源的换热顺序和每个换热器的终端温度的排列组合方案是非常多的,计算工作量很大。如果采用换热流程图示法则可以较快地选出几种可供比较的方案。换热流程图示法如图4.58所示,该图又称为温位图。图4.58是图4.57中Ⅰ路换热流程的温位图,横坐标为热容量或累计传热负荷,纵坐标为各种油品的温度。在图上先画好原油的总热容量随原油温度变化的曲线,然后再相应地画上每个热源的温位线。例如,在图4.58中,原油与渣油(第一次)换热,原油温度由F_A(A点)加热到F_B(B点),根据热平衡计算可得出渣油相应地由T_B(C点)降至T_D(D点),C点和D点的横坐标应分别与B点和A点的横坐标相同。若原油分几路换热,可按每路分别绘制温位图,或将几路的温位图画在一张图上。采用温位图可以比较容易而直观地看出换热顺序是否合理,换热温度是否合适,热源是否充分利用。通过温位图进行分析比较,选出少量的较优方案,然后对各方案进行详细计算(换热器传热面积、压力降等),经比较后选用最优的方案。在人工计算、选择最佳换热流程时,温位图无疑是必需的,即使在应用计算机进行优化计算时,温位图也是有用的辅助工具,它对于换热流程的初选和减小计算工作量起着很好的作用。

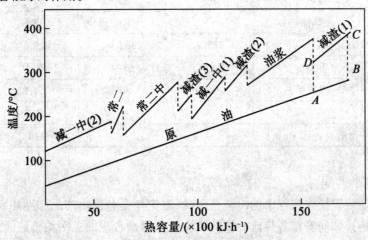

图4.58　换热流程图示法(温位图)

(3)低温位热能的利用。

常减压蒸馏装置中有一些低温位的热源,如常压塔顶油气、常压一线产品以及高温油品换热后的低温位热流等。这些低温位热源的热量为数不少,可是由于各种原因,以往在国内的蒸馏装置中习惯上不用来换热而是用水或空气冷却,不仅限制了热能回收率的提高,而且也增大了冷却负荷。例如,常一线生产航空煤油,以往设计中都不考虑与原油换热,这在经济上是不合理的,若按处理量为 350×10^4 t/a,航煤产率为 9% ~ 10% 来计算,若与原油换热,则回收热量约为 800×10^4 kJ/h,节约冷却水约为 100 t/h,而投资回收时间仅为两年。自20世纪70年代末开始,国内炼厂普遍注意节能工作,通过对换热流程的合理改造热回收率已达60%或更高,但是对低温位热源的热量尚未充分利用,限制了热回收率的进一步提高。可以这样说,当前国内常减压蒸馏装置进一步提高热回收率的关键在于如何解决好低温位热源的利用问题。美国帕斯卡哥拉炼厂的常减压蒸馏装置正是由于通过将常压塔顶油气与原油换热等利用低温热源的途径,才使热回收率提高到80%。

国内习惯于把温度低于约130 ℃的热源归属于低温位热源,例如,常压塔顶油气、经过换热而温度已降低的中段回流和馏出产品等。利用低温位热源时遇到的困难主要有:

(1)换热时的传热温差小,投资费用较大。

(2)本装置缺乏合适的冷流或热阱。

(3)低温位的轻质油品与原油换热时,可能会由于换热器渗漏而使轻质油品污染。

低温位热源的利用首先应考虑与原油换热,因为这样最方便且经济合理。至于传热温差较小的问题可以通过换热流程的优化来解决。表4.28列出了某原油蒸馏装置的常压塔顶油气采用空冷和与原油换热两种方案的比较。从表中数据可以看到,采用与原油换热的方案在经济上是可行的。至于具体采用哪一种换热方案还应与整个换热流程的优化计算来综合考虑。

表 4.28　常压塔顶油气采用空冷和与原油换热两种方案的比较(500×10^4 t/a 蒸馏装置)

方案		采用空冷	与原油换热	与原油换热	与原油换热
比较条件	油气温度/℃	115 ~ 53	115 ~ 67	115 ~ 75	115 ~ 85
	空气温度/℃	62 ~ 35			
	原油限度/℃		107 ~ 55	105 ~ 55	100 ~ 55
热负荷 /($\times 10^6$ kJ · h^{-1})	空冷	85.9			
	换热		79.1	76.4	71.2
	后冷		6.8	9.5	14.7
投资(包括加热炉)/万元		202.5	291.5	179.3	141.9
经营费(包括燃料)/(万元 · a^{-1})		131.7	79.7	63.5	48.9
换热回收价值/(万元 · a^{-1})			84.8	81.8	76.0
投资回收时间/a			7.5	3.1	2.3

当与原油换热时的传热温差太小或不好安排时,就需要寻求其他的热阱,此时往往需要有跨装置的综合考虑。例如,某炼厂常减压蒸馏装置的设计中,利用减压塔顶油气的热量,将锅炉给水由24 ℃加热到45 ℃进行软化后,再用初馏塔顶油气、催化裂化分馏塔塔顶循环回流的热量加热软化水到104 ℃,共利用了低温位热量 81×10^6 kJ/h,约等于发生 40 t/h 低压蒸汽的

热量。又如另一炼厂对全厂的低温热源进行统一规划，设置了低温热发电措施，不仅发了电，而且提供了生活用热水和供暖。

关于换热器渗漏问题的解决，已经积累了一些经验。例如，某厂在航煤与原油换热时采用U形管换热器，运行多年，未见渗漏。

低温位热量的回收是炼厂节能中的一个重要问题。炼厂待回收低温热的数量并不是一个定值，它会随着工艺过程用能的改进而不断减少。低温热回收的程度也将会随着技术发展和大系统内的优化匹配而不断提高。从热力学的观点来看，低温热的利用途径可分为两类：一类是按温位和热容量进行匹配直接换热，称为同级利用。例如，用于预热原料、预热各种工业用水、油罐区和工艺及仪表管线的伴热、生活供暖供热以及发生低压蒸汽等。另一类是通过转换设备回收动力、制冷或提高温位再利用，称为升级利用。例如，低温热发电、吸收制冷、热泵等。从节能的全局来看，首先应尽量减少低温热源的出现，而在回收低温位热量时则应优先考虑同级利用的途径，因为在能量转换的过程中必然会有损失，或者说效率的问题。此外，投资和运营费用也是应考虑的重要问题。

（4）换热时的传热系数和流动压力降。

在选择换热流程时，应注意选择合理的冷热流的流体力学状态，使整个换热系统在流动压力降（主要是指冷流－原油）尽可能小的条件下得到最大的传热系数，换句话说，即要求动力消耗尽可能小，而传热效果最佳。

流体的黏度和流速对流动压力降和传热系数有重要的影响。

黏度对膜传热系数的影响主要表现在 Re、Pr 及黏度校正系数的影响，并因管内外以及不同流区而异。总的来说，黏度越大，则传热系数越小。至于黏度对流动压力降的影响则视流体的流动状态而定，当 Re 较大时，黏度的影响很小，而在 Re 小时（在滞流区）则阻力系数与黏度大小成正比。黏度随温度变化比较敏感，不同油品的黏度差别也较大，在设计换热流程时应充分考虑到这些因素的影响。

流体流速对压力降和传热系数都有重要影响，流速越大，则流动压力降越大，但传热系数也随之增大。因此，在设计时应处理好这个对立统一的关系。流体流速的大小主要取决于换热器的选型、走管程还是走壳程、分两路还是几路并联等因素。

2. 换热流程的最优化

换热流程的最优化要求解决下列问题：

（1）冷、热流的合理匹配和换热顺序的合理排列，使整个换热系统的平均传热温差为最大。

（2）每个冷、热流的终端温度合理，既能使热能得到最大限度的回收，又能使换热器有尽可能高的热强度和传热效率。

（3）选择合适型号的换热器和合理的冷、热流的流体力学状态，在整个换热系统的动力消耗尽可能小的基础上，使总的传热系数达到最大。

总的目标是投资少，操作费用少，而回收热量的价值高，亦即能达到最好的经济效益。

影响最终经济效益的因素很多，且很复杂。手工计算不可能做大量的方案比较，只能凭借经验参照已有的工业流程做少数几个方案的计算和比较，故局限性很大，随着运筹学的发展和计算机的应用，才使换热流程最优化问题有了解决的可能。

具体来说，换热流程最优化问题就是如何使 N_1 个热流和 N_2 个冷流组合成一个经济效益最好的换热网络。这个问题包括两方面：一方面要寻找最优的外形结构；另一方面要对给定外形结构进行设计变量和操作变量的优化。所谓外形结构，实际上就是物流的分股，冷热流的匹配以及物流进、出系统的次数。而所谓设计变量和操作变量则主要是指设备的选型、冷热流在换热器内的管程和壳程的流向、冷、热流最终出系统的温度、系统压降等。这些变量多是以复杂的非线性关系存在的，而且变量的性质除了连续变量（如物流的进出温度，压力降等）外，某些变量又需要取整数值或离散值（如设备的台数只能取整数，而设备型号的系列本身是一组离散变量的组合，因而设备的选型是取离散值）。此外，对于冷热流的匹配问题又需要采取一种特殊类型的整数值（即 0,1 变量）。从编排匹配方案来说，某股冷流可能与任一股热流匹配，但在计算某个具体方案的投资和操作费用时，某股冷流却只能与一股热流匹配。假设 C_{ij} 表示第 i 股冷流与第 j 股热流换热时的总费用，则整个换热流程的总费用（指某个具体方案）为

$$S = \sum_{i=1}^{n} \sum_{j=1}^{n} C_{ij} X_{ij}$$

式中，X_{ij} 为引进的特殊整数变量，它仅取两个值，即 0 或 1。

X_{ij} 表示将第 i 股冷流与第 j 股热流换热，否则 $X_{ij} = 0$。由此可见，对于这样一个大规模的非线性混合整数规划问题，试图一次全面地解决是十分困难的，至少到目前为止还未能解决。实际上，目前解决的办法是设法把一个复杂的系统分解为几个比较简单的系统，或者是松弛某些变量使之转化为比较容易解决的问题；或者直接利用人工干预，事先进行一些规划决策等。由于采取的策略不同，因而出现了多种解决换热流程最优化的方法。例如，有的作者提出先确定最经济的传热温差并得到合理的原油预热温度，然后再寻求最小总传热面积的条件以及其他方面的优化。

国内不少单位在近年来对换热流程的优化进行了研究，这些研究工作已经在实践上取得了一定的成果。例如对 S 厂 1 号蒸馏装置的换热流程进行最优化计算，使原油预热温度由原设计的 250 ℃ 提高至 292 ℃ ，多回收了约 40×10^6 kJ/h 热量，仅燃料油一项每年就可节约约 100 万元。表 4.29 列出了国内部分原油蒸馏装置换热流程最优设计数据，从表中数据可以看到多数装置的原油换热终温达 300 ℃ 左右、热回收率达 80% 以上、平均传热强度为 25 000 ~ 37 500 kJ/(m³ · h)。

表 4.29　国内部分原油蒸馏装置换热流程最优设计数据

厂名	规模 /(×10⁴ t · a⁻¹)	原油初温 /℃	原油终温 /℃	回收热量 /(×10⁴ kJ · h⁻¹)	热回收率 /%	平均热强度 /(kJ · m⁻²)	原油压降 /MPa
W	250	45	305	21 770	88	33 500	1.32
Q 西蒸馏	250	40	298	24 800	—	32 600	1.18
Q 东蒸馏	250	60	297	19 680	73	33 500	1.09
Y 东蒸馏	230	45	290	16 750	86	26 380	0.98
E 南蒸馏	280	40	291	24 075	97	34 460	1.35
D 二蒸馏	230	—	305			31 530	
YZ	300	40	306	24 940	89	26 040	1.20
L	—	50	300	20 240		37 310	1.17
DF	250	46	290	19 390	94	24 920	—
S	280	40	289	21 305	—	30 260	1.81

4.5 裂化产物分馏塔

炼厂中除了原油常减压蒸馏过程以外,二次加工过程的产物往往也要用精馏过程来进行分离,因此,还有一些其他类型的油品分馏塔。在本节中,只介绍比较重要的且特点比较明显的两种裂化产物分馏塔,即催化裂化分馏塔和焦化分馏塔。

4.5.1 催化裂化分馏塔

1. 催化裂化分馏塔的工艺特征

催化裂化分馏塔的工艺特征来源于它的进料的组成和状态。塔的进料直接来自催化裂化反应器,其中包括干气(H_2,C_1、C_2烃,还会有少量的 N_2、CO、CO_2 及 H_2S 等)、液化气(C_3、C_4烃)、汽油、柴油、循环油和高沸点残渣油(或称油浆),此外,还含有附有焦炭的催化剂粉末。这些反应产物通过分馏塔分离为汽油、气体、柴油、循环油和油浆等初产品。即分馏塔的进料中除油气外,还有固体和相当数量的气体烃等气体。从进料的状态来说,它是约 460 ~ 510 ℃的高温过热油气。

由于进料的组成和状态的特点,催化裂化分馏塔具有以下几个主要的工艺特征:

(1)分馏塔底部设有脱过热段。脱过热段的主要任务是使上升至上部的油气温度降低到饱和温度以便进行精馏,同时将进料中的高沸点油浆和夹带的固体粉末冷凝或淋洗下来以避免上部的塔板结焦。脱过热段内一般采用人字形换热板而不用普通塔板,目的是避免结焦。由塔底抽出的油浆经冷却后,一部分循环回塔的脱过热段顶部用于冷却和淋洗,另一部分送出装置作为燃料油或其他用途。若需将部分油浆送回反应器回炼,则此部分回炼油浆应在冷却前抽出。为了避免塔底结焦,除了油浆循环外,一般控制塔底温度不高于 370 ℃。为了尽量减少离开脱过热段的油气中夹带的固体粉末和重金属含量,循环油浆在脱过热段顶部应保证足够的喷淋密度。有的作者认为在回炼油抽出板下保持适当的内回流量对减少回炼油的金属含量是有利的,因为部分金属有机化合物是由于蒸发(不是夹带)而离开脱过热段的,但仅靠循环油浆淋洗还不够,还需通过脱过热段上面几层塔板的精馏作用才能有效地使之返回塔的底部。催化裂化分馏塔的示意图如图 4.59 所示。

(2)采用塔顶循环回流。催化裂化分馏塔塔顶馏出物含有大量的裂化气(H_2、C_1 ~ C_4烃),在大量不凝气存在下的塔顶冷凝冷却器的传热效率较低,采用塔顶循环回流一方面可以降低塔顶冷凝冷却器的负荷,另一方面从塔顶油气分离器分离出的裂化气还要进入富气压缩机压送至下一个工序进行加工,压缩机的入口压力过低会不利于压缩机的操作。采用塔顶循环回流可以降低塔顶馏出管线中的流速,从而有利于降低从分馏塔顶到压缩机入口的压力降。也有的催化裂化分馏塔还保持少量的塔顶冷回流,其目的是在必要时有一定的操作灵活性。

(3)大量采用循环回流。催化裂化分馏塔有大量的剩余热量,例如,处理量为 120×10^4 t/a的催化裂化装置的分馏塔,其全塔回流热达 20 GJ/h 以上,多采用循环回流有利于降低塔的负荷和余热的利用。从可能性来看,催化裂化分馏塔各产品的沸程较宽,相邻馏分的恩氏蒸馏50%点之差较大,故在选取适当的塔板数的条件下,大幅度地提高循环回流取热量不至于影响到产品对分馏精确度的要求。例如,某厂分馏塔塔顶回流(包括循环回流和冷回流)取走热量仅占全塔回流热的 12%，但汽油与轻柴除了塔顶循环回油的恩氏蒸馏间隙流和油浆循环外，(95% ~5%)尚有 23 ℃。对于大多数催化裂化分馏塔，一般还有两个中段循环回流。

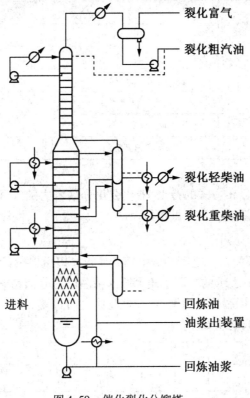

图 4.59　催化裂化分馏塔

　　关于各个循环回流取热量的分配，一般是在保证产品质量的前提下，尽可能加大高温位热源比例。

　　对塔底循环回流，许多设计是按回炼油抽出板下的内回流为零来设计的。但近年来多考虑在此处保持少量的内回流(如其取走的回流热约占该段回流热的 25%)，以减少回炼油中的金属含量。

　　塔顶循环回流量的确定以无须再用冷回流并使塔顶馏出物中无回流蒸气为原则。

　　余下的回流热由中段循环回流取走。一中段回流与二中段回流取热量之比为1:1 ~ 1:2，在可能的条件下，提高二中段回流的取热比例有利于余热的利用。

　　各循环回流的取热分配比例会因所用催化剂及生产方案不同而有较大的变化。表 4.30是某催化裂化分馏塔的回流热及分配比例的变化情况。由表中数据可知，当从多产汽油方案改为多产柴油方案时，反应温度降低，回炼比增大，带入塔内的热量增加，而全塔回流热也增大。但由于进塔温度降低，油气的过热程度下降，因此，塔底油浆循环取热比例下降，导致汽油产率减小而柴油产率增加，塔顶循环回流取热比例降低而中段循环回流的取热比例增大。

表 4.30　某催化裂化分馏塔的回流热及分配比例的变化情况 (装置处理 :455 t/d)

生产方案	多产汽油	多产柴油
反应器出口温度/℃	492	465
回炼比	0.45	1.24
全塔回流热/(×10⁸ J · h⁻¹)	20.76	25.46
塔顶回流取热/%	23	19.6
中段回流取热/%	27.8	47.6
循环油浆取热/%	49.2	32.8
进塔总热量/(×10⁸ J · h⁻¹)	43.75	65.73

综上所述,由于回流分布方式的特点,催化裂化分馏塔内的气、液相负荷同原油常压蒸馏塔的差别甚大,而与燃料型减压塔有点相似。

2. 分馏精确度

催化裂化分馏塔相邻两馏分之间的分馏精确度也是以重馏分的恩氏蒸馏5%点温度与轻馏分的95%点温度之差来表示的。用于表示原油精馏塔的分馏精确度与回流比、塔板数的关系的 Pakie 图不适用于催化裂化分馏塔,对于催化裂化分馏塔,可以采用 Hough – land 等提出的类似的关系图(图4.60、图4.61)。

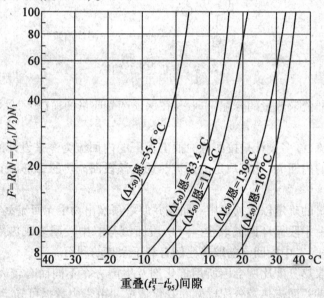

图 4.60　催化裂化分馏塔塔顶产品与一线之间分馏精确度图

F—该塔段分离能力的 F 因子;$(\Delta t_{50})_{恩}$—两馏分的恩氏蒸馏50%点之差,℃;R_1—第一层塔板下的回流比,L_1/V_2;L_1—从第一层板流下的热回流(不包括循环回流)的体积流率(按 15.6 ℃计),或者是塔顶循环回流抽出板下的热回流的体积流率(按 15.6 ℃计);V_2—流向塔顶第一层塔板的所有油品蒸气的流率(按 15.6 ℃液体体积流率计算),单位与 L_1 相同;N_1—塔顶至一线抽出板的塔板数,其中每层循环回流换热板按 1/3 块板计算

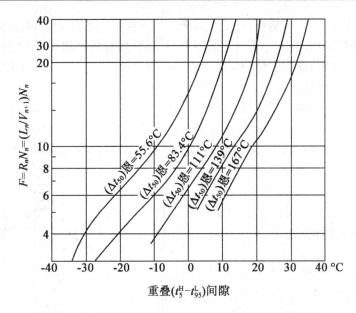

图 4.61　催化裂化分馏塔侧线之间分馏精确度图

借助于这两张图,可以根据产品的分离要求估计催化裂化分馏塔各塔段所需的回流比和塔板数,或是由塔板数和操作回流比来估计分馏精确度。

催化裂化分馏塔各塔段常用的塔板数如下:

从塔进料至最低侧线抽出板之间的脱过热段,视取热量的多少,脱过热段板数可在4~8层。由于高温及存在固体颗粒,塔板易结焦和堵塞,故在脱过热段不宜用泡帽、浮阀等形式的塔板。通常采用开孔面积大的人字形挡板、圆盘环形挡板或缺圆挡板。

塔进料位置以下可以不设汽提段,因为进料是过热油气,但也可以设4层大开孔面积的气提塔板,并在塔底通入汽提蒸汽,以便从油浆中提出可回收的油料。

汽油－柴油侧线之间多用11层塔板,轻柴油－重柴油之间或重柴油－回炼油之间多用9层塔板。以上的塔板数中通常包含了三层换热塔板。催化裂化分馏塔多采用压降较小的舌形塔板,以利于提高富气压缩机的入口压力。

3. 操作条件

催化裂化分馏塔进料段的温度和压力是由反应器的操作条件所决定的,为了尽量减小油品在脱过热段中因高温而发生热裂化和结焦的倾向,通常要求塔底油浆的温度不高于 370 ℃。

为了提高裂化富气压缩机的入口压力,应当尽量减小分馏塔内的压力降和从分馏塔顶至压缩机入口的压力降。从分馏塔进料段至油气分离器的压力降一般约为 40 kPa。

分馏塔各点温度的确定方法与原油常压精馏塔相同。在没有内回流而只有产品蒸气的情况下,可以将油品在油气分压下的露点作为其平衡温度。

5.5.2　焦化分馏塔

1. 焦化分馏塔的工艺特征

焦炭化过程是从减压渣油制取轻馏分油和石油焦的一种二次加工过程。焦化过程的工艺形式有多种,国内都采用延迟焦化。在延迟焦化装置中,原料油(减压渣油和循环油)经加热炉加热至 500 ℃左右,进入焦炭塔,在焦炭塔中经历一段时间的热分解和热缩合反应后,一部分生成焦炭,留在焦炭塔内,另一部分为气体和油气,从焦炭塔顶逸出,进入分馏塔进行分离。由此可见,焦化分馏塔与催化裂化分馏塔有许多相似之处,但也有它自己的特点。焦化分馏塔的主要工艺特征有以下几点:

(1)从焦炭塔进入分馏塔的焦化反应产物中含有 H_2,H_2S,$C_1 \sim C_4$ 气体烃,从汽油馏分直至沸点高于 600 ℃以上的油气,还夹带着少量焦炭粉末。与催化裂化分馏塔相似,在焦化分馏塔的底部也有一个换热段,使这股进料冷却并将其中最重的一部分油料冷凝下来作为循环油重新送去进行反应。在换热段,进料中夹带的焦粉也被淋洗下来。焦化分馏塔如图4.62所示。

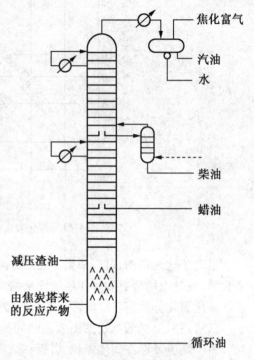

图 4.62　焦化分馏塔

(2)焦化原料(通常是温度约为 250 ℃的减压渣油)也进入分馏塔,其入口位置在塔底换热段的上面。这样设计的目的是:其一是对由焦炭塔来的高温油气起冷却和淋洗作用,使其中的最重部分(通常是沸点约高于 450 ℃的部分)冷凝下来,从塔底抽出作为循环油,同时也把夹带的焦粉淋洗下来;其二是预热焦化原料。因此,分馏塔底抽出的是焦化原料和循环油,它们被一起送去加热和反应。焦化过程是个老过程,最早使用的焦化原料常含有一些较轻的馏分,这样的设计可使原料油在冷却高温油气的过程中,本身所含的轻馏分汽化馏出。现代焦化过程的原料是已经过减压深拔的渣油,不会含有沸点较低的组分,因此,这个作用已无效。但是焦化原料要加热,在塔内与高温油气直接接触时传热效率高,故仍沿用这种设计方式。

焦化原料直接进入分馏塔,这是焦化分馏塔与催化裂化分馏塔的主要差别。

(3)焦化分馏塔的产品的分离要求比较容易达到,因此可以采用较多的循环回流以利于利用回流热。在设计时,可以考虑使侧线抽出板下的内回流量为零。焦化分馏塔的顶部也采用顶循环回流而不采用冷回流,其原因与催化裂化分馏塔相同。

2.分馏精确度

焦化产物通常都需进一步加工而不是直接作为产品,因此其分离的要求不太高且比较容易满足。在设计时,可以考虑塔顶汽油与一线轻柴油之间及一线与二线蜡油之间的实沸点蒸馏 5% ~95% 重叠为 65 ℃左右。

焦化分馏塔的产品之间的分馏精确度也以相邻馏分间的恩氏蒸馏 5% ~95% 间隙来表示。分馏精确度与回流比及塔板数的关系也可采用 Hough - land 等提出的关系图进行分析。

焦化分馏塔各塔段一般采用的塔板数是:塔顶汽油至一线抽出板之间为 10 块塔板,两侧线之间为 8 块塔板,最低侧线抽出板下 4 块塔板。上述的上部两个塔段的板数中各包括 3 块循环回流换热板。塔下部换热段的板数由传热计算确定,该段的塔板采用人字形挡板或圆盘 - 环形挡板、或缺圆挡板等开孔面积大的塔盘,其目的是减小在塔板上结焦堵塞的倾向。换热段以上可用舌形塔盘以降低塔板压降且不易堵塞。

3. 操作条件

焦炭塔的操作压力略高于常压,焦化分馏塔塔顶压力通常为 0.3 MPa(绝),塔顶至油气分离器的压降约为 35 kPa,塔底至塔顶的压降也约为 35 kPa。

焦化分馏塔内各处的温度的计算方法与催化裂化分馏塔大体上相同。在计算塔顶温度时应考虑由塔顶循环回流取走全部回流热,即塔顶馏出物中不含有回流蒸气。在计算侧线抽出板温度时,可考虑侧线抽出板下的内回流为零,但在最下一个侧线抽出板的下方一般不再设循环回流,并保证在这几块板上有适量的内回流。

在设计计算时,焦化分馏塔与催化裂化分馏塔不同之处主要是在塔的下部,其原因在于焦化分馏塔下部的物料比较复杂。由焦炭塔来的油气包括气体、汽油、柴油、蜡油和循环油,此气相进料进塔后与新鲜原料(减压渣油)换热,其中的循环油与减压渣油一起作为塔底产物被抽出,其余的气体和油气则上升进入精馏段。在计算总气相进料入口温度和塔底温度时需要有总气相进料和塔底油的气液平衡数据或蒸馏曲线,而这两者却常常要通过有关组成的数据用人工合成的方法才能得到。例如,气相总进料的实沸点蒸馏曲线可以根据焦化产物的产率及其实沸点、循环比及循环油的实沸点蒸馏数据以及各组分的有关物性数据如密度等组合处理而成。分馏塔底油的实沸点蒸馏曲线也可以用循环油和减压渣油的实沸点蒸馏曲线来合成。减压渣油的实沸点蒸馏数据往往只有最低沸点部分的一小段,这时,可以在概率坐标纸上延长原油的实沸点蒸馏曲线,以求得减压渣油实沸点蒸馏曲线的大部分。有了实沸点蒸馏曲线后,就可以换算得到平衡汽化曲线并求得泡点或露点温度。

塔底温度是塔底油在该油气分压下的泡点温度。气相总进料的温度是它在该处油气分压下的露点温度。在焦化加热炉管内有水蒸气注入,其数量约为进料的 1%,在分馏塔的工艺计算时应考虑在内。

对于气相总进料的入塔温度,采用上述方法计算出来的温度往往与实际值相差很大,其主要原因是该进料包括从 H_2(沸点为 −253 ℃)、CH_4(沸点为 −161.5 ℃)直至沸点 600 ℃ 的循环油的复杂混合物,对这样的混合物,要用计算的办法来求得准确的气液平衡数据是极为困难的。为了绕过这个难题,设计计算气相总进料入塔温度时可以取蜡油(最下一个侧线产品)在该处油气分压下的露点,如果计算得到的温度低于 493 ℃,则采用 493 ℃。之所以要选择两温度中的较高者主要是考虑到计算换热段时更保险些。

在实际设计工作中,若有可能,应尽量采用现场操作数据。

典型的焦化分馏塔各点的温度大约是:塔顶约 100 ℃,轻柴油抽出板约 215 ℃,重瓦斯油(蜡油)抽出板约 370 ℃,塔底约 345 ℃。

第5章 热加工过程

在炼油工业发展史中,热加工过程曾经起了重要的作用(如热裂化、热重整等过程)。在现代炼油工业中,热加工过程仍然起着重要的作用,但主要限于在渣油加工中使用。在石油化工工业中,轻烃或轻质油高温裂解迄今仍然是生产乙烯的主要生产过程。本章主要讨论渣油热加工过程。

5.1 石油烃类的热反应

5.1.1 各种烃类的热反应

渣油热加工过程的反应温度一般在 $400 \sim 500\ ℃$,本节所讨论的热反应也主要是指这个温度范围内的热反应。烃类在热的作用下主要发生两类反应:一类是裂解反应,它是吸热反应;另一类是缩合反应,它是放热反应。至于烃类的相对分子质量不变而仅仅是分子内部结构改变的异构化反应,则在不使用催化剂的条件下一般是很少发生的。

1. 烷烃

烷烃的热反应主要有两类:

①C—C 键断裂生成较小分子的烷烃和烯烃。

②C—H 键断裂生成碳原子数保持不变的烯烃及氢。

上述两类反应都是强吸热反应。烷烃的热反应行为与其分子中的各键能大小有密切的关系。

下式和表 5.1 列出了各种键能(kJ/mol)的数据。

$$\begin{array}{c} \overset{H}{|}\ \ \overset{H}{|}\ \ \overset{H}{|}\ \ \overset{H}{|}\ \ \overset{H}{|}\ \ \overset{H}{|}\ \ \overset{H}{|} \\ H-\underset{394}{\overset{335}{|}}C-\underset{373}{\overset{322}{|}}C-\underset{364}{\overset{314}{|}}C-\underset{360}{\overset{310}{|}}C-\underset{360}{\overset{314}{|}}C-\underset{364}{\overset{310}{|}}C-\underset{373}{\overset{335}{|}}C-\underset{394}{\overset{}{|}}C-H \\ \underset{H}{|}\ \ \underset{H}{|}\ \ \underset{H}{|}\ \ \underset{H}{|}\ \ \underset{H}{|}\ \ \underset{H}{|}\ \ \underset{H}{|} \end{array} \qquad (5.1)$$

表 5.1　烷烃中的键能　　　　　　　　　　　　　　　　　　kJ/mol

键	CH_3-CH_3	$C_2H_5-C_2H_5$	$n-C_3H_7-n-C_3H_7$	$n-C_4H_9-n-C_4H_9$	$i-C_4H_9-i-C_4H_9$
键能	360	335	318	310	264
键	CH_3-H	C_2H_5-H	$n-C_4H_9-H$	$i-C_4H_9-H$	$i-C_4H_9-H$
键能	431	410	394	390	373

由式(5.1)和表 5.1 的键能数据可以看出烷烃热分解反应的某些规律性:

①C—H 键的键能大于 C—C 键的键能,因此 C—C 键更易于断裂。

②长链烷烃中,越靠近中间处,其 C—C 键能越小,也就越容易断裂。

③随着相对分子质量的增大,烷烃中的 C—C 键及 C—H 键的键能都呈减小的趋势也就是说它们的热稳定性逐渐下降。

④异构烷烃中的 C—C 键及 C—H 键的键能都小于正构烷烃,说明异构烷烃更易于断链和脱氢。

⑤烷烃分子中叔碳上的氢最容易脱除,其次是仲碳上的,而伯碳上的氢最难脱除。从热力学角度判断,在 50 ℃ 左右,烷烃脱氢反应进行的程度不大。

2. 环烷烃

环烷烃的热反应主要是烷基侧链断裂和环烷环的断裂,前者生成较小分子的烯烃或烷烃,后者生成较小分子的烯烃及二烯烃。单环环烷烃的脱氢反应须在 600 ℃ 以上才能进行,但双环环烷烃在 500 ℃ 左右就能进行脱氢反应,生成环烯烃。

3. 芳烃

芳香环极为稳定,一般条件下芳香环不会断裂,但在较高温度下会进行脱氢缩合反应,生成环数较多的芳烃,直至生成焦炭。烃类热反应生成的焦炭是 H、C 原子比很低的稠环芳烃,具有类石墨状结构。例如:

$$2\ \text{⬡} \xrightarrow{-2H_2} \text{⬡—⬡} +2H_2$$

$$2\ \text{⬡—}CH_3 \longrightarrow \text{⬡—}CH_2\text{—}CH_2\text{—⬡} +H_2$$

$$2\ \text{⬡⬡} \longrightarrow \text{(稠环芳烃)} +2H_2$$

带烷基侧链的芳烃在受热条件下主要是发生侧链断裂或脱烷基反应。至于侧链的脱氢反应则须在更高的温度(650~700 ℃)时才能发生。

4. 环烷芳烃

环烷芳烃的反应按照环烷环和芳香环之间的连接方式不同而有所区别。例如,在加热条件下, 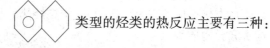 类型的烃类的第一步反应为连接两环的键断裂,生成环烯烃和芳烃,

在更苛刻的条件下,环烯烃能进一步破裂开环。 ⬡⬡ 类型的烃类的热反应主要有三种:

环烷环断裂生成苯的衍生物,环烷环脱氢生成萘的衍生物,以及缩合生成高分子的多环芳烃。

5. 烯烃

虽然在直馏馏分油和渣油中几乎不含有烯烃,但是从各种烃类热反应中都可能产生烯烃。这些烯烃在加热的条件下进一步裂解,同时与其他烃类交叉地进行反应,于是使反应变得极其复杂。

在不高的温度下,烯烃裂解成气体的反应远不及缩合成高分子叠合物的反应来得快。但

是,由于缩合作用所生成的高分子叠合物也会发生部分裂解,这样,缩合反应和裂解反应就交叉地进行,使烯烃的热反应产物的馏程范围变得很宽,而且在反应产物中存在饱和烃、环烷烃和芳烃。烯烃在低温、高压下,主要的反应是叠合反应。当温度升高到400 ℃以上时,裂解反应开始变得重要,碳链断裂的位置一般在烯烃双键的位置。烯烃分子的断裂反应也有与烷烃相似的规律。当温度超过600 ℃时,烯烃缩合成芳烃、环烷烃和环烯烃的反应变得重要起来。

6. 胶质和沥青质

胶质和沥青质主要是多环、稠环化合物,分子中也多含有杂原子。它们是相对分子质量分布范围很宽、环数及其稠合程度差别很大的复杂混合物。缩合程度不同的分子中也含有不同长度的侧链及环间的链桥。因此,胶质及沥青质在热反应中,除了经缩合反应生成焦炭外,还会发生断侧链、断链桥等反应,生成较小的分子。表5.2列出了胜利油田管输油减压渣油中的胶质、沥青质在460 ℃、45 min 热反应条件下的反应结果。

表5.2 胜利油田管输油胶质、沥青质的热反应结果

组分	转化率（质量分数）/%	相对产率（质量分数）[1]/%		
		馏分油	气体	焦炭
中、轻胶质	59.4	51.5	16.5	31.7
重胶质	92.9	35.1	4.5	60.3
沥青质	98.5	25.7	1.5	72.8

注:[1]相对产率 = 产物产率/转化率

由表5.2中数据可见,轻、中、重胶质及沥青质的热反应行为有明显的差别,随着缩合程度的增大,馏分油的相对产率下降而焦炭的相对产率增大,对沥青质而言,在460 ℃、45 min的条件下,已转化的原料中约3/4转化为焦炭。沥青质分子的稠合程度很高,带有的烷基侧链很少,而且是很短的侧链,因此,反应生成的气体也很少。

由以上的讨论可知,烃类在加热的条件下,反应基本上可以分成裂解与缩合(包括叠合)两个方向。裂解方向产生较小的分子,而缩合方向则生成较大的分子。烃类的热反应是一种复杂的平行顺序反应。这些平行的反应不会停留在某一阶段上,而是继续不断地进行下去。随着反应时间的延长,一方面由于裂解反应生成分子越来越小、沸点越来越低的烃类(如气体烃);另一方面由于缩合反应生成分子越来越大的稠环芳烃。高度缩合的结果就产生胶质、沥青质,最后生成碳氢比很高的焦炭。

关于烃类热反应的机理,目前一般都认为主要是自由基反应机理。根据此机理,可以解释许多烃类热反应的现象。例如,正构烷烃热分解时,裂化气中含低分子烃较多,也很难生成异构烷和异构烯等。

5.1.2 渣油热反应的特点

渣油是多种烃类化合物组成的极为复杂的混合物,其组分的热反应行为自然遵循各族烃类的热反应规律。但作为一种复杂的混合物,渣油的热反应行为也还有一些自己的特点。

(1)渣油热反应比单体烃更明显地表现出平行—顺序反应的特征。图5.1和图5.2示出了这个特征。

　　由图可见,随着反应深度的增大,反应产物的分布也在变化。作为中间产物的汽油和中间馏分油的产率,在反应进行到某个深度时会出现最大值。而作为最终产物的气体和焦炭则在某个反应深度时开始产生,并随着反应深度的增大而单调地增大。

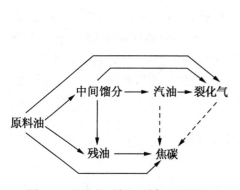

图 5.1　渣油的平行—顺序反应特征

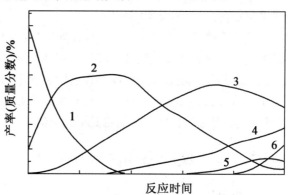

图 5.2　渣油热反应产物分布随时间的变化

1—原料;2—中间馏分;3—汽油;4—裂化气;5—残油;6—焦炭

　　(2)油热反应时容易生焦,除了由于渣油自身含有较多的胶质和沥青质外,还因为不同族的烃类之间的相互作用促进了生焦反应。芳烃的热稳定性高,在单独进行反应时,不仅裂解反应速度低,而且生焦速度也低。例如,在 450 ℃下进行热反应,欲生成 1% 的焦炭,烷烃($C_{25}H_{52}$)需要 144 min,十氢萘需要 1 650 min,而萘则需要 670 000 min。但是如果将萘与烷烃或烯烃混合后进行热反应,则生焦速度显著提高。根据许多试验结果,焦炭生成的过程大致如图 5.3 所示。

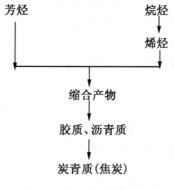

图 5.3　焦炭生成的过程

　　含胶质甚多的原料油,如将它用不含胶质且对热很稳定的油品稀释,可以使生焦量减少。
　　由此可见,当两种化学组成不同的原料油混合进行热反应时,所生成的焦炭可能比它们单独反应时更多,也可能减少。在进行原料油的混合时应予以注意。
　　(3)渣油在热过程中的相分离问题。
　　减压渣油是一种胶体分散体系,其分散相是以沥青质为核心并吸附以胶质形成的胶束。由于胶质的胶溶作用,在受热之前渣油胶体体系是比较稳定的。在热转化过程中,由于体系的化学组成发生变化,当反应进行到一定深度后,渣油的胶体性质就会受到破坏。由于缩合反应,渣油中作为分散相的沥青质的含量逐渐增多,而裂解反应不仅使分散介质的黏度变小,还使其芳香性减弱,同时,作为胶溶组分的胶质含量则逐渐减少。这些变化都会导致分散相和分散介质之间的相容性变差。这种变化趋势发展到一定程度后,就会导致沥青质不能全部在体系中稳定地胶溶而发生部分沥青质聚集,在渣油中出现了第二相(液相)。第二相中的沥青质浓度很高,促进了缩合生焦反应。

渣油受热过程中的相分离问题在实际生产中也有重要意义。例如,渣油热加工过程中,渣油要通过加热炉管,由于受热及反应,在某段炉管中可能会出现相分离现象而导致生焦。如何避免出现相分离现象或缩短渣油在这段炉管中的停留时间对减少炉管内结焦、延长开工周期是十分重要的。又如在降低燃料油黏度的减黏裂化过程中,若反应深度控制不当,引起分相、分层现象,对生产合格燃料油也是不允许的。

5.1.3　反应热和反应速率

1. 反应热

烃类的热反应是一个有许多不同反应热效应的反应的总和。这些反应中有吸热的分解、脱氢等反应,也有放热的叠合、缩合等反应。由于吸热的分解反应占据主导地位,因此,烃类的热反应通常表现为吸热反应。

渣油的热转化反应的反应热通常是以生成每千克汽油或每千克"汽油+气体"为计算基准。反应热的大小随原料油的性质、反应深度等因素的变化而变化。根据文献资料报道,其范围在 500 ~ 2 000 kJ/kg。重质原料油比轻质原料油有较大的反应热(指吸热效应),而在反应深度增大时则吸热效应降低。

2. 反应速率

许多研究工作表明,在反应深度不太大时(例如小于 20%),烃类热反应的反应速率服从一级反应的规律,其反应速率可用以下方程表示:

$$dx/dt = k(a - x) \tag{5.2}$$

式中,a 为单位反应容积内原始反应物的物质的量数;x 在 t 时间内反应物的物质的量数;k 为反应速率常数,s^{-1}。

积分得

$$kt = \ln[a/(a - x)] \tag{5.3}$$

若以 $x/a = y$,y 为裂化深度,则上式可写成

$$kt = \ln[1/(1 - y)] \tag{5.4}$$

当裂化深度增大时,在温度一定的条件下不再保持为常数,一般是 k 值随裂化深度的增大而下降。这种现象的出现可能有两个原因,即未反应的原料与新鲜原料相比有较高的稳定性,其次是反应产物可能对反应有一定的阻滞作用。因此,在反应深度较大时,烃类的热裂化反应不再服从一级反应的规律。

烃类热分解反应速率随反应温度的升高而增加很快,反应速率常数与反应温度的关系服从阿伦尼乌斯方程:

$$\ln \frac{k_1}{k_2} = \frac{F}{R}\left(\frac{1}{T_2} - \frac{1}{T_1}\right) \tag{5.5}$$

式中,k_1、k_2 分别为 T_1 及 T_2 温度(K)下的反应速率常数;E 为活化能,约为 200 ~ 300 kJ/mol;R 为气体常数,8.320 kJ/(mol·K)。

在实际计算中,使用反应速率的温度系数 k_t 有时更为方便,k_t 的定义为

$$k_2/k_1 = k_1 \exp\left(\frac{T_2 - T_1}{10}\right) \tag{5.6}$$

对于烃类热裂解反应而言,k_t 值约为 1.5 ~ 2.0,即反应温度每升高 10 ℃ 则反应速率约提高到原反应速率的 1.5 ~ 2.0 倍。

渣油的热转化反应速率与其化学组成密切相关,而且当反应深度较大时,其反应速率的变化也不再服从一级反应规律。一些研究工作者采用程序升温方法研究渣油及其亚组分(饱和分、芳香分、胶质、沥青质)的热反应动力学,发现在转化深度增大时,不仅渣油,而且各亚组分的反应行为都不再符合一级反应规律,但是可以把反应分为两个阶段,每个阶段分别用不同动力学参数值的一级反应动力学方程来近似地进行描述。进一步的研究表明,对渣油的亚组分,在反应过程中,其活化能是不断变化的。这些研究结果表明,渣油的每个亚组分(SARA)仍然是很复杂的混合物,都是由许多反应性能差异较大的组分组成的。这种情况给渣油热反应动力学的研究带来了很大的困难。

也有一些研究工作者在研究渣油的反应动力学时采用集总动力学模型的方法。渣油是组成十分复杂的混合物,不可能对它的组分一一进行研究,因此,将化学反应性质相似的组分归并成一个虚拟的集合组分,称为一个集总组分(lump),把渣油看作由若干个集总组分组成,再加上表征反应产物的若干个集总组分组成一个集总动力学网络,这种研究方法通称为集总动力学模型方法。在研究渣油热反应动力学时,常见的方法是把渣油分成饱和烃、芳烃、胶质、沥青质四个集总组分(即常规的 SARA 组成),或者把芳烃及胶质进一步细分成 2 ~ 3 个亚组分。同时,对每个集总组分的反应速率都近似地认为服从一级反应动力学规律。也有一些研究者采用其他的研究方法。

关于集总动力学模型的问题将在催化裂化一章中再做进一步的讨论。

5.2　焦炭化过程

5.2.1　概　述

焦炭化过程(简称焦化)是以渣油为原料、在高温(500 ~ 550 ℃)下进行深度热裂化反应的一种热加工过程。焦炭化过程的反应产物有气体、汽油、柴油、蜡油(重馏分油)和焦炭。表 5.3 列举了两种减压渣油进行焦化所得产物的产率分布。表 5.4 列出了焦化气体的组成(示例)。

减压渣油经焦化过程可以得到 70% ~ 80% 的馏分油。焦化汽油和焦化柴油中不饱和烃含量高,而且硫、氮等非烃类化合物的含量也高。因此,它们的安定性很差,必须经过加氢精制等精制过程加工后才能作为发动机燃料。焦化蜡油主要作为加氢裂化或催化裂化的原料,有时也用于调和燃料油。焦炭(亦称石油焦)除了可用作燃料外,还可用作高炉炼铁之用,如果焦化原料及生产方法选择适当,石油焦经煅烧及石墨化后,可用于制造炼铝、炼钢的电极等。焦化气体含有较多的甲烷、乙烷以及少量的丙烯、丁烯等,它可用作燃料或制氢原料等石油化工原料。

表 5.3　延迟焦化的产品产率

项目		大庆减压渣油	胜利减压渣油
相对密度(20 ℃)		0.922 1	0.969 8
残炭值/%		8.8	13.9
产品分布 (质量分数)/%	气体	8.3	6.8
	汽油	15.7	14.7
	柴油	36.3	35.6
	蜡油	25.7	19.0
	焦炭	14.0	23.9
	液体收率	77.7	69.3

表 5.4　焦化气体组成(体积分数)

组分	氢	甲烷	乙烷	乙烯	丙烷	丙烯	丁烷	丁烯
体积分数/%	5.40	47.80	13.60	1.82	8.26	4.00	3.44	3.70
组分	戊烷	戊烯	六碳烯	硫化氢	二氧化碳	一氧化碳	氮 + 氧	
体积分数/%	2.66	2.20	0.58	4.14	0.32	0.81	0.25	

从焦炭化过程的原料和产品可以看到焦化过程是一种渣油轻质化过程。作为轻质化过程,焦炭化过程的主要优点是它可以加工残炭值及重金属含量很高的各种劣质渣油,而且过程比较简单,投资和操作费用较低。它的主要缺点是焦炭产率高及液体产物的质量差。焦炭产率一般为原料残炭值的 1.4 ~ 2 倍,数量较大,但多数情况下只能作为普通固体燃料出售,售价很低。尽管焦炭化过程尚不是一个很理想的渣油轻质化过程,但在现代炼油工业中,它仍然是一个十分重要的提高轻质油收率的途径,它的处理能力占渣油加工总量的比例相当大。

近年来,对用于制造冶金用电极,特别是超高功率电极的优质石油焦需求不断增长,因此,对某些炼厂,生产优质石油焦已成为焦化过程的重要目的之一。

在焦炭化过程的发展史中,曾经出现过多种工业形式,其中一些已被淘汰,目前,主要的工业形式是延迟焦化和流化焦化。世界上 85% 以上的焦化处理能力都属延迟焦化类型,只有少数国家(如美国)的部分炼厂采用流化焦化。本章主要讨论延迟焦化。

5.2.2　工艺流程图

延迟焦化装置的工艺流程有不同的类型,就生产规模而言,有一炉两塔(焦炭塔)流程、两炉四塔流程等。图 5.4 是延迟焦化装置的工艺原理流程图。

原料油(减压渣油)经换热及加热炉对流管加热(图中未表示)到 340 ~ 350 ℃,进入分馏塔下部,与来自焦炭塔顶部的高温油气(430 ~ 440 ℃)换热,一方面把原料油中的轻质油蒸发出来,同时又加热了原料(约 390 ℃)及淋洗下高温油气中夹带的焦末。原料油和循环油一起从分馏塔底抽出,用热油泵送进加热炉辐射室炉管,快速升温至约 500 ℃后,分别经过两个四通阀进入焦炭塔底部。热渣油在焦炭塔内进行裂解、缩合等反应,最后生成焦炭。焦炭聚结在焦炭塔内,而反应产生的油气自焦炭塔顶逸出,进入分馏塔,与原料油换热后,经过分馏得到气体、汽油、柴油、蜡油和循环油。

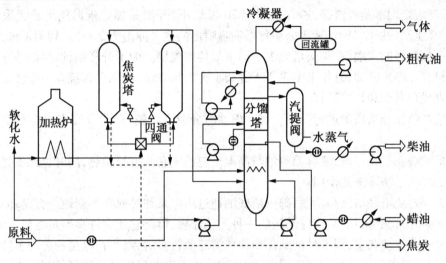

图 5.4　延迟焦化装置工艺原理流程

焦炭塔是循环使用的,即当一个塔内的焦炭聚结到一定高度时,进行切换,通过四通阀将原料切换进另一个焦炭塔。每个塔的切换周期包括生焦时间和除焦及辅助操作所需的时间。生焦时间与原料的性质,特别是原料的残炭值,及焦炭质量的要求有关(特别是焦炭的挥发分含量),一般约 24 h。

焦炭化所产生的气体经压缩后与粗汽油一起送去吸收–稳定部分,经分离得干气、液化气和稳定汽油。

原料油在焦炭塔中进行反应需要高温,同时需要供给反应热(焦化过程是吸热反应),这些热量完全由加热炉供给,为此,加热炉出口温度要求达到 500 ℃左右。为了使处于高温的原料油在炉管内不发生过多的裂化反应以致造成炉管内结焦,就要设法缩短原料油在炉管内的停留时间,为此,炉管内的冷油流速比较高,通常在 2 m/s 以上。也可以向炉管内注水(或水蒸气)以加快炉管内的流速,注水量通常约为处理量的 2% 左右。减少炉管内的结焦是延长焦化装置开工周期的关键。除了采用加大炉管内流速外,对加热炉炉型的选择和设计应十分注意。对加热炉最重要的要求是炉膛的热分布良好、各部分炉管的表面热强度均匀,而且炉管环向热分布良好,尽可能避免局部过热的现象发生,同时还要求炉内有较高的传热速率以便在较短的时间内向油品提供足够的热量。根据这些要求,延迟焦化装置常用的炉型是双面加热无焰燃烧炉。总的要求是要控制原料油在炉管内的反应深度、尽量减少炉管内的结焦,使反应主要在焦炭塔内进行。延迟焦化(delayed coking)这一名称就是因此而得。

焦炭塔实际上是一个空塔,它提供了反应空间使油气在其中有足够的停留时间以进行反应。焦炭塔里维持一定的液相料面,随着塔内焦炭的积聚,此料面逐渐升高。当液面过高,尤其是发生泡沫现象严重时,塔内的焦末会被油气从塔顶带走,从而引起后部管线和分馏塔的堵塞,因此,一般在料面达 2/3 的高度时就停止进料,从系统中切换出后进行除焦。为了减轻携带现象,有的装置在焦炭塔顶设泡沫小塔以提高分离效果;有的向焦炭塔注入消泡剂。消泡剂是硅酮、聚甲基硅氧烷或过氧化聚甲基硅氧烷溶在煤油或轻柴油中。塔体外观测塔内泡沫层高度的技术对充分利用焦炭塔内空间是一种有效的措施。

焦炭塔是间歇操作,在双炉四塔流程中,总有两个塔处于生产状态,其余两个塔则处于准备除焦、除焦或油气预热阶段。除焦前先通过四通阀将由加热炉来的油气切换至另一个焦炭塔，原来的塔则用水蒸气汽提、冷却焦层至 70 ℃以下，开始除焦。延迟焦化装置采用水力除焦，利用高压水（约 12 MPa）从水力切焦器喷嘴喷出的强大冲击力，将焦炭切割下来，水力切焦器装在一根钻杆的末端，在焦炭塔内由上而下地切割焦层。为了升降钻杆，早期的方法是在焦炭塔顶树立一座高井架，近年来多采用无井架水力除焦方法，利用可缠绕在一个转鼓上的高压水龙带来代替井架和长的钻杆。

反应产物在分馏塔中进行分馏。与一般油品分馏塔比较，焦化分馏塔主要有以下两个特点：

①塔的底部是换热段，新鲜原料油与高温反应油气在此进行换热，同时也起到把反应油气中携带的焦末淋洗下来的作用。

②为了避免塔底结焦和堵塞，部分塔底油通过塔底泵和过滤器不断地进行循环。

延迟焦化虽然是目前最广泛采用的一种焦化流程，但是它还有许多不足之处。例如，此过程还是处于半连续状态，周期性的除焦操作仍需花费较多的劳动力，除焦的劳动条件尚未能彻底改善；由于考虑到加热炉的开工周期，加热炉出口温度的提高受到限制，因此，焦炭中挥发分含量较高，不容易达到电极焦的要求等。这些问题都有待于进一步研究和解决。

除了延迟焦化外，在美国，流化焦化（fluid coking）也占有一定的地位。流化焦化是一种连续生产过程，其工艺原理流程如图5.5所示。

原料油经加热炉预热至 400 ℃左右后经喷嘴进入反应器，反应器内是灼热的焦炭粉末（20～100 目）形成的流化床。原料在焦粒表面形成薄层，同时受热进行焦化反应。反应器的温度约为 480～560 ℃，其压力稍高于常压，其中的焦炭粉末借油气和由底部进入的水蒸气进行流化。反应产生的油气经旋风分离器分出携带的焦粒后从顶部出去进入淋洗器和分馏塔。在淋洗器中，用重油淋洗油气中携带的焦末，所得泥浆状液体可作为循环油返回反应

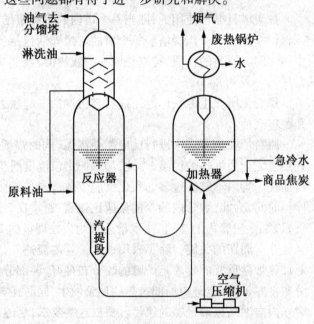

图 5.5　流化焦化流程示意图

器。由于反应形成焦炭，原来在反应器内的焦粒直径增大，部分焦粒经下部汽提段用水蒸气汽提出其中的油气后进入加热器。加热器实质上是个流化床燃烧反应器，由底部送入空气使焦粒进行部分燃烧，从而使床层温度维持在 590～650 ℃。高温的焦粒再循环回反应器起到热载体的作用，供给原料油预热和反应所需的热量。系统中的颗粒会逐渐长大，为了维持流化所需的适宜粒径，必须除去大颗粒并使之粉碎。焦炭产品则从加热器或反应器中取出。

流化焦化的产品分布及产品质量与延迟焦化有较大的差别。从表5.5可以看到：在产品分布方面，流化焦化的汽油产率较低而中间馏分产率较高，焦炭产率较低，约为残炭值的 1.15倍，而延迟焦化的焦炭产率则为残炭值的 1.5～2 倍；在产品质量方面，流化焦化的中间馏分的残炭值较高、汽油含芳烃较多，所产的焦炭是粉末状的，在回转炉中煅烧有困难，不能单独制作

电极焦,只能作为燃料使用。

表 5.5 延迟焦化与流化焦化的比较

项目	原料油			产品收率				
	相对密度 (20 ℃)	残炭值/%	含硫量 /%	C_3 质量 分数/% (≤)	C_4 质量 分数/%	C_5 (221 ℃) 质量 分数/%	中间馏分 质量 分数/%	石油焦 质量 分数/%
延迟焦化	0.963 0	9	1.2	6.0	2.5	22.5	57.0	22.0
流化焦化	0.963 0	9	1.2	6.0	1.5	13.0	75.0	11.0

项目	产品质量					
	汽油		中间馏分			
	干点/℃	RON	80% 点/℃	残炭值/%	苯胺点/℃	碳/%
延迟焦化	181	70	421	0.03	68	0.93
流化焦化	204	76	496	1.1	74	1.4

流化焦化使过程连续化,解决了出焦问题,而且加热炉只起预热原料的作用,炉出口温度低,避免了炉管结焦,因此在原料选择范围上比延迟焦化有更大的灵活性。例如,沥青也可以作为原料。流化焦化的主要缺点是焦炭只能作为一般燃料利用,在技术上也比延迟焦化复杂。无论是延迟焦化还是流化焦化,都产出相当大数量的焦炭,而且多数情况下其售价很低,甚至难于出售。近年来出现了一种称为灵活焦化(flexicoking)的过程。该过程在工艺上与流化焦化相似,但多设了一个流化床的汽化器。在汽化器中,空气与焦炭颗粒在高温下(800 ~ 950 ℃)反应产生空气煤气,把在反应器中生成的约 95% 的焦炭在汽化器中烧掉。因此,灵活焦化过程除生产焦化气体、液体外,还生产空气煤气,但不生产石油焦。此过程虽然解决了焦炭问题,但产生的大量低热值的空气煤气在炼厂自身消耗不了,外销销路也不畅。此外,灵活焦化过程的技术和操作复杂、投资费用高,因此第一套工业装置在 1976 年于日本投产后,并未被广泛采用。

5.2.3 延迟焦化的原料和反应条件

1. 原料

延迟焦化可以处理多种原料,如原油、常压重油、减压渣油、沥青等含硫量较高及残炭值高达 50% 的残渣原料,以及芳烃含量很高的、难裂化的催化裂化澄清油和热裂解渣油等。焦炭化过程的产品产率及其性质在很大程度上取决于原料的性质,如残炭值、密度、馏程、烃组成、硫及灰分等杂质含量等。

一般来说,随着原料油的密度增大,焦炭产率增大。原料油的残炭值的大小是原料油成焦倾向的指标,经验证明,在一般情况下焦炭产率约为原料油残炭值的 1.5 ~ 2 倍。对于来自同一种原油而拔出深度不同的减压渣油,随着减压渣油产率的下降,焦化原料由轻变重,焦化产物中蜡油产率和焦炭产率增加,而轻质油产率则下降。表 5.6 为减压渣油产率与焦化产品产率分布的关系。

表5.6　减压渣油产率与焦化产品产率分布的关系

减压渣油对原油的产率(质量分数)/%	减压渣油性质		焦化产品产率(质量分数)/%			
	相对密度(20 ℃)	残炭值/%	气体及损失	汽油	馏分油	焦炭
46	0.960	9	9.5	7.5	68	15
40	0.965	13	10.0	12.0	56	22
33	0.990	16	11.0	16.0	49	24

注:操作条件为炉出口温度为490 ℃,焦炭塔压力为1.5 atm

　　表5.7列出了几种减压渣油延迟焦化产品的产率分布及性质。原料性质对焦炭的质量也有重要影响,这一点将在后面再讨论。

　　油性质对选择适宜的单程裂化深度和循环比有重要影响。循环比是反应产物在分馏塔分出的塔底循环油与新鲜原料油的流量之比。通常循环油与原料油在塔底混合后送入加热炉的辐射管,而新鲜原料油则进入对流管中预热,因此,在生产实际中,循环油流量可由辐射管进料流量与对流管进料流量之差来求得。对于较重的、易结焦的原料,由于单程裂化深度受到限制,就要采用较大的循环比。通常对于一般原料,循环比为0.1 ~ 0.5;对于重质、易结焦原料,循环比较大,有时达1.0左右。

　　油性质还与加热炉炉管内结焦的情况有关。有的研究工作者认为性质不同的原料油具有不同的最容易结焦的温度范围,此温度范围称为临界分解温度范围。原料油的 UOP K 值越大,则临界分解温度范围的起始温度越低。图5.6表示出了原料油性质与临界分解温度范围的关系。在加热炉加热时,原料油应以高流速通过处于临界分解温度范围的炉管段,缩短在此温度范围中的停留时间,从而抑制结焦反应。

表5.7　减压渣油延迟焦化产品的产率分布及性质

焦化原料		大庆减压渣油	胜利减压渣油	辽河减压渣油
原料性质	相对密度(20 ℃)	0.922 1	0.969 8	0.971 7
	残炭值/%	7.55	13.9	14.0
	硫的质量分数/%	0.17	1.26	0.31
产品产率	气体	8.3	6.8	9.9
	汽油	15.7	14.7	15.0
	柴油	36.3	35.6	25.3
	蜡油	25.7	19.0	25.2
	焦炭	14.0	23.9	24.6
	液体收率	77.7	69.3	65.5
汽油性质	溴价/(g(Br)·100g^{-1})	41.4	57.0	58.0
	硫含量/(μg·g^{-1})	100	—	1 100
	MON	58.5	61.8	60.8

续表 5.7

焦化原料		大庆减压渣油	胜利减压渣油	辽河减压渣油
柴油性质	溴价/(g(Br)·100⁻¹)	37.8	39.0	35.0
	硫含量/(μg·g⁻¹)	1 500	—	1 900
	凝点/℃	−12	−11	−15
	十六烷值	56	48	49
蜡油性质	硫含量/(μg·g⁻¹)	0.29	1.12	0.26
	凝点/℃	35	32	27
	残炭值/%	0.31	0.74	0.21
焦炭性质	硫含量/(μg·g⁻¹)	0.38	1.66	0.38
	挥发分/%	8.9	8.8	9.0

原油中所含的盐类几乎全部集中到减压渣油中。在焦化炉管里,由于原料油的分解、汽化,使其中的盐类沉积在管壁上。因此,焦化炉管内结的焦实际上是缩合反应产生的焦炭与盐垢的混合物。为了延长开工周期,必须限制原料油的含盐量。

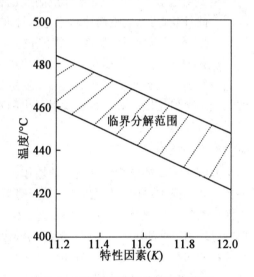

图 5.6　原料油的临界分解温度范围

2.热炉出口温度

炉出口温度是延迟焦化装置的重要操作指标,它的变化直接影响到炉管内和焦炭塔内的反应深度,从而影响到焦化产物的产率和性质。

对于同一种原料,加热炉出口温度升高,反应速度和反应深度增大,气体、汽油和柴油的产率增大,而蜡油的产率减小。焦炭中的挥发分由于加热炉出口温度升高而降低,因此使焦炭的产率有所减小。加热炉出口温度对焦化产品产率的影响见表5.8。

表 5.8　加热炉出口温度对焦化产品产率的影响

项目	加热炉出口温度/℃			
	493	495	497	500
处理量/(t·h⁻¹)	859	810	803	875
循环比	0.80	0.91	0.95	0.72
焦炭塔进口温度/℃	482	484	487	492
焦炭塔出口温度/℃	432	435	440	440

续表 5.8

项目		加热炉出口温度/℃			
		493	495	497	500
产品产率 （质量分数)/%	气体	6.4	7.5	7.7	8.1
	汽油	15.9	16.8	17.0	17.0
	柴油	26.2	28.8	20.2	30.2
	蜡油	20.1	17.8	17.5	16.4
	抽出油	3.1	3.1	3.2	3.0
	焦炭	26.4	25.6	24.9	24.8
	损失	0.4	0.4	0.5	0.5

出口温度对焦炭塔内的泡沫层高度也有影响。泡沫层本身是反应不彻底的产物,挥发分高。因此,泡沫层高度除与原料起泡沫性能有关外,还与加热炉出口温度直接有关。提高加热炉出口温度,可以使泡沫层在高温下充分反应和生成焦炭,从而降低泡沫层的高度。

加热炉出口温度的提高受到加热炉热负荷的限制,同时,提高加热炉出口温度会使炉管内结焦速度加快及造成炉管局部过热而发生变形,缩短了装置的开工周期。因此,必须选择合适的加热炉出口温度。对于容易发生裂化和缩合反应的重原料和残炭值较高的原料,加热炉出口温度可以低一些。

3. 系统压力

系统压力直接影响到焦炭塔的操作压力。焦炭塔的压力下降使液相油品易于蒸发,也缩短了气相油品在塔内的停留时间,从而降低了反应深度。一般来说,压力降低会使蜡油产率增大而使柴油产率降低。为了取得较高的柴油产率,应采用较高的压力;为了取得较高的蜡油产率则应采用较低的压力。一般焦炭塔的操作压力为 0.18~0.28 MPa,但在生产针状焦时,为了使富芳烃的油品进行深度反应,采用约 0.7 MPa 的操作压力。

表 5.9 列出了操作压力对产品产率分布的影响。

延迟焦化的主要生产目的是提高炼厂的轻质油收率,除了个别以生产针状焦为主要目的产品的装置外,对焦化原料的选择一般没有多少余地,因此,应针对原料的性质选择适宜的操作条件以尽量提高液体产品产率而降低焦炭产率。上述讨论的几个反应条件应综合进行考虑。例如,降低焦炭塔压力有利于提高液体收率和降低焦炭产率,但降低压力会使投资和操作费用增加,这里有一个优化的问题。

除了反应条件外,焦炭塔的设计、加热炉的设计等都会对装置的开工周期、能耗等起直接的和重要的影响。近年来,已经可以用计算机计算加热炉中每一根炉管的温度、管内的汽化率、流速和反应速度等,使焦化加热炉的设计更为合理。

表 5.9 焦炭塔压力对产品产率的影响

焦炭塔压力/MPa		0.108	0.145	0.181	0.217
产品产率增加值	干气(FOE)(体积分数)/%	−0.25	−0.12	基准	+0.11
	液化气(体积分数)/%	−0.38	−0.14	基准	+0.11
	液体油品(体积分数)/%	+1.12	+0.53	基准	−0.49
	焦炭(质量分数)/%	−0.90	−0.46	基准	+0.41

5.2.4 石油焦

延迟焦化的焦炭产率比较高,占焦化产品量的比例较大,因此,石油焦的质量和售价对焦化过程的经济效益有重要的影响。石油焦按其外形及性质可以分为普通焦和优质焦,具体地可以分为海绵状焦、蜂窝状焦和针状焦。

(1)海绵状焦。亦即无定型焦,是由高胶质‐沥青质含量的原料生成的石油焦。从外观上看,如海绵状,焦块内有很多小孔,孔隙之间的焦壁很薄,孔隙之间几乎没有内部连接。当转化为石墨时,具有较高的热膨胀系数,且由于杂质含量较多和导电率低,这种焦不适于制造电极,主要作为普通固体燃料。另一种较大的用途是作为水泥窑的燃料(主要限制是金属含量不能太高),另一个有发展前景的用途是作为气化原料。

(2)蜂窝状焦。是由低或中等胶质‐沥青质含量的原料生成的石油焦。焦块内小孔呈椭圆状,焦孔内部互相连接,分布均匀,并且是定向的。当沿着焦块边部切开时,就可以看到蜂窝状的结构。这种石油焦经煅烧和石墨化后,能制造出合格的电极。其最大的用途是作为炼铝工业中的阳极。此时,要求焦炭中的硫和金属含量比较低,而且要求含较少的挥发分和水分。

(3)针状焦。是由含芳烃多的裂解渣油或催化裂化澄清油作为原料生成的石油焦。从外观看,有明显的条纹,焦块内的孔隙是均匀定向的和呈细长椭圆形。当碰撞时,焦块破裂成针状的焦片。针状焦经石墨化后可制造出高级的电极,具有结晶程度高、热膨胀系数低、导电率高等特性。针状焦的另一要求是含硫较低,一般在0.5%以下。

对用于制造电极或其他石墨化材料的石油焦,都须经煅烧以降低其中的挥发分和水分,高温煅烧也可以较大程度地降低其硫含量。高温煅烧可在旋转窑焙烧炉或转盘炉中进行。

针状焦是一种具有很高经济价值的材料,可用于制造炼铝和炼钢的低电阻电极、原子反应堆的减速剂和宇宙飞行设备中的高级石墨制品等。例如,用针状焦制成的超高功率电极,应用于炼钢电炉,可以增加产量,缩短熔炼时间,降低电耗等。从而降低了炼钢的成本、提高了生产效率。生产针状焦虽然也是用延迟焦化,但与生产普通石油焦的延迟焦化相比,对原料和工艺条件有它的特殊要求,这与石油焦的生成机理有关。

渣油热转化中所形成的焦炭在结构和性质上并不都是一样的,大体上可分为两种类型。一类是在光、热、电等物理性质上各向同性的,它不易石墨化,不能作为电极焦原料;另一类是在光、热、电等物理性质上各向异性的,它易于石墨化,可用作制造电极的原料。至于在焦化反应过程中究竟生成哪类焦炭则取决于原料的化学组成和反应条件。

研究工作表明,可石墨化焦形成的前驱物是碳质中间相。芳香环是平面结构的,随着芳烃的缩合其平面逐渐增大,由于芳香环系之间的 $\pi - \pi$ 分子间作用力,使得稠环芳香片状分子相互作用而堆积在一起,这样便在体系中出现一个有明显界面的新相。它既具有各向异性的晶体特性,又有能流动的流体特性,故称为碳质中间相。由于表面张力作用,这个中间相常是呈球状的,所以也称为小球体。这种小球体内部有层次地整齐定向聚集着很多稠环芳烃分子,所以它具有明显的各向异性的特征。随着反应的加深,这种碳质中间相小球体在体系中有一个初生和成长、相遇和融并、增黏和老化以及定向和固化的过程。刚生成的小球体的直径很小,只有百分之几微米,它在高温下能溶于母液,在低温下又能析出。随后小球体逐渐长大,最大的直径可达几百微米。各小球体相遇时会发生融并而形成复球。经多次反复融并,复球越来越大,逐渐变成流动的整体中间相,尔后再固化成为焦炭。

碳质中间相小球体的上述变化过程直接影响所形成的焦炭的结构和质量。如原料中含胶质、沥青质较多,在热转化时很容易生成小球体,但它们不易长大和融并,这些很小的小球体容易聚结而固化成各向同性的结构。而含芳烃较多的原料虽然较难生成碳质中间相小球体,但生成的小球体易于长大和融并,进而定向和固化为易于石墨化的各向异性的结构。

从上述石油焦形成过程可见,欲生产针状焦,首先要选择合适的原料。芳烃含量高而胶质、沥青质含量低、并且含硫量低的重质油是生产针状焦的良好原料。石油化工厂的裂解焦油、催化裂化的澄清油、润滑油溶剂精制的抽出油等都是良好的生产针状焦的原料。在以生产针状焦为主要目的时,延迟焦化的操作条件也不同于以重油轻质化为主要目的的操作条件。此时,应采用大循环比和延长成焦时间,并且采用变温操作,使之有利于中间相小球体的长大和转化。

5.3 减黏裂化

5.3.1 概 述

减黏裂化(visbreaking)是一种以渣油为原料的浅度热裂化过程,也可简称为减黏过程。减黏过程的生产目的是把重质高黏度渣油通过浅度热裂化反应转化为较低黏度和较低倾点的燃料油,以达到燃料油的规格要求,或者是虽然还未达到燃料油的规格要求,但是可以减少掺入的轻馏分油的量。例如,胜利管输油的减压渣油的黏度(100 ℃)达10^3 mm^2/s,为了满足燃料油的规格要求,就须掺入相当数量的馏分油甚至是柴油,结果就降低了全厂的轻质油收率。近年来,由于对轻质油的需求不断增长,一些炼厂的减黏过程除了以渣油减黏为生产目的外,还通过改变反应条件提高转化率,多产一些轻质油。表5.10列出了普通减黏过程的主要反应条件和产物产率。

由表可见,普通减黏过程的转化率较低,其低于350 ℃生成油及裂化气的产率不到10%,350 ℃减黏渣油的产率在90%以上。与原料渣油相比,减黏渣油的黏度显著地降低。至于同时多产轻质油的减黏过程,一般主要是通过延长反应时间,同时采用适宜稍高的温度,例如430 ℃左右来提高转化率,其汽油、柴油收率可达20%左右或更高些。

表 5.10 普通减黏过程的主要反应条件和产物产率

减压渣油原料	胜利管输油	胜利-辽河混合油	大庆油
反应温度/℃	380	430	420
反应时间/min	180	27	57

续表 5.10

减压渣油原料		胜利管输油	胜利 – 辽河混合油	大庆油
产物产率 （质量分数）/%	裂化气	1.0	1.4	1.3
	C_5（200 ℃）		3.5	2.0
	200 ~ 350 ℃		4.1	2.5
	500 ℃	98.0	91.0	93.6
原料渣油黏度（100 ℃）/$(mm^2 \cdot s^{-1})$		103	578	121
减黏渣油黏度（100 ℃）/$(mm^2 \cdot s^{-1})$		38.7	70.7	55.4

图 5.7 是减黏裂化原料工艺流程。减压渣油原料经换热后进入加热炉。为了避免炉管内结焦,向炉管内注入约 1% 的水。加热炉出口温度为 400 ~ 450 ℃,在炉出口处可注入急冷油使温度降低而中止反应,以免后路结焦。反应产物进入常压蒸发塔,塔顶油气进入分馏塔分离出裂化气、汽油和柴油,柴油的一部分可作为急冷油用。从蒸发塔底抽出减黏渣油。此种流程适用于目的产品为减黏渣油的炼厂,其流程比较简单。当需要提高转化率以增大轻油收

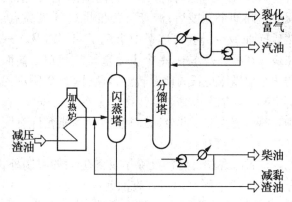

图 5.7 减黏裂化原料工艺流程

率时,可将蒸发塔换成反应塔,使炉出口的油气进入反应塔继续反应一段时间。反应塔是上流式塔式设备,内设几块筛板。为了减少轴向返混,筛板的开孔率自下而上逐渐增加。反应塔的大小由反应所需的时间决定。图 5.8 是这种带反应塔的减黏裂化工艺流程。

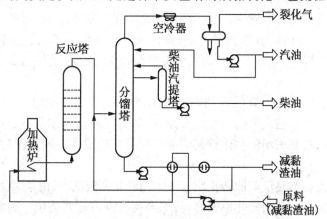

图 5.8 带反应塔的减黏裂化工艺流程

5.3.2 渣油减黏过程的反应深度

渣油减黏反应的温度为 400 ~ 450 ℃,压力为几个大气压。在此条件下,渣油的主体处于

液相。在相同温度下,单位体积的液体中含有的分子数约为单位体积的气体中的分子数的百倍,或者说,常压下液体中的分子浓度约相当于气体在 10 MPa 压力下的浓度。因此,液相中进行的反应相当于高压下的气相反应。由此可见,油品在液相热转化与在气相热转化相比,在相同的温度下,除了反应速度更快外,还更易产生缩合产物。这一点在渣油热转化时是应予以考虑的。

　　渣油热转化是一个复杂的反应过程。图 5.9 示出了减压渣油热转化体系中组成的变化。由图可见,随着反应深度的增大,气体和馏分油的产率增大、体系中的正庚烷可溶质(饱和分、芳香分、胶质)含量减少,沥青质的含量在一定范围内增大,但当反应达到某个深度后,沥青质含量也达到最高点,然后转而减少,同时,体系中出现了苯不溶物——焦炭。在减黏操作中,一个十分重要的问题是如何防止结焦以维持长周期运转。因此,图 5.9 所示的那个减压渣油在减黏时其转化率应不超过 28%,否则就有可能生焦。此外,燃料油中也不能允许有固体物(焦炭)存在。

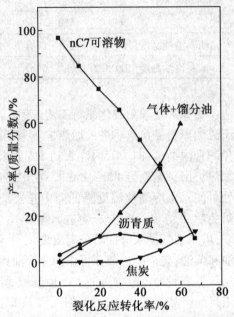

图 5.9　减压渣油热转化体系中组成的变化

　　渣油减黏的反应深度除了受到生焦的限制外,还有其他两个限制因素。渣油是一种胶体分散体系,在热转化过程中,由于缩合反应,渣油中作为分散相的沥青质的含量逐渐增多,而裂解反应不仅使分散介质的黏度变小,还使其芳香性减弱,同时,作为胶溶组分的胶质也在逐渐减少。这些变化都会导致分散相和分散介质间的相容性变差。当变化到一定程度后,沥青质就不能全部在体系中稳定地胶溶而发生部分沥青质聚集分层的现象。这种现象在燃料油产品性质中被称为安定性差。一般来说,原料油中的沥青质含量越高,则能满足安定性要求的最大转化率越小。实际上,渣油胶体体系的破坏而导致相的分离及沉淀分层现象才是减黏裂化反应深度的主要限制因素。

　　在用掺入轻馏分的办法来降低渣油黏度以生产燃料油时,也要注意渣油的安定性问题。如果掺入的轻馏分过多或轻馏分的石蜡性太强时,都会因使胶体体系不稳定而导致分层。因此,在调和燃料油时,最好采用芳香性较强的催化裂化柴油或澄清油等作为稀释剂,并通过试验确定适宜的掺入比例。

　　减黏渣油的黏度与减黏反应的转化率有关。当转化率较低时,由于裂化反应,渣油的黏度随着转化率增大而减小。而当转化率较高时,缩合反应渐占重要地位。因此就会出现这样的现象:在减黏裂化反应初期,渣油的黏度随着转化率的增大而逐渐降低,但当降低至某一最低值后,渣油的黏度反而随着转化率的进一步增大而急剧上升。与上述的黏度最低点相应的反应条件应当是最佳的条件。

　　上面讨论的三个限制减黏反应深度的因素都与渣油的反应特性密切相关,但是它们分别对应的最大转化率的数值并不是相同的。因此,在确定反应深度时应当对上述诸限制因素做综合的考虑。

5.3.3 渣油减黏反应动力学

纯烃的热反应符合一级反应动力学规律。渣油是复杂的混合物,随着反应深度的加深,反应进程逐渐偏离一级反应动力学规律。渣油减黏裂化反应的转化率不太高,其反应进程可以粗略地用一级反应动力学来表述。

在实际生产中,通过试验数据来观察渣油减黏反应的进程有重要意义。除了原料油组成外,影响反应的主要因素有温度、反应时间和反应压力。图5.10表示了胜利减压渣油减黏裂化转化率与反应温度及时间之间的关系。由图可见,随着反应温度或时间的增加,转化率增大。就热反应而言,反应温度与反应时间在一定范围内存在着相互补偿的关系,即高温短时间或低温长时间可以达到相同的转化率。减黏裂化一般采用较低的温度和较长的反应时间。

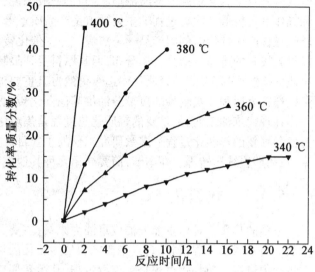

图 5.10 胜利减压渣油减黏裂化转化率与反应温度及时间的关系

关于反应压力的影响,由于渣油在减黏裂化时主要是液相反应,因此反应压力对渣油减黏反应的影响不太大。但在反应过程中总是有部分气相物质(尤其是中间反应产物),因此,提高反应压力会有利于缩合反应,而且会增长反应时间。渣油减黏裂化反应一般都采用较低的反应压力(几个大气压)。对渣油减黏过程,也可以采用集总动力学模型的方法来处理。石油大学重质油加工国家重点实验室提出了一种以渣油四组分为基础的七集总反应模型,该模型的反应网络如图 5.11 所示。网络中的每个反应都按一级反应处理。在此网络中,胶质处于中心位置,这对于胶质含量达一半以上的我国减压渣油是比较合适的。

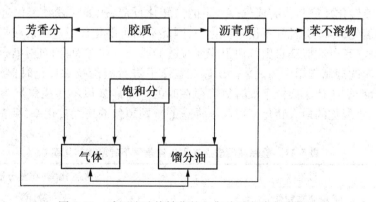

图 5.11 减压渣油热转化的七集总反应动力学模型

5.4 其他渣油热转化过程

热转化过程的最主要的优点是能处理各种渣油原料,包括沥青质、胶质含量高,或者说是残炭值高及金属含量高的劣质渣油。同时,一般来说,热转化过程的工艺相对比较简单,投资和操作费用较低。此类过程的主要缺点是产品质量差,通常不能直接作为产品。此外,一些热转化过程产生低价值的副产品——焦炭。一些催化转化过程,例如催化裂化、加氢裂化等虽然能得到较好的产品及产品产率分布,但其原料受到限制,难以直接处理渣油,尤其是劣质渣油。因此,热转化过程在渣油轻质化中迄今仍然占有重要的地位,直接从渣油生产轻质油品,或者是生产含金属和残炭较少的重馏分油供其他催化转化过程作为原料。

在现代炼油工业,最重要的轻质化热过程是焦炭化过程,但仍然有不少研究工作者在研究开发各种新的热转化过程。多数研究工作的主要目标是:不产出副产品焦炭、较高的轻质油收率、长周期连续运转等。在本节,简要介绍几种其他类型的热转化过程。

5.4.1 热裂化

早期的热裂化是以重馏分油或重油为原料,主要目的产品是汽油。热裂化的工艺流程与带反应塔的减黏过程很相似,其主要区别是热裂化的炉出口温度较高,约490 ℃,大部分反应在炉管内进行。热裂化过程是个连续过程,其运转周期主要是受炉管内结焦制约。这种早期的热裂化过程已被催化裂化和焦炭化所替代。近年来研究的热裂化过程减压渣油为原料,其主要目的是取得较低残炭值和金属含量的重馏分油,作为催化转化过程的原料,同时也得到一些轻质油。这类热过程在日本研究得较多。例如 HSC 过程,其主要特点是中等反应深度,转化率在焦炭化与减黏之间。实际上,它与带上流式反应塔的减黏过程很相似。又如"尤利卡过程",其主要特点是不产生焦炭而产生沥青(pitch),可作为冶炼焦的黏结剂。尤利卡过程中有两个反应塔,反应温度约500 ℃,同时向反应塔内吹入过热水蒸气。两个反应塔轮换使用,而从整个装置来看则是连续生产的。上述两种热转化过程在工业上已有应用,但并不广泛。

5.4.2 临氢热转化过程

所谓临氢热转化反应是指有氢气存在下的热转化反应,例如在减黏裂化过程中通入氢气就是临氢减黏裂化,但此类过程不使用催化剂,因此不同于催化加氢过程。在临氢热转化过程中,氢的作用是它有可能捕获自由基而阻滞反应链的增长。相对而言,氢对缩合反应的抑制作用比对裂解反应的抑制作用更为显著。所以在氢压下进行渣油减黏裂化时,当达到相同的转化率时,其缩合产物的产率会低于没有氢气存在时的产率。如以不生成焦炭为反应转化率的限度,则渣油临氢裂化的最大转化率可高于常规的减黏裂化的最大转化率,见表 5.11。

表 5.11　孤岛减压渣油在不生焦条件下的最大转化率

过程	最大转化率(质量分数)/%
常规减黏裂化	27.9
临氢减黏裂化	30.5
供氢剂减黏裂化	45.9

采用供氢剂可以得到更好的效果。最常用的供氢剂是四氢萘。在反应过程中,四氢萘分子中环烷环的亚甲基上的氢原子因相邻芳环的影响而比较活泼,易于被烃自由基夺走,使四氢萘转化为萘,同时也提供了活泼氢。供氢剂可以循环使用。

近年来,还发展了一种在临氢减黏裂化时加入某些具有催化活性物质的方法,可以在更大程度上提高减压渣油的转化率。这种方法实际上已属于催化加氢的范畴。

5.4.3　ART 过程

ART 过程是由英格哈特公司和凯洛公司联合开发的,其主要目的是为催化转化过程提供较低残炭值及较低金属含量的原料油。研究开发者把它称为一种选择性汽化过程。ART 过程的反应部分的原理流程如图 5.12 所示。

由图可见,此过程的流程与催化裂化流程十分似,只是它不用裂化催化剂而是用一种称为热载体的物质在系统内循环。这种热载体基本上没有催化裂化活性,可以看作一种惰性物质,但其筛分组成及物理结构与裂化催化剂相近。减压渣油在反应器内与高温的热载体接触(接触温度约 500 ℃)渣油中的较轻部分进行汽化,其较重部分则在热载体上进行裂解

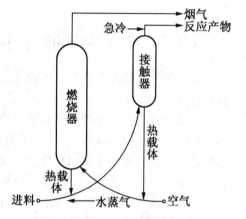

图 5.12　ART 过程的反应部分

反应,反应产生的焦炭沉积在热载体上,而裂化产物则随已汽化的部分原料一起离开反应器。结有焦炭的热载体循环至再生器,用空气烧焦后再返回反应器。反应产物以重质馏分油为主,同时也有部分轻质油及裂化气。此过程起到脱碳、脱金属的作用,同时也有一定程度的脱硫和脱氮的作用。

洛阳石化工程公司也发展了类似的过程,称为 ROP 过程。

此类过程的主要特点是采用了热载体,焦炭不是作为产品而是沉积在热载体上,经再生为本过程提供热源。一般情况下,此热量远大于本装置的需要,余热可用于发生蒸汽。此类过程的复杂程度及投资与催化裂化大体相当,至今尚未被广泛应用。

第6章 催化裂化

6.1 概 述

6.1.1 催化裂化的原料和产品

催化裂化是最重要的重质油轻质化过程之一,在汽油和柴油等轻质油品的生产中占有很重要的地位。

传统的催化裂化原料是重质馏分油,主要是直馏减压馏分油(VGO),也包括焦化重馏分油(CGO,通常须经加氢精制)。由于对轻质油品的需求不断增长及技术进步,近20年来,更重的油料也作为催化裂化的原料,例如减压渣油、脱沥青的减压渣油、加氢处理重油等。一般都是在减压馏分油中掺入上述重质原料,其掺入的比例主要受制于原料的金属含量和残炭值。对于一些金属含量很低的石蜡基原油也可以直接用常压重油作为原料。当减压馏分油中掺入更重质的原料时则通称为重油催化裂化。

原料油在 500 ℃ 左右、2~4 atm 及与裂化催化剂接触的条件下,经裂化反应生成气体、汽油、柴油、重质油(可循环做原料)及焦炭。反应产物的产率与原料性质、反应条件及催化剂性能有密切的关系。在一般工业条件下,气体产率为 10% ~20% ,其中主要是 C_3、C_4 且其中的烯烃含量可达50%左右;汽油产率为30% ~60% ,其研究法辛烷值约为80~90,安定性也较好;柴油产率约为 0~40% ,由于含有较多的芳烃,其十六烷值较直馏柴油低,由重油催化裂化所得的柴油的十六烷值更低,而且其安定性也较差;焦炭产率为5% ~7% ,原料中掺入渣油时的焦炭产率则更高些,可达8% ~10% 。焦炭是裂化反应的缩合产物,它的碳氢比很高,其原子比约为1:(0.3~1),它沉积在催化剂的表面上,只能用空气烧去而不能作为产品分离出 Q。表6.1列举了几个催化裂化装置的产品产率分布。

表6.1 催化裂化装置的产品产率分布

原料油		大庆 VGO	大庆常压渣油	胜利 VGO	胜利 VGO +9.5%减渣
产品产率 (质量分数)/%	≤C_2	1.7	2.4	1.8	2.0
	$C_3 + C_4$	10.0	10.9	9.9	9.4
	汽油	52.6	50.1	52.9	47.6
	轻柴油	27.1	26.2	30.1	32.5
	重柴油	4.5	—	—	—
	油浆	—	—	—	0.5
	焦炭	4.1	9.9	4.6	7.9
	损失	—	0.5	0.7	0.1

催化裂化气体富含烯烃,是宝贵的化工原料和合成高辛烷值汽油的原料。例如,丁烯与异丁烷可合成高辛烷值汽油,异丁烯可合成高辛烷值组分 MTBE 等,丙烯是合成聚丙烯及聚丙烯腈等的原料,干气中的乙烯可用于合成苯乙烯等,还可用于民用液化气。

从催化裂化的原料和产品可以看出,催化裂化过程在炼油工业乃至国民经济中占有重要地位。因此,在一些原油加工深度较大的国家,例如中国和美国,催化裂化的处理能力达原油加工能力的 30% 以上。在我国,由于多数原油偏重,而氢碳比(H/C)相对较高且金属含量相对较低,催化裂化过程,尤其是重油催化裂化过程的地位就显得更为重要。

6.1.2　催化裂化技术的发展概况

最早的工业催化裂化装置出现于 1936 年,80 多年来,无论是在规模上还是在技术上都有了巨大的发展。从技术发展的角度来说,最基本的是反应从再生形式和催化剂性能两方面的发展。

原料油在催化剂上进行催化裂化时,一方面通过分解等反应生成气体、汽油等较小分子的产物,另一方面同时发生缩合反应生成焦炭。这些焦炭沉积在催化剂的表面上,使催化剂的活性下降。因此,经过一段时间的反应后,必须烧去催化剂上的焦炭以恢复催化剂的活性。这种用空气烧去积炭的过程称为"再生"。由此可见,一个工业催化裂化装置必须包括反应和再生两部分。

裂化反应是吸热反应,在一般工业条件下,对每千克新鲜原料的反应大约需吸热400 kJ;而再生反应是强放热反应,每千克焦炭燃烧约放出热量 33 500 kJ。因此,一个工业催化裂化装置必须解决周期性地进行反应和再生,同时又周期性地供热和取热这个问题。如何解决反应和再生这一对矛盾是早期促进催化裂化工业装置形式发展的主要推动力。

最先在工业上采用的反应器形式是固定床反应器。预热后的原料进入反应器内进行反应,通常只经过几分钟到十几分钟,催化剂的活性就因表面积炭而下降,这时,停止进料,用水蒸气吹扫后,通入空气进行再生。因此,反应和再生轮流间歇地在同一个反应器内进行。为了在反应时供热及在再生时取走热,在反应器内装有取热的管束,用一种融盐循环取热。为了使生产连续化,可以将几个反应器组成一组,轮流地进行反应和再生。

固定床催化裂化的设备结构复杂,生产连续性差,因此,在工业上已被其他形式所代替,但是在试验研究中它还有一定的使用价值。

在 20 世纪 40 年代初,移动床催化裂化和流化床催化裂化差不多是同时发展起来的。

移动床催化裂化的反应和再生是分别在反应器和再生器内进行的。原料油与催化剂同时进入反应器的顶部,它们互相接触,一面进行反应,一面向下移动。当它们移动至反应器的下部时,催化剂表面上已沉积了一定量的焦炭,于是油气从反应器的中下部导出而催化剂则从底部下来,再由气升管汽提升至再生器的顶部,然后,在再生器内向下移动的过程中进行再生。再生过的催化剂经另一根气升管又提升至反应器。为了便于移动和减少磨损,将催化剂做成 3～6 mm 直径的小球。由于催化剂在反应器和再生器之间循环,起到热载体的作用,因此,移动床内可以不设加热管。但是在再生器中,由于再生时放出的热量很大,虽然循环催化剂可以带走一部分热量,但仍不能维持合适的再生温度。因此,在再生器内还须分段安装一些取热管束,用高压水进行循环以取走剩余的热量。

流化床催化裂化的反应和再生也是分别在两个设备中进行,其原理与移动床相似,只是在反应器和再生器内,催化剂与油气或空气形成与沸腾的液体相似的流化状态。为了便于流化,催化剂制成直径为 20 ~ 100 μm 的微球。由于在流化状态时,反应器或再生器内温度分布均匀,而且催化剂的循环量大,可以携带的热量多,减少了反应器和再生器内温度变化的幅度,因而不必再在设备内专设取热设施,从而大大简化了设备的结构。

同固定床催化裂化相比较,移动床或流化床催化裂化都具有生产连续、产品性质稳定及设备简化等优点。在设备简化方面、流化床的优点更突出,特别是流化床更适用于处理量大的生产装置。由于流化床催化裂化的优越性,它很快就在各种催化裂化形式中占据了主导地位。自 20 世纪 60 年代以来,为配合高活性的分子筛催化剂,流化床反应器又发展为提升管反应器。

目前,在全世界催化裂化装置的总加工能力中,提升管催化裂化已占绝大部分,我国的情况也是如此。催化裂化反应再生系统的几种形式如图 6.1 所示。

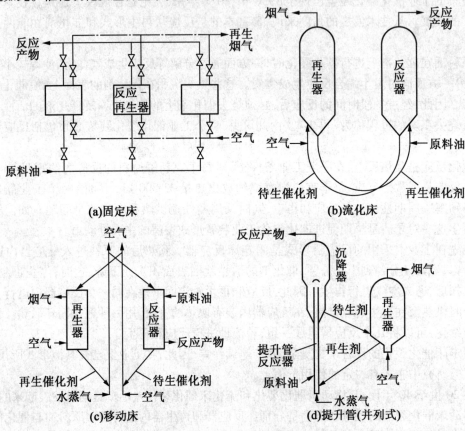

图 6.1　催化裂化反应再生系统的几种形式

催化剂在催化裂化的发展中起着十分重要的作用。在催化裂化发展的初期,主要是利用天然的活性白土作为催化剂。20 世纪 40 年代起广泛采用人工合成的硅酸铝催化剂,60 年代出现了分子筛催化剂,由于它活性高、选择性和稳定性好等特点,很快就被广泛采用。并且促进了催化裂化装置的流程和设备的重大改革,除了促进提升管反应级数的发展外,还促进了再生技术的迅速发展。由于对分子筛催化剂的再生要求把催化剂含碳量降至 0.2% 以下或更低(对硅酸铝催化剂只要求降至 0.5%)。推动了再生技术的发展,陆续出现了两段再生、高效再生、完全再生等技术。30 多年来,分子筛催化剂有了很大的发展。本章将在催化剂一节中具体阐述。

从近十年的发展情况来看,在目前和今后一段时期内,催化裂化技术将会围绕以下几个主要方面继续发展:

①加工重质原料。传统的催化裂化原料主要是减压馏分油。由于对轻质油的需求不断增长以及原油价格的提高,利用催化裂化技术加工重质原料油如常压重油、脱沥青残渣油等可以得到较大的经济效益。如何解决在加工重质原料油时焦炭产率高、重金属污染催化剂严重等问题,是催化裂化催化剂和工艺技术发展中的一个重要方向。

②降低能耗。催化裂化装置的能耗较大,降低能耗的潜力也较大。降低能耗的主要方向是降低焦炭产率、充分利用再生烟气中 CO 的燃烧热以及发展再生烟气热能利用技术等。

③减少环境污染。催化裂化装置的主要污染源是再生烟气中的粉尘、CO、SO_2、NO_x。随着环境保护立法日趋严格,消除污染的问题也日益显得重要。

④适应多种生产需要的催化剂和工艺。例如,结合我国国情多产柴油;又如多产丙烯、丁烯,甚至是多产乙烯的新催化剂和工艺技术。

⑤过程模拟和计算机应用。为了正确设计、预测以及用计算机优化控制,都需要有正确的模拟催化裂化过程的数学模型。由于催化裂化过程的复杂性,在这方面还有许多需要研究和开发的技术。

6.1.3　工艺流程概述

催化裂化装置一般由三部分组成,即反应 – 再生系统、分馏系统、吸收 – 稳定系统。在处理量较大、反应压力较高(例如 0.25 MPa)的装置中,常常还有再生烟气的能量回收系统。图 6.2 是一个高低并列式提升管催化裂化装置的工艺流程。

1. 反应 – 再生系统

新鲜原料油经换热后与回炼油混合,经加热炉加热至 200~400 ℃后至提升管反应器下部的喷嘴,原料油由蒸汽雾化并喷入提升管内,在其中与来自再生器的高温催化剂(600~750 ℃)接触,随即汽化并进行反应。油气在提升管内的停留时间很短,一般只有几秒。反应产物经旋风分离器分离出夹带的催化剂后离开反应器去分馏塔。积有焦炭的催化剂(称待生催化剂)由沉降器落入下面的汽提段。汽提段内装有多层人字形挡板并在底部通入过热水蒸气。待生催化剂上吸附的油气和颗粒之间的空间的油气被水蒸气置换出而返回上部。经汽提后的待生催化剂通过待生斜管进入再生器。

再生器的主要作用是烧去催化剂上因反应而生成的积炭,使催化剂的活性得以恢复。再生用空气由主风机供给,空气通过再生器下面的辅助燃烧室及分布管进入流化床层。对于热平衡式装置,辅助燃烧室只是在开工升温时才使用,正常运转时并不烧燃料油。再生后的催化剂(称再生催化剂)落入淹流管,再经再生斜管送回反应器循环使用。再生烟气经旋风分离器分离出夹带的催化剂后,经双动滑阀排入大气。在加工生焦率高的原料时,例如加工含渣油的原料时,因焦炭产率高,再生器的热量过剩,须在再生器设取热设施以取走过剩的热量。再生烟气的温度很高,不少催化裂化装置设有烟气能量回收系统,利用烟气的热能和压力能(当没能量回收系统时,再生器的操作压力应较高些)做功,驱动主风机以节约电能,甚至可对外输出剩余电力。对一些不完全再生的装置,再生烟气中含有 5%~10% 的 CO,可以设 CO 锅炉使 CO 完全燃烧以回收能量。

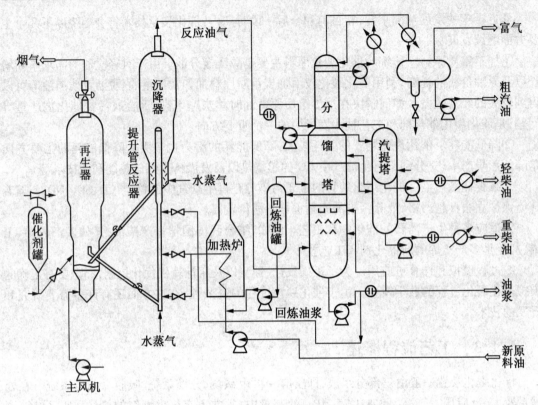

图 6.2　高低并列式提升管催化裂化装置工艺流程

在生产过程中,催化剂会有损失及失活,为了维持系统内的催化剂的藏量和活性,需要定期地或经常地向系统补充或置换新鲜催化剂。为此,装置内至少应设两个催化剂储罐。装卸催化剂时采用稀相输送的方法,输送介质为压缩空气。

在流化床催化裂化装置的自动控制系统中,除了有与其他炼油装置相类似的温度、压力、流量等自动控制系统外,还有一整套维持催化剂正常循环的自动控制系统和在流化失常时起作用的自动保护系统。此系统一般包括多个自保系统,例如反应器进料低流量自保、主风机出口低流量自保、两器差压自保等。以反应器低流量自保系统为例:当进料量低于某个下限值时,在提升管内就不能形成足够低的密度,正常的两器压力平衡被破坏,催化剂不能按规定的路线进行循环,而且还会发生催化剂倒流并使油气大量带入再生器而引起事故。此时,进料低流量自保就自动进行以下动作,切断反应器进料并使进料返回原料油罐(或中间罐),向提升管通入事故蒸汽以维持催化剂的流化和循环。

2. 分馏系统

典型的催化裂化分馏系统如图 6.2 所示。由反应器来的反应产物油气从底部进入分馏塔,经底部的脱过热段后在分馏段分割成几个中间产品:塔顶为汽油及富气,侧线有轻柴油、重柴油和回炼油,塔底产品是油浆。轻柴油和重柴油分别经汽提后,再经换热、冷却后出装置。

催化裂化装置的分馏塔有几个特点:

① 进料是带有催化剂粉尘的过热油气,因此,分馏塔底部设有脱过热段,用经过冷却的油浆把油气冷却到饱和状态并洗下夹带的粉尘以便进行分馏和避免堵塞塔盘。

② 全塔的剩余热量大而且产品的分离精确度要求比较容易满足。因此一般设有多个循环

回流:塔顶循环回流、一至两个中段循环回流、油浆循环。

　　③塔顶回流采用循环回流而不用冷回流,其主要原因是:进入分馏塔的油气含有相当大数量的惰性气体和不凝气,它们会影响塔顶冷凝冷却器的效果;采用循环回流代替冷回流可以降低从分馏塔顶至气压机入口的压降,从而提高了气压机的入口压力、降低气压机的功率消耗。

3. 吸收 – 稳定系统

　　吸收 – 稳定系统主要由吸收塔、再吸收塔、解吸塔及稳定塔组成。从分馏塔顶油气分离器出来的富气中带有汽油组分,而粗汽油中则溶解有 C_3 和 C_4 组分。吸收 – 稳定系统的作用就是利用吸收和精馏的方法将富气和粗汽油分离成干气 $\leqslant C_2$、液化气(C_3 , C_4)和蒸气压合格的稳定汽油。

　　催化裂化的反应 – 再生系统有多种形式,图 6.2 的高低并列式提升管反应器只是其中的一种类型。至于分馏系统及吸收 – 稳定系统,在各催化裂化装置中一般并无很大的差别。

6.2　石油烃类的催化裂化反应

6.2.1　单体烃的催化裂化反应

　　石油馏分是由多种烃类组成的混合物,本节首先讨论各种单体烃在裂化催化剂上的反应。

1. 各类单体烃的反应行为

　　(1)烷烃。

　　烷烃主要是发生分解反应,分解成较小分子的烷烃和烯烃。例如: $C_{16}H_{34} \longrightarrow C_8H_{16} + C_8H_{18}$ 生成的烷烃又可以继续分解成更小的分子。烷烃分子中的 C—C 键的键能随着其由分子的两端向中间移动而减小,例如: $C_1 \sim C_2$ 为 301 kJ、 $C_2 \sim C_3$ 为 267 kJ、 $C_3 \sim C_4$ 为 264 kJ、 $C_4 \sim C_5$ 及其他中部的 C—C 键为 262 kJ。因此,烷烃分解时多从中间的 C—C 键处断裂,而且分子越大越容易断裂。例如:在某相同的条件下、几种烷烃的相对裂化速率(以转化率表示)如下: $n - C_7H_{16}$,3% ; $n - C_{12}H_{26}$,18% ; $n - C_{16}H_{34}$,42%。同理,异构烷烃的反应速率又比正构烷烃的反应速率快。例如,在某一相同的条件下,正十六烷的反应速率是正十二烷的2.3 倍,而2,7 – 二甲基辛烷是正十二烷的 3 倍。

　　(2)烯烃。

　　烯烃的主要反应也是分解反应,但还有一些其他重要的反应。

　　①分解反应。分解为两个较小分子的烯烃。烯烃的分解反应速率比烷烃的高得多。例如在同样条件下,正十六烯的分解反应速率比正十六烷的高一倍。与烷烃分解反应的规律相似,大分子烯烃的分解反应速率比小分子快,异构烯烃的分解反应速率比正构烯烃快。

　　②异构化反应。烯烃的异构化反应有两种,一种是分子骨架改变,正构烯烃变成异构烯烃;另一种是分子中的双键向中间位置转移。例如:

$$C—C—C = C \longrightarrow C—C = C$$
$$\overset{|}{\underset{C}{}}$$

$$C—C—C—C—C = C \longrightarrow C—C—C = C—C—C$$

　　③氢转移反应。环烷烃或环烷芳烃(如四氢萘、十氢萘等)放出氢使烯烃饱和而自身逐渐变成稠环芳烃。两个烯烃分子之间也可以发生氢转移反应,例如两个己烯分子之间发生氢转

移反应,一个变成己烷而另一个则变成己二烯。可见,氢转移反应的结果是一方面某些烯烃转化为烷烃,另一方面,给出氢的化合物转化为多烯烃及芳烃或缩合程度更高的分子,直至缩合至焦炭。氢转移反应是造成催化裂化汽油饱和度较高的主要原因。氢转移反应的速率较低,需要活性较高的催化剂。在高温下(例如 500 ℃左右),氢转移反应速率比分解反应速率低得多,所以在高温时,裂化汽油的烯烃含量高;在较低温度下(例如 400 ~ 450 ℃)氢转移反应速率降低的程度不如分解反应速率降低的程度大(因分解反应速率常数的温度系数较大),于是在低温反应时所得汽油的烯烃含量就会低一些。了解这些规律对指导生产是有实际意义的,例如提高反应温度可以提高汽油的辛烷值。

④芳构化反应。烯烃环化并脱氢生成芳烃。

(3)环烷烃。

环烷烃的环可断裂生成烯烃,烯烃再继续进行上述各项反应。例如:

$$
\begin{array}{c}
C-C-C-C-C \\
\diagdown\ \diagdown \\
C\quad C \\
\diagdown\ \diagup \\
C
\end{array}
\quad\longrightarrow\quad
C-C-C-C=C-C-C-C
$$

与异构烷烃相似,环烷烃的结构中有叔碳原子,因此分解反应速率较快。如果环烷烃带有较长的侧链,则侧链本身也会断裂。环烷烃也能通过氢转移反应转化为芳烃。带侧链的五元环烷烃也可以异构化成六元环烷烃,再进一步脱氢生成芳烃。

(4)芳烃。

芳烃的芳核在催化裂化条件下十分稳定,例如苯、萘就难以进行反应。但是连接在芳核上的烷基侧链则很容易断裂生成较小分子的烯烃,而且断裂的位置主要是发生在侧链和芳核连接的键上。

多环芳烃的裂化反应速率很低,它们的主要反应是缩合成稠环芳烃,最后成为焦炭,同时放出氢使烯烃饱和。

由以上列举的化学反应可以看到:在催化裂化条件下,烃类进行的反应不仅仅是分解这一种反应,不仅有大分子分解为小分子的反应,而且有小分子缩合成大分子的反应(甚至缩合至焦炭)。与此同时,还进行异构化、氢转移、芳构化等反应。在这些反应中,分解反应是最主要的反应,催化裂化这一名称就是因此而得名。

2. 烃类催化裂化反应的机理

前面讨论了在催化裂化条件下各种烃类进行哪些反应。为了了解这些反应是怎样进行的并解释某些现象,例如裂化气体中 C_3、C_4 多,汽油中异构烃多等,我们再进一步讨论烃类在裂化催化剂上进行反应的历程,或称反应机理。

到目前为止,正碳离子学说被公认为解释催化裂化反应机理比较好的一种学说。其他虽然也有一些理论在某些方面是正确的,但是不能像正碳离子学说解释问题的范围那样广泛。

关于正碳离子的概念早在 1922 年就由 Meerwein 提出,但这个概念直至 20 世纪 50 年代才被用于解释催化裂化反应的机理。Haensel 和 Bruce 对催化裂化中的正碳离子反应机理方面的研究曾做过很好的总结。

所谓正碳离子,是指缺少一对价电子的碳所形成的烃离子,如 RCH_2。

正碳离子的基本来源是由一个烯烃分子获得一个 H^+ 而生成。例如:

$$C_n H_{2n} + H^+ \longrightarrow C_n H_{2n+1}^+$$

H^+ 来源于催化剂的表面。裂化催化剂如硅酸铝、分子筛催化剂的表面都有酸性,能提供 H^+。

下面通过正十六烯的催化裂化反应来说明正碳离子学说。

①十六烯从催化剂表面或已生成的正碳离子获得一个 H^+ 而生成正碳离子。

$$n - C_{16}H_{32} + H^+ \longrightarrow C_5H_{11}\!\!-\!\!\overset{\overset{\displaystyle H}{|}}{\underset{+}{C}}\!\!-\!\!C_{10}H_{21}$$

$$n - C_{16}H_{32} + C_3H_7^+ \longrightarrow C_3H_6 + C_5H_{11}\!\!-\!\!\overset{\overset{\displaystyle H}{|}}{\underset{+}{C}}\!\!-\!\!C_{10}H_{21}$$

②大的正碳离子不稳定,容易在 β 位置上断裂。

$$C_5H_{11}\!\!-\!\!\overset{\overset{\displaystyle H}{|}}{\underset{+}{C}}\!\!-\!\!CH_2\overset{\beta}{-}C_9H_{19} \longrightarrow C_5H_{11}\!\!-\!\!\overset{\overset{\displaystyle H}{|}}{C}\!\!=\!\!CH_2 + \underset{+}{CH_2}\!\!-\!\!C_8H_{17}$$

③生成的正碳离子是伯正碳离子,不够稳定,易于变成仲正碳离子,然后又接着在 β 位置上断裂。

$$\underset{+}{CH_2}\!\!-\!\!C_8C_{17} \longrightarrow CH_3\!\!-\!\!\underset{+}{CH}\!\!-\!\!C_7H_{15}$$
$$\longrightarrow CH_3\!\!-\!\!CH\!\!=\!\!CH_2 + \underset{+}{CH_2}\!\!-\!\!C_5H_{11}$$

以上所述的伯正碳离子的异构化,大正碳离子在 β 位置上断裂、烯烃分子生成正碳离子等反应可以继续下去,直至不能再断裂的小正碳离子(即 $C_3H_7^+$、$C_4H_9^+$)为止。

④正碳离子的稳定程度从大到小依次是:叔正碳离子、仲正碳离子、伯正碳离子,因此生成的正碳离子趋向于异构叔正碳离子。例如:

$$C_5H_{11}\!\!-\!\!\underset{+}{CH_2} \longrightarrow C_4H_9\!\!-\!\!\underset{+}{CH}\!\!-\!\!CH_3$$
$$\longrightarrow CH_3\!\!-\!\!\underset{+}{\underset{\underset{\displaystyle CH_3}{|}}{C}}\!\!-\!\!C_3H_7$$

⑤正碳离子将 H^+ 还给催化剂,本身变成烯烃,反应中止。例如:

$$C_3H_7^+ \longrightarrow C_3H_8 + H^+（催化剂）$$

关于烷烃的反应历程,可以认为是烷烃分子与已生成的正碳离子作用而生成一个新的正碳离子,然后再继续进行以后的反应。用正碳离子反应机理也可以较满意地解释带烷基侧链的芳烃反应时在与苯核连接的 C—C 键上断裂。正碳离子学说可以解释烃类催化裂化反应中的许多现象。例如:由于正碳离子分解时不生成比 C_3、C_4 更小的正碳离子,因此裂化气中含 C_1、C_3 少(催化裂化条件下总不免伴随有热裂化反应发生,因此总有部分 C_1、C_2 产生);由于伯、仲正碳离子趋向于转化成叔正碳离子,因此裂化产物中含异构烃多;由于具有叔正碳离子的烃分子易于生成正碳离子,因此异构烷烃或烯烃、环烷烃和带侧链的芳烃的反应速率高等。正碳离子还说明了催化剂的作用,催化剂表面提供,使烃类通过生成正碳离子的途径来进行反应,而不像热裂化那样通过自由基来进行反应,从而使反应的活化能降低,提高了反应速率。

正碳离子学说是根据一些已被证明是正确的理论(例如关于电子作用、键能等理论)推论出来的,而且正碳离子的存在早经导电试验证实,实际发生的现象与由正碳离子学说推论所得的结果也很相符。但是正碳离子学说也还有不完善的地方,例如对于纯烷烃裂化时最初的正碳离子是如何产生的等问题还没有十分满意的解释。

正碳离子学说的发展已有 50 多年的历史,它主要是根据在无定型硅酸铝催化剂上反应的研究结果来阐述的。关于烃类在结晶型分子筛催化剂上的反应机理,经过 20 多年的研究,大多数的研究结果证明它也是正碳离子反应,正碳离子反应机理同样适用。分子筛催化剂的表面也呈酸性,能提供 H^+。分子筛催化剂的活性比硅酸铝催化剂的活性高得多,仅从酸性中心及其酸强度的比较尚不能满意地解释。有的研究工作者从其他角度(如产生静电场、晶格内反应物的局部浓度高等)来解释此现象。总体来看,这些问题还有待于更深入地研究。

为了加深对烃类催化裂化反应特点的认识,表 6.2 根据实际现象和反应机理对烃类的催化裂化反应同热裂化反应做一比较。

表 6.2　烃类的催化裂化反应同热裂化反应的比较

裂化类型	催化裂化	热裂化
反应机理	正碳离子反应	自由基反应
烷烃	1. 异构烷烃的反应速率比正构烷烃高得多 2. 裂化气中的 C_3、C_4 多,$\geq C_4$ 的分子中含 α-烯少,异构物多	1. 异构烷烃的反应速率比正构烷烃快得不多 2. 裂化气中的 C_1、C_2 多,$\geq C_4$ 的分子中含 α-烯多,异构物少
烯烃	1. 反应速率比烷烃的反应速率快得多 2. 氢转移反应显著,产物中烯烃尤其是二烯烃较少	1. 反应速率与烷烃的反应速率相似 2. 氢转移反应很少,产物的不饱和度高
环烷烃	1. 反应速率与异构烷烃的反应速率相似 2. 氢转移反应显著,同时生成芳烃	1. 反应速率比正构烷烃的反应速率还要低 2. 氢转移反应不显著
带烷基侧链($\geq C_3$)的芳烃	1. 反应速率比烷烃反应速率快得多 2. 在烷基侧链与苯环连接的键上断裂	1. 反应速率比烷烃的反应速率慢 2. 烷基侧链断裂时,苯环上留有 1~2 个 C 的短侧链

6.2.2　石油馏分的催化裂化反应

石油馏分由各种单体烃组成,因此,在石油馏分进行催化裂化反应时,前一节里所述的单体烃的反应规律是石油馏分进行反应的根据,是最重要的因素。例如,石油馏分除了进行分解反应外,也进行异构化、氢转移、芳构化等反应;又如重馏分油的反应速率比轻馏分油的反应速率高等。但是,组成石油馏分的各种烃类之间又有相互影响,因此石油馏分的催化裂化反应又有它本身的特点。下面讨论两方面的特点。

1. 各类烃之间的竞争吸附和对反应的阻滞作用

烃类的催化裂化反应是在催化剂表面上进行的。在一般催化裂化条件下,原料油(VGO)是气相,因此馏分油的催化裂化反应是气-固相催化反应。反应物首先是从油气流扩散到催化剂表面上(其中很重要的是催化剂的微孔中的表面),并且吸附在表面上,然后在催化剂的作用下进行化学反应。生成的反应产物先从催化剂表面上脱附,再从这些微孔里扩散至油气流中,导出反应器。由此可见,烃类进行催化裂化反应的先决条件是在催化剂表面上的吸附。根据试验数据,各种烃类在催化剂上的吸附能力由强到弱的顺序大致可排列如下:稠环芳烃、稠环环烷烃、烯烃、单烷基侧链的单环芳烃、环烷烃、烷烃。在同一族烃类中,大分子的吸附能力比小分子的强。如果按化学反应速率由高到低顺序排列,则大致情况如下:烯烃、大分子单烷基侧链的单环芳烃、异构烷烃及环烷烃、小分子单烷基侧链的单环芳烃、正构烷烃、稠环芳烃。

　　显然,这两个排列顺序是有差别的,特别突出的是稠环芳烃和小分子单烷基侧链的单环芳烃,它们的吸附能力最强而化学反应速率却最低。因此,当裂化原料中含这类烃类较多时,它们就首先占据了催化剂表面。但是它们反应得很慢,而且不易脱附,甚至缩合至焦炭,干脆不离开催化剂表面。这样就大大地妨碍了其他烃类被吸附到催化剂表面上来进行反应,从而使整个石油馏分的反应速率降低。认识这个特点对指导生产有实际意义。例如芳香基原料油、催化裂化循环油或油浆(其中含较多的稠环芳烃)较难裂化,须选择合适的反应条件或先通过加氢使原料中的稠环芳烃转化成环烷烃。

2. 平行 – 顺序反应

　　单体烃在催化裂化时可以同时朝几个方向进行反应,而且初次反应的产物还可以继续进行反应。石油馏分的催化裂化反应也是一种复杂的平行 – 顺序反应。

　　平行 – 顺序反应的一个重要特点是反应深度对各产品产率的分布有重要影响。图 6.3 表示了某个提升管反应器内原料油的转化率及各反应产物的产率沿提升管高(也就是随着反应时间的延长)的变化情况。由图 6.3 可见,随着反应时间的延长,转化率提高,最终产物气体和焦炭的产率一直增大。汽油的产率在开始一段时间内增大,但在经过最高点后则下降,这是因为到达一定的反应深度后,汽油分解成气体的速率高于生成汽油的速率。同理,对于柴油来说,也像汽油的产率曲线那样有一最高点,只是这个最高点出现在转化率较低的时候。

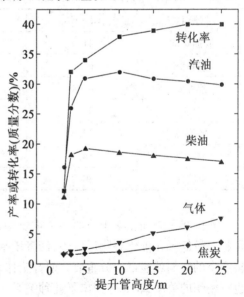

图 6.3　反应产物产率沿提升管高的变化

　　催化裂化的二次反应是多种多样的,其中有些是有利的,有些则是不利的。除了初次分解产物继续再分解外,还有其他的二次反应。例如,烯烃异构化生成高辛烷值汽油组分,烯烃和环烷烃氢转移生成稳定的烷烃和芳烃等,这些反应都是所希望的反应。而烯烃进一步裂化为干气,丙烯和丁烯通过氢转移反应而饱和,烯烃及高分子芳烃缩合生成焦炭等反应则是不希望的。因此,应对二次反应加以适当的控制。近年来发展的提升管反应深度控制技术就是以此基本原理为依据的。

　　在许多催化裂化装置中,原料油的单程转化率(即原料油一次通过反应器的转化率)不到100%,反应产物经分馏后,将"未反应的原料"与新鲜原料油混合重新送入反应器进行反应。

这里所说的"未反应的原料"是指反应产物中沸点范围与原料油大体相当的那一部分,工业上称为回炼油或循环油。实际上,循环油中包括了相当多的反应中间产物,因此,其中的芳烃含量比新鲜原料高,相对地也较难裂化。

6.2.3 渣油的催化裂化反应

渣油的化学组成与减压馏分油有较大的差异,因此,与馏分油相比,渣油的催化裂化反应行为有其重要的特点,现将主要的分述如下。

除了相对分子质量较大外,渣油中的芳香分含有较多的多环芳烃和稠环芳烃,清油中还含有较多的胶质和沥青质。因此,渣油催化裂化时会有较高的焦炭产率和相应较低的轻质油产率。徐春明等曾详细地研究了减压渣油中各组分的催化裂化反应行为。表 6.3 表示了在 500 ℃完全转化的条件下胜利油田减压渣油脱沥青油及其各组分的催化裂化反应结果。

由表 6.3 可见,渣油中的饱和分、芳香分、轻胶质、中胶质、重胶质在分别进行催化裂化反应时,其轻质油收率依次下降,而焦炭产率则依次增大,呈现良好的规律性。渣油中的饱和分仍然是优质的催化裂化原料,轻胶质也有不太低的轻质油收率。进一步研究表明,轻质油收率与裂化原料的氢碳原子比有良好的线性关系。而焦炭产率也与裂化原料的残炭值有良好的线性关系。

表 6.3　胜利油田减压渣油脱沥青油及其各组分催化裂化反应产物分布(质量分数)

原料	$C_5 \sim C_{12}$	$C_{12} \sim C_{20}$	$C_5 \sim C_{20}$	焦炭
脱沥青油	41.9	10.4	52.3	24.4
饱和分	61.4	10.0	71.4	5.9
芳香分	43.4	14.6	58.0	16.6
胶质	33.4	10.3	43.7	33.7
轻胶质	37.6	10.3	47.9	28.1
中胶质	34.2	10.6	44.8	31.4
重胶质	30.2	7.7	37.9	37.8

我国减压渣油化学组成的一个重要特点是胶质含量高,而沥青质尤其是正庚烷沥青质含量相对较低。在催化裂化反应中,沥青质基本上是都转化成焦炭,因此,胶质的反应行为对焦炭产率的影响就显得十分重要。研究工作表明,胶质及其亚组分的焦炭产率与其芳碳率(f_A)也有密切的关系,表 6.4 列出了此种关系。表中的"焦炭产率"是扣除了烷基链和环烷碳对生焦的贡献后的焦炭产率,即此部分焦炭是由胶质中的芳碳生成的;由表可见,胶质中的芳碳部分有 85% ~92% 转化为焦炭,这与其平均芳环数 R_A 有较大的相关性,R_A 值越大,转化为焦炭的比率也越大。对于减渣中的芳香分,此比率要小得多,因为其平均芳环数只有 2.8,其中的少环芳烃在裂化反应时会生成轻质油。

表 6.4　胶质及其亚组分的焦炭产率

原料	轻胶质	中胶质	重胶质	胶质
f_A	0.280	0.320	0.370	0.324
平均芳环数 R_A	3.7	4.5	6.8	
焦炭产率(质量分数)/%	28.1	31.4	37.8	33.7
焦炭产率(质量分数)/%	23.9	28.0	34.1	29.7
焦炭产率 f_A	0.854	0.875	0.922	0.917

①采用超临界流体萃取分馏方法(SCFEF)可以把减渣大体上按相对分子质量大小切割成多个窄馏分,然后再分别考察各窄馏分的催化裂化反应行为。图 6.4 表示出了胜利油田减渣各窄馏分催化裂化反应时的轻质油收率及焦炭产率。由图可见,随着窄馏分的变重,轻质油收率下降而焦炭产率增大,而且在 DAO 收率达 40% ~60% 时有变化加剧的趋势。由此可见,对于许多渣油来说,采用溶剂脱沥青方法先脱去减渣中部分最重的组分再去作为催化裂化原料,可能比直接把减渣全馏分掺入裂化原料中在技术经济上更为合理。

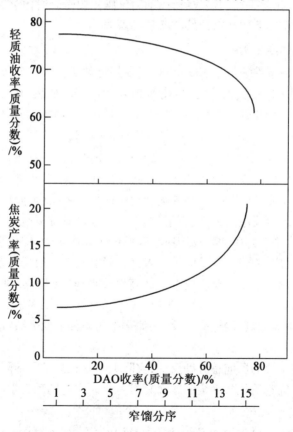

图 6.4　胜利油田减渣各窄馏分催化裂化反应时的轻质油收率及焦炭产率

②减压渣油的沸点很高。模拟蒸馏计算结果表明,相当大的一部分渣油不能汽化。此外,在催化裂化提升管反应器进料段的试验结果也表明,渣油在与 700 ~800 ℃高温裂化催化剂接触时不会发生"膜沸腾现象",而是渣油迅速被吸入催化剂的细孔中。因此,渣油的催化裂化

反应过程中有液相存在,它是一个气-液-固催化反应过程,在液相中的反应主要是非催化的热反应,反应的选择性差。可以这样简要地描述渣油的催化裂化反应过程:渣油在与炽热的催化剂接触时,渣油的一部分迅速汽化和反应,其未汽化部分则附着在催化剂外表面并被吸入微孔中,同时进行裂化反应(主要是热反应)较小分子的裂化产物汽化,而残留物则继续进行液相反应,直至缩合至焦炭。由此可见,渣油的汽化率及汽化速率对渣油催化裂化反应的结果会有重要的影响。试验研究表明:提高渣油在进料段的汽化率有利于降低反应的生焦率。进料段的温度条件及原料的雾化程度对渣油的汽化率及汽化速率有重要影响,因此,在工业装置中,应对渣油催化裂化时的进料段温度和进料雾化状况给予应有的重视。

③常用作裂化催化剂的 Y 型分子筛的孔径一般为 0.99~1.3 nm,渣油中的较大的分子难以直接进入分子筛的微孔中去。因此,在渣油催化裂化时,大的分子先在具有较大孔径的催化剂基质上进行反应,生成的较小分子的反应产物再扩散至分子筛微孔内进行进一步的反应。

6.2.4 烃类催化裂化反应的热力学特征

对于一个化学反应过程,通常需要从热力学和动力学两个方面去研究。热力学主要是研究化学反应发生的方向、化学平衡和热效应,而动力学则主要是研究化学反应的速度。这些研究的结果对选择适宜的反应条件和设计反应器是必需的。

1. 化学反应方向和化学平衡

催化裂化反应采用的条件一般是 400~500 ℃ 及接近常压。在这个条件范围内,烃类分解反应的标准等压位变化 ΔZ_T^0 是负值,而且平衡常数 K_p 值很大,从热力学的观点来看,几乎可以全部分解成小分子的烷烃和烯烃,直至 C 和 H(CH_4 除外)。例如对正辛烷的分解反应:

$$n-C_8H_{18} \longrightarrow n-C_5H_{12} + C_3H_6$$

在 477 ℃(700 K)时,此反应的 $\Delta Z_{750}^0 \approx -2\,819$ kJ/mol,$K_p \approx 102.3$,K_p 值很大,可以认为 $n-C_8H_{18}$ 几乎可能全部分解。因此,一般把烃类的分解反应看作不可逆反应。或者说,烃类分解反应实际上不受化学平衡的限制。烃类催化裂化中的另一些反应,如环烷烃脱氢生成芳烃、烷烃及烯烃环化生成芳烃等反应的 K_p 值也很大,在实际生产条件下也远未达到化学平衡。因此,上述反应进行的深度主要是由化学反应速率和反应时间决定的,催化裂化中的另一些反应如异构化、某些氢转移反应、芳烃缩合反应等的 K_p 值不很大,在一般反应条件下不可能进行完全而受到化学平衡的限制。但是在反应速率不甚高以及反应时间不长的条件下,反应进行的深度还未达到化学平衡时,则反应速率就成为决定反应深度的主要因素。

某些反应如烃化、芳烃加氢、烯烃叠合等,在催化裂化条件下的 ΔZ_T^0 是正值,K_p 值很小,因此发生的可能性极小。

催化裂化反应中最主要的反应是分解反应,实际上不存在化学平衡限制的问题。因此,人们对催化裂化一般不研究它的化学平衡问题而只是着重研究它的动力学问题。

2. 反应热

烃类的分解反应、脱氢反应等是吸热反应,而氢转移反应、缩合反应等则是放热反应。在一般条件下,分解反应是催化裂化中最重要的反应,而且它的热效应比较大,所以催化裂化反应总是表现为吸热反应。随着反应深度的加深,某些放热的二次反应如氢转移、缩合等反应渐趋重要,于是总的热效应降低。此情况可参看图 6.5。

催化裂化的原料和反应产物的组成很复杂,欲从理论上根据原料及产品的生成热来计算反应热实际上是行不通的。也曾有人从原料及产品(分为气体、汽油、回炼油、焦炭等)的燃烧热来计算反应热。但由于原料或产品的燃烧热的值很大(约 40 000 J/g),而反应热的数值相对很小(几百 kJ/kg),两个大数相减求一个小数,容易引起很大的相对误差,除非是物料平衡及燃烧热的数据都非常准确,而这是很难做到的。因此,在工业生产中一般是采用经验方法计算。

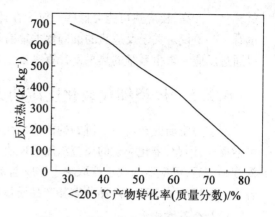

图 6.5　裂化反应热与转化率的关系

对于工业催化裂化装置,反应热的表示方法通常有三种:

①以生成的汽油量或"汽油 + 气体(<205 ℃产物)"量为基准,例如图 6.5 中以 kJ/kg(<205 ℃产物)来表示。

②以新鲜原料为基准,在一般的工业条件下其反应热为 300~500 kJ/kg。表 6.5 列出了在不同催化剂上的裂化反应热。这种表示方法没有考虑到反应深度对反应热的影响,显然是很粗糙的。

表 6.5　裂化反应热(对新鲜原料)

催化剂	低铝无定型	高铝无定型	早期沸石	HY 型沸石	稀土交换 Y 型沸石	部分稀土 Y 型交换沸石	超稳沸石
反应热/(kJ·kg^{-1})	630	560	465	370	185	325	420

③催化反应生成的焦炭量(只计算其中的碳,简称催化碳)为基准,一般采用的数据为 9 127 kJ/kg,如果反应不是 510 ℃ 则该值应乘以其他反应温度下的校正系数(图 6.6)。

催化碳的计算方法如下:

催化碳 = 总碳 − 附加碳 − 可汽提碳

式中,总碳为再生时烧去的焦炭中的总碳量。附加碳为由于原料中的残炭造成的碳。它不是由于催化反应生成的,常用的计算方法是:

附加碳 = 新鲜原料量 ×

新鲜原料的残炭(%)×0.6

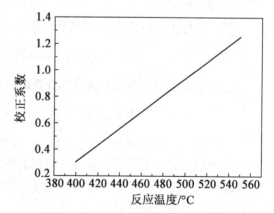

图 6.6　裂化反应热的校正系数

可汽提碳是指吸附在催化剂上的油气在进入再生器以前没有汽提干净,在再生器内也和焦炭一样烧了,但实际上它不是焦炭,这种形式的焦炭中的碳称作可汽提碳,可汽提碳 = 催化剂循环量×0.02%。以上三种方法中,前两种比较粗糙,误差较大,目前国内的设计计算多采用计算催化碳的方法。催化碳的反应热数据(9 127 kJ/kg)是根据国外的硅酸铝催化剂床层流化催化裂化所得的经验数据。在国内催化裂化装置技术标定计算中,常常发现这个数值偏低,有可能是国内的单程转化率一般较低的缘故。在采用分子筛催化剂时,因分子筛催化剂的氢转移活性高,反应热可能会低些。对于在计算附加碳时所用的系数 0.6 这个数值,在国内外也有一些争议。关于反应热的准确数据还有待于进一步考察。在工业装置的技术标定时,可以通过反应－再生系统的热平衡计算来确定反应热的数值。

6.2.5　烃类催化裂化反应动力学规律

用动力学研究在前一节讲到的催化裂化的主要反应——分解反应,可以认为它是一个不可逆反应,因此,催化裂化的反应深度只取决于反应速率和时间。换句话说,当处理量和反应深度确定后,反应器的大小就取决于反应速率。催化裂化是一个复杂的平行－顺序反应,所以各反应的反应速率还对产品分布和产品质量有重要影响。

1. 几个基本概念

(1)转化率。

催化裂化的反应深度以转化率表示。若原料油为 100,则

$$转化率(质量分数) = \frac{100 - 未转化的原料}{100} \times 100\% \qquad (6.1)$$

式中的“未转化的原料”指沸程与原料相当的那部分油料,实际上它的组成及性质已不同于新鲜原料。

在科研和生产中常常还用下式来表示转化率:

$$转化率 = 气体产率 + 汽油产率 + 焦炭产率 \qquad (6.2)$$

由以上两式可见,如果原料是柴油馏分,则两式计算的结果在数值上是相等的,但是当原料是重质馏分油而且柴油是产品之一时,以上两式就不一致了,但是习惯上常用式(6.2)来表示转化率,即使是采用重质馏分油做原料时也是如此。

工业上为了获得较高的轻质油收率,经常采用回炼操作。因此转化率又有单程转化率和总转化率之别。

单程转化率是指总进料(包括新鲜原料、回炼油和回炼油浆)一次通过反应器的转化率。即

$$单程转化率(质量分数) = \frac{气体 + 汽油 + 焦炭}{总进料} \times 100\% \qquad (6.3)$$

总转化率是以新鲜原料为基准计算的转化率。即

$$总转化率(质量分数) = \frac{气体 + 汽油 + 焦炭}{新鲜原料} \times 100\% \qquad (6.4)$$

在以重质油做原料时,若有必要,也可以在等式右方的分子项中加入柴油产率。

单程转化率是反应速率和反应时间的直接反映,因此在考察动力学问题时总是使用单程转化率。

(2)空速和反应时间。

在移动床或流化床催化裂化装置中,催化剂不断地在反应器和再生器之间循环。但是在任何时间,两器内部各自保持有一定的催化剂量。两器内经常保持的催化剂量称为藏量。在流化床反应器中,通常是指在分布板以上的催化剂量。

每小时进入反应器的原料油量与反应器藏量之比称为空间速度,简称空速。如果进料量和藏量都以质量单位计算,称为质量空速;若以体积单位计算,则称为体积空速。

$$质量空速 = \frac{总进料量(t/h)}{藏量(t)} \qquad (6.5)$$

$$体积空速 = \frac{总进料量(m^3/h)}{藏量(m^3)} \qquad (6.6)$$

计算体积空速时,进料量的体积流量是按 20 ℃时的液体流量计算的。通常以 v_0 来表示空速。空速的大小反映了反应时间的长短,下面予以说明。

对于均相反应,原料在反应器内的反应时间 τ 与进料体积流量 V 及反应器体积 V_R 应有如下关系:

$$\tau = \frac{V_R}{V} \qquad (6.7)$$

显然,反应时间与空速之间存在反比关系。对于非均相反应过程,V_R 通常以催化剂所占有的体积来表示。所以在考察催化裂化过程时,人们常用空速的倒数来相对地表示反应时间的长短。

$$\omega = \frac{1}{v_0} \qquad (6.8)$$

空速是以 20 ℃时的液体原料体积流量计算的,它不等于在反应条件下的真正体积流量,而且,在反应过程中由于组成发生变化,通过反应器各部分的反应物体积流量也不断地发生变化,因此空速的倒数只能相对地反映反应时间的长短,而不可能是真正的反应时间。为了表示区别,空速的倒数 ω 为假反应时间。

在提升管反应器内,催化剂的密度很小,催化剂本身占有的空间很小,因此在计算反应时间时常按油气通过空的提升管反应器的时间来计算。考虑到油气的体积流量不断在变化,计算时采用提升管入口和出口两处的体积流量的对数平均值。其计算方法如下:

$$停留时间\ \theta = \frac{提升管反应器体积\ V_R}{油气对数平均体积流量\ V_L} \qquad (6.9)$$

$$V_L = \frac{V_{out} - V_{in}}{\ln \dfrac{V_{out}}{V_{in}}} \qquad (6.10)$$

式中,V_{out} 和 V_{in} 分别为提升管出口和入口处的油气体积流量。实际上,也是假反应时间。

2. 影响催化裂化反应速度的基本因素

烃类催化裂化反应是一个气 – 固相非均相催化反应(渣油催化裂化时还有液相)。其反应过程包括以下七个步骤:

①反应物从主气流中扩散到催化剂表面;
②反应物沿催化剂微孔向催化剂的内部扩散;
③反应物被催化剂表面吸附;
④被吸附的反应物在催化剂表面上进行化学反应;
⑤反应物自催化剂表面脱附;
⑥反应物沿催化剂微孔向外扩散;
⑦反应物扩散到主气流中去。

整个催化反应的速度决定于这七个步骤进行的速度,而速度最慢的步骤对整个反应速度起决定性的作用而成为控制因素。如果催化剂的微孔很小或很长,油气很难深入扩散到催化剂的内表面,则内部扩散就可能成为控制因素,这种情况称为内部扩散控制。如果扩散的阻力很小,整个反应的速度主要取决于反应物在催化剂表面上的化学反应速度,则称为表面化学反应控制。至于某个反应中究竟哪个步骤是控制因素,应根据具体情况做具体分析。而且,对于一个反应,它的控制步骤并不是永远不变的,在一定的条件下会发生转化。例如,某个反应原来是化学反应控制,如果提高反应温度,温度对化学反应的影响很大而对扩散的影响相对较小,因此随着反应温度的提高,化学反应速度增大很快而扩散速度的变化相对较小,当温度提高到某个数值后,化学反应速度远远超过了扩散速度,于是整个反应就从原来的化学反应控制转化成扩散控制。在一般工业条件下,催化裂化反应通常表现为化学反应控制。因此,这一节主要从化学反应控制的角度来讨论影响烃类催化裂化反应速度的一些主要因素。

(1)催化剂活性对反应速度的影响。

提高催化剂的活性有利于提高反应速度,也就是在其他条件相同时,可以得到较高的转化率,从而提高了反应器的处理能力。提高催化剂的活性还有利于促进氢转移和异构化反应,因此在其他条件相同时,所得裂化产品的饱和度较高、含异构烃类较多。

催化剂的活性取决于它的组成和结构。例如,分子筛催化剂的活性比无定型硅酸铝催化剂的活性高得多。又如对同一种类型的催化剂,当比表面积较大时常表现出较高的活性。

在反应过程中,催化剂表面上的积炭逐渐增多,活性也随之下降。一些研究工作表明,单位催化剂上的焦炭沉积量主要是与催化剂在反应器内的停留时间 θ 有关,其关系可以下式表示:

$$C = a\theta^b \tag{6.11}$$

式中,a、b 都是常数,与原料的性质及反应温度有关。

对固定床反应器,θ 即反应周期的长短;对移动床反应器或流化床反应器,θ 与催化剂循环量及反应器藏量有关,即

$$\theta = \frac{反应器藏量}{催化剂循环量} \tag{6.12}$$

催化剂循环量是单位时间内进入反应器的催化剂量也就是离开反应器的催化剂量,通常以 t/h 表示。

催化剂上的积炭量与剂油比(C/O)亦有关。剂油比是催化剂循环量与总进料量(t/h)之比。实际上 C/O 反映了单位催化剂上有多少原料进行反应并在其上沉积焦炭。因此,剂油比大时,单位催化剂上的积炭量就较少。也就是催化剂活性下降的程度相应地要少些。此外,剂油比大时原料与催化剂的接触机会也更充分。这些都利于提高反应速度。

(2)反应温度对反应速度的影响。

提高反应温度则反应速度增大。催化裂化反应的活化能为 42 ~ 125 kJ/mol(10 ~ 30 kcal/mol),反应速度的温度系数 k 为 1.1 ~ 1.2,即温度每升高 10 ℃ 时反应速度提高 10% ~ 20%。图 6.7 表示出了反应温度对反应速度的影响。烃类热裂化反应的活化能较高,为 210 ~ 290 kJ/mol(50 ~ 70 kcal/mol),其

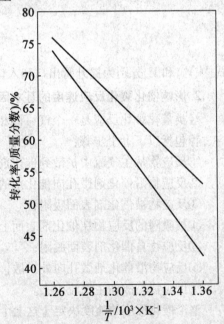

图 6.7　反应温度对反应速率的影响
(小型固定床反应器,胜利原油 300 ~ 500 ℃ 馏分)

反应速度的温度系数 k_t 为 1.6 ~ 1.8，比催化裂化的 k_t 高得多。因此，当反应温度提高时，热裂化反应的速度提高得较快；当反应温度提高到很高时（例如到 500 ℃以上），热裂化反应渐趋重要。于是裂化产品中反映出热裂化反应产物的特征，例如气体中 C_1、C_2 增多，产品的不饱和度增大等。应当指出：即使是在这样高的温度下，主要的反应仍然是催化裂化反应而不是热裂化反应。

反应温度还通过对各类反应的反应速度的影响来影响产品的分布和产品的质量。催化裂化反应是平行 – 顺序反应，可以简化为图 6.8 所示，图中 k_{t_1}、k_{t_2}、k_{t_3} 分别为原料、汽油、汽油气体及原料焦炭三个反应的反应速度常数的温度系数。

图 6.8　催化裂化反应

在一般情况下，$k_{t_1} < k_{t_2} < k_{t_3}$，即当反应温度提高时，汽油气体的反应速度加快最多，原料、汽油反应次之，而原料、焦炭的反应速度加快得最少。因此当反应温度提高时，如果所达到的转化率不变，则汽油产率降低，气体产率增加，而焦炭产率降低，如图 6.9 所示。

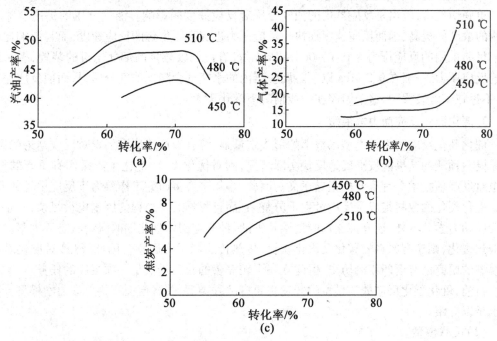

图 6.9　反应温度、转化率对产品分布的影响

（原料：克拉玛依原油 320 ~ 570 ℃馏分）

当提高反应温度时，由于各类反应的 k_t 不同，它们的反应速度的提高程度也会不相同。分解反应（产生烯烃）和芳构化反应的 k_t 比氢转移反应的 k_t 大，因而前两类反应的速度提高得快，于是汽油中的烯烃和芳烃含量有所增加，汽油的辛烷值有所提高。例如，某重馏分油在

480 ℃裂化时所得汽油的辛烷值比 45 ℃时提高约 1 个单位(马达法),但因感铅性变差,加四乙基铅后的辛烷值几乎没有多少变化。在选择反应温度时会遇到反应器处理能力同产品产率分布之间的矛盾,此时应根据实际需要经合理性来选择。

(3)原料性质对反应速度的影响。

关于各种烃类的催化裂化反应速度的比较以及它们之间的相互影响在前面已经讨论过。对于工业用催化裂化原料,在族组成相似时,沸点范围越高则越容易裂化。但对分子筛催化剂来说,沸程的影响并不重要,而当沸点范围相似时,含芳烃多的原料则较难裂化。

工业装置常采用回炼操作以提高轻质油的产率。但回炼油含芳烃多,较难裂化,需要较苛刻的反应条件。实际生产中采用两种办法来解决这个问题:①为了提高装置的处理能力,不把全回炼油都送回反应器而将一部分回炼油直接作为产品,因此就有不同的回炼比的操作(回炼比是指回炼油量与新鲜原料量之比,其值一般小于 2);②将加氢精制或加氢裂化与催化裂化结合,回炼油先去加氢,然后再返回催化裂化反应器,或者把回炼油作为加氢裂化的原料。这种结合方式具有较好的经济效果。催化裂化催化剂是酸性催化剂,许多研究工作表明碱性氮化物会引起催化剂中毒而使其活性下降。例如某直馏瓦斯油加入质量分数为 0.1% 的喹啉后,瓦斯油的裂化反应速度几乎下降 50%。裂化原料中的含硫化合物对催化裂化反应速度影响不大。曾经考察过在分子筛催化剂上进行反应时,原料中的含硫量在 0.3% ~1.6% 范围内变化时没有发现裂化反应速度有明显的变化。

(4)反应压力对反应速度的影响。

更确切地讲,应当是反应器内的油气分压对反应速度的影响。油气分压的提高意味着反应物的浓度的提高,因而反应速度加快。反应压力也提高了生焦的反应速度,而且影响比较明显。目前采用的反应压力为 0.1 ~0.4 MPa;对没有设回收能量的烟气轮机的装置,多采用较低的反应压力,一般在 0.2 MPa 以下。反应器内的水蒸气会降低油气分压,从而使反应速度降低,不过在工业装置中,这个影响在一般情况下变化不大。

3. 催化裂化反应动力学模型

催化裂化反应动力学模型以数学的形式定量地、综合地描述诸多因素对反应结果的影响。如果模型预测的结果能较准确地反映实际情况,则对优化设计、优化生产操作有重要的作用,甚至对发展新技术会有重要的指导意义。因此,多年来许多研究工作致力于反应模型的开发。

催化裂化的原料组成及反应过程十分复杂,而且影响反应过程的因素也很复杂,除了常见的反应动力学条件外,还有催化剂的活性及失活、油气与固体催化剂的流动状态等因素。对重油催化裂化,则还有原料的雾化及汽化状况、传热传质状况等因素。因此,尽管对催化裂化反应模型的研究已有近四年的历史,但建立一个较完善的模型仍然是一项艰巨的任务。

目前,催化裂化反应数学模型的开发主要有两种类型:关联模型和集总动力学模型。下面分别予以介绍。

(1)关联模型。

这类模型一般是以某种动力学方程式为基础,利用各种试验数据和生产数据,用数学回归等方法归纳出计算各种产品产率和有关性质的关联式。这类关联模型由于主要是经验性的、未能完整地反映过程的本质,因此一般只能在所依据的数据范围内有效,外推性较差。但是这类模型具有数学形式较简单、使用方便等优点。尤其是适用于在线控制方面。对于催化裂化这样复杂的、难于用理论分析处理的反应过程,这类模型还是有很高的实用价值。

这类模型一般是在动力学研究的基础上先建立转化率与众反应条件之间的关联式,然后再通过转化率运用其他各种关联关系计算出各产品产率和产品性质。例如,一种以 *Blanding* 动力学方程式为基础,并广泛关联其他各种影响因素而得的转化率关系式可表示如下:

$$X = \frac{y}{100 - y} = F_P \cdot F_{SW} \cdot F_T \cdot F_A \cdot F_C \cdot F_F \cdot V \tag{6.13}$$

式中,X 为转化率函数;y 为转化率;F_P 为反应压力因数;F_{SW} 为剂油比、空气因素;F_T 为反应温度因素;F_A 为催化剂相对活性;F_C 为再生催化剂含碳因素;F_F 为进料的物性因素;V 为装置因素。

式中的装置因素 V 实际上是考虑到上述诸因素未能包括的一些因素而设的用于拟合的一个系数,其值因装置的类型不同而异。

以上只是关联模型中的一个示例。许多大石油公司都有自己的关联模型,例如 Esso、Amoco、Profimatic 等公司的关联模型。国内也有一些自己开发的关联模型,例如李松年、林骥等开发的适用于掺炼渣油的基于"等价馏分油"概念的关联模型等。这些模型在形式上和具体计算方法上都有所不同,但其基本思路是相似的。

(2)集总动力学模型。

所谓集总(Lumping)是将一个复杂反应体系按照动力学特性相似的原则把各类分子划分成若干个集总组分(Lump),并当作虚拟的多组分体系进行动力学处理。例如,对某个复杂反应体系,若按动力学特性相似原则可划分为三个集总组分 A_1、A_2 和 A_3,而且它们之间的反应可以看作一级可逆反应,则可以做出图 6.10 所示的反应网络。

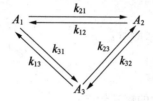

图 6.10　反应网络

各组分的变化率可以用下述线性微分方程组来描述:

$$\left.\begin{aligned}
\frac{d\alpha_1}{dt} &= -(k_{21} + k_{31})\alpha_1 + k_{12}\alpha_2 + k_{13}\alpha_3 \\
\frac{d\alpha_2}{dt} &= k_{21}\alpha_1 - (k_{12} + k_{32})\alpha_2 + k_{23}\alpha_3 \\
\frac{d\alpha_3}{dt} &= k_{31}\alpha_1 + k_{32}\alpha_2 - (k_{13} + k_{23})\alpha_3
\end{aligned}\right\} \tag{6.14}$$

式(6.14)可用一个矩阵方程来表示:

$$\frac{d\boldsymbol{\alpha}}{dt} = \boldsymbol{K\alpha} \tag{6.15}$$

式中,$\boldsymbol{\alpha}$ 为组成矢量;$\boldsymbol{K}$ 为反应速率常数矩阵。

对于 n 个集总组分的反应体系,则可以写出 n 个微分方程。以上述微分方程组为基础,加以考虑影响反应速率常数的诸因素(如催化剂的活性及失活速率、反应温度等因素)就可以形成一个反应动力学数模。集总动力学方法对石油及其馏分这样的复杂反应体系无疑是一种较合适的处理方法,因此它已被运用于多种石油馏分的反应过程。实际上早在 1959 年,R. B. Smith 就提出了用于石脑油催化重整过程的三集总(芳烃、环烷烃、脂肪烃)动力学模型。在 20

世纪60年代,J. Wei 等对集总动力学做了较深入的理论研究,促进了这种方法的发展。对石油馏分催化裂化过程,Weekman 等在20世纪60年代首先开发了三集总动力学模型。他把反应体系分为三个集总组分,即瓦斯油、汽油、气体＋焦炭,各组分之间的反应按一级不可逆反应处理,其反应网络如图6.11所示。

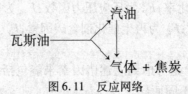

图6.11　反应网络

在模型中还引入了催化剂失活动力学函数 φ,即

$$k = k_0\varphi = k_0 e^{-\lambda t} \tag{6.16}$$

瞬时反应速率常数

式中, k_0 为起始反应速率常数; λ 为催化剂失活速率常数。

三集总模型简单、使用方便,但没有考虑原料的组成性质,因而其使用范围受到很大的限制,只是在某些研究及催化剂评定工作中还有应用。

在20世纪70年代,Weekman 等又开发了十集总模型。该模型把反应体系划分为10个集总组分,即

P_h——343 ℃的烷烃;

N_h——343 ℃的环烷烃;

C_{Ah}——343 ℃的芳香核;

C_h——343 ℃的芳烃中的烷基侧链;

P_1——221 ~ 343 ℃的环烷烃;

C_{A1}——221 ~ 343 ℃的芳香核;

C_1——221 ~ 343 ℃的芳烃中的烷基侧链;

$C ~ C_5$——221 ℃汽油;

$C ~ C_1$——C_4 气体及焦炭。

以上各集总组分的量都以质量分数(对原料)计算,其中,下标为 h 的四个集总组分之和等于原料油或重循环油,下标为 1 的四个集总组分之和等于轻循环油。原料的组成可以用质谱法和 $n - d - m$ 法测得。

由这十个集总组分形成一个反应网络(图6.12),遵循的假设原则有:

①都是一级不可逆反应。

②烷烃、环烷烃、芳烃等集总组分之间没有相互作用。例如, P_h 能生成 P_1 及 G、C 等集总,但不能生成 N_1 或 C_{A1} 等。只有 $A_h \rightarrow C_{A1}$ 例外。

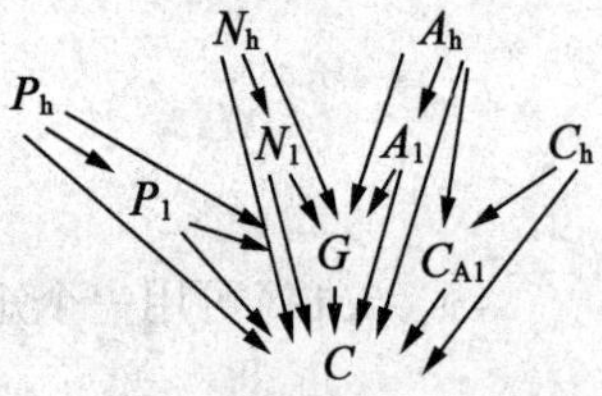

③芳烃的核不能开环,但芳烃中的侧链会断裂。把芳烃中的核与烷基侧链分别处理是本模型成功的关键因素之一。

④除了生成焦炭的反应外,小分子不能生成大分子。

图6.12　十集总催化裂化反应动力学模型

根据所形成的反应网络可以写出一组微分方程。由于都是一级反应,这组微分方程式也可以由一个如式(6.15)那样的矩阵方程来表示。结合一些其他影响因素的考虑,例如催化剂的碱性氮中毒及结焦失活等因素,就可以形成一个十集总动力学模型。

十集总动力学模型不仅能很好地拟合试验数据,而且与工业提升管反应器的产率数据也能较好地吻合。利用此模型可以在较宽的反应条件范围内对各种组成的原料较好地预测其催化裂化反应行为。因此,此模型对优化设计和优化生产操作颇有实用价值。

在我国,对集总动力学模型也做了不少研究工作。例如,在十集总动力学模型的基础上,洛阳石化工程公司和华东理工大学合作开发了适合我国原料及催化剂特点的催化裂化十一集总动力学模型。与十集总模型相比较,主要是将原来的 C_{Ah} 分成代表一、二环芳环的集总组分 C_{Ah} 和代表多环芳环的集总组分 PC_{Ah}。此外,为适应掺炼渣油的需要,洛阳石化工程公司还开发了催化裂化十三集总动力学模型。

上述的关联模型和集总动力学模型对预测催化裂化反应行为的研究起了重要的推动作用。但在已报道的这些模型中都还没有考虑反应过程中的流动、传热、传质等在催化裂化反应中有重要影响的因素;对于掺炼渣油的催化裂化反应,这些因素的影响尤为重要,因而其预测功能有一定的局限性。近几年,石油大学重质油加工国家重点实验室初步开发成功一种催化裂化提升管反应器气液固三相流动反应模型,此模型是在气固两相湍流流动模型和集总动力学模型的基础上,综合考虑了提升管内的流动、传热、传质、反应等复杂因素而得。利用此模型,不仅可以预测提升管内沿轴向和径向的转化率及各反应产物产率的变化,而且还可以预测原料油雾化状况的变化对反应的影响等问题。对几个工业提升管反应器的实际生产数据比较,该模型预测的提升管出口温度及产品产率分布与之吻合较好。由于此模型的预测功能较强,它不仅对优化设计和生产操作有实用价值,而且可能会对发展新技术起指导性作用。

6.3 催化裂化催化剂

催化剂的作用是促进化学反应,从而提高反应器的处理能力。而且,催化剂能有选择性地促进某些反应,因此,催化剂还能对产品的产率分布及质量好坏起重要作用。例如,在 450～500 ℃ 及常压的条件下,从热力学的角度来判断,烃类可以进行分解、芳构化、异构化、氢转移等反应,但是其中有些反应如异构化、氢转移等反应的速度很慢,在工业生产上没有实际意义。裂化催化剂不仅提高了分解、芳构化等反应的速率,而且提高了异构化、氢转移等反应的速率,从而使催化裂化装置的生产能力不仅比热裂化装置的生产能力大,而且所得的汽油的辛烷值也高、安定性也好。

催化剂所以能加快反应速度的原因在于它使反应活化能降低,从而使原料分子更容易达到活化状态而进行反应,而且也能改变化学反应的历程。根据阿伦尼乌斯公式,化学反应速率常数 k 与活化能 E 之间的关系为

$$k = Ae^{\frac{-E}{RT}} \tag{6.17}$$

由此式可见,在一定的反应温度下,活化能越低,反应速率就越高,而且,由于 E 是处于指数项位置,它的影响是很显著的。石油馏分的热裂化反应是通过自由基的途径进行的,其活化能为 210～293 kJ/mol,而催化裂化反应则是通过正碳离子的途径来进行的,其活化能降至 42～125 kJ/mol,从而大大提高了反应速率。

在催化裂化装置中,催化剂不仅对装置的生产能力、产品产率及质量好坏、经济效益起主要影响,而且对操作条件、工艺过程和设备形式的选择有重要影响。

6.3.1 裂化催化剂的组成和结构

工业催化裂化装置最初使用的催化剂是经处理的天然活性白土,其主要活性组分是硅酸铝。其后不久,天然白土就被人工合成硅酸铝所取代。这两种催化剂都是无定型硅酸铝,具有孔径大小不一的许多微孔,一般平均孔径为 4～7 nm,新鲜硅酸铝催化剂的比表面积可达 500～700 m^2/g。

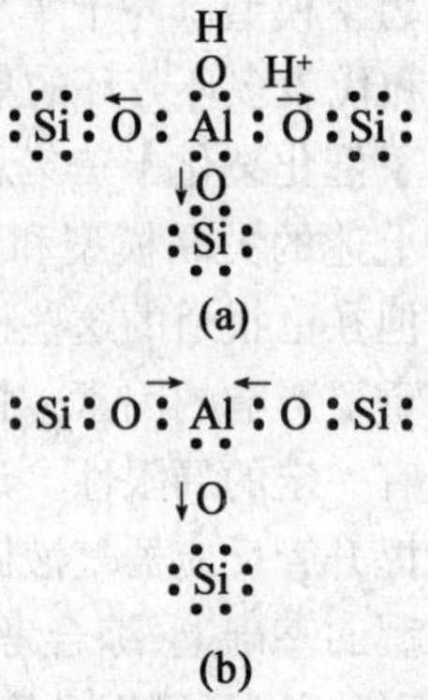

硅酸铝的催化活性来源于其表面的酸性。在硅酸铝催化剂的表面,Al、O、Si 组成 $Al^{3+}:O:Si^{4+}$ 的结构,如图 6.13(b)所示。由于 Al:O 键趋向正电荷较强的 Si,使 Al 带有正电性,此即非质子酸。在有少量水存在时,由于 Al 原子的正电性使水分子离解为 H^+ 与 OH^-,其中 OH^- 与带正电性的 Al 结合,而 H^+ 则在 Al 原子附近呈游离状态,此即质子酸,如图 6.13(a)所示。

在 20 世纪 60 年代,分子筛催化剂在催化裂化中的应用是催化裂化技术的重大发展。与无定型硅酸铝相比,分子筛催化剂有更高的选择性、活性和稳定性,因此,它很快就完全取代了无定型硅酸铝催化剂。

图 6.13 硅酸铝表面的质子酸与非质子酸

分子筛是一种具有晶格结构的硅铝酸盐,亦称沸石。它的重要特点是具有稳定的、均一的微孔结构。按其组成及晶体结构的不同可分为多种类型。表6.6 列出了工业应用的几种主要的分子筛。目前,应用于催化裂化的主要是 Y 型分子筛。

表6.6 几种分子筛的化学组成和孔径

类型	孔径/nm	单元晶胞化学组成	硅铝原子比
4A	0.42	$Na[(AlO_2)_{12}(SiO_2)_{12}]\cdot 27H_2O$	1:1
5A	0.5	$NaC_{84.7}[(AlO_2)(SiO_2)]\cdot 31H_2O$	1:1
X	0.8～0.9	$Na_{86}[(AlO_2)_{86}(SiO_2)_{106}]\cdot 264H_2O$	(1.5～2.5):1
Y	0.8～0.9	$Na_{56}[(AlO_2)_{86}(SiO_2)_{136}]\cdot 264H_2O$	(2.5～5):1
丝光沸石	0.6～0.7	$Na_8[(AlO_2)_8(SiO_2)_{40}]\cdot 24H_2O$	5:1

Y 型分子筛由多个单元晶胞组成,图 6.14 是它的单元晶胞结构。每个单元晶胞由八个削角八面体组成,削角八面体的每个顶端是 Si 或 Al 原子,其间由氧原子相连接。由八个削角八面体围成的空洞称为"八面沸石笼",它是催化反应进行的主要场所。进入八面沸石笼的主要通道由十二元环组成,其平均直径为 0.8～0.9 nm。钠离子的位置有三处,如图 6.14 所示。人工合成的分子筛是含钠离子的分子筛。这种分子筛没有催化活性,分子筛中的钠离子可以用离子交换的方式与其他阳离子置换。用其他阳离子特别是多价阳离子置换后的 Y 型分子筛有很高的催化活性。

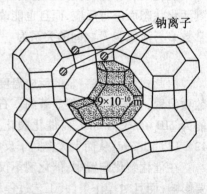

图 6.14 Y 型分子筛的单元晶胞结构

目前工业上用作催化裂化催化剂的主要是以下四种 Y 型分子筛：

①以稀土金属离子(如铈、镧、镨)置换得到的稀土 - Y 型分子筛。因稀土元素可用 RE 符号表示,故又可简写成 REY 型分子筛。

②以氢离子置换得到的 HY 型分子筛。置换的方法是先以 NH_4^+ 置换 Na^+,然后加热除去 NH_4^+ 即剩下 H^+。

③兼用氢离子和稀土金属离子置换得到的 RE - HY 型分子筛。

④HY 型分子筛经脱铝得到的有更高的硅铝比的超稳 Y 型分子筛。

分子筛也是一种多孔性物质,具有很大的内表面,新鲜分子筛催化剂的比表面一般在 600 ~ 800 m^2/g。但是分子筛是晶体结构,孔的排列规则,孔直径比较均匀,其孔径大小为分子大小数量级。研究结果表明,分子筛催化剂的表面也具有酸性,由质子酸和非质子酸形成的酸性中心密度比无定型硅酸铝的大得多。

分子筛催化剂的活性比无定型硅酸铝催化剂高得多。有些研究工作表明,当用某些单体烃的裂化速度来比较时,某些分子筛的催化活性比硅酸铝竟高出万倍。这样高的活性在目前的生产工艺中还难以应用。因此,目前在工业上所用的分子筛催化剂中仅含 10% ~ 35% 的分子筛,其余的是起稀释作用的担体(也称基质)以及黏结剂。工业上广泛采用的担体是低铝硅酸铝和高铝硅酸铝,也有的采用其他类型的担体。担体除了起稀释作用外,还有以下重要作用：

①在离子交换时,分子筛中的钠不可能完全被置换掉,而钠的存在会影响分子筛的稳定性,担体可以容纳分子筛中未除去的钠,从而提高了分子筛的稳定性。

②在再生和反应时,担体作为一个宏大的热载体,起到热量储存和传递的作用。

③适宜的担体可增强催化剂的机械强度。

④分子筛的价格较高,使用担体可降低催化剂的生产成本。

对于重油催化裂化担体起着更为重要的作用。重油催化裂化进料中的部分大分子难以直接进入分子筛的微孔中,如果担体具有适度的催化活性,则可以使这些大分子先在担体上进行适度的裂化,表面上进行适度的裂化生成的较小的分子再进入分子筛的微孔中进行进一步的反应。此担体还能容纳进料中易生焦的物质(如沥青质、重胶质等),对分子筛起到一定的保护作用。因此,对于重油催化裂化催化剂,其担体的活性、表面结构等物理化学性质是必须认真研究的。

分子筛催化剂的表面呈酸性,烃类分子在分子筛上的反应也是按正碳离子机理进行的。关于分子筛催化剂的活性为何比无定型硅酸铝催化剂高得多的问题,有许多研究报道。有的研究者认为是由于分子筛上的酸中心密度及酸强度比无定型硅酸铝高得多;有的研究者认为在分子筛晶体结构中存在着带正电的阳离子和带负电的铝氧四面体形成的静电场,因此能使被吸附的反应物分子起极化作用,从而促进了反应;也有的研究者认为分子筛的八面沸石笼中有较高的反应物浓度,从而促进了反应。这些观点都能解释一些现象,但还都有其不够完善之处,有待于进一步深入的研究。

6.3.2　催化剂的使用性能

对一种催化剂的评价,除了列出它的化学组成和表面结构数据(如比表面、孔体积、平均孔径等)以外,还需要一些与生产情况直接关联的指标。对裂化催化剂来说,这些指标主要是活性、稳定性、选择性、密度、筛分组成、机械强度等。

1. 活性、稳定性

分子筛催化剂的活性在实验室通常是用微反活性法（MAT）测定。该方法步骤大致如下：在微型固定床反应器中放置 5.0 g 待测催化剂，采用标准原料（一般都用某种轻柴油，在我国规定用大港 235 ~ 337 ℃ 轻柴油），在反应温度为 460 ℃、质量空速为 16 h^{-1}、剂油比为 3.2 的反应条件下反应 70 s，所得反应产物中的（小于 260 ℃ 汽油 + 气体 + 焦炭）质量占总进料的百分数即为该催化剂的微反活性（NLA）。国外各大石油公司一般都有自己规定的测定条件，多数是大同小异。新鲜催化剂在开始投用的一段时间内，活性急剧下降，待降到一定程度后则缓慢下降，因此初活性不能真实地反映实际的生产情况。在测定新鲜催化剂的活性前先将催化剂进行水热老化处理，目的就是使测定结果能较接近实际的生产情况。在我国，水热老化的条件是使催化剂在 800 ℃、常压、100% 水蒸气下处理 4 h 或 17 h。

在实际生产中，催化剂受高温和水蒸气的作用，其活性会逐渐下降，另一方面，由于催化剂会损失而需定期地或不断地补充一些新鲜催化剂，因此，在生产装置中的催化剂活性可能维持在一个稳定的水平上，此时的活性则称为"平衡催化剂活性"。由此可见，从生产实际的角度来看，平衡催化剂活性比新鲜催化剂活性更为重要。平衡催化剂活性的高低取决于催化剂的稳定性和新鲜催化剂的补充量。分子筛催化剂的平衡活性多在 60 ~ 75 这一范围。催化剂的稳定性由水热处理前后的活性比较来评价。微反活性只是一种相对比较的评价指标，它并不能完全反映实际生产的情况，因为实际生产的条件很复杂，微反活性测定的条件与之相差甚远。

2. 选择性

在一个催化反应过程中，人们总是希望催化剂能有效地促进那些能增加目的产物的产率或改善产品质量的反应，而对其他不利的反应则不起或少起促进作用。如果某种催化剂能满意地达到这个要求，则这种催化剂的选择性好。对催化裂化过程，其主要目的产物是汽油、柴油和液化气，如果气体和焦炭的产率高，会增大再生器的负荷。催化剂选择性常以"汽油产率/转化率"及"焦炭产率/转化率"来表示。则汽油、柴油和液化气的产率会降低（在转化率不变的条件下），而且焦炭产率会增大再生器的负荷，增大装置的能耗等。因此，裂化催化剂的选择性常常以"汽油产率/转化率"及"焦炭产率/转化率"裂化催化剂在受重金属污染后，其选择性会变差。常常反映在裂化气体中的氢气含量的增大，因此，重金属污染的程度（当主要是镍污染时）裂化气中的 H_2/CH_4 比值不仅反映了重金属污染的程度，而且也反映了催化剂选择性的变化。分子筛催化剂的选择性远优于无定型硅酸铝催化剂，在焦炭产率相同时，分子筛催化剂的汽油产率要高出 15% ~ 20%。

3. 密度

裂化催化剂是多孔性物质，故其密度有几种不同的表示方法：

①真实密度。颗粒骨架本身所具有的密度，即颗粒的质量与骨架实体所占之比，又称骨架密度，其值一般是 2 ~ 2.2 g/cm^3。

②颗粒密度。把微孔体积计算在内的单个颗粒的密度一般为 0.9 ~ 1.2 g/cm^3。

③堆积密度。催化剂堆积时包括微孔体积和颗粒间的孔隙体积的密度，一般是 0.5 ~ 0.8 g/cm^3。对于微球状的分子筛催化剂，堆积密度又可分为松动状态、沉降状态和密实状态三种状态下的堆积密度。催化剂的颗粒密度对催化剂的流化性能有重要的影响。

4. 筛分组成、机械强度

催化剂在反应器、再生器和循环管路中都是处于流化状态。为了保证良好的流化状态，要求催化剂有适宜的粒径分布,即有一个较适宜的筛分组成。裂化催化剂的粒径分布范围主要为 $20 \sim 100~\mu m$。催化剂与器壁之间的激烈碰撞,使大颗粒粉碎以及细颗粒不易被旋风分离器回收下来,所以在平衡催化剂中大于 $80~\mu m$ 的大颗粒和小于 $20~\mu m$ 的细颗粒的含量会下降。

为了避免在生产过程中催化剂过度粉碎以减少损耗和保证良好的流化质量,要求催化剂有一定的机械强度。我国目前采用"磨损指数"来评价微球催化剂的机械强度。测定方法是将一定量的微球催化剂放在特定的仪器中,用高速气流冲击 4 h 后,所生成的小于 $15~\mu m$ 细粉的质量占试样中大于 $15~\mu m$ 催化剂质量的百分数即为磨损指数。通常要求微球催化剂的磨损指数不大于2。

6.3.3　工业用分子筛裂化催化剂的种类

按分子筛分类,目前工业用分子筛裂化催化剂大致可分为稀土 Y(REY)、超稳Y(USY)和稀土氢 Y(REHY)三种。此外,尚有一些复合型的催化剂。下面对这几种催化剂的主要性能特点做简要介绍。

1. REY 型分子筛催化剂

REY 型分子筛催化剂具有裂化活性高、水热稳定性好、汽油收率高的特点,但其焦炭和干气的产率也高,汽油的辛烷值低。主要原因在于它的酸性中心多、氢转移反应能力强。

REY 分子筛催化剂一般适宜用于直馏瓦斯油原料,采用的反应条件比较缓和。在 20 世纪七八十年代,它是我国主要使用的裂化催化剂品种。

2. USY 型分子筛催化剂

USY 型分子筛催化剂的活性组分是经脱铝稳定化处理的 Y 型分子筛。这种分子筛骨架有较高的硅铝比、较小的晶胞常数,其结构稳定性提高,耐热和抗化学稳定性增强。而且由于脱除了部分骨架中的铝,酸性中心数目减少,降低了氢转移反应活性,使得产物中的烯烃含量增加、汽油的辛烷值提高、焦炭产率减少。USY 型分子筛催化剂在选择性上有明显的优越性,因而发展很快。但是在使用时应注意到它的酸性中心数目有所减少,需要提高剂油比(例如在 8 以上)来达到原料分子的有效裂化,而且在再生时再生剂含碳量须降至 0.05% 以下。

3. REHY 型分子筛催化剂

REHY 型分子筛催化剂是在 REY 型催化剂的基础上降低了分子筛中 RE3 + 的交换量而以部分 H⁺ 代替,使之兼顾了 REY 和 HY 分子筛的优点。REHY 分子筛的活性和稳定性低于 REY 分子筛,但通过改性可以大大提高其晶体结构的稳定性,因此,REHY 型分子弱催化剂在保持 REY 分子筛的较高的活性及稳定性的同时,也改善了反应的选择性。

REHY 型分子筛中的 RE 和 H 的比例可以根据需要来调节,从而制成具有不同的活性和选择性的催化剂以适应不同的要求。

分子筛催化剂虽然可以分成几类,但其商品牌号却是不胜枚举。有些催化剂从类型和性能来看是基本相同的,但不同的生产厂家却都有自己的商品牌号。表 6.7 列出了主要的国产分子筛裂化催化剂的牌号及其主要特点。

表 6.7　国产分子筛裂化催化剂

类型	牌号	活性组分/基质	特点
REY	偏 Y－15,共 Y－15	REY/SiO₂－Al₂O₃	沸石含量中等,用于瓦斯油裂化
	CRC－1,KBZ,LC－7	REY/白土	半合成,高密度,用于掺渣油裂化,抗重金属能力较强
	LB－1	REY/白土	高密度,水热稳定性好
USY	ZCM－7,CHZ	REUSY/白土	焦炭选择性优,轻油收率高,用于掺渣油裂化
	LCH	高硅 REUSY/白土	焦炭选择性优,轻油收率高,汽油辛烷值高
	CC－15	REUSY/SiO₂－Al₂O₃	焦炭产率低,轻油收率高,强度好
	RHZ－300	USY/白土	活性、选择性皆优,抗氮性好
REHY	LCS－7	REHY/白土	中等堆积密度,焦炭产率低,轻油收率高
	CC－14,RHZ－200	LREHY/白土	中等堆积密度,焦炭收率高,汽油选择性好

裂化催化剂的品类有很多,如何根据需要和具体条件来选择适用的催化剂是一个须认真考虑的问题。一般来说,有几个原则是可供参考的:

①在掺炼渣油的比例增大时,要选用 REHY 乃至 USY 型分子筛催化剂。若原料油的重金属含量高,则宜选用具有小表面积的基质的 USY 型催化剂。

②当要求的产品方案从最大轻质油收率向最大辛烷值以至最大汽油辛烷值方向变化时,催化剂的选择也相应地从 REY 向 REHY 以至 USY 型催化剂方向变化。

③根据现有装置的具体条件尤其是制约条件来选用催化剂。例如,当再生器负荷较紧张时,应选用焦炭选择性优良的 REHY 或 USY 型催化剂;又如当催化剂循环量受到制约时,也就是剂油比受到制约时,宜选用活性高的 REHY 乃至 REY 型催化剂。

上述几点只是一般性的参考原则,实际上,要确定选择哪种催化剂最为合适,还是要通过实验室评价和工业试用。

自催化裂化技术工业化以来,裂化催化剂一直在不断地发展,从天然白土到合成硅酸铝,从 REY 分子筛到 USY 分子筛及 REHY 化催化剂的研究仍然十分活跃,其催化性能在不断地改善。目前,裂化催化剂研究仍十分活跃。此外,研究的热点主要在如何适应重质原料油裂化、如何提高汽油品质。催化剂的发展还跨越了炼油行业本身,向石油化工方向发展。

6.3.4　裂化催化剂助剂

近 20 年来,在裂化催化剂发展的同时,起多种辅助作用的助催化剂(简称助剂)也有了很大的发展。这些助剂主要以加添加剂的方式加入裂化催化剂中,起到补充裂化催化剂的某些方面不足的作用,而且使用灵活,可以根据具体情况随时启用或停用或调整用量,无须为了某一操作方式而全部更换装置中的催化剂。在本节,简要地介绍几种主要的裂化催化剂的助剂。

1. 辛烷值助剂

辛烷值助剂的作用是提高裂化汽油的辛烷值。它的主要活性组分是一种中孔择形分子筛,最常用的是 ZSM－5 分子筛。ZSM－5 分子筛的骨架含有两种交叉孔道,一种是直的,另一种是“Z”形近似圆的,两种孔道相互交叉。这种结构的孔口由十元(氧)环构成,孔口直径为 0.6~0.7 nm,交叉处的孔空间的直径约为0.9 nm,ZSM－5 的主要功能是有选择地把一些裂化生成的、辛烷值很低的正构 $C_7 \sim C_{13}$ 烷烃或带一个甲基侧链的烷烃和烯烃进行选择性裂化生成辛烷值高的 $C_3 \sim C_5$ 烯烃,而且 C_4、C_5 异构物比例大,从而提高了汽油的辛烷值。对石蜡基的原料油,其辛烷值的提高更明显。由于原裂化汽油中的部分烷烃转化为液化气,故使用辛烷值助剂后,汽油产率下降、液化气产率增大。但如果把增加的液化气中的烯烃转化为烷基化油计算在内,则总汽油收率反而会增加不少。辛烷值助剂的加入量约为系统催化剂藏量的 $10\% \sim 20\%$,补充量为 $0.1 \sim 0.4$ kJ/t 原料油。使用助剂后,一般情况下轻质油收率降低 $1.5\% \sim 2.5\%$,液化气收率约增加 50%,汽油 MON 提高 $1.5 \sim 2$ 个单位,RON 提高 $2 \sim 3$ 个单位。提高裂化反应温度也可以提高裂化汽油的辛烷值,这两种方法的效果有叠加的关系。

国外许多大的石油公司都有自己的辛烷值助剂,国内有北京石油化工科学研究院研制的 CHO 系列辛烷值助剂。一些减少汽油产率降低率的辛烷值助剂也在研究中。

2. 金属钝化剂

裂化原料中的重金属(以金属有机化合物的形式存在)会对催化剂起毒害作用。如镍会使催化剂的选择性变差,导致轻质油收率下降、焦炭产率增大、氢气产率增大等,钒会在高温下使催化剂的活性下降等。在掺炼渣油时,由于原料含重金属较多,对催化剂的毒化更为严重。钝化剂的作用是使催化剂上的有害金属减活,从而减少其毒害作用。

工业上使用的钝化剂主要有锑型、铋型和锡型三类。前两类主要是钝镍,而锡型则主要是钝钒。目前最广泛使用的是锑型钝化剂。国外比较著名的有菲利普斯公司的 Phil Ad 钝化剂,国内有 NIA 系列和 LMP 系列的钝化剂,都属锑剂。这些钝化剂是液体,可直接注入装置中。钝化剂的注入量一般认为以催化剂上的锑/镍为 $0.3 \sim 1.0$ 为宜。对不同的原料或不同的催化剂,加入钝化剂的效果会有所不同。一般来说,当金属污染较重时,加钝化剂后与未加前相比,氢气产率减少 $35\% \sim 50\%$、汽油产率增加 $2\% \sim 5\%$、焦炭产率减少 $10\% \sim 15\%$。

锑是有毒元素,含硫、磷的锑剂的毒性更大,使用时应注意安全。此外,在使用钝化剂时应当注意正确的使用方法,否则会得不到预期的效果。

近年来,对无毒的金属钝化剂的研制工作有很多,有的已取得了良好的研究成果。

3. CO 助燃剂

CO 助燃剂的作用是促进 CO 氧化成 C,减少排出烟气中的 CO 含量,有利于减少污染、回收烧焦时产生的大量热量,亦可使再生器的再生温度有所提高,从而提高了烧焦速率并使再生剂的含碳量降低,提高了再生剂的活性和选择性,有利于提高轻质油收率。由于再生器的温度提高,催化剂循环量可以有所降低。

目前广泛使用的助燃剂的活性组分主要是铂、钯等贵金属,以 Al_2O_3 或 $SiO_2 - Al_2O_3$ 作为担体,在助燃剂中,铂含量仅为 $0.01\% \sim 0.05\%$。助燃剂的用量很小,其加入量按催化剂藏量中的铂含量计,达到 0.2 μg/g 以上(580 ℃)就能引燃 CO,保持在 2 μg/g 左右就能达到稳定操作。无论再生器是以 CO 完全燃烧或部分燃烧方式操作,都可以使用助燃剂。

由于铂的催化氧化活性高,目前使用的助燃剂几乎都是以铂为活性组分。钯的活性虽然比铂差些,欲达到相同的效果时用量要大些,但钯的价格比铂的价格低,总体来看,成本相对要低些。此外,有的装置发现使用钯助燃剂时,烟气中的 NO_x 含量相对较低。对以非贵金属代替贵金属做助燃剂的研究也有不少,但在实际生产中应用的尚不多见。

除了上述的几种助剂外,还有一些其他助剂,例如钒捕集剂、硫转移剂等,在此不再详述。

6.4 裂化催化剂的失活与再生

6.4.1 裂化催化剂的失活

在反应－再生过程中,裂化催化剂的活性和选择性不断下降,此现象称为催化剂的失活。裂化催化剂的失活原因主要有三种:高温或高温与水蒸气的作用;裂化反应生焦;毒物的毒害。以下对这三种失活分别予以介绍。

1.水热失活

在高温,特别是有水蒸气存在的条件下,裂化催化剂的表面结构发生变化,比表面积减小、孔容减小,分子筛的晶体结构破坏,导致催化剂的活性和选择性下降。无定型硅酸铝催化剂的热稳定性较差,当温度高于650 ℃时失活就很快。分子筛催化剂的热稳定性比无定型硅酸铝的要高得多。REY 分子筛的晶体崩塌温度为870 ~880 ℃,USY 分子筛的崩塌温度为950 ~980 ℃。实际上,在高于800 ℃时,许多分子筛就已开始有明显的晶体破坏现象发生。在工业生产中,对分子筛催化剂,一般在小于650 ℃时催化剂失活很慢,在小于720 ℃时失活并不严重,但当温度大于730 ℃时失活问题就比较突出了。表6.8列出了近年来工业新鲜催化剂与水热减活平衡剂的物性比较。

表6.8 工业新鲜催化剂与水热减活平衡剂的物性比较

物性参数		新鲜剂	平衡剂
表面积/$(m^2 \cdot g^{-1})$		200 ~640	60 ~130
孔体积/$(ml \cdot g^{-1})$		0.17 ~0.71	0.16 ~0.45
堆积密度 /$(g \cdot mL^{-1})$	大密度剂	0.76 ~0.88	0.90 ~1.03
	小密度剂	0.45 ~0.53	0.70 ~0.82
微反活性		70 ~83	56 ~70

水热失活是个缓慢的过程。对无定型硅酸铝催化剂的失活动力学研究发现,早期的失活速度很快,然后再缓慢失活。若排除失活速度快的早期阶段,则可以认为失活速率可用一级反应动力学方程来描述。即

$$dA/d\tau = k_d A \qquad (6.18)$$

积分后得

$$A_\tau = A_0 \exp(-k_d \tau) \qquad (6.19)$$

式中,A_0、A_τ 分别为初始和停留时间为 τ 时的活性;k_d 为失活速率常数。

对于分子筛催化剂的失活,一些研究者也常用一级失活动力学方程来处理。Chester 等在研究分子筛催化剂的失活动力学时得到图6.15所示的结果。根据此结果,作者提出了以下的假设:分子筛催化剂的失活可以分为两个

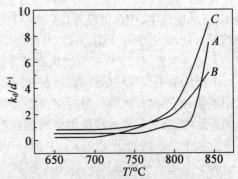

图6.15 三种分子筛催化剂的失活速率常数

温度区,在低温区的失活以无定型基质的失活为主,而在高温区的失活则以分子筛失活为主。因此,分子筛催化剂的失活速率常数 k_d 可以表示为

$$k_d = A_M \exp[-E_M/(RT)] + A_Z \exp[-E_Z/(RT)] \tag{6.20}$$

式中, A_M、E_M、A_Z、E_Z 分别为无定型基质和分子筛的指数因子和活化能。

由图可见,在高温区的活化能明显增大。工业催化裂化再生器一般都采用流化床反应器,因此,催化剂颗粒在再生器内都有不同程度的返混。

2. 结焦失活

催化裂化反应生成的焦炭沉积在催化剂的表面上,覆盖催化剂上的活性中心,使催化剂的活性和选择性下降。随着反应的进行,催化剂上沉积的焦炭增多,失活程度也加大。

工业催化裂化所产生的焦炭可认为包括四类焦炭:

①催化焦。烃类在催化剂活性中心上反应时生成的焦炭。其氢碳比较低,原子比约为0.4.催化焦随反应转化率的增大而增加。

②附加焦。原料中的焦炭前身物(主要是稠环芳烃)在催化剂表面上吸附、经缩合反应产生的焦。通常认为在全回炼时附加焦的量与康氏残炭值大体上相当。关于附加焦与原料残炭值之间的关系有各种不同的见解:例如,Kellogg 公司认为原料中的残炭物质全部转化为焦炭;IOTA 公司则认为附加焦与残炭值没有固定的关系;凌珑等对四种国产常压渣油进行了试验研究,认为附加焦的量约为残炭值的90%。从许多研究结果来看,附加焦与原料的残炭值是有关的,但还与转化率及操作方式(如回炼方式)等因素有关。

③可汽提焦。也称剂油比焦,因在汽提段汽提不完全而残留在催化上的重质烃类,其氢碳比较高。可汽提焦的量与汽提段的汽提效率、催化剂的孔结构状况等因素有关。

④污染焦。由于重金属沉积在催化剂表面上促进了脱氢和缩合反应而产生的焦。污染焦的量与催化剂上的金属沉积量、沉积金属的类型及催化剂的抗污染能力等因素有关。

结焦失活的程度与催化裂化反应生焦速率密切相关,许多研究者对生焦动力学进行了研究,提出了各种生焦模型。例如,Voorhis 的生焦方程、Panchenkov 和杨光华等的多层生焦模型、石油大学的几种反应控制机理的生焦模型、Froment 等的不同生焦途径的生焦模型等。其中最著名的数 Voorhis 生焦方程。

Voorhis 通过对大量数据的分析认为:尽管焦炭产率与催化剂的类型、原料组成及操作条件有关,但是沉积在催化剂上的焦炭与反应时间的关系基本上是相同的。此关系可按下式来描述:

$$C_C = A t_C^n \tag{6.21}$$

式中, C_C 为催化剂上积炭的质量分数; t_C 为催化剂停留时间; A 为随原料油和催化剂性质以及操作条件而变的系数, A 值为 $0.2 \sim 0.8$; n 为常数,对分子筛催化剂为 $0.12 \sim 0.30$,平均约为0.21,对无定型硅酸铝则比此值要高得多。

Voorhis 方程计算的是催化焦,在有关馏分油催化裂化的反应动力学模型中已被广泛应用。该方程是个经验性关联式,在工业应用时应注意准确地确定式中的 A 和 n 的数值。从生焦反应动力学出发,把结焦失活速率与生焦速度关联以得到结焦失活动力学模型本来是个顺理成章的事,但是事实上并非如此简单。由于焦炭来源的不同及失活机理的复杂性,这条解决问题的途径在试验上和数学处理上都显得十分麻烦,在实用上难以实现,因而不得不寻找其他的途径。在实际应用中,主要是采用与失活机理无关的基于停留时间的失活模型。这类模型也有多种表示方式,主要的有三种方程。

零级失活动力学方程：

$$-\mathrm{d}a/\mathrm{d}t = A \tag{6.22}$$

$$a = a_0 - A_{tC}$$

一级失活动力学方程：

$$-\mathrm{d}a/\mathrm{d}t = Aa \tag{6.23}$$

$$a = a_0 \exp(-A_{tC})$$

二级失活动力学方程：

$$-\mathrm{d}a/\mathrm{d}t = Aa^2 \tag{6.24}$$

这类失活模型中没有包括催化剂含碳量这个因素，因此实际上已做了反应器内的催化剂是均匀失活这一假设。此外这类模型在实用中也有一定的限制，它只是在确定该方程形式的工艺条件范围内才能适用。除了上述失活方程外，还有一些其他形式的结焦失活动力学模型。Corella 等对裂化催化剂的结焦失活问题进行了比较详细的研究，研究了表观失活级数和活化能的变化规律，对某些研究者不同的研究结果进行了较好的解释。

3. 毒物引起的失活

在实际生产中，对裂化催化剂的毒物主要是某些金属（铁、镍、铜、钒等重金属及钠）和碱性氮化合物。

重金属在裂化催化剂上的沉积会降低催化剂的活性和选择性。这几种重金属对催化剂影响的方面和程度是有所不同的，其中以镍和钒的影响最为重要。在催化裂化反应条件下，镍起着脱氢催化剂的作用，使催化剂的选择性变差，其结果是焦炭产率增大，液体产品产率下降，产品的不饱和度增高，气体中的氢含量增大；钒会破坏分子筛的晶体并使催化剂的活性下降。在催化剂上金属含量低于 3 000 μg/g 时，镍对选择性的影响比钒大 4～5 倍，而在高含量时（15 000～2 000 μg/g），钒对选择性的影响与镍达到相同的水平。表6.9列举了镍和钒对催化剂的影响。重金属污染的影响还与其老化的程度有关。实践表明，已经老化的重金属的污染作用要比新沉积金属的作用弱得多。据 ARCO 公司的考察，催化剂上沉积的镍中大约只有1/3左右具有新沉积镍的脱氢活性。因此，仅用催化剂上沉积的重金属量还不能确切地反映催化剂的污染程度，有的研究者建议用重金属含量与某个效率系数的乘积来表示催化剂的实际污染程度。此外，重金属污染的影响的大小还与催化剂的抗金属污染能力有关。

表6.9 镍和钒对催化剂的影响

物性参数	基准	+ Ni(250 μg/g)	+ V(830 μg/g)
微反活性指数	77.5	73.5	74.2
焦炭产率/%	4.05	5.62	5.48
焦炭产率中污染碳	0	2.26	2.01
氢气产率/%	0.20	0.76	0.64
氢气产率中污染氢	0	0.56	0.44

催化剂上的重金属来源于原料油。国外许多原油的含钒量较高，我国多数原油的镍含量较高而钒含量则较低。一般情况下，以瓦斯油为原料时，重金属污染的程度并不严重。但是对来自某些含重金属很多的原油的瓦斯油，或减压蒸馏时雾沫夹带严重的情况下，也须重视重金

属污染的问题。对重油催化裂化,催化剂的重金属污染是个严重的问题。例如,即使是金属含量很低的大庆原油,其常压渣油的镍含量也有约 5 $\mu g/g$。如果催化剂的损耗率以 1 kg/t 油计算,平衡催化剂上的镍含量也将达到 5 000 $\mu g/g$。

除了上述的重金属外,碱金属和碱土金属以离子态存在时,可以吸附在催化剂的酸性中心上并使之中和,从而降低了催化剂的活性。在实际生产中,钠对裂化催化剂的中和是需要注意的。钠会中和酸性中心而降低催化剂的活性,而且会降低催化剂结构的熔点,使之在再生温度条件下发生熔化现象,把分子筛和基质一同破坏。

除了金属毒物外,碱性氮化合物对裂化催化剂来讲也是毒物,它会使催化剂的活性和选择性降低。碱性氮化合物的毒害作用的大小除了与总碱氮含量有关外,还与其分子结构有关,例如分子大小、杂环类型、分子的饱和程度等。

4. 催化剂的平衡活性

由以上讨论可见,裂化催化剂的活性和选择性在使用过程中会受到各种因素的影响而逐渐发生变化,因此新鲜催化剂的活性并不能反映工业装置中实际的催化剂活性。在实际生产中,通常用"平衡活性"来表示装置中实际的、相对稳定的催化剂活性。影响裂化催化剂的平衡活性的因素很多,主要有:

①催化剂的水热失活速度。由于再生器的温度比反应器的温度高得多,因此,再生器的操作条件对催化剂的水热失活速度的影响是决定性的。催化裂化再生器都是流态化反应器,尽管不同形式的再生器会有不同的流化状态,但总是会存在各种形式的固体颗粒停留时间分布函数。因此,催化剂颗粒在再生器内的停留时间分布是计算催化剂失活的重要基础。

②催化剂的置换速率。裂化催化剂在反应 - 再生系统中进行循环时会由于磨损、粉碎而流失。而且,为了保持平衡活性,也需要卸出一些旧催化剂而补充一些新鲜催化剂。因此对装置内的催化剂应有一个合理的催化剂置换速率。催化剂置换速率高时,平衡活性也高。但是这两者之间并不是一个简单的比例关系。新鲜催化剂中的细粉在最初的几个循环中即可流失,而有些耐磨的粗颗粒则可能在反应 - 再生系统内长期停留,从而导致不同直径颗粒的失活程度有很大的不同。

③催化剂的重金属污染。重金属在催化剂上的沉积量是逐渐增多的,其污染影响也逐渐加大。另一方面,沉积重金属的毒性又会随着其寿命的延长而下降。有的研究报道称:平衡剂上沉积的镍中只有约 1/3 具有与新鲜沉积镍相同的毒性。

上述讨论表明,影响裂化催化剂平衡活性的因素很复杂,除了上面讨论的三个方面外,还有新鲜催化剂的活性及稳定性、原料油的性质及重金属含量、催化剂的流失率、装置的操作条件等影响因素。严格来说,裂化催化剂的失活始终不是一个稳态过程,达不到真正的动态平衡条件。因此,在实际生产中,所谓的"稳定的"平衡活性不可能是真正的固定不变。

许多研究工作者对如何预测裂化催化剂的平衡活性进行了研究,虽然也取得了不少进展,但是可靠的平衡活性数值还须由实测取得。许多催化裂化装置的催化剂置换率在每日 1% 左右(对系统藏量),催化剂平衡活性在 65 ~ 75。

6.4.2　裂化催化剂

裂化催化剂在反应器和再生器之间不断地进行循环,通常在离开反应器时催化剂(待生催化剂)上含碳量约为 1%,须在再生器内烧去积炭以恢复催化剂的活性。对无定型硅酸铝催化剂,要求再生剂的含碳量降至0.5%以下,对分子筛催化剂则一般要求降至0.2%以下,而对超稳Y分子筛催化剂则甚至要求降至0.05%以下。通过再生可以恢复由于结焦而丧失的活性,但不能恢复由于结构变化及金属污染引起的失活。裂化催化剂的再生过程决定着整个装置的热平衡和生产能力,因此在研究催化裂化时必须十分重视催化剂的再生问题。

1. 再生反应和再生反应热

催化剂上沉积的焦炭再生是反应缩合产物,它的主要成分是碳和氢,当裂化原料含硫和氮时,焦炭中也含有硫和氮。焦炭的经验分子式可写成$(CH_n)_m$,一般情况下,其值在0.5~1。由生产装置再生器物料衡算得的焦炭组成有时可得n值远大于1,其原因可能有两种:其一是残留有较多的吸附油气;其二是物料平衡计算时所用的计量及分析数据不准确。

催化剂再生反应就是用空气中的氧烧去沉积的焦炭。再生反应的产物是CO_2、CO和H_2O。一般情况下,再生烟气中的CO_2/CO比值在1.1~1.3,在高温再生或使用CO助燃剂时,此比值可以提高,甚至可使烟气中的CO几乎全部转化为CO_2。再生烟气中还含有SO_x(SO_2、SO_3)和NO_x(NO、NO_2)。由于焦炭本身是许多种化合物的混合物,而且没有确定的组成,因此,无法写出它的分子式,故其化学反应方程式只能笼统地用下式来表示:

$$焦炭 \xrightarrow{O_2} CO + CO_2 + H_2O$$

一些研究工作表明,焦炭燃烧反应是一个复杂的反应过程,其中可能经历有中间反应产物(含氧化合物)的阶段,而且在生成的CO_2中也可能有一部分是通过焦炭先生成CO然后再经过进一步氧化而生成的。

再生反应是放热反应,而且热效应相当大,足以提供本装置热平衡所需的热量。在有些情况下(例如CO_2/CO比值大甚至完全燃烧、焦炭产率高,特别是以重油为裂化原料时),还可以提供相当大量的剩余热量。

再生反应热的数值与焦炭的组成氢碳比及再生烟气中的CO_2与CO比值有关。由于焦炭的确切组成不能确定,在催化裂化工艺计算中通常根据元素碳和元素氢的燃烧发热值并结合焦炭的氢碳比及烟气中的CO_2与CO比来计算再生反应热,并称此计算值为再生反应的总热效应。

元素碳和元素氢的燃烧热如下:

$$\left.\begin{array}{ll} C + O_2 \longrightarrow CO_2 & 33\ 873\ \text{kJ/kg(C)} \\ C + 0.5O_2 \longrightarrow CO & 10\ 258\ \text{kJ/kg(C)} \\ \vdots \\ H_2 + 0.5O_2 \longrightarrow H_2O & 119\ 890\ \text{kJ/kg(H)} \end{array}\right\} \qquad (6.25)$$

这种计算方法实质上是把焦炭看成是碳和氢的混合物,从理论上讲是不正确的。从反应热效应的角度来看,单质碳和单质氢的燃烧热与焦炭燃烧热相比较,其中相差了由碳和氢生成焦炭的生成热。若把焦炭看作稠环芳烃,则此生成热为500~750 kJ/kg,约占由式(6.25)计算得的总热效应的1%~2%。

目前工业上流行的计算方法是从上述总热效应扣除"焦炭脱附热"而得的净热效应。ES-SO公司提出的焦炭脱附热的数值是总热效应的11.5%。也有的石油公司提出应从总热效应中扣除"水脱附热"后得净热效应。例如,PACE公司提出的水脱附热与操作条件有关,一般情况下占总热效应的5%~10%。在实际反应过程中并不存在焦炭脱附这一步骤,但是从热力学来看存在焦炭脱附热是有可能的。至于水脱附热的问题,在500~700 ℃的温度下,已经超过水的临界温度很多,是否存在水的物理吸附-脱附现象是值得怀疑的。至于是否存在催化剂脱结构水或化学吸附水的问题则尚有待考证。

林世雄等用热分析方法直接测定附在催化剂上的焦炭(结焦剂)和游离焦炭(从结焦剂上剥离下来的焦炭)的燃烧热效应,发现两者之间存在一个差值,其值约占游离焦炭燃烧热效应的 5% ,而且游离焦炭的燃烧热效应与 Dart 用热卡计测定的纯稠环芳烃的燃烧热效应相近。这一结果似乎能支持存在焦炭脱附热的观点。用热重法考察催化剂吸水 – 脱水现象的试验结果表明:在工业条件下,催化剂在反应器和再生器之间吸水 – 脱水的量很小,其热效应对再生热效应的影响实际上可以忽略。图 6.16 是上述几种方法所得的再生热效应的比较。

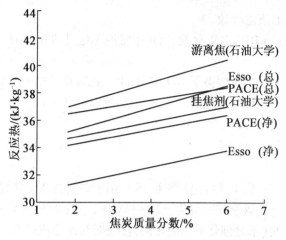

图 6.16　几种方法所得再生热效应的比较

2. 再生反应动力学

再生反应速度决定再生器的效率,它直接对催化剂的活性和选择性、装置的生产能力有重要影响。再生反应速度取决于焦炭中的碳的燃烧速度,因此,许多研究工作都集中于烧碳反应动力学,而对焦炭中的氢的燃烧速度则研究得很少,试验工作的难度也是其中的重要原因。影响烧碳反应速度的主要因素有再生温度、氧分压、催化剂的含碳量等。催化剂的类型也可能会对烧碳反应速度产生影响。

催化剂上焦炭的燃烧反应机理比较复杂,例如许多研究者认为它是一个平行的一连串反应,但是在实用中,一般多采用较简单的反应速率方程式来描述。石油大学对分子筛裂化催化剂在较高温度范围内的再生反应动力学做了系统的研究工作,认为对无定型硅酸铝催化剂和分子筛催化剂上碳的燃烧速度都可以用以下动力学方程来表示:

$$dC/d\tau = k_C pC \tag{6.26}$$

式中,C 为催化剂的含碳量,% ;k_C 为烧碳反应速率常数,$1/(kPa \cdot min)$;ρ 为氧分压,kPa。

对不同类型的催化剂,k_C 的值会有所不同。对 CRC – 1 等分子筛催化剂(稀土 Y 型分子筛载于高岭土),有

$$k_C = 1.67 \times 10^8 \exp(-161.2 \times 10^3/RT) \tag{6.27}$$

图 6.17 示出了部分作者提出的 k_C 与再生温度的关系。虽然 k_C 的值有较大的差别,但多数作者提出的反应活化能都在 145 ~ 175 kJ/mol。

石油大学通过试验考察,认为裂化催化剂上的焦炭燃烧反应是非催化反应(当催化剂上没有加入有催化氧化活性的组分时),不同催化剂上的烧碳反应速度之所以有差异主要是由于焦炭的组成及结构(类石墨结构的有序程度)不同。催化剂的作用是影响生成焦炭的组成及结构,但是在烧焦时催化剂并未起催化作用。

对于微球分子筛催化剂,再生温度高达 800 ℃时,烧碳反应速度仍属化学反应控制。

王光坶等采用脉冲反应法研究了催化剂上焦炭中氢的燃烧动力学,提出了烧氢速度的表达式:

$$dH/d\tau = k_H pH \tag{6.28}$$

式中,k_H 为氢的燃烧速率常数,$1/(kPa \cdot min)$;p 为氧分压;H 为催化剂上(限于焦炭中的)氢

的质量分数,%;

对 CRC – 1 催化剂,当再生温度不超过 700 ℃时:

$$k_H = 2.47 \times 10^8 \exp[-157.7 \times 10^3/(RT)] \tag{6.29}$$

当温度高于 700 ℃时,由上式算得的结果需稍加修正。

根据上述的反应方程式,可以推导出在 CRC – 1 催化剂再生时,碳的转化率 α_C 与氢的转化率 α_H 之间的关系为

$$\alpha_H = 1 - (1 - \alpha_C)^m$$
$$m = k_H/k_C \tag{6.30}$$

由上式可绘制图 6.18。由图可见,当碳的转化率约为 85% 时,焦炭中的氢几乎已全部烧去。

碳燃烧时可生成 CO 和 CO_2,一般认为一次反应产物中 CO 和 CO_2 都有。Arthur 考察了焦炭(不是催化剂上的焦炭)燃烧时初次生成的 CO 与 CO_2 比值,认为该比值是温度的函数式为

$$CO/CO_2 = 2\ 500 \exp[52\ 000/(RT)] \tag{6.31}$$

上式并不是一个化学平衡的关系,而是具有相同反应级数的生成 CO 的反应速度与生成 CO_2 的反应速度之比,式中的 52 000 kJ/mol 则是这两个反应的活化能之差。由该式可见,温度越高则该比值越大。石油大学对此问题也进行了研究,但与 Arthur 所用的研究对象不同,所研究的对象是分子筛催化剂上的焦炭。他们也取得了与式(6.31)相同形式的函数关系,但具体数值有所不同,活化能之差在 34 ~ 37 kJ/mol,计算得的 CO 与 CO_2 比值比相应的 Arthur 比约低一半。

研究结果还表明,此比值只是温度的函数,与催化剂含碳量、氧浓度无关。

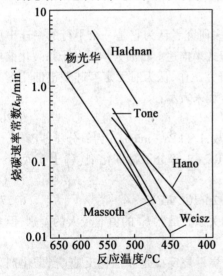

图 6.17　部分作者发表的烧碳速率常数　　图 6.18　CRC – 1 催化剂再生 α_H 与 α_C 之间的关系

焦炭燃烧产生的 CO 在离开再生器以前,会在催化剂颗粒之间、稀相空间等处继续进行均相氧化反应,进一步生成 CO_2。CO 均相氧化反应是一个很复杂的自由基反应,其反应速度受许多因素的影响,不同学者提出的反应速度表达式之间有很大的差异,尚难以有比较一致的意见。一些研究结果表明,当温度达 720 ℃左右时,CO 会发生爆燃,瞬间全部转化为 CO_2。

3. 再生反应器动力学模型

以上讨论的再生反应动力学是就单纯的化学反应本身而言,或者说是本征反应动力学。

在实际生产中,结焦催化剂的再生是在流化床中进行的,流化状态对反应物的有效浓度有直接的影响,从而也对再生反应速度产生重要的影响。这里以两种极端的流动状况来说明。

设再生器入口的氧体积分数为 21% ,出口为 0.5% 。当气体在流化床中处于完全返混状态时,则有效氧体积分数与出口氧体积分数相同,即为 0.5% 。若气体是以平推流通过,则有效氧体积分数为出口与入口体积分数的对数平均值,即

$$有效氧体积分数 = \frac{21 - 0.5}{\ln(21/0.5)} = 5.5\%$$

由此可见,尽管其他条件不变,由于有效氧浓度的不同,两种流动状态下的反应速度却相差达 11 倍之多。

催化剂颗粒在再生器中的流动状态对烧碳反应速度的影响,也可以做类似的分析。若催化剂在再生器中处于完全返混状态,则有效含碳量即为再生剂的含碳量,与待生催化剂的含碳量无关。但在高气速的流化床中,由于固体颗粒的返混程度减少,有效含碳量比再生剂含碳量高得多,烧碳反应速度也得到提高。

对流化床层再生器,国内外曾沿用多年的一个动力学模型就是基于以上原理建立起来的。该模型表示如下:

$$燃烧强度\ G(C_0 - C_R)/W = VKpC_R \frac{X_0 - X_t}{\ln(X_0 - X_t)} \tag{6.32}$$

式中,G 为催化剂循环量,t/min;W 为再生器催化剂藏量,t;C_0、C_R 分别为待生剂及再生及含碳量(质量分数),% ;K 为烧碳反应速率常数,$1/(kPa \cdot min)$;p 为再生器压力,kPa;X_0、X_t 分别为入口空气及出口烟气中的氧的体积分数,% ;V 为装置因素。

将此模型与前面的式(6.26)对比,如果按照再生器内的气体流动是平推流、固体颗粒是完全返混流来设定式(6.26)中的 p 和 C,就可以得到与式(6.32)一样的方程式形式,其间只差了一个 V。由于所假定的流动状况与实际情况并不完全一致,为了拟合实际工业数据,用了一个修正系数 V,V 是一个经验系数,根据再生器的形式和操作条件来选定。

上述讨论实质上都是把再生器中的反应看作均相反应(拟均相反应)。实际上,沿着再生器的径向和轴向,都存在着温度、氧分压、碳浓度的分布,并不是均一的。例如,在烧焦罐式再生器(快速床再生器),上述变量的轴向梯度十分明显。因此,在建立再生器动力学模型时,有时须分段甚至分微元依次逐个计算。

在流化床再生器,气(气相中的氧)-固(催化剂颗粒上的焦炭)相之间的传质会对烧焦速率产生影响。例如在鼓泡流化床再生器中,气泡相与乳化相之间的传质阻力会对烧焦速度产生重要影响。

在再生器内不同的部位,其流动、传质、反应情况是不同的。在建立动力学模型时,有时须分区分别进行处理。一般可分为分布板(管)区、密相区、稀相区等。

从以上讨论可以看到,欲建立一个再生反应器动力学模型,除了考虑化学反应动力学外,还须考虑再生器内的流动、传质、传热等问题,才能建立起一个比较符合实际的模型。通常多是先建立一个机理模型的雏形,结合工业实际情况及某些基本原理做出某些假设并进行适当简化,然后对照工业实际数据进行拟合并做一些经验性的修正。由于裂化催化剂再生过程的复杂性,在建立再生器动力学模型中,经验性的成分还占有相当重要的位置。

6.5 流态化基本原理

流化催化裂化的反应器和再生器的操作情况、催化剂在两器之间的循环输送以及催化剂的损耗率等都与气－固流态化问题有关。无论是建立数学模型、优化生产操作还是进行设计常常都离不开流态化的问题。因此,学习流态化原理并掌握其一般规律是十分必要的。

对于气－固流态化问题,已经有很多人做过大量的研究工作,但是由于此问题的复杂性,至今有不少问题还有待于进一步深入研究。本节只是对与催化裂化有关的一些最基本的原理和现象做一简要的讨论。

6.5.1 流化床的形成与流态化域

1.流化床的形成

如果在一个下面装有小孔筛板的圆筒内装入一些微球催化剂,让空气由下而上通过床层,并测定空气通过床层的压降 Δp ,将会发现以下现象:当气体流速 μ_f 较小时,床层内的颗粒并不活动,处于堆紧状态,即处于固定床状态,只是随着 μ_f 的增大,床层压降亦随之增大(图6.19)。当气速增大至一定程度时,床层开始膨胀,一些细粒在有限范围内运动;当气速再增大时,固体粒子被气流悬浮起来并做不规则的运动,即固体粒子开始流化。

此后,继续增大气速,床层继续膨胀,固体运动也更激烈,但是床层压降基本不变,如图6.19 的 BC 段;气速再增大至某个数值,例如 C 点,固体粒子开始被气流带走,床层压降下降;气速再继续增大,被带出的粒子更多,最后被全部带出,床层压降下降至很小的数值。在此过程中,相当于 B 点处的气速称为临界流化速度 μ_{mf} ,亦称起始流化速度;相当于 C 点的气速称为终端速度 μ_t ,亦称带出速度。由上述过程

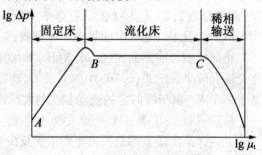

图 6.19　床层压降与气体线速的关系

可见:当气速小于 μ_{mf} 时为固定床,在 μ_{mf} 与 μ_t 之间为流化床,大于 μ_t ,则为稀相输送。在固定床阶段,粒子之间的孔隙形成了许多弯弯曲曲的小通道。气体流过这些小通道时因有摩擦阻力而产生压降。摩擦阻力与气体流速的平方成正比,因此流速越大时产生的床层压降也越大。

当气速增大至 B 点时,作用于床层的各力达到平衡,整个床层被悬浮起来而固体颗粒自由运动,即

床层压降×床层截面积 = 床中固体重 - 固体所受浮力

或

$$\Delta pF = V(1-\varepsilon)\gamma_\delta - V(1-\varepsilon)\gamma_g \tag{6.33}$$

式中, Δp 为床层压降,kg/m²; F 为床层截面积,m²; V 为床层体积,m³; ε 为床层孔隙率; γ_δ 、 γ_g 分别为固体颗粒及气体的重度,kg·m⁻³。

式(6.33)可以写成

$$\Delta pF = V(1-\varepsilon)(\gamma_\delta - \gamma_g)$$

因为 $\gamma_\delta \gg \gamma_g$,所以,上式可近似地写成

$$\Delta pF = V(1 - \varepsilon)\gamma_\delta \tag{6.34}$$

上式等号的右方就是固体颗粒的质量,当没有加入或带出固体时,它是一个常数。因此,在流化床阶段,当气速增大时 ε 虽然增大,但 ε 亦随之增大,结果 ΔpF 基本保持不变,也就是 Δp 基本不变。利用这个原理,在实验室或工业装置中可以通过测定流化床中不同高度的两点间的压差来计算床层中的固体藏量或床密度。

当气体流速超过终端速度时,床层中的固体质量因粒子被带出而减小,于是床层压降减小。直至全部固体被带出时,圆筒两端的压差就是气流通过空筒时的摩擦压降。

2. 气 – 固流态化域

固体颗粒的流化性能与其粒径及其他性质有关。在流态化研究中常根据固体颗粒的流态化特征将固体颗粒进行分类。常见的分类方法中有 Geldart 的分类方法,他把固体颗粒分为 A、B、C、D 四类。裂化催化剂是典型的 A 类颗粒。A 类细粉颗粒流化床的流化状态与床层内的表观气速 u_f 有关。随着 u_f 的增大,床层可分为几种不同的流化状态,或称为不同的流化域(图 6.20)。

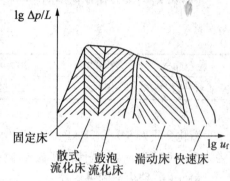

图 6.20　流化状态域图

①固定床。固体颗粒相互紧密接触,呈堆积状态。

②散式流化床。固体颗粒脱离接触,但均匀地分散在流化介质中,床层界面比较清晰而稳定,已具有流体特性。

③鼓泡流化床。随着 u_f 的增大,流化床中出现了气体的聚集相——气泡。在气泡上升至床层表面时,气泡破裂并将部分颗粒带到床面以上的稀相空间,形成了稀相区,在床面以下则是密相区。

④湍动床。气速 u_f 增大至一定程度时,由于气泡不稳定而使气泡分裂成更多的小气泡,床层内循环加剧,气泡分布较为均匀。此时气体夹带颗粒量大增,使稀相区的固体浓度增大,稀、密相之间的界面变得模糊不清。工业流化床再生器多属此类。

⑤快速床。气速 u_f 再增大,气体夹带固体量已达到饱和夹带量,密相床已不能继续维持而要被气流带走,此时必须靠一定的固体循环量来维持,密相床层的密度与固体循环量密切相关。催化裂化的烧焦罐再生器属此类。

⑥输送床。当气速增大至即使靠固体循环量也无法维持床层时,就进入气力输送状态。催化裂化提升管反应器属此类。

3. 临界流化速度和终端速度

临界流化速度 u_{mf} 和终端速度 u_t 是与流化状态有重要关系的参数,许多学者对其进行了研究并提出了多种形式的计算方法。其中有的将此参数直接与固体颗粒的性质相关联,有的则采用无因次准数关联的方式。在本节,只列举一种计算方法。

$$u_{mf} = [0.007\,8d_p^2(\rho_p - \rho_t)g]/u_f \tag{6.35}$$

$$u_t = gd_p^2(\rho_p - \rho_f)/(18u_f) \tag{6.36}$$

式中,u_{mf} 为临界流化速度,cm/s;d_p 为固体颗粒直径,cm;ρ_p、ρ_f 分别为固体颗粒密度及气体密度,g/cm³;g 为重力加速度,980 cm/s²;u_f 为气体黏度,Pa·s。

上述计算式中的气速都是指空塔气速。对于有一定粒径分布的固体颗粒,在计算时应采

用代表性的平均粒径(d_{pm})。其计算公式如下:

$$d_{pm} = \frac{1}{\sum (x_i/d_{p,i})} \qquad (6.37)$$

式中,x_i 为直径为的 $d_{p,i}$ 颗粒在全部颗粒中所占的质量分数。

这类计算式大都是在冷态、小尺寸设备条件下试验所得的经验关联式。在使用时都应根据实际条件进行校正。

【例6.1】 某裂化催化剂的颗粒密度为 1.3 g/cm^3,其筛分组成见表6.10。

表6.10　筛分组成

粒径/μm	0 ~ 20	20 ~ 40	40 ~ 80	80 ~ 110	110 ~ 150
质量分数/%	0.48	10.52	58	3.86	0.14

液化介质为 580 ℃、78 kPa(表)下的再生烟气,在该条件下的密度为 0.733×10^{-3} g/cm^3、黏度为 3.7×10^{-4} $Pa \cdot s$。试计算其临界流化速度和带出速度。

解　(1)催化剂的平均粒径。

$$d_{pm} = \frac{1}{\dfrac{0.48}{10} + \dfrac{10.52}{30} + \dfrac{85}{60} + \dfrac{3.86}{95} + \dfrac{0.14}{130}} \times 100 =$$

$$53 \text{ μm} = 5.3 \times 10^{-3} \text{ cm}$$

(2)临界流化速度。

$$u_{mf} = \frac{0.007\,8 \times (5.3 \times 10^{-3})^2 \times (1.3 - 0.733 \times 10^{-3}) \times 980}{3.7 \times 10^{-3}} = 0.075 (\text{cm/s})$$

(3)带出速度。

$$u_{mf} = \frac{980 \times (5.3 \times 10^{-3})^2 \times (1.3 - 0.733 \times 10^{-3})}{18 \times 3.7 \times 10^{-4}} = 5.37 (\text{cm/s})$$

(4)讨论。鼓泡流化床再生器的操作空塔气速 u_t 一般在 $0.6 \sim 1$ m/s,u_f 与 u_{mf} 之比(亦称流化数)达 1 000 以上。从计算结果来看,u_{mf} 比 u_t 也高出许多倍,但实际上仍能维持流化床操作,其主要原因是,在流化床中催化剂颗粒并不是以单个颗粒进行运动而是成团絮状进行运动的,而且还有从一级旋风分离器料腿返回密相床层的相当大的催化剂循环量。

除了本节讨论的临界流化速度、带出速度外,还有一些用于判断流化状态的速度参数,例如起始气泡速度、各流化域之间过渡时的速度等。它们的定义及计算方法可参考有关文献。

6.5.2　流化床的基本特性

气-固流化床的各个流化域有其共同的特点(固粒处于流化状态),但是也各有其不同的特点。下面简要介绍处于不同流化域的流化床的基本特性。

1.散式流化床

当气流速度超过临界流化速度不多时,流化床内没有聚集现象,床层界面平稳,此时床层处于散式流化状态。随着气速增大,床层的孔隙率增大,床层膨胀。若床直径不变,则床高增加,可以用床高与起始流化时的床高之比 L_B/L_{mf} 来表示床层膨胀的程度,亦称膨胀比。影响膨胀比的因素很多,如固体颗粒的性质和粒径、气体的流速和性质、床径和床高等。图 6.21 表示气速和床径对膨胀比的影响。气速越大或床径越小则膨胀比越大。在催化裂化装置中,催化剂的密相输送处于散式流化状态。

2. 鼓泡床和湍流床

鼓泡流化床的固体颗粒不是以单个而是以集团进行运动,气体主要是以气泡形式通过床层。因此床层不是均匀的而是分成两相:气泡相,主要是气泡,其中夹带少量固体;颗粒相(亦称乳化相),主要是流化的固体颗粒,其间有气体以接近于临界流化速度的流速通过。鼓泡流化床中的气、固流动状况很复杂,在这里只是介绍它的一些基本现象。

如果床层直径足够大,而且气流速度不太高,即器壁影响及各气泡之间的影响可以忽略时,可以观察到单个气泡的运动情况。气泡的上半部呈半球形,气泡的尾部则有一凹入部分,称为尾波区(图 6.22)。尾波区夹带着固体颗粒,而气泡内则基本上不含固体颗粒。气泡在气流通过分布板进入床层时形成,然后在床层中向上运动。气泡向上运动的速度大于气体在空床中的平均气速。气泡的直径越大,其上升的速度也越大。

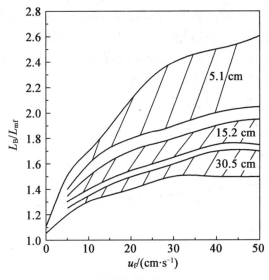

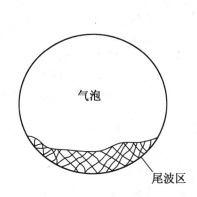

图 6.21　气速和床径对膨胀比的影响
(固体颗粒平均直径为 100 μm,图中注字为床径)

图 6.22　气泡形态

气泡的运动是造成流化床中的固体气速和床径对膨胀比的影响及颗粒和气体返混的主要原因。当气泡上升时,气泡周围的固体颗粒被曳引至尾波区并随着气泡向上运动。当尾波区夹带的颗粒增多时,它变得不稳定,于是在气泡上升过程中会甩下一部分夹带的颗粒而其余的颗粒仍被带着上升。当气泡上升至床层界面时,气泡破裂,尾波区的固体颗粒就散落下来。这样造成了流化床中固体颗粒的返混。气泡内的气体与周围颗粒相中的气体也互相交换:向下运动的固体颗粒借摩擦力将颗粒相中的气体曳引向下,当气泡与颗粒间的相对速度足够大时,这部分颗粒相中的气体由压力较低的尾波区进入气泡,而气泡中部分气体由顶部透过气泡边界又渗入颗粒相中去。这样形成了气体在流化床内的返混。流化床内气体及固体的返混使床层各部分的性质(如温度、组成等)趋向于均一。在实际应用的鼓泡流化床中往往同时存在大量气泡,由于它们之间的相互影响,气泡常变成不规则的形状。大量气泡同时向上运动时,小气泡会互相聚合成更大的气泡。因此,随着气泡的上升,气泡的直径也逐渐增大。气泡的长大对气－固非均相催化反应是不利的,因为气泡里的气体(反应物)与固体催化剂的接触很差。在大型鼓泡流化床中,气泡经常不是在整个床层截面上均匀分布,而是形成几个鼓泡中心,气泡聚合后沿几条"捷径"上升。严重的鼓泡集中使气泡连续地沿着捷径上升而形成短路,这种现象称为沟流。发生沟流现象时,局部床层的压降下降。显然,沟流现象对催化反应是很不利的。如何使进入床层的气体均匀分布是大型流化床反应器设计的一个重要问题。

在小直径的流化床中,有时气泡可能长大到与床径一样大,形成了一层气泡、一层固体颗粒相,这种现象称为气节,亦称腾涌。流化床产生气节时,气体必须渗过慢速运动的密相区,因此床层的压降比正常流化时的压降大。但当大气泡到达床层顶部时气泡崩破,颗粒骤然散落。床层压降又突然降低,严重时还会发生振动。气节现象在直径小于 50 mm 的流化床中很容易发生。实验室的小型流化床反应器常常不容易得到重复性好的试验数据与此现象有一定的关系。

鼓泡流化床的顶部有一个波动的界面,当气速增大时,界面起伏波动的幅度也越大,在界面以下的称密相床。对催化裂化反应器和再生器,密相床的密度随气速等因素变化而变化,一般在 100 ~ 500 m³。密相床界面以上的空间称稀相。由于气流的夹带,稀相中也含有固体颗粒,其颗粒浓度随气速的增大而增大,在一般情况下,其密度比密相床的密度小得多。当气速较低时,稀相与密相之间的界面比较明显;但随着气速的增大,密相床的密度变小而稀相段的密度增大,两相之间的界面逐渐变得不很明显。图 6.23 显示了这种情况。

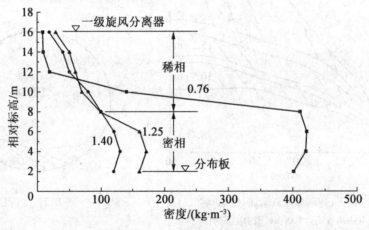

图 6.23 再生器中的密度分布
(曲线中的标注数字是密相气体速度,单位为 m/s)

气泡在离开密相床层时产生的动能会把部分固体颗粒带入稀相。随着气流向上运动,被夹带的颗粒中的较大者(其带出速度高于稀相中的气速)在上升到一定高度后就会转而向下运动并返回密相床层,而较小的颗粒则继续随气体向上运动。因此,在密相床以上的某个高度,气体中夹带的固体颗粒浓度基本保持不变,这个高度就称为输送(曲线上的标注数字是密相气体速度,单位为 m/s)分离高度,简称 TDH。TDH 的大小主要取决于气速和床径。从 TDH 的定义来看,反应器中的旋风分离器的入口与密相床的界面之间的距离应大于 TDH 高度。许多研究者提出了计算 TDH 的公式,它们的计算结果也不尽相同。在此仅介绍了 Zenz 和 Herio 提出的计算式:

$$\frac{TDH}{D_{T}} = (2.7D_{T}^{-0.36} - 0.7) \times \exp(0.7\mu_{f} \times D_{T}^{-0.23}) \tag{6.38}$$

式中，D_T、u_f 分别为床径和气体线速。

在实际生产装置中发现，从式(6.38)(也包括多数其他公式)计算所得的结果偏低，因此，在设计催化裂化再生器时，一般是采用将某些作者的计算结果增加一定高度的方法来解决。例如，当再生器直径为 9.6 m、气体速度为 0.87 m/s、催化剂平均粒径为 60 μm 时，用式(6.38)计算得的 TDH 值为 7.0 m，而设计时则多采用 10 m 左右。

当气速增大至一定程度，流化床进入湍流床阶段。对湍流床的机理研究尚不很充分，有的学者认为它是从鼓泡床到快速床之间的过渡形态，但仍可按鼓泡床的两相理论来处理；也有的学者用三相或四相流动模型来处理；还有一些学者则认为用轴相扩散和径向流动模型来处理更符合实际情况。从目前的研究状况来看，与鼓泡床比较，其主要特点是气速更高、气体及颗粒循环量加剧而返混，及气泡直径变小、气泡数量增大，因而气体与固体颗粒之间的传质系数也明显增大。

3. 快速流化床

快速流化床与湍流床的一个重要区别在于快速床的气速已增大到必须依靠提高固体颗粒的循环量才能维持床层密度。催化裂化装置的烧焦罐式再生器的操作气速多在 1～2 m/s 范围内，大部分属于快速流化床。

在快速床阶段，气泡相转化为连续含颗粒的稀相，而连续乳化相逐渐变成由组合松散的颗粒群(絮团)构成的密相。或者说，在快速床，气泡趋向于消失而在床内呈现不同的密度分布。一般情况下，上部密度小，称为稀区；下部密度较大，称为密区；而在径向上则呈中心稀、靠壁处浓的径向分布。在快速床内，气体和固体颗粒也有显著的返混现象。

影响快速床的流化特性的因素除了气速、固体颗粒的性质等外，还有气体的入口方式、固体颗粒循环量的调节是属强或弱控制、出口结构形式等因素。

4. 流化床反应器的特点

基于以上对流化床的认识，流化床用作反应器时有以下几个特点：

①由于流化床的传热速率高和返混，床层各部分的温度比较均匀，避免了局部高温现象，因此对强放热反应(例如再生反应)可以采用较高的再生温度以提高烧碳速率。

②流化床中气泡的长大、气节及沟流的发生等现象使气体与固体颗粒接触不充分，对反应不利。因此一般的鼓泡床反应器要达到很高的转化率是比较困难的。对催化裂化再生器，气泡的存在使气-固之间的传质速率降低，使烧焦反应过程常常表现为扩散控制而降低了烧焦速率。一些工业再生器的核算结果表明，实际的烧碳速率与本征烧碳反应速率之比只有 0.2～0.6。

流化床中的返混会对反应有不利影响。对催化裂化反应器，由于返混，造成催化剂在床层中的停留时间不均一，有些催化剂没有与反应物充分接触就离开床层，有些则沉积了过多的焦炭而仍留在床层里，这一点对分子筛催化剂尤其不利。对于反应气体，有些未经充分反应就离开床层，而另一些则在裂化生成目的产物后仍滞留在床层继续进行二次反应，生成更多的气体和焦炭，降低了轻质油收率。在再生器里，由于返混，床层中的有效催化剂含碳量几乎降低到与再生剂含碳量相同，气体中的有效氧浓度也大为下降，于是降低了再生反应速度。催化剂颗粒在再生器内的停留时间不一致也导致烧焦效率的降低。湍流床和快速床的应用可以在很大程度上改善上述的缺点。

③流态化使固体具有像流体那样的流动性，装卸、输送都较为灵活方便，这对需要大量固粒循环的反应系统很有利。催化裂化反应器与再生器之间必须有大量催化剂循环，采用流化

床可以较容易地实现此目的,而且还起在两器之间传递热量的热载体的作用。由于这个原因以及流化床温度分布均匀的特点,催化裂化反应器和再生器内可以完全不用传热构件,极大地简化了设备结构。这些特点适应了催化裂化向大处理量、大型化方向发展的需要。

④在流化床反应器中,总有一些固体颗粒被带入稀相,进而带出反应器,而且在有些情况下这个带出量是很大的。因此,在气体离开反应器之前应通过旋风分离器(或其他气固分离器)回收固体催化剂。

⑤流化床中固体颗粒的激烈运动加剧了对设备的磨损,也使催化剂的粉碎率增大而加大了催化剂的损耗,所以应采取相应的措施。

从上述流化床反应器的特点来看,它有有利的一面,也有不利的一面,对某个反应过程,如果有利的一面占主导地位,则采用它。对于它的不利方面也不应当忽视,要通过分析流化床的内部矛盾来找出控制和克服的办法。

6.5.3 提升管中的气-固流动(垂直管中的稀相输送)

与前一节介绍的流化床相比,提升管中的气-固运动有它自己的特点。由再生器来的催化剂通过斜管上的节流阀进入提升管的下端,先与提升蒸汽(或干气、轻烃)会合,由蒸汽提升向上运动一段,再与油气混合,气-固混合物呈稀相状态同时向上流动。在提升管的出口,反应后的油气与催化剂分离。在提升管里,气-固混合物的密度大约是几十千克每立方米,因此属于稀相输送的范畴。通常以密度 10 kJ/(kg · m³)(也有的作者用 160 kJ/m³)作为区分稀相输送与密相输送的界限。

提升管中的气速比流化床高得多,工业装置一般采用油气进口处的线速为 4.5 ~ 7.5 m/s。由于在向上流动的过程中反应生成的小分子油气增加,气体体积增大,因此在提升管出口处的气体线速增大至 8 ~ 18 m/s,催化剂也由比较低的初速度逐渐加快到接近油气的速度。催化剂颗粒是被油气携带上去的,它的上升速度总是比气体的速度低些,这种现象称作催化剂的滑落。而气体线速 u_f 与催化剂线速 u_s 之比则称为滑落系数。在催化剂被加速之后,催化剂的速度应等于 u_f 与催化剂的自由降落速度 u_t(亦称催化剂的终端速度)之差,因此

$$滑落系数 = \frac{u_f}{u_s} = \frac{u_f}{u_f - u_t} \qquad (6.39)$$

根据一些试验数据,微球裂化催化剂的 u_t 约为 0.6 m/s。由上式可见,当 u_f 增大时,滑落系数减小,当 u_f 很大时,滑落系数趋近于 1,也就是 u_t 趋近于 u_f。此时催化剂的返混现象减小至最低程度。图 6.24 是在 $u_t = 0.6 ~ 1.2$ m/s 的范围内,滑落系数与气速的关系。由图可见,当气速增大至 25 m/s 后,催化剂的滑落系数几乎不再有变化,而且其值很接近于 1.0。由于提升管内气速高,催化剂与油气在提升管内的接触时间短,而且催化剂滑落系数接近 1,即催化剂与油气几乎是同向、等速向上运动,返混很小,大大减小了二次反应。这种情况对分子筛催化剂是特别有利的。

下面再从图 6.25 讨论一下在提升管中的气-固流动形态。当固体质量流速 $G_s = 0$,即只有气体通过提升管时,单位管长的压降 $\Delta p/L$ 随气速 u_f 的增大而增大。此 $\Delta p/L$ 主要是气体流动时的压降。当固体质量流速为某定值 G_{S1} 时,所测压降是混合物密度产生的静压与混合物流动压降之和。在高气速 C 点时,提升管内固体密度较小,流动压降占主导地位。因此,当气速下降时,静压虽由于密度增大而增大,但摩擦压降却因气速下降而减小,故总的 $\Delta p/L$ 下降。当气速从 D 点再继续下降时,管内的固粒密度急剧增大,于是静压的增大起主导作用,总的

$\Delta p/L$ 也随之急剧增大。至接近 E 点时,管内密度太大,气流已不足以支持固粒,因而出现腾涌。E 点处的气体表观速度即称为噎塞速度。对于较大的固体质量流速,此转折点出现在较高的气速处,如图中 G_{S2}。

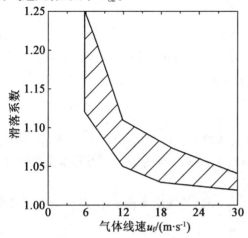

图 6.24　气体线速对催化剂滑落系数的影响

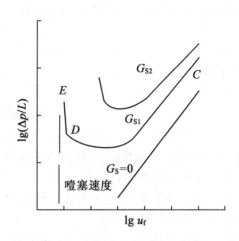

图 6.25　提升管中气固流动的形态

为了在提升管内维持良好的流动状态,管内气速必须大于噎塞速度。噎塞速度主要取决于催化剂的筛分组成、颗粒密度等物性。此外,管内固体质量流速或管径越大,噎塞速度也越高。根据试验数据,工业用微球裂化催化剂用空汽提升时的噎塞速度约为 1.5 m/s,实际工业采用的气速在油气入口处为 4.5 ~ 7.5 m/s,远高于噎塞速度。但是在预提升段,由于预提升气的流量较小,应注意维持这一段的气速高于噎塞速度。采用过高的气速会导致摩擦压降太大和催化剂磨损严重,因此,工业上也不采用过高的气速。

6.5.4　催化剂的循环

流化催化裂化的反应器和再生器之间必须有大量的催化剂循环,因为催化剂不仅要周期性地反应和再生以维持一定的活性水平,而且还要起到取热和供热的热载体的作用。能否实现稳定的催化剂循环,无论是在设计或生产中都是一个关键性的问题。

流化催化裂化装置的催化剂循环采用密相输送的办法,在Ⅳ型催化裂化装置采用 U 形管输送,而在提升管催化裂化装置则采用斜管或立管输送。在输送管内,固体浓度约 400 ~ 600 kJ/m^3,故称为密相输送。

固体颗粒的密相输送有两种形态:黏滑流动和充气流动。当固粒向下流动时,气体与固粒的相对速度不足以使固粒流化起来,此时固粒之间互相压紧、阵发性地缓慢向下移动,这种流动形态称为黏滑流动。如果固粒与气体的相对速度较大,足以使固粒流化起来,此时的气 – 固混合物具有流体的特性,可以向任意方向流动,这种流动形态称为充气流动。充气流动时气体的流速应稍高于固粒的起始流化速度。黏滑流动主要发生在粗颗粒的向下流动,例如移动床反应器内的催化剂运动就属于黏滑流动。充气流动主要发生在细颗粒的流动,例如催化裂化装置各段循环管路中的流动都属于充气流动。但如果气体流速低于起始流化速度,则在立管或斜管中有可能出现黏滑流动,这种情况应尽可能避免发生。

1. 密相输送基本原理

为了说明催化剂循环的基本原理,先用图 6.26 为例说明。图中是一盛水的 U 形管,其右上侧有加热器,在该处水因受热而汽化。

设 $p_1' = p_2' = p$,当阀关闭时:阀的左方 1 点处静压 $p_1 = h\gamma_w + p$,阀的右方 2 点处静压 $p_2 = h_2\gamma_w + h_1\gamma_v + p$。式中的下标 w 和 v 分别表示水和蒸汽。由于 $\gamma_w > \gamma_v$,因此 $p_1 > p_2$,当阀打开时,水就会从左管流向右管,而在流动时:

$$p_1 - p_2 = \Delta p_f + \Delta p_a \tag{6.40}$$

式中,Δp_f 为流经阀和管线的摩擦压降;Δp_a 为速度改变时引起的压降,当流速不大时 Δp_a 数值较小,有时可以忽略。

上式也可以看作

推动力 = 阻力

即由两侧的静压头之差产生的推动力来克服流动时的阻力。显然,推动力越大,管路中的流率也越大。应当注意,这里的 p_1 和 p_2 是指流体静止时 1 点和 2 点的压力。当流体流动时,1 点和 2 点处的压力就不再是 p_1 和 p_2 了。

如果 p_1' 不等于 p_2',上述关系仍然成立。但是 $(p_1 - p_2)$ 可能增大或减小,甚至会变成负值,此时流动的方向就变成由右向左。

显然,上述的关系式就是水力学中的能量平衡方程式。

N 型催化裂化装置的 U 形管输送原理与上述情况完全相同,只是在 U 形管右侧的上方不是用加热的方法而是用通入空气(增压风)的方法来降低这段管内的密度。在提升管式催化裂化装置,常用斜管进行催化剂输送,上述输送原理也同样适用。催化剂在图6.27所示的斜管中流动时:

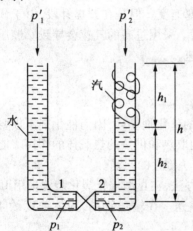

图 6.26　密相输送原理

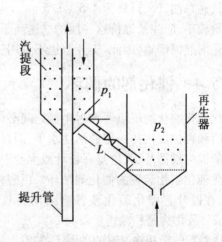

图 6.27　斜管输送

$$\left[p_1 + (L\sin\theta)\gamma\right] - p_2 = \Delta p_{f,t} + \Delta p_{f,v} \tag{6.41}$$

式中,γ 为斜管中的密度;$\Delta p_{f,v}$、$\Delta p_{f,t}$ 分别为滑阀及管路的摩擦压降。

方程式的左方即流动的推动力。显然,当推动力不变时,调节滑阀开度即可改变 $\Delta p_{f,v}$ 的数值,从而也使 $\Delta p_{f,t}$ 发生变化,使催化剂循环量得到调节,因 $\Delta p_{f,v}$ 近似地正比于催化剂在管中的质量流速的平方。

在设计输送斜管时必须注意斜管的倾斜角度。图 6.28 是固粒由垂直管通过底部小孔流动时的情景。在没有充气时,离底边 $H = \dfrac{D}{2}\tan\theta_f$ 处开始形成一个倒锥形的流动区,圆锥体以外的固粒基本上不流动,此 θ_f 称内摩擦角。微球裂化固粒的休止角和内摩擦角催化剂的 θ_f 约为 79°,由小孔流出的固粒在下面堆成一圆锥体,锥体斜边与水平面的夹角 θ_r 称休止角。也就是说,当固粒处在倾角小于 θ_r 的平面上时,固粒就停留在斜面上而不会下落。因此,输送斜管与水平面的夹角应当大于 0,以保证催化剂不至于停止流动。平均直径为 60 μm 的微球裂化催化剂的休止角约为 32°。为了保证催化剂畅快地流动,在工业催化裂化装置中,输送斜管与垂直线的夹角一般采用 27°~35°。对于某些容器(如再生器、沉降器等)的底部及挡板(如汽提段里的挡板)等,应注意尽可能使斜面与水平面的夹角大于 45°。

在斜管输送时,斜管里有时会发生一定程度的气固分离现象,即部分气体集中于管路的上方,从而影响催化剂的顺利输送。因此在气固混合物进入斜管前一般应先进行脱气以脱除其中的大气泡。

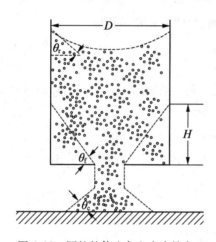

图 6.28　固粒的休止角和内摩擦角

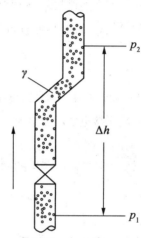

图 6.29　充气流动的压降

2. 充气流动的压降

与一般流体流动相似,气 - 固混合物在流化状态下由 1 点流至 2 点(图 6.29)时的压降:

$$p_1 - p_2 = \gamma \Delta h + \Delta p_{f,t} + \Delta p_{f,v}$$

式中,γ 为两点间的平均密度;Δh 为两点间的高度差,在向下流动时式中的 Δh 为负值;Δp_a 为因速度改变(包括转向及出口)引起的压降;$\Delta p_{f,t}$、$\Delta p_{f,v}$ 分别为管路及阀的摩擦压降。

现分别介绍各项压降的计算方法。

(1) Δp_h。

Δp_h 是由于料柱产生的静压差。在生产单位,常称这项压差为静压。一般有两种计算方法:

① 气体和固体的流量计算。

气 - 固混合物的密度为

$$\gamma(\text{kg/m}^3) = \frac{W_g + W_s}{V_g + V_s} \tag{6.42}$$

式中,W_g、W_s 分别为气体和固体的质量流率,kg/h;V_g、V_s 分别为气体和固体的体积流率,m³/h。

通常 $W_g \ll W_s$,$V_s \ll V_g$,所以式(6.42)常可简化成 $\gamma = \frac{W_s}{W_g}$。在应用该式计算 γ 时,假定固体的滑落系数为 1.0,对于向下流动和气速很高的向上流动也可以适用。但对气速不高的向上流动,计算 γ 时应考虑滑落系数 φ,此时 $\gamma = \varphi \dfrac{W_s}{V_R}$。Ⅳ型催化裂化装置的上行管路中的 φ 可取 1.5。

从以上计算方法所得的 γ 乘以两端的高差 Δh 即可得 Δp_h。

②由实测两点压差计算。

在生产中常常是直接测定两点的压差,即 $p_1 - p_2 = \Delta p$。因此,由

$$\Delta p_h = \gamma \Delta h = \Delta p - (\Delta p_a + \sum \Delta p_f)$$

得

$$\gamma = \frac{\Delta p - (\Delta p_a + \sum \Delta p_f)}{\Delta h} \tag{6.43}$$

如果需要知道实际的密度,必须先计算出 Δp_a 与 $\sum \Delta p_f$。在实际生产和工艺计算中,由于计算 Δp_a 与 $\sum \Delta p_f$ 较麻烦而且也不易算得很准确,因此上式常简化成

$$\gamma' \approx \frac{\Delta p}{\Delta h}$$

γ' 称作"视密度",它同真实密度显然有些差别。在一般情况下,$(\Delta p_a + \sum \Delta p_f) \ll \Delta p$,所以视密度 γ' 一般很接近实际密度 γ。由 γ' 计算得 Δp,即

$$\Delta p = \Delta h \gamma'$$

常称作"蓄压",它与料柱产生的静压是有区别的,其中还包括了 Δp_a 与 $\sum \Delta p_f$,即

蓄压
$$\Delta p = \Delta h \gamma' = \gamma \Delta h + (\Delta p_a + \sum \Delta p_f) \tag{6.44}$$

(2)Δp_a。

Δp_a 是由于速度变化(包括改变运动方向)引起的压降。

$$\Delta p_a (kg/cm^2) = \frac{N u^2 \rho}{2g} \times 10^{-4} \tag{6.45}$$

式中,N 为系数(加速催化剂,$N = 1$;出口损失,$N = 1$;每次转向,$N = 1.25$);u 为气体线速,m/s;ρ 为滑落系数为 1 时的密度,kg/m³;g 为重力加速度,9.81 m/s²。

(3)$\Delta p_{f,t}$。

$\Delta p_{f,t}$ 是气-固混合物在管路中流动时产生的压降。关于 $\Delta p_{f,t}$ 的计算,在不同的文献中有各种各样的计算公式,而且不同的计算公式所得的结果常常差别很大。这主要是因为气-固混合物的流动状态比较复杂,而各种公式往往是来源于不同的流动条件下的试验数据。在这里只介绍一种形式比较简单的石油公司的计算公式:

$$\Delta p_{f,t}(kg/cm^2) = 7.9 \times 10^{-8} \times \frac{\rho u^2 L}{D} \tag{6.46}$$

式中,L 为管线的当量长度,m;D 为管线的内径,m;ρ 为滑落系数为 1 时的密度,kg/m³;u 为气体线速,m/s。

(4)$\Delta p_{f,v}$。

$\Delta p_{f,v}$ 是催化剂流经滑阀时产生的压降,可以用下面公式计算:

$$\Delta p_{f,v} = 7.65 \times 10^{-7} \times \frac{G^2}{\gamma A^2} \tag{6.47}$$

式中,G 为催化剂循环量,t/h;γ 为气-固混合物的密度,kg/m³;A 为阀孔流通面积,m²。

3. 催化剂循环线路的压力平衡

从以上讨论可见,为了使催化剂按照预定方向做稳定流动,不出现倒流、架桥及窜气等现象,保持循环线路的压力平衡是十分重要的。实际上这个问题与反应器－再生器压力平衡问题是紧密相关的。两器之间的压力平衡对于确定两器的相对位置及其顶部应采用的压力是十分重要的。

表 6.11 和图 6.30 列举了高低并列式提升管催化裂化装置的压力平衡典型实例。

表 6.11　高低并列式装置典型压力平衡

线路	再生剂线路		待生剂线路	
推动力	再生器顶压力	0.172 86	沉降器顶压力	0.143 72
	稀相静压	0.002 23	沉降器静压	0.000 77
	密相静压	0.016	汽提段静压	0.035 07
	再生斜管静压	0.022 0	待生斜管静压	0.033 04
	小计	0.213 09	小计	0.212 60
阻力	沉降器顶压力	0.143 72	再生器顶压力	0.172 86
	稀相静压	0.000 33	稀相静压	0.101 37
	提升管总压降	0.017 5	过滤段静压	0.000 86
	帽压降	0.000 1	再生器密相静压	0.006 47
	再生滑阀压降	0.051 44	待生滑阀压降	0.030 77
	小计	0.213 09	小计	0.212 60

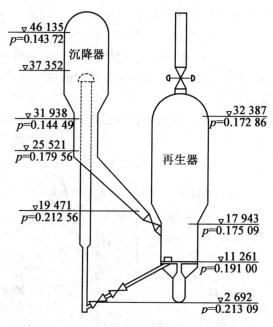

图 6.30　高低并列式装置压力平衡图

6.6　反应－再生系统

工业催化裂化装置的反应－再生系统在流程、设备、操作方式等方面有多种形式,各有其特点。本节仅就其最基本的结构形式和工艺特点进行讨论。

6.6.1　提升管反应器

提升管反应器的基本结构形式如图6.31所示。

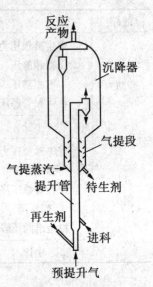

图6.31　提升管反应器

提升管反应器的直径由进料量确定。工业上一般采用的线速是入口处为4~7 m/s,出口处为12~18 m/s,随着反应深度的增大,油气体积流量增大,因此有的提升管由不同直径的两段(上粗下细)组成。提升管的高度由反应所需时间确定,工业设计时多采用2~4 s的反应时间。近年来由于进入反应器的再生剂温度多已提高到650~720 ℃,提升管下段进料油与再生剂接触处的混合温度较高,当以生产汽油、柴油为主要目标时,反应只需2 s左右的时间就已基本完成,过长的反应时间使二次裂化反应增多,反而使目的产物的收率下降。为了优化反应深度,有的装置采用中止反应技术,即在提升管的中上部某个适当位置注入冷却介质以降低中上部的反应温度,从而抑制二次反应。有的还在注入反应中止剂的同时相应地提高或控制混合段的温度,称为混合温度控制技术(MTC)。此项技术的关键是如何确定注入冷却介质的适宜位置、种类和数量。目前国内有少数炼厂已采用注入中止剂技术,但是仅凭经验来确定有关的参数可靠性较差。最近,石油大学提出的提升管反应器流动－反应模型可以对提升管内的反应过程进行三维模拟,初步解决了科学地确定上述有关参数的问题。图6.32是在某催化裂化装置的提升管的适当位置注入反应中止剂前后提升管沿高度的温度及反应产物产率变化情况的模拟计算结果。由图可见,注入中止剂后,汽油和柴油的产率都有所提高。注入中止剂的效果与原工况及注入的条件有关。

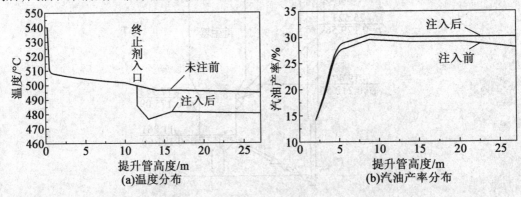

(a)温度分布　　　　　　　　(b)汽油产率分布

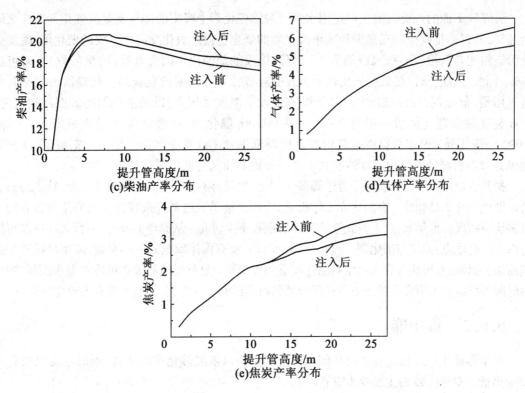

图 6.32　某工业提升管注入中止剂的效果的模拟计算结果

　　提升管上端出口处设有气－固快速分离构件,其目的是使催化剂与油气快速分离以抑制反应的继续进行。快速分离构件有多种形式,比较简单的有半圆帽形和 T 字形的构件。为了提高分离效率,近年来较多地采用初级旋风分离器。实际上,油气在沉降器及油气转移管线中仍有一段停留时间,从提升管出口到分馏塔为 10 ~ 20 s,而且温度也较高,一般在 450 ~ 510 ℃。在此条件下,还会有相当程度的二次反应发生,而且主要是热裂化反应,造成干气和焦炭产率增大。对重油催化裂化,此现象更为严重,有时甚至在沉降器、油气管线及分馏塔底的器壁上结成焦块。因此,缩短油气在高温下的停留时间是很有必要的。适当减小沉降器的稀相空间体积,缩短初级旋风分离器的升气管出口与沉降器顶的旋风分离器入口之间的距离是减少二次反应的有效措施之一。据报道,采取此措施可以使油气在沉降器内的停留时间缩短至 3 s,热裂化反应明显减少。

　　提升管下部进料段的油剂接触状况对重油催化裂化的反应有重要影响。对重油进料,要求迅速汽化、有尽可能高的汽化率,而且与催化剂接触均匀。原料油雾化粒径小,可增大传热面。而且由于原料油分散程度高,油雾与催化剂的接触机会较均等,从而提高了汽化速率。试验及计算结果表明,雾滴初始粒径越小,则进料段内的汽化速率越高,两者之间呈指数关系。试验结果还表明,对重油催化裂化,提高进料段的汽化率能改善产品产率分布。因此,选用喷雾粒径小,而且粒径分布范围较窄的高效雾化喷嘴对重油催化裂化是很重要的。模拟计算结果表明,当雾滴平均粒径从 60 μm 减小至 50 μm 时,对重油催化裂化的反应结果仍有明显的效果。除了液雾的粒径分布外,影响油雾与催化剂的接触状况的因素还有喷嘴的个数及位置、喷出液雾的形状、从预提升管上升的催化剂的流动状况等。在重油催化裂化时,对这些因素都应予以认真的研究。

沉降器下面的汽提段的作用是用水蒸气脱除催化剂上吸附的油气及置换催化剂颗粒之间的油气,其目的是减少油气损失和减小再生器的烧焦负荷。裂化反应中生成的催化焦、附加焦及污染焦的含氢量(质量分数)约为4%,但汽提段的剂油比焦的含氢量(质量分数)有时可达10%以上。因此,从汽提后的催化剂上焦炭的氢碳比可以判断汽提效果。汽提段的效率与水蒸气用量、催化剂在汽提段的停留时间、汽提段的温度及压力,以及催化剂的表面结构有关。工业装置的水蒸气用量一般为 2 ~ 3 kg/1 000 kg 催化剂,对重油催化裂化则用 4 ~ 5 kg/1 000 kg催化剂。改进汽提段的结构可以提高汽提效率或减少水蒸气用量。据报道,在初级旋风分离器料腿处安装预汽提器有利于进一步提高油气与催化剂分离的效果。

提升管反应器已广泛应用于分子筛催化裂化,但仍有不少值得研究和改进之处,特别是对于重油催化裂化更是如此。有的研究工作报道,采用渣油单独进料并选好其注入的位置会有利于改善反应状况。近年来,对下行式管式反应器也有不少研究。从原理上分析,下行式反应器可能有以下一些优点:油气与催化剂一起自上而下流动,没有固体颗粒的滑落问题,流型可接近平推流而很少返混;有可能与管式再生器结合而节约投资等。这种反应器形式可能对要求高温、短接触时间的反应更为适合。关于下行式反应器的研究已有一些专利,但尚未见有工业化的报道。

6.6.2　再生器

再生器的主要作用是烧去结焦催化剂上的焦炭以恢复催化剂的活性,同时也提供裂化所需的热量。对再生器的主要要求有:

①再生剂的含碳量较低,一般要求低于 0.2% ,有时要求低达 0.05% ~ 0.1% 。

②有较高的烧碳强度,当以再生器内的有效藏量为基准时,烧碳强度一般为 100 ~ 250 kg/(t·h) 。

③催化剂减活及磨损的条件比较缓和。

④易于操作,能耗及投资较少。

⑤能满足环境保护要求。

为了实现以上目标,工业上有各种形式的再生器。大体上可分为三种类型:单段再生、两段再生和快速床再生。

表 6.12 列出了各种组合方式的再生形式以及它们的主要指标。

表 6.12　各种组合方式的再生形式

类别	形式	CO_2/CO 体积比	燃烧强度 /(kg·t^{-1}·h^{-1})	再生剂含碳量 (质量分数)/%
单段再生	常规再生	1 ~ 1.3	80 ~ 100	0.15 ~ 0.20
	助燃剂再生	3 ~ 200	80 ~ 120	0.10 ~ 0.20
	高温再生	200 ~ 300	100 ~ 120	0.05 ~ 0.10
两段再生	单器两段再生	1.5 ~ 200	150 ~ 200	0.05 ~ 0.10
	两器两段再生(不取热)	2 ~ 2.5	80 ~ 120	0.03 ~ 0.10
	两器两段再生(带取热)	2 ~ 150	80 ~ 120	0.03 ~ 0.10
	两器两段逆流再生	3 ~ 5	60 ~ 80	0.03 ~ 0.05

续表 6.12

类别	形式	CO$_2$/CO 体积比	燃烧强度 /(kg·t^{-1}·h^{-1})	再生剂含碳量 (质量分数)/%
快速床再生	前置烧焦罐再生	50~200	150~320	0.05~0.20
	后置烧焦罐再生	3~200	200~250	0.05~0.20
	烧焦罐－湍流床串联再生	50~200	200~350	0.05~0.10

目前工业应用的外取热器主要有两种类型,即下行式外取热器和上行式外取热器,如图 6.33 和图 6.34 所示。

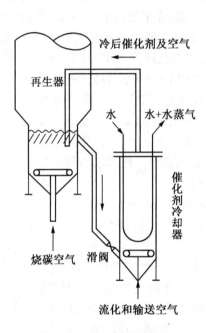

图 6.33　上行式外取热器

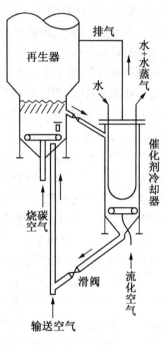

图 6.34　下行式外取热器

下行式外取热器的操作方式是从再生器来的催化剂自上而下通过取热器,流化空气以 0.3~0.5 m/s 的表观流速自下而上穿过取热器使催化剂保持流化状态。在取热器内也形成了密相床层和稀相区,夹带了少量催化剂的气体从上部的排气管返回再生器的稀相区。取热器内装有管束,通入软化水以产生水蒸气,从而带走热量。催化剂循环量由出口管线上的滑阀调节,取热器内密相料面高度则由热催化剂进口管线上的滑阀调节。

上行式外取热器的操作方式是热催化剂进入取热器的底部,输送空气以 1.0~1.5 m/s的表观流速携带催化剂自下而上经过取热器,然后经顶部出口管线返回再生器的密相床层的中上部。在取热器内的气固流动属于快速床范畴,其催化剂密度一般为 100~200 kJ/m^3。催化剂的循环量由热催化剂入口管线上的滑阀调节。

以上主要讨论了再生器的一般工艺结构,下面对再生器的几种主要类型的工艺特点分别进行讨论。

1. 单段流化床再生

单段再生是只用一个流化床再生器来完成全部再生过程。由于工艺和设备结构比较简单,故至今仍被广泛采用。

对分子筛催化剂,单段再生的温度多在 650~700 ℃。当催化剂的水热稳定性好时有的还提高到 730 ℃,但高温也会受到设备材质的限制。对热平衡操作的装置,再生温度与反应温度的差值 ΔT(两器温差)和待生剂含碳量与再生剂含碳量的差值 ΔC(碳差)之间有近似直线关系:

$$\Delta T = K\Delta C \qquad (6.48)$$

式中,K 为再生烟气中 CO_2 与 CO 比值及过剩空气率的函数。

在一定程度上,K 值也受到待生催化剂的汽提效果及催化剂比热的影响。当 ΔC 达到 0.7%~0.9% 时,相应的 ΔT 为 150~200 ℃,再生剂含碳量降低至 0.1%~0.2%。再生温度对烧碳反应速率的影响十分显著,提高再生温度是提高烧碳速率的有效手段。但是在流化床再生器中,烧碳速率还受到氧的传递速率的限制,而氧的传递速率的温度效应相对要小得多。而且,在高温下,催化剂的水热失活也比较严重。因此,在单段再生时,密相床层的温度一般很少超过 730 ℃,在消碳反应中原生的 CO_2 与 CO 比值是催化剂和温度的函数,一般为 0.7~0.9。由于在离开密相床层前 CO 会在催化剂颗粒内的孔隙及外部空间与氧进行均相氧化反应,因此,工业再生烟气中的 CO_2 与 CO 比值一般达到 1.0~1.3,有的还会更高些。其中,在稀相区的燃烧占相当一部分比例,从而使稀相温度升高而高于密相温度。向再生器加入 CO 助燃剂可使 CO 的相当一部分甚至几乎全部在密相床内燃烧,提高了密相床的温度和烧碳速率,使再生剂含碳量降低,从而提高了轻质油收率并降低了焦炭产率,使经济效益明显提高。

使用助燃剂的另一个重要的好处是可以防止二次燃烧。稀相区的催化剂浓度一般为 4~20 kJ/m^3。由此计算得催化剂的热容量约为烟气的 3~15 倍,因此,烟气夹带的催化剂可以成为吸收 CO 燃烧发生的大量热量的热阱,减少了稀相区的温升。当烟气进入一级旋风分离器后,其中的催化剂浓度降低至 0.1 kJ/m^3 以下,其热阱作用不复存在。如果烟气中的含氧量超过某个数值,CO 的燃烧就会失控而使温度大幅度升高,又进一步加快了燃烧速率,最后把烟气中的氧全部耗尽为止。此时的温升可以高达 400 ℃ 以上,造成操作波动甚至烧坏设备。这种现象称为二次燃烧,也称尾燃。在不使用助燃剂时,再生温度高或烟气中氧浓度高时比较容易发生二次燃烧。当使用助燃剂而只是使部分 CO 燃烧时,也还是要控制烟气中的氧含量,以避免发生二次燃烧。在使用助燃剂而 CO 完全燃烧时,则对烟气中的氧含量没有严格的要求。

提高空气通过床层的流速能提高氧的传递速率,从而提高烧碳强度。工业上一般采用的空气线速为 0.6~0.7 m/s。提高气速会使床层密度下降,烧碳强度虽然提高了,但床层单位容积的烧碳能力反而下降而抵消了高线速的好处。单段再生器也有采用高达 1 m/s 以上的线速的,但其稀相区须扩大直径。

提高再生压力可提高氧浓度,使烧碳速率提高。由于两器压力平衡的要求,再生压力的提高必然也使反应压力提高,导致焦炭产率增大。工业装置采用的再生器压力在 0.25~0.4 MPa(绝)范围内,对于含渣油的原料则裂化反应压力不宜高于 0.25 MPa(绝),相对于再生压力不宜高于 0.3~0.35 MPa(绝)。

单段再生的主要问题是再生温度的提高受到限制和密相床层的有效催化剂含碳量低。

2. 两段再生

两段再生是把烧碳过程分为两个阶段进行。在第一段,烧去总烧碳量的 80%~85%,余下的在第二段再用空气在更高的温度下继续烧去。两段再生可以在一个再生器筒体内分隔为两段来实现,也可以在两个独立的再生器内实现。图6.35是 Kellogg 公司的上下叠置式两段再生器的简图。

与单段再生相比,两段再生的主要优越性有:

①对全返混流化床反应器,从反应动力学角度看,有效的催化剂含碳量等于再生器出口的再生剂含碳量。由于在第一段只烧去大部分焦炭,第一段出口的半再生剂的含碳量高于再生剂的含碳量,从而提高了烧碳速率。

②在第二段再生时可以用新鲜空气(提高了氧的对数平均浓度)和更高的温度,于是也提高了烧碳速率。

③焦炭中的氢的燃烧速率高于碳的燃烧速率,当烧去约80%的碳时,氢已几乎全部烧去,因此第二段内的水气分压可以很低,减轻了催化剂的水热老化程度。而且,第二段的催化剂藏量比单段再生器的藏量低,停留时间较短。这两个因素都为提高再生温度创造了条件。对于再生剂含碳量要求很低时,例如含碳量小于0.1%时,两段再生有明显的优越性。但是,当再生剂含碳量高于0.25%时,两段再生反而不如单段再生。两段再生时,第一段和第二段的烧碳比例有一个优化的问题。除了考虑在第一段基本上烧去焦炭中的氢之外,还应从烧碳动力学的角度来进行优化。对工业装置,一般是在第一段烧去总烧碳量的80%～90%。

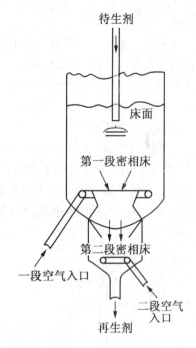

图6.35　Kellogg 公司上下叠置式两段再生器

3. 循环流化床再生

从流化域来看,单段再生和两段再生都属于鼓泡床和湍流床的范畴,传递阻力和返混对烧碳速率都有重要的影响。如果把气速提高到1.2 m/s 以上,而且气体和催化剂向上同向流动,就会过渡到快速床区域。此时,原先成絮状物的催化剂颗粒团变为分散相,气体转为连续相,这种状况对氧的传递十分有利,从而强化了烧碳过程。此外,随着气速的提高,返混程度减小,中、上部甚至接近平推流,也有利于烧碳速率的提高。在快速流化床区域,必须有较大的固体循环量才能保持较高的床层密度,从而保证单位容积有较高的烧碳量。

催化裂化装置的烧焦罐再生(亦称高效再生)就是采用上述循环流化床的一种方式。图6.36是工业化的循环流化床再生简图。

图6.36中的核心设备是烧焦罐。为了保持烧焦罐的密相区的密度达到70～120 kg/m³,从第二密相床通过循环斜管引入大流量的催化剂。除了保持密相区的密度作用以外,循环催化剂还起到提高烧焦罐内起燃温度的作用。进入烧焦罐的待生催化剂的温度一般在500 ℃左右,空气的温度为150～200 ℃,两者混合后的温度只有450 ℃左右,不可能达到高效再生。

因此,从第二密相床引入的高温再生剂,使烧焦罐底部的起始温度提高到660～680 ℃。在工业装置中,烧焦罐的烧碳强度为450～700 kJ/(t·h),烧去的碳量约占总烧碳量的85%～90%,稀相管内的密度很小,烧去的碳量不大,其主要作用是使 CO 进一步燃烧成 CO_2。当烧焦罐的温度低于700 ℃时,CO 的均相燃烧很难进行完全。

第二密相床的主要功能是作为再生器与反应器之间的缓冲容器,也需有一定的藏量。进入第二密相床的空气量只占烧焦总空气量的10%左右,气速很低,属于典型的鼓泡床,其烧碳强度只有30～50 kJ/(t·h)。

由于第二密相床和稀相管的烧焦强度低,故整个再生器的综合烧碳强度为220～

320 kJ/(t·h)。

　　针对第二密相床烧焦强度低的问题,国内外都做了不少改进的开发研究工作。其主要的改进方向是提高气速、降低床层密度、减少氧气的传递阻力。国内开发成功的快速床串联再生工艺提高了第二密相床的烧碳强度,使整个再生器的综合烧碳强度达到了 310 kJ/(t·h),其主要的措施是把烧焦罐出口的烟气全部引入第二密相床,使气速达到1.5~2.0 m/s,变成两个串联的快速流化床再生器。

　　烧焦罐再生器实际上是由一个快速流化床(烧焦罐)与一个湍流床或鼓泡床(第二密相床)串联而成的。对现有的工业装置,欲采用这种方式的难度很大。因此,现有装置的改造多采用在原有的湍流床再生器之后串联一个较小的烧焦罐,称为后置烧焦罐再生。图6.37 是其中比较常用的一种后置烧焦罐再生流程简图。

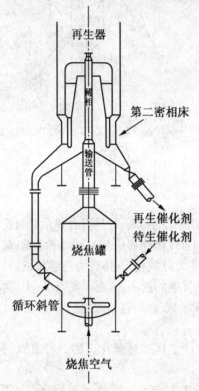

图6.36　循环流化床再生简图

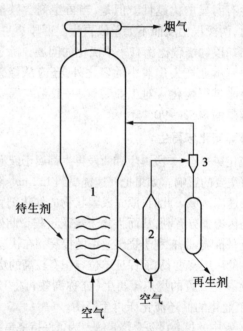

图6.37　后置烧焦罐再生流程简图
1—湍流床再生器;2—后置烧焦罐;3—粗旋风分离器

6.7　反应－再生系统工艺计算

　　本章已介绍了催化裂化过程的基本原理和一些有关的生产、科研的数据和经验。催化裂化的工艺设计计算就是综合运用这些基本原理和经验。诚然,要具体设计一个催化裂化装置仅靠这些知识是很不够的,还必须参阅更多的资料,了解更多的生产经验和科研成果。本节的目的主要是通过几个具体的计算示例说明反应－再生系统工艺计算的基本方法。

　　有一点必须强调:由于催化裂化过程的复杂性,有些问题尚不能仅靠理论计算来解决。即使有些设计计算可以依靠某些计算方法,但是仍然要十分重视用实际生产数据来比较、检验计算结果。

在工艺设计计算之前,首先要根据国民经济和市场的需要,以及具体条件选择好原料和生产方案。

催化裂化反应–再生系统的工艺设计计算主要包括以下几部分:

①再生器物料平衡,决定空气流率和烟气流率。

②再生器烧焦计算,决定藏量。

③再生器热平衡,决定催化剂循环量。

④反应器物料平衡、热平衡,决定原料预热温度。结合再生器热平衡决定燃烧油量或取热设施。

⑤再生器设备工艺设计计算,包括壳体、旋风分离器、分布管(板)、淹流管、辅助燃烧室、滑阀、稀相喷水等。

⑥反应器设备工艺设计计算,包括汽提段和进料喷嘴的设计计算。

⑦两器压力平衡,包括催化剂输送管路。

⑧催化剂储罐及抽空器。

⑨其他细节,如松动点的布置、限流孔板的设计等。

下面分别举例说明上述项目中的一些主要内容。

【例 6.2】 再生器物料平衡和热平衡计算。

某提升管催化裂化装置的再生器(单段再生)主要操作条件见表 6.13。

表 6.13 再生器主要操作条件

		烟气组成(体积分数)/%	
再生器顶部压力(表)/MPa	0.142		
再生温度/℃	650	CO_2/CO 体积比	1.5
主风入再生器温度/℃	140	O_2	0.5
待生剂温度/℃	470	焦炭组成(H、C 质量比)	10/90
大气温度/℃	25	再生剂含碳量(质量分数)/%	0.3
大气压力/℃	0.1013	烧焦碳量/(t·h^{-1})	11.4
空气相对湿度/%	50		

1. 燃烧计算

再生器的物料平衡和热平衡计算如下:

(1)烧碳量及烧氢量。

$$烧碳量 = 11.4 \times 10^3 \times 0.9 = 10.26 \times 10^3 (kg/h) = 855 (kmol/h)$$

$$烧氢量 = 11.4 \times 10^3 \times 0.1 = 1.14 \times 10^3 (kg/h) = 570 (kmol/h)$$

因为烟气中 CO_2、CO 的体积比为 1.5,所以生成 CO_2 的 C 为

$$855 \times 1.5/(1.5+1) = 513 (kmol/h) = 6\,156 (kg/h)$$

生成 CO 的 C 为

$$855 - 513 = 342 (kmol/h) = 4\,104 (kg/h)$$

(2)理论干空气量。

碳烧成 CO_2 需要 O_2 量 $= 513 \times 1 = 513 (\text{kmol/h})$

碳烧成 CO 需要 O_2 量 $= 342 \times 1/2 = 171 (\text{kmol/h})$

氢烧成 H_2O 需要 O_2 量 $= 570 \times 1/2 = 285 (\text{kmol/h})$

则理论需要 O_2 量 $= 513 + 171 + 285 = 969 (\text{kmol/h}) = 31\ 008 (\text{kg/h})$

理论带入 N_2 量 $= 969 \times 79/21 = 3\ 645 (\text{kmol/h}) = 102\ 060 (\text{kg/h})$

所以理论干空气量 $= 969 + 3\ 645 = 4\ 614 (\text{kmol/h}) = 133\ 200 (\text{kg/h})$

（3）实际干空气量。

烟气中过剩氧的体积分数为 0.5%，所以

$$0.5\% = \frac{O_2(\text{过})}{CO_2 + CO + N_2(\text{理}) + N_2(\text{过}) + O_2(\text{过})}$$

$$= \frac{O_2(\text{过})}{513 + 342 + O_2(\text{过}) \times 79/21 + O_2(\text{过})}$$

解此方程，得过剩氧量 $O_2(\text{过}) = 23.1 (\text{kmol/h}) = 740 (\text{kg/h})$

过剩氮气量 $N_2(\text{过}) = 23.1 \times 79/21 = 87 (\text{kmol/h}) = 2\ 436 (\text{kg/h})$

所以实际干空气量 $= 4\ 619 + 23.1 + 87 = 4\ 729.1 (\text{kmol/h}) = 136\ 380 (\text{kg/h})$

（4）需湿空气量（主风量）。

大气温度为 25 ℃，相对湿度为 50%，查空气湿焓图，得空气的湿焓量为 0.010 kg（水气）/kg（干空气）。所以

空气中的水汽量 $= 136\ 380 \times 0.010 = 1\ 364 (\text{kg/h}) = 75.9 (\text{kmol/h})$

湿空气 $= 4\ 729.1 + 75.9 = 4\ 805 (\text{kmol/h}) = 107.6 \times 10^3 [\text{m}^3(\text{N})/\text{h}]$

$= 1\ 795 [\text{m}^3(\text{N})/\text{h}] = 1\ 795 [\text{m}^3(\text{N})/\text{min}]$

此即正常操作时的主风量。

（5）主风单耗。

$$\frac{\text{湿空气量}}{\text{烧焦量}} = \frac{107.6 \times 10^3}{11.4 \times 10^3} = 9.44 [\text{m}^3(\text{N})/\text{kg}(\text{焦})]$$

（6）干烟气量。

由以上计算已知干烟气中的各组分的量，将其相加，即得总干烟气量。

总干烟气量 $= CO_2 + CO + O_2 + N_2$

$= 513 + 342 + 23.1 + 3\ 737$

$= 4\ 615.1 (\text{kmol/h})$

按各组分的相对分子质量计算各组分的质量流率，然后相加即得总干烟气量的质量流率为 137 520 kg/h。

（7）湿烟气量及烟气组成（表 6.14）。

表 6.14　烟气量及烟气组成

组分	流量		相对分子质量	组成（物质的量分数）/%	
	kmol/h	kg/h		干烟气	湿烟气
CO_2	513	22 572	44	11.1	9.62
CO	342	9 576	28	7.4	6.45

续表 6.14

组分	流量		相对分子质量	组成(物质的量分数)/%	
	kmol/h	kg/h		干烟气	湿烟气
O_2	23.1	739	32	0.5	0.43
N_2	3 737	104 636	28	81.0	69.57
总干烟气	4 615.1	137 523	29.8	—	—
生成水汽	570	10 260	18	—	13.93
主风带入水汽	75.9	1 364	—	—	
待生剂带入水汽	72.2	1 300	—	—	
吹扫、松动蒸气	27.8	500	—	—	
总湿烟气	5 361	150 947	—	合计:100	100

(8)烟风比。

$$\frac{湿烟气量}{主风量} = \frac{5\ 361}{4\ 805} = 1.12$$

2.再生器热平衡

(1)烧焦放热。

$$生成 CO_2 放热 = 6\ 156 \times 33\ 873 = 20\ 852 \times 10^4 (kJ/h)$$
$$生成 CO 放热 = 4\ 104 \times 10\ 258 = 4\ 210 \times 10^4 (kJ/h)$$
$$生成 H_2O 放热 = 1\ 140 \times 119\ 890 = 13\ 667 \times 10^4 (kJ/h)$$
$$合计放热 = 38\ 729 \times 10^4 (kJ/h)$$

(2)焦炭脱附热。

按目前工业上仍采用的经验方法计算,有

$$焦炭脱附热 = 38\ 729 \times 10^4 \times 11.5\% = 4\ 454 \times 10^4 (kJ/h)$$

(3)主风由 140 ℃升温至 650 ℃需热。

$$干空气升温需热 = 136\ 380 \times 1.09 \times (650 - 140) = 7\ 581 \times 10^4 (kJ/h)$$

式中,1.09 为空气的平均比热容,$kJ/(kg \cdot ℃)$。

(4)焦炭升温需热。

假定焦炭的比热容与催化剂的相同,也取 1.097 $kJ/(kg \cdot ℃)$,则

$$焦炭升温需热 = 11.4 \times 10^3 \times 1.097 \times (650 - 140) = 637.8 \times 10^4 (kJ/h)$$

(5)待生剂带入水汽需热。

$$1\ 300 \times 2.16 \times (650 - 470) = 50.5 \times 10^4 (kJ/h)$$

式中,2.16 为水汽的平均比热容,$kJ/(kg \cdot ℃)$。

(6)吹扫、松动蒸气升温需热。

$$500 \times (3\ 816 - 2\ 780) = 51.8 \times 10^4 (kg/h)$$

式中,3 816、2 780 分别为 10 kg/cm^2 饱和蒸气和 0.142 MPa、650 ℃过热蒸气的热焓。

(7)散热损失。

$$582 \times 烧碳量(以 kg/h 计) = 582 \times 102\ 60 = 597.1 \times 10^4 (kJ/h)$$

(8)给催化剂的净热量。

给催化剂的净热量 = 焦炭燃烧热 - [第(2)项至第(7)项之和]

$$= 38\ 729 \times 10^4 - (4\ 454 + 7\ 581 + 144.0 + 637.8 + 50.5 + 597.1) \times 10^4$$

$$= 25\ 212.8 \times 10^4 (kg/h)$$

(9)计算催化剂循环量 G。

$$25\ 212.8 \times 10^4 = G \times 10^3 \times 1.097 \times (650 - 470)$$

所以 $G = 1\ 277(t/h)$

(10)再生器热平衡汇总(表6.15)。

表6.15 再生器热平衡

入方/($\times 10^4$ kJ·h^{-1})		出方/($\times 10^4$ kJ·h^{-1})	
焦炭燃烧热	38 729	焦炭脱附热	4 454
		主风升温	7 725
		焦炭升温	225.1
		带入水汽升温	102.3
		散热损失	597.1
		加热循环催化剂	25 625.5
合计	38 729	合计	38 729.0

3.再生器物料平衡(表6.16)

表6.16 再生器物料平衡

入方/($\times 10^4$ kJ·h^{-1})			出方/($\times 10^4$ kJ·h^{-1})		
干空气		136 380	干烟气		137 520
水汽	主风带入	1 364	水汽	生成水汽	10 260
	待生剂带入	1 300		带入水汽	3 164
	松动、吹扫	500		小计	13 424
	小计	3 164			
焦炭		11 400	循环催化剂		1 277 $\times 10^3$
循环催化剂		1 277 $\times 10^3$			
合计		1 427.944 $\times 10^3$	合计		1 427.944 $\times 10^3$

4.附注

(1)计算散热损失。

计算散热损失时可以用本例题中的经验计算方法。对于小装置用此经验公式会有较大误差,必要时也可用下式计算:

散热损失 = 散热表面积 × 传热温差 × 传热系数

其中,传热温差是指器壁表面温度与大气的温度之差。对有 1 000 mm 厚衬里的再生器,其外表面温度一般约 110 ℃。传热系数与风速有关,可查阅有关参考资料,一般情况下也可取 71.2 kJ/(m^2·℃·h)。

（2）反应器的热平衡计算。

反应器的热平衡计算与再生器热平衡计算方法类似。通常是由再生器热平衡计算求得循环催化剂供给反应器的净热量以后，再由反应器热平衡计算原料油的预热温度，从而决定加热炉的热负荷。反应器热平衡的出、入方各项如下。

入方：

①再生催化剂供给的净热量。

②焦炭吸附热，其值与焦炭脱附热相同。

出方：

①反应热。

②原料由预热温度（一般是液相）升温至反应温度（气相）需热量。

③各项水蒸气入口状态升温至反应温度所需的热量。各项水蒸气包括进料雾化蒸气、汽提蒸气、防焦蒸气和松动、吹扫蒸气。

④反应器散热损失。由反应器热平衡计算得的原料油预热温度应低于 400 ℃，否则会产生过多的热裂化反应。在预热温度超过 400 ℃时，应考虑在再生器烧燃烧油。此时，规定预热温度为 400 ℃ 或更低一些的温度计算需要的再生器供热量，再由再生器热平衡计算求得所需的喷燃烧油量。

（3）空气的湿含量计算。

空气的湿含量也可以用以下方法计算。

已知主风的露点 t（由相对湿度亦可从图表查得），由水蒸气表查得露点 t 时的饱和水蒸气的压力为 p。若主风压力为 π，则主风中水汽含量（物质的量分数）为

$$y = \frac{p}{\pi}$$

又由

$$y = \frac{\text{水汽（kmol）}}{\text{干空气（kmol）} + \text{水汽（kmol）}}$$

即可计算得主风中的水汽量。

【例 6.3】 提升管反应器的工艺计算。

1. 基础数据

（1）反应条件。

反应条件见表 6.17。

表 6.17　反应条件

沉降器顶部压力/kPa（表）	177	回炼油流量/(t·h⁻¹)	190
提升管出口温度/℃	470	催化剂循环量/(t·h⁻¹)	1 310
原料预热温度/℃	350	再生剂入口温度/℃	640
新鲜原料流量/(t·h⁻¹)	190	提升管停留时间/s	2.8～3.0

（2）产品产率。

产品产率见表 6.18。

表 6.18　产品产率（质量分数）

干气	2.0	重柴油	6.5
液化气	9.5	焦炭	6.0
稳定汽油	35	损失	1.0
轻柴油	40		

（3）原料及产品性质。

原料及产品性质见表6.19。

表6.19　原料及产品性质

性质		原料油	稳定汽油	轻柴油	重柴油	回炼油
密度/(g·cm^{-3})		0.88	0.742 3	0.870 7	0.877	0.880 0
恩氏蒸馏/℃	初馏点	260	54	199	—	288
	10%	318	78	221	—	347
	50%	380	123	268	350	399
	90%	466	163	324	—	440
	终馏点	488	183	339	—	465
平均相对分子质量		350	100	200	300	350

2. 提升管长度和直径计算

（1）物料平衡。

物料平衡见表6.20、表6.21。

表6.20　入方物料流率

项目			kg·h^{-1}	平均相对分子质量	kmol·h^{-1}
新鲜原料			190×10^3	350	543
回炼油			190×10^3	350	543
催化剂			$1\ 310 \times 10^3$		
再生剂带入烟气			1 310	29	45.2
水蒸气		水蒸气总量	6 050	18	336
	其中	进料雾化	3 800		
		预提升	2 000		
		膨胀节吹扫	100		
		事故蒸气吹扫	150		
合计				1 697 350	
油+气合计				1 467.2	

表6.21　出方物料流率

项目	kg·h⁻¹	相对分子质量	kmol·h⁻¹
裂化气	21.9×10^3	30	730
汽油	66.5×10^3	100	665
轻柴油	76×10^3	200	380
重柴油	12.3×10^3	300	41
回炼油	190×10^3	350	543
烟气	1 310	29	45.2
水蒸气	6 050	18	336
催化剂 + 焦炭	$1\ 321.4 \times 10^3$	–	
损失	1.9×10^3	30	63.3
合计		$1\ 697.36 \times 10^3$	
油 + 气合计		2 803.5	

（2）提升管进料处的压力、温度。

①压力。

沉降器顶部的压力为 177 kPa（表）。设进油处至沉降器顶部的总压降为 19.6 kPa，则提升管内进油处的压力为 177 + 19.6 = 196.6（kPa）（表）。

②温度。

加热炉出口温度为 350 ℃，压力约为 0.4 MPa，此时原料油处于液相状态。经雾化进入提升管与 640 ℃的再生剂接触，立即完全汽化。原料油与高温催化剂接触后的温度可由图 6.38 的热平衡来计算。

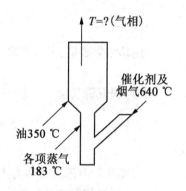

图 6.38　提升管进料处的温度

催化剂和烟气由 640 ℃降至 7 ℃放出热

$$= 1\ 310 \times 10^3 \times 1.097 \times (640 - T) + 1\ 310 \times 1.09 \times (640 - T)$$
$$= 143.85 \times 10^4 \times (640 - T)\ (\text{kJ/h})$$

式中，1.097、1.09 分别为催化剂和烟气的比热容，kJ/(kg·℃)。

油和蒸气升温和油气化吸收的热量计算见表 6.22。

表 6.22　油和蒸气的热量计算

物流	流量	进			出		
		温度/℃	焓/(kJ·kg⁻¹)	热量/(kJ·h⁻¹)	温度/℃	焓/(kJ·kg⁻¹)	热量/(kJ·h⁻¹)
蜡油	190×10^3	350(液)	912.8	$17\ 334 \times 10^4$	T(气)	I_1	$19.0 \times 10^4 I_1$
回炼油	190×10^3	350(液)	912.8	$17\ 334 \times 10^4$	T(气)	I_1	$19.0 \times 10^4 I_1$
水蒸气	6 050	183	2 780	$1\ 683 \times 10^4$	T	I	$0.605 \times 10^4 I_2$

（3）提升管直径。

①选取提升管内径 $D = 1.2$ m，则提升管截面积为

$$F = \pi D^2 \times \frac{1}{4} = 1.132\,(\text{m}^2)$$

②核算提升管下部气速。

由物料平衡得油气、蒸汽和烟气的总流率为 1 467.2 kmol/h,所以下部气体体积流率为

$$V_\text{下} = 1\,467.2 \times 22.4 \times \frac{483+273}{273} \times \frac{101.3}{196.6+101.3}$$

$$= 3.1 \times 10^4\,(\text{m}^3/\text{h}) = 8.61\,(\text{m}^3/\text{s})$$

$$下部线速\ \mu_\text{下} = \frac{V_\text{下}}{F} = \frac{8.61}{1.132} = 7.60\,(\text{m/s})$$

③核算提升管出口线速。

出口处油气的总流率为 2 803.05 kmol/h,所以,出口处油气体积流率为

$$V_\text{上} = 2\,803.05 \times 22.4 \times \frac{470+273}{273} \times \frac{101.3}{177+101.3}$$

$$= 6.22 \times 10^4\,(\text{m}^3/\text{h}) = 17.28\,(\text{m}^3/\text{s})$$

$$出口线速为 \qquad \mu_\text{上} = \frac{V_\text{上}}{F} = \frac{17.28}{1.132} = 15.3\,(\text{m/s})$$

核算结果表明:提升管出、入口线速在一般计算范围内,故所选内径为 $D=1.2$ m 是可行的。

(4)提升管长度。

$$提升管平均气速\ \mu = \frac{\mu_\text{上}-\mu_\text{下}}{\ln\dfrac{\mu_\text{上}}{\mu_\text{下}}} = 11\,(\text{m/s})$$

取提升管内停留时间为 3 s,则提升管的有效长度 $L = \mu \times 3 = 33\,(\text{m})$。

(5)核算提升管总压降。

设计的提升管由沉降器的中部进入,根据沉降器的直径和提升管拐弯的要求,提升管直立管部分长 27 m,水平管部分 6 m,提升管出口向下以便催化剂与油气快速分离。提升管出口至沉降器内一级旋风分离器入口高度取 7 m,期间密度根据经验取 8 kJ/m³。

提升管总压降包括静压 Δp_h、摩擦压降 Δp_f 及转向、出口损失等压降 Δp_a。各项分别计算如下:

①Δp_h。

提升管内密度计算见表 6.23。

表 6.23 提升管密度计算

项目	上部	下部	对数平均值
催化剂流率/(kg·h⁻¹)	$1\,310 \times 10^3$	$1\,310 \times 10^3$	—
油气流率/(m³·h⁻¹)	17.33	8.6	—
视密度 ρ/(kg·m⁻³)	20.9	42.2	30.4
气速 μ/(m·s⁻¹)	15.3	7.58	11
滑落系数	1.1	2.0	—
实际密度/(kg·m⁻³)	23	84.4	47.2

$$\Delta p_{\text{h}} = \gamma \Delta h \times 10^{-4} = 47.2 \times 27 \times 10^{-4} = 0.127 (\text{kg/cm}^2) = 12.4 (\text{kPa})$$

②Δp_{f}(直管段摩擦压降)。

$$\Delta p_{\text{f}} = 7.9 \times 10^{-8} \cdot \frac{L}{D} \times \rho \mu^2 g = 7.9 \times 10^{-8} \times \frac{33}{1.2 \times 30.4 \times 11^2} \times 9.81 = 0.784 (\text{kPa})$$

③Δp_{a}。

$$\Delta p_{\text{a}} = N \cdot \frac{\mu^2 \rho}{2} \times 10^{-4} = 3.5 \times \frac{11^2 \times 30.4}{2} \times 10^{-4} = 6.43 (\text{kPa})$$

$$(N = 3.5, 包括两次转向及出口损失)$$

④提升管总压降 $\Delta p_{\text{提}}$。

$$\Delta p_{\text{提}} = \Delta p_{\text{h}} + \Delta p_{\text{f}} + \Delta p_{\text{a}} = 19.68 (\text{kPa})$$

⑤校核原料油进口处压力。

提升管出口至沉降器顶部压降为

$$8 \times 7 \times 10^{-4} = 0.56 (\text{kPa})$$

提升管内原料入口处压力为

$$沉降器顶部压力 + 0.56 + \Delta p_{\text{提}} = 177 + 0.56 + 19.68 = 197.24 (\text{kPa})(表)$$

此值与前面假设的 196.6 kPa(表)很接近,因此前面计算时假设的压力不必重算。

3. 预提升段的直径和高度

(1)直径。

预提升段的烟气及预提升蒸汽的流率为

$$45.2 + \frac{2\,000}{18} = 155.2 (\text{kmol/h})$$

$$体积流率 \approx 155.2 \times 22.4 \times \frac{640 + 273}{273} \times \frac{101.3}{196.6 + 101.3} \times \frac{1}{3\,600} \approx 1.1 (\text{m}^3/\text{s})$$

取预提升段气速为 1.5 m/s,则预提升段直径为

$$D_{\text{预}} = \sqrt{\frac{1.1}{1.5 \times \frac{\pi}{4}}} = 0.965 (\text{m})$$

则预提升段内径为 0.96 m。

(2)高度。

考虑到进料喷嘴以下设有事故蒸气进口管、人孔、再生剂斜管入口等,预提升段的高度取 4 m。

4. 提升管工艺计算结果汇总

预提升段长度为 4 m,内径为 0.96 m;反应段长度为 33 m,内径为 1.2 m,其中 27 m 是直立管、6 m 是水平管;提升管全长 37 m,直立管部分长 31 m。

【例 6.4】 旋风分离器工艺计算

1. 基础数据

某催化裂化装置的再生器壳体设计中决定再生器的密相段内径为 5.03 m,稀相段内径为 6.0 m,密相床高度为 6 m,净空高度为 8 m。其余有关操作条件见表 6.24。

表 6.24　操作条件

再生器顶部压力	78.5 kPa(表)	湿烟气流率	20 m³/s
再生温度	580 ℃	湿烟气密度	1.25 kg/m³(N)
密相床密度	300 kg/m³	稀相气速	0.7 m/s

2. 旋风分离器形式的选择

选用我国自主开发的 PV 型旋风分离器,采用两级串联。根据基础数据和工业经验作出再生器内旋风分离器布置的参考图(图 6.39)。图中,一级料腿出口不用翼阀,直接伸至分布管以上 300 mm 处,二级料腿伸入密相床面 1 m。出装口有全覆盖式翼阀。

以下按 PV 型旋风分离器的设计方法和规格进行工艺计算及选型。

(1)筒体直径。

按筒体内气速为 4 m/s 计算,则

总筒体截面积 = 湿烟气流率/4 = 20/4 = 5(m²)

选用 5 组旋风分离器,则每个旋风分离器筒体的截面积为 1 m²,即

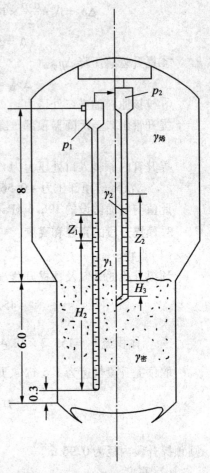

$$筒体直径 = \sqrt{1 \times \frac{4}{\pi}} = 1.128(m)$$

选用 $\phi1\ 200$ mm 的旋风分离器。一级和二级都选用此直径的筒体。

(2)一级入口截面积。

按入口线速为 18 m/s 考虑,则

$$\frac{一级入口截面积 A_1}{筒体截面积 A} = \frac{4}{18}$$

求得　　　　　　　　$A_1 = 0.222(m^2)$

旋风分离器入口为矩形,其高度 a 是宽度 b 的2.25倍。由此计算得 $a = 0.706$ m;$b = 0.314$ m。

(3)二级入口截面积。

按二级入口线速为 22 m/s 考虑,则

图 6.39　旋风分离器设计参考图

$$\frac{二级入口截面积 A_2}{筒体截面积 A} = \frac{4}{22}$$

求得 $A_2 = 0.182$ m²;入口的高度 $a = 0.639$ m;宽度 $b = 0.284$ m。

在要求较精确的计算时,二级入口的烟气流率除了湿烟气外还应加上两级旋风分离器之间通入的冷却水蒸气,其量约占总气体流率的百分之几。这里的计算只是为了选型,未考虑冷却蒸汽的量。

(4)一级料腿负荷及管径。

PV 型一级旋风分离器料腿的适宜固体质量流速为 $300 \sim 500$ kg/(m²·s)。

设一级旋风分离器的入口气体的固体质量浓度为10 kg/m³,则对每个旋风分离器的进入固体流量为

$$20 \times 10 \times 1/5 = 40(\text{kg/s})$$

选用 $\phi350$ mm 管子做一级料腿,则其固体质量流速为

$$40/(0.35^2 \times \pi/4) = 416[\text{kg/(m}^2 \cdot \text{s)}]$$

所选管径合适。

(5)对 $\phi1\ 200$ mm 的旋风分离器,二级料腿直径可选用 $\phi219$ mm 的管子。

3. 旋风分离器的压降

PV 型旋风分离器的压降的计算公式如下:

$$\Delta p = (\rho_g + C_i/1\ 000)v_i^2/2 + \xi(C_{i0}/C_i)^{0.045}$$

式中,ρ_g 为气体密度,kg/m³。

(1)计算一级旋风分离器压降 Δp_1。

$$Re = 0.88 \times 18 \times 1.2/0.035 \times 10^{-3} = 543 \times 10^3$$

$$\xi = 8.54 \times (4.5)^{-0.833} \times (0.44)^{-1.745} \times (1.2)^{0.161} \times (543 \times 10)^{0.036} - 1 = 15.9$$

$$\Delta p_1 = (0.88 + 10/1000) \times (18^2/2) + 15.9 \times (10/10)^{0.045} \times (0.88 \times 18^2/2)$$
$$= 2.411(\text{kPa}) = 250.7(\text{kg/m}^2)$$

(2)计算二级旋风分离器压降 Δp_2。

$$Re = 0.88 \times 18 \times 1.2/0.035 \times 10^3 = 663.7 \times 10^3$$

$$\xi = 8.54 \times (22/4)^{-0.833} \times (0.35)^{-1.745} \times (1/2)^{-0.161} \times (663.7 \times 10^3) - 1 = 20.3$$

$$\Delta p_2 = (0.88 + 1/1\ 000) \times 22^2/2 + 20.3 \times (10/1)^{0.045} \times (0.88 \times 22^2/2)$$
$$= 5.010\ 2(\text{kPa}) = 521.1(\text{kg/m}^2)$$

4. 核算料腿长度

由旋风分离器的压力平衡来核算料腿的长度。

(1)核算一级料腿长度。

由一级旋风分离器的压力平衡得

$$p_1 + Z_1\gamma_1 + H_2\gamma_1 = p_烯 + H_1\gamma_烯 + H_2\gamma_烯$$

$$Z_1 = [(p_烯 - p_1) + H_2(\gamma_密 - \gamma_1) + H_1\gamma_烯]/\gamma_1$$
$$= [250.7 + (6.0 - 0.3) \times (300 - 350) + (8 \times 40)]/350 = 0.82(\text{m})$$

从入口中心线至灰斗底的距离为 4 m,所以净空高度应大于($4 + Z_1$),即 $4 + 0.82 = 4.82$(m)。今净空高度为 8 m,大于 4.82 m,能满足要求。

(2)核算二级料腿长度。

用上述的压力平衡原理(增加考虑二级旋风分离器压降)及翼阀压降,可得

$$Z_2 = [\Delta p_1 + \Delta p_2 + H_1\gamma_烯 + H_3(\gamma_密 - \gamma_2) + \Delta p_阀]/\gamma_2$$
$$= [250.7 + 521.1 + 8 \times 40 + (300 - 450) + 35]/450$$
$$= 2.72(\text{m})$$

两器压力平衡。

两器压力平衡计算包括再生剂循环路线的压力平衡和待生剂循环路线的压力平衡。两者的计算方法及原理是相同的。在本例中,只列举了再生剂循环路线的压力平衡计算。

某 60×10^4 t/a 提升管催化裂化装置的部分工艺数据和两器布置见表 6.25 和图 6.40。

表 6.25　部分工艺数据

提升管总进料量	预提升蒸汽量	带入提升管烟气量	催化剂循环量	再生器顶部压力	沉降器顶部压力	提升管内径
160 t/h	3 000 kg/h	750 kg/h	750 t/h	121.63 kPa（表）	109.86 kPa（表）	1.2 m
再生斜管内径	提升管入口线速	提升管出口线速	预提升段气速	提升管入口油气流率	提升管出口油气流率	预提升段气体流率
0.7 m	4.5 m/s	8.0 m/s	1.6 m/s	15 850 m³/h	58 250 m³/h	5 660 m³/h

以下是再生剂循环路线压力平衡计算。

（1）再生器顶部压力 $p_{再}$。

$$p_{再} = 121.63 \text{ kPa（表）} = 1.24 + 1.033$$
$$= 2.273 \left[\text{kg/cm}^2（绝） \right]$$

（2）再生器稀相段静压 Δp_1。

$$\Delta p_1 = \rho \Delta h \times 10^{-4}$$
$$= 15 \times (28.446 - 16.77) \times 10^{-4}$$
$$= 0.017\ 5 (\text{kg/cm}^2)$$

（3）再生器淹流管以上密相床层静压 Δp_2。

$$\Delta p_2 = \rho \Delta h \times 10^{-4}$$
$$= 250 \times (16.77 - 15.759) \times 10^{-4}$$
$$= 0.025\ 3 (\text{kg/cm}^2)$$

（4）下滑阀以上淹流管及斜管静压 Δp_3。

$$\Delta p_3 = \rho \Delta h \times 10^{-4}$$
$$= 300 \times (15.759 - 4.88) \times 10^{-4}$$
$$= 0.326 (\text{kg/cm}^2)$$

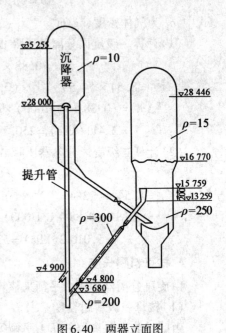

图 6.40　两器立面图

（5）下滑阀以下斜管静压 Δp_4。

$$\Delta p_4 = \rho \Delta h \times 10^{-4} = 200 \times (4.88 - 3.63) \times 10^{-4}$$
$$= 0.025 (\text{kg/cm}^2)$$

（6）沉降器顶部压力 $p_{沉}$。

$$p_{沉} = 109.86 \text{ kPa（表）} - 1.12 + 1.033$$
$$= 2.153 \left[\text{kg/cm}^2（绝） \right]$$

（7）沉降器稀相段静压 Δp_5。

$$\Delta p_5 = \rho \Delta h \times 10^{-4} = 10 \times (35.255 - 28) \times 10^{-4}$$
$$= 0.007\ 3 (\text{kg/cm}^2)$$

（8）提升管进料口以上静压 Δp_6。

$$提升管内平均油气体积流量 = \frac{28\ 250 - 15\ 850}{\ln(28\ 250 / 15\ 850)} = 21\ 453 (\text{m}^3/\text{h})$$

所以　　　　　　　平均视密度 $\approx (750 + 160) \times 10^3 / 21453 \approx 42.4 (\text{kg/m}^3)$

提升管内平均油气线速 $= (8 - 4.5) / \ln(8/4.5) = 6.09 (\text{m/s})$

查得滑落系数为 1.17,则

实际密度 $\approx 42.4 \times 1.17 \approx 49.6 (\text{kg/m}^3)$

所以　　　　　$\Delta p_6 = \rho \Delta h \times 10^{-4} = 49.6 \times (28 - 4.9) \times 10^{-4} = 0.114\ 5 (\text{kg/cm}^2)$

(9)预提升段静压 Δp_7。

$$预提升段视密度 \approx \frac{750 \times 10^3}{5660} \approx 132.5 (\text{kg/m}^3)$$

取滑落系数为 1.5,则

实际密度 $= 132.5 \times 1.5 = 199 (\text{kg/m}^3)$

所以　　　　　$\Delta p_7 = \rho \Delta h = 199 \times (4.9 - 3.63) \times 10^{-4} = 0.025\ 2 (\text{kg/cm}^2)$

(10)再生斜管摩擦压降 Δp_{f1}。

在计算再生斜管静压 Δp_3 和 Δp_4 时采用的密度是视密度,因此在 Δp_3 和 Δp_4 中实际上已包含了再生斜管的摩擦阻力。或者说,前面计算的 Δp_3 和 Δp_4 应当是再生斜管的蓄压。因此,在这里不必要再单独计算再生斜管的摩擦压降。

(11)预提升管直管段摩擦压降 Δp_{f2}。

$$\Delta p_{\text{f2}} = 7.9 \times 10^{-8} \times \frac{L}{D} \rho \mu^2 = 7.9 \times 10^{-8} \times \frac{(28 - 4.9)}{1.2} \times 42.4 \times 6.09^2 = 0.002\ 4 (\text{kg/cm}^2)$$

(12)由于加速催化剂、出口处转向及出口损失引起的压降 Δp_{a}。

$$\Delta p_{\text{a}} = N \mu_{\text{出}}^2 \rho / (2g \times 10^{-4}) = (1 + 1.25 \times 2 + 1) \times 8^2 \times 42.4 / (2 \times 9.81) \times 10^{-4}$$
$$= 0.062\ 2 (\text{kg/cm}^2)$$

(13)预提升段摩擦压降 Δp_{f3}。

$$\Delta p_{\text{f3}} = 7.9 \times 10^{-8} \times \frac{L}{D} \rho \mu^2 = 7.9 \times 10^{-8} \times 132.5 \times 1.6^2 \times \frac{(4.9 - 3.63)}{1.2}$$
$$= 0.000\ 1 (\text{kg/cm}^2)$$

再生剂循环路线压力平衡计算汇总见表 6.26。

表 6.26　再生剂循环路线压力平衡计算汇总

推动力/(kg·cm⁻²)		阻力/(kg·cm⁻²)	
再生器顶部压力 $p_{\text{再}}$	2.273 0	沉降器顶部压力 $p_{\text{沉}}$	2.153 0
再生器稀相段静压 Δp_1	0.017 5	沉降器稀相段静压 Δp_5	0.007 3
再生器淹流管以上淹流管以上及密相段静压 Δp_2	0.025 3	提升管进料口以上静压 Δp_6	0.114 5
下滑阀以上斜管静压 Δp_3	0.326 0	预提升管静压 Δp_7	0.025 2
下滑阀以下斜管静压 Δp_4	0.025 0	预提升管直管段摩擦压降 Δp_{f2}	0.002 4
		提升管压降 Δp_{a}	0.062 2
		预提升段摩擦压降 Δp_{f3}	0.000 1
		再生滑阀摩擦压降 $\Delta p_{\text{阀}}$	
合计	2.666 8	合计	2.364 7 + $\Delta p_{\text{阀}}$

由上表得:再生滑阀压降 $\Delta p_{阀} = 2.6668 - 2.3647 = 0.3021(kg/cm^2)$。一般要求滑阀的压降为 $0.2 \sim 0.4 \ kg/cm^2$,因此计算结果是合适的。

6.8 案例教学——100 万 t/a ARGG 装置

6.8.1 装置概况

1.装置简介

本装置规模按 180 万 t/a 设计,为了在 2010 年汽油质量达到国Ⅲ标准要求,二套 ARGG 装置于 2009 年检修期间实施了 MIP – CGP 技术改造。装置包括反应 – 再生、分馏、吸收稳定、气压机、能量回收及余热锅炉、产品精制几部分,ARGG 工艺以常压渣油等重质油为原料,采用 MIP – CGP 专用 CGP – 1DQ 催化剂,以生产富含丙烯、异丁烯、异丁烷的液化气,并生产高辛烷值汽油。

(1)设计能力:200 万 t/a。

(2)装置变动、改造情况。

180 万 t/a ARGG 装置在 2009 年进行技术改造,采用中国石化股份有限公司石油化工科学研究院(RIPP)开发的 MIP – CGP 工艺,加工原料不变,装置规模不变,汽油烯烃体积分数由目前的 48% 降至 30% 以下,轻收(汽油 + 柴油)体积分数由 56.72% 上升至 57.6%;稳定系统通过改造,使干气中 C_3 以上体积分数降至 1.5%,其中丙烯体积分数降至 1% 以下,消除吸收塔、再吸收塔带液状况。

改造后的反应器采用两个反应区结构,第一反应区采用提升管反应器,油气停留时间为 1.2 ~ 1.4 s;第二反应区采用床层反应器,油气停留时间约为 4 s;在反应器汽提段下部设置待生剂循环斜管引待生剂进入第二反应区下部,以增加催化剂的循环通量,维持第二反应区的床层空速 15 ~ 30 h^{-1}。

将烧焦管多段供风分布环移至烧焦管外布置,烧焦罐(管) + 低压降分布板的整体压降由 36 kPa 降为 16 kPa。

稳定部分将吸收塔、再吸收塔塔盘更换为微分浮阀塔盘,解析塔由双溢流设计改为四溢流设计,更换降液管、受液盘和塔板。

2010 年 9 月装置进行了用能优化改造,实现与二套常减压装置的原料热联合;与二套气分装置实现顶循外输热联合,与加氢改质装置实现柴油外送热联合。

2010 年装置主要工艺流程改造如下:

①顶循流程。

顶循由顶循环回流泵 P – 10209/1、2 直接送至气分装置做脱丙烷塔底再沸器热源,然后返回二套 ARGG 装置,先进顶循 – 热水换热器 E – 10210/3、4 与气分热水一次换热,然后进顶循 – 热水换热器 E – 10210/1、2 与干粉热水换热,而后进顶循 – 除盐水换热器 E – 10210/5 与除盐水换热,最后进顶循后冷器 E – 10210/6、7 后返塔。

a.上塔柴油流程。

上塔柴油自柴油汽提塔上部抽出后,进入轻柴油泵 P – 10204/1 ~ 3,升压后依次经过上塔柴油 – 热水换热器 E – 10212/1、2 和上塔柴油 – 除盐水换热器 E – 10212/3、4 与 5 换热水和除盐水换热,最后由轻柴油空冷器 EC - 10202/1、2 冷却至 60 ℃后送出装置。

b. 下塔柴油流程。

下塔柴油自柴油汽提塔底部抽出后,进入下塔柴油 - 贫吸收油泵 P - 10203/1、2,升压后依次经下塔柴油 - 原料油换热器 E - 10201/1、2、贫富吸收油换热器 E - 10205/1、2 和下塔柴油 - 热水换热器 E - 10211/1、2 与原料油、富吸收油和 5 换热水换热,冷却至 90 ℃,下塔柴油一部分直接热出料,其余部分经下塔柴油冷却器 E - 10207/3 冷却至 70 ℃后,送至罐区,贫吸收油则经贫吸收油冷却器 E - 10213/1、2 冷却至 40 ℃后至再吸收塔 C - 10303。

c. 分馏一中流程。

分馏一中自分馏塔抽出后经一中循环回流泵 P - 10205/1、2 升压后,依次做稳定塔再沸器 E - 10304/2,解吸塔再沸器 E - 10301/1、2 热源,最后经 E - 10204/2、3 与干粉热水换热后返塔。

d. 分馏二中流程。

增加分馏二中至解吸塔再沸器(E - 10301/1)跨线,以解决开工时解吸塔无热源的问题。

②2010 年装置改造后能源消耗目标。

装置改造后,3.5 MPa 蒸汽外输增加 21.5 t/h,1.0 MPa 蒸汽外输增加 1.0 t/h,外输热降减少 3.0 个能耗单位,装置总能耗下降 3.468 kg(标准油)/t。

(3)装置特点。

180 万 t/a ARGG 装置于 1999 年 10 月建成投产,由北京设计院设计,采用北京石油化工科学研究院开发的 ARGG 工艺。为适应 2009 年国Ⅲ汽油标准、配合产品升级,装置于 2009 年 8 月 ~ 9 月进行了 MIP - CGP 技术应用改造。装置反应 - 再生系统高低并列布置,以减压渣油等重质油为原料,生产富含丙烯、异丁烯、异丁烷的液化气,并生产高辛烷值汽油。反应部分采用全提升管反应器,再生部分采用多段供风的管式烧焦加床层完全形式。

(4)原料及产品。

以减压渣油等重质油为原料,生产富含丙烯、异丁烯、异丁烷的液化气,并生产高辛烷值汽油。

2. 工艺原理

(1)催化裂化部分。

催化裂化是炼油工业中重要的二次加工过程,是重油轻质化的重要手段。它是使原料油在适宜的温度、压力和催化剂存在的条件下,进行分解、异构化、氢转移、芳构化、缩合等一系列化学反应,原料油转化成气体、汽油、柴油等主要产品及油浆、焦炭的生产过程。催化裂化的原料油来源广泛,主要是常减压的馏分油、常压渣油、减压渣油及丙烷脱沥青油、蜡膏、蜡下油等。随着石油资源的短缺和原油的日趋变重,重油催化裂化有了较快的发展,处理的原料可以是全常渣甚至是全减渣。在硫含量较高时,则需用加氢脱硫装置进行处理,提供催化原料。催化裂化过程具有轻质油收率高、汽油辛烷值较高、气体产品中烯烃含量高等特点。

催化裂化的生产过程包括以下几个部分:

①反应再生部分。其主要任务是完成原料油的转化。原料油通过反应器与催化剂接触并反应,不断输出反应产物,催化剂则在反应器和再生器之间不断循环,在再生器中通入空气烧去催化剂上的积炭,恢复催化剂的活性,使催化剂能够循环使用。烧焦放出的热量又以催化剂为载体,不断带回反应器,供给反应所需的热量,过剩热量由专门的取热设施取出加以利用。

②分馏部分。主要任务是根据反应油气中各组分沸点的不同,将它们分离成富气、粗汽油、轻柴油、回炼油、油浆,并保证汽油干点、轻柴油凝固点和闪点合格。

③吸收稳定部分。利用各组分之间在液体中溶解度不同把富气和粗汽油分离成干气、液化气、稳定汽油。控制好干气中的 C_3 含量、液化气中的 C_2 和 C_5 含量、稳定汽油的 10% 点。

（2）产品精制部分。

①本装置选用的胺法气体脱硫工艺技术成熟可靠。干气、液化气中含有硫化氢、二氧化碳等有害杂质,既影响产品的使用,又造成环境污染,因此在使用之前必须进行脱除。脱硫化氢常用的方法是醇胺吸收法,即以弱的有机碱(胺液)为吸收剂,分别在干气、液化气脱硫塔内与干气、液化气进行逆流接触。干气和液化气中的 H_2S 和部分 CO_2 被胺液吸收,使干气和液化气得到净化。胺液吸收 H_2S 和 CO_2 是一个可逆过程。吸收了 H_2S 和 CO_2 的富胺液在低压下经加热而分解,释放出 H_2S 和 CO_2。利用这种可逆反应,使富胺液经过溶剂再生塔得到再生而成为贫液,同时产生含 H_2S 和 CO_2 的酸性气。贫液作为吸收剂循环使用,酸性气至下游硫黄回收装置。

②汽油脱硫醇工艺采用的固定床无碱脱臭（Ⅱ）系国内最新开发的工艺。该工艺已经过工业化试验,并通过了中国石化总公司发展部组织的技术鉴定,可减少废碱排放。ARGG 装置生产的汽油含有硫醇和硫化氢等有害物质,使汽油的产品质量达不到要求,必须进行精制加以脱除。本装置采用无碱固定床脱硫醇（Ⅱ）工艺,该工艺脱硫醇效果好,产品不会带碱。其脱硫醇基本原理为:汽油所含的硫醇在反应器里与通入的空气中的氧在催化剂存在下被氧化成二硫化物（R－SSR）,使存在于汽油中的臭味被消除,生成二硫化物的反应过程如下:

$$4RSH + O_2 \xrightarrow{催化剂} 2RSSR + 2H_2O$$

$$R'SH + RSH + \frac{1}{2}O_2 \xrightarrow{催化剂} R'SSR + H_2O$$

③液化气脱硫醇工艺采用无碱脱硫醇工艺胺法脱硫液化气,技术成熟、可靠。液化气通过固定床反应器后,脱除 H_2S,并借助液化气自身的含氧和催化剂作用发生催化氧化反应,使其中的硫醇转化为二硫化物。

④胺净化系统采用 SSX^{TM}（固体悬浮物去除）工艺和 $HSSX^{®}$（热稳定盐和贫胺酸气去除）工艺。

SSX^{TM}工艺用来去除胺液中的固体悬浮物,该工艺采用特殊纤维深层过滤技术,可以将过滤精度提高到亚微米级,容量达到普通过滤器的 19 倍,过滤介质可在线再生重复使用,使用寿命长达 18 个月以上。$HSSX^{®}$工艺是采用 MPR 公司 Versalt® 专利树脂的阴离子交换工艺。使用此工艺可以从所有的烷醇胺(包括 MEA、DEA、MDEA、DIPA、DGA、环丁砜和其他的一些复合胺)中去除热稳盐及贫胺酸气,同时将与热稳盐结合的束缚胺转化为可用胺,恢复胺液的效率。胺液的类型不会影响 $HSSX^{®}$系统的运行。$HSSX^{®}$工艺主要目的是去除胺液中的热稳盐。

3. 工艺流程说明

（1）催化裂化部分。

①反应－再生部分。

本装置的原料是在系统调和罐中调合均匀后用泵送入装置原料油缓冲罐（D－10203）,然后用提升管进料泵（P－10201/1、2）抽出,依次经过原料油－柴油换热器（E－10201/1、2）原料油－油浆换热器（E－10202/1~4）换热,升温到约 190 ℃,然后进入到提升管底部进料喷嘴。

再生催化剂自再生斜管进入预提升段,在预提升段设置预提升蒸汽分布环和预提升蒸汽/干气喷嘴,回炼 C_5 稳定汽油(气相)也进入进料之前的预提升段,再生催化剂通过预提升段提升后进入一反,原料油与之接触、汽化并开始反应,反应油气在一反的停留时间很短,然后与催化剂一道通过出口低压降分布板进入扩径的二反,二反为床层反应,其顶部为缩径的上部提升管,催化剂与反应油气经过上部提升管出口 6 组粗旋,分出大部分催化剂,进入到反应沉降器下部的汽提段,油气和催化剂经过沉降器 6 组单级旋风分离器下一步分离,分离出来的油气去分馏塔,回收下来的小部分催化剂经料腿流入汽提段。分离出的待生催化剂经汽提段汽提后,一部分经待生剂循环斜管至二反下部,以维持二反需要的催化剂藏量(即床层空速),由待生剂循环滑阀控制;大部分待生催化剂进入反应器汽提段后,经过在汽提段的底部、中部和上部送入蒸汽,使沉积有焦炭并吸附一定量油气的催化剂与蒸汽逆流接触,除去催化剂所吸附和夹带的油气。然后通过待生斜管进入烧焦管的下部,与从再生器密相床经循环斜管来的高温再生催化剂充分混合,以提高烧焦起始温度。混合后的催化剂在烧焦管内烧焦。开工初期烧焦空气由备用风机供给,开工正常后烧焦空气由能量回收机组供风。一部分主风经辅助燃烧室、预混合烧焦管,提升待生剂至再生器密相床,另一部分主风直接进入再生器,进行烧焦。催化剂与烟气并流向上进入 12 组两级旋风分离器,进一步分离催化剂。经过旋风分离器出来的再生催化剂经料腿落入再生器密相床,再生催化剂在密相床中分三路:第一路经再生斜管去提升管反应器,其催化剂量由提升管出口温度控制再生滑阀的开度来实现;第二路经循环斜管流入到烧焦管的下部;第三路是为了维持两器的热平衡,增加操作的灵活性设置的外取热器,催化剂自再生器床层中流入外取热器后,自上而下流动,取热管浸没于流化床内,管内走水。外取热器底部通入流化风,以维持良好的流化,造成流化床催化剂对取热管的良好传热,经换热后的催化剂温降到 400 ℃左右,通过外取热器下斜管及下滑阀进入烧焦管的下部。从旋风分离器顶部分离出来的烟气进入三级旋风分离器并除去大于 10 μm 微粒催化剂后进入烟机,从烟机出来的烟气进入余热锅炉,发生中压蒸汽,使烟气温度降到 200~240 ℃,再经烟囱放空。再生器顶压力(0.28~0.3 MPa(绝))由两个旁路蝶阀及烟机入口蝶阀控制,沉降器顶压力(0.25~0.27 MPa(绝))则由气压机入口压力调节汽轮机转速来控制。

外取热器用的除氧水自余热锅炉来,进入汽包,与外取热器换热出来的汽－水混合,传热并进行汽、液分离后产生的 4.2 MPa(表)饱和蒸汽送到余热锅炉过热。汽包里的水通过泵 P10101/1~3 强制循环,进入外取热器取热。调节外取热器下滑阀开度或调节外取热器流化风来调节取热量,使进入烧焦管的催化剂量或温度变化,从而控制再生床层温度。提升管出口温度由再生滑阀控制。

待生滑阀用来控制汽提段催化剂料位,要求保证一定的料位高度以保持良好的汽提效果,同时也要防止料位过高,而使催化剂从料腿中重新被携带出去。

待生循环滑阀是用来维持二反需要的催化剂藏量(即床层空速)。

开工用催化剂由汽车从厂内仓库运送至装置内新鲜剂储罐,用系统来的非净化风(0.6 MPa(g)40 ℃)输送至再生器,正常补充催化剂用小型自动加料器补充到再生器密相床。

反应出来的反应油气进入分馏塔(C－10201)。

②来自反应器的油气进入分馏塔(C－10201)下部。分馏塔共有 28 层舌形塔板,顶循部分安装填料,底部装有 5 层冷却洗涤用的人字挡板。油气自下而上通过人字挡板,经分馏塔塔顶得到裂解气体和粗汽油,侧线抽出裂解轻油(轻柴油),塔底为裂解重油(油浆)。为了提供足够的内回流以使塔的负荷比较均匀,分馏分别建立了 5 个循环回流和一个冷回流。

塔顶温度为 110 ℃左右,压力为 0.105 MPa(g),分馏塔顶油气先经油气－换热水换热器 E－10203/1~24 冷到 70 ℃,为了防止装置外供换热水的不足,在夏季,E－10203/1~10 还可以用循环水冷却。然后进入分馏塔顶后冷器 E-10204/1~12 冷到 40~50 ℃,进入分馏塔顶油气分离器 D-10201 中,分离出的粗汽油用粗汽油泵 P-10202/1、2 送至吸收塔 C-10301,用冷回流泵 P-10211/1、2 打冷回流返塔顶 32 层,分出的气体进入气体压缩机。D-10201 分出的含硫污水,一路自流排至含硫氨污水脱气罐 D-10205,另一路由稳定用 P-10309 抽出做富气水洗水,D-10205 含硫污水经泵 P-10210/1、2 送出装置至含硫污水处理系统。

顶循环回流油(约 126 ℃)自分馏塔第 29 层塔板用顶循环回流泵 P-10209/1、2 抽出,经气分车间 E1302/N 换热后,再与循环回流油-气分热水换热器 E-10210/3、4,循环回流油-低温换热器 E-10210/1、2,循环回流油-除盐水换热器 E-10210/5,顶循环回流-循环水冷却器 E-10210/6、7,温度降为 85 ℃,返回第 32 层塔板。

上塔柴油(约 185 ℃)自分馏塔第 21 层或 19 层板流入上塔轻柴油汽提塔 C-10202(上),经水蒸气汽提后用轻柴油泵 P-10204/1~3 抽出经轻柴油-热水换热器 E-10212/1~4 换热至 90 ℃,然后进入上塔柴油空冷器 EC-10202/1、2 冷却至 40~60℃送出装置。

贫吸收油与下塔柴油(约 205 ℃)自分馏塔第 21 层或 19 层板流入下轻柴油汽提塔 C-10202(下),经水蒸气汽提后用轻柴油泵 P-10203/1、2 抽出,经贫油(下塔柴油)-原料油换热器(E-10201/1、2)、贫-富吸收油换热器(E-10205/1、2)、贫吸收油-换水换热器 E-10211/1、2,一路是下塔柴油 90 ℃ 出装置去加氢改质车间热进料或经 E10207 冷却 40~60 ℃送出装置至储运罐区,另一路进入贫吸收油冷却器 E-10213/1、2,用循环水冷至 40 ℃,送至再吸收塔 C-10303。富吸收油与贫吸收油经换热器 E-10205/1、2 换热升温至 120 ℃,返回分馏塔第 22 层或 20 层塔板。

一中段回流(约 230 ℃)由分馏塔第 13 层塔板用一中循环回流泵 P-10205/1、2 抽出送至脱吸塔 C-10302 塔底作为重沸器 E-10301/1、2 和稳定塔 C10304 塔底重沸器 E-10304/2 热源,再与气分热水 E-10214/1、低温热水 E-10214/2、3 换热后,冷却至 160 ℃,返回分馏塔第 16 层塔板。开工时可进入一中回流水箱冷却器 E-10206 冷却。

二中段回流(约 338 ℃)由分馏塔第 3 层塔板自流入回炼油罐 D-10202 然后用回炼油泵 P-10206/1、2 抽出,分三路:一路作为内回流返回分馏塔第 2 层塔板上;一路为回炼油直接并入原料油回炼;一路作为第二中段循环回流,做稳定塔 C-10304 底重沸器 E10304/2 的热源,然后返回分馏塔第五层塔板。

循环油浆经油浆泵 P-10207/1、2 从分馏塔底部抽出后,先与原料油-油浆换热器 E-10202/1~4 换热,再经油浆蒸气发生器 ER-10201/1~4,温度降至 255 ℃;一部分返回分馏塔人字挡板上部,另一部分返回人字挡板下部,油浆热路由泵 P-10207/1、2 出口直接并入油浆上返塔返调节阀后进入分馏塔人字挡板上部,少部分(也可以经泵 P-10215/1、2)送至油浆冷却器 E-10207/1~4 及 E-10208 冷却至 85~98 ℃送出装置。

③气体压缩机部分。

从分馏部分 D-10201 来的富气被气体压缩机 K-10301 两段加压到约 1.6 MPa(绝)。富气经一段压缩后压力为 0.42 MPa(绝),温度约为 110 ℃。为防止气体在冷却器形成 NH_4Cl 结晶和硫腐蚀,在冷却器前注入水洗水。气体经冷却后(温度为 40 ℃)进入气压机一级出口分液罐 D-10303,把凝缩油、水和不凝气分开,然后不凝气进入第二段压缩,压力升至约 1.6 MPa(绝),温度约为 101 ℃,与从脱吸塔来的脱吸气混合后入气压机二级出口空冷器 EC-10301/1~6 冷却至 60 ℃。然后与用吸收塔底泵 P-10307/1、2 送来的饱和吸收油混合后,进入气压机二级出口后冷器 E-10306/1~6 冷至 40 ℃,与从 D-10303 经气压级间凝液泵 P - 10306/1、2 抽出的凝缩油一起进入气压机出口油气分离器 D - 10301,在 D - 10301 中把凝缩油和不凝气分离,然后不凝气去吸收塔。为了防止氮化物、硫化物对后面设备的腐蚀,在 EC - 10301/1 ~ 6 前注入水洗水(D - 10201 含硫污水)洗涤,污水从 D - 10301、D - 10303 自流排至含硫氨污水脱气罐。

④吸收稳定部分。

吸收塔顶操作压力为 1.3 MPa(绝),从 D - 10301 来的压缩富气进入吸收塔 C - 10301 自下而上逆流与来自 D - 10201 来的粗汽油和补充吸收剂泵 P - 10304/1、2 送来的稳定汽油(补充吸收剂)逆相接触。气体中的 C_3 及 C_3 以上的更重组分大部分被吸收,剩下含有少量吸收剂的气体(贫气)去再吸收塔 C - 10303,为了取走吸收时放出的热量,在吸收塔用 P - 10302/1 ~ 4 分别抽出四个中段回流,经中段回流冷却器 E - 10307/1 ~ 8 冷却后再返回吸收塔。在 D - 10301 中平衡汽化得到的凝缩油由凝缩油泵 P - 10301/1、2 抽出后,经脱吸塔进料 - 稳定汽油换热器 E - 10302/1 - 2 换热至 55 ℃进入脱吸塔 C - 10302 顶部。脱吸塔顶操作压力为 1.4 MPa(绝),温度为 50 ℃,脱吸塔底部由脱吸塔底重沸器 E - 10301/1、2 提供热量。用分馏部分中段回流作为热载体,以脱除凝缩油中的 C_2 组分。塔底抽出的脱乙烷汽油送至汽油稳定系统。贫气从吸收塔顶出来进入再吸收塔 C - 10303,操作压力为 1.25 MPa(绝)。与从分馏部分来的贫吸收油(轻柴油)逆流接触,以脱除气体中夹带的轻汽油组分,经吸收后的气体(干气)送至脱硫装置,富吸收油则靠再吸收塔的压力自流至 E - 10205/1、2,与贫吸收油换热后再返回分馏塔。

汽油稳定系统脱乙烷汽油从脱吸收塔底出来,自压进入稳定塔进料换热器 E - 10303/1 ~ 4,和稳定汽油换热后进入稳定塔 C - 10304。塔的操作压力为 1.15 MPa(绝),丁烷和更轻的组分从塔顶馏出,经过塔顶冷凝冷却器 E - 10308/1 ~ 8 冷却后进入塔顶回流罐 D - 10302,液体产品——液化气用稳定塔顶回流泵 P - 10305/1 ~ 2 升压,大部分作为稳定塔顶回流,另一部分作为化工原料送至脱硫装置。稳定汽油自塔底靠本身压力依次进入 E - 10303/1 ~ 4、E - 10302/1 ~ 4,换热后再进入稳定汽油 - 除盐水换热器 E - 10310/1 ~ 2、稳定汽油空冷器 EC - 10302/1 ~ 4、稳定汽油冷却器 E - 10309/1 ~ 2,冷却到 40 ℃。一部分作为补充吸收剂用 P - 10304/1、2 送至吸收塔,其余部分送往脱硫装置。稳定塔底重沸器 E - 10304/1、2 的热源来自分馏部分第二中段循环回流。

⑤能量回收部分。

来自再生器的烟气(0.27 MPa(绝)、约 700 ℃)含催化剂约 1 g/m³ 首先进入三级卧式旋风分离器 C - 10104 分离出其中大部分催化剂,使进入烟气轮机的烟气中催化剂含量降至 0.2 g/m³ 以下,大于 10 μm 的颗粒基本除去,以保证烟气轮机叶片长周期运转。净化的烟气从 C - 10104 出来分为两路,一路经切断闸阀(DN1500)和调节蝶阀(DN1500)轴向进入烟气轮机膨胀做功,驱动轴流风机 AV80 - 11 回收烟气中的压力能,烟气压力由 0.24 ~ 0.25 MPa(绝)降至 0.108 MPa(绝),温度由 630 ~ 650 ℃降至 440 ~ 460 ℃,经水封罐 D - 10117 和另一路经旁路蝶阀调节放空的烟气汇合时入余热锅炉,回收烟气的热量并发生 3.9 MPa(表)、420 ℃过热蒸汽,烟气经余热锅炉后温度下降至约 200 ℃后排入 120 m 高烟囱。在烟气轮机前的水平管道上装有高温平板闸阀(DN1 500)和高温调节蝶阀(DN1 500),高温平板闸阀是在事故状态下紧急切断烟气进入烟气轮机,高温调节蝶阀及旁路蝶阀具有相同功能,均可对再生器压力起调节作用。从三级旋风分离器分离出来的催化剂细粉主要是小于 30 μm 的进入四级旋分器,然后排入细粉储罐(D - 10114),然后将催化剂装车外运,或回用一部分催化剂。

烟气也可直接排入烟囱以增加事故处理手段。

从三级旋风分离器排出的细粉夹带有 2% ~ 5% 的烟气要连续从细粉收集罐顶部排出。为了维持系统的压力平衡,在放空线上装有临界流速喷嘴,此喷嘴已接近临界状态下操作。

⑥余热锅炉流程简介。

本装置余热锅炉的热源为高温再生烟气(540 ℃、0.108 MPa)。余热锅炉给水系统由本装置自己供给锅炉本体。除余热锅炉自产蒸汽(6.0 t/h)外,最大可产 8.3 t/h 蒸汽,还负责产汽系统(外取热器 134.3 t/h、最大可产 151.6 t/h 蒸汽,油浆蒸汽发生器 39.4 t/h、最大可产 44.3 t/h蒸汽)饱和中压蒸汽的过热。

装置外除盐水 15 ℃、130 t/h 经装置内部升温、除氧后温度升到 130 ℃,由锅炉给水泵 P - 10501/1 ~ 3 送入余热锅炉省煤器加热到 185 ℃,送入给水分配集箱,然后一部分进入余热锅炉汽包,在余热锅炉蒸发器中产汽,产生的饱和中压蒸汽在饱和蒸汽分配集箱中与 D - 10118 及 D - 10119/1、2 产生的饱和蒸汽混合,一并进入过热器过热。过热后蒸汽($p = 3.83$ MPa, $T = 380 ~ 420$ ℃)送入装置中压蒸汽管网供压缩机的汽轮机使用。

再生烟气自烟气轮机来分两路进入余热锅炉,一路经 TV1902B 直接进入过热器,另一路经 TV - 1902A 直接进入蒸发段,两路汇合后经蒸发段、省煤器后,经方烟门(V - 10501/1、2)直接通入 120 m 高烟囱排放。

产汽系统排污均排至连续排污扩容器 D - 10505 后,经 E - 10502 换热后排入定期排污扩容器 D - 10504 经 E10503 换热后排入降温水池。

系统所需磷酸三钠定期注入,固体磷酸三钠在磷酸盐加药装置 D - 10503/1 ~ 3 内用除氧水溶解,再经搅拌器搅拌 20 min 后,用计量泵送入余锅和 D - 10118、D - 10119/1、2。年用量约为 4.4 t。

15 ℃除盐水,流量为 130 ~ 190 t/h 自装置外来,进入除盐水罐 D - 10502(50 m³),用除盐水泵 P - 10503/1 ~ 3 送入装置 E - 10310/1、2 与稳定汽油换热升温到 50 ℃后进入真空除气器 D - 10507。用 EJ - 1051 除盐水抽空器抽除空气后,利用 P - 10502/1、2(除氧水泵)送入装置 E - 10210/1 ~ 4,与顶循环回流换热升温到 90 ℃后除氧水进入 D - 10501,高压除氧器除氧后(约 130 ℃),除氧水用 P - 10501/1 ~ 3 锅炉给水泵送入余锅省煤器。加热到 185 ℃进入给水分配集箱分两部分,一部分进入余锅汽包,另一部分去 D - 10118 及 D - 10119/1、2。

(2)产品精制部分。

①气体及液化气脱硫部分。

由一套 ARGG 来的两股干气进入干气分液罐 D - 11101,脱除携带的液体后进入催化干气脱硫塔 C - 11101 下部。在 C - 11101 中操作条件为:压力为 0.9 ~ 1.0 MPa(g),温度为 40 ~ 45 ℃。干气与胺液逆流接触,胺液吸收干气中的 H_2S 和 CO_2,脱除 H_2S 和 CO_2 后的干气出塔后经塔顶压力控制阀 PV - 2101,经净化气分液罐 D - 11118 沉降分离,除去所携带的胺液送出装置至干气回收氢气设施或全厂燃料气管网。为防止干气中的重烃在吸收塔中凝析,贫液入塔温度应至少比干气入塔温度高 2 ~ 3 ℃。

ARGG 来的含 H_2S 的液化气进入本装置液化气脱硫原料罐后,由液化气脱硫泵 P - 11101/1、2 抽出升压后,经流量调节阀 FV - 2102 控制流量后,进入液化气脱硫塔 C - 11102 下部。C - 11102 操作条件为:压力为 1.8 MPa、温度为 38 ~ 40 ℃。在塔中液化气与胺液逆流接触,胺液吸收液化气中的 H_2S。除去 H_2S 的液化气进入塔顶沉降段与胺液沉降分离,塔顶不带胺液的液化气经压控阀 PV - 2102 去液化气脱硫醇部分。

从催化干气脱硫塔 C – 11101 底部出来的吸收了 H_2S 和 CO_2 的富液,经过塔底液控阀 LV – 2103 降压后送至富液闪蒸罐 D – 11103,从液化气脱硫塔 C – 11102 底出来的富液经塔底界位控制阀 LV – 2105 减压后也送入 D – 11103。富液在闪蒸罐 D – 11103 内进行闪蒸。在低压下使溶解于富胺液中的烃类气体闪蒸出来,以避免这部分烃随酸性气一起到硫黄回收装置影响硫黄的质量及溶剂再生塔 C – 11103 的操作。闪蒸后的富液经富液泵 P – 11104/1、2 后进入活性炭过滤器 SR – 11106 和富液过滤器 SR – 11103/1、2,过滤掉溶剂可能携带的固体机械杂质。从 SR – 11103/1、2 出来的富液经贫富液换热器 E – 11101/1、2,使富液温度升高至 80 ~ 85 ℃,进入溶剂再生塔 C – 11103。在塔 C – 11103 中富液吸收热量后温度升高,从而解吸出 H_2S 和 CO_2,使溶剂得以再生,再生所需热量由溶剂再生塔底重沸器 E – 11104 提供。重沸器 E – 11104 以 0.35 MPa 蒸汽为热源,蒸汽经过塔底温度控制阀 TV – 2101 来调节流量,以保证热量的供给。C – 11103 顶为解吸出来的 H_2S、CO_2 和水汽混合酸性气,经过再生塔顶冷凝器 E – 11103 冷凝冷却至 40 ℃,进入再生塔顶回流罐 D – 11105。回流罐顶的气相经过压力控制阀 PV – 2104 送出装置去硫黄回收,液相作为溶剂再生塔 C – 11103 的回流,用再生塔回流泵 P – 11105/1、2 送入再生塔顶。再生塔底出的贫液与再生塔的进料富液在贫富液换热器 E – 11101/1、2 换热后,再经贫液冷却器冷却到 42 ℃,然后进入溶剂储罐 D – 11104。由于两个脱硫塔的压力相差较大,贫液分别采用 4 台贫液泵送入。干气脱硫用贫液从 D – 11104 出来经催化干气贫液泵 P – 11102/1、2 升压,经活性炭过滤器 SR – 11104 和贫液过滤器 SR – 11101/1、2 除去固体杂质,再经流量控制阀 FV – 2101,进入 C – 11101 上部。液化气脱硫贫液经 SR – 11105、SR – 11102/1 – 2,流量控制阀 FV – 2103,再经液化气贫液冷却器 E – 11105 冷却至 38 ℃,进入 C – 11102 上部。吸收了 H_2S 的富液从各塔底去 D – 11103 闪蒸,溶剂通过吸收和解吸过程达到循环使用的目的。

②汽油脱硫醇部分。

汽油由装置外进入汽油原料罐 D – 11201。用汽油原料泵 P – 11201/1、2 送到汽油脱硫化氢罐 D – 11202,以除去少量 H_2S。在泵 P – 11201/1、2 出口有流量控制 FIC – 2201,FIC – 2201 与原料罐 D – 11201 液位控制 LIC – 2201 串级调节控制 D – 11201 液位。

从汽油脱硫化氢罐 D – 11202 出来的汽油和活化剂在活化剂混合器 M – 11201 中混合。桶装活化剂人工加入活化剂罐 D – 11206,经活化剂泵 P – 11205/1、2 送到 M – 11201。混合了活化剂的汽油分两路分别在 M – 11202/1、2 中与空气混合后进入汽油脱硫醇反应器 R – 11201、R – 11202。

混合了空气和活化剂的汽油经反应器 R – 11201 和 R – 11202 顶部的均匀分配器进行均匀分布,自上而下通过催化剂床层。在反应器 R – 11201、R – 11202 内催化剂的作用下,硫醇 (RSH,R'SH) 被氧化成二硫化物。操作条件为:温度为 40 ℃,压力为 0.5 ~ 0.55 MPa,空速约 1.26 h^{-1}。汽油携带二硫化物进入汽油砂滤塔 C – 11201,滤去汽油所带的机械杂质。在砂滤塔出口有压力控制阀 PIC – 2201,用该控制阀控制整个脱臭系统的操作压力。从 C – 11201 出来的汽油进入气液分离罐 D – 11203,在 D – 11203 内汽油与过剩空气进行分离。过剩空气通过 PIC – 2202 压力控制阀至酸性气火炬管网。汽油从气液分离罐 D – 11203 经精制汽油泵 P – 11202/1、2 送至防胶剂混合器 M – 11203,在 M – 11203 前设有 D – 11203 的液位控制阀 LIC – 2204,以调节 D – 11203 的液位。防胶剂通过桶装送进装置,在防胶剂配制罐 D – 11207 处防胶剂与汽油混合溶解,用防胶剂配制泵 P – 11207,配制成 1% 的防胶剂溶液,送入防胶剂储罐 D – 11208/1、2。防胶剂溶液通过防胶剂注入泵 P – 11206/1、2 与汽油一起进入防胶剂混合器 M – 11203,从 M – 11203 出来的汽油出装置至系统罐区。

③液化气脱硫醇。

改造后的液化气无碱脱硫醇工艺的原料是胺法脱硫液化气($H_2S \leq 10 \times 10^{-6}$),首先进入液液分离单元(水洗罐 D11304 及脱液罐 D11305/1.2 沉降罐 D-11302 及脱液器 D-11001/1、2),将液化气携带的胺液脱掉,以避免胺液中浓度高的 H_2S 对后部造成冲击,脱胺后的液化气进入羰基硫反应器 D-11002(装有 JX-6B 催化剂),脱除羰基硫,然后进入固定床反应器 D-11003/A、B(装有 JX-2B 催化剂),进一步脱除微量 H_2S,以减少对下游脱硫催化剂的影响。精脱硫后的液化气进入固定床反应器 D-11004/A、B(装有催化剂 JX-2A),借助液化气自身的含氧和催化剂作用发生催化氧化反应,使其中的硫醇转化为二硫化物。含二硫化物的液化气进入气分装置,因二硫化物存在于 C_4 和 C_5 里面,在液化气分离过程中,丙烯、丙烷中硫醇含量会很低,小于 5×10^{-6}。气分装置 C_5 塔可以不开,液化气中的总硫含量不会影响液化气质量。

④胺净化部分。

SSU 胺净化装置包含去除固体悬浮物的 SSX™ 工艺单元和去除热稳态盐的 HSSX® 工艺单元。来自贫胺罐的待净化胺液,经过胺泵输送进入固体悬浮物去除罐(D101),去除胺液中的固体悬浮物,去除固体悬浮物后的胺液部分返回贫胺罐,其余进入热稳定性盐去除罐(D102A/B),去除胺液中的热稳定性盐和贫胺酸气。经过 SSX® 工艺单元去除固体悬浮物和 HSSX® 工艺单元去除热稳定性盐后,净化胺液将返回到贫胺罐。

当 SSX® 单元及 HSSX® 单元运行一段时间后,固体悬浮物去除罐(D101)内的过滤介质容量达到饱和失效,热稳定性盐去除罐(D102A/B)内的阴离子交换树脂达到饱和失效,需要在线再生来恢复其工作能力。这个运行时间与胺液处理量和胺液内固体悬浮物及热稳性盐的含量有关。

SSX™ 单元的再生步骤包括过滤介质的正洗和过滤介质的反洗。

HSSX® 单元的再生步骤包括树脂的正洗、反洗、再生、反洗置换、正洗。

SSX™ 单元和 HSSX® 单元再生后恢复其工作能力,进入下一个胺液过滤和除盐周期,继续去除胺液中的固体悬浮物及热稳定性盐。

(3)工艺原则流程图。

工艺原则流程图如图 6.41~6.46 所示。

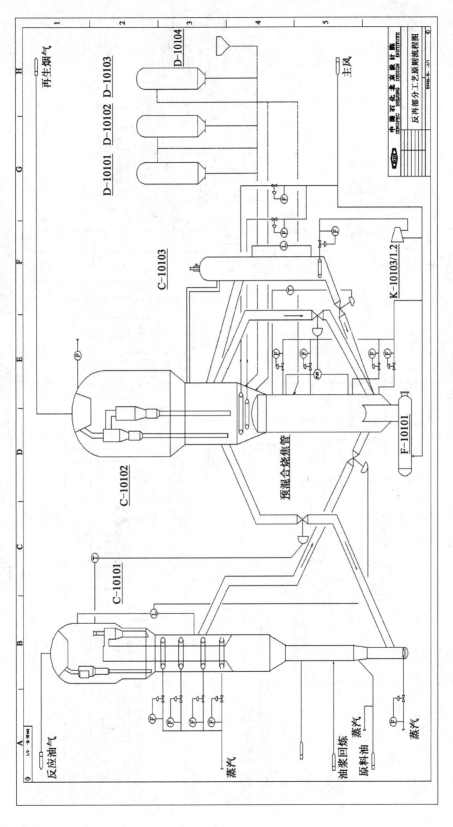

图6.41　反应岗位原则流程图

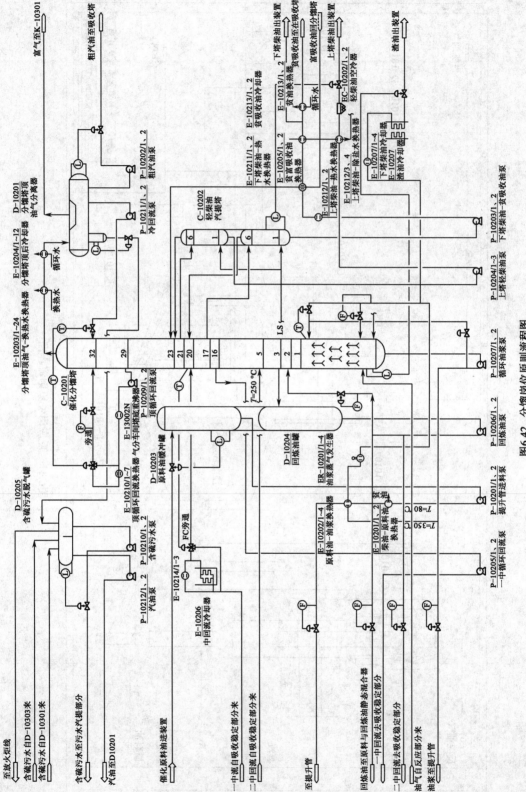

图6.42 分馏岗位原则流程图

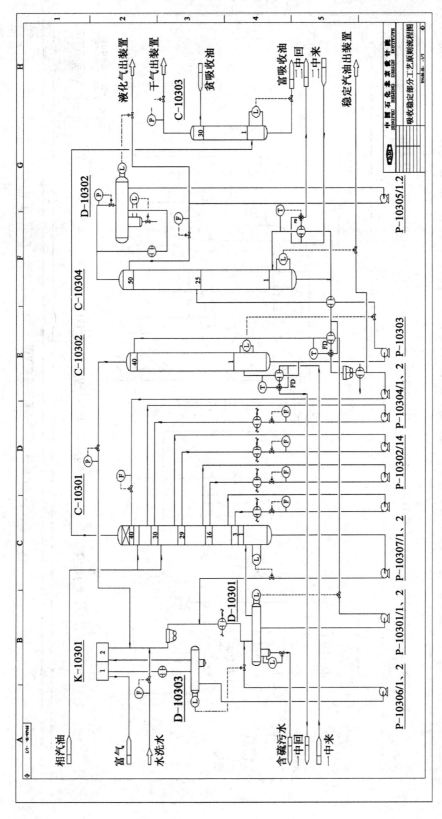

图6.43 稳定岗位原则流程图

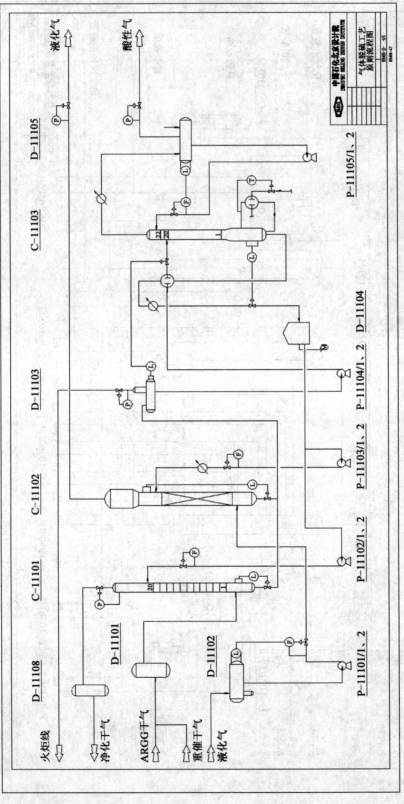

图6.44 气体脱硫原则流程图

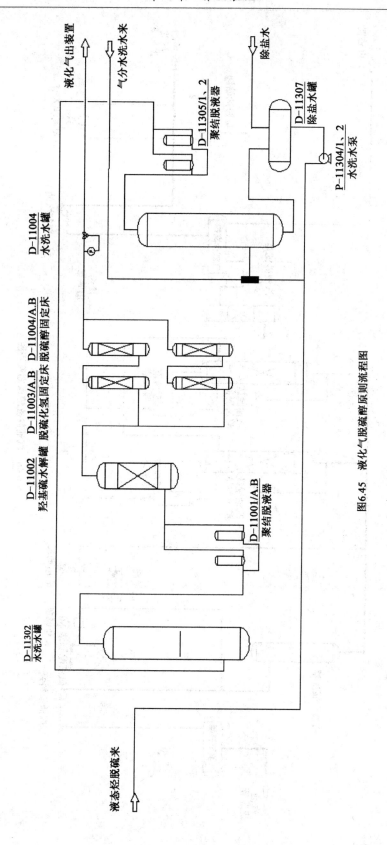

图6.45 液化气脱硫醇原则流程图

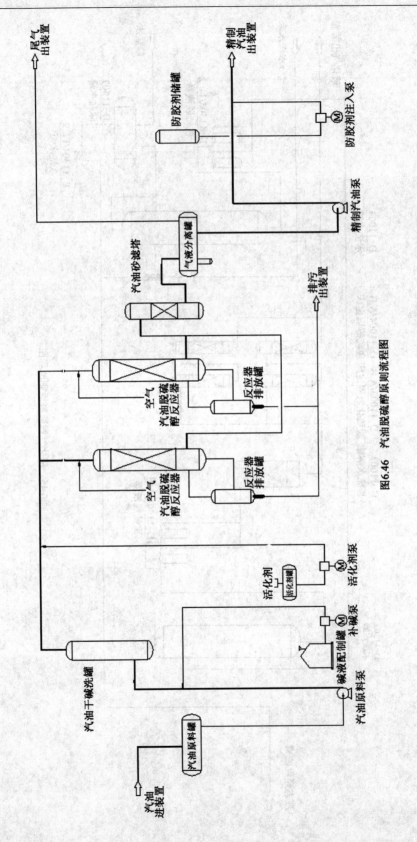

图6.46 汽油脱硫醇原则流程图

6.8.2 工艺指标

工艺指标数据有与工艺卡片要求不符的,以工艺卡片为准。

1. 催化裂化部分

（1）原料指标（表 6.27）。

表 6.27 原料油性质

密度(20 ℃)/(kg·m^{-3})	899.2
运动黏度(80 ℃)/(mm^2·s^{-1})	38.05
运动黏度(100 ℃)/(mm^2·s^{-1})	21.78
凝点/℃	32
残炭/%	4.1

（2）半成品、成品指标（表 6.28、表 6.29）。

表 6.28 液体产品性质

名称		汽油	柴油	重油
密度(20 ℃)/(kg·m^{-3})		739.4	915.0	1 080
运动黏度 /(mm^2·s^{-1})	20 ℃	/	4.0	230(80 ℃)
	50 ℃	/	2.65	55(100 ℃)
凝点/℃		/	< −5	20
10% 残炭值/%		/	0.25	5.7(残炭)
实际胶质/(mg·100 mL^{-1})		4	55	/
酸度/(mg·100 mL^{-1})		0.53	2.8	/
腐蚀 （铜片试验）		合格	合格	/
硫醇/×10^{-6}		20	/	/
诱导期/mim		>1 000	/	/
溴价/(g(Br)·100 g^{-1})		96	13	/
辛烷值	RON	>93.0	/	/
	MON	>81.5	/	/
烃族组成/%	烷烃	26.01	/	/
	烯烃	40.0	/	/
	芳烃	26.0	/	/
馏程/℃	初馏点	38	188	302
	5%	/	/	/
	10%	56	228	417
	30%	73	248	455
	50%	97	260	479
	70%	132	303	521
	90%	175	340	/
	95%	/	/	/
	干点	195	360	/

表 6.29　液化气及干气组成

序号	组成	液化气/%	干气/%
1	H_2S	0.11	0.77
2	H_2		5.66
3	CO_2		7.25
4	O_2		0.67
5	N_2		24.10
6	CH_4		24.25
7	C_2H_6	0.28	14.47
8	C_2H_4		16.27
9	C_3H_8	7.48	0.46
10	C_3H_6	34.3	4.81
11	$n-CH_{10}$	5.35	
12	$i-C_4H_{10}$	14.52	
13	$i-C_4H_8$	13.83	
14	C_4H_{8-1}	6.13	
15	CC_4H_{8-2}	6.92	1.29
16	$t-C_4H_{8-2}$	9.26	
17	H_2O	1.82	
18	$>C_5$		
	合计	100	100
压力		1.2 MPa	1.0 MPa

(3)公用工程(水、电、汽、风等)指标(表6.30)。

表 6.30　公用工程(水、电、汽、风等)指标

项目	单位	指标
净化风压力	MPa	≮0.55
非净化风压力	MPa	≮0.55
中压蒸气压力	MPa	3.0~3.9
循环水压力	MPa	≮0.45
循环水温度	℃	≯27
电	kW·h	28.36

(4)主要操作条件(表6.31)。

表 6.31　主要操作条件

项目	单位	操作值
沉降器压力	MPa	0.10 ~ 0.17
第一反应区温度	℃	510 ~ 530
第二反应区温度	℃	500 ~ 520
再生器温度	℃	660 ~ 720
再生器压力	MPa	0.12 ~ 0.20
分馏塔底温度	℃	≥360
油浆出装置温度	℃	≤98
吸收塔顶温度	℃	35 ~ 55
稳定塔顶压力	MPa	0.8 ~ 1.25

（5）装置能力、产品分布及收率（表6.32）。

表 6.32　装置能力、产品分布及收率

序号	项目	单位	设计值
一	装置处理能力	万 t/a	180
二	产品收率		
1	干气	%	3.2
2	液态烃	%	27.2
3	柴油	%	17.0
4	汽油	%	40.6
5	油浆	%	3.0
三	加工损失率	%	0.5

（6）原材料消耗、公用工程消耗及能耗指标（表6.33 ~ 6.35）。

表 6.33　原料消耗

序号	项目	单位	数量
1	蜡油	%	27.65
2	蜡下油	%	5.57
3	重丙烷脱沥青油	%	10.00
4	减压渣油	%	56.78
合计			100

表 6.34 公用工程消耗

序号	名称	单位	每吨消耗		消耗量	
			设计值	消耗定额	小时	年
1	水					
	新鲜水	t	0.088		22	17.6×10^4
	循环水	t	28.697		7 174.22	$5\ 739.376 \times 10^4$
	除盐水	t	0.488 8		122.2	97.76×10^4
	净化水	t	0.12		30	24×10^4
2	电	kW·h	25.53			$5\ 105.968 \times 10^4$
3	蒸汽					
	1.0 MPa 蒸汽	t	-0.27		-67.482	$-53.985\ 6 \times 10^4$
	3.5 MPa 蒸汽					
4	风					
	净化风	m^3	16.5		4 131	$3\ 304.8 \times 10^4$
	非净化风	m^3	0.768		192	153.6×10^4

表 6.35 能耗指标

序号	项目	年消耗量		燃料热值或能耗指标		能耗/ $(\times 10^8\ \text{kcal} \cdot a^{-1})$
		单位	数量	单位	数量	
1	电	10^4 kW·h	5 105.968	万 kcal·(kW·h)$^{-1}$	0.3	1 531.79
2	新鲜水	10^4 t	17.6	万 kcal·t^{-1}	.018	3.17
3	循环水	10^4 t	5 739.376	万 kcal·t^{-1}	0.10	573.94
4	除氧水	10^4 t	97.76	万 kcal·t^{-1}	2.3	224.848
5	1.0 MPa 蒸汽	10^4 t	-53.985 6	万 kcal·t^{-1}	76	-4 102.91
6	3.5 MPa 蒸汽	10^4 t	11.44	万 kcal·t^{-1}	88	1 006.72
7	净化风	10^4 标 m	3304.8	万 kcal·m^{-3}	0.04	132.19
8	非净化风	10^4 标 m	153.6	万 kcal·m^{-3}	0.03	4.61
9	焦炭	10^4 t	18.8	万 kcal·t^{-1}	1 000	18 800
10	净化水	10^4 t	24	万 kcal·t^{-1}	0.25	6
11	燃料气	10^4 t	1.2	万 kcal·t^{-1}	1 000	1 200
12	供换热水热量					-2 501.92
	能耗合计					16 878.438
	单位能耗	3 533.33 MJ·t^{-1}原料　84.39 万 kcal·t^{-1}原料				

2. 产品精制部分

(1)主要操作条件(表 6.36)。

表 6.36　主要操作条件

序号	项目	温度/℃	压力/MPa	流量/(kg·h^{-1})	其他
一	催化干气脱硫塔				
1	催化干气进塔	40	0.8	26 466	
2	催化干气出塔	40	0.7	25 862	H$_2$S < 20 mg/m^3
3	贫液进塔	42	1.0		
4	富液出塔	45	0.8	42 976	
二	液化气脱硫塔				
1	液化气进塔	40	1.8	73 125	
2	液化气出塔	38 ~ 40	1.7		H$_2$S < 10 × 10^{-6}
3	贫液进塔	38	1.9		
4	富液出塔	40	1.8	27 012	
三	溶剂再生塔				
1	富液进塔	80 ~ 85	0.2	70 098	
2	贫液出塔	118 ~ 122	0.12		
3	塔顶气相	108 ~ 110	0.09		
4	塔顶回流罐	40	0.08		
四	汽油脱臭反应器				
1	空速				1.26 h^{-1}
2	操作条件	35 ~ 45	0.5 ~ 0.55	81 900	
五	气液分离罐	40	0.1		
六	汽油砂滤塔	40	0.42 ~ 0.55	9 100	

（2）辅助材料消耗、能耗指标（表 6.37、6.38）。

表 6.37　辅助材料消耗

序号	名称	型号或规格	年用量/t	一次装入量/t	备注
1	脱硫剂	SSH - 1	100	140	MDEA 纯度 > 95%
2	碱液	30% NaOH	152	124	
3	活性炭 + 催化剂	ASF - 12	45	45	预浸 ASF - 12
4	活化剂	ZH - 22	145.6		
5	汽油防胶剂	2,6 - 二叔丁基对甲酚	72.8		
6	一乙醇胺		4.1	4.1	现场浸催化剂用
7	硫酸	98% H$_2$SO$_4$	56.8		
8	消泡剂	THC	0.01		

表 6.38　能耗指标

序号	项目	单位	数量	能耗/(×10^8 kJ·a^{-1})	备注
1	新鲜水	万 t/a	21.6	16.277 8	
2	循环水	万 t/a	387.76	162.355 1	

续表 6.38

序号	项目	单位	数量	能耗/(×10^8 kJ · a^{-1})	备注
3	脱盐水	万 t/a	0.184	0.192 6	
4	电	万 kW · h/a	368.98	463.438 9	
5	1.0 MPa 蒸汽	万 t/a	4.96	1 578.26	
6	凝结水	万 t/a	-5.36	-166.065 1	
7	净化风	万 m^3/a	144	24.12	
8	非净化风	万 m^3/a	38.4	4.823	
9	脱氧水	万 t/a	0.48	18.48	
	能耗合计			2 101.882 3	
	单位能耗		13.26 ×10^4 kJ/t 进料		

产品指标:

净化干气:

$$H_2S \text{ 含量} < 20 \text{ mg/m}^3$$

精制液化气:

$$\text{含硫} \leqslant 80 \times 10^{-6}, \text{腐蚀} \leqslant 1 \text{ 级}$$

精制汽油:

$$\text{试验通过}, \text{腐蚀} \leqslant 1 \text{ 级}$$

第 7 章 催化加氢

催化加氢对于提高原油加工深度,合理利用石油资源,改善产品质量,提高轻质油收率以及减少大气污染都具有重要意义。尤其是随着原油日益变重变劣,对中间馏分油的需求越来越多,催化加氢已成为石油加工的一个重要过程。此外,由于含硫原油的增加,催化加氢更显重要。催化加氢是指石油馏分在氢气存在下催化加工过程的通称。目前炼厂采用的加氢过程主要有两大类:加氢精制和加氢裂化。此外,还有专门用于某种生产目的的加氢过程,如加氢处理、临氢降凝、加氢改质、润滑油加氢等。

加氢精制主要用于油品精制,其目的是除掉油品中的硫、氮、氧杂原子及金属杂质,有时还对部分芳烃进行加氢,改善油品的使用性能。加氢精制的原料有重整原料、汽油、煤油、各种中间馏分油、重油及渣油。

加氢裂化是在较高压力下,烃分子与氢气在催化剂表面进行裂解和加氢反应生成较小分子的转化过程。加氢裂化按加工原料的不同,可分为馏分油加氢裂化和渣油加氢裂化。馏分油加氢裂化的原料主要有减压蜡油、焦化蜡油、裂化循环油及脱沥青油等,其目的是生产高质量的轻质油品,如柴油、航空煤油、汽油等。其特点是具有较大的生产灵活性,可根据市场需要,及时调整生产方案。渣油加氢裂化与馏分油加氢裂化有本质的不同。由于渣油中富集了大量硫化物、氮化物、胶质、沥青质大分子及金属化合物,使催化剂的作用大大降低,因此,热裂解反应在渣油加氢裂化过程中有重要作用。一般来说,渣油加氢裂化的产品尚需进行加氢精制。

加氢降凝、加氢改质过程主要是由 AGO、LCO 等原料生产低凝点或低硫、较高十六烷值的优质柴油或航煤。

润滑油加氢是使润滑油的组分发生加氢精制和加氢裂化反应,使一些非理想组分结构发生变化,以达到脱除杂原子、使部分芳烃饱和并改善润滑油的使用性能的目的。

加氢处理是通过部分加氢裂化和加氢精制反应使原料油质量符合下一个工序的要求。加氢处理多用于渣油和脱沥青油。

7.1 加氢过程的化学反应及动力学

7.1.1 加氢精制的化学反应及动力学

加氢精制的主要反应有加氢脱硫、脱氮、脱氧及脱金属。

1. 加氢脱硫反应

(1) 含硫化合物的加氢反应。

在加氢精制条件下,石油馏分中的硫化物进行氢解,转化成相应的烃和 H_2S,从而硫杂原子被脱掉,例如:

硫醇 $$RSH + H_2 \longrightarrow RH + H_2S$$

硫醚 $\qquad$ $RSR' + H_2 \longrightarrow R'SH + RH$

$$\downarrow H_2$$
$$\longrightarrow R'H + H_2S$$

二硫化物 $\qquad$ $RSSR + H_2 \longrightarrow 2RSH \longrightarrow 2RH + H_2S$

$$\longrightarrow RSR + H_2S$$

二硫化物加氢反应转化为烃和 H_2S，要经过生成硫醇的中间阶段，即首先在 S—S 键上断开，生成硫醇，再进一步加氢生成烃和 H_2S；中间生成的硫醇也能转化成硫醚。

噻吩与四氢噻吩的加氢反应过程为

$$\langle S \rangle + 3H_2 \longrightarrow \langle S \rangle \xrightarrow{H_2} C_4H_9SH \xrightarrow{H_2} C_4H_8 + H_2S$$
$$\longrightarrow C_4H_{10}$$

噻吩加氢产物中观察到有中间产物丁二烯生成，并且很快加氢成丁烯，继续加氢成丁烷。苯并噻吩在 5 ~ 7 MPa 和 425 ℃加氢时生成乙基苯和 H_2S，其反应网络如下：

对多种有机硫化物的加氢脱硫反应研究表明，硫醇、硫醚、二硫化物的加氢脱硫反应在比较缓和条件下容易进行。这些化合物首先在 C—S 键、S—S 键上发生断裂，生成的分子碎片再与氢化合。环状硫化物加氢脱硫比较困难，需要苛刻的条件。一般是首先环中双键发生加氢饱和，然后发生断环脱去硫原子。但最新研究表明，杂环硫化物也可直接脱硫，例如二苯并噻吩加氢脱硫产品中发现联苯，这是二苯并噻吩直接脱硫的证明。

表 7.1 列出某些含硫化物加氢脱硫反应的平衡常数。

表 7.1 某些含硫化物加氢脱硫反应的平衡常数

反应	下列温度下的 $\lg K_p$		
	500 K	700 K	900 K
$CH_3SH + H_2 \longrightarrow CH_4 + H_2S$	8.37	6.10	4.69
$CH_3CH_2SH + H_2 \longrightarrow C_2H_6 + H_2S$	7.06	5.01	3.84
$CH_3CH_2CH_2SH + H_2 \longrightarrow C_3H_8 + H_2S$	6.05	4.45	3.52
$CH_3 - S - CH_3 + 2H_2 \longrightarrow 2CH_4 + H_2S$	15.68	11.41	8.96
$CH_3 - S - CH_2CH_3 + H_2 \longrightarrow CH_4 + C_2H_6 + H_2S$	12.52	9.11	7.13

续表 7.1

反应	下列温度下的 $\lg K_p$		
	500 K	700 K	900 K
⬡S + H$_2$ ⟶ $n-C_4H$ + H$_2$S	8.79	5.26	3.24
⬡S + 2H$_2$ ⟶ C$_5$H$_{12}$ + H$_2$S	9.22	5.92	3.97
⬡S + 4H$_2$ ⟶ C$_4$H$_{10}$ + H$_2$S	12.07	3.85	−0.85
CH$_3$⬡S + 4H$_2$ ⟶ $i-C_5H_{12}$ + H$_2$S	11.27	3.17	−1.43

　　由表 7.1 中数据可见,在催化加氢常用的温度 500~900 K 范围内,除了噻吩类化合物外,其他类型含硫化物的加氢脱硫反应的平衡常数 $\lg K_p$ 均大于零,亦即加氢脱硫反应能顺利进行。但在较高温度下,噻吩的加氢反应受到化学平衡限制。噻吩加氢脱硫随温度升高,平衡转化率下降,说明了热力学限制的存在。表 7.2 为噻吩加氢脱硫反应平衡转化率与温度和压力的关系。

表 7.2　噻吩加氢脱硫转化率(物质的量分数)

压力/MPa		0.1	1.0	4.0	10.0
温度/K	500	99.2	99.9	100	100
	600	98.1	99.5	99.8	99.8
	700	90.7	97.6	99.0	99.4
	800	68.4	92.3	96.6	98.0
	900	28.7	79.5	91.8	95.1

　　由表 7.2 可见,当压力为 1 MPa、反应温度不超过 700 K 时,噻吩加氢的转化率(物质的量分数)可达 90.0%,而温度越高,压力越低,平衡转化率越低。由此可见,在工业加氢装置所采用的条件下,由于热力学限制,有时可能达不到很高的脱硫率。研究表明,分子中有噻吩结构存在的稠环芳香型高分子含硫化合物,其加氢脱硫反应在热力学上也是不利的。综上所述可以认为,当石油馏分中有噻吩和氢化噻吩组分存在时,要想达到深度脱硫效果,反应压力应不低于 3 MPa,反应温度不应超过 700 K。

　　各种有机含硫化合物在加氢脱硫反应中的反应活性,因分子结构和分子大小不同而异按以下顺序递减:

$$RSH > RSSR' > RSR' > 噻吩$$

噻吩类型化合物的反应活性,在工业加氢脱硫条件下,因分子大小不同而按以下顺序递减:

噻吩 > 苯并噻吩 ≥ 二苯并噻吩 > 甲基取代的苯并噻吩

甲基取代的苯并噻吩,其反应活性一般比噻吩要低,但是反应活性的变化规律不很明显,而且与烷基取代基的位置有关,这表明了位阻效应对反应活性的影响。

(2)加氢脱硫反应的热效应和动力学。

在加氢精制过程中,各种类型硫化物的氢解反应都是放热反应,某些硫化物氢解反应热的数据列入表7.3。

表7.3 不同类型硫化物的氢解反应热

反应	反应热 $\Delta H/(kJ \cdot mol^{-1})$
$RSH + H_2 \longrightarrow RH + H_2S$	−71.4
$R-S-R' + 2H_2 \longrightarrow RH + R'H + H_2S$	−117.6
$\boxed{S} + 2H_2 \longrightarrow C_4H_{10} + H_2S$	−121.8
$\boxed{S} + 4H_2 \longrightarrow C_4H_{10} + H_2S$	−281.4

有关含硫化合物加氢脱硫反应速度及其影响因素,许多学者进行了研究。在单体硫化物中,噻吩型硫化物是最稳定的,所以许多学者都选择噻吩做模型硫化物来研究加氢脱硫反应的动力学。结果表明,噻吩加氢脱硫反应是按两种不同的途径进行的:在氢压较低时,对噻吩及氢气都是一级反应;在大于1.2 MPa时,对氢压的表观反应级数不再是一级。在研究反应温度对噻吩氢解反应的影响时,曾经求得该反应的表观活化能为92.4 kJ/mol。图7.1为噻吩氢解转化率与氢分压的关系。

对苯并噻吩的研究也有类似的结论,如图7.2所示。在反应中观察到硫化氢对氢解有抑制作用。

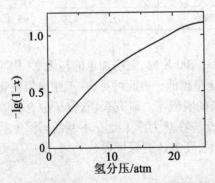

图7.1 噻吩氢解转化率与氢分压的关系

(催化剂:Co−Mo−SiO₂;温度:300 ℃;空速:4 h⁻¹)

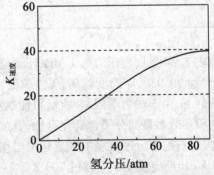

图7.2 二苯并噻吩的氢解反应速度与氢分压的关系

(催化剂:Co−Mo−Al₂O₃;温度:350 ℃)

研究加氢脱硫反应动力学的学者指出,硫化物的氢解反应属于表面反应,硫化物和氢分子分别吸附在催化剂不同类型的活性中心上,其反应速度方程可以用朗格缪尔－欣谢伍德方程来描述。研究者还指出,对加氢脱硫反应来讲,没有一个统一的、适用于所有反应的速度方程式,因为反应包括了若干连续的、有时是平衡的步骤,并且至少在工业操作条件下,这些步骤通常是内扩散控制的。

对于所有石油馏分的加氢脱硫,其总括反应的动力学公式一般可以用以下表达式描述:

$$r = -\frac{\mathrm{d}x}{\mathrm{d}\theta} = k\left[a(1-x) \right]^a \cdot f(pH_2) \cdot \exp\left(-\frac{E}{RT} \right) \tag{7.1}$$

式中,x 为转化率;a 为原料中硫的初始含量。

式(7.1)中的 a 值视原料不同而在 1 和 2 之间变化:对于轻而窄的馏分,a 值接近于 1;当馏分变宽而且相对分子质量增加时,a 值也增加;对轻瓦斯油,a 值已接近于 2;对于馏分更宽的重原料,如减压馏分油、渣油等,a 值等于 2。这些变化也可以从图 7.3 中看出。

在研究反应温度对石油馏分脱硫速度的影响时得到,当原料越重、反应活性越差时,其表观活化能越大。例如,直馏石脑油的表观活化能为 42～84 kJ/mol,煤油为105 kJ/mol左右,直馏柴油及催化柴油的活化能值在 67.2～109.2 kJ/mol,对于减压馏分油和渣油则为 147 kJ/mol。

最后应当指出,硫化物对氢解反应有一定的抑制作用。此外,存在于气相的含氮、含氧化合物以及烯烃、芳烃等同样可能或多或少地起着抑制作用,这在确定过程的操作条件时是需要考虑的。

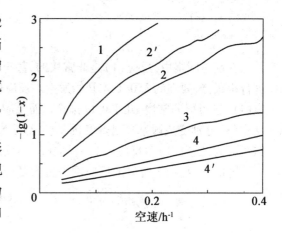

图 7.3　各种石油馏分加氢脱硫与空速的关系
（催化剂:Co－Mo－Al$_2$O$_3$）

1—石脑油;2—煤油;2′—煤油(计算值);3—常压瓦斯油;
4—减压瓦斯油;4′—减压瓦斯油(计算值)

2. 加氢脱氮反应

石油馏分中的含氮化合物可分为三类:①脂肪胺及芳香胺类;②吡啶、喹啉类型的碱性杂环化合物;③吡咯、咔唑型的非碱性氮化物。在各族氮化物中,脂肪胺类的反应能力最强,芳香胺类次之,碱性或非碱性氮化物,特别是多环氮化物很难反应。

(1)含氮化合物的加氢反应。

在加氢精制过程中,氮化物在氢作用下转化为 NHS 和烃。

①胺类。

$$R-NH_2 \xrightarrow{H_2} RH + NH_3$$

②六元杂环氮化物吡啶。

吡啶:加氢反应网络为

$$\text{吡啶} \xrightarrow{3H_2} \text{哌啶} \xrightarrow{H_2} C_5H_{11}NH_2 \longrightarrow C_5H_{12} + NH_3$$

吡啶加氢生成哌啶的反应很快达到平衡,而哌啶加氢生成正戊胺的反应是慢反应,是吡啶加氢脱氮反应的控制步骤。但也有研究者认为吡啶与哌啶加氢反应速度差不多。

喹啉：喹啉加氢脱氮反应机理与吡啶有很大不同。研究已证实喹啉加氢脱氮的反应网络为

在反应网络中，反应(1)是非常快的，甚至在低于 200 ℃ 便达到平衡浓度。而反应(2)则进行得很慢，要在约350 ℃ 才开始发生。反应(5)进行得较慢，但快于反应(3)和反应(4)。反应(11)进行得非常慢，几乎可以排除。而反应(6)进行得要快一些，然后快速通过反应(7)和反应(8)分别变成丙基环己烯和丙基环己烷。反应(8)慢得多，因此喹啉加氢脱氮的主要反应路线应为：反应(1)→反应(5)→反应(6)→反应(7)和反应(8)。

吖啶：吖啶加氢脱氮的反应网络更为复杂，但其主反应过程可表示为

由此可见，吖啶加氢脱氮反应需先将所有苯环饱和，再进行脱氮，因此位阻很大，从而对催化剂活性要求更高。

③五元杂环氮化物。

吡咯：

吡咯加氢脱氮主要反应包括:五元环加氢、四氢吡咯中 C—N 键断裂以及正丁烷脱氮。

咔唑:

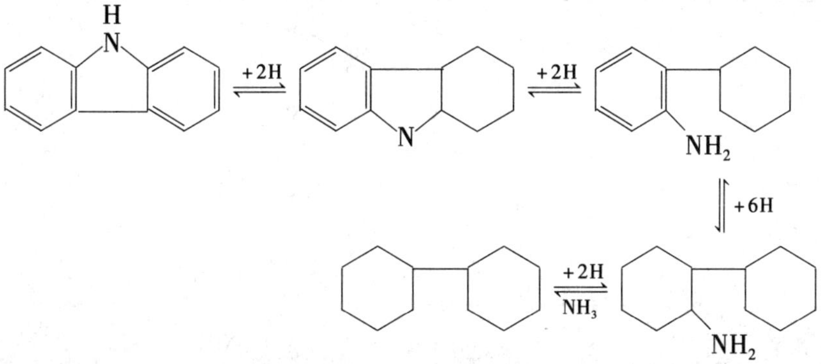

由以上反应网络可以看出,咔唑加氢脱氮的反应阻力要远大于吡咯加氢脱氮。因为咔唑脱氮以前要将所有苯环加氢饱和,因此也需要催化剂具有更强的加氢活性。

加氢脱氮反应基本上可分为不饱和系统的加氢和 C—N 键断裂两步。以 T_{50}(转化50%时的反应温度)为指标,各种氮化物的加氢反应活性见表7.4。由表7.4可以看出:

①单环化合物的加氢活性顺序为

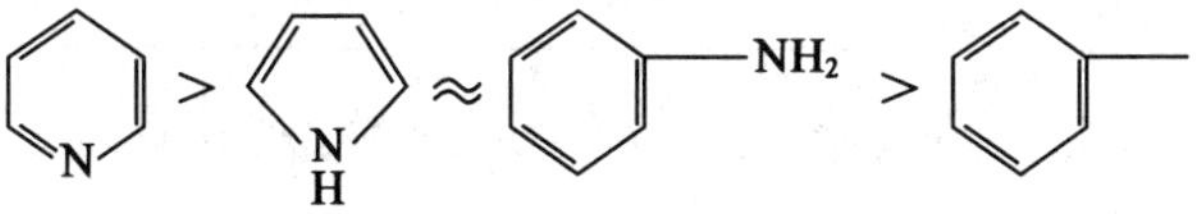

②由于聚核芳环的存在,含氮杂环的加氢活性提高了,如吡啶的 T_{50}(反应7)比喹啉中吡啶环饱和的 T_{50}(反应14)约高80 ℃。且含氮杂环较碳环活泼。如反应9和反应10的 T_{50} 相差约170 ℃。

③多环含氮化合物加氢反应的第二步要比第一步困难得多。有机氮化物 C - N 键断裂的活性见表7.5。由表7.5可看出:

①饱和脂族胺的 C—N 键易断裂(T_{50} =270 ℃),且当 C—N 键 β 位被苯基削弱时,反应速率提高;

②苯胺中的 C—N 键(在芳环的 α 位)难以断裂,需很高的反应温度,且该键断裂通常需要进行芳环的加氢饱和;

③含氮原子的杂五元环脱氮反应活性(T_{50} =300 ℃)明显高于杂六元环(T_{50} =340 ℃)。

表7.4 杂环氮化物加氢反应的活性

(NiMoS/Al$_2$O$_3$, p_{H2} =4 ~ 5 MPa, t =10 s)

序号		反应	T_{50}/℃
单环化合物	1	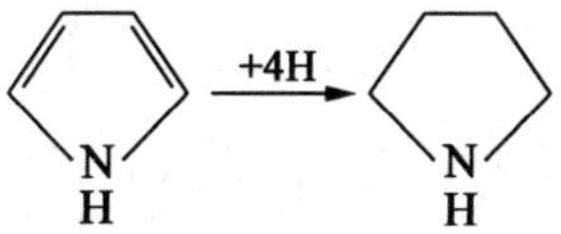	350

续表 7.4

序号		反应	$T_{50}/℃$
单环化合物	2	+6H	280
	3	+6H	350
	4	+6H	380
比较	5	+6H	>450
	6	+2H	−250
双环化合物，第一步	7	+2H	330
	8	+4H	
	9	+4H	<200
	10	+4H	370
比较	11	+4H	>300
双环化合物，第二步	12	+6H	

续表 7.4

序号		反应	$T_{50}/℃$
双环化合物，第二步	13	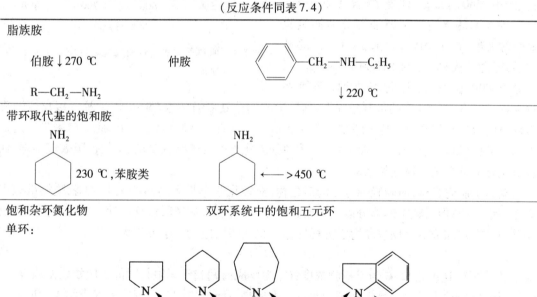	~400
三环化合物，第一步	14		250
	15		250
三环化合物，第二步	16		~400

表 7.5 有机氮化物 C—N 键断裂的活性
（反应条件同表 7.4）

脂族胺

伯胺 ↓270 ℃　　　　　仲胺

$R—CH_2—NH_2$

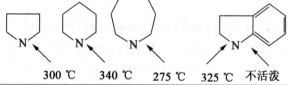

↓220 ℃

带环取代基的饱和胺

230 ℃, 苯胺类　　　　　←—— >450 ℃

饱和杂环氮化物　　　　双环系统中的饱和五元环
单环：

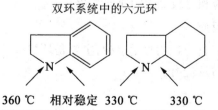

300 ℃　　340 ℃　　275 ℃　325 ℃　不活泼

双环系统中的六元环

360 ℃　相对稳定　330 ℃　　330 ℃

续表 7.5

三环系统中的五元环	三环系统中的饱和六元环

稳定　　　　>400 ℃　400 ℃　　　　　425 ℃　　　>425 ℃　370 ℃

（2）加氢脱氮反应动力学。

研究表明，不同馏分中氮化物的加氢反应速度差别很大。轻油馏分中难以加氢的烷基杂环氮化物含量极少，因此这些低沸点馏分完全脱氮并不困难，例如含氮量为 240 μg/g 的催化裂化汽油（127～204 ℃），在约 2 MPa、316 ℃、空速 4.0 h⁻¹ 反应条件下加氢脱氮，生成油含氮量小于 0.5 μg/g。催化裂化柴油（204～354 ℃）的脱氮难度急剧增加，要在 7 MPa、371 ℃、1.0 h⁻¹ 的条件下，才能将原料油中 360 μg/g 的氮降至 0.5 μg/g。343～566 ℃ 的直馏重瓦斯油馏分的加氢脱氮非常困难，在 7 MPa、371℃，1.0 h⁻¹ 的条件下，氮含量从900 μg/g下降到 15 μg/g。而含氮 2 800 μg/g 的脱沥青渣油，即使在

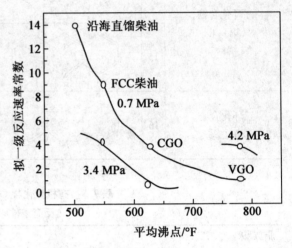

图 7.4　原料平均沸点对加氢脱氮反应速度常数的影响

42 MPa、393 ℃、0.5 h⁻¹ 的苛刻条件下，加氢生成油含氮量仍高达 250 μg/g。拟一级反应速率常数与原料油平均沸点对应关系如图 7.4 所示。由图看出，馏分越重，加氢脱氮越困难。这是因为：①氮含量随馏分的变重而增加；②重馏分氮化物的分子结构复杂，空间位阻效应增强，而且氮化物中芳香杂环氮化物增多。

动力学研究表明，对较轻馏分中的氮化物，在转化率不是太高的情况下，加氢脱氮反应可看作一级反应；但对较重的馏分以及在较高转化率条件下，加氢脱氮反应动力学可用拟二级反应动力学方程和或混合反应动力学方程描述。拟二级反应动力学方程为

$$-\mathrm{d}C/\mathrm{d}t = k(C - C_{\mathrm{m}}) \tag{7.2}$$

式中，k 为反应速度常数；C 为反应物浓度；C_{m} 为反应时间趋于无限长时的反应物残留浓度。

混合反应动力学模型是把加氢精制反应看成是一级反应和二级反应的综合结果，即

$$-\mathrm{d}C/\mathrm{d}t = k_1 C + k_2 C^2 \tag{7.3}$$

式中，k_1、k_2 分别为一级反应和二级反应的速度常数。

3. 含氧化合物的氢解反应

石油及石油产品中含氧化合物的含量很少，主要是环烷酸，二次加工产品中还有酚类等。各种含氧化合物的氢解反应有：

环烷酸：

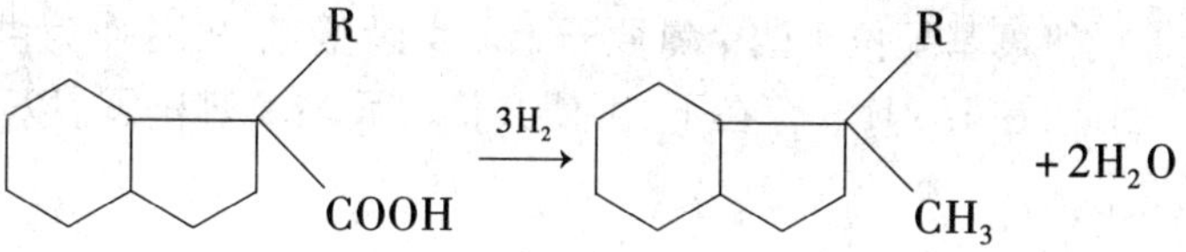

酚类：

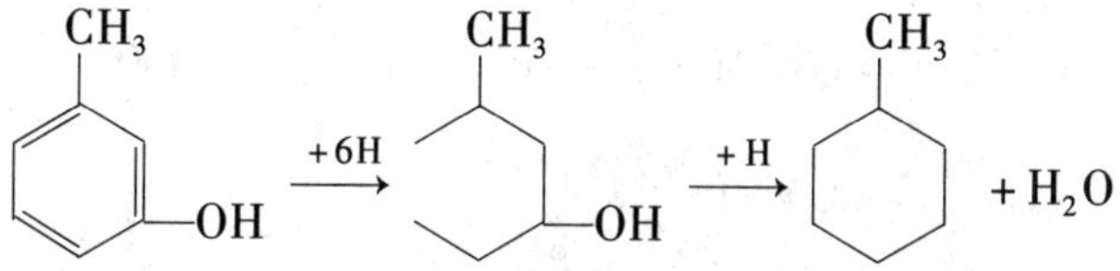

研究发现,苯酚在硫化态 $Ni-Mo/Al_2O_3$ 催化剂上,10 MPa 和 297 ℃条件下加氢,苯酚转化率为 60%,且只有痕量苯。这说明苯酚中的 C—O 键非常稳定,很难氢解。试验中观察到中间物是环己烯,这是苯酚加氢生成十分活泼的环己醇,然后很快脱水的产物。

呋喃：

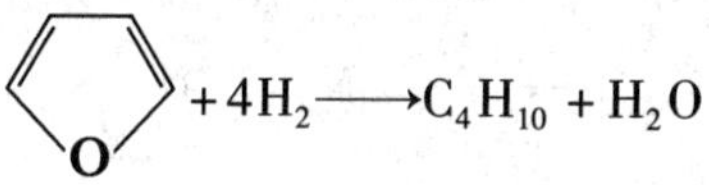

从动力学上看,这些含氧化合物在加氢精制条件下分解很快。对杂环氧化物,当有较多取代基时,反应活性较低。

油品中通常同时存在含硫、氮和氧化合物。一般认为在加氢反应时,脱硫反应是最容易的。因为加氢脱硫时,无须对芳环饱和而直接脱硫,故反应速率大,氢耗低;含氧化合物与含氮化合物类似,需先加氢饱和,后 C—杂原子键断裂。表 7.6 列出了一些含硫、氮、氧化合物的相对反应速率和氢耗。

表 7.6　相对反应速率和氢耗

(344 ℃,5.0 MPa,H_2/进料 = 8,Co/Mo 催化剂)

化合物	相对速率常数	氢耗/m^3
硫化物	>50	2.55
苯并噻吩	4~6	3.68
二苯并噻吩	4~6	2.55
吲哚	1.0	16.99
喹啉	1.5	19.82
对 - 烷基苯酚	5~7	9.91
邻 - 烷基苯酚	1.4	9.91
苯并呋喃	1.1	15.01

4.加氢脱金属反应

随着加氢原料的拓宽,尤其是渣油加氢技术的发展,加氢脱金属的问题越来越受到重视。

渣油中的金属可分为以卟啉化合物形式存在的金属和以非卟啉化合物的形式(如环烷酸铁、钙、镍)存在的金属。以油溶性的环烷酸盐形式存在的金属反应活性高,很容易以硫化物的形式沉积在催化剂的孔口,堵塞催化剂的孔道。而对于卟啉型金属化合物,如镍和钒的络合物是直角四面体,镍或钒氧基配位于四个氮原子上。文献报道,硫可作为供电原子,把钒和镍紧紧地结合起来。因此,在 H_2/H_2S 存在下,可使共价金属与氮键削弱,以下列方式进行反应脱金属。

$$V{=}O + H_2S \longrightarrow VS_2\downarrow + \quad + H_2O$$

也有文献指出,不与硫配位,也可进行脱金属。认为脱金属反应是按顺序机理进行,第一步是周围双键加氢使卟啉活化,第二步是分子裂化并脱除金属,从而形成金属沉积物。

$$\xrightleftharpoons{H_2} \longrightarrow 沉积物$$

脱钒和镍的脱除深度可能有所不同。有些人认为,钒比镍容易脱除,因为存在于卟啉中的钒与氧原子牢固结合,而氧原子又与催化剂表面形成牢固的键,如此使得脱钒容易一些。

脱钒及脱镍反应动力学,根据金属含量和转化深度,可用一级或二级反应方程式,这有点类似于脱硫反应的动力学。在低转化率情况下,可用一级反应方程式描述,而在较高转化率情况下,则用二级反应方程式。

7.1.2 加氢裂化反应及动力学

1.烃类的加氢裂化反应

加氢裂化过程的反应分为精制反应(脱硫、氮、氧及金属)及裂化反应。精制反应已在前面做了详细介绍,本部分重点介绍烃类的加氢裂化反应。

加氢裂化过程采用双功能催化剂,酸性功能由催化剂的担体硅铝提供。而催化剂的金属组分(Ni、W、Mo、Co 的氧化物或硫化物)提供加氢功能。因此,烃类的加氢裂化反应是催化裂化反应与加氢反应的组合,所有在催化裂化过程中最初发生的反应在加氢裂化过程中也基本发生,不同的是某些二次反应由于氢气及具有加氢功能催化剂的存在而被大大抑制甚至停止了。

2.烷烃的加氢裂化反应

(1)烷烃加氢裂化包括原料分子 C—C 键的断裂以及生成的不饱和分子碎片的加氢。以十六烷为例:

$$C_{16}H_{34} \longrightarrow C_8H_{18} + C_8H_{16} \xrightarrow{H_2} C_8H_{18}$$

反应中生成的烯烃先进行异构化,随即被加氢成异构烷烃。烷烃加氢裂化的反应速度随着烷烃相对分子质量增大而加快。例如在条件相同时,正辛烷的转化深度为 53%,而正十六烷则可达 95%。分子中间的 C—C 键的分解速度要高于分子链两端的 C—C 烃加氢裂化反应主要发生在烷链中心部的 C—C 键上的分解速度,所以烷烃加氢裂化反应主要发生在烷链中心部的 C—C 键上。

在加氢裂化条件下烷烃的异构化速度也随着相对分子质量的增大而加快。360 ℃时的异构化速度作为 1,则正己烷和正庚烷的相对异构化速度分别为 3.1 和 4.2。

烷烃加氢裂化反应遵循正碳离子机理。在高酸性活性催化剂上正碳离子反应机理的特征表现得十分明显。烷烃加氢裂化的产品组成取决于烷烃正碳离子的异构、分解和稳定速度以及这三个反应速度的比例关系。例如,烷烃在高酸性活性催化剂上的加氢裂化产物中,小于 C_3 的烷烃含量很少,而 C_4、C_5 馏分中异构组分含量高,有时甚至可超过平衡浓度。在高酸性活性催化剂上烷烃加氢裂化的产品组成与催化裂化产品组成十分相似,说明加氢裂化和催化裂化一样也按正碳离子机理进行反应。当所用催化剂具有较高加氢活性和较低酸性活性时,烷烃裂化产物中异构产物与正构产物的比值将低于催化裂化产品中的相应比值,同时气体产物对液体产物的比值下降。在这种情况下,烷烃基本上不发生异构化,只发生氢解作用,而且所得产品的饱和程度较大。由此可见,改变催化剂的加氢活性和酸性活性的比例关系,就能够使所希望的反应产物达到最佳比值。

(2)环烷烃。

单环环烷烃在加氢裂化过程中发生异构化、断环、脱烷基侧链反应以及不明显的脱氢反应。环烷烃加氢裂化时反应方向因催化剂的加氢活性和酸性活性的强弱不同而有区别。长侧链单环六元环在高酸性催化剂上进行加氢裂化时,主要发生断链反应,六元环比较稳定,很少发生断环。短侧链单环六元环烷烃在高酸性催化剂上加氢裂化时,首先异构化生成环戊烷衍生物,然后再发生后续反应。反应过程明显表现出正碳离子的机理特征,反应过程如下:

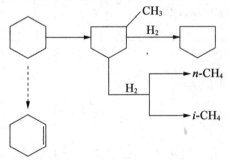

双环环烷烃在加氢裂化时,首先有一个环断开并进行异构化,生成环戊烷衍生物,当反应继续进行时,第二个环也发生断裂。在双环环烷烃的加氢裂化产物中发现了有并环戊烷(⬠⬠)存在。用十氢萘在不同酸性催化剂上进行加氢裂化试验表明,当催化剂的酸性逐渐增强,裂化活性增高时,液体生成油的收率逐渐下降。双环环烷烃加氢裂化同样按正碳离子机理进行反应,因此,加氢裂化生成的气体产物中 $C_1 \sim C_3$ 含量较高。例如在有的反应条件下,其中 $C_4 : C_3 : C_2 = 1 : 0.3 : 0.02$,而且在 C_4 馏分中异丁烷浓度较高。若采用低酸性活性催化剂,则主要反应是断环反应。同时进行侧链断开,这时低分子烷烃 $C_1 \sim C_3$ 的收率较高。

(3)芳烃。

①苯在加氢条件下反应首先生成六元环烷,然后发生前述相同反应。稠环芳烃加氢裂化也包括以上过程,只是它的加氢和断环是逐次进行的。表 7.7 列出了苯和稠环芳烃的加氢反应平衡常数。从表中可以看到以下规律性:①芳烃加氢反应的平衡常数随温度升高而下降。

②在 600 ~ 700 K 范围内,使芳香环完全加氢的 K_p 随芳烃分子中芳香环数的增加而下降。

例如,在 600 K 时,苯、萘、蒽完全加氢的 K_p 值之比为 $1:10^{-2}:10^{-8}$。对稠环芳烃,一个环加氢的 K_p 较大,两个环加氢的 K_p 次之,全部芳香环加氢的 K_p 值最小。例如,600 K时,蒽不同深度加氢时的 K_p 值的比值大约为 $1:10^{-2}:10^{-7}$。因此,从热力学角度看,稠环芳烃加氢的有利途径是:一个芳香环加氢,接着生成的环烷环发生断环(或经过异构化成五元环),然后再进行第二个环的加氢,如此继续下去。

表 7.7　苯和稠环芳烃的加氢反应平衡常数

序号	反应	T 时的平衡常数		
		500 K	600 K	700 K
1	⬡ + 3H₂ ══ ⬡	1.3×10^2	2.3×10^{-2}	4.4×10^{-5}
2	⬡⬡ + 2H₂ ══ ⬡⬡	5.6	3.2×10^{-2}	8.0×10^{-4}
3	⬡⬡ + 5H₂ ══ ⬡⬡	2.5×10^2	1.6×10^{-4}	6.3×10^{-9}
4	⬡⬡⬡ + 2H₂ ══ ⬡⬡⬡	0.8	5.0×10^{-8}	1.4×10^{-4}
5	⬡⬡⬡ + 4H₂ ══ ⬡⬡⬡	0.5	2.5×10^{-5}	1.8×10^{-9}
6	⬡⬡⬡ + 7H₂ ══ ⬡⬡⬡	0.8	1.3×10^{-10}	4.0×10^{-14}

　　稠环芳烃的这种逐环加氢、断环的反应过程与动力学数据也是一致的。表 7.8 列出了稠环芳烃加氢至不同深度时的相对反应速度。

表 7.8　稠环芳烃加氢相对反应速度(以苯加氢速度为 1)

反应	下列条件下的相对反应速度		
	Ni/Al₂O₃,3.0~5.0 MPa,130~200 ℃	MoS₂,20.0 MPa,420 ℃	WS₂,15.0 MPa,400 ℃
苯→环己烷	1	1	1
萘→四氢萘	3.14	14.1	23
四氢萘→十氢萘	0.24	2.87	2.5

续表 7.8

反应	下列条件下的相对反应速度		
	Ni/Al$_2$O$_3$,3.0~5.0 MPa,130~200 ℃	MoS$_2$,20.0 MPa,420 ℃	WS$_2$,15.0 MPa,400 ℃
蒽→四氢蒽	3.08	—	13.8
四氢蒽→八氢蒽	1.47	—	4.6
八氢蒽→过氢蒽	0.04	—	2.9

从表 7.8 中数据可以看到,稠环芳烃第一个环的加氢速度比苯高,但第二、第三个环继续加氢的反应速度依次降低,而第一个饱和环的加氢裂化速度则相对地提高。

根据以上分析,并结合试验结果(最终产品中有大量正丁烷),可能由下列步骤组成:菲的加氢裂化反应历程可能由下列步骤组成:

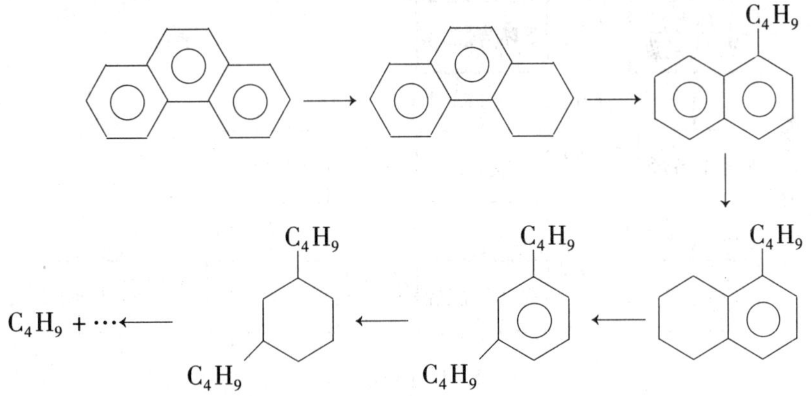

稠环芳烃在高酸性活性催化剂存在时的加氢裂化反应,除了上述加氢裂化反应外,还进行中间产物的深度异构化、脱烷基侧链和烷基的歧化作用。

芳烃上有烷基侧链存在会使芳烃加氢变得困难。表 7.9 列出烷基苯加氢反应平衡常数,可以说明烷基侧链的数目对加氢的影响比侧链长度的影响大。

表 7.9　烷基苯加氢平衡常数

芳烃	400 ℃ 的平衡常数	乙苯	5.9×10^{-5}
苯	2.0×10^{-4}	正丙苯	5.5×10^{-5}
甲苯	6.5×10^{-5}	1,2,4 - 三甲基苯	7.8×10^{-6}

在反应压力不很高时,烷基芳烃在加氢裂化条件下主要发生脱烷基反应。短烷基侧链比较稳定。例如,若要脱去甲基或乙基侧链,需要用 450 ℃ 以上的高温。甲基苯和乙基苯由于能量关系进行脱烷基有困难,主要进行异构化和歧化作用。

异构化:

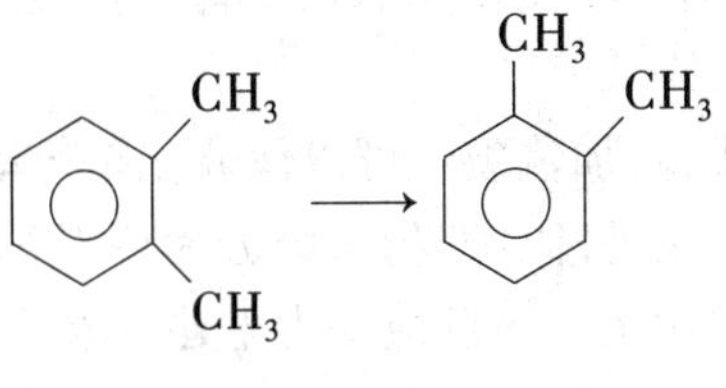

歧化：

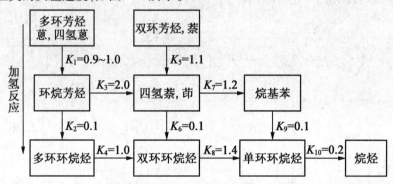

长烷基侧链的芳烃除进行脱烷基外，还进行侧链本身的氢解反应。

（4）各族烃类加氢裂化反应速度比较。

研究表明，在加氢条件下进行的裂化反应和异构化反应属于一级反应，而加氢和加氢裂化属于二级反应。但是在实际工业条件下，通常采用大大超过化学计量所需要的过剩氢气，使得加氢裂化和加氢反应都表现出近似一级反应，或称假一级反应。因此，可以利用反应速度常数来比较各族烃类的反应速度，如图7.5所示。

```
多环芳烃          双环芳烃,萘
蒽,四氢蒽

    │K₁=0.9~1.0       │K₅=1.1

环烷芳烃 ──K₃=2.0── 四氢萘,茚 ──K₇=1.2── 烷基苯

    │K₂=0.1           │K₆=0.1          │K₉=0.1

多环环烷烃 ─K₄=1.0─ 双环环烷烃 ─K₈=1.4─ 单环环烷烃 ─K₁₀=0.2─ 烷烃
```

加氢反应

图7.5　反应速度比较

由图 7.5 可见，在选定的条件下，多环芳烃的部分加氢和环烷环断环反应速度最大（K_1、K_3、K_4、K_5、K_7、K_8），单环环烷的断环速度较小（K_{10}），单环芳烃的加氢速度和多环芳烃完全加氢的速度都很小（K_9、K_2、K_6）。这种现象在重质油加氢裂化过程中得到了证实。例如，当含硫原油减压馏分油用镍硅酸铝催化剂在 15.0 MPa 下进行加氢裂化时得到：稠环芳烃的转化程度最大，多环环烷芳烃和多环环烷烃的转化深度也大，反应产物中单环芳烃和单环环烷烃的含量比原料有明显增加，说明这些单环化合物的稳定性相当高。

在不同催化剂上芳烃加氢的活化能数值都有大致相同的数量级，约 42 kJ/mol。

3. 加氢裂化反应的动力学模型

对馏分油或重油加氢裂化反应动力学模型的研究，多采用集总动力学模型的方法。针对不同研究目的，集总划分方法可以采用不同的方案。例如，按重油中某元素或某族化合物的总体（含量）集总，研究其转化的动力学规律；按沸程划分集总，即沸点相近的一类物质为一集总；按化学结构划分集总的族组成或结构族组成模型，即化学结构相近的一类物质作为一个集总；亦可采用沸程划分与元素划分或化学结构划分集总相结合的方式，对反应动力学进行更深入的研究，以增强模型的适用范围。下面仅介绍几个有代表性的加氢裂化反应动力学模型。

（1）四集总模型。

苏联科学家 Orochiko 等人认为，加氢裂化可以像催化裂化动力学模型的处理方法一样，把加氢裂化当作一个平行连续反应来处理。即将系统分为原料油（F）、柴油（N）、汽油（N）和气体（G）4 个集总（图 7.6），加氢裂化按一级反应动力学建立模型。其模型积分结果、计算柴油、

汽油和气体收率的公式为代数形式,具体如下:

柴油(160～350 ℃)收率 Z 为

$$Z = \frac{1}{1 - k'} |(1 - y)^{k'} - (1 - y)| \quad (7.4)$$

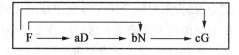

图 7.6　四集总模型示意

汽油(初馏点～160 ℃)收率 X 为

$$X = \frac{k''}{(1 - k')(1 - k'')} |(1 - y)^{k'} - 1 - y^{k'}| + \frac{k'}{(1 - k')(1 - k'')} \left[(1 - y) - (1 - y)^{k'} \right] \quad (7.5)$$

气体收率 G 为

$$G = y - (Z + X) \quad (7.6)$$

式中,y 为转化率;k'、k'' 都是表观速率常数。

该模型应用于罗马什金减压馏分油及阿兰斯减压馏分油,在反应温度为 425 ℃、压力为 10.0 MPa 的条件下,反应模型预测值与试验值一致。这两种馏分油的加氢裂化活化能均在 222.3～270.6 kJ/mol 之间。作者同时指出,在上述四集总组分的反应网络中,平行反应是不重要的,在数据处理中,习惯用连续反应网络进行近似,即

$$F \rightarrow D \rightarrow N \rightarrow G$$

(2)窄馏分多集总反应动力学模型。

上述加氢裂化反应动力学模型是根据产品的数目和沸程范围划分的。这种划分方法的一个重要缺陷就是,当产品指标和/或产品数目发生变化时,就需要重新调整模型,对试验数据进行重新拟合。为此,提出了窄馏分多集总动力学模型,其代表是 Chevron 公司的 Stareland 模型。

1974 年美国 Chevron 公司 B. E. Stareland 发表了一个预测馏分油加氢裂化产品产率的动力学模型。作者把原料和产品看成是由一系列连续的化合物组成的混合物,将原料和产物按实沸点沸程每 27.8 ℃ 切取一个窄馏分,作为一个集总;用窄馏分的实沸点终点温度表征该虚拟组分的特性,并按沸程从高到低把各集总编号,最重的为 1 号,最轻的为 n 号。高沸程的虚拟组分裂化生成低沸程的虚拟组分,按其实际裂化产物所处的沸程范围分别并入与其实沸点终点温度相对应的虚拟组分中。大分子裂化为小分子的过程类似于球磨机中粒子研磨破碎的规律。为建立模型,提出如下基本假设:

①反应为一级不可逆反应;

②忽略聚合和叠合反应,无焦炭生成;

③任意两个不同的集总之间只存在重集总到轻集总的转化,但不能向比它低 27.8 ℃ 的次集总转化;

④每集总的特征可以只用实沸点的终点温度来描述。

根据以上假设,建立的等温反应动力学模型为

$$\frac{\mathrm{d}F_i}{\mathrm{d}t} = -k_i \cdot F_i + \sum_{j=1}^{i-2} k_j \cdot P_{ij} \cdot F_j \quad (7.7)$$

式中,F_i、F_j 分别为集总 i、j 的质量分数;k_i、k_j 分别为集总 i、j 的裂化速率常数;P_{ij} 为单位质量集总 j 裂化生成 i 集总的质量。

动力学模型以矩阵形式表达如下:

$$\frac{\mathrm{d}\boldsymbol{F}}{\mathrm{d}t} = -(\boldsymbol{I} - \boldsymbol{P}) \cdot \boldsymbol{K} \cdot \boldsymbol{F} \quad (7.8)$$

式中,F 为集总组分质量分数浓度组成的向量;I 为单位矩阵;P 为产物分布系数下三角矩阵;K 为对角线上元素为一级反应速度常数的对角矩阵。

若各加氢裂化反应速率常数不相同,此矩阵之通解为

$$F = D \cdot E(t) \tag{7.9}$$

式中,D 为与时间无关的矩阵。

其元素按三种情况计算如下:

$$
\begin{cases}
D_{ij} = \sum_{m=1}^{i-1} \dfrac{k_m \cdot p_{im}}{k_i - k_j} \cdot D_{mj} & (i > j) \\[2mm]
D_{ij} = F_i(0) - \sum_{m=1}^{i-1} D_{im} & (i = j) \\[2mm]
D_{ij} = 0 & (i < j)
\end{cases}
$$

$E(t)$ 为与时间参数相关的向量:

$$E_i(t) = \exp(-k_i \cdot t) \tag{7.10}$$

为了解此模型方程,须先求得所用原料油每一虚拟集总组分的反应速率常数 k_i 和产物分布函数 P_{ij}。为了确定 k_i 和 P_{ij} 模型中引用了三个与 k_i 和 P_{ij} 有关的参数,即一个与反应速率常数 k_i 相关的参数 A,与液体产物分布相关的分布参数 B,与气体产物分布相关的参数 C。k_i 的计算关系式为

$$k_i = k_0 \cdot [T_i + A \cdot (T_i^3 - T_i)] \tag{7.11}$$

式中,$k_0 = 1$;$T_i = TBP_i / 1\,000$;TBP_i 为实沸点,℉;A 为常数。

基于正构烷烃随沸点的降低,裂化速度急剧减小的事实,并使 k_i 与 T_i 关系曲线不产生突跃点,采用如下反应速率常数计算关系式:

$$
\begin{aligned}
k_i &= 0 & T_i &\leqslant 0.25 \\
k_i &= 0.33 k_i & T_i &= 0.30 \\
k_i &= 0.78 k_i & T_i &= 0.35 \\
k_i &= k_0 [T_i + A(T_i^3 - T_i)] & T_i &> 0.35
\end{aligned}
$$

$0 \sim 50$ ℉丁烷组分的产率随反应物 TBP 的降低而降低,可用下式表示:

$$[C_4]_j = C \cdot \exp[-0.006\,93(TBP_j - 250)] \tag{7.12}$$

式中,TBP_j 为集总 j 的实沸点终点温度,℉。

由反应物集总 j 生成的 50 ℃至$(TBP - 100)$ ℉各集总 i 的分数按下式计算:

$$P_{ij} = P(Y_{i,j}) - P(Y_{i+1,j}) \tag{7.13}$$

其中

$$P(Y_{i,j}) = [Y_{i,j2} + B \cdot (Y_{ij}^3 - Y_{ij}^2)] \cdot (1 - [C_4]_j) \tag{7.14}$$

$$Y_{ij} = \frac{TBP_i - 50}{TBP_j - 100} \tag{7.15}$$

对不同情况下的产率分布函数 P_{ij} 归纳如下:

$$
\begin{cases}
p_{ij} = 0 & (j < j+1) \\
p_{ij} = C \cdot \exp[-0.006\,93 \cdot (TBP_j - 250)] & (i = n) \\
p_{ij} = p(Y_{i,j}) - p(Y_{i+1,j}) & (j > j+1)
\end{cases}
$$

上述 Chevron 加氢裂化模型仅用了三个参数 A、B、C 就描述了复杂的加氢裂化反应。据

称,此模型在较宽的原料沸程范围预测产品的沸程及收率与中试工业数据较为一致,因此,被认为可借此模型内插预测未经试验的产品收率。图 7.7 为进料沸程对产物分布的影响。由图可见,对不同沸程原料,模型预测值与试验值吻合得都非常好。

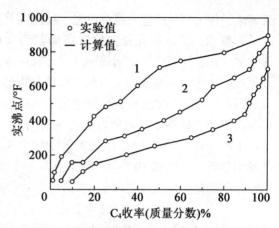

图 7.7　进料沸程对产物分布的影响
1—馏分油 398～482 ℃;2—轻馏分油/重馏分油:3/1;
3—轻馏分油 315～317 ℃

　　Raychaudhuri 等在小型固定床反应器中,用平均直径为 1.27 mm 的工业挤条催化剂 Mo－Ni/Al₂O₃,研究了馏分油加氢裂化反应前后蒸馏性质的变化。作者用假组分一级连串反应描述试验结果,采用了 Chevron 模型集总划分方法和反应网络。不同之处在于:考虑了反应速率常数 k_i 随温度的变化,反应速率与氢分压的关系,以及孔扩散对传质反应的影响。采用的反应数学模型为

$$r_i = (-k_i \cdot F_i + \cdot P_{ij} \cdot F_j) \cdot p_t \qquad (7.16)$$
$$k_i = k_0 \cdot \exp(-E/R/T) \cdot [T_i + A \cdot (T_{i3} - T_i)] \qquad (7.17)$$

式中,TBP_i 为 i 集总的实沸点终点温度,℉;p_t 为反应总压力,atm;T_r 为反应温度,K。

　　产物分布函数 P_{ij} 的计算完全同 Chevron 模型,P_{ij} 是 TBP_i、TPB_j 及另外两个参数 B 和 C 的函数。所以,模型是一个五参数(A、B、C、E、k_0)模型。对活塞流固定床反应器 Raychanddhuri 等以集总 i 建立如下物料衡算方程:

$$F_w \cdot dF_i = \eta_i \cdot r_i W_{hc} \cdot W_{ct} \cdot df$$
$$W_{hc} = [(V_R - V_C)/W_{ct} + V_{g-} \cdot \rho_{oil}] \qquad (7.18)$$

式中,f 为反应物流经催化剂的质量分数;F_w 为反应物质量流率,g/h;W_{ct} 为反应器内催化剂总质量,g;W_{hc} 为反应器内单位质量催化剂的持液量,g;η_i 为 i 集总扩散反应的有效因子,见下式;V_R 为反应器的空体积,cm³;V_C 为催化剂占有体积,cm³;V_g 为催化剂的孔体积,cm³/g;ρ_{oil} 为反应物的密度,g/cm³。

$$\eta_i = \frac{3}{\varphi_s}\left(\frac{1}{th\ \varphi_s} - \frac{1}{\varphi_s}\right) \qquad (7.19)$$

$$\varphi_s = R \cdot \sqrt{\frac{2k_i}{D_{ei} \cdot S_g \cdot \rho_p \cdot r_p}}$$
$$D_{ei} = 97 \cdot r_p \cdot (T_r/M_i)^{0.5} \qquad (7.20)$$

式中,R 为催化剂的颗粒半径,m;S_g 为催化剂的比表面积,m²/g;ρ_p 为催化剂的颗粒密度,g/cm³;r_p 为催化剂的平均孔径,m;M_i 为 i 集总虚拟组分的相对分子质量;φ_s 为 Thiele 模数。

　　研究结果表明,随假组分沸点的升高,有效因子降低,亦即扩散阻力增大。但由于该模型未考虑缩合反应,而原料馏分较轻(69～441 ℃),致使模型对反应产物中大于 441 ℃的部分(2%～10%)无法预测。即模型对产物分布的预测在低沸点范围(小于 400 ℃)比较准确,在高沸点范围内误差较大。

　　(3)七集总模型。

　　刘传文等研究了孤岛渣油在分散型铁催化剂存在下加氢裂化反应的动力学规律,建立了

孤岛渣油加氢裂化反应七集总模型。反应网络如图7.8所示。集总划分首先按沸点切割为 $< C_4$ 偏气体，C_5 约 480 ℃ 分油，小于 480 ℃；减压渣油和焦炭。小于 480 ℃ 渣油又按化学性质分为饱和分、芳香分、胶质和沥青质。作者考虑了反应过程中反应物和生成物不仅是数量上的变化，而且有结构上的变化。显然，这些结构上的变化会影响

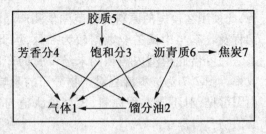

图7.8　七集总模型反应网络

其动力学行为。例如，芳香分发生裂解反应生成气体时，在反应初期，由于芳香分的侧链较多，侧链发生断链生成气体的可能性就大；随着反应深度的不断增加，可发生断链的侧链越来越少。因此反应物和生成物的结构变化是与反应深度有关的。而反应的深度可用反应的转化率来衡量，故反应物和生成物结构的变化是转化率的一个函数，即

$$C_i = F_i(x_i) \tag{7.21}$$

结构变化函数应具有如下性质：$C_i = 1, x = 0$；$C_i = 0, x = 100\%$。

除最终产物气体和焦炭外，构造了其他 5 个集总的结构变化函数关系式如下：

馏分油：$C_2 = 1.0 - x_2/100$

饱和分：$C_3 = 1.0 + 8.7091 \times 10^{-4} x_3 + 5.8556 \times 10^{-6} x_3^2 - 1.1456 \times 10^{-6} x_3^3$

芳香分：$C_4 = 1.0 - 5.887 \times 10^{-3} x_4 - 1.3992 \times 10^{-4} x_4^2 + 9.2792 \times 10^{-7} x_4^3$

胶质：$C_5 = 1.0 - 1.6084 \times 10^{-2} x_5 - 6.1352 \times 10^{-5} x_5^2 + 1.2219 \times 10^{-6} x_5^3$

沥青质：$C_6 = 1.0 - 2.7922 \times 10^{-2} x_6 + 1.083 \times 10^{-3} x_6^2 - 9.0377 \times 10^{-6} x_6^3$

在反应速度方程中引入结构变化函数，建立如下数学模型：

$$dx_1/dt = k_{21} x_2 C_2 + k_{31} x_3 C_3 + k_{41} x_4 C_4 + k_{61} x_6 C_6$$
$$dx_2/dt = -k_{21} x_2 C_2 + k_{32} x_3 C_3 + k_{42} x_4 C_4 + k_{62} x_6 C_6$$
$$dx_3/dt = -k_{31} x_3 C_3 + k_{32} x_3 C_3 + k_{53} x_5 C_5$$
$$dx_4/dt = -k_{41} x_4 C_8 k_{42} x_4 C_4 + k_{54} x_5 C_5$$
$$dx_5/dt = -(k_{53} + k_{54} + k_{56}) x_5 C_5$$
$$dx_6/dt = -(k_{61} + k_{62}) x_6 C_6 + k_{56} x_5 C_5 - k_{67} x_6^2 C_6^2$$
$$dx_7/dt = -k_{67} x_6^2 C_6^2$$

约束条件，$k_{ij} \geq 0$，并符合 Arrhenius 定律。

对 42 组不同温度、各种时间条件下的试验数据，采用阻尼二乘法，求出了模型参数、各反应的速度常数和活化能。模型计算结果与试验值能很好地吻合。从计算出的活化能来看，生焦反应和馏分油生成气体反应的活化能较小，表明该反应占有相当大的比重，意味着，活化氢浓度不足，未能有效抑制过度裂化和生焦反应。

7.2　加氢过程的影响因素、工艺流程及操作条件

7.2.1　影响石油馏分加氢的主要因素

影响石油馏分加氢过程的主要因素有：反应压力、反应温度、空速和氢油比、原料的性质和催化剂等。下面将重点讨论反应压力、温度、空速及氢油比的影响，并将着眼点主要放在如何

提高加氢过程的效率。因此除了讨论它们对反应速度的影响外,还涉及热力学方面的问题。

1. 反应压力

反应压力的影响是通过氢分压来体现的。系统中的氢分压取决于操作压力、氢油比、循环氢纯度以及原料的汽化率。

对于含硫化合物的加氢脱硫和烯烃的加氢饱和反应,在压力不太高时就有较高的平衡转化率。例如噻吩在 500～700 K 范围内的加氢反应,在压力提高至 1.0 MPa 时,噻吩加氢脱硫的平衡转化率就达到 99%。因此在较高的反应压力下,加氢精制的反应深度不受化学热力学控制。汽油在氢分压高于 2.5～3.0 MPa 压力下加氢精制时深度不受热力学平衡控制,而取决于反应速度和反应时间。汽油在加氢精制条件下一般处于气相,提高压力使汽油的停留时间延长,从而提高了汽油的精制程度。氢分压高于 3.0 MPa 时,催化剂表面上氢的浓度已达到饱和状态,如操作压力不变,通过提高氢油比来提高氢分压则精制程度下降,因为这时会使原料油的分压降低。柴油馏分(200～350 ℃)加氢精制的反应压力一般在 4.0～5.0 MPa(氢分压 3.0～4.0 MPa),这时可以达到良好的精制效果。但是压力对柴油加氢精制的影响要复杂一些。柴油馏分在加氢精制条件下可能是气相,气相时,提高反应压力使反应时间延长,从而提高了精制深度。也可能是气液混相。表 7.10 表示反应压力对焦化柴油加氢精制深度的影响。由表可见,提高反应压力,使精制深度增大,特别是脱氮率显著提高,这是因为脱氮反应速度较低;而对脱硫率影响不大,这是因为脱硫速度较高,在较低的压力时已有足够的反应时间。在精制含氮原料时,为了保证达到一定的脱氮率而不得不提高压力或降低空速。如果其他条件不变,将反应压力提高到某个值时,反应系统中会出现液相。在开始出现液相后,继续提高压力将会使精制效果变差。有液相存在时,氢通过液膜向催化剂表面扩散的速度往往是影响反应速度的控制因素。这个扩散速度与氢分压成正比,而随着催化剂表面上液层厚度的增加而降低。因此,在出现液相之后,提高反应压力会使催化剂表面上的液层加厚,从而降低了反应速度。如果压力不变,通过提高氢油比来提高氢分压,则精制深度会出现一个最大值。这种情况从表 7.11 和图 7.9 中可以看到。

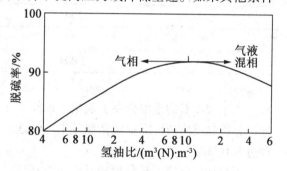

图 7.9　氢油比对直馏柴油加氢脱硫的影响
反应条件:压力为 5.2 MPa;温度为 377 ℃;
空速为 2.4 h^{-1};催化剂为 Co－Mo－Al_2O_3

出现这种现象的原因是:在原料完全气化以前,提高氢分压有利于原料气化,而使催化剂表面上的液膜减小,同时也有利于氢向催化剂表面的扩散,因此在原料油完全气化以前,提高氢分压(总压不变)有利于提高反应速度。在完全汽化后提高氢分压会使原料分压降低,从而降低了反应速度(柴油加氢精制可视为一级反应)。由此可见,为了使柴油加氢精制达到最佳效果,应选择原料油刚刚完全气化时的氢分压。一般情况下,当反应压力为 4.0～5.0 MPa 时,采用氢油比 150～600 m^3(N)/m^3 可以达到适当的氢分压。

表 7.10　反应压力对焦化柴油加氢精制深度的影响

（催化剂：$Mo - Ni - \gamma Al_2O_3$）

项目	原料油	生成油	
		7.0 MPa	3.0 MPa
密度/$(g \cdot mL^{-1})$	0.836 6	0.810 6	—
总氮/$(\mu g \cdot g^{-1})$	1 562	418	914
碱氮/$(\mu g \cdot g^{-1})$	1 116	409	911
硫(质量分数)/%	0.945	0.006	0.01
胶质/$(mg \cdot 100 mL^{-1})$	413	2.2	4.6
溴价$[g(溴)/(100 g(油))^{-1}]$	46.3	3.07	6.01
脱碱氮率(质量分数)/%	—	61.4	14.2
脱硫率(质量分数)/%		99.1	99.1

表 7.11　氢分压对直馏柴油加氢精制的影响

氢分压/MPa	氢油比/$(m^3(N) \cdot m^{-3})$	假反应时间/s	脱硫率(质量分数)/%
0.58	125	24.0	38.5
0.73	250	15.8	46.1
0.84	500	9.4	50.0
0.91	1 000	5.1	45.4
0.94	2 000	2.7	42.3

　　大于 350 ℃的重馏分在加氢精制条件下，经常处于气液混相，因此提高氢分压能显著地使重馏分提高反应速度而提高精制效果。但是由于设备投资的限制，氢精制的反应压力一般不超过 8.0 MPa。

　　芳烃加氢反应的转化率随反应压力升高而显著提高。提高反应压力不仅提高了可能达到的平衡转化率，而且也提高了反应速度。图 7.10 是含芳烃（质量分数）50% 的柴油馏分在 WS2 催化剂上进行加氢反应的试验结果。动力学计算表明，随反应压力的提高，芳烃加氢反应速度成倍提高。例如，反应压力从 5.0 MPa 提高到 20.0 MPa，反应速度可提高 20 倍；反应压力从 10.0 MPa 提高到 20.0 MPa，反应速度提高 5.5 倍。由图还可看出，在较高的反应压力下，芳烃转化率有较高的绝对值，而在低压范围内，即使反应速度高，也不能达到像高压时那样高的转化率。在一定反应条件下，芳烃的转化率究竟是受热力学控制还是受动力学控制需要做具体分析。

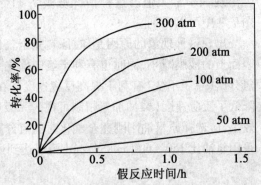

图 7.10　反应压力对芳烃转化率的影响

　　如图 7.10 所示，在 20.0 MPa 时，当假反应时间超过 1 h 后，继续延长反应时间对提高芳烃的转化率没有什么影响，说明反应已接近化学平衡,此时提高反应压力的作用主要是提高平衡转化率。

研究表明,在加氢精制条件下,芳烃加氢是属于受热力学控制的一类反应。

加氢裂化原料一般是较重的馏分油,其中含有较多的多环芳烃。因此,在给定催化剂和反应温度下,选用的反应压力应当能保证环数最多的稠环芳烃有足够的平衡转化率。芳烃环数越多,其加氢平衡转化率越低。加氢裂化所用原料越重,需采用的反应压力越高。工业上加氢裂化采用的反应压力,根据原料组成不同,大体如下:直馏瓦斯油约7.0 MPa,减压馏分油和催化裂化循环油约10.0~15.0 MPa,而渣油则要用20.0 MPa。

反应压力对加氢裂化反应速度和转化率的影响,因所用催化剂的类型不同而有所不同。在使用加氢型(酸性活性低)的催化剂时,加氢裂化转化率随压力升高而增加,这种规律一直继续到很高的压力。反应压力对加氢裂化反应速度的影响比较复杂,以表7.12的数据来看,在所用试验条件下,甲基萘处于气液混相,甚至完全液相(压力高时)。此时提高反应压力一方面会加快氢通过液膜向催化剂表面上的扩散速度,另一方面又由于液膜厚度随压力升高而加厚,又增加了氢向催化剂表面扩散的阻力。综合的结果,究竟是使反应速度提高还是降低,要根据具体情况来定。

表7.12 工业甲基萘(沸点219 ℃)在加氢催化剂上的加氢裂化试验

反应压力/MPa	<204 ℃ 裂化产物产率(体积分数)/%	
	反应温度370 ℃	反应温度400 ℃
10.5	11.0	23.5
21.0	20.0	36.0
42.0	27.5	50.5
80.5	41.5	—
168.0	53.5	—

从反应时间来说,提高反应压力有利于转化率的提高。在试验条件下,随反应压力升高,由反应时间和反应速度的变化引起的综合结果是转化率有所提高。但是在压力高于21.0 MPa时,转化率提高的倍数比反应时间延长的倍数低得多。因此,在高于20.0 MPa时,提高反应压力可使反应速度有所下降。表7.13的数据也表现出类似的情况。在轻芳烃含量中出现最大值的原因,是由于加氢裂化是一平行连串反应,一方面多环芳烃加氢成轻芳烃,另一方面轻芳烃本身又加氢后裂化成烷烃。当生成轻芳烃的速度大于其裂解速度时,轻芳烃的含量增加,反之则减少。因此在变化过程中出现转折点。从表中还可以看到,提高反应压力可使催化剂使用周期延长。这是因为反应压力的提高,促进了含氮化合物(毒物)的加氢裂解并抑制了缩合反应。提高反应压力对抑制氮化物使催化剂失活的影响可从图7.11看到。

表 7.13　反应压力对加氢裂化产品产率和质量的影响

项目		原料	下列反应压力下的产物/MPa			
			5.0	10.0	15.0	25.0
组成与性质	含硫/%	2.20	0.26	0.10	0.08	0.06
	含氮/%	0.10	0.08	0.02	0.01	<0.01
相对密度 d_4^{20}		0.916	0.876	0.859	0.847	0.839
碘价		13.6	5.3	4.1	1.5	0.6
总芳烃/%		49.5	47.5	36.6	32.2	25.3
总芳烃中	轻芳烃/%	20.0	16.4	13.6	17.8	15.7
	中芳烃/%	15.0	12.2	8.8	6.7	5.8
	重芳烃/%	14.5	13.9	12.5	7.7	3.8
反应产物收率/%	<180 ℃		2.7	4.3	5.0	6.2
	180~350 ℃	10.0	46.4	52.2	52.4	55.5
	>350 ℃	90.0	50.0	43.5	42.6	38.3
催化剂周期/月		—	3~4	6~7	—	—

注:表中的百分数皆为质量分数

在使用酸性加氢裂化催化剂时,随反应压力升高,转化率开始随压力升高而增大,然后又随反应压力升高而下降(见表 7.14)。表 7.14 表示沸程为 352~482 ℃凡士林在高酸性加氢裂化催化剂上的反应数据。由表中数据可见,在反应压力升高的过程中,转化率出现最大值,这说明,在高压下(即 21.0 MPa)提高反应压力使加氢裂化速度降低。有的学者对这种现象做了这样的解释:在高酸性催化剂上进行的加氢裂化反应是遵循正碳离子机理进行的,而烯烃是正碳离子的引发剂。当压力升高时,烯烃的热力学产率降低,使正碳离子的生成速度降低。另外,压力升高也使氢在催化剂表面上的浓度增大,促进了正碳离子的加氢饱和而消失。因此,提高压力使加氢裂化反应的速度下降。当反应压力过低时,催化剂表面上的氢浓度低,使许多酸性中心因结焦而失活,失去作用,此时提高压力可以提高反应速度。由于上述原因,在反应压力升高时,反应速度的变化中出现了最大值(表现在小于 343 ℃的收率上)。

表 7.14　压力对白凡士林加氢裂化产品收率的影响(用高酸性催化剂)

反应压力/MPa	10.5	21.0	42.0	84.0	168.0
<343 ℃收率(质量分数)/%	42.1	50.9	30.5	20.0	10.0

在工业加氢过程中,反应压力不仅是一个操作因素,而且也关系到工业装置的设备投资和能量消耗。

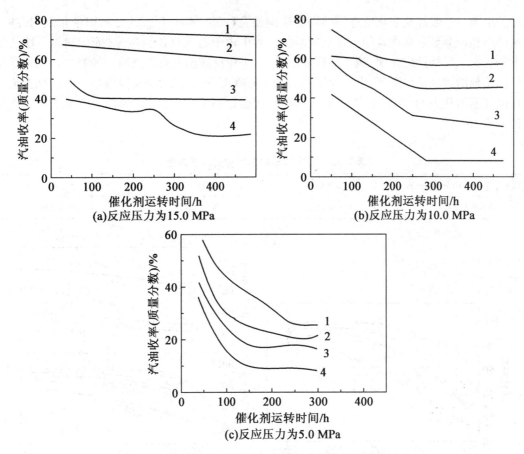

图 7.11　反应压力、原料含氮量对催化剂使用周期的影响

原料含氮(质量分数)/%

1—0.006;2—0.01;3—0.02;4—0.06

2. 反应温度

提高反应温度会使加氢精制和加氢裂化的反应速度加快。由于加氢裂化的活化能较高(125~210 kJ/mol),因此,这个反应的速度提高得更快一些。工业上希望有较高的反应速度,但反应温度的提高受某些反应的热力学限制,所以必须根据原料性质和产品要求等条件来选择适宜的反应温度。

在通常使用的压力范围内,加氢精制的反应温度一般不超过 420 ℃,因为高于 420 ℃会发生较多的裂化反应和脱氢反应。重整原料精制采用较高的反应温度(400~420 ℃)不会影响产品质量。航空煤油精制一般只采用 350~360 ℃,因为当温度超过 370 ℃时,四氢萘和十氢萘发生脱氢而生成萘的平衡转化率急剧上升(反应压力 5.0 MPa)。柴油加氢精制的温度在 400~420 ℃以内,因为反应温度升高会发生单环和双环环烷烃的脱氢反应而使十六烷值降低,同时加氢裂化加剧使氢耗增大。柴油加氢精制过程中温度对转化率的影响如图 7.12 所示。由图可见,由于热力学限制,当温度超过 420 ℃时,脱硫率和烯烃饱和率下降。由于上述原因,加氢精制的温度也不应超过 420 ℃。

在加氢裂化过程中提高反应温度,裂解速度提高得较快,所以随反应温度升高,反应产物中低沸点组分含量增多,烷烃含量增加而环烷烃含量下降,异构烷/正构烷的比值下降。加氢裂化反应温度的提高受到加氢反应的热力学限制。图 7.13 表示反应温度对减压瓦斯油加氢裂化的影响。一般加氢裂化所选用的温度范围较宽（260～400 ℃），这是根据催化剂的性能、原料性质和产品要求来确定的。在加氢裂化过程中由于有表面积炭生成，催化剂的活性要逐渐下降。为了保持反应速度，随失活程度的发展，需将反应温度逐步提高。原料中氮化物存在会使催化剂的酸性活性降低，为了保持所需的反应深度，也必须提高反应温度。以催化裂化轻循环油加氢裂化为例（反应压力为 10.5 MPa），根据原料油含氮量的不同，反应温度的变化范围见表 7.15。

表 7.15　轻循环油加氢裂化的反应温度

原料含氮（质量分数）/%	0.04	0.1	0.16
反应温度/℃	355～365	385～395	430～435

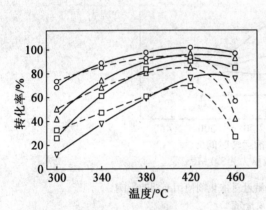

图 7.12　柴油加氢精制温度对脱硫（实线）和烯烃饱和（虚线）的影响

试验条件：压力为 4.0 MPa；氢油比为 500:1；催化剂为 C－Mo－Al$_2$O$_3$；空速单位为 h^{-1}

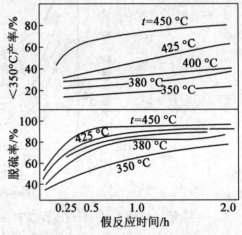

图 7.13　反应温度对减压瓦斯油加氢裂化的影响

图中产率是指质量分数和烯烃饱和（虚线）的影响

试验条件：压力为 4.0 MPa；氢油比为 500:1；催化剂为 Co－Mo－Al$_2$O$_3$；空速单位为 h^{-1}

3. 空速和氢油比

空速反映了装置的处理能力。工业上希望采用较高的空速，但是空速受到反应速度的制约。根据催化剂的活性、原料油性质和反应深度不同，空速在一较大范围内波动，为 0.5～10 h^{-1}。重质油料和二次加工中得到的油料在加氢处理时要采用较低的空速。在加氢精制过程中在给定的温度下降低空速，烯烃饱和率、脱硫率和脱氮率都会有所提高。

在加氢系统中需要维持较高的氢分压，因为高氢分压对加氢反应在热力学上有利，同时也能抑制生成积炭的缩合反应。维持较高的氢分压是通过大量氢循环来实现的，因此加氢过程所用的氢油比大大超过化学反应所需的数值。提高氢油比可以提高氢分压，这在许多方面对反应是有利的，但却增大了动力消耗，使操作费用增大，因此，要选择适宜的氢油比（见反应压力一节）。此外，加氢过程是放热反应，大量的循环氢可以提高反应系统的热容量，从而减小反应温度变化的幅度。在加氢精制过程中，反应热效应不大，生成的低分子气体量少，可以采用较低的氢油比，在加氢裂化过程中，热效应较大，氢耗量较大，气体生成量也较大，所以为了保证足够的氢分压,需要采用较高的氢油比,例如,一般用(1 000~2 000)∶1(体积比)。

7.2.2　加氢精制工艺流程和操作条件

1.加氢精制工艺流程

加氢精制的原料有汽油、煤油、柴油和润滑油等各种石油馏分,其中包括直馏馏分和二次加工产物,此外还有重渣油的加氢脱硫。加氢精制装置所用氢气多数来自催化重整的副产氢气。只有副产氢不能满足需要,或者无催化重整装置时,才另建制氢装置。石油馏分加氢精制尽管因原料不同和加工目的不同而有所区别,但是其基本原理相同,并且都采用固定床绝热反应器,因此,各种石油馏分加氢精制的原理工艺流程原则上没有明显的差别。下面以柴油加氢精制流程为例进行讨论(图 7.14)。

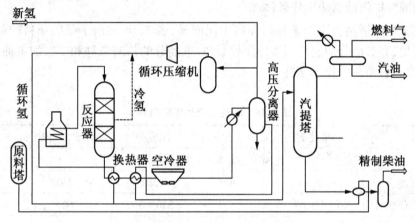

图 7.14　柴油加氢精制工艺流程图

柴油加氢精制工艺流程包括三部分:反应系统,生成油换热、冷却、分离系统和循环氢系统,在许多流程中还包括生成油注水系统。

(1)固定床加氢的反应系统。

原料油经换热并与从循环氢压缩机来的循环氢混合,以气液混相状态进入加热炉,加热至反应温度(在一些装置上也有采用循环氢不经加热炉而是在炉后与原料油混合的流程,此时也应保证混合后能达到反应器入口温度的要求)。根据原料油的沸程、反应器入口温度及氢油比等条件,反应器进料可能是气相,也可能是气液混相。大多数装置,物流自上而下通过反应器。对于气液相混合进料的反应器,内部设有专门的进料分布器。反应器内的催化剂一般是分层填装以利于注入冷氢,以控制反应温度。向催化剂层间的空间注入冷氢的量,要根据反应热的大小、反应速度和允许温升等因素通过反应器热平衡来决定。由反应器底部引出的反应产物经换热、冷却到约 50 ℃后进入高压分离器。

反应中生成的氨、硫化氢和低分子气态烃会降低反应系统中的氢分压,对反应不利,而且在较低温度下还能与水生成水合物(结晶)而堵塞管线和换热器管束,氨还能使催化剂减活。因此必须在反应产物进入冷却器前注入高压洗涤水,在氨溶于洗涤水的过程中,部分硫化氢也溶于水,随后在高压分离器中分出。

反应产物在高压分离器中进行油气分离:分出的气体是循环氢,其中除了主要成分氢以外,还有少量气态烃和未溶于水的硫化氢;分出的液体产物是加氢生成油,其中也溶有少量气态烃和硫化氢。高压分离器中的分离过程实际上是一平衡气化过程,因此,气液两相组成可以根据在该处的温度、压力条件下各组分的平衡常数,通过计算确定。

(2)循环氢系统。

为了保证循环氢的纯度,避免硫化氢在系统中积累,由高压分离器分出的循环氢经乙醇胺脱硫除去硫化氢,然后再经循环氢压缩机升压至反应压力送回反应系统。循环氢的主要部分(70%)送去与原料油混合,其余部分不经加热直接送入反应器作为冷氢。

(3)生成油分离系统。

生成油中溶解的 NH_3、H_2S 和气态烃必须除去,而且在反应过程中不可避免地会产生一些汽油馏分。生成油进入汽提塔,塔底产物是精制柴油,塔顶产物经冷凝冷却进入分离器,分出的油一部分做塔顶回流,其余引出装置、分离器分出的气体经脱硫做燃料气。

2. 石油馏分加氢精制的操作条件

石油馏分加氢精制的操作条件因原料不同而异,表7.16列出了某些原料的加氢精制条件。由表可见,直馏馏分加氢精制条件比较缓和,重馏分的精制条件和二次加工油品(如焦化柴油)则要求比较苛刻的操作条件。

表 7.16　石油馏分加氢精制条件

原料油	催化剂	压力/MPa	温度/℃	氢油比(体积比)	空速/h^{-1}
中东直馏汽油		3.5	300		8 ~ 10
焦化汽油	RN - t	4.4	280	240	3.5
重油催化裂化柴油	RN - 1 + RT - 5	6.3	350 ~ 360	600	1.0
高硫 HGO	W - Ni	5.4	370	230	2.1

含硫原油馏分油加氢精制的脱硫率一般可达 88% ~ 92%,烯烃饱和率达 65% ~ 75%,脱氮率在 50% ~ 70%,同时胶质含量可明显减少。在加氢精制过程中,油品中的微量金属元素铜、铁、砷和铅等也被除去。柴油精制时,精制柴油收率可达 98%,同时生成少量汽油馏分。

目前我国建设的加氢精制装置主要是处理二次加工产生的馏分油。表 7.17 是胜利油田催化裂化柴油中压加氢精制的原料和产品性质比较数据。由表的数据可以看出。在操作条件下(压力为 4.0 MPa,温度为 330 ℃,空速为 2.3 h^{-1},氢油比为 600:1),脱硫率可达 90% 以上,脱氮率可达 55%,精制柴油胶质为 20 mg/100 mL。可以获得安定性好的精制柴油。若采用最新的催化剂,则产品质量还能进一步提高。某柴油加氢精制工业装置物料平衡及消耗指标列入表 7.18。

表 7.17　胜利油田催化裂化柴油中压加氢原料和产品性质比较

性能指标	原料油	产品
密度(20℃)/(g · mL^{-1})	0.878	0.866 5
含硫(质量分数)/%	0.55	0.053
含氮(μg · g^{-1})	637	290
胶质(mg · 100mL^{-1})	72.6	2.3

续表 7.17

性能指标	原料油	产品
溴价/(g(Br)·100mL^{-1})	26.6	2.63
十六烷值	39.3	42
黏度(20℃/50℃)/(10^{-6}m^2·s^{-1})	4.28/2.2	4.2/2.22

表 7.18　国内焦化、催化裂化柴油加氢精制装置消耗指标(以 1 t 原料油计)

原料	新氢/m^3(N)(纯度85%)	新鲜水/t	循环水/t	软化水/t	6 000 V 电/(kW·h)	380 V 电/(kW·h)	水蒸气(10 kg/cm^3)/kg	燃料油/kg
焦化柴油	150~200	2.37	25.7	0.4	45.5	2.9	154	23.7
催化柴油	125	3.01	—	0.1	33	64	108.6	7.8

7.2.3　加氢裂化工艺流程和操作条件

1. 加氢裂化的原料、产品和操作条件

目前工业上加氢裂化多用于从重质油料生产汽油、航空煤油和低凝点柴油,所得产品不仅产率高而且质量好。此外,采用加氢裂化工艺还可以生产液化气、重整原料、催化裂化原料油以及低硫燃料油。

加氢裂化所用原料包括从粗汽油、重瓦斯油一直到重油及脱沥青油。美国炼厂加氢裂化工艺装置处理的原料中,直馏中间馏分油、催化裂化及焦化馏分油占多数,主要是生产高辛烷值汽油。在西欧,因为燃料消费结构不同,主要用重瓦斯油生产柴油。我国加氢裂化装置的原料以减压蜡油为主。有的掺入部分焦化蜡油,柴油口加氢裂化原料一般分为轻原料油和重原料油。目的产物主要是重整原料油、航煤和优质油。这种油含硫、含氮较高,加工比较困难。减压馏分油、蜡油及脱沥青油均属重原料需要采用较苛刻的操作条件。轻原料油主要是指汽油和轻柴油。不管采用哪种原料,通过加氢裂化都可以得到优质和高收率的产品。

某些加氢裂化装置所用原料及产品性质以及操作条件见表 7.19。

表 7.19　加氢裂化原料、产品性质和操作条件

厂址	流程	原料	产品	催化剂	温度/℃	操作条件		
						压力/MPa	空速/h^{-1}	氢油比(体积比)
大庆	一段	直馏蜡油 340~430℃,含氮 420 μg·g^{-1}	航煤冰点-65℃	3 825	391~421	~12.0	0.5~1.0	2 500
美国樱桃角	两段	减压蜡油+焦化柴油,291~436℃,含硫0.15%,含氮 1 780 μg·g^{-1},芳烃35.5%	航煤56%,烟点25 mm	一段 Ni-Mo-Al-Si,二段 Pd-Y	371 222	10.5	0.75 1.5	— —

续表 7.19

厂址	流程	原料	产品	催化剂	温度/℃	操作条件		
						压力/MPa	空速/h^{-1}	氢油比(体积比)
茂名	一段	直馏瓦斯油、减压瓦斯油及焦化瓦斯油,239~538 ℃,含硫 0.64%,含氮 1 810 μg·g^{-1},残炭0.07%	轻重石脑油、航煤油及柴油	Mo - Ni - P - Al - Si Mo - Ni - Y	383 - 418	~18.0	1.0	—
科威特	一段	减压蜡油 + 加氢精制油,440~525 ℃,含硫3.2%	柴油84%,含硫< 10×10^{-6},倾点为 -10 ℃	Ni - W - SiO$_2$ - MgO	385 ~ 415	17.7	1.0	800 ~ 1 300

　　由表 7.19 可见,各炼厂所用加氢裂化原料性质差别很大,无论从组成、沸程以及非烃含量都是如此。但是由于选择了不同的操作条件和催化剂,所以都能得到良好的结果。例如,美国樱桃角炼厂加氢裂化装置以减压馏分油作为原料通过加氢裂化得到56%(体积分数)航空煤油;茂名炼厂原料是239 ~ 538 ℃混合油,含硫、含氮都较高,加氢裂化后可得航空煤油(冰点 -51 ℃)和柴油(凝点 -1.1 ℃)。

　　如前所述,加氢裂化的一个主要特点是具有很大的操作灵活性。用同种原料,改变操作条件可以改变产品方案。表 7.20 的数据可以说明这种情况。

表 7.20　减压瓦斯油不同操作方式所得产品分布情况

产品分布(体积分数)		最大限度生产汽油	最大限度生产航空煤油	最大限度生产柴油
(H$_2$S + NH$_3$)/%		3.2	3.2	3.2
(C$_1$ + C$_3$)/%		3.3	3.1	2.2
C$_4$/%		11.3	3.0	2.0
脱丁烷汽油	干点 159 ℃	—	1.63	—
	干点 163 ℃	—	—	13.1
	干点 193 ℃	83.2	—	—
航空煤油(149 ~ 288 ℃)/%		—	76.4	—
柴油(163 ~ 343 ℃)/%		—	—	82.0
耗氢量(质量分数)/%		4.0	3.0	2.5

　　用加氢裂化生产柴油,一般都采用一段流程和全循环方案,这种流程比较简单,柴油收率可达80%(体积分数),柴油凝点可达 -30 ℃。用含硫原油或高硫原油减压馏分油作为原料,用铝酸钴作为加氢裂化催化剂,在压力为 5.0 MPa 的条件下可以制得含硫(质量分数)不大于0.02%的柴油。若把反应压力提到 10.0 MPa,并采用尾油循环,柴油质量还可以提高。加氢裂化操作条件因原料、催化剂性能、产品方案及收率不同可能有很大的变化。大多数加氢裂化

装置设计操作压力在 10.5 ~ 19.5 MPa，我国引进的四套加氢裂化装置的操作压力在 15.0 ~ 18.0 MPa。原料油含氮越多、越重，所用反应压力也相应越高一些。前已述及，加氢裂化的反应温度也受原料含氮的影响，原料油中有机氮化物能使催化剂的酸性中心失活。为了保护这些催化剂的活性，往往需要提高加氢裂化的反应温度。例如，含氮量不同的原料油在 15.0 MPa 进行加氢裂化生产汽油时，控制单程转化率为 50%（体积分数），加氢裂化的起始温度见表 7.21。因此，采用高含氮原料进行加氢裂化时，在进入反应器之前把原料油含氮降到 50 μg/g 以下是非常必要的。

表 7.21　原料油含氮量与加氢裂化起始温度的关系

（条件：原料油干点为 399 ℃，压力为 10.5 MPa，空速为 1.5 h^{-1}，转化率达到 50%）

原料油氮含量/($\mu g \cdot g^{-1}$)	1 ~ 10	10 ~ 50	50 ~ 2 000
加氢裂化起始反应温度	288 ~ 304	304 ~ 360	360 ~ 382

表 7.21 数据表明，原料油含氮量越高，催化剂活性越低，因此达到同样转化率，要求反应温度相应提高。一般加氢裂化反应温度在 260 ~ 425 ℃。

2. 加氢裂化工艺流程

目前国外已经工业化的加氢裂化工艺仅在美国就有这样几种：埃索麦克斯（lsamax），联合加氢裂化（Unicracking/JHC），H - G 加氢裂化（H - hydrocracking），超加氢裂化（Ultracrarking），壳牌公司加氢裂化（Shell）和 BASF - IFP 加氢裂化。这些工艺都采用固定床反应器。这几种工艺中，超加氢裂化、H - G 加氢裂化以及壳牌和氢裂化主要用于生产汽油，而其他几种工艺，既可生产汽油，也可生产航空煤油和柴油，这几种工艺的流程实际上差别不大，所不同的是催化剂性质不同。因为采用不同的催化剂，所以工艺条件、产品分布、产品质量也不相同。根据原料性质、产品要求和处理量大小，加氢裂化装置基本上按两种流程操作：一段加氢裂化和两段加氢裂化。我国引进的四套加氢裂化装置有采用一段流程的，也有采用两段流程的。一段流程中还包括两个反应器串联在一起的串联法加氢裂化流程。一段加氢裂化流程用于由粗汽油生产液化气，由减压蜡油、脱沥青油生产航煤和柴油。两段流程对原料的适用性大，操作灵活性大。原料首先在第一段（精制段）用加氢活性高的催化剂进行预处理，经过加氢精制处理的生成油作为第二段的进料，在裂解活性较高的催化剂上进行裂化反应和异构化反应，最大限度地生产汽油或中间馏分油。两段加氢裂化流程适合于处理高硫、高氮减压蜡油，催化裂化循环油，焦化蜡油，或这些油的混合油，亦即适合处理一段加氢裂化难处理或不能处理的原料。

（1）一段加氢裂化工艺流程。

以大庆直馏重柴油馏分（330 ~ 490 ℃）段加氢裂化流程为例简述如下（图 7.15）。

原料油经压加至 6.0 MPa 与新氢及循环氢混合后，再与 420 ℃左右的加氢生成油换热至 320 ~ 60 ℃进入加热炉。反应器进料温度为 370 ~ 50 ℃，原料在反应温度为 380 ~ 440 ℃、空速为 1.0 h^{-1}、氢油体积比约为 2 500 的条件下进行反应。为了控制反应温度，向反应器分层注入冷氢。反应产物经与原料换热后温度降至 200 ℃，再经冷却，温度降到 30 ~ 40 ℃之后进入高压分离器。反应产物进入空冷器之前注入软化水以溶解其中的 NH_3、H_2S 等，以防水合物析出而堵塞管道；自高压分离器顶部分出循环气，经循环氢压缩机升压后，返回反应系统循环使用。自高压分离器底部分出生成油，经减压系统减压至 0.5 MPa，进入低压分离器，在低压分离器中将水脱出，并释放出部分溶解气体,作为富气送出装置,可以作为燃料气用。生成油经加热送入稳定塔,在 1.0 ~ 1.2 MPa下蒸出液化气,塔底液体经加热炉加热至 320 ℃ 为后送入分馏塔,最后得到轻汽油、航空煤油、低凝柴油和塔底油(尾油)。尾油可一部分或全部作为循环油,与原料混合再去反应。

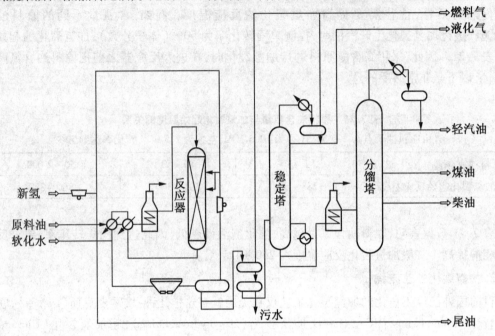

图 7.15 一段加氢裂化工艺流程

裂化可以用三种方案操作:原料一次通过,尾油部分循环及尾油全部循环。大庆直馏蜡油按三种不同方案操作所得产品收率和产品质量见表 7.22。由表中数据可见,采用尾油循环方案可以增产航空煤油和柴油。特别是航煤增加较多,从一次通过的 32.9% 提高到尾油全部循环的 43.50% ,而且对冰点并无影响。

表 7.22 一段加氢裂化不同操作方案的产品收率及产品质量

操作方案		一次通过			尾油部分循环			尾油全部循环		
指标		原料油	汽油	航煤	柴油	汽油	航煤	柴油	汽油	航煤	柴油
收率(质量分数)/%		—	24.1	32.9	42.4	25.3	34.1	50.2	35.0	43.5	59.8
密度		0.882 3	—	0.785 6	0.801 6	—	0.728 0	0.806 0	—	0.774 8	0.793 0
沸程/℃	初馏点	333	60	153	192.5	63	156.3	196	—	153	194
	干点	474	172	243	324	182	245	326	—	245.5	324.5
	冰点	—	—	−65	—	—	−65	—	—	−65	—
	沸点	40	—	—	−36	—	—	−40	—	—	−43.5
总氮/10⁻⁶		470	—	—	—	—	—	—	—	—	—

（2）两段流程。

如图 7.16 所示，原料油经高压油泵升压并与循环氢混合后首先与生成油换热，再在加热炉中加热至反应温度，进入第一段加氢精制反应器，在加氢活性高的催化剂上进行脱硫、脱氮反应，原料中的微量金属也被脱掉。反应生成物经换热、冷却后进入高压分离器，分出循环氢。生成油进入脱氨（硫）塔，脱去 NH_3 和 H_2S，作为第二段加氢裂化反应器的进料。在脱氨塔中用氢气吹掉溶解气、氨和硫化氢。第二段进料与循环氢混合后，进入第二段加热炉，加热至反应温度，在装有高酸性催化剂的第二段加氢裂化反应器内进行裂化反应。反应生成物经换热、冷却、分离、分出溶解气和循环氢后送至稳定分馏系统。

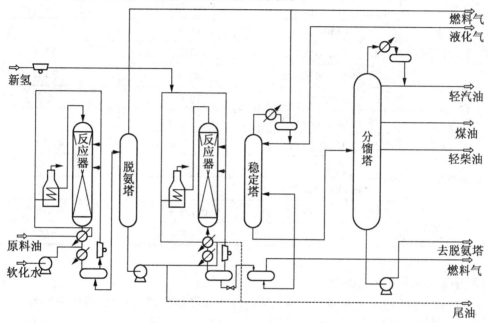

图 7.16 两段加氢裂化工艺原理流程

两段加氢裂化有两种操作方案：①第一段精制，第二段加氢裂化。②第一段除进行精制外，还进行部分裂化；第二段进行加氢裂化。两种方案的特点是第一段反应生成油和第二段生成油一起进入稳定分馏系统，分出的尾油作为第二段的进料。第二种方案的流程图用图 7.16 中虚线表示。表 7.23 为大庆蜡油两段加氢裂化用以上两种方案所得结果的比较。

由表 7.23 以看到，采用第二种方案时，汽油、煤油和柴油的收率都有所增加，而尾油明显降低。这主要是第二方案的裂化深度较大的缘故。但从产品的主要性能来看，两个方案并无明显差别。

表 7.23 大庆蜡油两段加氢裂化试验数据

项目		1 段只精制		1 段部分裂化	
		第一段	第二段	第一段	第二段
反应条件	催化剂	WS$_2$	107	WS$_2$	107
	压力/MPa	16.0	16.0	16.0	16.0
	氢分压/MPa	11.0	11.0	11.0	11.0

续表 7.23

项目		1 段只精制		1 段部分裂化	
		第一段	第二段	第一段	第二段
反应条件	温度/℃	370	395	395	395
	空速/h^{-1}	2.5	1.2	1.2	1.6
	氢油比(体积比)	1 500	1 500	1 500	1 500
产品产率 (体积分数)/%	液体速率	99.2	93.8	97.0	93.4
	$C_1 \sim C_4$	14.78		15.56	
	<130 ℃	15.7		17.6	
	130 ~ 260 ℃	33.9		37.4	
	260 ~ 370 ℃	25.6		30.0	
	>370 ℃	18.0		8.9	
产品性质	煤油(130 ~ 260 ℃)	—		—	
	密度(20 ℃)/(g·mL^{-1})	0.773 0		0.775 6	
	冰点/℃	−63		−63	
	柴油(170 ~ 350 ℃)	—		—	
	密度(20 ℃)/(g·mL^{-1})	0.791 8		0.795 5	
	冰点/℃	−49		−42	

(3)串联加氢裂化工艺流程。

串联流程是两个反应器串联脱硫脱氮活性好的加氢催化剂,在反应器中分别装入不同的催化剂:第一个反应器中装入脱硫脱氮活性好的加氢催化剂,第二反应器装入抗氨抗硫化氢的分子筛加氢裂化催化剂。除此之外,其他部分均与一段加氢裂化流程相同(图 7.17)。

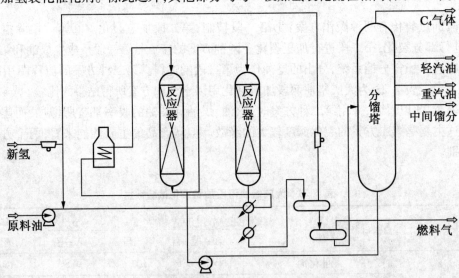

图 7.17　串联法加氢裂化工艺原理流程图

　　与一段加氢裂化相比较,串联流程的优点在于最大限度地生产汽油或航空煤油和柴油。例如,欲多生产汽油,只要降低第二反应器或欲多生产航空煤油或柴油时,则只要提高第二反应器的温度即可。

　　用同一种原料分别用三种方案进行加氢裂化的试验结果表明,一段流程航空煤油收率最高,但汽油的收率较低;从生产航空煤油角度来从流程结构和投资来看,一段流程也优于其他流程。串联流程有生产汽油的灵活性,但航煤收率偏低。三种流程方案中两段流程灵活性最大,航空煤油收率高,并且能生产汽油;与串联流程一样,两段流程对原料油的质量要求不高,可处理高密度、高干点、高硫、高残炭及高含氮的原料油。而一段流程对原料油的质量要求要严格得多。根据国外炼厂经验,认为两段流程最好,既可处理一段不能处理的原料,又有较大灵活性,能生产优质航空煤油和柴油。在投资上,两段流程略高于一段一次通过,略低于一段全循环流程。特别值得指出的是,目前用两段加氢裂化流程处理重质原料油来生产重整原料油以扩大芳烃的来源,已成为许多国家重视的一种工艺方案。我国南京石化厂就是利用胜利减压蜡油来生产重整原料油,制取苯、甲苯和二甲苯的。所用原料的性质见表7.24。

表7.24　所用原料的性质

原料油密度(20 ℃)/(g·mL^{-1})	0.877 8	含硫	0.66
沸程	194 ~ 527	残炭值	0.07
含氮	0.21	苯胺点	88

　　两段加氢裂化所得产品收率和质量见表7.25。

表7.25　胜利油田减压蜡油两段加氢裂化产品产率和产品性质

产品	收率	
	体积分数/%	质量分数/%
异 C$_4$	15 ~ 19	9.6 ~ 12.2
正 C$_4$	6 ~ 9.6	4.1 ~ 6.3
C$_5$ 约65 ℃轻汽油	33 ~ 39	24.4 ~ 28.5
大于65 ℃重整原料油	72 ~ 58	60.6 ~ 49.2

　　所得重整原料油(87 ~ 177 ℃)含芳烃和环烷烃44% ~ 48.6%(体积分数)。可见,加氢裂化重整原料油的收率和芳烃、环烷烃含量都比胜利直馏汽油(相同沸程)的高得多。两段加氢裂化操作条件见表7.26。

表7.26　两段加氢裂化操作条件

项目	加氢精制反应器	第一加氢裂化反应器	第二反应器
催化剂	Mo – Ni – SiO$_2$ – Al$_2$O$_3$	非贵金属分子筛	贵金属分子筛
温度/℃	376	387	349
压力/MPa	—	16.5	16.5
空速/h^{-1}	0.8	1.5	1.2

由此可见,加氢裂化工艺的应用范围正在不断扩大。然而由于加氢裂化汽油的辛烷值不高,所以用加氢裂化生产汽油的技术正在被提升管催化裂化所取代。

目前世界各国生产的原油中,重质含硫原油越来越多。从提高原油加工深度、多出轻质油品、减少大气污染等方面来看,今后加氢裂化仍要继续发挥其作用,并且在产品分布灵活、质量好、收率高等方面在炼厂中保持其重要地位。另一方面,加氢技术的发展仍然在改进催化剂并继续向低压低氢耗方面发展。

现将加氢裂化装置的消耗指标列入表 7.27。

表 7.27　加氢裂化装置消耗指标(以每吨原料油计)

指标	茂名加氢裂化	石油三厂	两段流程
工业氢气/m³	290	235	335
软化水/t	0.3	0.07	0.38
冷却水/t	19.03	7	0.16
电/(kW·h)	98.79	35	106.7
蒸汽/t	—	0.02	77.5
燃料油/t	0.058	0.021	—

7.3　渣油加氢转化

随着原油的变重、变劣、中间馏分油需求量的不断增加、石油产品的升级换代以及环保法规要求的越加严格,渣油加氢技术的发展势在必行。渣油加氢的主要目的一是经脱硫后直接制得低硫燃料油,二是经预处理后为催化裂化和加氢裂化等后续加工提供原料。

加氢裂化是指在氢气存在下至少使 50% 的反应物分子变小的转化过程,因此是一个提高轻质油收率的重要过程。不论是加氢处理还是加氢裂化,按加氢反应器床层形式可划分为固定床、沸腾床(膨胀床)、移动床和悬浮床(浆液床)加氢工艺。关于重油加氢的化学反应、催化剂等,与前述类似,在此仅以重油加氢工艺为线索,对当前重油加氢技术做一介绍。

7.3.1　固定床重油加氢工艺

由于固定床渣油加氢处理过程具有装置工艺和设备结构简单等特点,因而应用得最广泛,而且工业化的过程也最多。固定床重油加氢是在馏分油加氢的技术上发展起来的,主要目的是生产低硫燃料油,或为下游加工装置提供优质原料,精制深度高,脱硫率一般可达 90% 以上。该工艺技术目前主要为 Cheveron 公司垄断,加工能力占全世界的 50%。表 7.28 中列出了几种较大规模地采用固定床反应器的工艺过程,同时列出了其主要操作条件以及产品产率。

表 7.28 固定床反应器工艺过程汇总

过程	公司名	原料	条件	产品产率(质量分数)/%				
				气体	汽油	中间馏分油	VGO	残油
RCD Unilbon	环球油品公司	重油减渣	350～380 ℃, 13.5～16 MPa	1.8	5	6.5	31.5	53
Resid HDS	海湾研究公司	重油减渣	343～427 ℃, 10.5～17.5 MPa	—	5.1	15.3	83.2	—
RDS	谢夫隆研究公司	重油	382～432 ℃, 12.5～18 MPa	3.5	1.4	11.1	64.4	24.3
VRDS	谢夫隆研究公司	减渣	350～450 ℃, 13.5～16 MPa	5.7	—	18.1	78.4	—
Unicracking/HDS	联合油品公司	重油减渣	350～420 ℃, 10.5～16 MPa	—	14.1	26.7	35.9	19.8
Residfining	埃克森公司	重油减渣	350～420 ℃, 13.5～16 MPa	2.2	4.5	14.5	54.7	27.6
	俄石油科学研究院	重油	380～420 ℃, 15 MPa	1.5	2.2	20.8	55.4	19.2
重燃料油加氢脱硫	日本 法国	脱沥青油	8～11 MPa	3.6	1.4	—	96.4	
ABC	日本	减渣	405 ℃,14 MPa	—	2.0	8.8	3.8	32.2
出光加氢裂化法	日本	渣油	380～410 ℃, 10～15 MPa					

所有的固定床渣油加氢处理过程的原则流程都是简单的,而且近于一致,如图 7.18 所示。

已过滤的原料在换热器内首先与由反应器来的热产物进行换热,然后进入炉内,使温度达到反应温度。一般是在原料进入炉前将循环氢与原料混合。此外,还要补充新鲜氢。由炉出来的原料进入串联的反应器。反应器内装有固定床催化剂。大多数情况是采用液流下行式通过催化剂床层。催化剂床层可以是一个或数个,床层间设有分配器,通过这些分配器将部分循环氢或液态原料送入床层,以降低因放热反应而引起的温升。控制冷却剂流量,使各床层催化剂处于等温下运转。催化剂床层的数目取决于产生的热量、反应速度和温升限制。

由反应段出来的加氢生成油首先被送到热交换器,用新鲜原料冷却,然后进入冷却器,在高低压分离器中脱除溶解在液体产物中的气体。将在分离器内分离出的循环气通过吸收塔,以脱除其中的大部分的硫化氢。在某些情况下,可以将循环气进行吸附精制,完全除去低沸点烃,有时还要对液体产物进行碱洗和水洗。加氢生成油经过蒸馏可制得柴油(200～350 ℃ 馏分)、催化裂化原料油(350～500 ℃ 馏分)和大于 500 ℃ 残油。

根据原料油的质量以及对最终产品的要求,加氢脱硫过程的形式可以是一段式、二段式或多段式。可以不循环操作,也可以令部分加氢油与原料混合,实行部分循环操作,以提高总精制深度。

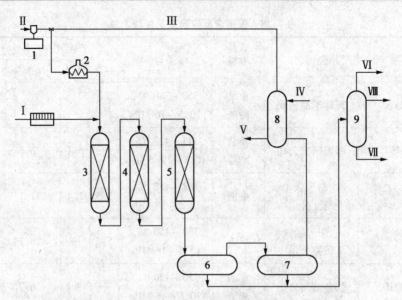

图 7.18　催化剂固定床渣油加氢处理的原则流程
1—过滤器;2—压缩机;3—管式炉;4—脱金属反应器;5—脱硫反应器;
6—高压分离器;7—低压分离器;8—吸收塔;9—分馏塔
I—新鲜原料;II—新鲜氢;III—循环氢;IV—再生胺溶液;
V—饱和胺溶液;VI—燃料气和宽馏分汽油;VII—中间馏分油;VIII—宽馏分清油

固定床过程在工艺和设备结构上比沸腾床和移动床要简单得多,但是它的应用有一定局限性。由于没有可经常置换和更新的催化剂系统,因而在处理高金属和高沥青质、高胶质含量的原料时,催化剂减活和结焦较快,另外床层也易被焦炭和金属有机物堵塞。因此,在使用过程中,一般需加设保护床反应器,从而使运转周期延长。

由表 7.28 中列出的各过程的原料、条件等数据可以看出,使用固定床催化加氢的各工艺过程的操作条件和参数基本都是相同的,过程也非常相似(图 7.18)。因此,在此仅对海湾石油公司的 HDS 从工艺特点、经济性等问题做一个详细的介绍。

HDS 是一个在中等温度(343～427 ℃)与压力为 10.5～17.5 MPa 下操作的固定床催化加氢过程,操作周期为 6～12 个月。过程的一般布置和流程如图 7.19 所示,主要反应为硫、脱金属、脱氮和沥青质。脱沥青质关系到脱除杂质,因为杂质(硫、氮和金属)在很大程度上是结合在沥青质分子中的。脱除沥青质是使沥青质分裂跟着加氢饱和,使重度(API)、黏度和残炭得到明显改善。但是随着加氢脱硫运转的进行,沉积在催化剂上的杂质(焦炭、金属)引起催化剂失活,这就必须要靠提高反应温度来弥补。当温度达预定水平,或沉积物量达到极限水平时,停止运转,并更换催化剂。

催化剂上沉积物达到原始催化剂质量的 65% 时,仍有明显的活性和寿命。催化剂的再生是非常困难的,因为金属是脱不掉的,但是催化剂并未报废,可以卖给金属回收商,回收沉积的金属(Ni + V)和催化剂中的金属。

目前有四种改进过程,这四种过程可以获得含硫量不同的加氢生成油。改进 I 型和 II 型(一个反应器)可使硫含量降低至 1%。改进 III 型(两个反应器串联)可使含硫量为 0.3%,改进 IV 型(四个反应器串联)可使含硫量降至 0.1%。上述四种形式的氢耗分别为 92 127 m³(N)/m³ 和 156 m³(N)/m³。

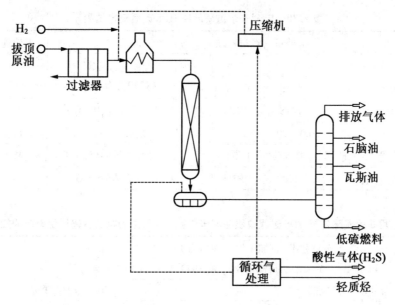

图 7.19　Ⅱ型及 V 型海湾石油公司加氢脱硫
（注：反应器数量及反应系列是可变的）

表 7.29 中给出的是六套在日本运转的 HDS 装置的情况。

表 7.29　海湾石油公司加氢脱硫工业装置
（进料：科威特原油、重油、常压渣油）

公司名	加氢脱硫类型	能力 m³/开工日	开工日期	设计运转周期/月	硫含量（质量分数）/%	
					进料	燃料油
日本矿业公司	Ⅰ	4 444	1 970.1	6	4.0	1.0
出光兴产有限公司	Ⅱ	6 349	1 972.4	6	3.8	4.0
冲绳石油精制	Ⅲ	6 032	1 972.5	6	4.6	1.2
三菱石油公司	Ⅲ	7 143	1 975.11	6	3.8	0.1
出光兴产有限公司	Ⅳ	7 937	1 975.11	6	3.8	0.1
亚细亚石油公司	Ⅲ	4 444	1 978.10	6	3.8	0.3

注：设计的进料是 427 ℃以上油料，其他为 343 ℃以上进料

　　在做经济性估算时所用的重质油是委内瑞拉的毛利卡尔原油（改质前后性质结果汇总见表 7.30）。表 7.31、表 7.32 给出的是加工上述原油所需的投资费用指标（为方便起见，经济性是以美国墨西哥湾沿岸地区费用数值为基准，因为这一带基础是众所周知而且规划较好的，并且是经济研究的正常基础）。

　　表 7.30 毛利卡尔重质原油 HDS 改质测定结果，表 7.32 给出的是海湾石油公司 HDS 改质毛利卡尔重质原油达到符合管输质量要求的生产费用。由表 7.31、表 7.32 可以看出：建立一套这样规模的装置，需投资约 2.54 亿美元（1979 年 3 月），生产费用为每立方米产品 13.5 美元。

表 7.30　毛利卡尔重质原油 HDS 改质测定结果

原油	未处理	经过改质		原油		未处理	经过改质
重度 APL	9.6	21.5	加氢脱硫结果	改制原油收率（体积分数）/%		—	104.3
硫含量/%	4.13	0.71		原油分析/%	石脑油（191 ℃）	1	0
残炭量/%	14.8	8.2			馏分油（343 ℃）	11	28
黏度（98.9 ℃）/（m² · s⁻¹）	580×10^{-6}	13×10^{-5}			FCC 进料油（566 ℃）	39	41
N 含量	0.62	0.34			减压渣油（>566 ℃）	49	29
（Ni + V）含量	468	92					

表 7.31　用 Ⅱ 型海湾公司 HDS 过程改质毛利卡尔重质原油达到符合管输质量要求的投资费用

基准:总加工原油能力为 15 873 m³/开工日

美国墨西哥湾沿岸地区,1979 年 3 月（NRC = 745）

	工艺过程组成部分	投资/×10³ 美元
1	Ⅱ 型加氢脱硫过程（2 套装置）	122 000
2	原油脱盐设备	573
3	氢生产装置（2 套装置）	45 500
4	硫回收（2 套装置）	15 800
5	含硫水的处理装置	1 700
6	催化剂,化学品,专利权费	12 800
7	公用工程	17 600
8	储罐,界区外	29 200
	工厂总投资	245 173
	操作费用	8 577
	所需总成本	253 750

①按日历日的进料速率为 14 285 m³/日历日,改制原油的产量（Ⅱ 型加氢脱硫）为 16 624 m³/开工日（运转平均值）。

表 7.32　海湾石油公司 HDS 过程改质毛利卡尔重质原油达到管输质量要求的生产费用

×10³ 美元/年

基准:装置总加工原油能力为 15 873 m³/开工日

美国墨西哥湾沿岸地区,1979 年 3 月

	直接操作费用及维修费		
1	全部工资	3 800	0.89
2	燃料（天然气）	24 000	4.4
3	催化剂,化学品	17 800	3.2
4	各种操作费	345	0.06
5	维修材料	2 150	0.38

续表 7.32

总计	48 100	8.73
直接制造费用(保险、税收、折旧等)	16 700	3.1
分派制造费用	8 675	1.8
总制造费用	25 375	4.7
全部生产费用	73 475	13.4

7.3.2　移动床加氢工艺

移动床加氢脱硫过程介于固定床和沸腾床之间。它是壳牌公司的荷兰子公司为精制金属含量较高的渣油原料而提出的。壳牌公司称之为料斗式反应(bunker reactor)。在正常操作条件下,它可以连续地加入和取出催化剂,从而维持催化剂一定的活性水平。料斗式反应器结合了固定床反应器的优点(活塞流)和沸腾床、浆液床技术的优点(易于更换催化剂)。料斗式反应器及其底部内构件的示意图如图 7.20 所示。其主要特点可归纳如下:

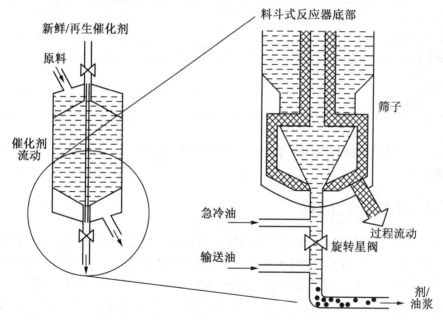

图 7.20　料斗式反应器及其底部内构件的示意图

①反应器内部结构可使催化剂床层随着进料自上而下进行流动。反应器具有装料阀、卸料阀和向催化剂输送管或转移催化剂的转移阀,催化剂床层处于在反应器内使床层移动的两个锥形嵌入物之间。

②反应器内装有一个筛子使催化剂和过程进料分开。

③具有一个全自动的催化剂处理系统。它包括高压循环泵、特殊的旋转星阀和油浆排泄系统。

用料斗式反应器技术可使 HDM 催化剂维持高的活性,且避免床层堵塞,同时可处理高金属含量的减渣。

第一套采用料斗式反应器技术用于 HDM 反应器上的渣油加氢转化装置是建于荷兰的壳

牌荷兰炼厂，其设计处理量为4 000 t/d，处理的原料为 Maya 减压渣油，金属含量为760 μg/g，其简化示意流程如图7.21所示。该装置具有平行的两路，每路各有 5 个反应器，每路的前 3 个反应器都是料斗式反应器，内填有小球的 HIM 催化剂；每路的后两个反应器为固定床反应器，内装有加氢转化催化剂。

由于实际进料的金属含量低于设计值，为减少催化剂消耗，实际操作时将第三个反应器改为固定床反应器。装置运转过程中遇到了一系列问题，大部分是机械和过程控制问题，也有些问题是过程本身。后来，由于第三个反应器结焦污染以致造成堵塞，装置不得不停闭。分析催化剂上金属发现，造成堵塞的原因是渣油中的一些细的铁粉末通过料斗式反应器（在此并没引起任何麻烦），聚集在第一个固定床反应器的催化剂床层上，从而造成了堵塞。解决这一问题的措施是第三个反应器按设计时的要求改成了料斗式反应器。

尽管由于铁粉的堵塞造成了意外的停工，过程的转化率、脱金属率和脱硫率都优于设计要求。Arabian 585 ℃减渣在 Pernis HDM 上的操作数据见表7.33。

表7.33　Arabian 585 ℃减渣在 Pernis HDM 上的操作数据

参数	设计值	实际值
处理量/$(t \cdot d^{-1})$	4 000	4 400
520 ℃转化率/%	47.5	50 ~ 50
装置转化率/%	66	66 ~ 68
脱金属率/%	95	95
脱硫率/%	90	92

但是，由于料斗式反应器的结构复杂，渣油催化剂移动床加氢脱硫过程至今尚未在工业上获得广泛的应用。

7.3.3　沸腾床反应器

1961 年烃研究公司取得了三相沸腾床方法的专利权。在此方法中，由于气相和液相达到较充分的接触，装在反应器内的固体催化剂颗粒处在不规则的运动状态，依靠气相和液相物流的流动维持沸腾床。最佳的液相进料速度为 14 ~ 84 mm/s。最佳的液相气相速度之比不大于 0.4。从设备和经济上考虑，催化剂床膨胀高度不宜超过静止床高的 2 倍。在三相流化床中应用的催化剂主要是直径为 0.8 ~ 1.6 mm、长度为 3 ~ 5 mm 的条状催化剂。由于新鲜原料的进料速度不能保证必需的催化床膨胀，所以采用过程的液体产品（流化用循环油）循环。此循环油与新鲜原料两者比值的范围为$(5 ~ 15):1$。流化用循环油大多是设置在反应器内部的管路或外部管路供给。供氢（氢浓度不低于 75% ~ 80%）速度为 800 ~ 1 400 m^3(N)/m^3 原料。催化剂耗量因原料质量和加工深度而异，在 0.03 ~ 0.56 kg/m^3 原料的范围内。

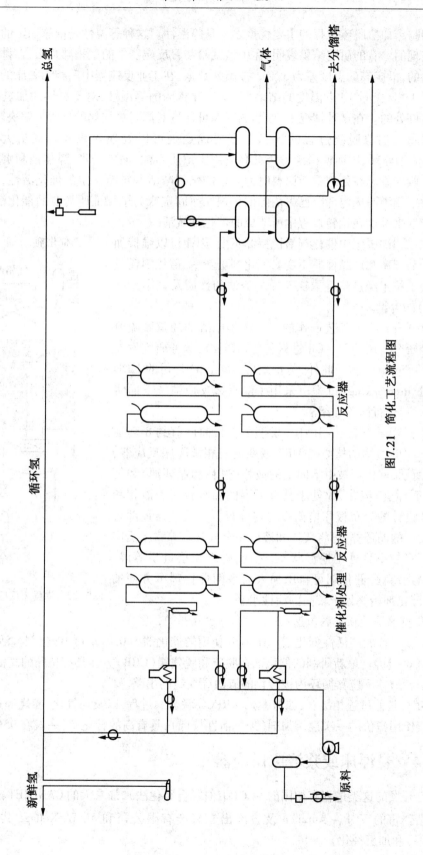

图7.21　简化工艺流程图

三相沸腾床加氢脱硫过程的主要优点之一是等温性。这种等温性是依靠一定的液相和气相之比来实现的。有的研究结果表明,在中型试验装置反应器中的三相沸腾床,在排除补偿加热时是等温的,沿床高的温度差为 3 ℃。按国外数据,在工业反应器中三相沸腾床的沿床高温度差不超过 4 ℃(测量 10 点温度的结果)。三相沸腾床的等温性,对于放热的加氢脱硫过程的进行是有好处的。在这种情况下,取热的问题可通过对原料少加热的方法来解决。

三相沸腾床加氢脱硫过程的第二个重要优点是可以处理含钒和含镍量大于 200 ~ 300 μg/g 的渣油原料,因而使得沸腾床具有应用于重质石油、油砂沥青、煤焦油和页岩油等加氢处理的广阔前景。在处理重质原料时为防止催化剂减活并维持一定的催化活性,可用新鲜催化剂代替三相沸腾床内部分已失活的催化剂。而固定床为了保证所需要的催化活性,必须逐渐提高温度来补偿在运转过程中所造成的催化剂减活。

由于在三相沸腾床中催化剂活性持续不变,因而可以维持加氢脱硫的产品产率和产品性质不变。催化剂更新率、催化剂耗量和相应的加工技术经济指标取决于原料渣油的性质及其中杂质(特别是钒)的含量。

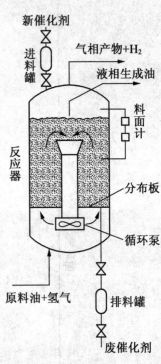

图 7.22 沸腾床反应器示意图

目前已开发并投入工艺操作的三相沸腾床渣油加氢脱硫改进过程是烃研究公司的 H – Oil 过程和鲁玛斯城市服务研究发展公司的 LC – Fining 过程。此外,英特维普(Intevep)公司的 HDH 过程中 H(hydrocracking)过程也采用了沸腾床反应器。下面将对 H – Oil 过程进行简单介绍。

H – Oil 过程是 1959 年由 HRI 发明的。目前已有约 8 套运转装置。H – Oil 过程的核心是 HRT 发明的三相沸腾床反应器,如图 7.22 所示,催化剂被由下向上的液相(进料和循环油)和气体(氢气和循环氢)流化,故处于具有返混的沸腾状态。液相和气相被特殊设计的分布板和格栅板均匀分布。在反应器顶部有一个最新设计的循环杯,可将气体和液体完全分开。沸腾床反应器的操作压降较小且处于返混状态,因此,整个床层近乎等温。更为重要的是,新鲜催化剂可自由加入而平衡催化剂可方便抽出,从而使催化剂始终处于较高的活性水平。

H – Oil 技术的最新发展包括:

①研制新一代的高活性催化剂。H – Oil 使用的催化剂为 0.8 mm 的催化剂。活性金属为 Ni – Mo 或 Co – MQ。最新研制的催化剂在脱硫和脱残炭(CCR)方面具有特殊的高活性。

②研制新型的反应器循环为被转化的渣油寻找新的出路。

H – Oil 与其他过程相结合,如与 FCC – RFCC 联合的过程,以及与气化、燃烧等过程联合。该过程一般使用廉价的一次性添加剂(加氢活性较低),具有高的转化率(一般在 95% 以上)。

7.3.4 悬浮床或浆液床反应器

目前已开发的这类过程有德国的 VCC(韦伯联合裂化法),加拿大的 CANIMET、(HC)₃、美国环球油品公司的 VOP – Aurahon 及日本出光兴产有限公司和 M. W. Kellogg 共同开发的 MRH(渣油缓和加氢裂化)。

　　VCC 是一个热加氢裂化技术,它可以以高转化率把渣油直接转化为馏分油。该过程来源于德国最早的煤液化高压加氢技术,后来慢慢发展到加工渣油,其过程流程如图7.23所示。

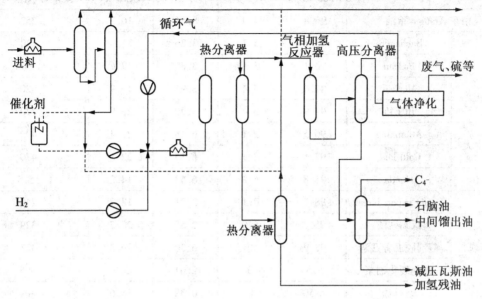

图 7.23　VCC 过程的总流程

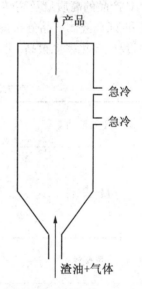

图 7.24　VCC 反应器示意图
（压力:15~25 MPa;温度:425~480 ℃;
最高转化率:95%;添加剂量:1% ）

　　原料首先与细粉添加剂打浆、预热后与循环气和氢气一起进入液相加氢反应器(LPH)。LPH 是一次通过模式(once-through),反应温度为 440~485 ℃,压力约为 25 MPa。反应器内无任何配件,流动自下至上,温度控制是靠冷却气体,如图 7.24 所示。

　　未转化的渣油与添加剂在热分离器中分离后进入一个减压闪蒸塔,再回收部分中间馏分油。这些馏分油再进入一个气相加氢反应器,操作压力与 LPH 相同,但反应温度略低于 LPHVCC 的残油可直接作为燃料烧掉,也可用于气化或者作为焦化进料。

　　VCC 的一个主要优势是它可以适应于任何一种进料。表 7.34 给出的是典型的 VCC 进料性质。之所以 VCC 对任何进料都可以处理,是因为 LPH 的独特设计和添加剂的作用。因为无任何附件,只是一个管式反应器,因而整个反应器几乎是等温的。添加剂的作用除具有流体动力学影响外,它是金属、沥青质等杂质的载体。这种非常细的炭粉物质可吸收金属的硫化物并将之带出 LPH 反应器。

表 7.34　VCC 过程典型进料性质

		>500 ℃/%	API 度	S/%	CCR/%	Ni + V/($\mu g \cdot g^{-1}$)
中东 Arabian 重油		96.8	3.9	8.51	16.2	252
委内瑞拉	Bachaqere	93.1	5.3	3.36	21.4	720
	Boscan	93.1	5.1	5.88	19.6	1 665
	Morical	84.6	5.4	3.91	19.9	620
	BCF45	98.9	6.4	3.20	23.9	770
加拿大	Athabasca	96.5	2.1	6.18	21.4	490
	Cold lake	97.5	2.1	6.15	22.8	470
美国	Honda	91.8	6.8	6.53	14.2	55.5
苏联	Societ export blend	98.3	7.1	3.21	18.7	240
	减黏残渣	95.2	5.0	2.53	26.2	329
	溶剂脱沥青残渣	98.7	0	6.30	29.3	323
	催化裂化油浆	5.5	−3.5	2.61	5.2	<5
	裂解油	>50	0	0.30	15.6	—

VCC 产品的高质量及高转化率是其另一引人之处。表 7.35、表 7.36 分别列出了 VCC 产品质量和 VCC 液体产品分布情况。从这两张表中不难发现,尽管进料极差,但其产品性质却很好,且反应转化率也很高,可高达 95% 左右。

表 7.35　VCC 过程产品质量(进料为脱油沥青)

重石脑油	硫/($\mu g \cdot g^{-1}$)	1
	氮/($\mu g \cdot g^{-1}$)	2
喷气燃料	硫/($\mu g \cdot g^{-1}$)	<10
	芳烃/%	22
	冰点/℃	−46.5
	烟点/mm	20.3
重柴油	硫/($\mu g \cdot g^{-1}$)	10
	十六烷值	44
VGO	硫/($\mu g \cdot g^{-1}$)	<50
	氮/($\mu g \cdot g^{-1}$)	<100
	CCR/%	<0.1

表 7.36　VCC 过程液体产率和氢耗(95% 渣油转化率)

原料	脱沥青残渣
转化率(<524 ℃)/%	95
液体产率(体积分数)/%	100

续表 7.36

原料		脱沥青残渣
液体产品分布	轻石脑油(<82 ℃)%	5.8
	重石脑油(82~177 ℃)%	15.2
	喷气燃料(177~260 ℃)%	27.5
	重柴油(260~343 ℃)%	29.5
	VGO(>343 ℃)%	22
耗氧量/(m³(N)·m⁻³)		360

7.4　加氢反应器及其他高压设备

加氢反应器是加氢装置的主要设备。加氢反应器在高温高压及有腐蚀介质(H_2、H_2S)的条件下操作,除了在材质上要注意防止氢腐蚀及其他介质的腐蚀以外,加氢反应器在工艺结构上还应满足以下要求:

①反应物(油气和氢)在反应器中分布均匀,保证反应物与催化剂有良好的接触;

②及时排除反应热,避免反应温度过高和催化剂过热,以保证最佳反应条件和延长催化剂寿命;

③在反应物均匀分布的前提下,必须考虑反应器有合理的压力降。为此,除了正确解决反应器的长径比外,还应注意防止催化剂粉碎。

根据工艺特点,加氢反应器主要分为固定床反应器和沸腾床反应器两种。

7.4.1　固定床反应器

固定床反应器大致分为两类。

一类是用于反应热较小的加氢过程,多数情况是加氢精制(加氢脱硫)反应器。这种反应器不需要注入冷却介质,催化剂也不需要分层置放,内部结构比较简单,如图 7.25 所示。

原料油和氢气混合物,经反应器入口分配器后,自上而下并流通过催化剂床层。随着操作时间的延长,催化剂层上部逐渐被设备和管线的腐蚀产物,如硫化铁塞、固体杂质等,造成床层压力降上升,以致装置被迫停工。为了解决这个矛盾、一些反应器采用设置篮筐(过滤筐)或者固体捕集器等办法。如图 7.25 所示,多个篮筐用不锈钢制成,使用时一半埋在催化剂里,可以起到增大通过床层面积的作用。为了防止生产过程中高温流体对催化剂的冲击作用及防止催化剂粉末堵塞,在催化剂床层上部和下部装填陶瓷球。

目前一些处理重整原料和汽油的加氢装置,采取了径向反应器。在这种反应器中,油气混合物以气相进入反应器后,被均匀分配到反应器壁及多孔衬筒之间的环形空中去,然后经过小孔径向通过催化剂床层。反应生成物最后经中心管自反应器顶部(或底部)导出。这种反应器的中心管可以自反应器中抽出,以利检修工作。因为物流在反应器中流动的路程较短,仅等于反应器的半径,故径向反应器的优点是可以降低床层压降,因而有利于提高装置的处理能力,减少基建费和操作费。

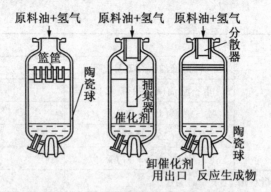

图 7.25 固定床加氢反应架构示意图

图 7.26 和图 7.27 是用于反应热较大的加氢反应器,多数情况下是加氢裂化反应器,或二次加工油料(例如焦化柴油),以及芳烃含量较高的煤油加氢精制反应器。在这类反应器中,催化剂必须分层放置,各层之间注入冷却介质(冷氢)以调节反应温度。这种反应器的内部结构比较复杂,其内部结构设计直接影响到反应效果的好坏。这种反应器有两种结构形式:一种是壳壁开孔(图 7.26),即在反应器筒壁上开孔,供插热偶套管和注冷氢管安装用。另一种结构形式是冷氮管及热偶套管开孔均设在反应器头盖处(图 7.27),在反应器的壳体的内壁上有一个不锈钢的堆焊衬里以减少氢气和硫化氢对反应器壁的腐蚀作用,在衬里和筒壁之间不设绝热层,这种反应器也称为热壁反应器。热壁反应器壁温可达 400 ℃ 以上。有的反应器在不锈钢衬筒和筒壁之间设置绝热层,这是冷壁反应器,冷壁反应器的壁温较低(200 ℃)。

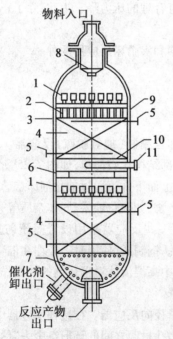

图 7.26 加氢裂化反应器
1—分配盘;2—篮筐;3—壳体;4—催化剂床层;
5—热电偶;6—冷氢盘;7—收集器;8—分配器;
9—陶瓷球;10—橱板;11—冷氢管

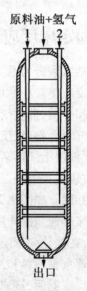

图 7.27 热壁反应器
1—热电偶插入处;2—冷氢注入处

20 世纪 60 年代后期又发展了一种高强度低合金钢的"瓶型"内部结构反应器,如图 7.28 所示。这种反应器在国外多数应用在加氢裂化第一段。这种反应器在内筒和筒体之间形成一环形空间,使新氢流过。由于安装了内衬筒,可以防止有腐蚀的油气与低合金钢的壳体直接接触。新氢从反应器底部进入,经过环形空间向上流动。在反应器顶部与进料一起向下通过催化剂床层进行反应。由于新氢在低温下进入器壁与内衬筒间的环形空间,因此可以起到冷却器壁的作用。反应器内的衬筒要承受内部结构和催化剂重量,还要承受氢气和衬筒之间的压差。反应器底部差压最大,反应器顶部压差最小,因此,内衬筒壁厚由顶部 12.7 mm 变化到底部的 32 mm。

1. 固定床加氢反应器的内部结构

随着加氢反应器向大型化发展,生产和科研单位对反应器的内部结构设计都非常重视。特别是对两相进料的反应器,进料分配的好坏直接影响反应效果、催化剂寿命以及操作周期。

近年来我国从美国引进四套加氢裂化装置,一套中压加氢精制装置,一套加氢降凝装置,共十多台反应器。对这些反应器的结构进行考查比较,可以看到现今生产的加氢反应器的内部结构均由以下几部分组成:进口扩散器(或分散器)、液(流)体分布板、筒式滤油器(或称过滤篮筐)、催化剂床层支件、急冷箱和再分布板以及反应器出口集流器。

(1)反应器入口扩散器(或称分配器)。

如图 7.29 所示,反应器进料从入口进入反应器,一般流速较大,而且集中在反应器中部。为防止其直接冲到分配板上,故在反应器入口处装一个扩散器。扩散器有两个孔道。进入反应器的油气流向和孔道垂直,这样当液流进入反应器的扩散器后不致从某一孔道处短路流出,造成分配不匀。

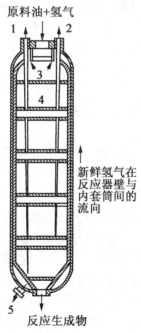

图 7.28　"瓶型"内衬加氢反应器结构示意图
1—热电偶插入处;2—冷氢注入处;3—分配器;
4—催化剂;5—新鲜氢气进入

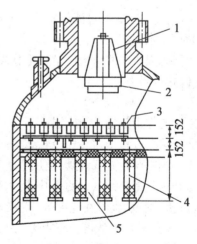

图 7.29　加氢反应器顶部及入口分配器结构示意图
1—扩散器(分配盘);2—分布板;
3—进料分配盘;4—过滤篮筐;5—陶瓷球

（2）液体分配板（盘）。

液体分配板的泡帽结构如图7.30所示，这是保证液体分布均匀的最重要的部分。分配盘上装有带断缝的圆形泡帽。当气液两相物料进到分配盘后，在分配盘上就建立了液层。气体从齿缝通过，同时把液体从环形空间带上去进入下降管。如果液体负荷大，可能会淹没一部分齿缝面积；但由于减小了气体通路面积，增大了气体的流速，从而相应地又会多带走一部分液体，最终达到平衡。从下降管下来的液体呈锥状喷洒到催化剂床层上。据文献报道，这种结构形式的分配盘的另一个优点是传热效率高（达89%），而且对安装水平度的敏感度不大。为了便于装卸催化剂，这种分布盘是由几部分做成的，升气管与盘板滚压嵌接成一体，达到基本密封。

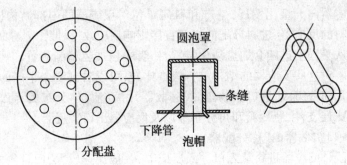

图7.30 进料分配盘及泡帽结构示意图

（3）筒式滤油器（或称过滤篮筐）。

筒式滤油器安装在反应器顶部（图7.29），它给进料提供更大的表面积，这样就允许催化剂床层积蓄较多的垢屑或沉积物而不致过度增大床层压降。每个滤油筒是空心的，用链条结在一起，并用链条固定在支持梁上，以防止卸催化剂时堵塞催化剂卸料管。链条的长度必须足够松弛，以使滤油筒随催化剂床层下沉。根据生产经验，在运转期间，催化剂床层下沉量约5%。

但是也有报道认为，过滤筒安装在分配盘的上部，反应效果更好。

（4）催化剂床层支持件。

支持催化剂床层的结构件是T形横梁、格栅、筛网和陶瓷球。T形横梁横跨筒体，顶部逐渐变尖，以减少阻力。

（5）急冷箱和再分布板。

急冷箱的作用是将上面床层流下来的反应物料和冷氢充分混合，使物料进入下一层催化剂床层之前重新分布均匀。急冷箱结构图如图7.31所示。急冷箱由安装在冷氢管下面的三块板组成。第一层板是截流盘，把反应物料集合起来排入急冷箱。在这层板上，只开两个孔，全部物料和氢气都必须从这两个孔通过，使冷氢和反应物料充分混合。急冷箱置于急冷盘和喷散盘（筛板）之间，油气在此混合，喷散盘上开有很多小孔，使急冷箱物料由此进入第三块板（即泡帽再分布板），再从再分布板进入下一层催化剂床层上。使用装有这种结构急冷箱的加氢裂化和加氢精制反应器的实践证明，这种结构可以保证床层温度非常均匀，每个床层底部的温差都小于1 ℃。

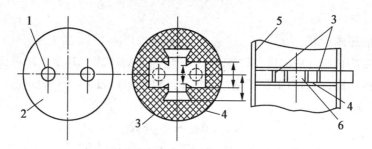

图 7.31　加氢反应器急冷箱结构示意图

1—节流孔;2—截流板;3—挡板;4—筛板;5—反应器壳体;6—急冷箱

（6）出口管上面的集油器。

如图 7.32 所示,起支撑下层催化剂床层的作用,在集油器周围填入陶瓷球。加氢精制反应器内催化剂一般只分两层,所以采用在床层内部连通的四根卸料管,可把催化剂卸至反应器底部排出。

对于加氢裂化反应器,因为床层多,采用连通管时在床层之间会有气体互相串通,对加氢裂化反应不利,所以采用在每个床层的侧壁开口卸催化剂。

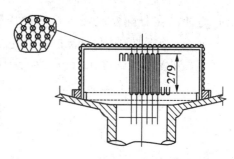

图 7.32　加氢反应器出口集油器结构示意图

2. 固定床加氢反应器工艺尺寸的确定

（1）催化剂装入量。

根据装置年处理量和空间速度,可以由式(7.35)计算出催化剂需要量。

$$V_c = C/(T\rho S_v) \tag{7.22}$$

式中,V_c 为催化剂体积用量;C 为年加工油量;T 为年有效生产时间;ρ 为油的密度;S_v 为体积空速。

（2）反应器的容积。

反应器的容积可按以下公式计算:

$$V_r = V_c/V_F \tag{7.23}$$

式中,V_r 为反应器容积;V_c 为催化剂用量;V_F 为有效利用系数,无因次。

设有内保温的反应器,其有效利用系数（即可装入催化剂的体积与反应器体积之比）只有 $0.5 \sim 0.6$;无内保温的反应器,当催化剂不分层置放时,有效利用系数约为 0.8。

（3）反应器的直径和高度。

关于反应器的高度和直径的确定方法一般只能根据试验、生产经验和工艺要求来确定。一般来说,应着重考虑反应热的排除,混相进料的分配以及干净床层的压力降。

对反应热不大的气相进料,由于不必注入冷氢,而且物流处于气相,容易均匀分布,催化剂不需分层置放,所以采用较小的长径比。但分配情况是压力降的函数,也就是说,当床层深度较浅,压力降过低,将使流体分布不均,催化剂接触效率差。生产实践证明,单位床层高度(m)压力降为 $0.0023 \sim 0.0115$ MPa、长径比为 $0.85 \sim 0.80$ 时,工艺装置催化剂的利用效率与实验室或中型装置数据大致吻合。所以,单位床层高度压力降大于 0.0023 MPa 以及长径比大于 1.0 是决定反应器直径和高度的一个重要条件。

据文献介绍,目前一些反应器的长径比为 $4 \sim 9$;催化剂床层深度一般为 $4 \sim 6$ m,最深床层深度达 11.8 m。

3. 反应器的压降计算

反应器的压降包括反应器进、出口压降及催化剂床层压降。其中入口压降包括入口膨胀及通过分配器的压降;出口压降包括通过集气圈开口及出口收缩的压降。

(1)入口压降 $\Delta p_入$。

$$\Delta p_入 = \Delta p_1 + \Delta p_2 + \Delta p_3 \tag{7.24}$$

$$\Delta p_1 = 5.09 \times 10^{-6} \rho_入 (\mu_{入1} - \mu_{入2})^2 \tag{7.25}$$

$$\Delta p_2 = 6.62 \times 10^{-6} \rho_入^2 \mu_{入2} \tag{7.26}$$

$$\Delta p_3 = 14.25 \times 10^{-6} \rho_入^2 \mu_{入3} \tag{7.27}$$

式中,$\Delta p_入$ 为进口部分总压降,kg/cm^2;Δp_1 为管线到反应器分配器扩大引起的压降,kg/cm^2;Δp_2 为冲击在分配器底板上造成的压降,kg/cm^2;Δp_3 为通入分配器开口处引起的压降,kg/cm^2;$\rho_入$ 为反应器入口处流体的密度,kg/m^2;$\mu_{入1}$ 为反应器入口处流体线速度,m/s;$\mu_{入2}$ 为分配器管段处流体线速度,m/s;$\mu_{入3}$ 为分配器流体线速度,一般可取 9~12 m/s。

(2)出口压力降 $\Delta p_出$。

$$\Delta p_出 = \Delta p_4 + \Delta p_5 \tag{7.28}$$

$$\Delta p_4 = 14.25 \times 10^{-6}_{\rho_出 \mu_集} \tag{7.29}$$

$$\Delta p_5 = 5.09 \times 10^{-6}_{\rho_出 \mu_出} \tag{7.30}$$

式中,$\Delta p_出$ 为出口总压降,kg/cm^2;Δp_4 为通过集气圈开口处引起的压降,kg/cm^2;Δp_5 为由集气圈进口管线收缩引起的压降,kg/cm^2;$\rho_出$ 为反应器出口处流体的密度,kg/m^3;$\mu_出$ 为反应器出口处流体线速度,m/s;$\mu_集$ 为集气圈开口处流体线速度,一般可取 9~12 m/s。

(3)催化剂床层压降计算。

关于床层压力降的计算公式很多,但只有两个计算公式适合计算加氢反应器的床层压降。这就是仿照流体在空管中流动的压降公式而导出的埃冈(Ergun)公式,以及用于计算混相床层压降时采用的拉尔金(Larkin)推导的关联式。前者适用于单相流压降计算,后者常用于滴流床压降计算。

Ergun 认为,流体流过床层的压降,主要是由于流体与颗粒表面间的摩擦阻力和流体在孔道中的收缩、扩大和再分布等局部阻力引起。当流动状态为层流时,以摩擦阻力为主;当流动状态为湍流时,以局部阻力为主。

因此,流体在空圆管中等温流动时,计算压降公式为

$$\Delta p = f \frac{L}{d} \frac{\gamma_f \mu^2}{2g} \tag{7.31}$$

式中,Δp 为压力降,kg/m^2;f 为摩擦阻力系数;L 为管长,m;d 为管内径,m;γ_f 为流体重度,N/m^3;μ 为流体平均流速,m/s;g 为重力加速度,m/s^2。

上式应用于固定床时,管长 L 以 L' 代替,$L' = f_L L(f_L > 1,$ 为系数);管内径 d 以床层当量直径 d_c 代替,有

$$d_c = 4R_H = 4 \times \frac{流道有效截面积}{流道润湿周边长} = 4 \times \frac{底层空隙体积}{总的润湿面积}$$

$$= \frac{4(床层空隙体积/床层总体积)}{总的润湿体积/床层总体积} = 4 \frac{\varepsilon}{S_c} \tag{7.32}$$

式中，d_c 为固定床当量直径，m；R_H 为水力半径，m；ε 为床层空隙率；S_c 为床层的比（外）表面积，m^2/m^3。

由试验得

$$\Delta p = f\frac{L'}{d_c}\frac{\gamma_f u_i^2}{2g} = f\frac{f_L L \times 3 \times (1-\varepsilon)}{2\varepsilon d_p}\frac{\rho_f g}{2gg_c}\left(\frac{u}{\varepsilon}\right)^2 = f'\frac{L(1-\varepsilon)}{\varepsilon^3}\frac{\rho_f u^2}{d_p g_c} \qquad (7.33)$$

式中，f' 为系数，$f' = \dfrac{3}{4}ff_L$；ρ_f 为流体密度，kg/m^3；g_c 为换算因子，$g_c = 9.8 \ kg/m$。

由试验得出

$$f' = 150/(Re_m) + 1.75$$

式中，Re_m 为修正雷诺数。

$$Re_m = \frac{d_p \rho_f u}{\mu}\frac{1}{1-\varepsilon}$$

代入上述关系式，得 Ergun 固定床压降计算公式为

$$\frac{\Delta p}{L} = 150\frac{(1-\varepsilon)^2}{\varepsilon^3}\cdot\frac{\mu u}{d_p^2 g_c} + 1.75\frac{\rho_f u^2}{d_p g_c}\left(\frac{1-\varepsilon}{\varepsilon^3}\right) \qquad (7.34)$$

式中，μ 为流体黏度，$kg/(m \cdot s)$；其余符号意义及单位均同前。

式（7.34）中右侧第一项表示摩擦损失，第二项表示局部阻力损失。从式（7.47）可以看出：增大流体空床平均流速 u，减小颗粒直径 d_p，以及减小层空隙率 ε 都会使床层压降增大；其中尤以空隙率的影响最为显著。

Ergun 公式（7.34）作为单相压降的计算公式，在加氢精制反应器床层压降计算中和反应器尺寸的确定中，已被国外许多工程公司推荐使用。

在加氢过程中，反应系统内有大量含氢气体存在，原料油流过反应器时，根据原料油的沸程、操作条件以及催化剂的性能，可能有三种流动状态：①全气相（汽油或重整原料加氢精制）。②呈两相鼓泡流态体（连续液相），例如在轻柴油加氢精制运转初期，反应器入口及出口条件。③两相滴流状态（连续气相）。单相流体经过床层的压降比两相（混相）的压降要小。因此，在混相情况下压降计算采用 Ergun 公式时要对该式进行两相校正。国外工程公司推荐两种校正方法：用 Larkin 关联式进行校正，或采用 Mobil 石油公司在加氢反应器设计规程中推荐的方法。一般，在初步设计要求对反应器进行初算时，拉尔金关联式比较简便，但计算结果偏低。

用 Mobil 公司法计算反应器压降时，首先要确定两相流动状态。由于反应器的进料状态会因运转周期的开始和终了而发生变化，所以必须根据装置运转的初期和末期反应器入口和出口条件下原料油的性质分别计算出压降，然后取其平均值作为反应器的计算压降。这时得到的压降乃是反应器干净床层压降。在操作过程中，由于催化剂积炭以及末层颗粒压实，压降会逐渐增大。因此，反应器的设计压降应等于计算压降的 4～5 倍。经验表明，以运转周期为准，混相进料的干净床层压降以不超过 0.08 MPa 为宜，每米床层高度压降不应小于 0.002 1 MPa。这样可以保证液体进料在固体颗粒表面上有良好的分布。

关于利用 Mobil 公司法计算加氢反应器的详细内容，可参阅有关资料。关于利用 Larkin 关联式计算加氢反应器压降可参考有关文献。

在选定反应器长径比（例如 8～12）后，如果计算所得的压力降超过允许范围，则需要调整反应器直径和床层深度，直到计算的压力降在允许的范围为止。

7.4.2　沸腾床加氢反应器

当采用沸腾床加氢工艺处理渣油及重质油时,由于克服了床层堵塞引起压降上升的缺点,以及可利用催化剂连续加入和排出废催化剂的方法来维持催化剂活性,从而使运转周期延长。

关于沸腾床反应器的结构,国内外文献报道均较少。下面简单介绍氢油法(H‑oil)沸腾床加氢反应器的结构。

图7.24为沸腾床反应器。这种反应器的结构比较复杂,包括以下4个关键环节:①进、排催化剂系统;②高温高压下操作的循环泵;③三相(气‑液‑固)料面计;④分布进板经过改进后,沸腾床反应器的内部结构如图7.33所示。

据报道,国外炼厂沸腾床渣油加氢工业装置采用的反应器是一个多层包扎式高压容器,有效高度为16 500 mm,有效容积为173 m³。在衬筒和衬里之间有一层厚153 mm隔热混凝土,使反应器壁温保持在260 ℃以下。

最初循环泵安装在反应器筒体内部,因为这种结构对操作和维修不便,已改成将循环泵安装在筒体外

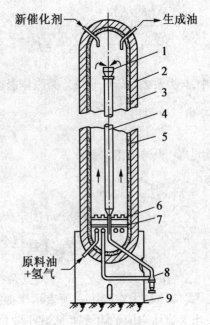

图7.33　沸腾床反应器内部结构
1—喇叭口;2—壳体;3—内保湿;4—循环管;
5—内衬管;6—泡帽分布板;7—分配板;
8—循环泵;9—底座

(图7.33)。循环泵入口管由反应器底部插入,并伸至反应器上部料面计上。循环管直径为457 mm的不锈钢管,泵入口管直径约为300 mm,出口管直径为200 mm。循环油经反应器底部分配盘下面的环形分配管喷出,再通过分配盘均匀地分配,形成流化状态。分配盘上有泡帽起分配作用。原料油由反应器底部进入,经分配器喷出,然后与循环油一起经分配盘进入反应空间。生成油由反应器顶部排出。新催化剂由进料系统自顶部加入,废催化剂由底部排出。泡帽分配器可以保证气液均匀分布在反应器截面上。为了防止液体和催化剂在装置停工时发生倒流现象,泡帽结构中有一个单向止回球阀,安装在升气管的上部开口处。装在升气管顶部的泡帽可以使液体反射回来,再往下经过分布板,然后再向上分配。

沸腾床反应器可使用两种催化剂,一种是很细的粉末状催化剂,另一种是0.8 mm挤条剂。这两种催化剂在工业上使用都很成功。

7.4.3　加氢装置的其他高压设备

加氢装置反应部分的其他高压设备主要有:加热炉、换热器、冷却器及分离器等。下面仅简单介绍这些设备的主要性能及工艺数据。

1. 加热炉

我国炼厂加氢装置采用的加热炉有三种类型:①电加热炉式管式炉;②纯对流式加热炉;③辐射式管炉。纯对流式加热炉有传热比较均匀、管壁温度较低、比较容易控制和平稳安全运行等优点。它的缺点是传热效率低、钢材耗量大、设备费用以及操作维修费都较高。所以目前

国外炼厂以及国内新建和引进加氢装置都采用了辐射式(辐射对流式)管式炉。辐射传热比对流传热效率高数倍,因而可以节省大量昂贵的不锈钢材,大大降低炉子建造和操作费用。

加氢工艺流程分为炉前混氢和炉后混氢两种。炉后混氢需要两台加热炉,即原料油加热炉和循环氢加热炉。炉管材料可以根据介质的腐蚀性分别加以选择,可以少用一部分不锈钢管。管内流体是单相流动(气相或液相),因此比较平稳和容易控制。但是占地面积和总的材料消耗量都比较大,管线连接复杂,操作费用也大,有时也达不到节省不锈钢材的目的。

随着两相流体流动力学研究的发展,目前已掌握炉管内两相流的规律,所以加氢工艺流程大多数改为炉前混氢。炉前混氢只需一台炉子,一套控制设备,材料消耗和占地面积都较少,费用亦低。在这种炉管中流体呈两相流动。由于氢油比很大,所以流体体积很大,通常需要分成多管程。加氢装置采用的辐射式管式炉有两种炉型:圆筒立管式加热炉以及卧管立式加热炉。圆筒炉和立式炉的炉管程数选择比较方便,所以目前在加氢工艺中比较常用。

对于炉前混氢的加热炉,炉管最好采用垂直吊装。因为在横管内,油和气体有分层流动现象,即管内油在下层,气体在上层流动,不能达到良好的气液接触。在直立的炉管中,当流体向下流动时,大部分液体成很薄的油膜沿管壁向下流动,氢气则在管中心流动,薄层的膜有利于氢气向油中扩散,提供了进行加氢反应的物理条件。在炉管下部回弯头处,液体滞留到一定高度时,形成压力差,然后被炉管中气体像活塞一样地向上推动。由于重力的作用,液体活塞有下落的趋势,也可以起到增加气体扩散到油中的作用。但是因为管内是混相,容易产生偏流现象,所以直立式炉管内两相流动的流体力学参数需要选择得当,否则在炉管内会产生周期性的空管现象,从而破坏管内平稳流动状态。关于炉管内双相流结构状态的研究工作做得不很充分,但是根据现有的文献资料,在设计加热炉时,可以概略地确定双相流的状态,然后再根据经验数据加以修正。

我国引进的柴油加氢精制装置采用了卧管式加热炉,炉管分成两程。油气分两路进入对流室,原料油和氢气先与生成油换热,然后用调节阀控制流量混合进加热炉。为了保证两路流量均匀,设计中采用了炉前和炉后管线对称布置,并正确选定了弯头和直管的长度。生产实践证明,这种设计可以保证两路流体流量均匀分配。

根据国外工程公司的设计经验,加热炉的热负荷系按初期操作时的热平衡和物料平衡来确定,同时还要考虑开工和催化剂再生时所需的热负荷。此外还要考虑换热器因结垢对换热效率的影响,这部分热量约占预期回收热量的20%。

此外,加热炉的热负荷也推荐用以下公式进行计算:

加热炉设计热负荷 = 正常热负荷 + 5% 换热负荷 + 50% 反应热

现将柴油加氢精制加热炉的主要工艺参数列于表7.37。

表7.37　柴油加氢精制加热炉的主要工艺参数

项目	工艺参数
原料油流量/(t · h^{-1})	100
混合氢流量/(kg · h^{-1})	12 541
入炉温度/℃	305
出炉温度/℃	350
入炉气化率(质量分数)/%	24. 147

续表 7.37

项目	工艺参数
出炉气化率/%	38.102
全炉热负荷/(kJ·h^{-1})	22.58×10^6
辐射室热负荷/(kJ·h^{-1})	18.73×10^6
对流室热负荷/(kJ·h^{-1})	3.94×10^6
空气预热器热负荷/(kJ·h^{-1})	4.158×10^6
辐射管热强度/(kJ·m^{-2}·h^{-1})	119 700
对流管热强度/(kJ·m^{-2}·h^{-1})	45 360
全炉热效率/%	82
炉管压降/(kg·cm^{-2})	4.5
过剩空气系数 a	1.2
辐射、对流管外径/mm	165.2
炉管壁厚/mm	7.5
程数	2

2. 换热器

加氢装置用的换热器有浮头式和 U 形管式两种。U 形管式换热器在高温高压下使用比较适合,因为 U 形管具有较好的自由伸缩性能,能很好地吸收热膨胀,避免热应力的产生。缺点是管内结焦或被脏物堵塞后清洗困难。因此,一般只用于管内流体比较干净的介质。

浮头式换热器以立式安装为宜,因为立式安装占地面积小,而且可以避免卧式安装时容易造成油气分层的缺陷。立式安装的缺点是检修抽芯时要有大型起重设备,而卧式换热器检修较方便。

采用浮头式换热器时,加氢生成油走管程,原料油与氢气混合物走壳程。根据我国过去的生产经验,换热器使用时,传热系数为 160~200 kcal/(m^2·h·℃),后期由于管束结焦或结垢而使传热系数下降至 80~100 kcal/(m^2·h·℃)。可是从国外引进的加氢装置的换热器,传热系数大大超过国内水平,以原料混合进料与生成油的换热器为例,运转初期传热系数为 483 kcal/(m^2·h·℃),在末期为 483 kcal/(m^2·h·℃)。这种换热器的管长为 6 m,总传热面积为 436 m^2 时,用 473 根 U 形管管外径为 25.4 mm,壁厚为 2.11 mm。下面将引进加氢装置的换热器和冷却器的主要工艺数据列于表 7.38。

表 7.38 加氢装置换热器及冷却器工艺数据

设备名称	介质		入口温度/℃		出口温度/℃		流速/(m·s^{-1})		传热系数	传热面积/m^2
	壳程	管程	壳程	管程	壳程	管程	壳程	管程		
原料生成油换热器	原料氢混合物	生成油	161	413	313	313	5.8	3.5	2 028.6 净 (483) 1 213.8 垢 289	436

续表 7.38

设备名称	介质		入口温度/℃		出口温度/℃		流速/(m·s⁻¹)		传热系数	传热面积/m²
	壳程	管程	壳程	管程	壳程	管程	壳程	管程		
生成油水冷气	生成油	冷却水	54	32	40	40	2.8	10	1 944.6 净(483)1 205.4 垢289	332

3. 冷却器

冷却器用来冷却加氢生成油和循环气,冷却后生成油温度降至 30 ℃。加氢生成油的冷却可采用分段或一段进行,这要根据热量回收方案、循环氢入压缩机的温度、产品分离方式以及循环氢的纯度来确定。根据生产经验,如果生成油是宽馏分,需要冷却到 30 ~ 40 ℃,这时适宜采用分段冷却:先在较高温度下将重质油冷凝(例如在 150 ~ 200 ℃),分出后送去分馏装置,然后再把轻馏分冷却到所需温度。如果降温时生成油黏度大,分离器液面"起泡",循环气带油,这时应把冷却和分离温度提高(60 ~ 80 ℃),然后分出循环氢,再单独冷却到 30 ~ 40 ℃。

加氢装置所用冷却器有喷淋式、套管式和管壳式三种。为了节省用水、减少对环境的污染,近来越来越多地采用了空冷器。空冷器的传热系数低,翅片管一般只有 63 ~ 83 kJ/(m²·h·℃)。空冷器要求热流入口温度不超过 250 ℃,否则会使铝翅片受热膨胀,加大翅片与光管间的间隙,影响传热。

现将加氢装置用不同形式冷却器的传热系数列入表 7.39。

表 7.39　加氢装置用冷却器传热系数

形式	浸没式	套管式		管壳式	喷淋式	空冷式	
传热系数/(kJ·m²·h⁻¹·℃⁻¹)	210 ~ 630	水质好	1 680 ~ 2 100	840 ~ 1 260	1 680 ~ 2 940	对总表面	63 ~ 48
		水质差				清洁管	1 843.8
						光管操作时	1 411.2

目前,加氢设备的发展趋势,是随加氢工业的发展和装置规模的逐渐增大而向大型化方向发展。例如,国外新建的加氢裂化装置反应器直径已达 1 200 ~ 1 440 mm,质量为 150 ~ 600 t。显而易见,随着设备大型化的发展,高强度低合金钢的推广,高压设备新型结构的研制,以及其他方面的科技成就,都将使加氢装置的基建投资进一步降低,经济效益大大提高。所有这些都是加快发展加氢工艺、提高原油加工深度的有利因素。

第8章 催化重整

8.1 概 述

8.1.1 催化重整的原料和产品

催化重整是一个以汽油(主要是直馏汽油)为原料生产高辛烷值汽油及轻芳烃(苯、甲苯、二甲苯,简称 BTX)的重要的炼油过程,同时也产生相当数量的副产物——氢气。催化重整汽油是无铅高辛烷值汽油的重要组分。在发达国家的车用汽油组分中,催化重整汽油约占 25% ~ 30%。苯、甲苯、二甲苯是一级基本化工原料,全世界所需的 BTX 有一半以上是来自催化重整。氢气是炼厂加氢过程的重要原料,而重整副产物——氢气是廉价氢气的来源。表8.1 列出了某铂铼催化剂固定床催化重整装置的原料、反应条件及产物情况。

表 8.1 某铂铼催化重整装置的原料、反应条件及产物情况

原料油		反应条件			
沸点范围/℃	族组成 P/N/A	重时空速/h^{-1}	氢油比/(mol · mol^{-1})	平均压力/MPa	起始温度/℃
72 ~ 18	44.02/43.18/12.80	1.1	6.0	2.06	505
产物				运转周期/月	
C$_5$ + 汽油收率(质量分数)/ %	C$_5$ + 汽油辛烷值(RON)	氢气产率(质量分数)/%	芳烃产率(质量分数)/%		
80.4	102	2.4	61.50	18.2	

催化重整过程的主要反应是原料中的环烷烃及部分烷烃在含铂催化剂上的芳构化反应,同时也有部分异构化反应。这些反应产生芳烃和异构烃,从而提高了汽油的辛烷值。表 8.2 列出了汽油馏分中的部分单体烃的沸点和辛烷值。

催化重整的原料主要是直馏汽油馏分,生产中也称石脑油(naphtha)。在生产高辛烷值汽油时,一般采用84~180 ℃的馏分。馏分的终馏点过高会使催化剂上结焦过多,导致催化剂失活快及运转周期缩短。沸点低于80 ℃的 C$_6$ 环烷烃的调和辛烷值已高于重整反应产物苯的调和辛烷值(表8.2),因此没有必要再去进行重整反应。当以生产 BTX 为主时,则宜用 60 ~ 145 ℃馏分做原料,但在生产实际中常用 60 ~ 130 ℃馏分做原料,因为 130 ~ 145 ℃馏分是在航空煤油的馏程范围内。二次加工所得的汽油馏分,因含有较多的烯烃及硫、氮等非烃化合物(如焦化汽油馏分等)不适于用作重整原料。在反应条件下,烯烃容易结焦,硫、氮等化合物则会使催化剂中毒。如果有必要,焦化汽油作为重整原料应先经加氢精制脱除烯烃及硫、氮等非烃化合物后才能掺入直馏汽油馏分。

表8.2 汽油馏分中的部分单体烃的沸点和辛烷值

单体烃	沸点/℃	实测辛烷值		调和辛烷值	
		RON	MON	RON	MON
正己烷	68.7	26	26	19	22
异己烷	60.3	73.4	73.5	—	—
甲基环戊烷	71.8	91	80	107	99
环己烷	80.8	83	77	110	97
苯	80.1	>100	>100	98	91
正庚烷	98.8	0	0	0	0
2 - 甲基己烷	90.1	42	46	41	42
甲基环己烷	100.9	74.8	71.1	104	—
甲苯	110.6	>100	>100	124	112
正辛烷	125.7	−19	−17	—	—
2,2,4 - 三甲基戊烷(异辛烷)	99.2	100	100	100	100[i]
乙基环己烷	103.0	67	61	75	67
乙苯	136.5	>100	98	124	107
对二甲苯	138.5	>100	>100	146	127

8.1.2 催化重整技术发展简况

催化重整工艺技术的发展是与重整催化剂的发展紧密联系的。从重整催化剂的发展过程来看,大体上经历了三个阶段:

第一阶段是从 1940 ~ 1949 年。1940 年在美国建成了第一套以氧化钼/氧化铝作为催化剂的催化重整装置,后来又出现了以氧化铬/氧化铝作为催化剂的工业装置。这类过程称为临氢重整过程,可以生产辛烷值达 80 左右的汽油。这个过程中催化剂的活性不高,汽油的辛烷值也不太高,反应积炭使催化剂活性降低较快,通常在进料几个小时后就要停止进料而进行再生,因而反应周期短、处理能力小、操作费用大。而后虽然也发展了移动床和流化床重整使过程连续化,但是其本质的缺点并没有完全克服。因此,在第二次世界大战以后,临氢重整就停止了发展。

1949 年美国 UOP 公司开发出含铂重整催化剂,并建成和投产第一套铂重整工业装置,开始了催化重整的大发展时期。Pt/Al$_2$O$_3$ 催化剂的活性高、稳定性好,选择性好,液体产物收率高,而且反应运转周期长,一般可连续生产半年以上而不需要再生。铂重整过程采用3~4个串联的固定床反应器,经过较长时间(一般为 0.5 ~ 2 a)的连续运转后,催化剂的活性因积炭增多而大大下降,此时停工就地(留在反应器内)再生。再生后催化剂的活性基本恢复到新鲜催化剂的水平,然后进入下一个周期运转。自第一套铂重整装置投产后的 20 年间,铂催化剂的性能不断改进,工艺技术也相应地有所发展。例如除上述的半再生式流程外,还有末反流再生流程(流程中多设一个反应器,每次再生时只有生产流程中的最后一个反应器进行再生,使生产不间断)、分段混氢流程等。

1967 年雪弗隆研究公司(CRC)宣布发明成功铂铼/氧化铝双金属重整催化剂并投入工业应用,称为铼重整过程,国内则多称之为铂铼重整。自此开始了双金属和多金属重整催化剂及与其相关的工艺技术发展的时期,并且逐渐取代了铂催化剂。铂铼催化剂的突出优点是容碳能力强,有较高的稳定性,因此可以在较高的温度和较低的氢分压下操作而保持良好的活性,从而提高了重整汽油的辛烷值,而且汽油、芳烃和氢气的产率也较高。在使用铂铼催化剂时仍广泛采用固定床反应器及半再生式流程,近年来则较多地采用移动床连续再生式的连续重整流程。除了铂铼催化剂外,近年来工业上还广泛采用铂锡重整催化剂,这类催化剂主要是用于连续重整装置。

目前,催化重整已在炼油工业中占有重要的地位,其处理量在 1995 年已达 $4.14 \times 10^8 \ t \cdot a^{-1}$,在发达国家,催化重整的加工能力占原油加工能力的 10% ~ 20%。在轻芳烃的生产中,催化重整也占有重要的地位。

8.1.3 催化重整工艺流程概述

生产的目的产品不同时,采用的工艺流程也不相同。当以生产高辛烷值汽油为主要目的时,其工艺流程主要包括原料预处理和重整反应两大部分。而当以生产轻芳烃为主要目的时,则工艺流程中还应设有芳烃分离部分,这部分又包括反应产物后加氢以使其中的烯烃饱和、芳烃溶剂抽提、混合芳烃精馏分分离等几个单元。图 8.1 是以生产高辛烷值汽油为目的产品的铂铼重整装置工艺原理流程。

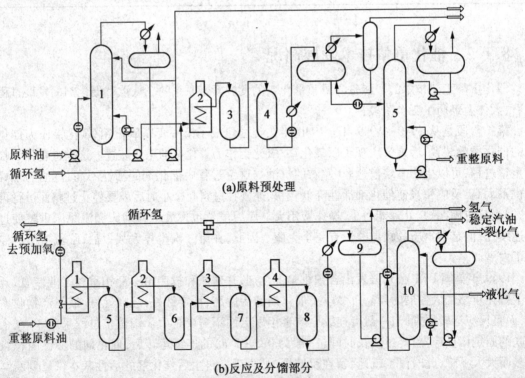

(a)原料预处理

(b)反应及分馏部分

图 8.1   铂铼重整装置工艺原理流程

(a)原料预处理部分:1—预分馏塔;2—预加氢加热炉;3,4—预加氢反应器;5—脱水塔

(b)反应及分馏部分:1,2,3,4—加热炉;5,6,7,8—重整反应器;9—高压分离器;10—稳定塔

1. 原料预处理部分

原料的预处理包括原料的预分馏、预脱砷、预加氢三部分,其目的是得到馏分范围、杂质含量都合乎要求的重整原料。为了保护价格昂贵的重整催化剂,对原料中的杂质含量需进行严格的限制,但是各厂家采用的限制要求存有一些差异。UOP 公司在总结经验的基础上,对重整原料中杂质含量的限制要求做了一些修改和补充,其要求见表 8.3。

表 8.3　重整原料中杂质含量的限制要求

$\mu g \cdot g^{-1}$

杂质	含量	杂质	含量
硫	0.15 ~ 0.5	氮	≤0.5
氯化物	≤0.5	砷	≤0.001
水	≤2	氟化物	≤0.5
铅	≤10	磷化物	≤0.5
铜	≤10	溶解氧[①]	≤1.0

注:①只是针对从罐区来料

(1)预分馏。

预分馏的作用是切取合适沸程的重整原料。在多数情况下,进入重整装置的原料是原油常压蒸馏塔塔顶小于 180 ℃(生产高辛烷值汽油时)或小于 130 ℃(生产轻芳烃时)汽油馏分。在预分馏塔,切去小于 80 ℃ 或小于 60 ℃ 的轻馏分,同时也脱去原料油中的部分水分。

(2)预加氢。

预加氢的作用是脱除原料油中对催化剂有害的杂质,使杂质含量达到限制要求。同时也使烯烃饱和以减少催化剂的积炭,从而延长运转周期。预加氢催化剂一般采用钼酸钴、钼酸镍催化剂,也有用复合的 W – Ni – Co 催化剂。典型的预加氢的反应条件是:压力为 2.0 ~ 2.5 MPa,氢油体积比(标准状态)为 100 ~ 200,空速为 4 ~ 10 h^{-1},氢分压约为 1.6 MPa。若原料的含氮量较高,如大于 1.5 μg/g,则须提高反应压力。当原料油的含砷量较高时,则须按催化剂的容砷能力(一般为 3% ~ 4%)和要求使用的时间来计算催化剂的装入量,并适当降低空速。也可以采用在预分馏之前预先进行吸附法或化学氧化法脱砷。吸附脱砷法比较简单,所用吸附剂是浸渍有硫酸铜的硅铝小球,吸附在常温下进行。

预加氢反应生成物经换热、冷却后进入高压分离器。分离出的富氢气体可用于加氢精制装置。分离出的液体油中溶解有少量 H$_2$O、NH$_3$、H$_2$S 等需要除去,并进入脱水塔进行脱水。重整原料油要求的含水量很低,一般的汽提塔难以达到要求,故采用蒸馏脱水法。这里的脱水塔实质上是一个蒸馏塔。塔顶产物是水和少量轻烃的混合物,经冷凝冷却后在分离器中油水分层,再分别引出。如果需要进一步降低硫含量,可以将预加氢生成油再经装有氧化锌吸附剂的脱硫器。

2. 重整反应部分

经预处理的原料油与循环氢混合,再经换热、加热后进入重整反应器。重整反应是强吸热反应,反应时温度下降。为了维持较高的反应温度,一般重整反应器由三至四个反应器串联,反应器之间由加热炉加热到所需的反应温度。各个反应器的催化剂装入量并不相同,其间有一个合适的比例,一般是前面的反应器内装入量较小,后面的反应器的装入量较大。反应器入口温度一般为 480～520 ℃,第一个反应器的入口温度较低些,后面的反应器的入口温度较高些。在使用新鲜催化剂时,反应器入口温度较低,随着生产周期的延长,催化剂活性逐渐下降,入口温度也相应逐渐提高。对铂铼重整,其他的反应条件是:空速为 1.5～2 h^{-1},氢油比(体)约为 1 200:1,压力为 1.5～2 MPa。对连续再生重整装置的重整反应器,反应压力和氢油比都有所降低,其压力为 1.5～0.35 MPa;氢油分子比为 3～5,甚至降到 1。

由最后一个反应器出来的反应产物经换热、冷却后进入高压分离器,分出的气体含氢 85%～95%(体积分数),经循环氢压缩机升压后大部分作为循环氢使用,少部分进入预处理部分。分离出的重整生成油进入稳定塔,塔顶分出液态烃,塔底产品为满足蒸气压要求的稳定汽油。

当以生产芳烃为主要目的时,重整生成油还需经过后加氢以使其中的少量烯烃饱和。其原因是在芳烃抽提时,烯烃会混入芳烃中而影响芳烃的纯度。传统的后加氢催化剂是钼酸钴和钼酸镍,反应温度为 320～370 ℃。近年来国内开发的新的含钯后加氢催化剂可以在较缓和的条件下进行反应(反应压力为 1.4 MPa,温度为 170 ℃),取得了比较满意的结果。

对于采用固定床反应器的重整装置,其工艺流程基本相同,只是在局部上有所差异。对连续再生重整装置,其反应器和再生器是分开的,而且是采用移动床,其重整反应部分的流程与上述流程有较大的差异。

8.2　催化重整的化学反应

8.2.1　催化重整化学反应的类型

催化重整的目的是提高汽油的辛烷值或制取芳烃。为了达到这个目的,就必须了解在重整过程中发生了哪些反应,哪些反应是有利的,而哪些反应是不利的,以便设法促进有利的反应并抑制不利的反应,从而尽可能得到最多的目的产物。

在催化重整反应中发生的化学反应主要有以下五类:

(1)六元环烷烃的脱氢反应。

例如:

(2)五元环烷的异构脱氢反应。

例如:

（3）烷烃的环化脱氢反应。

例如：

$$C_6H_{14} \rightleftharpoons \text{（环己烷）} + 4H_2$$

$$C_7H_{16} \rightleftharpoons \text{（甲苯）}CH_3 + 4H_2$$

（4）异构化反应。

例如：
$$n - C_7H_{16} \rightleftharpoons i - C_7H_{16}$$

（5）加氢裂化反应。

例如：
$$n - C_8H_{18} + H_2 \longrightarrow 2i - C_4H_{10}$$

除了以上五类反应外,还有烯烃的饱和以及生焦反应等。生焦反应虽然不是主要反应,但是它对催化剂的活性和生产操作却有很大的影响。

以上前三类反应都是生成芳烃的反应,无论生产目的是芳烃还是高辛烷值汽油,这些反应都是有利的。尤其是正构烷烃的环化脱氢反应会使辛烷值大幅度地提高。这三类反应的反应速率是不同的:六元环烷的脱氢反应进行得很快,在工业条件下能达到化学平衡,它是生产芳烃的最重要的反应;五元环烷的异构脱氢反应比六元环烷的脱氢反应慢得多,但大部分也能转化为芳烃;烷烃环化脱氢反应的速率较慢,在一般铂重整过程中,烷烃转化为芳烃的转化率很小。铂铼等双金属和多金属催化剂重整的芳烃转化率有很大的提高,主要原因是降低了反应压力和提高了反应速率。

异构化反应对五元环烷异构脱氢反应以生成芳烃具有重要意义。对于烷烃的异构化反应,虽然不能生成芳烃,但却能提高辛烷值。

加氢裂化反应生成较小的烃分子,而且在催化重整条件下的加氢裂化还包含有异构化反应,因此加氢裂化反应有利于提高辛烷值。但是过多的加氢裂化反应会使液体产物收率降低,因此,对加氢裂化反应要适当控制。

在生产高辛烷值汽油时,不但要求汽油的辛烷值高,而且要求 $C_5 +$ 生成油的产率也要高。这就存在着反应产物的产率与质量之间的矛盾,这一矛盾通常反映在辛烷值 – 产率关系上。对于一定的原料,存在一定的辛烷值 – 产率的理论关系。图 8.2 表示某重整原料的理论产率与辛烷值的关系。该原料的辛烷值为 31,环烷脱氢反应达到化学平衡时,汽油的辛烷值并不太高,烷烃异构化反应达到化学平衡时能得到高一些的辛烷值。当这两者都达到化学平衡时,辛烷值可达到 70 左右,此时汽油产率（体积分数）为 93%。超过此点以后,进一步提高辛烷值可由烷烃脱氢环化反应和加氢裂化反应来达到。

由图 8.2 可见,通过烷烃环化脱氢可以得到

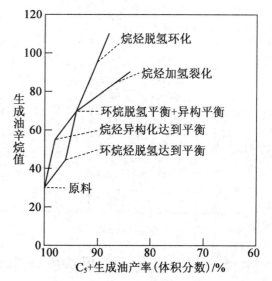

图 8.2　某重整原料的理论产率与辛烷值的关系

很高的辛烷值,而加氢裂化则要在大大降低汽油的产率的情况下才能得到较高的辛烷值。

由此可见,重整原料油的化学组成对其产率－辛烷值关系有重要影响。生产上通常用芳烃潜含量来表征重整原料的反应性能。芳烃潜含量的实质是当原料中的环烷烃全部转化为芳烃时所能得到的芳烃量。其计算方法如下(以下五式中的含量皆为质量分数):

$$芳烃潜含量(\%) = 苯潜含量 + 甲苯潜含量 + C_8\,芳烃 \tag{8.1}$$

$$苯潜含量(\%) = C_6\,环烷(\%) \times 78/84 + 苯(\%) \tag{8.2}$$

$$甲苯潜含量(\%) = C_7\,环烷(\%) \times 92/98 + 甲苯(\%) \tag{8.3}$$

$$C_8\,芳烃潜含量(\%) = C_8\,环烷(\%) \times 106/112 + C_8\,芳烃(\%) \tag{8.4}$$

式中,78,84,92,98,106,112 分别是苯、六碳环烷、甲苯、七碳环烷、八碳芳烃和八碳环烷的分子量。

$$重整转化率(\%) = 芳烃产率(\%)/芳烃潜含量(\%) \tag{8.5}$$

重整转化率有时也称芳烃转化率。实际上,式(8.5)的定义并不是很准确。因为在芳烃产率中包含了原料中原有的芳烃和由环烷烃及烷烃转化生成的芳烃,其中原有的芳烃并没有经过芳构化反应。此外,在以前的铂重整中,原料中的烷烃极少转化为芳烃,而且环烷烃也不会全部转化成芳烃,故重整转化率一般都小于 100%。但在近代的铂铼重整及其他双金属或多金属重整,由于有相当一部分烷烃也转化成芳烃,因此重整转化率经常大于 100%。

【例 8.1】 大庆原油 60~130 ℃馏分的族组成见表 8.4,试计算其芳烃潜含量。

解 苯潜含量 $= [(6.4 + 8.9) \times 78/84 + 0.3]\% = 14.5\%$

甲苯潜含量 $= [(4.7 + 11.5 + 1.6) \times 92/98 + 0.9]\% = 17.6\%$

C_8 芳烃潜含量 $= (6.7 \times 106/112 + 0.2)\% = 6.5\%$

芳烃潜含量 $= (14.5 + 17.6 + 6.5)\% = 38.6\%$

从计算结果可见,大庆原油是石蜡基原油,其轻汽油馏分的芳烃潜含量较低,但是苯的潜含量却较高。

表 8.4 大庆原油 60~130 ℃馏分的族组成(质量分数) %

烷烃	≤C₆	0.7	环烷烃	环戊烷	0.5	芳烃	苯	0.3
	正己烷	14.6		甲基环戊烷	6.4			
	异己烷	4.9		环己烷	8.9		甲苯	0.9
	正庚烷	16.1		二甲基环戊烷	4.7			
	异庚烷	9.9		甲基环己烷	11.5			
				乙基环戊烷	1.6		C₈ 芳烃	0.2
	辛烷	12.1		C₈ 环烷烃	6.7			
小计		58.3	小计		40.3	小计		1.4

8.2.2 催化重整反应的化学平衡与反应热

催化重整反应中的环烷烃脱氢及烷烃环化脱氢反应都是可逆反应,而且反应的热效应也很大,因此必须考虑反应的化学平衡和反应热效应问题。由于重整原料油的馏分沸程较窄且较轻,因此可从单体烃的角度来考虑这些问题。下面首先讨论反应热和化学平衡常数的计算方法。

1. 反应热

反应热的计算方法有好几种,这里采用根据生成热计算反应热的方法。

催化重整反应可以近似地看作在恒压下进行的(忽略由于流动产生的压降)。恒压下的反应热可用下式进行计算:

$$\Delta H^0 = \sum \Delta H^0_{\text{生成(产物)}} - \sum \Delta H^0_{\text{生成(反应物)}} \tag{8.6}$$

式中,ΔH^0 为反应热;$H^0_{\text{生成(产物)}}$ 为反应产物的标准生成热;$H^0_{\text{生成(反应物)}}$ 为反应物的标准生成物。

使用式(8.6)时,应注意各项都必须采用同一温度下的数值。重整反应在高温下进行,对于在高温下进行的反应热可以用下式进行计算:

$$\Delta H^0_T = \Delta H^0_0 + \sum (H^0_T - H^0_0)_{\text{产物}} - \sum (H^0_T - H^0_0)_{\text{反应物}} \tag{8.7}$$

式中,ΔH^0_T、ΔH^0_0 为在温度 T 及 0 K 下的反应热;H^0_T、H^0_0 为反应产物或反应物在温度为 T 和 0 K 时的焓。

碳、氢和若干单体烃在 0 K 或 25 ℃时的生成热以及不同温度下的($H^0_T - H^0_0$)可从有关的资料或手册中查到。

2. 化学平衡常数

化学反应的平衡常数可以用下式计算:

$$\Delta Z^0_T = - RT\ln K_p \tag{8.8}$$

式中,ΔZ^0_T 为温度为 T 时标准等压位的变化;K_p 是温度为 T 时的平衡常数。

$$\Delta Z^0_T = \sum \Delta Z^0_{\text{生成(产物)}} - \sum \Delta Z^0_{\text{生成(反应物)}}$$

用式(8.8)计算化学平衡常数是假定反应产物和反应物都是理想气体,且催化重整反应是在 10~30 atm 下进行的。严格地说,化学平衡常数不能用 K_p 来表示,但在催化重整反应条件下,由于氢的逸度系数接近于 1,环烷烃脱氢等反应的 K_p 值与 K_f 值相差不大,因此,在一般工艺计算中可以近似地用 K_p 来表示平衡常数进行计算。

表 8.5 列出了环烷烃的脱氢反应的反应热与化学平衡常数(700 K)。由表可知,环烷烃的脱氢反应的化学平衡常数和反应热都是相当大的。

表 8.5　环烷烃的脱氮反应热与化学平衡常数(700 K)

反应	反应热/(kJ·kg⁻¹)(芳烃)	化学平衡常数 K_p
环己烷→苯 + 3H₂	2 821.9	1.81×10^4
甲基环己烷→甲苯 + 3H₂	2 344.6	3.3×10^4
二甲基环己烷→二甲苯 + 3H₂	2 001.3	1.77×10^5

8.2.3 催化重整化学反应的热力学和动力学分析

1. 六元环烷烃的脱氢反应

六元环烷烃的脱氢反应是催化重整中的最重要的有代表性的反应。由表 8.5 可以看出，这类反应都是强吸热反应，而且碳原子数越少的环烷烃，脱氢反应热越大；在重整反应的条件下，反应的平衡常数值都很大，而且平衡常数值随着环烷烃的碳原子数的增加而增大。根据化学平衡常数就可以计算出反应产物的平衡浓度。图 8.3 反映的是由计算所得的在不同反应温度和压力下甲基环己烷脱氢反应时的甲苯平衡浓度。由图可知，生成甲苯的平衡转化率随着反应温度的升高而增大，在 450 ℃ 以上时，甲基环己烷几乎可以达到全部转化；同时也可以看出甲苯的平衡浓度随着反应压力的升高而下降。这些规律性也可以通过热力学计算来说明。

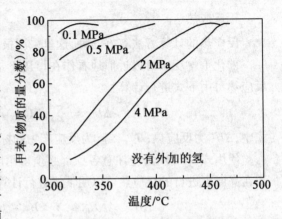

图 8.3　甲基环己烷 – 甲苯 – 氢体系的平衡组成

在反应温度变化不大时，在该温度变化范围内的反应热可以近似地看作常数，此时，平衡常数 K_p 与反应温度 T 的关系可由下式进行表示：

$$\ln(K_p,2/K_p,1) = (-\Delta H/R)(1/T^2 - 1/T_1) \tag{8.9}$$

环烷烃脱氢是吸热反应，即 ΔH 是正值，因此由式(8.9)可知平衡常数随温度的升高而增大。

反应压力对环烷烃脱氢反应的平衡浓度的影响可以由下式计算：

对任意一个反应

$$a\mathrm{A} + b\mathrm{B} + \cdots \Longleftrightarrow c\mathrm{C} + d\mathrm{D} + \cdots$$

$$K_p = \frac{p_C^c \cdot p_D^d \cdots}{p_A^a \cdot p_B^b \cdots} = \frac{\pi^c y_D^d \cdot \pi^d y_D^d \cdots}{\pi^a y_A^a \cdot \pi^b y_B^b \cdots} = \frac{y_C^c \cdot y_D^d \cdots}{y_A^a \cdot y_B^b \cdots} \cdot \pi(c+d+\cdots)-(a+b+\cdots)$$

$$= K_y \pi^{\Delta n} \tag{8.10}$$

式中，y 为各组分的分子分率；π 为系统总压。

在甲基环己烷脱氢的反应中，一个分子的甲基环己烷生成一个分子甲苯和三个氢分子，即

$$\Delta n = (1+3) - 1 = 3$$

由式(8.10)可知，当总压 π 增大时，由于 K_p 不变，则 K_y 必然减小，也就是系统中反应产物的平衡浓度下降。因此，提高反应压力在热力学上对环烷烃脱氢反应是不利的。

在工业生产中，为了减少催化剂上的积炭以延长催化剂的寿命，在反应器中保持一定的氢分压，即向反应系统中通入氢气并且维持一定的反应压力。向反应系统中通入的氢气量以氢油比(分子比或体积比)表示。随着氢油比的增加甲苯的平衡浓度下降，但是在 450 ℃ 以上时，甲基环己烷几乎可以完全转化，氢油比在 3～10(物质的量比)内变化时对甲苯的平衡浓度的影响不大。

以上讨论的芳烃的平衡浓度只是从热力学可能性的角度来说的，至于实际上是否能达到还取决于反应速度。关于六元环烷烃脱氢反应速度可由表 8.6 的数据来说明。由表可知，六元环烷烃的脱氢反应速率很快，在试验条件下，反应都能达到化学平衡。还有些研究数据表

明,即使在空速达到 6 h^{-1}时,反应也能达到化学平衡。

　　许多研究表明,随着碳原子数的增多,六元环烷烃的脱氢反应速度也越高。另有试验表明,对于甲基环己烷的脱氢反应,在空速高达 100 h^{-1}时,转化率仍可达 95% 以上。

表8.6　环烷烃的脱氢反应

(反应条件:铂催化剂,空速为 3 h^{-1},氢油分子比为 4)

压力(表) /MPa	温度 /K	环己烷→苯		甲基环己烷→甲苯	
		产物中的苯/%		产物中的甲苯/%	
		试验值	计算平均值	试验值	计算平均值
2.07	700	70	72	83	85
2.07	756	90	89	92	96
2.07	783	93	95	—	—
4.13	700	33	31	48	45
4.13	783	92	94	—	—

　　五元环烷烃的异构脱氢反应也是强吸热反应。例如,在 700 K 时甲基环戊烷转化为苯的反应热为每千克苯需 2 729.84 kJ,乙基环戊烷转化为甲苯的反应热为每千克甲苯需 2 080.8 kJ,接近于相同碳原子数的六元环烷烃的反应热,这是因为五元环烷烃异构化反应是轻度放热的反应。

　　五元环烷烃异构脱氢反应可看作由两步反应组成:

　　虽然第一步反应的 $\Delta Z_1' > 0$,但是由于 ΔZ_2^0 是很大的负值,因此总的 $\Delta Z' < 0$ 而且计算得到的 K_p 很大。因为第二步反应的平衡转化率很高,所以环己烷的浓度很低,使第一步反应得以继续进行。计算结果表明,随着反应温度的升高,苯的平衡浓度迅速增大,在 500 ℃ 左右时,苯的平衡浓度可接近 90%。而环己烷的平衡浓度则随着温度的升高而稍有下降,这是因为异构化反应是轻度放热反应的缘故。

　　综上所述,五元环烷烃的异构脱氢反应与六元环烷烃的脱氢反应在热力学规律上是很相似的,即它们都是强吸热反应,在重整反应条件下的化学平衡常数都很大,反应可以充分地进行。但是,从反应速度来看,这两类反应却有相当大的差别,五元环烷烃异构脱氢反应的速度较低。当反应时间较短时,五元环烷烃转化为芳烃的转化率会距离平衡转化率较远,这种情况在铂重整时更为明显。

　　与六元环烷烃相比,五元环烷烃还较易发生加氢裂化反应,这也导致转化为芳烃的转化率降低。提高五元环烷烃转化为芳烃的选择性主要是要靠寻找更合适的催化剂和工艺条件,例如催化剂的异构化活性对五元环烷烃转化为芳烃具有重要的影响。

2. 烷烃的环化脱氢反应

　　环烷烃在重整原料中的含量有限,因此,如何使烷烃转化为芳烃有着重要的意义。

　　从热力学角度来看,分子中碳原子数不小于 6 的烷烃都可以转化为芳烃(分子的直链部分的碳原子数不一定要不小于6),而且都可能得到较高的平衡转化率。例如,在700 K时,正己烷转化为苯的 $\Delta Z_0 = -40\ 900$ J/mol,正庚烷转化为甲苯的 $\Delta Z_0 = -60\ 800$ J/mol。图8.4和图8.5分别表示了上述两个反应的平衡组成。由图可知,随着反应温度的升高,苯或甲苯的平衡产率迅速增大;提高反应压力对转化为芳烃不利;提高氢油比不利于转化,但是在 4～10 的范围内变化时影响不大。这些规律与环烷烃反应的规律是相似的。比较两张图,还可以看出,在相同的反应条件下,相对分子质量较大的烷烃有较高的平衡转化率。

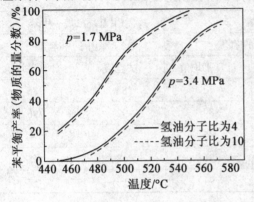

图8.4 正己烷－苯－氢体系的平衡组成

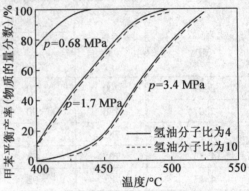

图8.5 正庚烷－甲苯－氢体系的平衡组成

从热力学上分析,虽然烷烃在重整条件下环化脱氢的平衡转化率比较高,但是在实际生产中,当使用铂催化剂时,烷烃的转化率却很低,距离平衡转化率很远。即使在使用铂铼催化剂时,实际转化率也还是距离平衡转化率较远。对于这种现象则需要从动力学方面来进行分析。

以正庚烷为例,它在铂催化剂上的反应可描述如下:

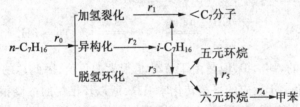

在 Pt/Al$_2$O$_3$ 催化剂、770 K、1.38 MPa 及氢油物质的量比为5时测得各反应的起始反应速度(即转化率为零时的反应速度)见表8.7。

表8.7 起始反应速度 $\qquad$ mol·g^{-1}(催化剂)·h^{-1}

r_0	r_1	r_2	r_3	r_4	r_5
6.24	0.05	0.13	0.06	0.95	0.13

由以上数据可以看到,环化脱氢速度 r_3 比芳构化反应速度 r_4 低得多,因此正庚烷转化成芳烃的速度取决于环化脱氢的速度。在环化脱氢的同时,正庚烷还进行加氢裂化和异构化反应,加氢裂化反应生成较小的分子,而且其反应速度与环化脱氢反应速度相近,因此,甲苯的实际产率总是要低于理论上的平衡产率。例如,在 770 K、氢油物质的量比为5、空速为 3 h^{-1} 时所得的结果见表8.8。由表中数据可知,随着反应压力的升高,甲苯的理论平衡产率和实得甲苯的最大产率都明显下降,且在各反应压力下,实得产率都比理论产率低得多。

表 8.8　不同反应压力下的甲苯产率(物质的量分数)　　　　　　　　%

反应压力/MPa	1.34	2.32	3.33
实得甲苯最大产率	~40	~25	~17
甲苯理论平衡产率	>90	~60	~30

图 8.6 是正庚烷的转化,显示了随着反应深度的增加,正庚烷通过各种反应产生不同产物的情况。由图可见,当总转化率接近 100% 时,环化脱氢的转化率也只有 40% ~ 50%,而其余的正庚烷主要是通过加氢裂化反应转化成小分子的。

综上所述,为了使烷烃更多地转化为芳烃,关键在于提高烷烃的环化脱氢反应速度和提高催化剂的选择性。提高反应温度和降低反应压力有利于烷烃转化为芳烃,但会使催化剂上积炭速度加快,生产周期缩短。铂铼等双金属和多金属催化剂比铂催化剂有更好的选择性,当反应温度提高时,环化脱氢反应速度的加快程度高于加氢裂化反应。而且它们有较高的容碳能力和较高的稳定性,在低压和高温下能保持活性稳定,从而大大地提高了芳烃的产率。

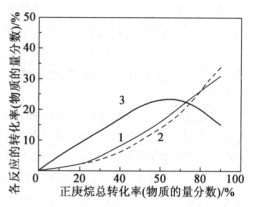

图 8.6　正庚烷的转化
1—环化脱氢反应;2—加氢裂化反应;
3—异构化反应
反应条件:温度为 769 K;
压力为 1.42 MPa(表);氢油物质的量比为 5

烷烃的相对分子质量越大,环化脱氢反应速度也越快。例如,在相同的反应条件下,正壬烷的环化脱氢反应速度是正庚烷的 1.5 倍。

3.异构化反应

在催化重整条件下,各种烃类都能发生异构化反应,其中最有意义的是五元环烷烃异构化生成六元环烷烃和正构烷烃的异构化反应。

正构烷烃异构化可提高汽油的辛烷值。同时,异构烷烃比正构烷烃更易于进行环化脱氢反应,故正构烷烃异构化也间接地有利于生成芳烃。正构烷烃的异构化反应是轻度放热的可逆反应。在 700 K 时,K_p 与 ΔH 值变化情况见表 8.9。

表 8.9　正构烷烃的异构化反应

反应	K_p	$\Delta H/[\text{kg} \cdot (\text{kmol}^{-1})]$
正己烷 →2 – 二甲基戊烷	1.38	−6.11
正庚烷→2 – 甲基己烷	3.34	−4.65

由于是可逆反应,因此反应产物的辛烷值最高只能达到平衡异构混合物的辛烷值。烷烃的分子越大,其平衡异构物的辛烷值越低。

烷烃异构化反应是放热反应,提高反应温度将使平衡转化率下降。实际上常常是提高温度时异构物的产率增加,这是因为升温加快了反应速度而又未达到化学平衡。但反应温度过高时,由于加氢裂化反应加剧,异构物的产率又下降。反应压力和氢油比对异构化反应的影响不大。

4. 加氢裂化反应

加氢裂化反应实际上是包括裂化、加氢、异构化的综合反应。它主要是按正碳离子机理进行的反应,因此产物中 < C_3 的小分子很少。加氢裂化反应生成较小的分子和较多的异构物,因而有利于辛烷值的提高。但是由于也同时生成 ≤ C_4 的小分子烃而使汽油产率下降。

在加氢裂化反应中,各类烃的反应有:烷烃加氢裂化生成小分子烷烃和异构烷烃;环烷烃加氢裂化而断环,生成异构烷烃;芳烃的苯核较稳定,加氢裂化时主要是侧链断裂,生成苯和较小分子的烷烃;含硫、氮、氧的非烃化合物在加氢裂化时生成氨、硫化氢、水和相应的烃分子。

加氢裂化是中等程度的放热反应,可以认为加氢裂化反应是不可逆反应,因此一般不考虑化学平衡问题而只研究它的动力学问题。图 8.7 是 770 K 下正庚烷加氢裂化反应的动力学曲线。由图可以看到,反应压力高有利于加氢裂化反应的进行。加氢裂化反应速度较低,其反应结果一般在最后的一个反应器中才明显地表现出来。

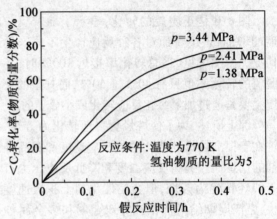

图 8.7　正庚烷的加氢裂化反应

5. 关于生焦反应

对在重整过程中的生焦反应机理的研究尚不充分。一般来讲,生焦倾向的大小同原料的分子大小及结构有关,馏分越重、含烯烃越多的原料通常也容易生焦。有的研究者认为,在铂催化剂上的生焦反应的第一步是生成单环双烯和双环多烯;有的则认为烷基环戊烷脱氢生成的环戊烯和烷基环戊二烯是生焦的中间物料。

关于生焦的位置,多数研究者认为在催化剂的金属表面和酸性表面均有焦炭沉积。Barbier 认为,金属上的积炭量很少,在很长的重整反应时间内,碳与可接近的铂原子之比恒定在 3 ~ 6,大量焦炭主要沉积在 Al_2O_3 载体上。Sarkany 则认为重整催化剂的生焦过程首先在金属表面上形成焦炭前身物,进而缩合成焦炭,最后转移到 Al_2O_3 载体上沉积下来。刘耀芳等在研究含铂催化剂上积炭的烧碳动力学时所得的结果,也间接地证明了在金属表面和载体表面上都有焦炭沉积这一观点。

8.2.4　影响重整反应的主要操作因素

影响重整反应的主要操作因素有:催化剂的性能、反应温度、反应压力、氢油比及空速等。关于催化剂的性能将在以后讨论。对其他几个因素的影响在前面的热力学和动力学分析中已经做了一些最基本的讨论,在这里主要是结合工艺方面的要求综合地做一些讨论。

1. 反应温度

催化重整的主要反应如环烷脱氢和烷烃环化脱氢都是吸热反应,所以无论从反应速度或是化学平衡的角度都希望采用较高的反应温度。但是提高反应温度受到以下几个因素的限制:①提高反应温度会使加氢裂化反应加剧、液体产物收率下降,还使催化剂积炭加快;②催化剂的稳定性,包括热稳定性和容碳能力;③设备材质和性能等。因此,在选择反应温度时应综合考虑各方面的因素。工业重整反应器的入口温度多在 480~530 ℃内。一般来说,用单铂催化剂时反应温度较低些,而用铂铼、铂锡等双金属或多金属催化剂时则反应温度较高些。

催化重整采用多个串联的绝热反应器,这就提出了一个反应器入口温度分布问题。实际上各个反应器内的反应情况是不一样的。例如,环烷脱氢反应主要是在前面的反应器内进行,而反应速度较低的加氢裂化反应和环化脱氢反应则延续到后面的反应器。因此,应当按各个反应器的反应情况分别采用不同的反应条件。在反应器入口温度的分布上曾经有过几种不同的做法:由前往后逐个递降;由前往后逐个递增;或几个反应器的入口温度都相同。近年来,多数重整装置趋向于采用前面反应器的温度较低、后面反应器的温度较高的方案。

重整反应器一般是 3~4 个串联,而且催化剂床层的温度是变化的,所以常用加权平均温度来表示反应温度。所谓加权平均温度(或称权重平均温度),就是考虑到处于不同温度下的催化剂数量而计算得到的平均温度。它又分为加权平均入口温度和加权平均床层温度两种,其定义如下:

$$加权平均入口温度 = C_1 T_{1人} + C_2 T_{2人} + C_3 T_{3人}$$

$$加权平均床层温度 = C_1(T_{1人} + T_{1出})/2 + C_2(T_{2人} + T_{2出})/2 + C_3(T_{3人} + T_{3出})/2 \tag{8.11}$$

式中,C_1、C_2、C_3 分别为第 1、2、3 反应器内装入催化剂量占全部催化剂量的分率;$T_{1人}$、$T_{2人}$、$T_{3人}$ 分别为各反应器的入口温度;$T_{1出}$、$T_{2出}$、$T_{3出}$ 分别为各反应器的出口温度。

床层温度变化不是线性的,严格地讲,各反应器的平均床层温度不应是出、入口的算术平均值,而应是积分平均值或根据动力学原理计算得的当量反应温度。但由于后者不易求得,所以一般不用,而简单地用算术平均值计算。

在反应过程中,催化剂的活性由于积炭而降低。为了维持足够的反应速度,反应温度应随着催化剂活性的逐渐下降而逐步提高。

2. 反应压力

提高反应压力对生成芳烃的环烷脱氧、烷烃环化脱氢反应都不利,相反却有利于加氢裂化反应。因此,从增加芳烃产率的角度来看,希望采用较低的反应压力。在较低的压力下可以得到较高的汽油产率和芳烃产率,氢气的产率和纯度也较高。但是在低压下催化剂的积炭速度较快,从而使操作周期缩短。解决这个矛盾的方法有两种:一种是采用较低的压力,经常再生催化剂;另一种是采用较高的压力,牺牲一些转化率以延长操作周期。如何选择最适宜的反应压力,还要考虑到原料的性质和催化剂的性能。例如,高烷烃原料比高环烷烃原料容易生焦,重馏分也容易生焦,对这类易生焦的原料通常要采用较高的反应压力。催化剂的容焦能力大、稳定性好,则可以采用较低的反应压力。例如,铂铼等双金属及多金属催化剂有较高的稳定性和容焦能力,可以采用较低的反应压力,既能提高芳烃转化率,又能维持较长的操作周期。半再生式铂铼重整一般采用 1.8 MPa 左右的反应压力,铂重整采用 2~3 MPa,连续再生式重整装置的压力可低至约 0.8 MPa,新一代的连续再生式重整装置的压力已降低到 0.35 MPa。

3. 空速

空速反映了反应时间的长短。对一定的反应器,空速越大,处理能力也越大。能采用多大的空速主要取决于催化剂的活性水平。

催化重整中的各类反应的反应速度是不一样的,因而变更反应时间对各类反应的影响也不同。例如环烷烃脱氢反应的速度很高,比较容易达到化学平衡,对这类反应来说,延长反应时间的意义不大。但是对反应速度慢的加氢裂化和烷烃环化脱氢反应,则延长反应时间会有较大的影响。所以,在一定范围内提高空速在保证环烷烃脱氧反应的同时,减少加氢裂化反应可以得到较高的芳烃产率和液体收率。

选择空速时还应考虑到原料的性质。对环烷基原料,可以采用较高的空速;而对烷基原料则需采用较低的空速。铂重整装置采用的空速一般是 $3\ h^{-1}$ 左右,铂铼重整装置则采用 $1.5 \sim 2\ h^{-1}$。

4. 氢油比

在催化重整中,使用循环氢的目的是抑制生焦反应、保护催化剂;同时也起到热载体的作用,减小反应床层的温降,提高反应器内的平均温度;此外,还可以稀释原料,使原料更均匀地分布于床层上。

在总压不变时,提高氢油比意味着提高氢分压,有利于抑制催化剂上积炭。但提高氢油比会使循环氢量增大,压缩机消耗功率增加。在氢油比过大时会由于减少了反应时间而降低转化率。

由此可见,对于稳定性高的催化剂和生焦倾向小的原料,可以采用较小的氢油比,反之则需用较大的氢油比。铂重整装置采用的氢油物质的量比一般为 $5 \sim 8$,使用铂铼催化剂时一般小于5,新的连续再生式重整则进一步降至 $1 \sim 3$。

综合以上讨论的内容,可以将各类反应的特点和各种因素的影响简要地归纳为表8.10。在实际生产中,情况是复杂多变的,必须辩证地把上述的基本规律与具体情况的分析结合起来考虑,从而选择适宜的操作条件。

表 8.10 催化重整中各类反应的特点和操作因素的影响

反应			六元环烷脱氢	五元环烷异构脱氢	烷烃环化脱氢	异构化	加氢裂化
影响	反应特性	热效应	吸热	吸热	吸热	放热	放热
		反应热/(kJ·kg^{-1})	2 000~2 300	2 000~2 300	~2 500	很小	~840
		反应速度	最快	很快	慢	快	慢
		控制因素	化学平衡	化学平衡或反应速度	反应速度	反应速度	反应速度
	对产品产率的影响	芳烃	增加	增加	增加	影响不大	减少
		液体产品	稍减	稍减	稍减	影响不大	减少
		气体	—	—	—	—	增加
		氢气	增加	增加	增加	无关	减少
	对重整汽油性质的影响	辛烷值	增大	增大	增大	增大	增大
		密度	增大	增大	增大	稍增	减小
	参数增大时产生的影响	蒸气压	降低	降低	降低	稍增	增大
		温度	促进	促进	促进	促进	促进
		压力	抑制	抑制	抑制	无关	促进
		空速	影响不大	影响不大	抑制	抑制	抑制
		氢油比	影响不大	影响不大	影响不大	无关	促进

8.2.5　重整反应动力学模型

催化重整的原料和产物包括了从 C_1 至 C_{12} 的碳氢化合物及氢气,其化合物总数达 300 个左右。因此欲按单体化合物来建立动力学模型实际上是难以做到的,而且在生产实际中也没有此必要。在有关催化重整动力学模型研究的报道中,基本上都是采用集总动力学模型的方法。在重整反应体系中,氢气是大量过剩的,烃类的各种反应属一级反应或拟一级反应,这种反应特性也为建立集总动力学模型创立了基础。

早在 1959 年,Ramage 就提出了催化重整 13 集总动力学模型。他把反应体系中的物料分为 13 个集总(不包括氢气),即先把烃类分为 $\geqslant C_8$、C_7、C_6 和 $\leqslant C_5$。上述网络是比较简化的反应网络,其主要不足之处是没有区分烷烃中的正构烷烃和异构烷烃,而这一点对预测汽油的辛烷值却是十分重要的。同时,重整反应体系中还有相当数量的 $\geqslant C_9$,而在此反应网络中也没有反映。1994 年,翁惠新等在 Ramage 模型的基础上提出了 16 集总反应动力学模型。其主要区别是将 C_6、C_7、C_8 中的烷烃再分别成正构烷烃和异构烷烃,从而形成了 16 集总动力学模型。据文献报道,国内外研究人员还曾提出过一些集总 C_5 四组,然后再把前三类进一步分成烷烃 P、五元环烷烃 5N、六元环烷烃 6N 及芳烃 A,总的集总数是 13 个,并由此形成了一个反应网络。在此反应网络中,所有反应都是一级反应,其中有可逆反应,也有不可逆反应。Ramage 提出的反应网络如图 8.8 所示。

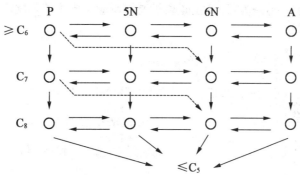

图 8.8　13 集总动力学模型反应网络

1995 ~ 1996 年,解新安等提出了比较详细的包括 28 个集总的反应动力学模型。在此模型中,$\leqslant C_5$ 的集总又细分为 7 种单体化合物,N 又分成四类环烷烃,A 芳烃细分为乙苯和二甲苯,C_9 从 $\geqslant C_8$ 集总中分出并形成另四个集总,于是形成了包含 28 个集总的反应网络。解新安等在提出的 28 集总反应动力学模型的基础上还结合反应器的模拟开发了连续重整反应模拟计算软件。

8.3　重整催化剂

8.3.1　重整催化剂的双功能及组成

早期的重整催化剂曾使用过以钼、铬为主要活性组分的催化剂。由于其活性及稳定性差,在二次世界大战结束后即已逐渐停止使用。1950 年以后,以贵金属铂为主要活性组分的重整催化剂在工业上被广泛使用,铂催化剂的活性比铬、钼催化剂的活性高出上百倍。1967 年以后,铂铼重整催化剂应用于工业装置,开始了双金属和多金属重整催化剂的发展时期。目前,工业上广泛使用的是以贵金属铂为基本活性组分的双金属和多金属催化剂。

现代重整催化剂由基本活性组分(如铂)、助催化剂(如铼、锡等)和酸性载体(如含卤素的 rAl_2O_3)所组成。所谓助催化剂是指某些物质,这些物质在单独使用时并不具备催化活性,但是将适量的这些物质加入到催化剂中却能提高催化剂的活性或稳定性,或改进催化剂的某些其他方面的性能。下面讨论这些组分的作用。

重整反应中包括两类反应:脱氢和裂化反应、异构化反应。这就要求重整催化剂具有两种催化功能。铂重整催化剂就是一种双功能催化剂,其中的铂构成脱氢活性中心,促进脱氢、加氢反应;而酸性载体提供酸性中心,促进裂化、异构化等正碳离子反应。氧化铝载体本身只有很弱的酸性,甚至接近于中性,但含少量氯或氟的氧化铝则具有一定的酸性,从而提供了酸性功能。改变催化剂中卤素含量可以调节其酸性功能的强弱。

重整催化剂的这两种功能在反应中是有机地配合的,而并不是互不相干的。根据一些研究数据,可以设想重整反应是按图 8.9 所示的历程进行。图中平行于横坐标写出的反应在催化剂的酸性中心上发生,平行于纵坐标写出的反应在脱氢中心上发生。反应物若为正己烷,正己烷首先在金属中心上脱氢生成正己烯,正己烯转移到附近的酸性中心上,在那里接受质子产生仲正碳离子,然后仲正碳离子发生异构化,进而作为异己烯解吸并转移到金属中心,在那里被吸附并加氢成异己烷。另一方面,仲正碳离子能够反应生成甲基环戊烷,再进一步反应生成环己烯,最后生成苯。

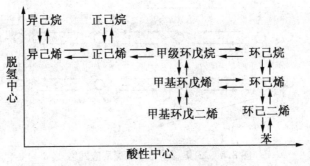

图 8.9　C_6 烃重整反应历程

由此可见,在正己烷转化为苯的过程中,烃分子交替地在催化剂的两种活性中心上进行反应。正己烷转化为苯的反应速度取决于过程中各个阶段的反应速度,而其中反应速度最慢的阶段则起决定作用。重整催化剂的两种功能必须适当配合才能得到满意的结果。如果只是脱氢活性很强,则只能加速六元环烷的脱氢,而对于五元环烷和烷烃的芳构化及烷烃的异构化则反应不足,不能达到提高汽油辛烷值和芳烃产率的目的。反之,如果只是酸性功能很强,则会有过度的加氢裂化,使液体产物收率下降,五元环烷和烷烃转化为芳烃的选择性下降,同样也不能达到预期的目的。因此,如何保证这两种功能得到适当的配合是制备重整催化剂和生产操作中的一个重要问题。

从下面的试验可以进一步观察这两种功能的配合。有两组催化剂:A 组的铂含量不变,为 0.3%,但氯含量从 0.5% 逐渐增加到 1.25%;B 组的氯含量不变,为 0.77%,但铂含量从 0.012% 逐渐增加到 0.3%。以甲基环戊烷为原料,在 453 ℃、1.9 MPa、体积空速为 4 h^{-1} 及氢油物质的量比为3的条件下进行反应,考察生成苯的转化率,可得到图8.10所示的曲线。

对A组催化剂,当氯含量增大时,转化率也随之增大;但当氯含量增大至超过1%时,转化率趋于不变,接近于苯的平衡转化率。由此可见,当氯含量小于1%时,甲基环戊烷异构脱氢反应的速度由酸性功能控制。

对B组催化剂,当铂含量增加时,转化率也随之增大;但当铂含量增大至0.08%以后,转化率亦趋于稳定,这是由于受到氯含量的限制,转化率不能进一步提高。由此可见,对于氯含量为0.77%的铂催化剂,当铂含量小于0.08%时,甲基环戊烷的异构脱氢反应速度由脱氢功能控制。

由以上试验可以看出,两种功能必须很好地配合,盲目地增加某组分含量是无益的,甚至是有害的。

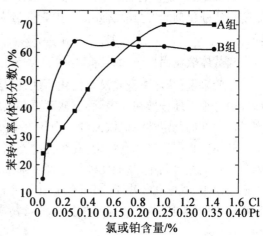

图8.10　A组和B组催化剂的催化活性

在讨论关于金属组分和酸性载体在双功能重整催化剂中所起的作用问题时,有一点是必须指出的:金属铂除了具有加氢－脱氢的功能之外,还具有异构化、脱氢环化及氢解的功能,但是其反应机理不是酸性催化剂的正碳离子反应机理。也就是说,重整反应不仅仅按图8.11的反应历程进行,在单独的活性金属表面上也能发生异构化、脱氢环化和氢解反应。有的研究表明,对于正庚烷的异构化,10%～15%是在金属表面上发生的;而对正庚烷的脱氢环化,单功能和双功能差不多同等重要。

下面讨论这几个主要组分的含量。

1.金属组分

一般来说,催化剂的脱氢活性、稳定性和抗毒能力随铂含量的增加而增强。但铂是贵金属,铂催化剂的制造成本主要取决于它的铂含量。许多研究表明,当铂含量接近1%时,再继续提高铂含量是没有益处的。20世纪70年代后期以来,随着载体和催化剂制备技术的改进,使得活性金属组分能够更均匀地分散在载体上,重整催化剂的铂含量趋向于降低。目前,工业用重整催化剂的铂含量大多是0.2%～0.3%。

近20年来,铂铼双金属重整催化剂已取代了单铂催化剂。铼的主要作用是提高了催化剂的容碳能力和稳定性,延长了运转周期或使反应苛刻度得以提高,特别适用于固定床反应器。工业用铂铼催化剂中的铼与铂的含量比一般为1～2,也有大于2的。较高的铼含量对提高催化剂的稳定性有利。

铂锡重整催化剂在高温低压下具有良好的选择性和再生性能,而且锡比铼价格便宜,新鲜剂和再生剂不必预硫化,生产操作比较简便。虽然铂锡催化剂的稳定性不如铂铼催化剂好,但是其稳定性也足以满足连续重整工艺的要求,因此近年来已广泛应用于连续重整装置。

在重整催化剂中也曾经添加过铱等其他金属,但都未被广泛采用。

2.卤素

改变卤素含量可以调节催化剂的酸性功能。随着卤素含量的增加,催化剂对异构化和加氢裂化等酸性反应的催化活性也增强。在卤素的使用上通常有氟氯型和全氯型两种。氟在催化剂上比较稳定,在操作时不易被水带走,因此氟氯型催化剂的酸性功能受重整原料含水量的影响较小。一般氟氯型催化剂氟和氯含量都约为1%。但是氟的加氢裂化性能较强,使催化剂的性能变差,因此近年来多采用全氯型。氯在催化剂上不稳定,容易被水带走,但是可以在工艺操作中根据系统中的水氯平衡状况注氯以及在催化剂再生后进行氯化等措施来维持催化剂上的适宜含量。一般新鲜的全氯型催化剂氯含量为0.6% ~ 1.5,实际操作中要求氯含量稳定在0.4% ~ 1.0%。卤素含量太低时,由于酸性功能不足,芳烃转化率低(尤其是五元环烷和烷烃的转化率)或生成油的辛烷值低。虽然提高反应温度可以补偿这个影响,但是提高反应温度会使催化剂的寿命显著降低。卤素含量太高时,加氢裂化反应增强,导致液体产物收率下降。

3. 载体氧化铝

一般来说,载体本身并没有催化活性,但是具有较大的比表面和较好的机械强度,它能使活性组分很好地分散在其表面上,从而更有效地发挥其作用,节省活性组分的用量,同时也提高了催化剂的稳定性和机械强度。现代重整催化剂几乎都是采用 rAl_2O_3 作为载体的。

载体应具有适当的孔结构,孔径过小不利于原料和产物的扩散,且易于在微孔口结焦,使内表面不能充分利用,从而使活性迅速下降。近年来用作重整催化剂载体的 rAl_2O_3 的孔分布趋向于集中,其中孔径小于4 nm的微孔显著减少甚至消失。多数载体的外形是直径为1.5 ~ 2.5 nm的小球或圆柱状,也有的为了改善传质和降低床层压降而采用异形条状、涡轮形等形状。

重整催化剂的堆积密度多在600 ~ 800 kg/m³ 内。近年来,载体的堆积密度趋向于增大,故重整催化剂的堆积密度一般在700 kg/m³ 以上。

8.3.2 工业重整催化剂的种类及其性能

在现代重整工业装置中,单铂催化剂已被淘汰。目前工业实际使用的主要是两类催化剂,即主要用于固定床重整装置的铂铼催化剂和主要用于移动床连续重整装置的铂锡催化剂。从使用性能来比较,铂铼催化剂有更好的稳定性,而铂锡催化剂则有更好的选择性及再生性能。从重整催化剂的分类来看虽然只有两类,但是其具体牌号却名目繁多,各种牌号的催化剂的性能也有差别。表8.11列出了某些工业用重整催化剂。

表8.11 某些工业用重整催化剂

商品牌号	金属组元(质量分数)/%		形状	堆积密度 /(kg·m⁻³)	生产公司	工业应用时间
	铂	其他				
CB - 6	0.30	Re0.27	Φ1.5 ~ 2.5 球	820	中国石化	1986
CB - 7	0.21	Re0.42	Φ1.5 ~ 2.5 球	820	中国石化	1990
3933	0.21	Re0.45	圆柱体	780	中国石化	1995
R - 62	0.22	Re0.44	Φ1.6 球	721	美国 UOP	1982
E - 603	0.3	Re0.3	Φ1.4 × 5 球	721	美国 ENGELHARD	1976
E - 803	0.22	Re0.44	Φ1.4 × 5 球	780	美国 ENGELHARD	1985

续表 8.11

商品牌号	金属组元(质量分数)/%		形状	堆积密度 /(kg·m⁻³)	生产公司	工业应 用时间
	铂	其他				
RG - 482	0.3	Re0.3	Φ1.2 条	712	法国 PROCATIYSE	1982
3861	0.37	Sn0.30	小球	580	中国石化	1990
3961	0.35	Sn0.3	小球	560	中国石化	1996
R - 134	0.29	Sn	Φ1.6 球	561	美国 UOP	1993
E - 1000	0.37	Sn0.3	Φ1.7 球	560	美国 ENGELHARD	20 世纪 90 年代
CR - 201	0.35	Sn0.23	小球	—	法国 PROCATIYSE	1985

对于催化剂的选择应当重视其综合性能。一般来说,可以从以下三个方面来考虑:

(1)反应性能。对固定床重整装置,重要的是要有优良的稳定性,同时也要有良好的活性和选择性。催化剂的稳定性可以从容碳能力/生焦速率之比来进行比较。如果使用稳定性好的催化剂,则在必要时还可适当降低反应压力和氢油比,从而带来提高液体产品收率和降低能耗的效果。对连续重整装置,则要求催化剂要有良好的活性、选择性以及再生性能。至于其稳定性则不是主要矛盾。

(2)再生性能。良好的再生性能无论是对固定床重整装置还是连续重整装置都是很重要的,而对连续重整装置则尤为重要。连续重整催化剂要经历频繁的再生。通常每3~7天,系统中的催化剂就得循环再生一遍。催化剂的再生性能主要决定于它的热稳定性。

(3)其他理化性质。如比表面积对催化剂的保持氯的能力有影响;机械强度、外形和颗粒均匀度对反应床层压降有重要影响,对连续重整装置,此等性能尤为重要;催化剂的杂质含量及孔结构在一定程度上会对其稳定性有影响。

表 8.12 是几种铂铼催化剂的反应性质,表 8.13 是两种铂锡催化剂的活性评价结果。

表 8.12　几种铂铼催化剂的反应性能

	催化剂		CB - 6	E - 603	CB - 7	E - 803
平均值	原料油	馏程/℃	82~159,直馏汽油		72~172,直馏汽油	
		质量分数组成(P/N/A)	55.30/41.69/3.01		53.14/42.84/3.75	
	反应条件	压力/MPa	1.47		1.18	
		液时空速/h⁻¹	2.0		2.0	
		H₂/HC	1 200(体积比)		5.7(物质的量比)	
	产物	重整油产率(质量分数)/%	83.9	82.5	83.02	82.05
		重整油的 RONC	96.0	95.1	97.5	97.6
		辛烷值产率(质量分数)/%	80.54	78.46	80.94	80.32
		芳烃产率(质量分数)/%	46.7	46.4	—	—
		催化剂积炭(质量分数)/%	4.5	4.4	4.76	5.58
	连续运转时间/h		1 690		2 015	

表 8.13 两种铂锡催化剂的活性评价结果

催化剂			3861	CR-201	3861	CR-201
项目	原料油	馏程/℃	90~169		76~173	
		组成(P/N/A)	64.4/26.0/9.4		53.18/40.18/6.64	
	反应条件	压力/MPa	0.6		0.96	
		空速(体)/h⁻¹	2.0		1.5	
		H/HC	3.0(物质的量比)		5.0	
		温度/℃	472	475	510	510
	产物	液体收率(质量分数)/%	87.0	87.1	81.4	80.6
		重整油的 RONC	97.5	97.7	1.2.0	102.0
		氢气产率(质量分数)/%	3.2	3.2	—	—

从以上两表的数据可以出,同类催化剂进行比较,我国自己研制的催化剂的性能与国外的催化剂的性能水平基本相当。

伴随着催化剂性能的不断改进,催化重整工艺技术也有了很大的进步,从而明显地提高了重整装置的效率和经济效益。表 8.14 列出了催化重整主要工艺参数、反应器形式与催化剂的关系。

表 8.14 催化重整主要工艺参数与催化剂的关系

催化剂	反应压力/MPa	氢油分子比
单铂催化剂,半再生式	2.5~3.5	6~8
铂铼催化剂,半再生式	1.3~2.8	3.5~6.4
第一代连续重整,双金属催化剂	0.9~1.2	3~4
第二代连续重整,双金属催化剂	0.3~0.5	1~2

反应压力和氢油比的不断降低不仅提高了重整汽油的辛烷值和收率,而且降低了装置能耗,从而提高了经济效益。

最近,北京石油化工科学研究院开发了将铂铼与铂锡两种催化剂组合使用的低压组合床重整工艺。该工艺流程的反应部分由固定床反应器和移动床反应器组成,前者用铂铼催化剂,后者用铂锡催化剂,反应压力为 0.7~0.85 MPa。据称,与单独的移动床反应器相比,可以降低反应温度、提高处理能力,而且较适用于现有装置的改造。

8.3.3 重整催化剂的失活

在生产过程中,重整催化剂的活性下降有多方面的原因,例如,催化剂表面上积炭、卤素流失,长时间处于高温下引起铂晶粒聚集使分散度减小,以及催化剂中毒等。一般来说,在正常生产中,催化剂活性的下降主要是由于积炭引起的。

1. 积炭失活

根据红外光谱和 X 射线衍射分析结果,重整催化剂上的积炭主要是缩合芳烃,具有类石墨结构。积炭的成分主要是碳和氢，其 H、C 原子比一般在 0.5～0.8 内。在催化剂的金属活性中心和酸性活性中心上都有积炭，但是积炭的大部分是在酸性载体 rAl_2O_3 上。在金属活性中心上的积炭在氢的作用下有可能解聚而消除，但是在酸性中心上的积炭在氢的作用下则难以除去。电子探针分析还表明，催化剂上积炭的分布不是单分子层而是三维结构。

对一般铂催化剂，当积炭增至 3%～10% 时，其活性大半丧失；而对铂铼催化剂，则积炭达 20% 左右时其活性才大半丧失。例如，以大庆原油直馏 68～150 ℃馏分为原料，在含 0.5% 铂的重整催化剂上反应 2 500 h 后，催化剂上积炭达 6%～10%（质量分数），此时虽然反应温度提高了 10 ℃。压力由 3 MPa 降至 2.5 MPa，但芳烃转化率却由最初的 80% 下降至 57% 以下。

催化剂因积炭引起的活性降低可以采用提高反应温度的办法来补偿有一定的限制，重整装置一般限制反应温度不超过 520 ℃，有的装置可达 540 ℃左右。当反应温度已提到限制温度而催化剂活性仍不能满足要求时，则需要用再生的办法烧去积炭并使催化剂的活性恢复。再生性能好的催化剂经再生后其活性可以基本上恢复到原有的水平。

催化剂上积炭的速度与原料性质和操作条件有关。原料的终馏点高、不饱和烃含量高时积炭速度快，反应条件苛刻。如高温、低压、低氢油比、低空速等也会使积炭速度加快。

2. 水、氯含量的变化

在讨论催化剂的组成时已讲过催化剂的脱氢功能和酸性功能应当有良好的配合。氯和氟是催化剂酸性功能的主要来源。因此在生产过程中应当使它们的含量维持在适宜的范围之内。氯含量过低时，催化剂的活性下降，例如，某重整催化剂若以氟含量为 0.6% 时的相对活性为 100，则当氟含量降低至 0.3% 时，其相对活性降到 70；又如，某催化剂的氯含量降低一半时，重整生成油的辛烷值降低了 5～6 个单位，但是氯含量过高时，氯氢裂化反应加剧，引起液体产物收率下降，而且重整生成油的恩氏蒸馏 50% 点过低。

在生产过程中，催化剂上氯含量会发生变化。当原料含氟量过高时，氯会在催化剂上积累而使催化剂含氯量增加。当原料含水量过高或反应时生成水过多（原料油中的含氧化合物在反应条件下会生成水），则这些水分会冲洗氯而使催化剂含氯量减小。在高温下，水的存在还会促使铂晶粒的长大和破坏氧化铝载体的微孔结构，从而使催化剂的活性和稳定性降低。此外，水和氯还会生成 HCl 而腐蚀设备。还有一些研究表明，水对脱氢环化反应也有阻碍作用。为了严格控制系统中的氯和水的量，国内重整装置里限制原料油的氮含量和水含量均不得大于 5 μg/g，近年 UOP 公司修改的标准则规定原料油的氯化物和水的含量分别不得大于 0.5 μg/g 和 2 μg/g。

仅仅依靠限制原料油的氯含量和水含量的办法还不能保证催化剂上氯含量经常保持在最适宜的范围内。现代重整装置还通过不同的途径判断催化剂上的氯含量，然后采取注氯、注水等办法来保证最适宜的催化剂含氯量，即所谓水氯平衡的方法。

关于如何保持水氯平衡，现在还没有统一的方法。目前在工业装置上采用的方法大体上有以下几种：

（1）在反应器上安装特殊的催化剂采样器，直接对催化剂采样来分析它的含氯量。

（2）根据操作情况判断催化剂的氯含量。例如，根据提高反应温度对生成油辛烷值的影响程度来判断等。

（3）根据经验关系确定。实际经验表明，原料油和循环氢中的 H_2O/HCl 比值与催化剂含氯量之间有一定的关系，可以作出关联曲线。根据原料油的含水量、含氯量及操作条件可以计算出需要的注氯量。催化剂不同，上述的关联关系也会有所不同。

工业装置上的注氯通常是采用二氯乙烷、三氯乙烷和四氯化碳等氯化物。注水通常是用醇类,如异丙醇等,因为用醇类可以避免腐蚀。醇的用量按生成的水分子进行折算。

3. 中毒

催化剂中毒可分为永久性中毒和非永久性中毒两种。永久性中毒的催化剂其活性不能再恢复;非永久性中毒的催化剂在更换无毒原料后,毒物可以被逐渐排除而使活性恢复。对含铂催化剂,砷和其他金属毒物如铅、铜、铁、镍、汞等为永久性毒物,而非金属毒物如硫、氮、氧等则为非永久性毒物。

(1)永久性毒物。

在永久性毒物中,砷是最值得关注的。砷与铂有很强的亲和力,它会与铂形成合金,造成催化剂的永久性中毒。据文献介绍,当催化剂上砷含量超过 200 μg/g 时,催化剂的活性完全丧失。对某些铂催化剂的试验结果表明,若要求催化剂的活性保持在原来活性的 80% 以上,则该催化剂上的砷含量应小于 100 μg/g。实际上,在工业装置上常限制重整原料油的砷含量不大于 1 μg/kg。

在一般石油馏分中,其含砷量随着沸点的升高而增加,而原油中的砷约 90% 是集中在蒸馏残油中。石油中的砷化合物会因受热而分解,因此二次加工汽油常含有较多的砷。砷中毒的现象首先在第一反应器中反映出来。此时第一反应器的温降大幅度减小,说明第一反应器内的催化剂失活。随着中毒程度的增大,第二、第三反应器的温降也会随之减小。

铅与铂可以形成稳定的化合物,造成催化剂中毒。石油馏分中含铅量很少,铅的来源主要是原料油被含铅汽油污染所致。多年来,铅一直被视为含铂催化剂的毒物,但是在文献报道中却出现过用铅作为添加组分改善了铂催化剂的活性和稳定性的研究结果。

铜、铁、汞等毒物主要是来源于检修不慎而使这些杂质进入管线系统。钠也是铂催化剂的毒物,所以禁止使用以 NaOH 来处理重整原料。

(2)非永久性毒物。

①硫。原料中的含硫化合物在重整反应条件下生成 H_2S。若不从系统中除去,则 H_2S 在循环氢中积聚,导致催化剂的脱氢活性下降。研究数据表明,当原料中硫含量为 0.01% ~ 0.03% 时,铂催化剂的脱氢活性降低 50% ~ 80%。原料中允许的硫含量与采用的氢分压有关,当氢分压较高时,允许的硫含量较高。一般情况下,硫对铂催化剂是暂时性中毒,一旦原料中不再含硫,经过一段时间后,催化剂的活性有望恢复。但是如果长期存在有过量的硫,也会造成永久性中毒。多数双金属催化剂比铂催化剂对硫更敏感,因此对硫的限制也更严格。硫与铼生成 Re_2S 或 ReS_2 型化合物,这类化合物难以用氢还原成金属。

但是实践经验证明,原料中的硫含量也不是越低越好。有限的硫含量可以抑制氢解反应和深度脱氢反应,这一点对铂铼催化剂尤为重要。在用新鲜的或刚再生过的铂铼催化剂开工时,常常要有控制地对催化剂进行预硫化。UOP 公司在新修改的规定中也要求原料油的硫含量应在 0.15 ~ 0.5 μg/g 内。

②氮。原料中的有机含氮化合物在重整反应条件下转化为氨,吸附在酸性中心上抑制催化剂的加氢裂化、异构化及环化脱氢性能。一般认为,氮对催化剂的作用是暂时性中毒。

③CO 和 CO_2。CO 能与铂形成络合物,造成铂催化剂永久性中毒,但也有人认为是暂时性中毒。CO_2 能还原成 CO,也可看成是毒物。

原料油中一般不含有 CO 和 CO_2,重整反应中也不产生 CO 和 CO_2,只是在再生时才会产生。开工时引入系统中的工业氢气和氮气中也可能含有少量的 CO 和 CO_2,因此要限制使用的气体中 CO 的含量小于 0.1%，CO_2 含量小于 0.2%。

8.3.4　催化剂的再生

在正常运转过程中，随着时间的增长，重整催化剂表面上的积炭增多、铂晶粒聚集，导致催化剂的活性下降。因此，当催化剂的活性降低至一定程度后就须进行再生以恢复其活性。半再生式固定床重整装置的催化剂一般是 0.5～2 a 再生一次，移动床连续重整装置的催化剂一般是 3～7 d 再生一遍。反应器的形式不同，再生时催化剂上的积炭量也有差别，但是两者在再生的原理和方法上是相同的。

重整催化剂的再生过程包括烧焦、氯化更新和干燥三个工序。一般来说，经再生后，重整催化剂的活性基本上可以完全恢复。

1. 烧焦

重整催化剂上的焦炭的主要成分是碳和氢。在烧焦时，焦炭中的氢的燃烧速度比碳的燃烧速度快得多，因此在烧焦时主要是考虑碳的燃烧。

在相同的烧焦温度和氧分压的条件下，重整催化剂上的焦炭的燃烧速度要比裂化催化剂上焦炭的燃烧速度高得多。刘耀芳等在研究重整催化剂的再生问题时发现不能用一个动力学方程来描述烧碳（烧焦）的全过程，整个烧碳过程可以分成三个阶段：第一阶段的烧碳速率很高，第二阶段则较慢，第三阶段又变快。他们认为，从烧焦性能来看，重整催化剂上的焦炭包括三种类型的焦炭，它们的烧碳速率之所以不同主要是由于所沉积的位置不同。第一种类型（Ⅰ型碳）沉积在少数仍裸露的铂原子上，受到铂的催化氧化作用；第二种类型（Ⅱ型碳）是以多分子层形式沉积在 Al_2O_3 载体上及被焦炭覆盖的金属铂上；第三种类型（Ⅲ型碳）是在大部分焦炭都烧去后残余的受新裸露的金属铂影响的焦炭上。这三种焦炭的烧碳速率常数 k 之比大约为：$k_1:k_2:k_3 = 50:1:(2～3)$。在全部焦炭中，Ⅱ型碳占绝大部分。三种类型的焦炭的烧碳动力学方程如下：

$$\mathrm{d}C/\mathrm{d}t = kp_{O_2}^{0.55}C \tag{8.12}$$

式中，C 为催化剂上碳含量（质量分数），%；t 为反应时间，min；k 为烧碳反应速率常数，$(10^5\mathrm{Pa})^{-0.55}\cdot\mathrm{min}^{-1}$；$p_{O_2}$ 为气相中氧分压，10^5 Pa。

对某种工业用铂锡催化剂，则

$$k_2 = 3.0\times10^{10}\exp(-154.5\times10^3/8.314T) \tag{8.13}$$

在工业装置的再生过程中，最重要的问题是要通过控制烧焦反应速率来控制好反应温度。过高的温度会使催化剂的金属铂晶粒聚集，还可能会破坏载体的结构，而载体结构的破坏是不可恢复的。一般来说，应当控制再生时反应器内的温度不超过 500～550 ℃。因此，烧焦时除了控制温度逐步由低到高外，还应控制循环气中的含氧量，通常在开始烧焦时为 0.2%～0.5%，然后逐步提高，最后可达 2%～3%。

在再生过程中还须注意控制循环气中的水和 CO_2 含量。

2. 氯化更新

在烧碳过程中，催化剂上的氯会大量流失，铂晶粒也会聚集，氯化更新工序的作用就是补充氯和使铂晶粒重新分散，以便恢复催化剂的活性。

氯化时采用含氯的化合物，工业上一般选用二氯乙烷，在循环气中的浓度（体积分数）稍低于 1%。过去也有使用四氯化碳的，由于会产生有毒的光气（$COCl_2$），现一般已不采用。循环气采用空气或氧含量高的惰性气体。研究表明,单独采用氮气作为循环气不利于铂晶粒的分散。主要原因可能是在氯化过程中会生成少量焦炭,而循环气中的氧可以把生成的焦炭烧去。为了使氯不流失,应控制循环气中的水含量不大于1%。

氯化多在510 ℃、常压下进行,一般需进行2 h。但有的研究结果表明,氯化过程进行得比较快,实际上只需15 min就可以达到要求。

经氯化后的催化剂还要在540 ℃、空气流中氧化更新,使铂晶粒的分散度达到要求。氧化更新的时间一般为2 h。

3. 干燥

干燥工序多在540 ℃左右进行。干燥时循环气体中若含有碳氢化合物会影响铂晶粒的分散度,甲烷的影响不明显,但较大分子量的碳氢化合物会产生显著的影响。采用空气或高含氧量气体作为循环气可以抑制碳氢化合物的影响。研究结果还表明。在氮气流下,铂锌和铂锡催化剂在480 ℃时就开始出现铂晶粒聚集的现象;但是当氮气流中含有10%以上的氧气时,能显著地抑制铂晶粒的聚集。因此催化剂干燥时的循环气体以采用空气为宜。

8.3.5　催化剂的还原和硫化

从催化剂厂来的新鲜催化剂及经再生的催化剂中的金属组分都是处于氧化状态,必须先还原成金属状态后才能使用。铂铼催化剂和某些多金属催化剂在刚开始进油时可能会表现出强烈的氢解性能和深度脱氢性能,前者导致催化剂床层产生剧烈的温升,严重时可能损坏催化剂和反应器;后者导致催化剂迅速积炭,使其活性、选择性和稳定性变差。因此在进原料油以前需进行预硫化以抑制其氢解活性和深度脱氢活性。铂锡催化剂不需预硫化。因为锡能起到与硫相当的抑制作用。

还原过程是在480 ℃左右及氢气气氛下进行的。还原过程中有水生成,应注意控制系统中的含水量。

关于还原时所用氢气的纯度,历来工业上都是要求很高的纯度。近年有些研究结果认为,在氢气中含氮10% ~40%时,对铂晶粒分散度及催化剂活性并无明显影响,但还原度会差些,可以通过提高氢分压或延长还原时间来补偿。研究工作还表明,在氢气中含氧达10%时,对铂晶粒分散度及催化剂活性也没有明显影响,而且,氢气中含有氧,还有抑制碳氢化合物杂质的不利影响的作用。氢气中含有少量甲烷时,对还原结果无明显的影响,但是相对分子质量较大的碳氢化合物会对铂晶粒分散度及催化剂活性有明显的副作用。

预硫化时采用硫醇或二硫化碳作为硫化剂,用预加氢精制油稀释后经加热进入反应系统。硫化剂的用量一般为百万分之几,预硫化的温度为350 ~390 ℃,压力为0.4 ~0.8 MPa。

8.4　重整反应器

8.4.1　重整装置反应系统工艺流程

目前工业重整装置广泛采用的反应系统流程可以分为:固定床反应器半再生式工艺流程和移动床反应器连续再生式工艺流程两大类。前者的主要特征是采用3 ~4个固定床反应器串联,每0.5 ~1 a停止进油,全部催化剂就地再生一次;后者的主要特征是设有专门的再生器,反应器和再生器都是采用移动床反应器,催化剂在反应器和再生器之间不断地进行循环反应和再生,一般每 3 ～ 7 d 全部催化剂再生一遍。

固定床反应器半再生式反应系统的典型的工艺流程已在前面做过介绍。不同的重整装置的具体流程和设备可能会有些差别,但是基本上是一致的。在这一大类反应系统中,除了典型流程外,值得介绍的还有麦格纳重整流程(magnaforming),也称作分段混氢流程,如图 8.11 所示。

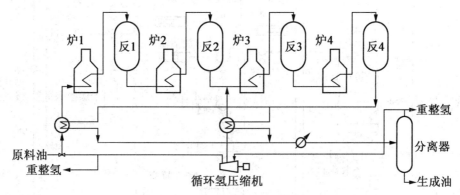

图 8.11　麦格纳重整反应系统工艺流程

麦格纳重整工艺的主要特点是将循环氢分为两路:一路从第一反应器进入;另一路则从第三反应器进入。在第一、二反应器采用高空速、较低反应温度(460 ～ 490 ℃)及较低氢油比(2.5 ～ 3),这样有利于环烷烃的脱氢反应,同时能抑制加氢裂化反应;后面的 1 个或 2 个反应器则采用低空速、高反应温度(485 ～ 538 ℃)及高氢油比(5:16),这样可有利于烷烃脱氢环化反应。这种工艺的主要优点是可以得到稍高的液体收率,装置能耗也有所降低。国内的固定床半再生式重整装置多采用此种工艺流程。

移动床反应器连续再生式重整(简称连续重整)反应系统的流程如图 8.12、图 8.13 所示,它们分别是美国 UDP 和法国 IFP 的专利技术,也是目前世界上工业应用的两种主要技术。

在连续重整装置中,催化剂连续地依次流过串联的 3 个(或 4 个)移动床反应器,从末段反应器流出的待生催化剂碳含量(质量分数)为 5% ～ 7%。待生催化剂由重力或气体提升输送到再生器中进行再生,恢复活性后的再生剂返回第一反应器又进行反应,催化剂在系统内形成一个闭路循环。从工艺角度来看,由于催化剂可以频繁地进行再生,因此有条件采用比较苛刻的反应条件,即低反应压力(0.8 ～ 0.3 MPa),低氢油分子比(4 ～ 1.5)和高反应温度(500 ～ 530 ℃),其结果更有利于烷烃的芳构化反应。重整生成油的辛烷值可达 100(研究法)以上,液体收率和氢气产率高。

UOP 连续重整和 IFP 连续重整采用的反应条件基本相似,也都用铂锡催化剂,这两种技术都是先进和成熟的。从外观来看,UOP 连续重整的三个反应器是叠置的,催化剂依靠重力自上而下依次流过各个反应器,从末段反应器出来的待生催化剂用氮气提升至再生器顶部。IFP 连续重整的三个反应器则是并行排列,催化剂在每两个反应器之间是用氢气提升至下一个反应器的顶部,从末段反应器出来的待生催化剂则用氮气提升到再生器的顶部。在具体的技术细节上,这两种技术也还有一些各自的特点。

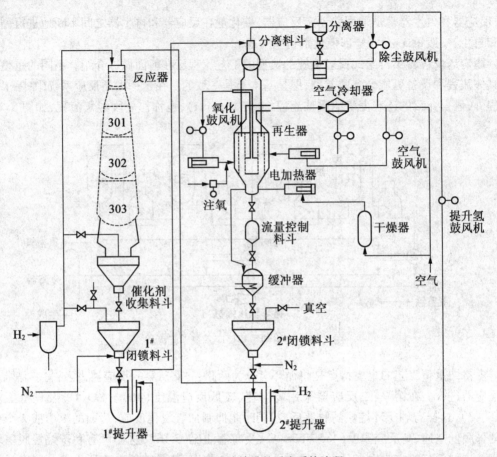

图 8.12　UOP 连续重整反应系统流程

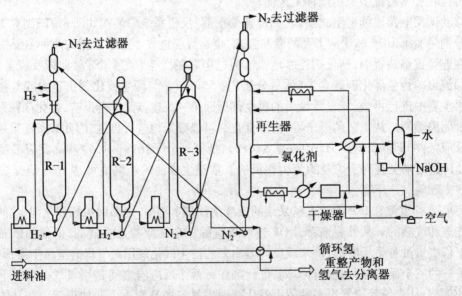

图 8.13　IFP 连续重整反应系统流程

连续重整技术是重整技术近年来的重要进展之一。它针对重整反应的特点提供了更为适宜的反应条件,因而取得了较高的芳烃产率、较高的液体收率和氢气产率,突出的优点是改善了烷烃芳构化反应的条件。虽然连续重整有上述优点，但是并不说明对于所有的新建装置它就是唯一的选择，因为判别某个技术先进性的最终标准是其经济效益的高低。因此，在选择何种技术时应当根据具体情况进行全面的综合分析。

连续重整的再生部分的投资占总投资相当大的一部分，装置的规模越小，其所占的比例就越大，因此规模小的装置采用连续重整是不经济的。近年新建的连续重整装置的规模一般都在 600 000 t/a 以上。从总投资来看，一座 600 000 t/a 连续重整装置的总投资与相同规模的半再生式重整装置相比，约高出 30%。由此可见，投资数量和资金来源应是一个重要的考虑因素。

原料性质和产品需求是另一个应当考虑的重要因素。原料油的芳烃潜含量越高，连续重整与半再生式重整在液体产品收率及氢气产率方面的差别就越小，连续重整的优越性也就相对下降。当重整装置的主要产品是高辛烷值汽油时，还应当考虑市场对汽油质量的要求。过去提高汽油辛烷值主要是靠提高汽油中的芳烃含量。近年来，出于环保的考虑，出现了限制汽油中芳烃含量的趋势。此外，在汽油中添加醚类等高辛烷值组分以提高汽油辛烷值的办法也得到了广泛的应用。因此，对重整汽油的辛烷值要求有所降低。对汽油产品需求情况的这些变化，促使重整装置降低其反应苛刻度，这种情况也在一定程度上削弱了连续重整的相对优越性。连续重整多产的氢气是否能充分利用，也是衡量其经济效益的一个重要因素。

综上所述，在选择何种工艺时，必须根据具体情况，以经济效益为衡量标准进行全面综合的分析。近年来新建装置的实际情况也说明了这一点。1993～1996 年，全世界建成和建设中的重整装置约有 60 套，其中半再生式重整装置有 36 套，总加工能力达 19 140 000 t/a。其中加工能力在 400 000 t/a 以上的有 20 套，1 000 000 t/a 以上的 7 套，最大的是 1 440 000 t/a。

8.4.2 重整反应器的结构形式

按反应器类型来分，半再生式重整装置采用固定床反应器，连续再生式重整装置采用移动床反应器。

从反应器的结构来看，工业用重整反应器主要有轴向式反应器和径向式反应器两种结构形式。它们之间的主要差别在于气体流动方式不同和床层压降不同。

图 8.14 所示是轴向式反应器的简图。反应器为圆筒形，高径比一般略大于 3。反应器外壳由 20 号锅炉钢板制成，当设计压力为 4 MPa 时，外壳厚度约为 40 mm，壳体内衬 100 mm 厚的耐热水泥层，里面有一层厚 3 mm 的高合金钢衬里。衬里可防止碳钢壳体受高温氢气的腐蚀，水泥层则兼有保温和降低外壳壁温的作用。为了使原料气沿整个床层截面分配均匀，在入口处设有分配头。油气出口处设有钢丝网以防止催化剂粉末被带出。入口处设有事故氮气线。反应器内装有催化剂，其上方及下方均装有惰性瓷球以防止操作波动时催

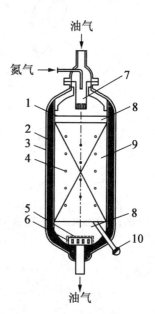

图 8.14 轴向式反应器
1—合金钢衬里；2—耐火水泥层；
3—碳钢壳体；4—测温点；5—钢丝网；
6—油气出口集合管；7—分配头；
8—惰性小球；9—催化剂；10—催化剂卸出口

化剂层跳动而引起催化剂破碎,同时也有利于气流的均匀分布。催化剂床层中设有呈螺旋形分布的若干测温点,以便检测整个床层的温度分布情况,这对再生尤为重要。

　　图8.15所示是径向式反应器的简图。反应器壳体也是圆筒形。与轴向式反应器比较,径向式反应器的主要特点是气流以较低的流速径向通过催化剂床层,床层压降较低。径向反应器的中心部位有两层中心管,内层中心管的壁上钻有许多几毫米直径的小孔,外层中心管的壁上开了许多矩形小槽。沿反应器外壳壁周围排列几个开有许多小的长形孔的扇形筒,在扇形筒与中心管之间的环形空间是催化剂床层。反应原料油气从反应器顶部进入,经分布器后进入沿壳壁布满的扇形筒内,从扇形筒小孔出来后沿径向方向通过催化剂床层进行反应,反应后进入中心管,然后导出反应器。中心管顶上的罩帽是由几节圆管组成的,其长度可以调节,用以调节催化剂的装入高度。

　　径向式反应器的压降比轴向式反应器小得多,这一点对连续重整装置尤为重要,因此连续重整装置的反应器都采用径向式反应器,而且其再生器也是采用径向式的。图8.16所示是连续重整装置的再生器简图。

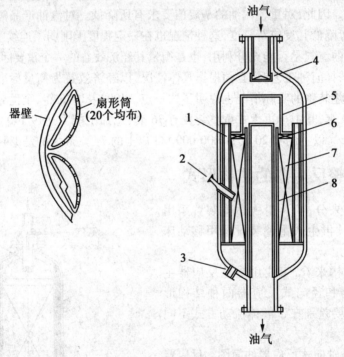

图 8.15　径向式反应器

1—扇形筒;2—催化剂取样口;3—催化剂卸料口;4—分配器;5—中心管罩帽;6—瓷球;7—催化剂;8—中心管

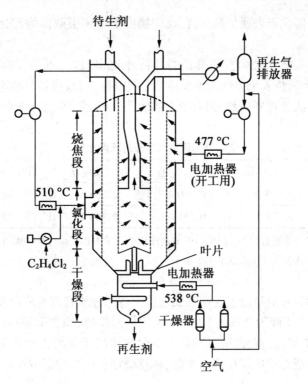

图 8.16 连续重整装置的再生器

8.4.3 反应器床层压降

重整装置反应系统的压降不仅影响反应压力,而且影响循环氢压缩机的消耗功率。对于一定的循环氢压缩机,当系统压降过大时就不能维持正常的操作压力而不得不停工,对装置运行的效率和经济效益产生重要的影响。反应器床层压降是反应系统压降的重要组成部分,必须予以重视。

重整反应器床层的压降可以用式(8.14)进行计算:

$$\Delta p/L = 78.07 \times 10^{-5} \times \frac{\rho^{0.85} \times \mu^{0.15} \times u^{1.85}}{d_{atm}^{1.15}} \quad (\text{atm/m 床层}) \quad (8.14)$$

式中,Δp 为床层压降,atm(工程大气压);L 为床层高度或厚度,m;ρ 为流体密度,kg/m^3;μ 为流体黏度,Pa·s;u 为流体空塔线速,m/s;d_p 为催化剂颗粒的当量直径,m。

当量直径 d_p 的定义是:假定一球形颗粒,其表面积与体积之比等于催化剂颗粒的表面积与体积之比,则所假定的球形颗粒的直径即为催化剂的当量直径。

从计算公式来看,对压降影响最大的因素是流体的空塔线速。对于一个工业装置来说,ρ、μ、d_p 一般都是不宜随意变动的。当装置处理量及各反应器催化剂装入量比例一定时,反应器内催化剂量就被确定了,此时流体通过床层的线速就取决于所选反应器的高径比。高径比越小,压降也越小。但是当高径比小于 3 时,其造价随着高径比的降低而增大。因此在考虑降低压降时还必须考虑到反应器的投资费用。

以上主要是从如何降低床层压降的角度来讨论,因为在一般工业装置中,它常常表现为矛盾的主要方面。但是从另一方面来看,维持适当的床层压降也是必需的。因为较高的反应物流速有利于反应物向催化剂表面扩散;要使反应物沿整个床层截面均匀分布就要求床层有一定的阻力(压降)。

径向反应器的总压降比轴向反应器的总压降小得多,这一点是径向反应器的主要优势(表8.15)。对于催化剂装入量多的大型反应器,采用径向式反应器后减小压降的效果尤为明显。虽然径向反应器的投资要高些,但由于上述优点,近年来,它已逐渐取代轴向反应器。

表 8.15　两种反应器的压降比较　　　　　　　　　　　　atm

项目	第一反应器	第二反应器	第三反应器	第四反应器	第五反应器
径向反应器	0.135 0	0.160 4	0.186 6	0.198 9	0.680 9
轴向反应器	0.178 2	0.287 6	0.264 2	0.405 6	1.135 5

注:采用相同的条件计算—装置处理量为 15×10^4 t/a,压力为 1.8 MPa(表),反应温度为 520 ℃,氢油体积比为 1 200:1,催化剂装入量比例为 1:1.5,3.0:4.5

表8.16 和表8.17 分别列出了这两种反应器中各部分压降占反应器总压降的百分数和当末层孔隙率由 0.421 1 下降为 0.321 1 后(由于催化剂粉碎、积炭等原因)反应器的总压降变化的情况。由表8.17 可知,在径向反应器中,催化剂床层压降所占的比例相对小得多,因此,当由于床层孔隙率降低而使床层压降增大时,对反应器总压降的影响相对来说要小得多。

表 8.16　反应器中各部分压降占总压降的百分数　　　　　　　　%

	项目	第一反应器	第二反应器	第三反应器	第四反应器
径向反应器	进口分配头压降	6.99	7.49	5.26	5.19
	扇形筒小孔压降	0.07	0.04	0.03	0.02
	催化剂床层压降	7.19	3.79	6.02	2.97
	中心管外套筒小孔压降	0.11	0.05	0.07	0.03
	中心管小孔压降	79.10	81.18	81.76	84.80
	中心管主流道压降	6.54	7.45	6.86	6.99
	合计	100	100	100	100
轴向反应器	进口压降	9.5	6.9	5.6	4.0
	催化剂床层压降	74.2	91.2	83.0	88.0
	瓷球层压降	5.8	4.3	4.1	2.9
	出口压降	10.6	7.6	7.3	5.1
合计		100	100	100	100

表 8.17　床层孔隙率对反应器总压降的影响

atm

项目		催化剂床层压降		反应器总压降	
		孔隙率 0.421 1	孔隙率 0.321 1	孔隙率 0.421 1	孔隙率 0.321 1
径向反应器	径向式	0.009 711	0.026 306	0.135 0	0.151 6
	轴向式	0.132 2	0.353 5	0.178 2	0.399 5
第四反应器	径向式	0.005 902	0.016 42	0.198 9	0.209 4
	轴向式	0.357 0	0.959 7	0.405 6	1.008 3

8.4.4　各反应器的催化剂装入量

重整反应要求在较高的温度(约 500 ℃)下进行,因为在高温下可以有较高的芳烃平衡转化率和较高的反应速度。但是在绝热反应器中,由于反应吸热,反应物的温度随着反应深度而下降,在反应剧烈的区域还会出现反应温度的急剧下降。例如,工业上铂重整反应器的总温降达100 ℃左右,而铂铼重整的总温降更大,达 120~130 ℃,而且在反应器入口附近的床层中温度的下降十分剧烈。如果反应器入口温度为 500 ℃,反应物在床层中是由上而下通过的,则床层下部温度就只有 140 ℃左右。在这样低的温度下,不仅芳烃平衡转化率低,而且反应速度也低,最终得不到高的芳烃产率或高辛烷值的汽油。换句话说,下面床层的催化剂的效率是非常低的。

如果采用循环流化床反应器(如像催化裂化那样)来解决上述问题,催化剂的损失较大,对价格昂贵的重整催化剂来说是不合适的;如果采用有热载体循环的反应器,一方面会使反应器结构大大复杂化,另一方面,重整反应温度高达 500 ℃以上,选用热载体也十分困难。

目前,工业上广泛采用的是结构比较简单的固定床反应器。在反应器中,反应是在绝热条件下进行的。为了避免反应温度下降过多,采用几个反应器串联,在每两个反应器之间设加热炉进行加热,以保证所需的反应温度。

但采用的反应器应当是几个才是合理的呢? 各反应器的催化剂装入量应当选用怎样的比例关系呢?

从理论上讲,反应器的个数越多,催化剂的利用效率也越高。反应器的个数多时,单个反应器的温降小,床层温度均匀。这对反应显然是有利的。但是采用反应器的个数过多在经济上显然是不合理的。下面具体分析一个例子。图 8.17 所示是某个重整装置采用三个反应器串联时各反应器中的温降情况。由图可知,第一反应器的温度降低得最剧烈,反应物在通过 800 mm 深的床层时,反应温度结果由 488 ℃下降到 436 ℃,下降了 52 ℃,这是脱氢反应剧烈进行的结果;第二反应器的温度下降较缓和些;第三反应器的温度下降最缓和。由此可见,如果在第一反应器装入较多的催化剂,则下部

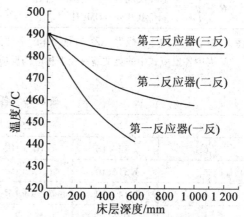

图 8.17　三个反应器串联时各反应器中的温降

床层几乎不起什么作用。第三反应器的温降已很缓和,采用过多个数的反应器也没有必要。

在工业重整装置中,通常采用3~4个反应器。

关于各反应器装入催化剂量的比例,从以上分析可知,第一反应器的装入量应小些,后面的反应器宜多些。至于具体的比例应通过试验和分析找出最优的方案。目前工业重整装置多采用以下的装入量比例:对三个反应器约为1.5:3.5:5;对四个反应器约为1:1.5:2.5:5。这个比例与各反应器中的反应情况是相对应的。从各反应的反应速度分析来看,在第一、二反应器中,环烷烃脱氢反应是主要的,这类反应的反应速率快,故空速可以高,装入较少量催化剂即可。烷烃的脱氢反应和加氢裂化反应的反应速率较慢,主要是在第三、四反应器中发生,尤其是在末段反应器中发生,末段反应器的催化剂又是处于反应物料中芳烃浓度高、平均床层温度高的条件下,因而催化剂生焦速率也快。一般来说,末段反应器催化剂的积炭量约为一反的3~5倍,固定床半再生式重整装置的运转周期主要是决定于末段反应器的催化剂的稳定性。表8.18、表8.19分别是环烷烃脱氢反应的ΔZ^0及各反应的化学平衡常数表。

表8.18 环烷烃脱氢反应的 ΔZ^0

$$(J \cdot mol^{-1})$$

序号	化学反应	$\Delta Z^0/(J \cdot mol^{-1})$				
		700 K	725 K	750 K	775 K	800 K
1	环己烷 ⇌ 苯 CH ⇌ B + 3H$_2$	−57 104	−66 989	−77 037	−86 667	−96 807
2	甲基环己烷 ⇌ 甲苯 MCH ⇌ T + 3H$_2$	−60 684	−70 338	−80 387	−90 854	−100 165
3	二甲基环己烷 ⇌ 二甲苯 DMCH ⇌ X + 3H$_2$	−71 527	−81 643	−91 691	−101 321	−111 675
4	甲基环戊烷 ⇌ 环己烷 MCP ⇌ CH	+12 812	+13 816	+14 905	+15 910	+16 873
5	二甲基环戊烷 ⇌ 甲基环己烷 DMCP ⇌ MCH	−5 108	−4 606	−4 103	−3 601	−2 931
6	三甲基环戊烷 ⇌ 二甲基环己烷 TMCP ⇌ DMCH	+1 235	+2 261	+3 182	+4 103	+5 217

注:1. 对于有异构体的烃类,ΔZ^0 为异构体的平均值

2. 表中各反应式中的英文缩写代表相应的反应物或反应产物,在后文中将不再介绍

表8.19 各反应的化学平衡常数

温度/K	700	725	750	775	800
K_{p1}	1.82×10^4	6.61×10^4	2.29×10^5	6.92×10^5	2.04×10^6
K_{p2}	3.31×10^4	1.15×10^5	3.98×10^5	1.32×10^6	3.31×10^6
K_{p3}	2.14×10^5	7.59×10^5	2.4×10^6	6.61×10^6	1.95×10^7
K_{p4}	0.111	0.102	0.001 6	0.085	0.079
K_{p5}	2.405	2.19	1.931	1.747	1.554
K_{p6}	0.809	0.687	0.601	0.53	0.457

1. 计算各组分的分压

各组分的分压与氢油比有关,这里按氢油物质的量比用 7 来计算。计算时假定在反应前后物质的量不变。由于系统中有大量的氢气循环,这个假定不会引起较大的误差。

以 100 mol 进料油为基准,则起始及平衡时各组分的物质的量如下:

$$\text{MCP} \underset{}{\overset{K_{p4}}{\rightleftharpoons}} \text{CH} \underset{}{\overset{K_{P1}}{\rightleftharpoons}} \text{B} + 3\text{H}_2$$

起始时　　　　　　　　　$MCP_0 \quad CH_0 \quad B_0 \quad 700$

平衡时　　　　　　$(MCP_0 + CH_0 + B_0) \quad CH_e \quad B_e \quad 700$

　　　　　　　　　　　　$- CH_e - B_e$

$$\text{DMCP} \underset{}{\overset{K_{P5}}{\rightleftharpoons}} \text{MCH} \underset{}{\overset{K_{P2}}{\rightleftharpoons}} T + 3H_2$$

起始时　　　　　　　　$DMCP_0 \quad MCH_0 \quad T_0 \quad 700$

平衡时　　　　$(DMCP_0 + MCH_0 + T_0) \quad MCH_e \quad T_e \quad 700$

　　　　　　　　　　　$- MCH_e - T_e$

$$\text{TMCP} \underset{}{\overset{K_{P6}}{\rightleftharpoons}} \text{DMCH} \underset{}{\overset{K_{P3}}{\rightleftharpoons}} \text{X} + 3\text{H}_2$$

起始时　　　　　　　　$TMCP_0 \quad DMCH_0 \quad X_0 \quad 700$

平衡时　　　　$(TMCP_0 + DMCH_0 + X_0) \quad DMCH_e \quad X_e \quad 700$

　　　　　　　　　　　$- DMCH_e - X_e$

因此,系统总压为 π 时,平衡时各组分的分压为

$$p_{H_2} = \pi \times 700/(700 + 100) = 0.875\pi$$

$$p_B = \pi \times B_e/800$$

$$p_T = \pi \times T_e/800$$

$$p_X = \pi \times X_e/800$$

$$p_{CP} = \pi \times [(CP_0 + CH_0 + B_0) - CH_e - B_e]/800$$

$$p_{DMCP} = \pi \times [(DMCP_0 + MCH_0 + T_0) - MCH_e - T_e]/800$$

$$p_{YMCP} = \pi \times [(TMCP_0 + DMCH_0 + X_0) - DMCH_e - X_e]/800$$

$$p_{CH} = \pi \times CH_e/800$$

$$p_{MCH} = \pi \times MCH_e/800$$

$$p_{DMCH} = \pi \times DMCH_e/800$$

2. 求芳烃平衡浓度

$$K_{p1} = p_B \times p_{H_2}^3/p_{CH} = B_e \times (0.875\pi)^3/CH_e$$

$$K_{p2} = p_T \times p_{H_2}^3/p_{MCH} = T \times (0.875\pi)^3/MCH_e$$

$$K_{p3} = p_X \times p_{H_2}^3/p_{DMCH} = X_e \times (0.875\pi)^3/DBCH_e$$

$$K_{p4} = p_{CH}/p_{MCP} = CH_e/[(MCP_0 + CH_0 + B_0) - B_e - CH_e]$$

$$K_{p5} = p_{MCH}/p_{DMCP} = MCH_e/[(DMCP_0 + MCH_0 + T_0) - MCH_e - T_e]$$

$$K_{p6} = p_{DMCH}/p_{TMCP} = DMCH_e/[(TMCP_0 + DMCH_0 + X_0) - DMCH_e - X_e]$$

联解以上六个方程式,得

$$B_e = (MCP_0 + CH_0 + B_0) \times K_{p4}/[A_1 \times (1 + K_{p4}) + K_{p4}]$$

其中　　　　　　　　　$A_1 = (0.875\pi)^3/K_{p1}$

$$T_e = (DMCP_0 + MCH_0 + T_0) \times K_{p5}/[A_2 \times (1 + K_{p5}) + K_5]$$

其中
$$A_2 = (0.875\pi)^3/K_{P2}$$
$$X_e(TMCP_0 + DMCH_0 + X_0) \times K_{p6}/[A_3 \times (1 + K_{P6}) + K_{p6}]$$

其中
$$A_3 = (0.875\pi)^3/K_{p3}$$

对照前面的定义和计算可以看到,当 $MCP_0 + CH_0 + B_0 = 1$, $DMCP_0 + MCH_0 + T_0 = 1$, $TMCP_0 + DMCH_0 + X_0 = 1$ 时的 B_e、T_e、X_e 分别记为 B_e^0、T_e^0、X_e^0,也就是说,当苯一、甲苯、二甲苯的潜含量(以物质的量计)分别都等于 1 时的苯、甲苯、二甲苯的平衡浓度,也就是各芳烃的平衡转化率。因此,将不同温度及压力下的 B_e^0、T_e^0、X_e^0 分别乘以各芳烃的潜含量即可得到在该温度及压力下的各芳烃的平衡浓度。表 8.20 列出了部分反应条件下的计算结果。

【例 8.2】 已知某重整原料的平均相对分子质量为 98,环烷烃和芳烃的含量(质量分数)如下:

六碳环戊烷	3.8%	甲苯	0.9%
六碳环己烷	6.2%	八碳环戊烷 + 八碳环己烷	
苯	0.1%		11.8%
七碳环戊烷	3.8%		
七碳环己烷	11.4%	二甲苯	0.6%

试计算在 30 atm(绝)、477 ℃、氢油物质的量比为 7 时各芳烃的平衡浓度。

解 首先将原料中各组分的质量浓度换算成物质的量浓度。

$$六碳环烷烃浓度 = (3.8\% + 6.2\%) \times 98/84 \times 100\% = 11.67\%$$
$$苯的浓度 = 0.1 \times 98/78 \times 100\% = 0.125\ 6\%$$
$$苯潜含量 = 11.64 + 0.125\% = 11.80\%$$
$$七碳环烷烃浓度 = (3.8\% + 11.4\%) \times 98/98 \times 100\% = 15.2\%$$
$$甲苯浓度 = 0.9\% \times 98/92 \times 100\% = 0.959\%$$
$$甲苯潜含量 = 15.2\% + 0.959\% = 16.16\%$$
$$八碳环烷烃浓度 = 11.8\% \times 98/112 \times 100\% = 10.32\%$$
$$二甲苯浓度 = 0.6\% \times 98/106 \times 100\% = 0.55\%$$
$$二甲苯潜含量 = 10.32\% + 0.55\% = 10.87\%$$

以上计算中的 84、78、92、112、106 分别是六碳环烷烃、苯、七碳环烷烃、甲苯、八碳环烷烃和二甲苯的相对分子质量。

表 8.20　不同温度及压力下的 B_e^0、T_e^0、X_e^0 的值

温度/K	Y_e^0	压力/atm			
		15	20	25	30
700	B_e^0	0.447	0.254	0.134	0.092
	T_e^0	0.912	0.815	0.667	0.564
	X_e^0	0.977	0.947	0.891	0.842
725	B_e^0	0.733	0.533	0.342	0.253
	T_e^0	0.973	0.937	0.871	0.814
	X_e^0	0.993	0.983	0.963	0.946

续表 8.20

温度/K	Y_e^0	压力/atm			
		15	20	25	30
750	B_e^0	0.895	0.781	0.621	0.516
	T_e^0	0.993	0.981	0.958	0.935
	X_e^0	0.997	0.994	0.986	0.891
775	B_e^0	0.961	0.910	0.821	0.749
	T_e^0	0.997	0.994	0.986	0.979
	X_e^0	~1	0.998	0.994	0.992
800	B_e^0	0.896	0.966	0.927	0.892
	T_e^0	0.999	0.998	0.995	0.992
	X_e^0	~1	~1	0.998	0.998

由表 8.20 查得在 30 atm(绝)、477 ℃(750 K)下的 $B_e^0 = 0.516$，$T_e^0 = 0.935$，$X_e^0 = 0.891$。假定反应前后油的平均分子量不变，都是 98，则各芳烃的平衡浓度(质量浓度)分别为

苯　　　　　　　11.80% ×0.516 ×78/98 = 4.85%

甲苯　　　　　　16.16% ×0.935 ×92/98 = 14.18%

二甲苯　　　　　10.87% ×0.891 ×106/98 = 10.48%

实际计算时以上程序可以简化，即先算出各芳烃的质量潜含量，分别乘以 B_e^0、T_e^0、X_e^0。即可直接得到各芳烃的平衡浓度。例如本题中求苯的质量平衡浓度可简化如下：

苯潜含量 = (3.8% +6.2%) ×78/84 ×100% +0.1% = 9.39%(质)

苯的平衡浓度 = 9.39% ×0.516 = 4.85%(质)

所得计算结果相同。

从表 8.20 的计算数据可以看出，平衡转化率随着温度的升高而增大，但随着反应压力的升高而降低。例如在较低的反应温度 700 K(427 ℃)及 26 atm 下，苯的平衡转化率只有 13.4%，甲苯的平衡转化率也只有 66.7%。很显然，选择这样低的反应温度是不合适的。表 8.19 的数据还指出，在相同的反应条件下，各种芳烃的平衡转化率从大到小排列的是：二甲苯、甲苯、苯。以上这些规律性与 8.2 节中所讨论的化学反应原理的规律性是一致的。

8.5　重整反应器的工艺计算

8.5.1　总物料平衡和芳烃转化率的计算

对于以生产高辛烷值汽油为目的的重整装置，其产物通常包括以下四个部分：

(1)稳定汽油，即稳定塔塔底产物。

(2)液态烃，即稳定塔塔顶液体产物。

(3)裂化气，即稳定塔塔顶气体产物。

(4)重整氢气，即出重整装置的富氢气体。

对于以生产芳烃为目的的重整装置,其产物有脱戊烷油(即脱戊烷塔塔底产物)、戊烷油(也称液态烃,脱戊烷塔塔顶液体产物)、裂化气(脱戊烷塔塔顶气体产物)和重整氢气四部分。有的装置的流程中在脱戊烷塔之前还有一个脱丁烷塔,此时,裂化气应包括脱丁烷塔塔顶气体。目的产物芳烃都存在于脱戊烷油中。已知脱戊烷油中的芳烃含量即可计算出芳烃的转化率和产率。

【例8.3】 某催化重整装置每小时进料18.6 t。原料油含六碳环烷烃9.98%、七碳环烷烃18.38%、八碳环烷烃12.59%、苯1.41%、甲苯4.07%、乙苯0.41%、间(对)二甲苯2.49%,邻二甲苯0.64%(以上都是质量分数)。经重整反应后得到脱戊烷油16.63 t、戊烷油0.54 t、脱戊烷塔顶气体0.09 t、脱丁烷塔顶气体0.64 t、重整氢0.63 t。戊烷油中含苯6.96%、甲苯20.02%、乙苯2.33%、间(对)二甲苯9.24%、邻二甲苯3.29%、重芳烃2.52%(以上都是质量分数)。试分析总物料平衡并计算芳烃的产率和转化率。

解 按1 h进料为基准进行计算。

(1)总物料平衡(表8.21)。

表8.21 总物料平衡

入方			出方		
	t/h	%		t/h	%
进料	18.6	100.0	脱戊烷油	16.63	89.4
			戊烷油	0.54	2.9
			裂化气	0.73	3.9
			重整氢	0.63	3.4
			损失	0.07	0.4
合计	18.6	100.0	合计	18.60	100.0

(2)芳烃产率。

$$苯产率 = 脱戊烷油收率 \times 脱戊烷油中的苯含量 = 89.4\% \times 6.96\% = 6.22\%$$

$$甲苯产率 = 89.4\% \times 20.02\% = 17.9\%$$

$$C_8 芳烃产率 = 89.4\% \times (2.33 + 9.24 + 3.29)\% = 13.3\%$$

$$总芳烃产率 = 6.23\% + 17.9\% + 13.3\% = 37.43\%(不包括重芳烃)$$

(3)芳烃转化率。

计算芳烃潜含量为

$$苯潜含量 = 9.98\% \times 78/84 + 1.41\% = 10.67\%$$

$$甲苯潜含量 = 18.38\% \times 92/98 + 4.07\% = 21.32\%$$

$$C_8 芳烃潜含量 = 12.59\% \times 106/112 + 0.41\% + 2.49\% + 0.64\% = 15.46\%$$

$$芳烃潜含量 = 10.68\% + 21.32\% + 15.44\% = 47.44\%$$

计算芳烃转化率为

$$苯转化率 = 苯产率/苯潜含量 = 6.23\%/10.68\% = 58.33\%$$

同理,

$$甲苯转化率 = 17.9\%/21.32\% = 83.96\%$$

芳烃转化率 = 13.3%/15.44% = 86.3%

总芳烃转化率 = 37.43%/47.44% = 79%

由以上计算结果可知,分子量越大的环烷烃越容易转化为芳烃,这一点与以前讨论的规律是一致的。

在生产中,为了了解各反应器的效率,有时还需要考察各个反应器的芳烃转化率。此时,除了需要知道进料的流量和组成外,还需要从各反应器的出口采样,经冷凝冷却后测量其中的气体和液体量,以计算所采样中液体所占的百分含量,同时分析所采液体中各芳烃的含量。

【例8.4】　接上例,重整进料油为 18.6 t/h,循环氢为 30 000 m^3(N)/h,循环氢密度为 0.195 kg/m^3(N)。各反应器出口采样的气体和液体量见表 8.22。

表 8.22　各反应器出口采样的气体和液体量

反应器	气体量/kg	液体量/kg	液体占百分比/%
一反	0.125	0.333	72.6
二反	0.15	0.365	71
三反	0.227	0.385	63

各反应器采样中的液体的芳烃含量(质量分数)见表 8.23。

表 8.23　各反应器采样中的液体的芳烃含量

项目	一反	二反	三反
苯	3.66	5.37	6.08
甲	11.65	18.45	22.25
乙苯	1.57	2.36	2.68
间(对)二甲苯	5.97	9.04	10.83
邻二甲苯	1.94	3.14	3.83
重芳烃	1.22	2.21	2.93

试分析各反应器的芳烃转化情况。

解　(1)先计算各反应器的液体收率(基准:对一反进料)。

进一反循环氢流量 = 30 000 × 0.195 = 5.85 × 10^3(kg/h)

进一反原料油流 = 18.6 × 10^3(kg/h)

进一反物料中液体所占百分比 = [18.6 × 10^3/(18.6 × 10^3 + 5.85 × 10^3)] × 100% = 76.07%

各反应器的液体收率(对一反进料,累计) = 采样中液体百分比/一反进料中液体百分比

所以,　　　一反液体收率 = (72.6/76.2) × 100% = 95.3%

二反液体收率 = (71/76.2) × 100% = 93.2%

三反液体收率 = (63/76.2) × 100% = 82.7%

(2)计算各反应器累计芳烃产率。

各反应器累计芳烃产率 = 液体收率 × 所采液体样中的芳烃含量

例如：　　　　　一反苯的产率＝95.3%×3.66%＝3.49%

二反苯的产率＝93.2%×5.37%＝5%

依此类推。

（3）计算各反应器的累计芳烃转化率。

各反应器累计芳烃转化率＝该反应器的芳烃产率/原料的芳烃潜含量

例如：　　　　一反累计苯转化率＝3.49%/10.68%＝32.7%

二反累计苯转化率＝（5/10.68）×100%＝46.8%

依此类推。

（4）各反应器中新生成的芳烃。

各反应器中新生成的芳烃＝该反应器的累计芳烃产率 − 前一反应器的累计芳烃产率

例如：　　　　一反新生成苯＝3.49%−1.41%＝−2.08%（对原料油）

二反新生成苯＝5%−3.49%＝1.51%（对原料油）

依此类推。

步骤（2）~（4）的计算结果汇总见表8.24。

表8.24　计算结果

项目	累计芳烃产率/%			累计芳烃转化率/%			新生成芳烃/%		
	一反	二反	三反	一反	二反	三反	一反	二反	三反
苯	3.49	5	5.05	32.7	46.8	47.3	2.08	1.51	0.05
甲苯	11.1	17.2	18.45	52.1	80.7	86.5	7.03	3.1	0.25
C_8 芳烃	9.07	13.54	14.35	58.8	87.7	93.1	5.53	4.47	0.81
C_6 ~ C_8 芳烃	23.66	35.74	37.85	50	75.5	79.8	14.64	12.08	2.11
重芳烃	1.16	2.06	2.43	—	—	—	1.16	0.89	0.37

以上按三反生成油计算的芳烃转化率与上例中按脱戊烷油计算的数值稍有出入，其中脱戊烷油中的苯比三反生成油中的苯有所增加，而 C_8 芳烃则稍有减少，甲苯变化则不大。这些可能是计量和分析引起的误差，也有可能是由于在后加氢反应器中部分 C_8 芳烃发生了脱甲基反应造成的结果。一般情况下，反应器出口采样的办法比较容易引起误差。

比较三个反应器中转化生成芳烃的情况，可以看到一反转化最多，二反次之，而三反则差得多。从各反应器的液体收率来看，在三反中液体收率下降得最多，这说明在三反中发生了较多的加氢裂化反应。

8.5.2　单体烃分子转化情况的分析

通过对原料和产物的分析，考察各个单体烃的增减情况，可以具体了解到重整过程中各种烃类的转化情况，可以更好地了解催化剂对不同烃类反应的活性。重整反应中各种单体烃分子的转化可通过其物料平衡来考察。以100 kg原料油为基准进行计算，其基本方法如下：

（1）根据原料油中各单体烃的含量计算原料油中各单体烃的千物质的量数。

（2）计算脱戊烷油中各单体烃的千物质的量数。

（3）以上两步骤的计算结果的差值即为各单体烃的转化情况。

例如,某重整原料含环己烷 3.88%,脱戊烷油收率为 90.5%,脱戊烷油中含环己烷 0.696%。以 100 千克原料为基准计算,则

原料油中环己烷量为 $3.88/84 = 0.046\ 2(\text{mol})$

脱戊烷油中环己烷量为 $90.5 \times 0.696\% = 0.63(\text{kg})$

转化的环己烷量为 $3.88 - 0.63 = 3.25(\text{kg})$

或 $3.25/84 = 0.038\ 7(\text{kmol})$

环己烷转化率为 $(0.0387/0.046\ 2) \times 100\% = 83.8\%$

【例 8.5】 某铂铼重整装置的原料油和生成油的组成分析结果列于表 8.20。以 100 kg 原料油为基准计算得的各组分的物质的量数也列于表中。

$C_6 \sim C_8$ 芳烃潜含量 = 苯潜含量 + 甲苯潜含量 + C_8 芳烃潜含量

$$= (10.15\% \times 78/84 + 0.52\%) + (14.82\% \times 92/98 + 1.0\%) +$$
$$(11.9\% \times 106/112 \times 112 + 1.72\%)$$
$$\approx 9.95\% + 14.9\% + 12.98\%$$
$$= 37.82\%$$

所以,$C_6 \sim C_8$ 芳烃转化率 $= [(7.43 + 15.89 + 14.96)/37.82] \times 100\% \approx 101\%$

芳烃转化率超过了 100%,这说明即使是全部环烷烃都转化为芳烃(实际上是不可能的),也还有些芳烃是从烷烃转化而来的。在使用单铂催化剂时,并不是绝对没有烷烃的环化脱氢反应,只是比较少,因此从总的反应结果来看,芳烃增加的物质的量数少于环烷烃减少的物质的量数。

在铂铼重整中仍然是大分子的转化率高,例如:

苯转化率 $= (7.43/9.94) \times 100\% \approx 74.7\%$

甲苯转化率 $= (15.89/14.9) \times 100\% \approx 106.6\%$

C_8 芳烃转化率 $= (14.96/12.98) \times 100\% \approx 115\%$

苯的增加量少于 C_6 环烷的减少量,这说明 C_6 环烷有一部分裂化了而没有转化为苯,这部分裂化的环烷主要是甲基环戊烷。对 $C_7 \sim C_9$ 来说,芳烃增大的量都大于相应的环烷减少的量,这说明 $C_7 \sim C_9$ 环烷的转化率高,而且 $C_7 \sim C_9$ 烷烃的环化脱氢反应较 C_6 烷烃易于发生。

考察烷烃的环化脱氢反应和加氢裂化反应。烷烃减少的物质的量数中有些发生了环化脱氢反应,而有些则是发生了加氢裂化反应。前者与后者之比称为选择性指数。选择性指数越高,说明环化脱氢反应发生得越多(相对于加氢裂化而言)。

表 8.20 的数据表明苯增加的物质的量数少于 C_6 环烷减少的物质的量数。由于环烷脱氢反应比烷烃环化脱氢反应容易得多,因此,可以近似地认为增加的苯全部是由 C_6 环烷转化而得,而 C_6 烷烃则基本上没有发生环化脱氢反应。

对 $C_7 \sim C_9$ 烷烃的反应的选择性指数见表 8.25。

表 8.25 $C_7 \sim C_9$ 烷烃的反应的选择性指数

栏	项目	C_7	C_8	C_9
①	芳烃增加的物质的量数	0.161 65	0.124 8	0.051 7
②	环烷减少的物质的量数	0.147 53	0.106	0.032 8

续表 8.25

栏	项目	C₇	C₈	C₉
③=①-②	环化脱氢的物质的量数	0.014 12	0.018 8	0.018 9
④	烷烃减少的物质的量数	0.082 2	0.10	0.029 72
⑤=④-③	加氢裂化的物质的量数	0.068 08	0.081 2	0.010 82
⑥=③/⑤	选择性指数	0.208	0.232	1.745

以上数据说明了烷烃的相对分子质量越大,它的选择性指数也越大,即越容易发生环化脱氢反应。而 C₆ 烷烃则很难发生环化脱氢反应,因此在铼重整中苯的转化率也不算高,还有待于深入研究以解决提高苯产率的问题。

8.5.3 催化重整反应器的理论温降计算

重整反应需要的热量以及在绝热反应器中的温降对加热炉的设计是非常重要的基础数据,而且反应器内的温降的大小也是考察反应深度的一个简单而又直接的指标。

反应器的理论温降可按下式计算:

$$理论温降 = \frac{反应热(吸热) + 热损失}{物料量 \times 物料平均比热}$$

严格地说,在计算反应吸收热量时应考虑到在重整过程中发生的全部反应,但是在一般不需要十分精确的工艺计算时,可以用近似的方法来处理。下面以生产芳烃的重整过程为例,说明理论温降的计算方法。

根据反应过程中新生成的芳烃量计算芳构化反应消耗的热量。在采用单铂催化剂时可不考虑烷烃环化脱氢反应热,而只计算环烷烃的脱氢反应热,而且都是按六元环烷烃脱氢反应进行计算;在用铂锌等双、多金属催化剂时则需计算烷烃的环化脱氢反应热。芳构化反应的反应热可以取用表 8.26 列出的数据,这些数据是 700 K 时的反应热,当温度差别不大时可近似地把反应热看作常数。

表 8.26 芳构化反应的反应热

项目	环烷烃脱氢反应热/(kJ·kg⁻¹产物)	烷烃环化脱氮反应热/(kJ·kg⁻¹产物)
苯	2 822	3 375
甲苯	2 345	2 742
二甲苯	2 001	2 282
三甲苯	-1 675	-1 926

注:1. 反应热均按正构烷烃反应计算

2. 加氢裂化反应热可取 921 kJ/kg 裂化产物。加氢裂化量可按下式计算

加氢裂化量 =(重整原料量)-(脱戊烷油量)-(实得纯氢量)

如果缺乏实得纯氢量的数据用以替代实得纯氢量

3. 异构化反应热很小,可以忽略

【**例 8.6**】 某重整装置每小时重整进料为 18 600 kg,得到脱戊烷油为 16 630 kg、裂化气

及重整氢中的纯氢为 274 kg。在反应中新生成苯为 895 kg/h、甲苯为 2 574 kg/h，C_8 芳烃为 1 908 kg/h、重芳烃为 281 kg/h。循环氢量为 5 850 kg/h，其组成（体积分数）是：H_2 为 90.11%、CH_4 为 6.16%、C_2H_6 为 1.6%、C_3H_8 为 1.27%、$i-C_4H_{10}$ 为 0.2%、$n-C_4H_{10}$ 为 0.2%、C_5H_{12} 为 0.28。原料油在反应温度下的平均比热容为 3.4 kJ/(kg·℃)。（为简化，本例按采用铂催化剂计算，可以不考虑烷烃环化脱氢反应的反应热）

解　（1）反应热。

环烷烃反应热（吸热） = 895 × 2 822 + 2 574 × 2 345 + 1 808 × 2 001 + 281 × 1 075

$$= 1\ 265 × 10^4 (kJ/h)$$

$$加氢裂化量 = 18\ 600 - 16\ 630 - 274 = 1\ 696 (kg/h)$$

$$加氢裂化反应热 = 1\ 696 × 921 = 156.2 × 10^4 (kJ/h)（放热）$$

所以，　　总净反应热 $= 1\ 265 × 10^4 - 156.2 × 10^4 = 1\ 108.8 × 10^4 (kJ/h)$

（2）反应器热损失。

三个反应器表面积共 70 m^2，平均器壁温度为 90 ℃，大气温度为 20 ℃。取散热系数为 62.8 kJ/(m·℃·h)，所以

$$散热损失 = 62.8 × (90 - 20) × 70 = 30.8 × 10^4 (kJ/h)$$

（3）理论温降计算。

循环氢的平均比热容和平均相对分子质量的计算数据见表 8.27。

表 8.27

组成		y_i（体积分数）/%	相对分子质量 M_i	比热容 c_p/[kJ·(kmol·℃)$^{-1}$]	M_{y_i}	c_{p_i,y_i}/[kJ·(kmol·℃)$^{-1}$]
组分	H_2	90.11	2	29.3	1.82	26.402 2
	CH_4	6.16	16	5 836	0.98	3.609 8
	C_2H_6	1.6	30	103.0	0.48	1.648 0
	C_4H_8	1.27	44	148.6	0.55	1.887 2
	$i-C_4H_{10}$	0.34	58	192.6	0.19	0.654 8
	$n-C_4H_{10}$	0.24	58	192.6	0.14	0.462 2
	C_5H_{12}	0.28	72	236.7	0.20	0.668 2
平均相对分子质量		4.36				
平均比热容		35.3324				

油气和循环氢混合物的平均比热容 $= 3.4 × \dfrac{18\ 600}{18\ 600 + 5\ 850} + \dfrac{35.332\ 4}{4.36} × \dfrac{5\ 850}{18\ 600 + 5\ 850}$

$$= 4.552\ 5 [kJ·(kmol·℃)^{-1}]$$

所以，理论温降 $= \dfrac{1\ 108 × 10^4 + 30.8 × 10^4}{4.525 × (18\ 600 + 5\ 850)} = 103 (℃)$

8.5.4 反应器工艺尺寸的确定

1. 轴向反应器

每个反应器内的催化剂装入量由处理量、液时空速、反应器个数及各反应器的装剂比例决定。根据每个反应器的催化剂装入量和催化剂的堆积密度即可计算得到催化剂所占用的体积。在选定反应器的高径比后,反应器的高度和直径也就确定了。在选择反应器的高径比时,主要的考虑因素是催化剂床层的压降,反应器的建造成本也是要考虑的因素之一。下面以一计算实例予以说明。

【例8.7】 某重整装置的处理量为 15×10^4 t/a,原料油的平均相对分子量为100,催化剂颗粒为 $\phi 4 \times 3$ mm,其堆积密度为 730 kg/m³。反应条件是:液时空速为 3.5 h⁻¹,操作压力为 25 atm(绝),氢油物质的量比为7,第二反应器的平均温度为 490 ℃。采用轴向式反应器,并已经计算得各反应器的催化剂装入量,其中第二反应器的装入量为 2.928 t。试计算第二反应器的工艺尺寸。

解 (1)计算循环氢和油气的混合密度 ρ。

每年开工时间按 8 000 h 计算,则

$$原料油流量 = 150\ 000 \times 103/8\ 000 = 18\ 750(\mathrm{kg/h}) = 187.5(\mathrm{kmol/h})$$

$$循环氢流量 = 187.5 \times 7 = 1\ 313(\mathrm{kmol/h})$$

氢油物质的量比本应是纯氢与油之比,这里把纯氢的物质的量数近似地看作循环氢的物质的量数。设循环氢的相对分子质量为3,则循环氢的质量流率为

$$1\ 313 \times 3 = 3\ 939(\mathrm{kg/h})$$

所以, $$总质量流率 = 18\ 750 + 3\ 939 = 22\ 689(\mathrm{kg/h})$$

$$总体积流率 = (187.5 + 1\ 313) \times 22.4 \times 1/25 \times (490 + 273)/273 = 3\ 758(\mathrm{m^3/h})$$

所以,混合物密度为 $$\rho = 22\ 689/3\ 758 = 6.04(\mathrm{kg/m^3})$$

(2)计算混合物的黏度。

查设计图表得原料油蒸气的黏度为 0.000 014 7 Pa·s。

循环氢黏度近似地按氮的黏度计算,其值为 0.000 016 7 Pa·s

$$混合气体的黏度\ Z = \frac{\sum y_i(M_i)^{0.5}Z_i}{\sum y_i(M_i)^{0.5}} \tag{8.15}$$

式中,y_i 为组分的分子数分数;Z_i 为组分的黏度;M_i 为组分的相对分子质量。

按式(8.15)计算氢与油混合物的黏度为

$$Z = \frac{(7/8) \times 3^{0.5} \times 0.000\ 016\ 7 + (1/8) \times 100^{0.5} \times 0.000\ 014\ 7}{(7/8) \times 3^{0.5} + (1/8) \times 100^{0.5}} = 0.000\ 015\ 8(\mathrm{Pa \cdot s})$$

(3)计算催化剂颗粒当量直径。

$$催化剂颗粒为 = 4 \times 3(\mathrm{mm})$$

所以, $$颗粒表面积 = 2 \times (\pi \times 42) + 3 \times 4\pi = 20\pi(\mathrm{mm^2})$$

$$催化剂颗粒体积 = (\pi \times 42/4) \times 3 = 12\pi(\mathrm{mm})$$

$$球形颗粒体积 = (\pi/6)d_\mathrm{p}^3$$

根据当量直径的定义,则

$$(\pi d_\mathrm{p}^2)/(\pi d_\mathrm{p}^2/6) = 20\pi/(12\pi)$$

所以，当量直径 $d_p = 3.6 \text{ mm} = 0.003\ 6 \text{ m}$

(4)计算床层压降及选取通过反应器床层的气体线速。

根据经验选用单位床层压降 $\Delta p/L = 0.15 \text{ atm/m}$，由压降计算公式

$$\Delta p/L = 78.07 \times 10^{-5} \times (\rho^{0.85} u^{1.85} \mu^{0.15}/d_p^{1.15})$$

得 $\quad 0.15 = 78.07 \times 10^{-5} \times (6.04^{0.85} \times u^{1.85} \times 0.000\ 015\ 8^{0.15}/0.003\ 6^{1.15})$

解此方程,得 $u = 0.557 (\text{m/s})$。

已知 体积流量为 $3\ 760 \text{ m}^3/\text{h} = 1.043 \text{ m}^3/\text{s}$

所以 床层截面积 $= 1.043/0.557 = 1.87 (\text{m}^2)$

床层高 = 催化剂装入量/床层截面积 $= 2.988/1.87 = 1.57 (\text{m})$

第二反应器床层压降 $= 0.15 \times 1.57 = 0.236 (\text{atm})$

(5)反应器的直径和高度。

床层直径 $\quad D = \sqrt{4 \times 1.87/\pi} = 1.54 (\text{m})$

考虑到耐热水泥层、合金钢衬里和间隙,取反应器壳体内径为 1.8 m。

催化剂床层高度为 1.57 m,考虑到瓷球层、分配头、集气管等内部构件,并留一定空间,反应器直筒高度选用 3 m。

反应器的尺寸最后还要根据机械设计要求和制造厂的系列规格做适当调整。

2. 径向反应器

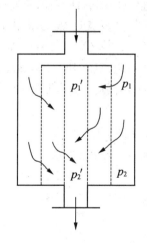

径向反应器设计中的重要问题是要使流体沿整个催化剂床层轴向高度均匀分布。反应原料气流由反应器上部进入沿圆周排列的扇形分气筒,从大面积开孔处出来,穿过环形催化剂床层进入开孔率低的中心集气管,然后离开反应器。如图 8.18 所示,欲使气流沿催化剂床层轴向高度均匀分布,必要条件是催化剂层外侧面与内侧面之间的静压差沿轴向高度保持相等,即 $(p_1 - p_1)/(p_2 - p_2) = 1$。此时,通过催化剂层上部和下部的气流流量 Q_1 和 Q_2 相等。在工程上要完全达到均匀分布是很困难的,但是应努力做到逼近。例如,当上部压差与下部压差之比大于 0.9 时,$Q_1/Q_2 > \sqrt{0.95}$,此时便可认为气流在整个轴向高度上基本上是均匀分布的。下面再进一步分析在设计径向反应器时如何才能做到气流均匀分布。气流基本均匀分布时

图 8.18 径向反应器

$$(p_1 - p_1)/(p_2 - p_2) \geqslant 0.9 \tag{8.16}$$

若 $\Delta p_\text{总}$、$\Delta p_\text{分}$ 和 $\Delta p_\text{集}$ 分别表示床层总压降、扇形分气筒主流道压降和中心管主流道压降,则

$$\Delta p_\text{总} = p_1 - p_2$$
$$\Delta p_\text{分} = p_1 - p_2$$
$$\Delta p_\text{集} = p_1' - p_2'$$

将此三式代入前面的式(8.16)中,得

$$(\Delta p_\text{总} - \Delta p_\text{集})/(\Delta p_\text{总} - \Delta p_\text{分}) \geqslant 0.9$$

由上式可见,在较小的总压降时,为了使气流沿床高均匀分布,应适当减小 $\Delta p_\text{集}$ 或增大

$\Delta p_{分}$,即适当增大中心集气管的管径或减小扇形筒的截面积。根据重整反应器的结构情况,采用前者较为合适。

将式(8.16)取为等式,得

$$\Delta p_{总} = 10\Delta p_{集} - 9\Delta p_{分} \tag{8.17}$$

式(8.17)说明,当 $\Delta p_{集}$、$\Delta p_{分}$ 一定时,即当中心集气管和扇形分气筒的工艺尺寸确定后,使气流沿床高均匀分布的反应器最小总压降就确定了。反应器的总压降由四部分组成,即

$$\Delta p_{总} = \Delta p_{分孔} + \Delta p_{床层} + \Delta p_{外套孔} + \Delta p_{集孔} \tag{8.18}$$

式中,$\Delta p_{分孔}$ 为气流通过扇形筒小孔时的压降;$\Delta p_{床层}$ 为气流通过催化剂床层的压降;$\Delta p_{外套孔}$ 为气流通过中心集气管外套管小孔时的压降;$\Delta p_{集孔}$ 为气流通过中心集气管小孔时的压降。

以上组成总压降的四个部分中,由于扇形筒和中心管是大开孔率均匀开孔,因此 $\Delta p_{分孔}$ 和 $\Delta p_{外套孔}$ 很小,常常可以忽略。式(8.17)和式(8.18)都是重整径向反应器设计的基本关系式。设计的基本步骤如下:

(1)根据经验选定中心集气管管径,初选反应器壳体直径,并以此确定扇形分气筒的个数。

(2)由催化剂装入量计算催化剂床层高度,以此确定反应器的高度,核算高径比。高径比太小的反应器造价较高。国内重整径向反应器的高径比一般为 2~3,如果高径比不合适,则需调整反应器壳体直径,重新计算。

(3)计算 $\Delta p_{集}$、$\Delta p_{分}$,并由式(8.17)计算 $\Delta p_{总}$。

(4)计算 $\Delta p_{分孔}$、$\Delta p_{床层}$、$\Delta p_{外套孔}$。

(5)由式(8.18)计算 $\Delta p_{集孔}$。

(6)计算中心集气管开孔面积,这就是使气流均匀分布时中心管的最大开孔面积。

第9章 烷基化及异构化过程

石油气体(天然气和炼厂气)是非常宝贵的气体资源,合理利用这些气体是石油加工生产中的重要课题,对发展国民经济具有重要的意义。石油气体的利用途径主要有以下三个方面:

(1)直接作为燃料。

例如,天然气可用来代替城市煤气或用于发电,天然气及油田气中的五碳烃以上馏分可以用油吸收法或吸附法回收得到轻汽油,作为内燃机燃料;三碳烃和四碳烃馏分经加压液化生产的液化石油气,装入钢瓶内可作为燃料使用。炼厂气的相当大一部分可用作加热炉的燃料。

(2)制造高辛烷值汽油的组分。

在炼厂中,炼厂气主要用来制造叠合汽油、烷基化汽油、工业异辛烷、异戊烷等高辛烷值组分,还可用于生产高辛烷值的车用汽油或航空汽油。

(3)作为石油化工生产的原料。

以石油气体中含有的各类烃及其衍生物为原料可以制得许多重要的石油化工产品,如合成橡胶、塑料、化学肥料、化学纤维、洗涤剂、溶剂、人造皮革、油漆、颜料、合成润滑油、农药、医药、涂料等。

石油气体在使用和加工前须经过预处理,即根据加工过程的特点和要求,进行不同程度的脱硫和干燥。石油气体经过预处理后,还要根据进一步加工它们的工艺过程对气体原料纯度的要求进行分离,得到单体烃或各种气体烃馏分。例如,在以炼厂气为原料生产高辛烷值汽油组分时,须将炼厂气分离为丙烷－丙烯馏分、丁烷－丁烯馏分等,这通常是通过气体分馏装置来完成的;在以炼厂气作为石油化工生产的原料时,有些合成过程对气体纯度要求很高,则需用高效率的气体分离过程,如超吸附、超精馏、抽提蒸馏、共沸蒸馏、化学吸附和分子筛分离等将气体原料分离为单体烃的过程。

本章将分别叙述在炼厂中,以炼厂气为原料生产高辛烷值汽油组分的一些工艺过程。

9.1　叠合过程

两个或两个以上的烯烃分子在一定的温度和压力下,结合成较大的烯烃分子,这种过程称为叠合过程。在高温(约 500 ℃)和高压(约 10.0 MPa)条件下实现烯烃叠合的方法称为热叠合;借助催化剂的作用,在较低的温度(约 200 ℃)和较低的压力(3.0 ~ 7.0 MPa)下实现烯烃叠合的方法称为催化叠合。催化叠合的产品产率高、副产物较少,已完全代替了热叠合方法。

叠合过程使用的催化剂是酸性催化剂,如磷酸、硫酸、三氯化铝等。以硫酸作为催化剂的烯烃叠合过程现已被淘汰,目前在工业上广泛应用的催化剂是磷酸催化剂,也有用无定型硅铝及 ZSM－5 分子筛的情况。

叠合过程所用的原料是热裂化、催化裂化和焦炭化等装置副产的气体中含有的丙烯和丁烯。当用未经分离的炼厂气(或液化石油气)作为叠合过程的原料时,原料是乙烯、丙烯、丁烯、戊烯的混合物。在叠合过程中,不仅各类烯烃本身叠合生成二聚物、三聚物,而且各类烯烃之间还能相互叠合生成共聚物,例如,一个分子 C_3H_6 可能同另一个 C_3H_6 分子叠合生成

C_6H_{12}，同时它也可能同一个 C_4H_8 分子叠合生成 C_7H_{14} 等。因此，所得到的叠合产物是一个很宽的馏分，是各类烃的混合物。这类叠合过程称为非选择性叠合过程。非选择性叠合过程的叠合产物的辛烷值较高，马达法辛烷值为 $80 \sim 85$，而且具有很好的调和性能。但由于催化叠合产物中大部分为不饱和烃，在储存时不稳定，因此它只能作为高辛烷值组分，与其他过程生产的汽油馏分调和来生产高辛烷值汽油。

如果把炼厂气分离后，分别用丙烯、丁烯馏分作为叠合原料，选择合适的操作条件进行特定的叠合反应，生产某种特定的产品，这类叠合过程称为选择性叠合过程。例如，可以通过改变温度的方法，使 C_4 馏分中的异丁烯几乎全部转化为二聚物或三聚物，而正丁烯的转化率则较小。

9.1.1 叠合过程的反应和主要影响因素

烯烃的叠合反应和产物是较复杂的，以异丁烯叠合为例，异丁烯在酸性催化剂上所起的反应可以用正碳离子机理来解释。

首先异丁烯与酸性催化剂放出的氢离子结合，生成正碳离子：

$$\mathrm{H_3C-\underset{\underset{CH_3}{|}}{C}=CH_2 + H^+ \rightarrow H_2C-\underset{\underset{CH_3}{|}}{\overset{+}{C}}-CH_3}$$

生成的正碳离子很容易与另一个异丁烯分子结合生成一个大的正碳离子：

$$\mathrm{H_3C-\underset{\underset{CH_3}{|}}{\overset{+}{C}}-CH_3 + H_3C-\underset{\underset{CH_3}{|}}{C}=CH_2 \rightarrow CH_3-\underset{\underset{CH_3}{|}}{C}-CH_2-\underset{\underset{CH_3^+}{|}}{C}-CH_3}$$

生成的正碳离子不稳定，它会放出氢离子而变为异辛烯：

$$\mathrm{H_3C-\underset{\underset{CH_3^+}{|}}{C}-CH_2-\underset{\underset{CH_3}{|}}{C}-CH_3}$$

$$\longrightarrow \mathrm{HC_3-\underset{\underset{CH_3}{|}}{C}-CH_2-\underset{\underset{CH_3}{|}}{C}=CH_2 + H^+}$$

$$\longrightarrow \mathrm{H_3C-\underset{\underset{CH_3}{|}}{C}-CH=C-CH_2 + -H^+}$$ (末端 CH_3)

生成的二聚物还能继续叠合，成为多聚物。如果原料烯烃不止一种时，那么不同的烯烃还能叠合生成共聚物。除此之外，叠合反应进行时还有副反应发生。在这些副反应中，烯烃加氢去氢叠合反应是较重要的一个，它使一部分的烯烃分子脱氢，而使另一部分烯烃分子被加氢。在叠合过程中，高分子叠合物解叠和低分子烯烃的叠合也是同时进行的。因此，在烯烃叠合时，叠合产物中除了生成原料烯烃的二聚物外，还同时产生一些饱和烃、高度不饱和的烃类和低分子的烃类。加氢去氢叠合这种副反应是不希望有的，因为它们会生成高分子的不饱和的物质而沉积在催化剂上，引起催化剂活性降低。在烯烃叠合时，还可以看到烯烃变为环烷烃和环烷烃脱氢后变为芳烃的反应。这些副反应的速度都随着温度的升高而增大。在生产叠合汽油时，希望主要得到二聚物或三聚物，因此采用较低的反应温度，工业上一般采用 $170 \sim 220\ ℃$。

催化叠合中异丁烯易反应,其次为正丁烯和丙烯,而乙烯最不易反应,假如叠合的原料是一个气体混合物,那么混合物中各组分在反应中的相对转化率如下:

异丁烯	100
正丁烯	90 ~ 100
丙烯	70 ~ 100
乙烯	20 ~ 30

由于各种烃类的反应能力不同,因此工业生产中对于不同的原料采用不同的操作条件。通常对于丙烯叠合采用 230 ℃ 左右的温度;对于丁烯则采用 200 ℃ 左右的温度;而对于裂化稳定塔顶气体的叠合,在 185 ℃ 和 3.5 MPa 的条件下已进行得相当剧烈了。

戊烯也可以用于叠合,但一般的戊烷 – 戊烯馏分中含有较多的戊二烯,而戊二烯会促使催化剂中毒。

烯烃的叠合是一个放热反应,例如,每千克异丁烯叠合放出的反应热为 1 240 kJ。如果在反应时不设法取出反应热,则反应器内的温度将会升高,使反应器内的催化剂过热,引起磷酸脱水、催化剂活性下降。为了维持一定的反应温度、避免反应温度升高而引起生成过多的副产物及避免催化剂脱水和结焦而引起催化剂活性下降,应当设法取走反应热。在工业上,一般是采用循环水(在一定的压力下)或向反应器内分段注入冷料的方法来维持一定的反应温度。此外,还可采用烷烃或含烯烃较少的气体稀释原料气的办法来避免过大的温升。这种用来稀释原料气体中烯烃浓度的物质称为稀释剂。从反应速度方面考虑,原料气体中烯烃浓度较高是有利的,通常希望烯烃的最低浓度不小于 20% ,但是为了控制反应温度,又希望原料气体中烯烃的浓度不大于 40% ~ 45% 。

烯烃叠合是一个可逆反应,例如异丁烯叠合的反应式可写为

$$2 – 异丁烯 \Longleftrightarrow 异辛烯$$

对于一定的原料和反应产物来说,平衡转化率是由反应温度和反应压力决定的。叠合反应是放热反应,反应温度越高,平衡转化率愈低;叠合反应也是分子数减少的反应,在反应时体积缩小,反应压力越高,平衡转化率也越高。表 9.1 和表 9.2 分别列出了根据热力学数据计算的反应温度和反应压力对异丁烯叠合成异辛烯的平衡转化率的影响。

表 9.1　温度对异丁烯 – 异辛烯平衡转化率的影响(反应压力:3.0 MPa)

反应温度/℃	150	200	250	300
平衡转化率/%	约 99	69	87	70

表 9.2　压力对异丁烯 – 异辛烯平衡转化率的影响(反应温度:200 ℃)

反应压力/MPa	0.1	1.0	2.0	3.0
平衡转化率/%	79	92	94	96

从表 9.1 中的数据可以看出,在低的反应温度下,平衡转化率虽然高,但是反应速度慢,为了达到平衡转化率则需要较长的反应时间。如果反应温度适当高些,虽然平衡转化率稍低些,但反应速度加快,可以在单位时间内得到更多的产品。反应温度也不能过高,否则会因生成过多的高分子副产物,使目的产物收率降低,使催化剂活性降低。

提高反应压力虽能提高平衡转化率,但压力增至一定程度后再继续提高压力对平衡转化率的影响就不太明显了。一般在生产叠合汽油时采用的反应压力是 3.0 ~ 5.0 MPa。有的工业装置采用更高的反应压力,其目的是使反应器内保持一定数量的液相反应产物,这些液相产物能部分地冲洗掉附着在催化剂表面的高分子叠合物,从而维持较高的催化剂活性,延长催化剂的寿命。

除了反应温度和反应压力外,影响叠合过程的主要操作因素还有空间速度。在一定的温度和压力条件下,空间速度越低,烯烃转化率越高。根据原料中烯烃的浓度不同,空间速度可采用 1 ~ 3 h^{-1},但是当转化率接近平衡转化率时,反应速度变慢,单位反应器体积的作用变小。在工业上,叠合过程的烯烃转化率为 70% ~ 90%。

9.1.2 叠合催化剂

目前广泛应用的烯烃叠合催化剂为磷酸催化剂,它主要有载在硅藻土上的磷酸、载在活性炭上的磷酸、浸泡过磷酸的石英砂、载在硅胶上的磷酸和焦磷酸铜几种。目前应用最广泛的所谓的"固体磷酸催化剂"是用磷酸与硅藻土混合,然后在不超过 300 ~ 400 ℃下焙烧而得到的。催化剂外观是灰白色的,一般制成 3 × 10 mm 的圆柱体。

磷酸酐 P_2O_5 在与水作用时能形成正磷酸 H_3PO_4、焦磷酸 $H_4P_2O_7$ 及偏磷酸 HPO_3。磷酸的组成可以用酸中 P_2O_5 的含量或 H_3PO_4 的浓度来表示,此时焦磷酸和偏磷酸可以看作含 H_3PO_4 100% 以上的酸。表 9.3 列出了几种磷酸的特性。

表 9.3　几种磷酸的特性

酸	化学式	用 P_2O_5 及 H_2O 表示的组成	P_2O_5 的含量/%	H_3PO_4/%	d_4^{22}	熔点/℃	沸点/℃
正磷酸	H_3PO_4	$P_2O_5 \cdot 3H_2O$	72.4	100	1.87	+42.35	255.3
焦磷酸	$H_4P_2O_7$	$P_2O_5 \cdot 2H_2O$	79.7	110	1.90	+61	427
偏磷酸	HPO_3	$P_2O_5 \cdot H_2O$	88.8	124	2.2 ~ 2.5	—	732
磷酸酐	P_2O_5	P_2O_5	100.0	—	—	347(升华)	—

磷酸的三种化学状态在组成上的差别主要在于磷酸酐 P_2O_5 与水的比例不同,这三种化学状态在一定的条件下可以互相转化。正磷酸在 150 ~ 160 ℃下稳定,温度升高则逐渐失水而转变成焦磷酸,到 240 ~ 260 ℃时大量失水而主要以偏磷酸形态存在,再继续升温至 290 ℃ 则几乎全部转变为偏磷酸。

图 9.1 表示了不同浓度的磷酸在正丁烯催化叠合时的活性,从图上可以看出,当从含水磷酸转变为 100% 无水磷酸时,反应速度有所增加;当从 100% 转变为 108% 的磷酸(以 H_3PO_4 计)时,反应速度的增加特别快,这样的磷酸在组成上和焦磷酸相近。在烯烃叠

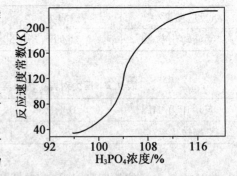

图 9.1　不同浓度的磷酸在正丁烯催化叠合时的活性

合反应中,主要是正磷酸和焦磷酸有催化活性,而偏磷酸没有催化活性,而且偏磷酸容易挥发而损失。为了保证催化剂的活性,在反应过程中应使催化剂表面酸的浓度达108% ~110% ,即保持正磷酸和焦磷酸状态。

磷酸酐的水合物在加热条件下会逐渐失水。因此,在工业生产中,除了限制一定的反应温度外,还应根据具体情况在原料气体中注入一定量的水,维持原料气体中的水气分压不低于正磷酸和焦磷酸的饱和水蒸气压,使催化剂在水蒸气存在的条件下工作。一般来说,当反应温度高于230 ℃时,在叠合原料气体中应该注入2% ~10% 的水或水蒸气;当反应温度低于150 ℃时,原料气体中不应含有水。注水量应保证反应物中有足够的水蒸气分压,使催化剂不至于因失水而丧失活性,但注水量不宜过多,过多会引起催化剂粉碎成为糊状或结块。

在叠合反应过程中,有高分子叠合和缩合物生成,它们覆盖在催化剂表面上使催化剂活性下降,烯烃转化率降低,而且这些物质会填塞在催化剂颗粒之间使催化剂结块,这样就使得反应物通过反应器催化剂层的压力降增大,以致堵塞反应器造成叠合装置停工。因此,当催化剂的活性降低至一定限度后,就必须更换新的催化剂。

磷酸催化剂还必须有足够的机械强度,如果强度太低,则在生产过程中容易粉碎,粉末堵塞反应器而使原料通过反应器的压力降增大。由于清除堵塞了的催化剂床层是费力费时的工作,因而改进催化剂的耐水性和机械强度、严格控制注水量防止催化剂失水和粉碎、防止催化剂因高分子副产物沉积而降低活性是决定叠合装置生产好坏的关键问题,必须予以重视。

除此之外,原料气体中的各种杂质也会影响叠合产物的品质及催化剂的寿命。当原料气体中存在 H_2S 时,在叠合过程中 H_2S 和烯烃作用生成硫醇。含硫化合物会促使叠合汽油中胶质的生成和磷酸催化剂活性的下降。少量的碱性物质如 $NaOH$、NH_3 碱性氮化物等会使磷酸催化剂活性极快地下降。例如原料中含0.5% 的 NH_3,就会使催化剂很快中毒,原料中含0.002% 的氧就会在催化剂表面生成漆状物质,大大缩短催化剂的寿命;原料气体中的丁二烯亦会在叠合过程中生成胶质沉积物而缩短催化剂的使用期限;乙炔也有类似的作用。因此,如果原料气体含有这些有害杂质时应当经过预处理,如水洗、酸洗或注酸等。

9.1.3　叠合过程的工艺流程

非选择性叠合生产叠合汽油的装置,催化叠合过程原理流程如图9.2 所示。

所用的叠合原料是经过乙醇胺脱硫、碱洗和水洗后的液态烃(液化石油气)。为了防止原料带入乙醇胺等碱性物质和防止催化剂因受热失水而降低活性,在原料气体中有时要注入适当的酸和蒸馏水。

经过上述处理的原料气体经压缩机升压至反应所需的压力,与叠合产物换热,并经加热升温到反应温度,进入反应器。

反应器如同一个立式管壳式换热器。反应器中间有许多管子,管子内装有催化剂,管子之间的壳程有软化水和蒸气循环。原料气体由反应器顶部进入管程,在催化剂作用下进行叠合反应,反应所放出的热量由壳程内循环的软化水带走,转变为水蒸气。可以用控制壳程的水蒸气压力来控制反应温度,如用筒式反应器时,可分段打入冷的原料气体来控制反应温度。

反应产物(包括未反应的原料)从反应器底部出来,经过过滤器除去带出来的催化剂粉末,与叠合原料换热后进入稳定塔。从塔顶出来的轻质组分经冷凝冷却后,一部分作为塔顶回流,另一部分送出装置并作为石油化工生产的原料或燃料。稳定后的叠合产物从塔底排出,进入再蒸馏塔,从塔底分出所含有的少量重叠合产物,塔顶馏分经冷凝冷却后,一部分作为塔顶回流,另一部分作为合格的叠合汽油送出装置。

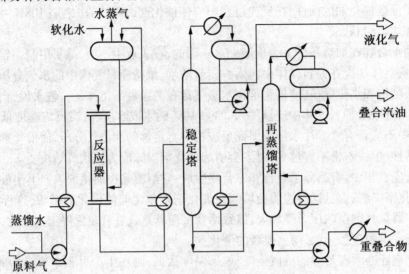

图9.2 催化叠合过程原理流程

一般叠合装置有 6~8 个反应器,可以分组并联或串联操作。当某个或某组反应器需要停止进料或更换催化剂时,另一些反应器仍然继续操作。

9.2 烷基化过程

烷基化是指烷烃与烯烃的化学加成反应,在反应中烷烃分子的活泼氢原子的位置被烯烃所取代。由于异构烷烃中的叔碳原子上的氢原子比正构烷烃中的伯碳原子上的氢原子活泼得多,因此在烷基化时必须要用异构烷烃作为原料。

异构烷烃和烯烃的烷基化产物的抗爆振性能好,它的研究法辛烷值(RON)可达 96,马达法辛烷值(MON)可达 94,比加氢裂化汽油(RON 约为 87)、异构化汽油(RON 约为 88),重整汽油(MON 约为 88)和叠合汽油(MON 约为 83)的辛烷值高,并且不含相对分子质量低的烯烃,排气时烟雾少,不引起振动。因此,烷基化产物可以作为航空汽油和车用汽油的高辛烷值组分。此外,从防止空气污染、保护环境卫生的观点出发,希望限制和取消四乙基铅抗爆剂的使用和限制汽油中芳烃与烯烃的含量,这就使得烷基化过程在生产无铅的高辛烷值汽油方面具有重要的意义。

烷基化过程最初没有使用催化剂,是在 400~500 ℃、17~30 MPa 的高温高压条件下进行的,称为热烷基化。由于裂化等副反应激烈,产品质量不好,目前已不使用这样的热烷基化过程了。现在在工业上应用的烷基化过程是在催化剂作用下进行的烷基化过程。烷基化反应所使用的催化剂有无水氯化铝、硫酸、氟氢酸、磷酸、硅酸铝、氟化硼以及泡沸石、氧化铝–铂等催化剂。已得到工业应用的烷基化催化剂有无水氯化铝、硫酸和氟氢酸三种,目前国内常用的烷基化催化剂是硫酸和氟氢酸。近年来氟氢酸催化剂的应用受到重视,因为使用氟氢酸催化剂时,反应的温度可以接近常温,制冷的问题也比较简单,催化剂活性高、易回收、稳定、不腐蚀设备,设备还可以用普通碳钢制造。但是由于氟氢酸不易得到且有毒,因此它的应用又受到了一定的限制。这两种催化剂各有利弊,从安全和保护环境的角度考虑,它们都不是理想的催化剂。近年来各国都在开展固体超强酸的研究。近期,美国 UOP 公司宣称,它开发的 Alkylene 工艺用固体酸取代传统的硫酸和氟氢酸作为烷基化过程的催化剂取得了满意的效果。

9.2.1　烷基化反应和产物

烷基化所使用的烯烃原料和催化剂不同,烷基化的反应和产物也有所不同。

在没有催化剂存在下进行的热烷基化过程中,除烷基化反应外,还有裂化和烯烃叠合等副反应,生成高沸点和低沸点的副产物,使高辛烷值的异构烷烃产物收率降低。例如:

$$
\begin{array}{c}
\mathrm{CH_3} \\
| \\
\mathrm{H_3C-C-H-H} \\
| \\
\mathrm{CH_3}
\end{array}
+ \mathrm{H_2C{=}CH_2} \rightarrow
\begin{array}{c}
\mathrm{CH_3} \\
| \\
\mathrm{H_3C-C-CH_2-CH_3} \\
| \\
\mathrm{CH_3}
\end{array}
$$

（吸收 ~70%）+ 副产物（收率 ~30%）

在烷基化过程中,由于甲基转移反应生成其他的异构体。例如,乙烯和异丁烷在无水氯化铝催化剂存在下,反应生成 *RON* 为 103.5 的 2,3 – 二甲基丁烷,收率为 92%。

$$
\begin{array}{c}
\mathrm{CH_3} \\
| \\
\mathrm{H_3C-C-H} \\
| \\
\mathrm{CH_3}
\end{array}
+ \mathrm{H_2C{=}CH_2} \xrightarrow{\mathrm{AlCl_3}}
\begin{array}{c}
\mathrm{CH_3}\;\;\mathrm{CH_3} \\
|\quad\;\; | \\
\mathrm{H_3C-CH-CH-CH_3}
\end{array}
$$

　　　　异丁烷　乙烯　　　　　　　　2,3 – 二甲基丁烷

硫酸和氟氢酸对异构烷和乙烯的烷基化反应没有催化作用。

丙烯在使用无水氯化铝、硫酸和氟氢酸催化剂时与异丁烷反应时,主要生成 2,3 – 二甲基戊烷,*RON* 为 91,使用这三种催化剂时的产物收率分别为 92%、50% 和 35%。

丁烯 – 1 与异丁烷烷基化时,如使用无水氯化铝催化剂（或在低温下使用氟氢酸催化剂）,则主要生成辛烷值较低的 2,3 – 二甲基己烷（*RON* 约为 71）;如使用硫酸和氟氢酸催化剂,则丁烯 – 1 首先异构化生成丁烯 – 2,然后再与异丁烷发生烷基化反应。在无水氧化铝、硫酸或氟氰酸的催化作用下,丁烯 – 2 与异丁烷烷基化主要生成高辛烷值的 2,2,4 – 三甲基戊烷、2,3,4 – 三甲基戊烷和 2,3,3 – 三甲基戊烷（*RON* 为 100 ~ 106）。

$$
\mathrm{CH_3-CH-CH-CH_3} +
\begin{array}{c}
\mathrm{CH_3} \\
| \\
\mathrm{CH_3-C-H} \\
| \\
\mathrm{CH_3}
\end{array}
\xrightarrow[\mathrm{H_2SO_4,HF}]{\mathrm{AlCl_3}}
\begin{array}{c}
\mathrm{CH_3}\qquad\quad\mathrm{CH_3} \\
|\qquad\qquad\; | \\
\mathrm{CH_3-C-CH_2-CH-CH_3} \\
| \\
\mathrm{CH_3}
\end{array}
$$

　丁烯 – 2　　　　　　　　　异丁烷　　　　　　　2,2,4 – 三甲基戊烷

$$
\begin{array}{c}
\mathrm{CH_3-CH-CH-CH-CH_3} \\
\;\;\;|\quad\; |\quad\; | \\
\;\;\mathrm{CH_3}\;\mathrm{CH_3}\;\mathrm{CH_3}
\end{array}
\;\text{或}\;
\begin{array}{c}
\mathrm{CH_3} \\
| \\
\mathrm{CH_3-CH-C-CH_2-CH_3} \\
|\quad\; | \\
\mathrm{CH_3}\;\mathrm{CH_3}
\end{array}
$$

　　2,3,4 – 三甲基戊烷　　　　　　2,3,3 – 三甲基戊烷

异丁烯和异丁烷烷基化反应生成辛烷值为 100 的 2,2,4 – 三甲基戊烷,即俗称的异辛烷。

$$CH_3-CH_2-CH=CH_2 + \underset{CH_3}{\overset{CH_3}{CH-C-H}} \xrightarrow[\text{HF 低温}]{\text{AlCl}} \underset{CH_3\ \ \ CH_3}{\overset{CH_3}{CH_3-CH-CH-CH_2-CH_2-CH_3}}$$

　　　丁烯 - 1　　　　　　　异丁烷　　　　　　　　　　　2,3 - 二甲基己烷

异丁烯和异丁烷烷基化反应生成辛烷值为 100 的 2,2,4 - 三甲基戊烷,即俗称的异辛烷。

$$\underset{CH_3}{\overset{CH_3}{CH_3-C-CH_3}} + \underset{CH_3}{\overset{CH_3}{CH_3-C-H}} \xrightarrow[\text{H}_2\text{SO}_4,\text{HF}]{\text{AlCl}_3} \underset{CH_3\ \ \ CH_3}{\overset{CH_3}{CH_3-C-CH_2-CH-CH_3}}$$

　　　异丁烯　　　　　　　异丁烷　　　　　　　　2,2,4 - 三甲基戊烷

　　实际上,除上述一次反应产物外,在过于苛刻的反应条件下,一次反应产物和原料还可以发生裂化、叠合、异构化、歧化和自身烷基化等副反应,生成低沸点和高沸点的副产物以及酯类(酸渣)和酸油等。

9.2.2　反应机理

　　异构烷与烯烃的催化烷基化反应可以用正碳离子机理来解释。

　　首先催化剂上的质子加成到烯烃的双键上,生成的正碳离子,其反应式为

$$C_nH_{2n} + H^+ \rightleftharpoons C_nH_{2n+1}^+$$

　　　　烯烃　质子

生成的正碳离子从异丁烷的叔碳原子上获得负氢离子,生成新的叔丁基正碳离子。

$$\underset{CH_3}{\overset{CH_3}{CH_3-C-H}} + C_nH_{2n+1}^+ \longrightarrow \underset{CH_3}{\overset{CH_3}{CH_3-C^+}} + C_nH_{2n+2}$$

　　叔丁基正碳离子在双键上加成是烷基化反应决定性的一步。

$$\underset{CH_3}{\overset{CH_3}{CH_3-C-C^+}} + H_{2n}C_n \longrightarrow C_n + 4H_{2n+9}^+$$

　　生成的正碳离子从另一个异丁烷的叔碳原子是获得负氢离子生成烷基化产物。然而,在此之前可能发生正碳离子异构化反应。正碳离子的稳定性顺序是:叔正碳离子 ≥ 仲正碳离子 > 伯正碳离子。

$$C_{n+4}H_{2n+9}^+ + \underset{CH_3}{\overset{CH_3}{CH_3C-H}} \longrightarrow C_{n+4}H_{2n+10} + \underset{CH_3}{\overset{CH_3}{CH_3-C^+}}$$

　　如果叔丁基正碳离子不是加成到烯烃,而是转移其质子生成异丁烯,那么异丁烯可以捕获混合物中的另一个正碳离子,特别是叔丁基正碳离子。

$$\underset{\underset{CH_3}{|}}{\overset{\overset{CH_3}{|}}{CH_3-C^+}} + \underset{\underset{}{}}{\overset{\overset{CH_3}{|}}{CH_2=C}} \longrightarrow \underset{\underset{CH_3}{|}}{\overset{\overset{CH_3}{|}}{CH_3-C}} -CH_2-\overset{\overset{CH_3}{|}}{\underset{+}{CH}} -CH_3$$

这个正碳离子在异构化后,通过负氢离子转移反应生成 C_8 烷烃。这种反应称为异丁烷的"自身烷基化",其总反应为

$$2i-C_4H_{10}+C_nH_{2n}\longrightarrow i-C_6H_{18}+C_nH_{2n+2}$$

由于自身烷基化反应,在丙烯和丁烯烷基化过程中也有丙烷和异丁烷生成。

9.2.3 烷基化催化剂

工业上使用的氟氢酸催化剂浓度为 86% ~ 95%,浓度过高会使烷基化产物的品质下降。但是浓度过低时,除了会对设备产生严重腐蚀外,还会显著增加烯烃叠合和生成氟代烷的副反应。

烷基化反应是在液相催化剂中进行的,但是烷烃在硫酸中的溶解度很低,正构烷烃几乎不溶于硫酸,异构烷烃的溶解度也不大,例如,异丁烷在浓度 99.5% 的硫酸中的溶解度(质量分数)为 0.1%,而当浓度降至 96.5% 时则仅为 0.04%。为了保证硫酸中的烷烃浓度需要使用高浓度的硫酸,但是高浓度的硫酸,有很强的氧化作用,能使烯烃氧化,而且烯烃的溶解度比烷烃的大得多,提高硫酸浓度时烯烃在硫酸中的浓度增加得更快。为了抑制烯烃的叠合反应、氧化反应等副反应,工业上采用的硫酸浓度为 86% ~ 99%。当循环硫酸浓度(质量分数)低于 85% 时,需要更换新酸。至于乙烯烷基化所用的氧化铝催化剂则是氧化铝的有机络合物,例如,$AlCl_3-AlCl_3 \cdot OR_2-HCl$ 是一种较好的烷基化催化剂。

在反应器内,催化剂和反应物应处于良好的乳化状态,为此,酸与烃应维持适当的比例(体积比),提高此比值有利于提高烷基化产物的收率和质量,但相应地却降低了装置处理能力。反应系统中的催化剂量(体积分数),在硫酸法中为 40% ~ 60%;在氟氢酸法中为 50% ~ 60%(体积分数);在氧化铝法中为烃量的 1/50 ~ 1/100。

9.2.4 工艺流程和操作条件

烷基化装置一般由以下几部分组成:
(1)原料的预处理和预分馏。
(2)反应系统。
(3)分离催化剂。
(4)产品中和。
(5)产品分馏。
(6)废催化剂处理。
(7)压缩冷冻。
下面分别介绍硫酸法和氟氢酸法烷基化的工艺流程。

1. 硫酸法
以采用自冷冻的阶梯式反应器的装置为例进行介绍,图 9.3 为其工艺流程图。

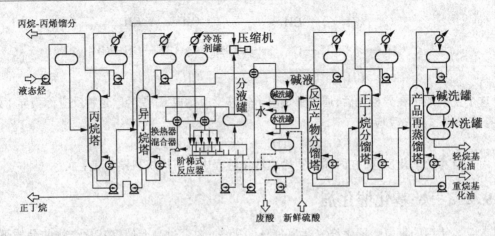

图 9.3　硫酸法烷基化工艺流程图

　　自催化裂化、延迟焦化装置来的液态烃(液化石油气)经脱硫和碱洗后,经缓冲罐进入脱丙烷塔,在约 1.7 MPa 和塔底温度 100 ℃ 条件下进行分馏。塔顶出来的丙烷－丙烯馏分经冷凝冷却后,一部分作为塔顶回流,另一部分送出装置,作为石油化工原料。塔底的丁烷－丁烯馏分压入异丁烷塔。异丁烷塔操作压力为 0.6～0.7 MPa,塔底温度为 60 ℃。塔顶出来的异丁烷－丁烯馏分经冷凝冷却后,一部分作为塔顶回流,另一部分作为烷基化反应的原料。塔底的正丁烷馏分经冷却后送出装置,作为石油化工生产的原料。

　　来自异丁烷塔顶的异丁烷－丁烯馏分经换冷后,分几路进入阶梯式反应器的反应段。来自反应产物分馏塔的循环异丁烷与来自反应器沉降段的循环硫酸经混合器混合后进入反应器。来自压缩冷冻系统的循环冷冻剂(主要是异丁烷)也进入反应器,异丁烷和丁烯在硫酸催化剂作用下,在压力为 0.25 MPa,温度为 10 ℃ 和搅拌条件下进行烷基化反应。反应热被一部分异丁烷自身汽化取去,反应产物和硫酸自流到反应器的沉降段,进行液相分离。分出的硫酸用泵送出循环使用。当硫酸浓度(质量分数)降到 85% 时,需排出废酸,另换新酸。反应产物经碱洗、水洗后进入产物分馏塔。

　　反应产物进入反应产物分馏塔,塔顶分出来的未反应的异丁烷,经冷凝后送到反应器作为循环异丁烷用。塔底物料送至正丁烷分馏塔。塔顶分出的正丁烷馏分冷凝后,一部分作为塔顶回流,另一部分送回预分馏部分的异丁烷塔。正丁烷塔底物料压入产品再蒸馏塔,再蒸馏塔底温度约为 210 ℃,塔顶分出的轻烷基化油经冷凝冷却后,一部分作为塔顶回流,另一部分经碱洗和水洗后送出装置作为航空汽油或用作汽油的高辛烷值组分。塔底物料为重烷基化油,经冷却后送出装置,作为农用柴油的调和组分、催化裂化原料或无臭油漆溶剂油原料等。

　　烷基化装置的热源可采用水蒸气或其他热载体。

　　在整个工艺流程中,反应系统是装置的核心部分。流程中采用的是阶梯式反应器。这种反应器通常分为七段,前五段是反应段,每段都装有螺旋桨搅拌器。良好的搅拌条件有利于促进异构烷烃溶解于硫酸中,更重要的是由于搅拌使硫酸与烃类形成乳化液,使原料与硫酸的接触表面增大,给反应创造了先决条件。第六段为沉降段,烷基化产物和硫酸在其中进行沉降分离,分离出来的烷基化产物溢流至最后一段,由此用泵抽出,经碱洗及水洗后即可进行分馏。

　　反应温度随烯烃的种类和催化剂浓度的不同而变化,一般在 0～30 ℃ 内,丙烷烷基化时约为 30 ℃,对丁烷则为 0～20 ℃。温度过高,则副反应增加;温度过低,则反应速度降低,且烃类和硫酸的乳化液变得黏稠而不易流动,因此在工业上很少采用低于 0 ℃ 的反应温度。

　　为了抑制烯烃的叠合等副反应,反应系统中有大量的过剩异丁烷进行循环以维持高的异丁烷对烯烃的比例,原料中的异丁烷与烯烃的体积比(液体)为 20~40,而在反应器内由于大量异丁烷循环存在,其比值一般为 500~700。前者比值称为外比,后者则称为内比。除此之外,异丁烷与烯烃原料并不是一次全部加入第一个反应段而是分批加入五个反应段,这样对提高内比有利。催化剂中的烯烃浓度大小与产生副反应的程度关系很大,除了要控制异丁烷与烯烃的比值外,还应当控制烯烃的进料速度,通常控制在 $0.1~0.6~m^3/m^3$(催化剂)·h。

　　原料中含有乙烯会增大催化剂的消耗量,而且生成的硫酸酯会混入产品并腐蚀设备,因此应避免乙烯混入原料。此外,还应注意除去原料中的二烯烃、硫化物等杂质并注意限制水分含量。

　　烷基化反应器除阶梯式反应器外,还有立式反应器和卧式带机械搅拌的管壳式反应器。

　　硫酸法烷基化过程的硫酸消耗量大,约为烷基化油产量的 5%(质量分数)。在国外有在 98.5% 的硫酸中加入 1%(质量分数)的添加物作为助催化剂后能节约 20% 和再生废硫酸的报道。目前,国内也进行了利用废硫酸的技术革新。例如,利用烷基化的废硫酸与丙烷 – 丙烯馏分在吸收塔内逆流接触,生成硫酸二丙酯和硫酸单丙酯;在抽提塔内,用异丁烷做溶剂抽提硫酸二丙酯,从塔顶出来返回到烷基化反应器,参加烷基化反应生成异庚烷,同时释放出 100% 浓度的硫酸,达到回收硫酸的目的,从而大大降低了硫酸的消耗量。

2. 氟氢酸法

　　氟氢酸法烷基化过程的工艺流程如图 9.4 所示。

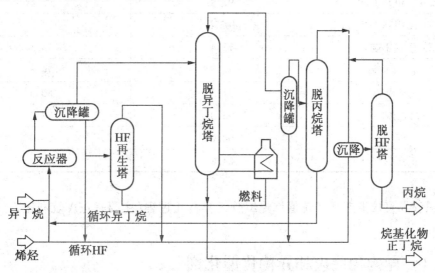

图 9.4　氟氢酸法烷基化过程的工艺流程

　　异丁烷和烯烃在反应器中与氟氢酸接触后,在沉降罐内反应产物沉降分离,氟氢酸循环回反应器,同时有一部分氟氢酸在再生塔内再生。沉降罐上部出来的产品在脱异丁烷塔内脱除异丁烷和较轻的组分,脱异丁烷塔底产品为烷基化油,可以作为车用汽油调和组分,如生产航空汽油调和组分,则需要脱除丁烷和进行再蒸馏。一部分脱异丁烷塔顶的气体送去脱丙烷塔,而丙烷在脱氟氢酸塔内脱除酸后送出装置。

　　氟氢酸法烷基化采用的反应温度高于室温,这是因为它的副反应不如硫酸法剧烈,而且氟氢酸对异丁烷的溶解能力也较大。由于反应温度不低于室温,因此不必像硫酸法那样需采用冷冻的办法来维持反应温度,从而大大简化了工艺流程。

　　为了抑制副反应,氟氢酸法也采用大量异丁烷循环,异丁烷与烯烃的外比为 5~10,内比为 500~1 000。

9.3　异构化过程

　　在炼油工业中所使用的异构化过程是在一定的反应条件且有催化剂存在的条件下,将正构烷烃转变为异构烷烃的过程。由于具有分支链结构的异构烷烃的抗爆振性能好、辛烷值高,因此,异构化过程可用于制造高辛烷值汽油组分,如戊烷或己烷馏分异构化可作为高辛烷值汽油组分。表 9.4 列出了 C_5~C_7 烃类的辛烷值。正丁烷可以异构化得到异丁烷,然后作为烷基化过程的原料制造异辛烷。正丁烯也可以异构化得到异丁烯,然后作为醚化过程的原料。

表 9.4　C_5~C_7 烃类的辛烷值

烃类	研究法辛烷值	马达法辛烷值
异戊烷	92.3	90.3
正戊烷	61.7	61.9
环戊烷	10 137	85.0
2,2 - 二甲基丁烷	91.8	93.4
2,3 - 二甲基丁烷	103.6	94.3
2 - 乙基丁烷	73.4	73.5
3 - 乙基丁烷	74.5	74.3
乙基环戊烷	91.3	80.0
环己烷	93.0	77.2
苯	98.0	94.0
正己烷	24.8	26.0

　　本节只涉及直接生产高辛烷值汽油组分的异构化过程(主要是正戊烷和正己烷的异构化)。

9.3.1　异构化反应和异构化催化剂

　　烷烃的异构化反应是可逆反应,异构体之间存在着热力学平衡关系。从不同温度下的丁烷、戊烷和己烷的异构化平衡组成(图 9.5)可以看出,温度越低,平衡对生成异构烷越有利。例如,己烷的异构体中,以 2,2 - 二甲基丁烷的辛烷值较高,在低温下它的平衡浓度非常大。从不同温度下的戊烷和己烷异构化平衡产物的辛烷值图(图 9.6)可以看出,温度越低达到异构化平衡的异构体混合物的辛烷值越高。从热力学平衡的观点出发,异构化过程应在较低的温度下进行,以便达到较高的异构烷转化率,获得辛烷值较高的产物。

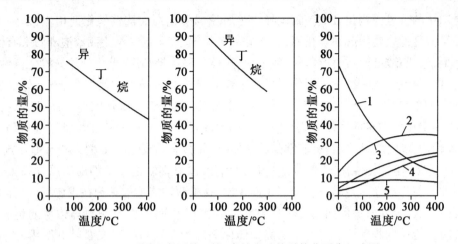

图9.5　不同温度下的丁烷、戊烷和己烷异构化平衡组成图
1—2,2－二甲基丁烷;2—2－甲基戊烷;3、4—正己烷;5—二甲基丁烷

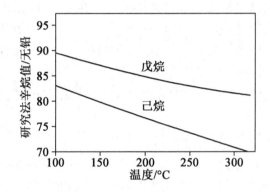

图9.6　不同温度下的戊烷和己烷异构化平衡产物的辛烷值

　　异构化反应是分子数不发生变化的反应,在通常条件下反应平衡组成不受总压的影响。

　　烷烃异构化过程所使用的催化剂有弗瑞迪－克腊夫茨型催化剂和双功能型催化剂两大类型,双功能型催化剂按使用的反应温度又分为高温双功能型催化剂和低温双功能型催化剂。

　　弗瑞迪－克腊夫茨型催化剂主要由氯化铝、溴化铝等卤化铝和助催化剂氧化氢等卤化氢组成。这类催化剂在 24～120 ℃的低温下有很高的活性,这在化学平衡上对异构烷的生成是有利的。三氯化铝在反应温度下极易升华,而且在液体烃中有较大的溶解度,因而容易被带出反应器,在冷却器中凝固并腐蚀设备。在工业应用中,应采取有效措施将三氯化铝固定下来。

　　弗瑞迪－克腊夫茨型催化剂单独使用时活性低,除需同时使用氯化氢等作为助催化剂外,还需要微量的烯烃、氧等作为反应引发剂。这种混合催化剂的活性非常高,在低于 120 ℃的反应温度下就能得到接近平衡的转化率,但容易引起反应物和生成物的副反应,如裂化和聚合等反应能生成裂化轻组分和高沸点的聚合产物。这类催化剂对异构化的选择性差,特别是在原料相对分子质量增大时,这些副反应变得更明显。例如,对丁烷并不引起裂化反应,对戊烷、己烷裂化反应较明显,而对庚烷则引起显著的裂化反应,使庚烷的异构化不能实现。这类催化剂目前已很少使用。

　　由于催化重整的发展,炼厂有了低成本的氢气来源,因此近年来广泛采用在氢气压力下进行烷烃异构化的临氢异构化方法。临氢异构化所用的催化剂和重整催化剂相似,是将镍、铂、钯等有加氢活性的金属担载在氧化铝、氧化硅－氧化铝、氧化铝－氧化硼或泡沸石等有固体酸性的担体上,组成双功能型催化剂。一般来说,担体的酸性提高后,催化剂的异构化活性增大,反应温度可以降低。铂－氧化铝催化剂虽对戊烷和己烷具有异构化活性,但要充分地进行反应则必须有 510 ℃ 的反应温度。使用氧化硅－氧化铝、氧化铝－氧化硼等担体可以得到反应温度在 320 ～ 450 ℃ 内有活性的催化剂。在使用泡沸石作为担体时,由于泡沸石具有强的固体酸性,使催化剂在较低温度下具有非常高的活性,例如载有铂或钯的 Y 型泡沸石催化剂在 310 ～ 330 ℃ 的反应温度或铂载在丝光沸石上组成的催化剂在 288 ℃ 以下的反应温度都表现出非常高的活性。与弗瑞迪－克腊夫茨型催化剂相比,这类双功能型催化剂在戊烷、己烷异构化过程中副反应少、选择性好。但因为在较高的反应温度下才有活性,平衡对异构烷的生成不利,单程反应时异构烷的收率低。这种双功能型催化剂因为在较高的反应温度下使用,因而称为高温双功能型催化剂。这类催化剂在工业上是在 2.0 ～ 3.0 MPa 压力下在固定床内操作的。

所谓"低温双功能型催化剂"是指在较低的反应温度(低于 200 ℃)下具有非常高活性的双功能型催化剂。这类催化剂是用无水三氧化铝或有机氯化物(如四氯化碳、氯仿等)处理铂－氧化铝催化剂而制成的,催化剂兼有高温双功能型催化剂的选择性好和弗瑞迪－克腊夫茨型的低温活性高两方面特性。在工业上也是在固定床内、在氢压和 90 ～ 200 ℃ 下操作的。

烷烃异构化的反应可以用正碳离子机理来解释。

高温双功能型催化剂的烷烃异构化反应由所载的金属组分的加氢脱氢活性和担体的固体酸性协同作用,进行以下反应:

$$正构烷 \underset{金属}{\rightleftharpoons} 正构烯 \underset{酸性中心}{\rightleftharpoons} 异构烯 \underset{金属}{\rightleftharpoons} 异构烷$$

正构烷首先靠近具有加氢脱氢活性的金属组分脱氢变为正构烯;生成的正构烯移向担体的固体酸性中心,按照正碳离子机理异构化变为异构烯;异构烯返回加氢脱氢活性中心加氢变为异构烷。

低温双功能催化剂具有非常强的路易斯酸性中心,可以夺取正构烷的负氢离子而生成正碳离子,使异构化反应得以进行,而具有加氢活性的金属组分则将副反应过程中的中间体加氢除去,抑制生成聚合物的副反应,延长催化剂的寿命。

9.3.2　烷烃异构化的工艺流程

烷烃异构化工艺流程有多种。图 9.7 是一种称为"完全异构化"的工艺流程。

异构化是可逆反应,在工业反应条件下平衡转化率并不高。该工艺将未转化的正构烷烃在吸附器中用分子筛选择性吸附分离出来,循环回到反应器继续进行异构化反应,使正构烷烃的转化率提高,从而使产物的辛烷值提高。

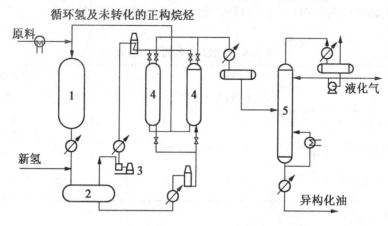

图9.7 C₅、C₆烷烃的完全异构化工艺流程

1—反应器;2—分离器;3—压缩机;4—吸附器;5—稳定塔

表9.5是 C_5、C_6 烷烃完全异构化工艺的原料和产物的典型组成和研究法辛烷值。

表9.5 C_5、C_6 烷烃完全异构化工艺的原料和产物的典型组成和研究法辛烷值

项目		原料 $C_5 \sim C_6$	产物	
			单程反应	正构烷烃循环
组成（质量分数）/%	丁烷	0.7	1.8	2.8
	异戊烷	29.3	49.6	72.0
	正戊烷	44.6	25.1	2.0
	2,2－二甲基丁烷	0.6	5.0	5.5
	2,3－二甲基丁烷	1.8	2.2	2.5
	甲基戊烷	13.9	11.3	13.4
	正己烷	丁烷	2.9	<0.1
	$C_5 \sim C_6$ 环烷烃	异戊烷	2.1	1.8
研究法辛烷值		73.2	82.1	90.7

9.4 高辛烷值醚类的合成

20世纪80年代以来,环境保护日益受到重视。为了解决因汽车数量不断增多而引起的日益严重的环境污染问题,对汽车排放的 SO_x、NO_x、CO,挥发性有机化合物(VOC)、有毒化合物(苯、丁二烯、甲醛、乙醛、多环有机物等,简称 Toxics)及微粒等污染物提出了更严格的限制,要求降低汽油中苯、芳烃、硫、烯烃(尤其是戊烯)等的含量及汽油蒸气压,并要求含有一定量的氧,而其抗爆指数仍需保持在较高水平(87以上)。在汽油中加入醇或醚等含氧化合物是满足这些要求的主要措施之一。醚类化合物的辛烷值都很高,与烃类完全互溶,具有良好的化学稳定性,蒸气压也不高,综合性能优于醇类,是目前广泛采用的含氧化合物添加组分,而其中使

用最多的为甲基叔丁基醚(MTBE)。各种含氧化合物的调和性能见表9.6。

表 9.6　含氧化合物的调和性能

项目	甲醇	乙醇	异丙醇	甲基叔丁基醚(MTBE)	叔戊甲基醚(TAME)	乙基叔丁基醚(ETBE)	二异丙基醚(DIPE)	C_6、C_7 烯烃产甲基醚
抗暴指数	120	115	106	110	106	111	105	85 ~ 95
蒸气压/kPa	413.44	117.14	96.14	55.12	20.67	27.56	~28	12.3 ~ 13.8
含氧(质量分数)/%	49.4	34.7	26.6	18.2	15.7	15.7	15.7	<6.9

9.4.1　MTBE 的合成反应及催化剂

以异丁烯和甲醇为原料合成 MTBE 的反应式为

$$CH_3{-}\underset{\underset{\displaystyle CH_3}{|}}{C}{=}CH_2 + CH_3OH \rightleftharpoons CH_3{-}\underset{\underset{\displaystyle CH_3}{|}}{\overset{\overset{\displaystyle CH_3}{|}}{C}}{-}O{-}CH_3$$

在合成 MTBE 的过程中,还同时发生少量的副反应,如下:

$$2CH_3{-}\underset{\underset{\displaystyle CH_3}{|}}{C}{=}CH_2 \longrightarrow CH_3{-}\underset{\underset{\displaystyle CH_3}{|}}{\overset{\overset{\displaystyle CH_3}{|}}{C}}{-}CH_2{-}\underset{\underset{\displaystyle CH_3}{|}}{C}{=}CH_2$$

$$CH_3{-}\underset{\underset{\displaystyle CH_3}{|}}{C}{=}CH_2 + H_2O \longrightarrow CH_3{-}\underset{\underset{\displaystyle CH_3}{|}}{\overset{\overset{\displaystyle CH_3}{|}}{C}}{-}OH$$

$$2CH_3OH \longrightarrow CH_3{-}O{-}CH_3 + H_2O$$

上述反应生成的异辛烯、叔丁醇、二甲基醚等副产品的辛烷值都不低,对产品质量没有不利影响,可留在 MTBE 中,不必进行产物分离。

催化醚化反应是在酸性催化剂作用下的正碳离子反应,其历程为

$$CH_3{-}\underset{\underset{\displaystyle CH_3}{|}}{C}{=}CH_2 + H^+ \underset{\underset{\displaystyle CH_3}{|}}{\overset{\overset{\displaystyle CH_3}{|}}{C}}{}^+ \longrightarrow CH_3{-}\underset{\underset{\displaystyle CH_3}{|}}{C}{-}CH_3CH_OH \longrightarrow CH_3{-}\underset{}{\overset{\overset{\displaystyle CH_3}{|}}{C}}{=}O{-}CH_3 + H^+$$

工业上使用的催化剂一般为磺酸型二乙烯苯交联的聚苯乙烯结构的大孔强酸性阳离子交换树脂。使用这种催化剂时,原料必须净化以除去金属离子和碱性物质,否则金属离子会置换催化剂中的质子,碱性物质(如胺类等)也会中和催化剂上的磺酸根,从而使催化剂失活。

此类催化剂不耐高温,耐用温度通常低于 120 ℃。正常情况下,催化剂寿命可达两年及以上。

9.4.2 生产 MTBE 的工艺流程

工业装置上,催化醚化反应是在固定床或膨胀床内进行的,反应物料是液相。反应后的物流中除产物 MTBE 之外,还有未反应的甲醇以及除异丁烯以外的其他 C₄ 组分。由于甲醇与 C₄ 或 MTBE 都会形成共沸物,在产物分离时可以有多种方案,图9.8 所示的是其中的一种。在这个流程中,需用三个塔在压力下进行产物分离。首先,在第一个塔内将甲醇与 C₄ 的共沸物蒸出,从塔底得到 MTBE 产物;然后,用水萃取的方法从共沸物中回收甲醇;最后,再从甲醇水溶液中蒸出甲醇返回反应器。反应后剩下的组分主要是正丁烯和异丁烷等,可作为烷基化的原料。

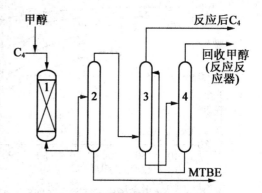

图9.8 合成 MTBE 的工艺原理流程
1—反应器;2—共沸蒸馏塔;
3—甲醇水萃取塔;4—甲醇回收塔

9.4.3 生产 MTBE 的主要操作因素

1. 反应压力

催化醚化过程是液相反应,反应压力应使反应物料在反应器内保持液相,一般为 $1.0 \sim 1.5$ MPa。

2. 反应温度

合成 MTBE 的反应属于中等程度的放热反应,反应热为 37 kJ · mol^{-1},属于可逆反应,不同温度下的平衡常数见表9.7,不同醇烯比下温度与 MTBE 平衡转化率的关系如图9.9 所示,温度对转化率和选择性的影响如图9.10 所示。由表及图可知,一般情况下,异丁烯的平衡转化率可达90% ~95%,采用较低的温度有利于提高平衡转化率。同时,在较低的温度下还可以抑制甲醇脱水生成二甲醚以及异丁烯叠合等副反应,提高反应的选择性,但是,温度也不能过低,否则反应速度太慢。

表9.7 不同温度下的平衡常数

反应温度/℃	25	40	50	60	70	80	90
平衡常数 K_c	739	326	200	126	83	55	38

综合考虑转化率和选择性两个方面,合成 MTBE 的反应温度一般选用50 ~80 ℃。

3. 醇烯比

提高醇烯比可抑制异丁烯叠合副反应,同时可以提高异丁烯的转化率,但是会增大反应产物分离设备的负荷和操作费用。工业上采用的甲醇、异丁烯物质的量比约为1:1:1。

4. 空速

空速与催化剂性能、原料中异丁烯浓度、要求达到的异丁烯转化率、反应温度等有关。工业上采用的空速一般为 $1 \sim 2$ h^{-1}。

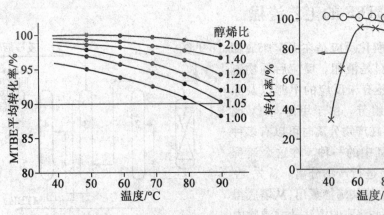

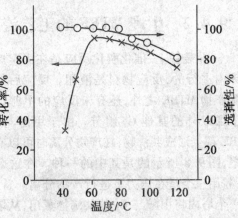

图 9.9　不同醇烯比下温度与 MTBE 平衡转
　　　　化率的关系
　　　［异丁烯浓度（质量分数）为 20%］

图 9.10　MTBE 合成反应温度与转化率和
　　　　　选择性的关系

9.4.4　醚化技术的新进展

近年来,在烷基化、异构化、叠合、醚化等以轻烃为原料生产高辛烷值汽油组分的工艺技术中,醚化技术有了新的发展。除用异丁烯生产 MTBE 之外,还可用异戊烯和 $C_5 \sim C_8$ 的烯烃生产 TAME 和混合醚。醚化技术的发展主要体现在以下几方面。

1. 催化剂

开发出三功能催化剂,催化剂同时具有叔碳原子烯烃醚化、二烯烃选择性加氢和双键异构使其成为活性烯烃(即叔碳原子上有一个双键的烯烃)的功能。

2. 反应技术

催化蒸馏将固定床反应器与蒸馏塔合于一个设备,利用反应放出的热量进行蒸馏。生成的醚连续分出,使反应平衡有利于醚的生成,异丁烯的转化率可提高到 99%。

我国齐鲁石化公司研究院开发的混相反应蒸馏技术,综合了混相反应与催化蒸馏的特点,控制催化蒸馏塔反应段的温度为反应物料的泡点温度,反应在液相和气相混相条件下进行,异丁烯的转化率可提高到 99% 以上,该技术可使反应热全部利用,装置结构简单。

3. 生产 MTBE 和 TAME 的组合工艺

图 9.11 为混合丁烷馏分生产 MTBE 的组合工艺示意图。该工艺由正丁烷异构化、异丁烷脱氢、醚化组成。

4. 生产二异丙基(DIPE)的 Oxypro 工艺

DIPE 抗爆指数(105)比 MTBE (110)稍低,但蒸气压仅为 MTBE 的一半。Oxypro 工艺的原料是丙烯和水,丙烯总转化率接近 100%,选择性大于98%,催化剂寿命为 1.5 年,经济分析优于丙烯催化聚合和烷基化方案。催化裂化气体中含有较多

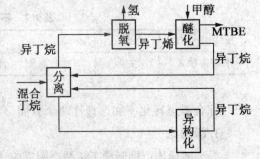

图 9.11　混合丁烷馏分生产 MTBE 的组合工艺
　　　　　示意图

的丙烯,可以用作生产 DIPE 的原料。由于丙烯也是生产聚丙烯等的原料,因此,是否用于合成 DIPE 主要取决于市场需求和技术经济比较。

第10章　溶剂萃取过程

溶剂萃取是炼油、化工工业中一类重要的分离过程,在炼油工业中被广泛应用,在炼厂中通常也称为溶剂抽提过程。例如,生产润滑油时采用的溶剂精制和溶剂脱蜡、从渣油中取得残渣润滑油原料和催化裂化原料的溶剂脱沥青、从重整生成油或催化裂化循环油中抽取芳烃的芳烃抽提等都属于溶剂萃取过程。本章将在溶剂萃取过程的基本原理的基础上阐述炼厂中主要的溶剂萃取工艺过程。

10.1　溶剂萃取基本原理

10.1.1　溶剂萃取过程的特点

溶剂萃取过程是一种分离过程,是用一种适当的溶剂处理液体混合物,利用混合液各组分在溶剂中具有不同溶解度的特性,使混合液中欲分离的组分溶解于溶剂中,从而达到与其他组分分离的目的。

溶剂萃取过程有以下主要特点:

(1)溶剂萃取过程之所以能分离混合液的最基本的依据是混合液中各组分在溶剂中有不同的溶解度。因此,所选用的溶剂必须对混合液中欲萃取出来的溶质有显著的溶解能力,而对其他组分则应完全不互溶或仅有部分互溶能力。由此可见,选择合适的溶剂是溶剂萃取过程成功的关键。

(2)在操作条件下,溶剂和原料都应处于液相(在超临界溶剂萃取时,溶剂处于超临界流体状态),而且两者在混合后能分成两个液相层,此两个液相层应具有一定的密度差以便进行分离。

(3)在萃取过程中,溶质由原料液通过界面向萃取剂中转移,因此,萃取过程也和其他传质过程一样,是以相际平衡作为过程的极限。

(4)萃取过程中使用了大量的溶剂,为了获得溶质和回收溶剂并将其循环使用以降低成本,所选用的溶剂应当容易回收且费用较低。一般情况下,溶剂回收部分的投资和操作费用在整个溶剂萃取过程中占有相当大的比例。

与蒸馏方法相比,一般情况下,萃取方法的操作费用要高些。因此,当蒸馏方法或萃取方法均可以考虑采用时,常常是采用蒸馏方法。但是在某些情况下,也可能是采用萃取方法更为经济合理。例如,需要分离的各组分的沸点很接近时,采用蒸馏方法需要的塔板数很多,设备费用很高;又如若混合液中的组分形成共沸物,用一般的蒸馏方法难以得到所要求纯度的产品;又如混合液中的组分的热敏性高,蒸馏时容易因受热发生化学变化而变质;等等。由此可见,必须掌握好溶剂萃取过程的特点才能充分发挥这个有效的分离手段的优越性,取得较好的经济效益。

10.1.2　萃取过程的相图

在萃取过程中,至少要涉及三个组分,即原料液中的两个组分(溶质 A 和稀释剂 B)和溶剂 S。通过对三元物系的相平衡关系的分析可以阐明萃取过程的基本原理。三元物系的平衡关系可用三角形坐标图来表示,常用的是等腰直角三角形坐标图和等边三角形坐标图。

图 10.1 中三角形的三个顶点分别表示某个纯物质,例如 A 点表示纯溶质 A。三角形的每条边上的任一点表示某个二元混合物的组成,其中不含第三组分,例如,E 点表示只有 A 和 B 的二元混合物,其中 A 的质量分数 $x_A = 0.4$,B 的质量分数 $x_B = 0.6$。体系中各组分的浓度也可以用物质的量分数来表示。三角形内的任一点表示三元混合物的组成,例如,图中的 M 点表示某个三元混合物,其中各组分的质量分率分别为 $x_A = 0.4$、$x_B = 0.3$、$x_S = 0.3$。

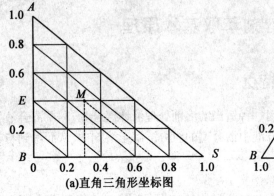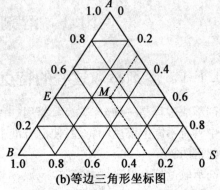

(a)直角三角形坐标图　　(b)等边三角形坐标图

图 10.1　三元物系的三角形坐标图

当三元物系中的组分 A 与 B 完全互溶,组分 A 与溶剂 S 亦完全互溶,但组分 B 与溶剂 S 只是部分互溶,则此三元物系的平衡关系如图 10.2 所示。图中的曲线是溶解度曲线,以此曲线为界,将各种组成的三元混合物分为两个区:曲线下的阴影部分为两相区,组成落在此区域内的三元混合物均可分为两个液层;曲线以外的区域为单相区,三元混合物在此形成一个均一的液相。若以 M 点表示某个三元混合物的组成,则当其形成已达到相平衡的两个液相层时,两个液相层的组成可以用溶解度曲线上的 E 点和 R 点来表示。E 相与 R 相称为共轭相,连接 E 点和 R 点的直线称为系线或连接线。

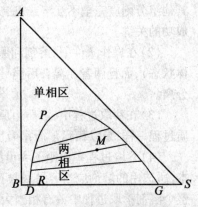

图 10.2　三元物系的平衡关系

在上述的 E 相和 R 相中,A 组分的浓度是不同的,这两个浓度之比称为分配系数,即不同物系具有不同的 k_A 值。同一物系的 k_A 值随温度的变化而变化。在温度一定时,K_A 值也会随着 A 的浓度而变化,但是若 A 的浓度变化不大时 k_A 值在恒温下可认为是个常数。

10.1.3　萃取原理

一次萃取原理可由图 10.3 来进行说明。

在 A 与 B 的二元混合物 F 中加入溶剂 S,则形成新的混合物 M,M 必须处于分层区内,否

则萃取不能进行。由杠杆定律可知,M 点在 SF 直线上,而且加入溶剂 S 与二元混合物 F 的质量之比为

$$\frac{m_S}{m_F} = \frac{MF}{MS} \qquad (10.1)$$

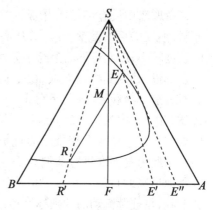

图 10.3 一次萃取原理

在体系达到相平衡后,混合物 M 分成相平衡的两相 E 与 R,E 相中溶剂浓度较高,称为提取相;R 相中溶剂浓度较低,称为提余相。E 与 R 分别除去溶剂后得到提取液 E′ 和提余液 R′,E' 点处于 BA 边上并被 SR 延长线通过,R' 点处于 BA 边上并被 SR 延长线通过。由图可以看出,E' 中 A 的浓度高于 F 中 A 的浓度,即 E' 中的 A 得到提浓,R' 中 A 的浓度则低于 F 中 A 的浓度。如果在 R′ 中继续加入溶剂并重复以上过程,可使提余液中 A 的浓度进一步降低。多次重复上述过程可以使最后的提余液中 A 的浓度降至很低。同理,在 E' 中继续加入溶剂进行上述步骤,可以在提取液中使 A 的浓度进一步提高。但是提取液中 A 的浓度是不能无限制地提高的。由图 10.3 可见,当提取液中 A 的浓度超过 E'' 点时(此时 SE'' 直线是溶解度曲线的切线),萃取过程便不能进行。因此,E'' 点是该混合体系在一定操作条件下可能获得的组分 A 浓度最高的提取液的组成点。由图 10.3 还可以看出,如果降低组分 B 在溶剂 S 中的溶解度,即将以溶解度曲线为界的两相区扩大,可以得到纯度更高的组分 A。

由以上讨论可见,欲从 AB 混合物中得到高纯度的 A,只用一次萃取是不能达到目的的,除非组分 B 在溶剂中完全不溶,必须采用多次萃取。为做到多次萃取,工业上多采用多段逆流萃取的方法,其流程示意图如图 10.4(a)所示。为了提高溶质 A 的纯度,还可以采用类似于精馏过程在精馏塔顶或塔底打回流的办法,即以一部分产物作为回流打入萃取塔。带回流操作的多段逆流萃取过程的示意图如图 10.4(b)所示。

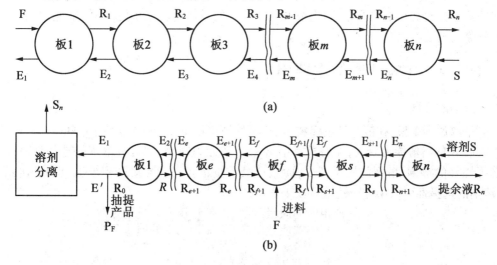

图 10.4 多段逆流萃取流程示意图

在工业上,上述的多段逆流萃取过程是在萃取塔中实现的。萃取塔的具体形式多种多样,但是其基本结构是类似的。图 10.5 是用于从重整生成油中萃取芳烃的萃取塔,以此为例说明萃取塔的基本结构与操作。

萃取塔中设有多层筛孔板,整个塔内被液体充满。原料(脱戊烷后的重整生成油)从塔的中部进入,由于它的密度较小,因此自下而上经由升液管流动。溶剂自塔的顶部进入,因其密度较大,由上而下流动。溶剂经筛孔时分散成液滴,在筛板下分散于上升的油流中,通过传质扩散,油中的芳烃部分地溶于溶剂中。溶解了芳烃的溶剂在下一块板上聚集后通过筛板又重新分散成液滴。如此重复多次进行萃取从而达到将原料油中的芳烃萃取出来的目的。在塔中呈液滴状流动的溶剂称为分散相,呈连续流动的油则称为连续相。为了提高提取液中芳烃的浓度,从塔底引入芳烃回流,最后的提取液(工厂中称富溶剂)从塔底抽出。将提取液中的溶剂分离出去后即可得到高纯度的芳烃。

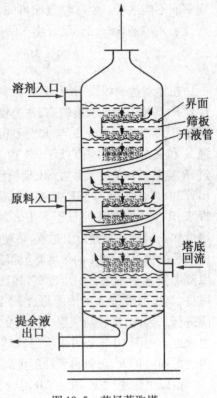

图 10.5 芳烃萃取塔

在图 10.5 所示的萃取塔内,进料口以上称为提取段,以下则称为提浓段。

为了保证达到要求的芳烃回收率和芳烃纯度,在操作中要维持适当的溶剂比和回流比,同时也要维持适宜的操作温度。为了保证塔内的轻组分不会汽化,还必须维持适当的操作压力。例如,以二乙二醇醚萃取 60 ~ 130 ℃混合芳烃时,塔内温度一般为 125 ~ 150 ℃,塔内压力则保持在 0.7 ~ 0.9 MPa。

萃取塔内的塔板形式有多种,一般多采用筛板或填料,也有采用其他形式的,例如,在润滑油溶剂精制中有的采用转盘塔盘等。至于溶剂的入口、提取液的出口以及提余液的出口位置是在塔的上方还是在塔的下方,则应根据不同物系的具体情况来确定,一般来说,主要是决定于各物流的密度。

10.1.4 影响萃取的主要因素

1.溶剂的性质

对萃取过程来说,在溶剂的诸多物理、化学性质中最重要的性质就是溶剂的选择性。若溶剂对溶质 A 的溶解能力较大,而对稀释剂 B 的溶解能力很小,则这种溶剂的选择性就好。选用选择性好的溶剂,溶剂的用量减少,而且产品质量也较高。当提取相与提余相已达到平衡时,溶剂的选择性可以用选择性系数 β 来表示:

$$\beta = \frac{A\ 在\ E\ 相中的质量分数/B\ 在\ E\ 相中的质量分数}{A\ 在\ R\ 相中的质量分数/B\ 在\ R\ 相中的质量分数}$$

$$= \frac{y_{AE}/y_{BE}}{x_{AR}/x_{BR}} \tag{10.2}$$

$$= \frac{y_{AE} \cdot x_{BR}}{x_{AR} \cdot y_{BE}} \tag{10.3}$$

由分配系数的定义可得

$$k_A = y_{AE}/x_{AR}$$

代入上式,得

$$\beta = k_A (x_{BR}/y_{BE}) \tag{10.4}$$

一般情况下,提余相中的稀释剂含量总是比提取相中的高,即 $x_{BR}/y_{BE} > 1$。由式(10.4)可见,β 值的大小与 k_A 值有关。k_A 值越大,β 值也越大,亦即越有利于组分分离。若 $\beta = 1$,则由式(10.3)可得 $y_{AE}/y_{BE} = x_{AR}/x_{BR} = 1$,即在两平衡液相 E 与 R 中组分 A 与 B 的质量分数之比相等,这样就意味着采用萃取方法不能达到分离的目的。因此,在所有的工业萃取操作中,β 值必大于 1。除了选择性以外,溶剂的其他的物理、化学性质也会对操作产生影响。

萃取物系的界面张力较大时,细小的液滴较容易聚结,有利于两相的分离。若界面张力过小,则容易产生乳化现象而使两相较难分离。一般情况下,前一种影响在实际操作中更重要,因此,工业上多采用能使两相表面张力较大的溶剂。溶剂的黏度和凝点较低有利于操作和输送。溶剂应有较好的化学稳定性,不与体系中的组分起化学反应,并且应有较好的热稳定性和抗氧化安定性。此外,还应有较好的安全性,如无毒、不易燃、没有或仅有很小腐蚀性等。

萃取过程需要使用大量的溶剂,溶剂回收的难度及其价格对操作费用有重要的影响。

2. 溶剂比

萃取过程中溶剂用量与原料混合物量之比称为溶剂比。溶剂比小,则回收溶剂的费用小,但在完成同样的生产任务时所需的理论级数多,也就是所需的萃取塔板数多。如何选择应从经济效益来权衡。由于溶剂回收费用在总的消耗中占的比例大,因此,在多数情况下,在达到生产目的的前提下希望采用较小的溶剂比。溶剂比的减小是有限度的,当溶剂比减小到某个数值时,所需的理论塔板数无穷大。实际上,在还没有达到此极限之前,就已经出现溶剂比稍减小一点,塔板数就要增加很多的情况,这种情况应当避免。

3. 温度

一般情况下,温度升高时溶解度增大,温度降低时溶解度减小。在温度升高时,三角相图中的分层区(两相区)相应地缩小,当温度升高至某个数值时,分层区就可能会完全消失成为一个完全互溶的均相的三元物系,此时,萃取操作无法进行。操作温度的升高还受到溶剂的热稳定性的限制。

在实际操作中,溶剂的溶解能力和选择性通常是选择操作温度时主要考虑的因素。由于温度升高时溶剂的溶解能力增大,故在达到同样的溶质回收率时可以采用较低的溶剂比,从而提高设备利用率和降低操作费用。但在温度升高时,溶剂对稀释剂的溶解度也增大,而且有时其增大的幅度还大于对溶质的溶解度的增大幅度,从而使选择性下降,使所得的溶质的纯度降低。因此,在选择操作温度时应综合考虑温度对溶剂的溶解能力和选择性的影响。

由于液体的黏度随温度的降低而增大,传质速率降低,从而使塔板效率降低,因此操作温度降低时,需用较大的溶剂比。

10.2　芳烃抽提

在炼油工业中,以芳烃为目的产品的萃取过程主要是用于从催化重整生成油中萃取芳烃的芳烃抽提过程。在全世界的 BTX(苯、甲苯、二甲苯)产量中,由重整生成油中取得的 BTX 要占一半以上。近年来,为了改善重油催化裂化循环油的质量,也发展了一些从其中萃取稠环芳烃的技术,这些技术目前在工业上的应用尚不很广泛。润滑油溶剂精制过程的实质就是萃取稠环或多环芳烃,这两个过程都不是以生产芳烃为目的的。

　　关于萃取过程的基本原理在 10.1 节已做过讨论,在本节及以后各节中,主要讨论一些在炼油工业中比较重要的萃取过程的具体工艺问题。本节主要是讨论重整生成油的芳烃抽提过程。

10.2.1　工艺流程和操作条件

　　芳烃抽提装置一般由三部分组成,即抽提部分、溶剂回收部分及溶剂再生部分。本节以应用比较广泛的 UDEX 工艺过程为例进行说明。

　　图 10.6 所示是 UDEX 芳烃抽提过程工艺原理流程图。此工艺以重整生成油的脱戊烷油为原料,通过抽提过程得到混合芳烃,再经过精馏过程得到高纯度的苯、甲苯和混合二甲苯。在有些装置中,还可以将混合二甲苯分离为邻二甲苯和间、对二甲苯混合物。

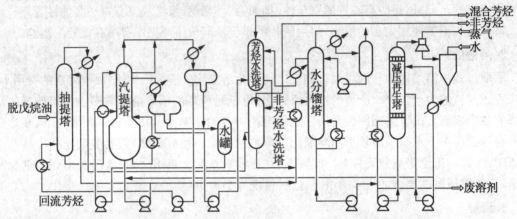

图 10.6　UDEX 芳烃抽提过程工艺原理流程图

1.抽提部分

　　原料(脱戊烷油)从抽提塔的中部进入。抽提塔是一个筛板塔。溶剂从塔的顶部进入与脱戊烷油进行逆流抽提。溶剂是二乙二醇醚,也有的采用其他溶剂。从塔底出来的是提取液,其中主要是溶剂和芳烃,提取液送去溶剂回收部分的汽提塔以分离溶剂和芳烃。为了提高芳烃的纯度,塔底进入的是经加热的回流芳烃。

　　抽提塔的操作温度一般为 125 ~ 140 ℃。在低于 140 ~ 150 ℃ 时,随着温度的升高,芳烃溶解度急剧增大,但是当温度高于此温度后,继续升高温度时,芳烃溶解度增加得不多而选择性却下降得很快,而且温度过高也会引起二乙二醇醚的分解。温度低于 100 ℃ 时,由于芳烃溶解度小需用较大的溶剂比,而且液体黏度较大会使塔板效率降低。

　　溶剂比是重要的操作参数之一。溶剂比增大时,芳烃回收率增大而产品芳烃纯度下降,而且设备投资和操作费用也增大。因此,在保证一定的芳烃回收率的前提下应尽量降低溶剂比。表 10.1 列出了溶剂比对芳烃回收率的影响。

表 10.1 溶剂比对芳烃回收率的影响

溶剂比		9.8	12.4	15.2
芳烃回收率(质量分数)/%		80	91	94
总芳烃回收率 (质量分数)/%	苯	约100	约100	约100
	甲苯	87	96	99
	二甲苯	51	78	85

溶剂比的选定应当结合操作温度的选择来综合考虑。提高溶剂比或升高温度都能提高芳烃回收率。实践经验表明,温度大约升高 10 ℃ 相当于溶剂比提高 0.78。而且,对不同的原料还须考虑选择不同的适宜温度和溶剂比。目前 UDEX 装置采用的溶剂比多在 15 左右。

回流比是指芳烃回流量与进料量之比。回流比是调节产品芳烃纯度的主要手段。回流比大则产品芳烃纯度高,但芳烃回收率会有所下降。因此必须选择适宜的回流比。原料中芳烃浓度高时,回流比可以小些。在 UDEX 装置中,一般选用的回流比为 1.1 ~ 1.4,此时产品芳烃的纯度可达 99.9% 以上。

2. 溶剂回收部分

溶剂回收部分的功能有两种:从提取液中分离出芳烃;回收溶剂并使之循环使用。溶剂回收部分的主要设备有汽提塔、水洗塔和水分馏塔。

(1)汽提塔。

汽提塔是顶部带有闪蒸段的浮阀塔,全塔分为三段:顶部闪蒸段、上部抽提蒸馏段和下部汽提段。汽提塔在常压下操作。由抽提塔底来的提取液经换热后进入汽提塔顶部。在闪蒸段,提取液中的轻质非芳烃、部分芳烃和水因减压闪蒸出去,余下的液体流入抽提蒸馏段。抽提蒸馏段顶部引出的芳烃也含有少量非芳烃(主要是 C_6),这部分芳烃与闪蒸产物混合经冷凝并除去水分后作为回流芳烃返回抽提塔下部。产品芳烃由抽提蒸馏段上部以气相引出。汽提塔底部有重沸器供热。为了避免溶剂分解(二乙二醇醚在 164 ℃ 开始分解),在汽提段引入水蒸气以降低芳烃蒸气分压使芳烃能在较低的温度(一般约 150 ℃)下全部蒸出溶剂的含水量对抽提操作有重要的影响,为了保证汽提塔底抽出的溶剂有适宜的含水量,汽提段的压力和塔底温度必须严格控制。为了减少溶剂损失,汽提所用蒸气是循环使用的,一般用量是汽提塔进料量的 3% 左右。

(2)水洗塔。

水洗塔有两个:芳烃水洗塔和非芳烃水洗塔。这是两个筛板塔。在水洗塔中,以水为溶剂提取芳烃或非芳烃中的二乙二醇醚,从而减少溶剂的损失。在水洗塔中,水是连续相而芳烃或非芳烃是分散相。从两个水洗塔塔顶分别引出混合芳烃产品和非芳烃产品。芳烃水洗塔的用水量一般约为芳烃量的 30%。这部分水是循环使用的,其循环路线如下:

水分馏塔→芳烃水洗塔→非芳烃水洗塔→水分馏塔

(3)水分馏塔。

水分馏塔的作用是回收溶剂和取得干净水,以循环使用。对送去再生的溶剂,先通过水分馏塔分出水,这样可以减轻溶剂再生塔的负荷。水分馏塔在常压下操作,塔顶采用全回流,水从塔上部侧线抽出。国内的水分馏塔多采用圆形泡帽塔板。

3. 溶剂再生部分

二乙二醇醚在使用过程中由于高温及氧化会生成大分子的叠合物和有机酸,导致堵塞和腐蚀设备,同时也降低了溶剂的使用性能。为了保证溶剂的质量,一方面要注意经常加入单乙醇胺以中和生成的有机酸,使溶剂的 pH 经常维持在 7.5~8.0,另一方面要经常从汽提塔底抽出的贫溶剂中引出一部分溶剂去再生,引出量以在每 5~7 d 能使全部溶剂都再生一遍为原则。所谓再生就是在减压(约 0.002 5 MPa)下将溶剂蒸出,使之与大分子叠合物分离。二乙二醇醚在常压下的沸点是 245 ℃,已远超出其起始分解温度 164 ℃,因此再生塔必须在减压下操作。

以上讨论的是以二乙二醇醚作为溶剂的 UDEX 过程为例的芳烃抽提工艺流程。在改用三乙二醇醚或四乙二醇醚时,此工艺流程可以不变,但是操作条件需适当改变。工业上还有使用其他类型溶剂的芳烃抽提过程,如使用环丁砜做溶剂的芳烃抽提过程等,虽然具体的工艺流程会有所不同,但是它们的基本原理是相同的。

UDEX 过程在工业上已广泛使用多年,它本身也有不少改进。例如,有的装置采用了简化的流程,这种简化流程中取消了芳烃水洗塔、非芳烃水洗塔及水分馏塔,芳烃和非芳烃分别在沉降器中进一步分离出含溶剂水。据称采用此简化流程后,不仅操作简便,而且明显地降低了能耗。

10.2.2 溶 剂

对工业萃取过程,无论是从设计还是生产的角度来看,如何选择最合适的溶剂都是首要的关键问题。关于选择溶剂的一般性原则在前一节中已讨论过,本节主要是结合芳烃抽提过程讨论一些具体问题。

工业上用于芳烃抽提的溶剂有多种,表 10.2 列出了一些重要的溶剂的主要性质。

表 10.2　常用芳烃抽提溶剂的性

溶剂名称	二乙二醇醚	三乙二醇醚	环丁砜	二甲亚砜	吗啉
分子式	$(C_2H_4OH)_2O$	$(CH_2OC_2H_4OH)_2$	$C_4H_8SO_2$	$(CH_3)_2SO$	C_4H_8ONH
20 ℃密度/$(g \cdot cm^{-3})$	1.12	1.02	1.26	1.1	1.00
常压沸点/℃	245	231.8	285	189	128.6
凝固点/℃	-8	-30	27.6	18.45	-3.1
开始分解温度/℃	164	—	—	100~120	—
100 ℃黏度/$(Pa \cdot s)$	0.003 3	0.004	0.002 5	—	—
100 ℃比热容/$(kJ \cdot kg^{-1} \cdot ℃^{-1})$	2.60	1.51	1.47	—	2.14
150 ℃汽化潜热/$(kJ \cdot kg^{-1})$	732.7	464.7	515.0(200 ℃)	552.7(189 ℃)	427.1(128 ℃)
表面张力(25 ℃)/$(N \cdot m)$	0.048 5	0.032	0.003 7	0.043	0.037 8
溶解能力,100 ℃[①]	0.12		0.3	0.2(25 ℃)	
选择性,100 ℃[②]	0.90		1.09	1.33(25 ℃)	

注:①此处定义为 $1/\gamma_{甲苯}$,其中 $\gamma_{甲苯}$ 为无限稀释时甲苯的活度系数

②此处定义为 $\log(\gamma_{正庚烷}/\gamma_{甲苯})$,其中 $\gamma_{甲苯}$ 和 $\gamma_{正庚烷}$ 分别为无限稀释时甲苯和正庚烷的活度系数

在选择溶剂时,首先要考虑以下三个最基本的条件。

1. 对芳烃有较高的溶解能力

溶剂对芳烃的溶解能力高,则所需的溶剂比可以低,因而操作费用低,设备利用率也高。工业用芳烃抽提溶剂对芳烃的溶解能力由高至低依次是:N-甲基吡咯烷酮和四乙二醇醚、环丁砜和 N-甲酰基吗啉、二甲基亚砜和三乙二醇醚、二乙二醇醚。表 10.3 列出了二醇醚类对甲苯的溶解度。

表 10.3　甲苯在二醇醚类溶剂中的溶解度

溶剂	二乙二醇醚		80% 二乙二醇醚 20% 二丙二醇醚	三乙三醇醚	四乙二醇醚
溶剂含水量(质量分数)/%	8	5	8	8	5
温度/℃	125	100	125	125	100
溶解度(质量分数)/%	15.1	15.5	25.1	20.7	47

2. 对芳烃有较高的选择性

溶剂对芳烃的溶解能力与对非芳烃的溶解能力的差别越大,即溶剂的选择性越高,则分离效果越好,所得芳烃的纯度也越高。溶剂的选择性与溶解能力之间常常会出现矛盾,往往是在对芳烃的溶解能力增大时,对非芳烃的溶解能力也增大,甚至增大得更快而导致选择性下降。对有的溶剂,在其中加入一定量的水会缓解此矛盾。调节乙二醇醚类溶剂的含水量在工业生产中是常采用的办法。

工业用溶剂的选择性以环丁砜和二甲基亚砜为最好,乙二醇醚和 N-甲酰基吗啉次之,N-甲基吡咯烷酮再次之。

图 10.7 表示出了二乙二醇醚对芳烃、环烷烃及烷烃的溶解度。由图可见,二乙二醇醚对芳烃、环烷烃及烷烃的溶解能力之比大体上是 20:2:1,对芳烃有较好的选择性。从图中还可以看到,对于同一族烃类来说,烃类的沸点越低(或相对分子质量越小),其在二乙二醇醚中的溶解度越大。

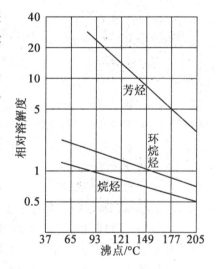

图 10.7　烃类在二乙二醇醚中的溶解度

3. 溶剂与原料油的密度差要大,以便于分离

除了上述最基本的考虑外,欲全面评价某一种溶剂还需考虑其他条件:

(1)溶剂与油相间的界面张力要大,不易乳化,不易发泡。

(2)溶剂与萃取物的沸点差要大,不生成共沸物,便于用蒸馏的方法分离。

(3)化学稳定性好,不与原料起化学作用,本身也不会变质,不腐蚀设备。

(4)容易回收,回收费用低。例如溶剂的汽化潜热和比热要小,蒸气压较低。

(5)凝固点低、黏度小、不易燃,便于输送和保管。

(6)价格低廉,供应来源充分等。对溶剂性质的要求是多方面的,而且有些要求是互相矛盾的,往往一种溶剂难以兼备。因此,在有些情况下采用双溶剂。

有可能改善抽提操作。例如,二丙二醇醚有很强的溶解能力,但是选择性差,当与选择性较好的二乙二醇醚以适当比例配合时可以得到溶解能力较强且选择性良好的溶剂;又如乙二醇醚类的溶剂中常常掺入适量的水以提高溶剂的选择性,通常是加入5% ~8%的水。

在选择溶剂时还应结合具体情况做具体分析。例如,生产乙二醇时有一定数量的副产品二乙二醇醚;二乙二醇醚与环氧乙烷水合可制成三乙二醇醚和四乙二醇醚。在我国,乙二醇的生产有较大的发展,而且现有的芳烃抽提装置不少是采用 UDEX 工艺,改用三(或四)乙二醇醚比较方便。例如,以三乙二醇醚取代原有的二乙二醇醚做溶剂时,溶剂比约可降低一半,处理量可提高约20% ~30%,因此,不失为一种投资少、收益大的方案。

10.2.3 芳烃抽提塔的工艺设计计算

工业上应用较广泛的芳烃抽提塔主要有筛板塔和填料塔。多年来用于重整生成油的芳烃抽提塔主要是筛板塔。近年来,由于新型填料的开发使填料塔的处理能力和传质效率不断改善。填料抽提塔的应用得到了迅速的发展。

芳烃抽提塔的工艺设计计算主要需要解决两个问题:①确定理论板数和实际板数,对填料塔还应有理论板当量高度(简称等板高度)和填料层高度。②确定塔径和塔板(或填料层)的工艺结构尺寸。关于抽提塔理论板数的计算方法,在其他课程中已有论述,这里不再重复。

重整生成油的组成较复杂,准确地计算理论板数比较困难,加上抽提塔的塔板效率很低(如对正庚烷 – 甲苯 – 二乙二醇醚体系,全塔效率只有 20% 左右),所以实际采用的板数比用单体烃计算得的理论板数多得多,一般采用 60 层塔板。对于填料塔,萃取过程时两相密度差较小、连续相黏度较大、两相轴向返混严重、界面现象复杂,传质效率受诸多因素影响,特别是填料的结构和物系的性质(如界面张力)对采用什么计算方法和计算结果具有重要的影响。值得提出的是在对传质效率的考虑上,液 – 液萃取过程在有些方面与气 – 液传质过程是不同的。例如,一些比表面积很大而且表面带毛刺的规整填料,用于减压精馏时性能优异,但用于液 – 液萃取时则并不理想。

本节只对筛板塔的负荷和塔板结构计算进行讨论。

筛板塔中液体流动的情况如图 10.8 所示。以图 10.8(a)为例,由于密度不同,密度大的重液自上而下流动,密度小的轻液自下而上流动。重液在通过筛孔时分散为液滴(分散相)散布于以连续相流动的轻液中,在两者充分接触的过程中进行传质。在下一层板的上面,分散成液滴的重液重新聚集成一定厚度的液层,然后再通过下一层筛板。轻液则通过升液管进入上一层塔板之上。为了使两相之间有较大的接触面积,通常是使流量大的液体作为分散相。例如,在 UDEX 过程的芳烃抽提塔中,以溶剂为分散相,如图 10.8(a)所示;而在芳烃水洗塔和非芳烃水洗塔中则以油为分散相,如图 10.8(b)所示。

由上述情况可见,一个操作良好的筛板抽提塔应当满足以下几点工艺要求:①分散相在通过筛孔时应分散良好,并且与连续相有充分的接触时间以保证传质效果。②两相在接触后分别进入下一块板之前应有较好的分离。例如,在图 10.8(a)中,当轻液通过升液管进入上一层板时,应当避免将重液液滴带到上一层板以免降低塔板效率。通常规定当直径不小于 1 mm 的液滴被夹带至上一层板时就称为"液泛",以此作为设计的极限。③分散相在分散至下一层板时要克服通过筛孔的阻力和连续相流动的压降,因此在板上的分散相的聚集层应有一定的高度。如果液层高度超过升液管或降液管溢流堰,则分散相混入连续相中降低抽提效率。这种情况也称为液泛。

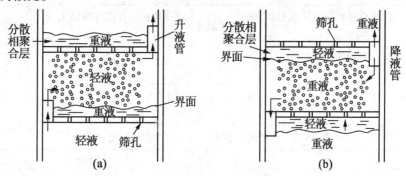

图 10.8　筛板塔内液体流动情况

抽提塔的处理能力主要是受液泛点的限制,尤其是上述情况②的液泛限制。

现从几个方面讨论如何保证上述的工艺要求。

1. 筛孔孔径及分散相过孔速度

抽提塔筛孔孔径一般采用 3~5 mm,对芳烃抽提塔多用 4.5 mm 直径。经验表明,当过孔速度相同时筛孔孔径在一定范围内变化对分散相形成的液滴大小没有明显影响。筛孔孔径过大时,分散相在塔板上不易维持必要的聚集层高度,引起分散不良;筛孔孔径过小则易造成筛孔堵塞,破坏正常操作。

筛孔多用等边三角形排列,孔心距常采用 3~4 倍孔直径。至于每层板上的开孔总面积则由过孔速度和分散相的体积流量确定。

过孔速度大时,分散的液滴直径小,两相接触好,因而塔板效率高。但是过孔速度过大时由于冲击造成返混,使两相分离不好,或者是在通过筛孔时把部分连续相也夹带过筛孔。不同物系有不同的适宜过孔速度,在选择适宜的过孔速度时主要是考虑如何使分散相分散而又避免引起液泛。两相的密度差越小、界面张力越小或液体的黏度越大则越容易产生返混而不易分离,在此条件下也越易引起液泛,因此适宜的过孔速度应相应地低些。适宜的过孔速度虽然可以计算,但由于方法较繁而且准确性较差,因此目前多根据试验来选择。表 10.4 为对重汽油 - 二乙二醇醚系统的试验结果。从表中数据可以明显地看到过孔速度越大时,形成的液滴越小。从观察现象来判断,此系统的过孔速度宜采用 0.13~0.21 m/s。表 10.5 则列出了以其他溶剂代替上述系统中的二乙二醇醚时的适宜过孔速度。

表 10.4　分散相过孔速度的影响

分散相过孔速度 /(m·s⁻¹)	两相界面张力 /(N·m⁻¹)	两相密度差 /(g·cm⁻³)	溶剂比	液滴直径 /cm	分散相聚集层高度/cm	观察现象
0.129	0.008 7	0.352	16	0.3~0.4	0.7~0.8	分散不良,部分筛孔不工作
0.173	0.008 7	0.352	17	0.3~0.35	1.1~1.2	分散良好,喷射出 2~3 cm 后形成液滴
0.212	0.008 7	0.352	17	0.25~0.3	1.8~1.9	同上,有返混现象

续表 10.4

分散相过孔速度 /(m·s⁻¹)	两相界面张力 /(N·m⁻¹)	两相密度差 /(g·cm⁻³)	溶剂比	液滴直径 /cm	分散相聚集层高度/cm	观察现象
0.252	0.008 7	0.352	17	0.2~0.25	2.5~2.6	同上,返混现象严重
0.252	0.008 7	0.352	12	0.2~0.25	2.6~2.8	接近液泛

注:连续相为重汽油,分散相为二乙二醇醚,操作温度为 60 ℃

表 10.5　几种溶剂在芳烃抽提塔中的适宜过孔速度

溶剂	二乙二醇醚	三乙二醇醚	四乙二醇醚
20 ℃时密度/(g·cm⁻³)	1.12	1.12	1.16
30 ℃时黏度/(Pa·s)	0.024 5	0.029 5	0.033
适宜过孔速度(塔底)/(m·s⁻¹)	0.17	0.135	0.095

　　对于同一物系,当选择为分散相的介质不同时,其分散相的适宜过孔速度也不同。例如,在甲苯 – 水系统中,当以水做分散相时,适宜过孔速度为 0.11 ~ 0.26 m/s,而以甲苯为分散相时则为 0.07 ~ 0.3 m/s。选定过孔速度后,结合分散相的体积流量就可以计算得出开孔面积。筛板式抽提塔的开孔率一般为 5% ~ 15%,在一些分散相体积流量沿塔高变化较大的抽提塔中,处于不同高度的塔板应有不同的开孔率以保证适宜的过孔速度。

2. 升液管(或降液管)

　　抽提塔中广泛采用弓形升液管,在采用多溢流的塔板时则同时采用弓形和矩形升液管。升液管的截面积根据连续相的最大允许流速确定。根据防止液泛的规定,连续相不应夹带直径不小于 1 mm 的分散相液滴进入上一层塔板。由于重力的作用,分散相液滴在连续相中有一沉降速度 w_0,如果连续相在升液管内的流速低于 w_0,则分散相液滴将不会被带走。因此,连续相在升液管中的最大允许流速是 w_0。

　　球形粒子(液滴)在液体中的沉降速度 w_0 可以用以下公式计算:

　　当 $d_p < d_{pt}$ 时

$$w_0 = \frac{3.04 \Delta \rho^{0.58} d_p^{0.70}}{\rho_c^{0.45} \mu_c^{0.11}} \tag{10.5}$$

　　当 $d_p > d_{pt}$ 时

$$w_0 = \frac{4.95 \Delta p^{0.58} \mu_c^{0.10} \sigma^{0.18}}{\rho_c^{0.55} \sigma} \tag{10.6}$$

式中,d_{pt} 为过渡区液滴直径,液滴直径小于此值时,沉降速度与液滴直径有一定关系;大于此值时,则关系不大。

$$d_{p_t} = 7.25 \left(\frac{\sigma}{g \Delta \rho p^{0.15}} \right) \tag{10.7}$$

$$p = \frac{\rho_c^2 \sigma^3}{g \mu_c^4 \Delta \rho} \tag{10.8}$$

式中,w_0 为分散相液滴在连续相中的沉降速度,m/s、d_p 为分散相液滴直径,规定为 0.001 m;ρ_d、ρ_c 为分散相和连续相密度,kg/m³;$\Delta \rho$ 为分散相和连续相密度之差,kg/m³;μ_c 为连续相黏度,(N·s)/m²;σ 为界面张力,N/m;g 为重力加速度,9.81 m/s²。

根据连续相的体积流量和在升液管中的最大允许流速就可以计算出升液管的最小允许截面积。对重整生成油的芳烃抽提塔,升液管面积一般占塔的总截面积的 5%。升液管的高度一般为板间距的 1/3 左右。

3. 分散相聚集层高度

分散相通过筛孔并分散到连续相中去必须克服各种阻力,为此,聚集层应有一定的高度以保证推动液体流动所需的压头,该压头包括两项,即

$$h = h_d + h_c \tag{10.9}$$

式中,h 为推动液体流动的总压头(即所需聚集层高度),m;h_d、h_c 分别为分散相和连续相流动所需的压头,m。

上式中的 h_d 又包括两项,即

$$h_d = h_0 + h_e \tag{10.10}$$

$$h_0 = \frac{w_d^2 \left[1 - \left(\frac{F_0}{F} \right)^2 \right] \rho_d}{2g(0.67)^2 \Delta\rho} = \frac{6\sigma}{d_p' g \Delta\rho} \tag{10.11}$$

式中,h_0 为分散相通过筛孔克服的阻力;h_e 为分散为液滴时需克服的阻力(由于界面张力的影响);w_d 为分散相过孔速度,m/s;ρ_d 为分散相密度,kg/m^3;g 为重力加速度,9.81 m/s^2;$\Delta\rho$ 为两相密度差,kg/m^3;σ 为两相界面张力,N/m;F_0 为筛孔总面积,m^2;F 为扣除升液管后的塔板面积,m^2;d_p' 为孔速为 3 cm/s 时所形成的液滴直径,m。

当过孔速度大于 30 cm/s 时,h_0 可忽略不计。

液体通过筛孔时,所形成的液滴大小可用下式求得

$$V_p + 0.041\, 2\, \frac{V_p^{\frac{2}{3}} \rho_d w_d^2}{\Delta\rho} = 0.21\, \frac{\sigma d_0}{2\Delta\rho} + 4.95\, \frac{d_0^{1.12} w_d^{0.547} \mu_c^{0.279}}{\Delta\rho} \tag{10.12}$$

式中,V_p 为液滴体积,m^3;d_0 为筛孔直径,m。

其他符号同前。

h_c 包括三项:①连续相在升液管中的摩擦损失,此项很小,可以忽略。②进入及离开升液管时的收缩和扩张引起的损失。③两次改变流向引起的损失。此三项之和可用下式粗略计算:

$$h_c = \frac{\xi w_c^2 \rho_c}{2g \Delta\rho} \tag{10.13}$$

式中,ξ 为阻力系数,采用 4.5;ω_c 为连续相在升液管中的流速,m/s;ρ_c 为连续相密度,kg/m^3。

计算所需的分散相聚集层高度应不大于升液管的高度,否则将会引起液泛。

4. 甲板间距

为保证正常操作,板间距的确立应能满足以下要求:①有足够的空间以便分散相从筛孔喷出后能形成液滴,并且这些液滴与连续相有充分的接触时间。②保证两相沉降分离,并保证聚集层所需的厚度。③保证连续相横过塔板的流速低于升液管中的流速。④便于安装人孔或手孔。

对甲苯 - 正庚烷 - 二乙二醇醚体系的研究表明,当板间距为 0.2～0.3 m 时,分散相分散及两相接触良好,塔板效率高。当板间距小于 0.15 m 时,分散相形成液滴的过程尚未完成,传质过程进行得不充分。而当大于 0.3 m 时,传质效率增加不多。因此对重整生成油芳烃抽提塔(筛板塔)的板间距以 0.2～0.3 m 为宜。为了安装和维修方便,工业上一般采用 0.3 m。

5. 塔径

确定塔板的开孔面积 F_0 及筛孔直径 d_0 后,可求得筛孔数为

$$n = F_0/0.785d_0^2 \tag{10.14}$$

排列 n 个筛孔所需的开孔区面积为

$$Ft = nSt \tag{10.15}$$

式中, S 为孔心距, m; t 为三角形的高, m。

塔板总面积为开孔区面积 F_1、升液管截面积 F_2 及塔板与塔壁连接处面积 F_3 之和。通常取 F_2 和 F_3 各为总面积的 5% 。所以塔板总面积为

$$F_T = F_1/0.9 \tag{10.16}$$

塔径为

$$D = \sqrt{4Ft/\pi} \tag{10.17}$$

【例 10.1】　某催化重整装置的芳烃抽提塔的结构尺寸及有关的工艺数据见表 10.6 及表 10.7。试对此塔的塔板水力学进行核算。

(1)塔板结构尺寸(单溢流筛板塔)。

表 10.6　某催化重整装置的芳烃抽提塔的结构尺寸

塔内径/m	筛孔直径/m	升液管高/m	升液管面积占塔截面积/%	开孔率/%		
				塔顶 10 层	中层 10 层	下部 15 层
2.6	0.004 5	0.1	5	5	6	7

(2)工艺数据(表 10.7)。

表 10.7　工艺数据

物料性质(150 ℃)		物料流量/(kg · h^{-1})		操作条件	
脱戊烷油密度	630 kg · m^{-3}	脱戊烷油	13 000	温度	150 ℃
含水溶剂密度	1 020 kg · m^{-3}	富溶剂	216 600	压力	1 MPa
芳烃密度	740 kg · m^{-3}	非芳烃	8 300	溶剂含水	15%
回流芳烃密度	722 kg · m^{-3}			溶剂比	15
脱戊烷油黏度	0.000 2 Pa · s			回流比	1.3
两相界面张力	0.005 N · m^{-1}				

①物料平衡(表 10.8)。

表 10.8　物料平衡

入方/(kg · h^{-1})		出方/(kg · h^{-1})	
脱戊烷油	13 000	富溶剂	216 600
贫溶剂	13 000 × 15 = 195 000	非芳烃	8 300
回流芳烃	13 000 × 1.3 = 16 900		
合计	224 900	合计	224 900

②分散相过孔速度。

核算塔底最下层及塔顶最上层的过孔速度：

塔顶最上层溶剂流量 $= 195\,000/1\,020 = 191.2$ m³/h $= 0.053\,1$ m³/s

$$塔板截面积\ F = \pi \times (2.6)^2/4 = 5.3\,(\mathrm{m}^2)$$

$$塔顶塔板开孔面积 = 5.3 \times 5\% = 0.265\,(\mathrm{m}^2)$$

所以

$$塔顶分散相过孔速度 = 0.053\,1/0.265 \approx 0.2\,(\mathrm{m/s})$$

塔底最下层溶剂流量 = 贫溶剂 + 芳烃 + 回流芳烃

$$= 195\,000/1\,020 + (13\,000 - 8\,300)/740 + 16\,900/722$$

$$\approx 221\ \mathrm{m}^3/\mathrm{h}$$

$$= 0.061\,4\ \mathrm{m}^3/\mathrm{s}$$

$$塔底塔板开孔面积 = 5.3 \times 7\% = 0.371\,(\mathrm{m}^2)$$

所以

$$塔底分散相过孔速度 = 0.061\,4/0.371 \approx 0.165\,(\mathrm{m/s})$$

核算的过孔速度都在推荐的适宜范围之内。

③连续相在升液管中的流速。

先计算连续相在升液管中的最大允许流速 w_0。

$$p = \frac{\rho_2 \sigma_c^3}{g\mu_c^4 \Delta\rho} = \frac{(630)^2 \times (0.005)^3}{9.81 \times (0.000\,2)^4 \times (1\,020 - 630)} = 8.11 \times 10^9\,(\mathrm{Pa})$$

$$d_{pt} = 7.25 \left(\frac{\sigma}{g\Delta\rho p^{0.55}} \right)^{0.5} = 7.25 \times [0.005/9.81 \times (1\,020 - 630) \times (8.11 \times 10^9)^{0.55}]^{0.5} = 0.001\,5\,(\mathrm{m})$$

由于 $d_p < d_{pt}$，因此

$$w_0 = 3.04\Delta\rho^{0.58} d_p^{0.70} \rho_c^{0.45} \mu_c^{0.11}$$

$$= 3.04 \times (1\,020 - 630)^{0.58} \times (0.001)^{0.70} \times (630)^{0.45} \times (0.000\,2)^{0.11}$$

$$= 0.108\,(\mathrm{m/s})$$

核算连续相在升液管中的实际流速 w_c。

$$升液管截面积 = 5.3 \times 5\% = 0.265\,(\mathrm{m}^2)$$

连续相流速按最大值即全部脱戊烷油都通过升液管计算，则

$$w_c = \frac{13\,000/630}{0.265} \times \frac{1}{3\,600} \approx 0.021\,6\,(\mathrm{m/s})$$

$w_c < w_0$，所以不会发生液泛。

④分散相聚集层高度 h。

$$h = h_d + h_c$$

$$h_d = h_0 + h_e$$

$$h_0 = \frac{\omega_d^2 [1 - (F_0/F)^2]\rho_d}{2g(0.67)^2 \Delta\rho}$$

$$= \frac{(0.201)^2 \times [1 - (0.05/0.95)^2] \times 1\,020}{2 \times 9.81 \times (0.67)^2 \times (1\,020 - 630)}$$

$$\approx 0.011\,98\ \mathrm{m}$$

$$= 1.198\ \mathrm{cm}$$

$$h_0 = 6\sigma/d'_p g\Delta\rho$$

先计算孔速 3 cm/s 时的液滴直径 d'_p

$$V_p + 0.412\frac{V_p^{\frac{2}{3}}\rho_d w_d^2}{\Delta\rho} = 0.21\frac{\sigma d_0}{\Delta\rho} + 4.95\frac{d_0^{1.12} w_d^{0.547}\mu_c^{0.279}}{\Delta\rho}$$

$$V_p + 0.412\times\frac{V_p^{2/3}\times 1\,020\times(0.201)^2}{390} = 0.21\times\frac{0.005\times 0.004\,5}{390} + 4.95\times$$

$$\frac{(0.004\,5)^{1.12}\times(0.201)^{0.547}\times(0.000\,2)^{0.279}}{(390)^{1.5}}$$

$$V_p + 0.004\,35 V_p^{\frac{2}{3}} = 7.052\times 10^{-8}$$

解得

$$V_p = 30\times 10^{-9}\ \mathrm{m}^3$$

液滴为球形,则

$$d'_p = (6\times 30\times 10^{-9}/\pi)^{1/3} \approx 3.855\times 10^{-3}\ (\mathrm{m})$$

故

$$h_e = (6\times 0.005/3.855\times 10^{-9}/\pi)^{1/3} \approx 0.002\,04\ \mathrm{m} = 0.204\ \mathrm{cm}$$

所以

$$h_d = 1.198 + 0.204 = 1.402\ (\mathrm{cm})$$

$$h_c = 4.5\frac{w_c^2\rho_c}{2g\Delta\rho}$$

$$= 4.5\times(0.021\,6)^2\times 630/2\times 9.81\times(1\,020 - 630)$$

$$\approx 0.000\,173\ \mathrm{m} = 0.017\,3\ \mathrm{cm}$$

所以

$$h = 1.402 + 0.173 = 1.575\ \mathrm{cm}$$

与表 10.4 中的试验数据进行比较,计算出的 h 值与试验结果接近。升液管高度为 100 cm,远大于计算的 h 值 1.575 cm,因此不可能因 h 过大而引起液泛。

由以上核算结果可见,此塔内的分散相和连续相都在适宜条件内操作,此塔处于正常操作状态。

10.3　渣油溶剂脱沥青过程

在炼油工业中,溶剂脱沥青过程主要是用于从减压渣油制取高黏度润滑油基础油和催化裂化原料油。从减压渣油制取高黏度润滑油须经过溶剂脱沥青、溶剂精制、溶剂脱蜡等一系列的精制过程和组分调和才能得到合格的润滑油产品。其中,溶剂脱沥青过程的主要作用是除去渣油中的沥青以降低其残炭值和改善色泽。催化裂化原料瓦斯油中掺入减压渣油是提高轻质油收率的一个重要途径,但是许多减压渣油含有较多的金属及易生成焦炭的物质(表现为残炭值高),不宜直接掺入到催化裂化原料中去,通过溶剂脱沥青可以把大部分金属和易生焦物质除去,从而显著地改善重油催化裂化进料的质量。在生产润滑油时多以丙烷作为溶剂,而在生产催化裂化原料时则多以丁烷作为溶剂。

溶剂脱沥青过程所指的"沥青"并非一种严格定义的产品或化合物,它是指减压渣油中最重的那一部分,主要是沥青质和胶质,有些情况下也会包括少量芳烃和饱和烃,其具体组成因生产目的不同而异。

10.3.1　溶剂脱沥青过程的基本原理

1. 溶剂脱沥青过程的基本依据

减压渣油是烃类和非烃类的复杂混合物,它的相对分子质量分布范围很宽,从几百到几千;从化学组成来看,它含有饱和烃、芳烃、胶质和沥青质,其中饱和烃是非极性的,而其他组分则是极性的和强极性的。从渣油评价的结果可以看到,随着渣油窄馏分的相对分子质量的增大,窄馏分中的饱和烃含量不断减少;芳烃含量先是增大然后又减少,但是芳烃的环数是一直增多的;胶质和沥青质含量则是不断增大的。在最重的几个窄馏分中则只含有胶质和沥青质,直至最后的残渣中只剩下沥青质。对渣油窄馏分的分析结果还表明,随着相对分子质量的增大,窄馏分的 H/C 原子比不断下降、残炭值和金属含量则不断增大。(请参看第 4 章的渣油评价数据)

当以低相对分子质量的烷烃(C_3,C_4,C_5)作为溶剂时,根据溶解过程的分子相似原理,渣油中相对分子质量较小的饱和烃和芳烃较易溶解,而胶质及沥青质则较差,甚至不溶。从分子的极性大小来看,各组分的溶解度也是饱和烃最大,芳烃次之(其中的多环芳烃又差些),胶质又次之,而沥青质则基本不溶。因此,采用低相对分子质量烷烃做溶剂对渣油进行抽提时,可以把渣油中的饱和烃及芳烃(在炼厂常把这部分称为油分)提取出来,从而分离出胶质及沥青质,也可以只分离出重胶质及沥青质。与原料渣油相比,提取所得的油分的残炭值及金属含量较低、H/C 原子比较高,可达到生产高黏度润滑油和改善催化裂化进料的要求。

渣油中的沥青质以胶束状态存在,芳烃和胶质对这种状态起着稳定作用。在加入低分子烷烃后,这种稳定状态被破坏,沥青质也可能沉淀出来。因此,有的作者也称渣油溶剂脱沥青过程为"抽提 – 沉淀分离"过程。但从广义上考虑,此过程仍属于抽提过程。

2. 渣油 – 轻烃体系的相平衡关系

对于一个萃取过程,首先要了解该体系在什么样的条件范围内存在两个液相,同时还要了解主要操作条件对相平衡关系的影响。

图 10.9 所示是石油大学根据试验数据绘制的大港减压渣油 – 异丁烷体系的 $p – T$ 相图。以此图为例对渣油 – 轻烃体系的相平衡关系予以说明。图中分为几个区,分别以字母表示该区的相状态:L 表示单一的液相,L – L 表示两个液相共存,L – SCP 表示液相与超临界流体两相共存,V – L – L 表示一个气相与两个液相共存,V – L 表示一个气相与一个液相共存。图中还有两个点:C_P 点表示溶剂的临界点,U_{CEP} 点表示上临界终点。

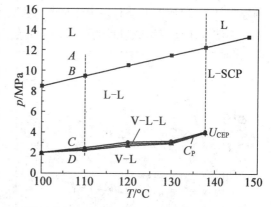

图 10.9　大港减压渣油 – 异丁烷体系 $p – T$ 相图
注:溶剂比 S/O =3.0(质量分数);或 5.7(体积分数)

现对此相图做一简要的说明。设恒定温度为 110 ℃(参看 ABCD 线)当压力高于 9.5 MPa 时,渣油 – 异丁烷体系为均一的液相,呈黑色。在压力逐渐降低的过程中,体系仍为均一液相,但总体积缓慢增大。当压力降低到 9.5 MPa(图中 B 点)时,体系开始发生分层,从黑色的均一液相变为颜色深浅不同的两个液相。轻液相和重液相之间有明显的界面。该点压力即为体系在 110 ℃时的分相压力液相的最低压力，它是该体系在 110 ℃下保持均一液相的最低压力，也是该体系保持液－液两相的最高压力。从分相压力继续降压，体系仍为两相，此时轻液相的体积迅速增大、颜色逐渐变浅。当压力下降到 2.406 MPa 时(图中 C 点)，体系出现第一个气泡。随着压力的继续降低，气泡不断增多，轻液相体积不断减小。当压力下降到 2.246 MPa 时(图中 D 点)，轻液相消失，体系成为气－液两相，气体与重液相之间有明显的界面，此时重液相体积开始呈减小趋势，且此时重液相中有大量的溶剂汽化，这种现象并不是在试验的全部温度范围内都出现的。在上临界终点，可以观察到流体剧烈地对流，有乳白色的光透出，但没有轻液相和气体的界面。

当温度和压力远高于溶剂的临界点温度和压力时，例如，150 ℃时，随着压力的降低，体系由均一的液相变为液体－超临界流体两相。体系的分相压力仍然存在，压力一直降低到溶剂的临界压力以下时也没有出现三相，只是轻液相体积不断增大，颜色迅速变为无色。

由图 10.9 可见，在试验的温度范围(100~150 ℃)内，体系在任一温度下都存在一个对应的分相压力。超过此分相压力，体系成均相，或者说，溶剂将渣油全部溶解；低于此分相压力，则体系分成两相，在此范围内才有可能进行萃取操作。不同温度下的分相压力是不同的。随着温度的升高，体系的分相压力升高。其主要原因是温度升高时溶剂的密度降低，溶解能力下降，由提高压力来补偿。

若压力恒定，同样也存在一个分相温度，即在该压力下从均一液相转变为液－液两相的最低温度。低于此温度，体系为均一液相，无法用萃取方法进行分离。不同压力下的分相温度也是不同的。随着压力降低，分相温度也降低。

溶剂不同时，渣油－轻烃体系的相平衡关系也会不同，但是其 p－T 相图的形式相似。图 10.10 所示是标绘在同一张坐标图上的大港减压渣油与丙烷和异丁烷体系的 p－T 相图。由图可见，虽然两个体系的具体相平衡图数据有较大差别，但是它们的图形是类似的。丙烷－渣油体系的分相压力明显高于异丁烷－渣油体系的分相压力。而且，丙烷－渣油体系液－液分相线的斜率明显地大于异丁烷－渣油体系液－液分相线的斜率，这表明温度对丙烷的溶解能力的影响比对异丁烷的影响大。溶剂比的大小对渣油－轻烃体系的相特性也有影响。图 10.11 所示是大港减压渣油－异丁烷体系在不同溶剂比时的 p－T 相图。由图可见，随着溶剂比的提高，同一温度下的分相压力也增大，或者说，提高溶剂比会使液－液两相区扩大。这意味着提高溶剂比会使萃取过程的可操作条件范围扩大。

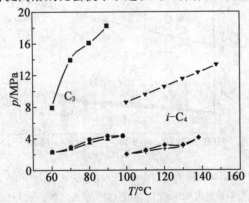

图 10.10　大港减压渣油与丙烷及异丁烷
　　　　　体系的 p－T 相图
注:溶剂比为 3.0(质量分数)

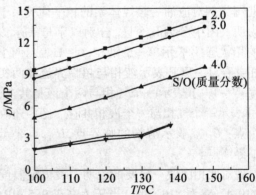

图 10.11　大港减压渣油－异丁烷体系在不
　　　　　同溶剂比时的 p－T 相图

渣油的化学组成及性质对体系的相平衡关系
有影响。图 10.12 所示是掺入 20%（1#混合油）、
40%（2#混合油）催化裂化油浆的减压渣油和单独
的减压渣油分别与异丁烷体系的 p–T 相图。由
图可见，减压渣油中掺入催化裂化油浆后，渣油在
溶剂中的溶解度下降。催化裂化油浆的相对分子
质量比减压渣油的相对分子质量小，但它的芳香
性很强，尤其是稠环芳烃的含量很高。前者使溶
解度增大，后者使溶解度减小，其综合效果是掺入
油浆后的渣油在溶剂中的溶解度降低。随着油浆
掺入比例的增大，体系的分相压力增大。这一现
象表明在减压渣油中掺入催化裂化油浆后，渣油
在溶剂中的溶解度下降。

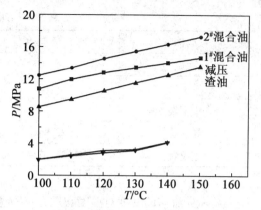

图 10.12　组成不同的减压渣油与异丁烷体系
的 p–t 相图
注：溶剂比为 3.0（质量比）

　　渣油–轻烃体系的 p–T 相图的一个明显特点是有一个狭长形的液–液–气三相共存区。
三相中的气相实质上是降压时从轻液相和重液相中汽化出来的溶剂所形成的。溶剂的饱和蒸
气压曲线位于三相区内，溶剂的临界点也位于三相区内。三相区的上包迹线压力实际上大于
溶剂在相应温度下的饱和蒸气压，因此，不能认为操作压力只要高于溶剂在操作温度下的饱和
蒸气压就能进行溶剂脱沥青操作。从平稳操作的角度来说，操作压力至少应高于与操作温度
相对应的三相区上限压力。

　　从相图中还可以看到，三相区包迹线的斜率小于分相压力线的斜率。可以推测，随着溶剂
比的减小或温度的降低，此两条线可能交汇于一点，此点称为相点。当体系温度低于相点温度
时，降低体系压力会使体系从均一液相区直接进入气–液两相区，其间并不经过液–液两相区
或液–液–气三相区。相点的存在对于溶剂脱沥青过程中用溶剂预稀释原料的操作条件的确
定具有重要意义，在原料预稀释操作中应当注意避免气相的出现。相点的数据可由相平衡试
验测定。例如，在溶剂比为 1∶1（重）时，大港减压渣油–异丁烷体系的相点位置约在 100 ℃、
2.5 MPa 处。

　　三相区的上端点（U_{CEP}）为上临界终点。在采用超临界条件回收溶剂时，所选的操作温度
和操作压力应高于上临界终点的温度和压力，而不应是仅仅等于或稍高于溶剂的临界温度和
临界压力。如果操作点落在三相区内，会造成不稳定操作。

3. 超临界溶剂抽提和超临界溶剂回收

　　传统的溶剂脱沥青过程是在溶剂的临界点以下的温度、压力条件下进行操作的。近年来
对在溶剂的临界点以上的温度、压力条件下进行操作的超临界溶剂抽提和超临界溶剂回收的
研究及技术开发有了较大的进展。

　　当溶剂处于其临界温度以上的温度及远高于其临界压力的条件时，此溶剂即处于超临界
流体状态。在过去的文献中，常把这种相态称为气相，近年的文献中则趋向于称为超临界流体
以示与一般气相之间的区别。常用的脱沥青溶剂的临界参数见表 10.9。在实际应用中，超临
界流体所处的条件范围多采用的对比温度 T_T 为 1.0～1.2，对比压力 p_T 为 1.5～2.5。

表 10.9　几种溶剂的临界参数

名称	常压沸点/℃	临界沸点/℃	临界压力/MPa
丙烷	−42.07	96.81	4.26
异丁烷	−11.27	134.98	3.65
正丁烷	−0.5	152.01	3.80
异戊烷	27.85	187.80	3.32
正戊烷	36.07	196.62	3.37

超临界流体的密度对温度和压力很敏感,通过改变温度或压力可以在较大范围内改变其密度。试验研究结果表明,超临界流体的溶解能力主要决定于它的密度,随着超临界流体的密度增大,其溶解能力也随之增大。因此,在某个温度及压力范围内,它对渣油的溶解能力足以达到抽提脱沥青操作的要求。关于超临界溶剂的选择性与常规溶剂相比孰高孰低的问题,从已有的研究工作来看,尚难以做出十分肯定的结论,但总的来看,差别不会很大。

用超临界溶剂对渣油进行脱沥青抽提时,由于超临界流体的黏度低、传质速率高,以及轻液相与重液相的密度差大,容易分层等原因,抽提塔的结构可以大为简化,其体积也可以缩小。从实验室研究和工业试验的结果来看,甚至在渣油和溶剂经过静态混合器后,只需进入一个沉降器(代替抽提塔)就可以完成抽提和分层的任务也是有可能的。

溶剂脱沥青过程需要使用大量的溶剂,采用的溶剂比一般为 3~5(质量分数),必须回收并循环使用。溶剂回收部分的投资和操作费用对整个装置的经济效益具有重要的影响。需回收的溶剂量中,约 90% 来自提取液(脱沥青油相),其余则来自提余液(脱油沥青相)。因此,溶剂回收的重点是回收提取液中的溶剂。

传统的回收方法是将溶液加热使其中的溶剂蒸发,这种方法的能耗较大,能耗大的主要原因是溶剂汽化时需要大量的蒸发潜热。近年来,近临界溶剂回收(在一些文献中也称作准临界回收或临界回收)和超临界溶剂回收技术的应用使溶剂回收的能耗有了显著的降低。这两种溶剂回收方法的原理基本上是相同的,但是具体的操作条件则有所不同。在超临界条件或近临界条件下,溶剂的密度对温度、压力的变化比较敏感,通过恒压升温、或恒温降压、或同时升温降压等手段可以较大地减小溶剂的密度,从而也降低了溶剂的溶解能力。当溶剂的密度降低到一定程度时(例如 0.2 g/mL 以下),溶剂对脱沥青油的溶解能力已经很低了,溶剂与脱沥青油分离成轻、重两个液相,从而达到回收溶剂的目的。采用此方法可以把提取液中的绝大部分溶剂分离出来,残存在脱沥青油中的少量溶剂可经进一步的汽提分出。在上述的分离过程中由于没有经历由液相到气相的相变化,不需要提供汽化潜热,因而降低了能耗。

超临界溶剂回收与近临界回收的差别主要是过程所处的条件和状态不同,前者在超临界条件下进行,后者在低于临界点但接近于临界点的条件下进行。图 10.13 用溶剂的温 − 焓图(示意图)表示了这两种方法经历的过程。图中 A 点和 C 点分别表示溶剂在离开

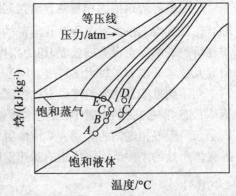

图 10.13　溶剂的温 − 焓图

临界点以下操作的抽提塔时的状态和超临界抽提塔时的状态,AB 表示近临界溶剂回收的路程,CD 则表示超临界溶剂回收的路程。由图可见,无论是哪种路程,其能耗都低于采用蒸发方法的能耗(至少是 E 点与 A 点的焓差)。

工业上已有的溶剂脱沥青装置的抽提塔绝大多数是在溶剂的临界点以下操作的,采用近临界溶剂回收方法比较方便易行,节能效益也很好,因而得到了广泛的应用。若抽提部分是在超临界条件下操作,操作压力和温度都较高,则采用超临界溶剂回收方法可能更合适。

10.3.2　溶剂脱沥青工艺流程

由于生产目的不同,采用的抽提方法及溶剂回收方法也不同,溶剂脱沥青工艺流程有多种形式。所有的溶剂脱沥青工艺流程都包括抽提和溶剂回收两部分,而且在许多地方也是很相似的。在本节,以工业上应用最广泛的亚临界溶剂抽提 – 近临界溶剂回收工艺流程为基本例子对溶剂脱沥青的工艺流程予以说明。

图 10.14 所示是一个丙烷脱沥青工艺原理流程图,其主要特点是以生产高黏度润滑油基础油为目的、抽提塔在低于临界点的条件下操作、溶剂回收在近临界条件下进行。下面分别对抽提和溶剂回收两部分进行介绍。

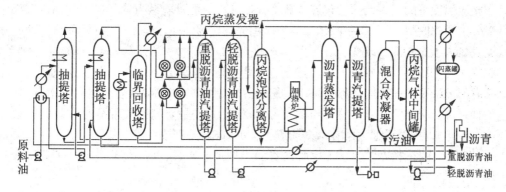

图 10.14　丙烷脱沥青工艺原理流程

1. 抽提部分

抽提部分的主要设备是抽提塔,工业上多采用转盘塔。抽提塔内分为两段,下段为抽提段,上段为沉降段。原料(减压渣油)经换热降温至合适的温度后进入抽提塔的中上部,循环溶剂由抽提塔的下部进入。由于两相的密度差较大(油的密度为 0.9 ~ 1.0 kg/L;丙烷为 0.35 ~ 0.4 kg/L),二者在塔内呈相向流动、逆流接触,并在转盘搅拌下进行抽提。减压渣油中的胶质、沥青质与部分溶剂形成的重液相向塔底沉降并从塔底抽出,送去溶剂回收部分。脱沥青油与溶剂形成轻液相经升液管进入沉降段。沉降段中有加热管提高轻液相的温度,使溶剂的溶解能力降低,其目的是保证轻液相中的脱沥青油的质量。在此流程中设有第二个抽提塔,由第一个抽提塔底来的提余液在此塔内进行第二次抽提。由第二抽提塔塔底出来的提余液溶剂与沥青组成沥青液,塔顶出来的提取液称为重脱沥青油(也含溶剂),重脱沥青油中主要是相对分子质量较大的多环烃类。从第一抽提塔塔顶出来的提取液则称为轻脱沥青油,溶剂的大部分存在于此提取液中。

这种采用两个抽提塔、得到两个含油物流的流程称为两段法。如果只用一个抽提塔,只产一种脱沥青油和脱油沥青,则称为一段法。两段法的优点是比较容易同时保证抽提塔顶和塔底产品的质量,而且还能多得一个有用的产品。相对来说,一段法在生产低残炭值的脱沥青油的同时又要生产高标号沥青时比较难以同时兼顾两者的质量。两段法抽提的流程还有其他的形式,如有的流程采用的方法是:从第一抽提塔塔底就得到沥青液,塔顶的提取液去第二抽提塔,由第二抽提塔塔顶得轻脱沥青油,塔底得重脱沥青油,图10.15 表示的就是此流程。

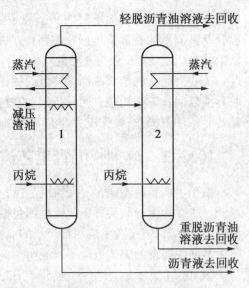

图10.15　一种两段抽提流程

进入抽提塔的丙烷有两路:一路称主丙烷,占总溶剂的大部分,在塔内起主要的抽提作用;另一路称副丙烷,从塔底进入,其作用是使沥青液中残留的润滑油能得到再一次的抽提,从而提高脱沥青油的收率。在低温下,减压渣油的黏度很大,不利于抽提,因此抽提塔的操作温度要稍高些。为了保证溶剂在抽提塔内是以液相状态存在的,操作压力应高于相应温度下的三相区的上包迹线压力。工业丙烷脱沥青装置采用的操作温度和操作压力一般分别为 50~90 ℃ 及 3~4 MPa,溶剂体积分数比为 6~8。采用的溶剂不同时,抽提操作的温度及压力须做相应的改变。

超临界溶剂脱沥青的研究工作虽然已有一些报道,但是迄今尚未见有较大规模的工业装置。已有的 RUSE 过程虽然声称是采用了超临界溶剂抽提和超临界溶剂回收技术,但是实际上它的抽提部分仍然是在低于临界点的条件下操作的,只是溶剂回收部分是在超临界条件下操作的。近年来,中国石油大学在众多研究工作的基础上,在校办胜华炼厂建立了一个处理量为 $1.5×10^4$ t/a 的超临界戊烷－丁烷脱沥青的小型工业装置,并成功地进行了工业试验并投入运转。

该装置用戊烷－丁烷混合物(两者的比例约为 6:4)做溶剂,生产目的是从孤岛减压渣油或单家寺减压渣油中提取出部分催化裂化原料,同时得到合格的道路沥青。图10.16所示是超临界溶剂脱沥青工艺原理流程图。

减压渣油原料与经过加热的溶剂在静态混合器中混合后进入沥青相沉降塔,塔底提余相是溶剂和脱油沥青,经加热后送到脱沥青油汽提塔回收溶剂。塔顶的提取液经加热后去胶质相沉降塔,此塔的塔底产物是胶质和溶剂,塔顶产物则是脱沥青油和溶剂。塔顶产物经换热升温后到超临界溶剂回收塔。此流程有以下几个主要特点:

①抽提过程是在溶剂的临界点以上的温度、压力条件下进行的,操作温度为 180~190 ℃,操作压力约为 5 MPa(溶剂的临界温度为 173 ℃,临界压力为 3.5 MPa),均高于溶剂的临界温度和临界压力。脱沥青油相中的溶剂也是在超临界条件下回收的,超临界溶剂回收塔的操作温度为 200 ℃、压力为 3.5 MPa。

②由于超临界流体的传质性能很好,实际上不用转盘抽提塔就能达到生产的要求。沉降塔的内部结构也很简单,只有几块挡板,流体在沉降塔内的停留时间只需 3~5 min 就可以达到分离要求。抽提和分离设备大为简化。

③流程中设置了胶质分离塔,可以生产胶质馏分,对提高脱沥青油的质量有利。在没有需要时也可以不用,有较大的灵活性。

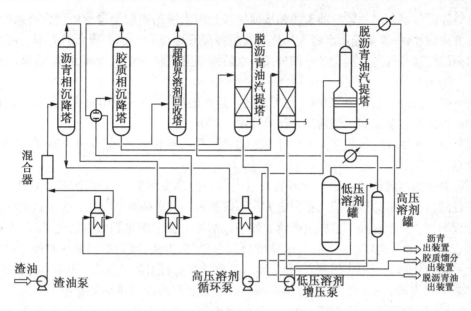

图 10.16　超临界溶剂脱沥青工艺原理流程

④为节省能量、简化流程及节约投资,大部分溶剂都在高温位下循环,流程中不设气体压缩机。

上述装置在以孤岛减压渣油为原料、脱沥青油收率为 40% 时的主要操作条件与原料、产物的主要性质见表 10.10。

表 10.10　主要操作条件与原料、产物性质

主要操作条件		温度/℃	压力/MPa	溶剂比 (质量比)	溶剂密度 /(g·mL⁻¹)
操作	超临界溶剂抽提	180 ~ 190	~5	3	0.3 ~ 0.4
	超临界溶剂回收	约 200	3.5	—	<0.2
原料和产物的主要性质		密度/(g·mL⁻¹)	残炭值/%	镍含量/(μg·g⁻¹)	60 ℃黏度/(MPa·s)
原料和产物	减压渣油原料	0.994 1	16.2	47.5	23.4
	脱沥青油	0.951 4	5.3	10	0.65
	脱油沥青	软化点 70 ℃			

注:脱油沥青与减压渣油以适当比例调和后可得合格的 60# 和 100# 道路沥青

总的来看,与亚临界溶剂脱沥青过程(例如 DEMEX 过程)相比,其能耗大体相当或略低些、流程及设备较简化、投资降低、操作更平稳灵活。

2.溶剂回收部分

溶剂的绝大部分(约占总溶剂量的 90%)分布于脱沥青油相中。在图 10.14 所示的工艺流程中,轻脱沥青液经换热、加热后进入临界回收塔。加热温度要严格控制在稍低于溶剂的临界温度 1 ~ 2 ℃内。在临界回收塔中油相沉于塔底,溶剂从塔顶(液相)出来,再用泵送回抽提塔。

从临界回收塔分出的轻脱沥青油和从抽提塔分离出来的重脱沥青油中仍含有丙烷,需用蒸发的方法回收,一般是先用水蒸气加热蒸发后再经汽提以除去油中残余的溶剂。由汽提塔塔顶出来的溶剂蒸气与水蒸气经冷却分离出水后溶剂蒸气经压缩机加压,冷凝后可以重新使用。

沥青相蒸发时须加热至 220～250 ℃以防止发生泡沫,所以一般用加热炉加热。加热后的沥青相同样是经过蒸发和汽提两步来回收其中的溶剂。

超临界溶剂回收的原理和工艺流程与近临界溶剂回收相似,只是其操作温度及压力是处于临界点之上。其具体的操作条件如前所述。

近临界溶剂回收或超临界溶剂回收与过去的一次蒸发溶剂回收相比,其能耗明显降低。能耗降低的最基本的原因是前两种回收方法不需要将溶液中的溶剂汽化。关于这两种回收方法的原理和工艺流程在前面已做过介绍。除了这两种节能的溶剂回收方法外,工业上还有采用多效蒸发(一般是用双效蒸发或三效蒸发)回收溶剂的方法,也能取得良好的节能效果。多效蒸发过程在化学工业中应用甚广,此过程的实质是重复利用蒸发潜热。其基本原理如下:溶剂的蒸发分级进行,逐级降压,利用在高压下蒸发的溶剂的冷凝热来蒸发中压下的溶剂。图10.17 所示是双效蒸发冷凝溶剂回收的工艺原理流程。采用双效蒸发工艺的丙烷脱沥青装置的公用工程消耗仅为单效蒸发工艺的 62%,三效蒸发工艺的消耗则更低,为 54%,但投资需相应增大。据某些工程公司的估算,对新建溶剂脱沥青装置而言,双效蒸发与超临界回收两种工艺比较,在经济上无明显的差别。对已有的采用单效蒸发回收工艺的装置来说,由于改用超临界回收工艺时,提高操作压力受到原有设备设计压力的限制,因此改用双效蒸发回收工艺可能在经济上更为合理。

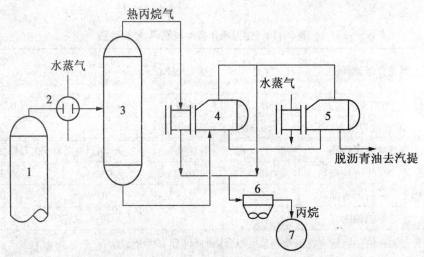

图 10.17　双效蒸发－冷凝溶剂回收的工艺原理流程

1—抽提塔;2——级加热蒸发;3—分离器;4—二级蒸发－冷凝器;5—水蒸气加热蒸发器;6—冷却器;7—丙烷

20 世纪 90 年代,国内开发了一种新的溶剂脱沥青组合工艺,此工艺的主要特点是把催化裂化过程产生的油浆掺入溶剂脱沥青过程的减压渣油进料中去,以提高脱沥青油的收率、增加催化裂化原料,同时也改善催化裂化进料的质量(与简单地把油浆混入进料相比)和脱油沥青的质量。催化裂化油浆含有很多稠环和多环芳烃,将它直接混入催化裂化原料中去对反应很不利。但是催化裂化油浆中仍含有不少的饱和烃和轻、中芳烃,它们的 H/C 原子比也不太低,适宜做催化裂化的原料。在此工艺的抽提过程中,这部分组分进入脱沥青油中,提高了脱沥青油的收率。同时,澄清油中的胶质、沥青质和重芳烃则进入脱油沥青中,改善了沥青的质量。表 10.11 列举了大港催化裂化澄清油的六组分组成及性质。

表 10.11　大港催化裂化澄清油的六组分组成及性质

项目	饱和烃	轻芳烃	中芳烃	重芳烃	胶质	戊烷沥青质
含量(质量分数)/%	24.6	0.5	6.7	56.6	6.6	5.0
相对分子质量	340	324	312	304	300	311
H/C 原子比	1.77	1.65	1.32	1.05	0.85	0.80
芳碳率/%	0	0.214	0.406	0.675	0.779	0.789

10.3.3　影响溶剂脱沥青过程的主要操作因素

影响溶剂脱沥青过程的主要操作因素有温度、溶剂组成、溶剂比、压力和原料油的性质。下面对这些影响因素分别进行讨论。在下面的讨论中,若没有说明是超临界溶剂抽提时,则均是指工业上广泛采用的亚临界溶剂抽提过程。

1. 温度

温度对溶剂脱沥青过程的影响很大,调整抽提过程中各部位的温度常常是调整操作的主要手段。改变温度会改变溶剂的溶解能力,从而影响抽提过程。温度升高时,溶剂的密度减小、溶解能力下降,脱沥青油的收率下降,而质量则提高,脱油沥青的收率增大,而软化点提高。操作温度越靠近临界温度值,温度的影响也越显著。例如,在使用丙烷做溶剂时,当操作温度超过 65 ℃后,温度变化对抽提过程的影响明显增大。

在实际生产中,当生产方案改变而原料未变时,经常是只调整操作温度就能达到要求。表 10.12 列举了两种产品的生产方案。

表 10.12　两种产品的生产方案

产品方案	抽提塔操作条件				轻脱沥青油收率及性质		
	顶部温度 /℃	底部温度 /℃	压力 /MPa	溶剂比 (质量分数)	收率 (质量分数)/%	100 ℃黏度 /(mm²·s⁻¹)	残炭值 /%
航空润滑油料	75	50	3.43	3.7	23	21.3	0.7
普通润滑油料	63	48	3.43	3.7	27	24.6	0.9

当选用不同的溶剂时,应当选择不同的抽提操作温度。一般情况下,对几种常用溶剂选用的温度范围如下:丙烷,50~90 ℃;丁烷,100~140 ℃;戊烷,150~190 ℃。在最高允许温度以下,采用较高的温度可以降低渣油的黏度,从而改善抽提过程中的传质状况。

在抽提塔内,塔顶温度较高、塔底温度较低,形成了一个温度梯度。适宜的温度梯度对保证脱沥青油的质量和收率是很重要的。温度梯度过小或过大都会产生不利影响。除了温度梯度的大小以外,塔内温度还应当有一个优化的温度分布,一般来说,在进料口以下,温度梯度宜较小些,而在塔的上部,温度梯度则应较大些。

2. 压力

为了保证抽提操作是在双液相区内进行,对某种溶剂和某个操作温度都有一个最低限压力,此最低限压力由体系的相平衡关系确定,操作压力应高于此最低限压力。关于这个问题在讨论抽提的基本原理时已做过讨论。

在工业装置中,正常的抽提操作一般在恒定压力下进行(忽略流动压降),操作压力并不用作一个调节手段。

在近临界溶剂抽提或超临界溶剂抽提的条件下,压力对溶剂的密度有较大的影响,因而对溶剂的溶解能力有较大的影响。在选择操作压力时必须重视这个因素。一般来说,在近临界溶剂抽提时,采用接近但不超过临界压力的操作压力,而在超临界溶剂抽提时,则多采用比临界压力高得多的操作压力。

3. 溶剂及溶剂比

溶剂脱沥青过程常用的溶剂为丙烷、丁烷和戊烷。随着这类溶剂的相对分子质量的增大,其溶解能力增大,而选择性则降低。表 10.13 列出了它们的脱沥青效果的比较。

表 10.13　丙烷、丁烷和戊烷的脱沥青效果

溶剂	脱沥青油收率 (质量分数)/%	脱沥青油性质			脱沥青油软化点/℃
		密度 /(g·ml^{-1})	100 ℃黏度 /(mm^2·s^{-1})	残炭值/%	
乙烷	11.0	0.909		0.07	软
丙烷	75.0	0.950	18	2.35	80
丁烷	88.8	0.965	23	5.12	153
戊烷	95.2	0.969	41	6.23	163

当目的产品是润滑油料时多采用丙烷做溶剂,而当目的产品是催化裂化或加氢裂化原料时则多采用丁烷或戊烷做溶剂。其主要原因是由于对裂化原料的质量要求不如对润滑油料那样严格,丁烷及戊烷的溶解能力较大,可以采用较小的溶剂比和较高的抽提温度。为了调节溶剂的溶解能力和选择性,或者是由于溶剂来源的限制,也有的装置采用混合溶剂。

工业用溶剂不可能是单一的纯组分,当溶剂已选定后,对其他的组分应有适当的限制,例如,选用丙烷做溶剂时,一般规定溶剂中的乙烷含量不得超过 2%~3%,因为丙烷脱沥青过程的温度已远超过乙烷的临界温度,过多的乙烷会影响系统压力和平稳操作,而且增大溶剂的排空损失。丙烷中含有丙烯时会降低溶剂的选择性,应当尽量降低其含量。

对工业用溶剂,必须注意其实际的组成,根据其组成来选定适宜的操作条件范围。

溶剂比的大小对脱沥青过程的经济性有重大的影响,它对脱沥青油的收率和质量、过程的能耗都有重要的影响。溶剂比为溶剂量与原料油量之比,可以用体积比或质量比来表示,工业上多用体积比。

在一定的温度条件下,有某个适宜的溶剂比,对不同的原料及不同的生产方案,这个适宜比值是不同的。图 10.18 和图 10.19 表示出了脱沥青油收率及其残炭值与溶剂之间的关系。由图 10.18 可见,脱沥青油收率–溶剂比曲线的形式在高温段和低温段是不完全相同的,但是

无论是在高温段还是在低温段,脱沥青油收率总是随着抽提温度的升高而降低的。工业装置的抽提温度一般都处于高温段(60～90 ℃)。由图 10.19 可见,在高温段,脱沥青油的残炭值 – 溶剂比关系曲线的转折点大约在溶剂比为 6:1 处,因此,丙烷脱沥青装置使用的溶剂比一般为(6～8):1(体积分数)。

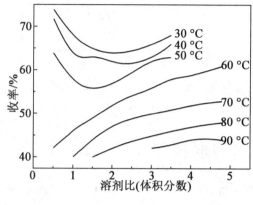

图 10.18　脱沥青油收率与溶剂比的关系

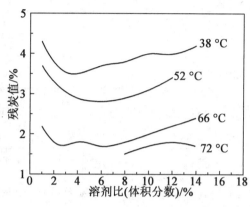

图 10.19　脱沥青油残炭值与溶剂比的关系

在原料油进入抽提塔之前,多先用部分溶剂对原料油进行预稀释,以降低渣油的黏度,改善传质状况,这部分溶剂的量一般为原料量的 0.5～1.0 倍(体积分数)。在预稀释时,应当注意当时的操作状态不会落在平衡相图中的三相区。

4. 原料油性质

一般情况下,在正常生产时,原料油的组成、性质不会被当作调整操作的参数来用。

原料油的组成、性质与抽提效果有着密切的关系。当原料油的组成、性质发生变化时,相关的操作参数须及时做必要的调整。

在丙烷脱沥青过程中,渣油中沥青的分出是由于加入的丙烷降低了油分对沥青的溶解能力而引起的。因此,渣油中油分的含量对胶质、沥青质的分离的最低需要丙烷用量有很重要的影响。渣油中油分含量多时,为使胶质、沥青质分离出来所需的最少丙烷用量就得高。我国原油的减压渣油中的胶质含量普遍较高,当需制取低残炭值的残渣润滑油时,必须采用比较苛刻的操作条件,收率较低。

对拔出深度不同的减压渣油也应采用不同的操作条件。例如,欲从大庆原油的一级减压渣油和二级减压渣油分别制得相同残炭值的脱沥青油时,所需采用的抽提操作条件应当是不同的。表 10.14 列出了不同拔出深度的减压渣油的抽提操作条件。

表 10.14　不同拔出深度的减压渣油的抽提操作条件

项目	渣油性质				操作条件	
	相对密度 (d_4^{20})	软化度/℃	500 ℃馏出/%	残炭值/%	抽提塔压力/MPa	沉降段顶部温度/℃
一级减压渣油	0.917 7	34～35	12	7.92	3.53	76
二级减压渣油	0.932 8	35～40	8	9.18	3.14	68

续表 10.14

项目	操作条件		脱沥青油性质		收率（质量分数）/%
	抽提段顶部温度/℃	抽提段底部温度/℃	100 ℃黏度/(mm²·s⁻¹)	残炭值/%	
一级减压渣油	66	50	21.76	0.64	24
二级减压渣油	44	29	23.4	0.65	21

降低渣油的黏度，改善传质状况，这部分溶剂的量一般为原料量的 1.0~1.5 倍（体积分数）。在预稀释时，应当注意当时的操作状态不会落在平衡相图中的三相区。

10.4　润滑油溶剂精制

润滑油除了要求具有一定的黏度外，还需要有较好的黏温性质和抗氧化安定性以及较低的残炭值。为了满足上述要求，必须从润滑油原料中除去大部分多环短侧链芳烃和胶质，以提高润滑油的质量，使润滑油的黏温特性、抗氧化安定性、残炭值、色度等符合产品的规格要求。这个过程称为润滑油精制。润滑油中的含硫、含氮、含氧化合物也可在精制过程中大部分除去。

目前，常用的精制方法有酸碱精制、溶剂精制、吸附精制和加氢精制等。溶剂精制是我国目前最广泛采用的精制方法。

溶剂精制是选用一些对油中理想组分和非理想组分具有选择性溶解能力的溶剂，对油料进行萃取分离。一般是把非理想组分萃取出来，理想组分留在提余液中，然后分别蒸出溶剂，得到提余油（精制油）和抽出油。

润滑油溶剂精制过程是个物理过程。在此过程中，溶剂可循环使用，一般情况下其消耗量约为处理原料油量的千分之几。由于溶剂是循环使用的，过程中必须包括溶剂回收的环节，因此溶剂回收需消耗较多的能量。抽出油可以利用，至少可以作为燃料油使用。相对来说，溶剂精制比加氢精制便宜，因此多年来一直是润滑油精制的主要过程。但是由于它是个物理过程，不能使原料油中的非理想组分进行化学转化，因此，它只能处理那些原料中有足够多的理想组分的油料，否则，或者是制造不出合格的产品，或者是需要付出很高的代价，经济上不合理。由此可见，当使用溶剂精制过程时，对原料的选择是很重要的。

工业溶剂精制过程使用的溶剂曾有多种，有些已经被淘汰，近年主要是采用糠醛 N-甲基吡咯烷酮（简称 NMP）以及酚。在工业上，这些过程分别被俗称为糠醛精制、酚精制等。在美国，酚精制基本上已被淘汰，大部分溶剂精制装置是采用 NMP 做溶剂，其余的主要是采用糠醛。在我国，采用糠醛做溶剂的装置处理能力约占总处理能力的 80%，其余的则采用酚，只有个别的装置采用 NMP。

10.4.1　溶剂精制体系的相图

若以二十二烷代表理想组分、二苯基己烷代表非理想组分，糠醛为溶剂，则此三元混合物体系的相平衡关系可由三角相图（图 10.20）来表示。由图可见，糠醛与二苯基己烷能完全互溶，而糠醛与二十二烷则是部分互溶。图中的等温曲线与底边包围的区域是两相区，在此区内，可以形成相平衡的两个液相，也就是可以进行萃取操作的区域。随着温度的升高，二十二烷在糠醛中的溶解度增大,两相区缩小。因此,对于某个一定组成的体系,在进行萃取操作时有一个最高的允许操作温度。

润滑油是一个十分复杂的混合物。在用溶剂进行萃取时,溶解于溶剂中的那些物质(或组分)与润滑油相中的物质大部分是不相同的,不完全是同一种物质在两相中的分配。而且,两相中的组成还随着溶解数量的变化而变化。因此,只能粗略地以饱和分(代表理想组分)、芳香分(代表非理想组分)、溶剂这三者在三角相图上予以表示。即使这样也还不能解决问题。由于饱和分和芳香分都还是复杂混合物,其具体的组成也难以测定,在三角相图的坐标上还无法用常规的质量分数或分子数分数来表示。在这种情况下,提出了用某个能表征该物相的物理性质来代替组成的表示方法。此物理性质可以考虑采用相对密度、黏重常数和折光率等。

所选的物理性质希望是当无溶剂的提余物与提取物混合时具有可加性,或者近似地有可加性。图 10.21 所示是采用折光率作为表征用的物理性质的一个例子。

图 10.21 中 S 点表示 100% 糠醛。从 S 点到对边之间均分成 100 等分,表示糠醛含量(%)。其他两个极不像普通的三元组分相图那样各代表 100% 某个组分,而是把 S 点的对边标以折光率刻度,从 S 点到任何一个折光率点连一直线,凡是落在这条直线上的点其折光率均等于同一个值。此图的制作方法如下:对某一糠醛 – 润滑油体系,在恒温条件下由试验得到平衡两相的糠醛含量和折光率,就可以在此三角相图上标出两个点。改变溶剂比可以得到许多对点。把这些点连接起来就可得到某个温度下的相平衡曲线,同时也可以绘出两相区内的系线(连接线)。用这样的平衡相图可以进行萃取过程的计算。但是在工业设计中,常常是根据生产经验来选定抽提塔的实际塔板数。

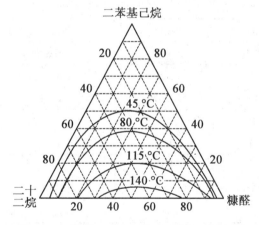

图 10.20　糠醛 – 二十二烷 – 二苯基己烷相图

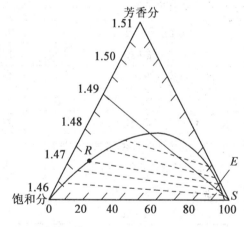

图 10.21　糠醛 – 润滑油体系的平衡关系图

10.4.2　溶　剂

对溶剂的要求中最重要的是选择性和溶解能力。对润滑油来说,非理想组分主要是芳香性较强的物质和极性较强的物质,而理想组分则是较为饱和的物质。因此,溶剂精制的溶剂的选择性好意味着对芳香性较强和极性较强物质的溶解能力强,而对饱和性较强的物质则其溶解度较小。需要说明的是这里采用芳烃和饱和烃作为两个被分离的物质并不完全与理想组分和非理想组分相对应。例如,单环长侧链的芳烃的黏度指数要比多环短侧链的环烷烃的好,但是溶剂只是对芳烃和饱和烃之间有较好的选择性,对不同结构的饱和烃没有明显的选择性,也就是说,在溶剂精制过程中,不理想的多环环烷烃是难以脱除的。

溶剂的选择性好,则在达到同样质量的产品时可以得到较高的产品收率,或者,在同样的产品收率时,可以得到较高质量的产品。溶剂还应当具有适当的溶解能力。若只是选择性好而溶解能力很差,则为了把原料中大部分非理想组分分出就不得不使用大量的溶剂,这对装置的处理能力和能耗是十分不利的。在选择溶剂时,常常发现溶剂的选择性与溶解能力之间是存在矛盾的,需要综合地做出判断。

烃类在极性溶剂中的溶解度与其分子结构有关,按溶解度由大到小排列,其次序从大到小大致为胶质、多环芳烃、少环芳烃、环烷烃、烷烃。而且随着芳烃分子上侧链数目的增多以及烃类碳原子数的增大,在溶剂中的溶解度也减小。

溶剂本身的分子结构对其溶解能力有影响。而且随着温度的升高,溶剂的溶解能力增大、选择性下降。对某些溶剂,加入适量的水可以调节其溶解能力和选择性,一般是使溶解能力降低而使选择性改善。

表 10.15 和表 10.16 分别列出了三种常用溶剂的性质和使用性能的比较。

表 10.15　三种常用溶剂的性质

性质		糠醛	酚	N－甲基吡咯烷酮
化学式				
相对分子质量		96.03	94.11	99.13
25 ℃密度/$(g \cdot mL^{-1})$		1.159	1.071	1.029
沸点/℃		161.7	181.2	201.7
熔点/℃		－38.7	40.97	－24.4
与水生成的共沸物	常压沸点/℃	97.45	99.6	(不产生)
	混合物中的溶剂量(质量分数)/%	35.0	9.2	—
20 ℃时在水中的溶解度(质量分数)/%		5.9	8.2	—
比热容/$(kJ \cdot kg^{-1} \cdot ℃^{-1})$		1.742	2.349	1.758
蒸发增热/$(kJ \cdot kg^{-1})$		446.3	478.6	482.6

表 10.16　三种常用溶剂的使用性能的比较

使用性能	糠醛	酚	N－甲基吡咯烷酮
相对成本	1.0	0.36	1.5
适用性	极好	好	很好
选择性	极好	好	很好
溶解能力	好	很好	极好
稳定性	好	很好	极好
腐蚀性	有	腐蚀	小

续表 10.16

毒性	中	大	小
乳化性	低	高	中
剂油比大小	中等	低	很低
抽提温度	中等	中等	低
精制油收率	极好	好	很好
产色温度	极好	好	很好
能量费用	中	中	低
投资	中	中	低
操作费用	中	中	低
维修费用	低	中	低

　　从表 10.16 中的数据可以看到,三种溶剂在诸方面使用性能上各有高低,难以绝对地说哪一种最好或是最差,选用时需结合具体情况综合地考虑。大体上可以做以下一些评价。

　　糠醛的价格较低,来源充分(我国是糠醛出口国),适用的原料范围较宽(对石蜡基和环烷基原料油都适用),毒性低,与油不易乳化而易于分离,加以工业实践经验较多,因此,糠醛是目前国内应用最为广泛的精制溶剂。糠醛的选择性比酚和 N – 甲基吡咯烷酮稍好,而溶解能力则较差。因此,在相同的原料和相同的产品要求时,需用较大的溶剂比。糠醛对热和氧不稳定,使用中温度不应超过 230 ℃,而且应与空气隔绝。糠醛中含水会降低其溶解能力,在正常操作时其含水量不得超过 0.5% ~ 1.0%。

　　N – 甲基吡咯烷酮在溶解能力和热及化学稳定性方面都比其他两种溶剂强,选择性则居中。它的毒性最小,使用的原料范围也较宽。因此,近年来已逐渐被广泛采用。对我国来说,它的主要缺点是价格高、需进口。酚的主要缺点是毒性大,适用原料范围窄,近年来有逐渐被取代的趋势。

10.4.3　影响溶剂精制过程的主要因素

　　关于溶剂的作用在前面已讨论过,这里讨论其他的主要影响因素。

1. 抽提温度

　　溶剂精制的抽提操作温度有一个允许的范围,其上限是体系的临界溶解温度,即体系成为单个液相的最低温度,其下限则是润滑油和溶剂的凝固点温度。在实际操作中,抽提温度一般都应比临界溶解温度低 20 ~ 300 ℃,以保证体系能保持两个液相。

　　临界溶解温度的高低决定于溶剂的种类、原料油的组成以及溶剂比。图 10.22 所示是糠醛和 N – 甲基吡咯烷酮的临界溶解温度曲线,由图可见,在其他条件相同时,糠醛的临界溶解

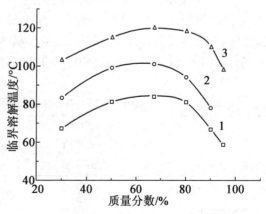

图 10.22　临界溶解温度曲线
1—无水 NMP;2—NMP + 15% 水;3—糠醛

温度比 NMP 的高,表明糠醛的溶解能力相对较低。原料油中含稠环芳烃越多,临界溶解温度就越低。随着烃类侧链长度的增加,临界溶解温度升高;随着芳香环和环烷环环数的增加,临界溶解温度急剧下降。表 10.17 列出了某些脱蜡油对糠醛的临界溶解温度(溶剂比为 1:1)。

表 10.17 某些脱蜡油对糠醛的临界溶解温度(溶剂比为 1:1)

油品名称	临界溶解温度/℃	油品名称	临界溶解温度/℃
25 号变压器油	117.6	10 号汽油机油	136.5
20 号机械油	126	15 号汽油机油	143
真空泵油	136	22 号汽油机油	120

在实际生产中适宜的抽提温度应在上述温度范围内进行优化选择。在溶剂比不变的条件下,随着温度的升高,溶解度增大,精制油收率下降。精制油品的黏度指数则是随着温度的升高先是增大而后又下降。图 10.23 所示是表示这种变化的一个例子。

溶解度是随着温度的升高而增大的,在溶解度不太大时,溶解度增大可使原料油中的非理想组分更多地被除去,因而精制油的黏度指数升高;当溶解度增大至一定程度后,溶剂选择性降低得过多,于是黏度指数转而下降,因此,在曲线上出现一个最高点。在此点温度下进行抽提,可以最大限度地溶解不理想组分,同时又有较高的选择性,使理想组分不致因溶解能力的提高而过多地进入提取液中,但是,在实际生产中,这一点的温度并不一定就是最合理的温度条件。在实际生产中,最重要的是在保证精制油质量符合要求的前提下,尽量提高精制油的收率,以取得最好的经济效益。

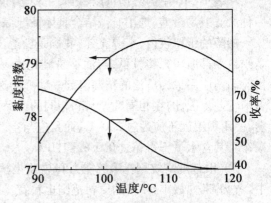

图 10.23 黏度指数随温度的变化曲线

对不同的原料油进行精制时,选用的抽提温度应不同。对馏分重的、黏度大的、含蜡量多的原料油,选用的温度应高些。表 10.18 列出了各种油品在糠醛精制时较适宜的抽提温度。

溶剂精制的抽提过程是在抽提塔内进行的,其中的过程是连续逆流抽提过程,塔顶温度高、塔底温度低,其间有一温度梯度。例如,糠醛精制抽提塔内的温度梯度为 20~50 ℃。塔顶温度较高、溶解度高,可以保证提余油的质量;塔底温度较低、溶解度低,可以使理想组分从提取相分离出来,保证提余油的收率。塔内的温度梯度还是造成塔内回流的主要因素。

表 10.18 各种油品在糠醛精制时较适宜的抽提温度

产品名称	25 号变压器油	20 号机械油	10 号汽油机油	15 号汽油机油	22 号汽轮机油	真空泵油
塔顶温度/℃	55~65	67~75	75~85	110~120	70~80	90~100

2. 溶剂比

溶剂比是溶剂量与原料油量之比,可以用体积分数或质量分数来表示,通常多采用体积分数比。

浓度差是抽提过程的推动力。为了增大浓度差,除了采用逆流抽提外,还可以用增大溶剂比来达到。在恒定温度下,当非理想组分在溶剂中的浓度达到平衡时,向体系中再加入溶剂,则使其中的非理想组分的浓度降低,平衡被破坏,非理想组分又继续向溶剂中转移,从而增大了非理想组分的抽出量。因此,当溶剂比增大时,精制油的质量提高,但其收率则降低。当溶剂比增大时,油中的理想组分在溶剂中的溶解量也增大了,这使精制油的收率进一步降低。

表 10.19 列出了某糠醛精制过程中溶剂比对精制油质量和收率的影响。图 10.24 表示了某酚精制过程中溶剂比对精制油质量及收率的影响。

表 10.19 某糠醛精制过程中溶剂比对精制油质量和收率的影响

溶剂比,体积比	精制油收率/%	黏度指数	残炭值/%
0	100	65	2.9
3	75.2	84.7	1.1
6	62.6	88.6	0.9
12	47.1	93.2	0.7

从表 10.19 和图 10.24 可见,增大溶剂比对精制油质量产生影响时并没有出现像改变温度时那样的现象,即黏度指数变化曲线上有一最高点。其原因是在增大溶剂比时只是改变了提取液中油的总量而不是浓度,即增大溶剂比并没有改变溶剂的溶解能力。

适宜的溶剂比应根据溶剂性质、原料油性质、精制油的质量要求,通过试验来综合考虑。一般来说,精制重质润滑油原料时采用较大的溶剂比,而在精制较轻质的原料油时则采用较小的溶剂比。例如,在糠醛精制时,对重质油料采用溶剂比为 3.5 ~ 6,对轻质油料采用溶剂比为 2.5 ~ 3.5。

提高溶剂比或提高抽提温度都能提高精制深度。对于某个油品要求达到一定的精制深度时,在一定范围内,可用较低的抽提温度和较大的溶剂比,也可以用较高的抽提温度和较小的溶剂比。由于低温下溶剂的选择性较好,采用前一种方法可以得到较高的精制油收率,故多数情况

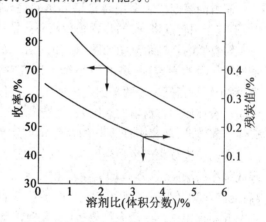

图 10.24 某酚精制过程中溶剂比对精制油质量及收率的影响

下选用前一个方案。但是也应当注意到提高溶剂比会增大溶剂回收系统的负荷、增大操作费用,同时也会降低装置的处理能力。因此,如何选择最适宜的抽提温度和溶剂比应当根据技术经济分析的结果综合地考虑。

3. 提取物循环

采用提取油返回抽提塔下部做回流的方法可以提高提取液中非理想组分的浓度,将提取液中的理想组分和中间组分置换出去,从而提高了分离精确度,可增加精制油的收率。但循环量过大会影响精制油的质量以及抽提塔的处理能力。表 10.20 列出了某糠醛精制装置中提取物循环对抽提结果的影响。

表 10.20　提取物循环对糠醛精制的影响

项目	馏分油		残渣油	
溶剂比(体积分数)	3	3	2	1.99
抽提塔顶温度/℃	121	124	138	137
抽提塔底温度/℃	77	79	86	88
提取物循环比(对原料)	0	0.4	0	0.35
提余油产率(体积分数)/%	80.4	84.0	86.5	90.0
提余油脱蜡后黏度指数	110.0	110.5	103.5	103.5

4.原料油中的沥青质含量

减压蒸馏塔的分割效果不好时,润滑油原料中可能会带有一些沥青质。沥青质几乎不溶于溶剂中,而且它的相对密度介于溶剂与原料油之间,因此,在抽提塔内容易聚集在界面处,增大了油与溶剂通过界面时的阻力。同时油及溶剂的细小颗粒表面被沥青质所污染,不易聚集成大的颗粒,使沉降速度减小,严重时甚至使抽提塔无法维持正常操作。因此,对原料油中的沥青质含量应当严格限制。对于减压渣油,应当先经过脱沥青后才能进入溶剂精制装置。

5.抽提塔的效率

润滑油溶剂精制多用转盘塔和填料塔。酚的黏度较大,不宜于用转盘塔,有的装置采用离心式抽提机。

转盘塔的结构示意图如图 10.25 所示,塔壁上设有一系列等间距的固定环,塔的中心轴上装有一组水平的转盘,每个转盘正好位于两个固定环的中间。中心轴由电力带动。设计使用转盘塔的意图是:当转盘转动时带动塔内流体一起转动,液流中产生高的速度梯度和剪应力,剪应力一方面使连续相产生强烈的旋涡,另一方面使分散相破裂成细小的液滴,这样就增大了两相接触面积,有利于提高抽提效率。但是在实际生产中,许多转盘抽提塔的操作状况并不理想。一些研究结果表明,大型转盘抽提塔内的轴向返混十分严重,大约塔高的 90% 都是用来补偿轴向返混,只有很小比例的塔高对两相逆流接触传质是有效的,因此塔的效率非常低。研究结果还表明,转盘塔的结构参数和操作参数与许多因素有关,这些关系还有待于进一步的研究。

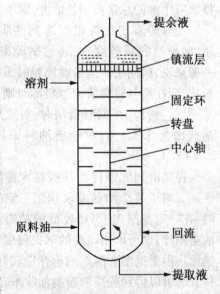

图 10.25　转盘抽提塔结构示意图

新型填料塔应用于液－液抽提也会具有传质效率高和处理能力大的优点,但是在抽提过程中使用填料塔时应十分注意抽提过程的特点。由于抽提过程与蒸馏过程之间存在着重要的差别,因此,在蒸馏塔内使用效果很好的填料不一定适用于抽提塔。在这方面,还有许多研究工作需要做。近几年,清华大学开发的内弯弧形筋片扁环填料(DH－1 填料)考虑了抽提过程的特点,在用于一些润滑油溶剂精制时取得了明显的经济效益。

10.4.4   糠醛精制工艺流程

图 10.26 所示是糠醛精制的工艺原理流程。整个流程主要分为抽提、提余液及提取液中的溶剂回收、糠醛 - 水溶液的处理三部分。

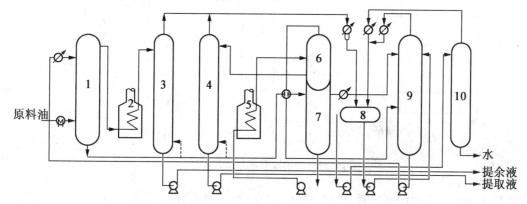

图 10.26   糠醛精制工艺原理流程

1—萃取塔;2,5—加热炉;3—提余液汽提塔;4—提取液汽提塔;6—高压蒸发塔;
7—低压蒸发塔;8—糠醛脱水塔;9—糠醛 - 水分层罐;10—糠醛蒸发塔

1. 抽提部分

原料油经换热后从抽提塔的下部进入,循环溶剂糠醛则从塔的上部进入,两者在塔内进行逆流连续抽提。抽提塔一般在约 0.5 MPa 压力下操作,使提余液和提取液自动流入溶剂回收系统。在有些装置中,抽提塔的下部设有抽出油循环,有的还在塔的中部使用中间冷却。

2. 提余液和提取液中溶剂的回收

一般情况下,提余液中的溶剂量较少,而提取液中的溶剂量约占总溶剂回收量的 90%。在溶剂的蒸发回收过程中多采用多效蒸发方法以减少能耗。从抽提塔上部流出的提余液经换热塔换热及加热炉加热至约 220 ℃后进入提余液汽提塔进行闪蒸和汽提,脱去溶剂后的提余油从塔底抽出送出装置。塔顶的糠醛蒸气与水蒸气经冷凝器冷却后进入糠醛 - 水分层罐。提取液从抽提塔底流出,与由高压蒸发塔来的糠醛蒸气换热后进入低压蒸发塔进行第一次蒸发,然后经加热炉加热后进入高压蒸发塔进行第二次蒸发。低压蒸发塔的操作压力稍高于常压,高压蒸发塔的操作压力约为 0.25 MPa(绝)。提取液中的溶剂有 35% ~ 45% 是在低压蒸发塔脱除,其余的溶剂则在高压蒸发塔脱除。从高压蒸发塔塔底出来的提取液中还含有少量溶剂,因此还需经汽提除去。脱除溶剂后的提取油从汽提塔塔底抽出送出装置。提余液汽提塔和提取液汽提塔都是在减压下操作的,压力约为 13 kPa。

3. 糠醛 - 水溶液的处理

糠醛与水部分互溶,而且能生成共沸物,因此不能用简单的沉降分离或精馏方法来处理。工业上一般用双塔流程来回收糠醛 - 水溶液中的糠醛。图 10.27 表示出了双塔回收流程及其原理。

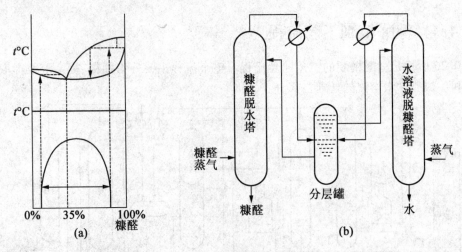

图 10.27　双塔回收流程及其原理

从气液平衡关系图中可以看出,有含糠醛 35%(质量分数)的共沸物存在。糠醛的质量分数小于 35% 的混合物进行蒸馏时可以分成水和共沸物,而大于 35% 时则可以分成共沸物和糠醛。用简单的蒸馏方法是不能将共沸物分开的。从溶解度图中可以看出糠醛的质量分数为 35% 的共沸物冷凝后冷却到接近常温时就会分成两相。例如,冷却到 40 ℃时就分成一相为含糠醛约 6.5% 的水溶液,另一相为含糠醛 93% 以上的糠醛液,这两相又可以分别送回精馏塔进行精馏,分出水和糠醛。图中的虚线和箭头表示这个分离过程。具体的工业流程如下:由汽提塔来的水蒸气和糠醛蒸气经冷凝器冷却后进入分层罐。上层含水多,称水液,送入水溶液脱糠醛塔,糠醛以共沸物的组成从塔顶分出,冷凝后回到分层罐又分成两层,水从塔底排出。分层罐的下层主要是糠醛,送入糠醛脱水塔,水以共沸物组成从塔顶蒸出,冷凝后进入分层罐。塔底得到含水小于 0.5% 的干糠醛,可以循环回抽提塔使用。

10.4.5　N - 甲基吡咯烷酮精制工艺流程

自 1979 年 EXXON 公司建立第一套 NMP 精制装置以来,NMP 精制装置发展很快,目前,世界上 NMP 精制工艺在润滑油精制中的比例已超过 50%。国内也有一些原有的酚精制装置经过改造后采用 NMP 做溶剂。

图 10.28 所示是 EXXON 公司的有代表性的 EXOL - N,N - 甲基吡咯烷酮精制工艺原理流程图。该工艺的主要特点是采用惰性气代替水蒸气做汽提介质。这个措施可以避免将大量水蒸气带入系统内,节约了为排除水分而将水再次蒸发所消耗的大量热能,同时基本上消除了含溶剂污水的排放。汽提用的惰性气可以循环使用。由于 NMP 不会与水形成共沸物,溶剂回收的流程相对要简单些。

当采用水蒸气做汽提介质时,流程中应备有溶剂干燥的设施,流程会复杂些。

NMP 的沸点较高,故溶剂回收的温度也较高,对其汽化潜热应充分利用。一种办法是采用单效蒸发,利用余热在装置内产生 1 MPa 蒸气;另一种办法是采用三效蒸发而不考虑在装置内发生蒸气。究竟应采用哪种方案需根据具体情况做综合分析。

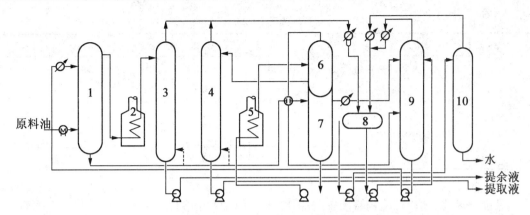

图 10.28 EXOL – N, N – 甲基吡咯烷酮精制工艺原理流程

1—抽提塔;2,4—加热炉;3—提余液汽提塔;5—提取液汽提塔;6,7—溶剂罐;8—脱水塔;9—蒸汽锅炉

表 10.21 和表 10.22 是石油化工科学研究院等单位在实验室和中型试验装置上取得的糠醛精制与 NMP 精制的结果比较。

表 10.21 石蜡基原油减五线精制的结果比较

项目			N – 甲基吡咯烷酮		糠醛	
溶剂比(质量比)			0.94	1.75	0.94	2.0
含水量/%			4	2	0	0
精制油性质	黏度指数		94	100	95	98
	碱性氮含量/(μg·g^{-1})		447	300	439	328
	颜色(D1500)		4.5	—	4.0	—
	结构族组成/%	C_p	66.1	67.6	67.5	68.1
		C_N	24.4	25.1	22.0	23.8
		C_A	9.5	7.4	10.4	8.1
	重芳烃 + 胶质含量/%		10.75	7.01	10.82	8.03
	硫含量/%		0.122	0.094	0.121	0.088
	氧化试验(旋转氧弹)时间/min		153	180	124	191
	模拟曲轴箱胶重/(g·m^{-2})		25.19	19.77	20.21	—
	精制油收率/%		90.5	82.9	89.4	82.0

表 10.22 环烷基低凝原油减三线精制的结果比较

项目	N – 甲基吡咯烷酮		糠醛	
溶剂比(质量比)	1	3	1	3
抽提温度/℃	70	70	80	80
溶剂含水量/%	4	4	0	0
精致制油收率/%	68.4	55.8	67.6	53.3

续表 10.22

精制油性质	酸值/(mg(KOH)·g⁻¹)		0.28	0.05	0.36	0.07
	碱性氮含量/(μg·g⁻¹)		72	10	94	26
	硫含量/(μg·g⁻¹)		1959	1546	1450	930
	结构族组成/%	C_P	42.5	46	43	46
		C_A	13	7	14	7
		C_N	44.5	47	43	47

从能耗来看,国内糠醛精制装置的能耗一般为 1 200 ~18 000 MJ/t,平均约为 14 MJ/t。国内一座由酚精制改为 NMP 精制的装置(采用水蒸气汽提及三效蒸发回收溶剂)的能耗约为 18 000 MJ/t,比原来酚精制时降低了约 16%,溶剂消耗降低了 38.59%,精制油收率提高了 2% ~5%。

总的来看,用 N – 甲基吡咯烷酮做精制溶剂有它的优越之处。但是应当注意的是 NMP 依靠进口,价格昂贵,在生产过程中会分解产生酸性物质而引起腐蚀,而我国多数原油的碱性氮含量却较高,脱碱性氮的能力较低。要生产氧化安定性好的基础油又必须大幅度降低碱性氮含量,在改造装置和改用 NMP 时应注意综合考虑。

10.5　润滑油溶剂脱蜡

不含蜡的石油是非常少的。我国的石油多为含蜡石油,有的润滑油馏分含蜡量超过 40%,在低温下油中的蜡就会析出,形成结晶。这些结晶会形成结晶网,阻碍油的流动,甚至"凝固"。所以含蜡的润滑油料必须脱蜡才能制出低温流动性好的润滑油。

由于含蜡原料油的轻重不同,以及产品对凝固点的要求不同,脱蜡的方法有很多种。目前工业上采用的方法有:冷榨脱蜡、分子筛脱蜡、尿素脱蜡、细菌脱蜡和溶剂脱蜡等。此外,加氢降凝(加氢异构裂化)能使润滑油料中凝点较高的正构烷烃转化为凝点较低的异构烷烃和低分子烷烃,在保持其他烃类基本上不发生变化的条件下达到降低油品凝点的目的。其中,冷榨脱蜡只适用于柴油和轻质润滑油(如变压器油、10 号机械油),对大多数较重的润滑油是不适用的;分子筛脱蜡主要是用于将石油产品中的正构烷烃与非正构烷烃进行分离;尿素脱蜡只适用于低黏度油品,如轻柴油馏分等;细菌脱蜡虽然已有许多的研究工作报道,但至今尚没有有实际意义的工业应用。溶剂脱蜡工艺的适用性很广,能处理各种馏分润滑油和残渣润滑油,绝大部分的润滑油脱蜡都是采用溶剂脱蜡工艺。

本节只讨论溶剂脱蜡过程,而且着重于其中应用最为广泛的酮苯脱蜡过程。

10.5.1　润滑油原料中的蜡

蜡不是一种纯化合物,也不是单一类别的烃类。蜡或者固态烃是指在一定温度下以固态存在的烃类,它也是复杂的混合物。但是它们有共同的特点,就是都有一个(或一个以上)正构的或分支少的长链。

固态烃中有正构烷烃或异构程度很低的烷烃,有单环长侧链的环烷烃和单环长侧链的芳烃。一般来说,它们的熔点随相对分子质量的增大而升高,随异构程度的增加和 CR 在分子中所占比例的增大而降低。

　　通常,馏分润滑油(最重的减压塔侧线馏分油除外)中的固态烃以正构烷烃为主,其结晶较大,成片状或带状。残渣润滑油中的蜡含有一定数量的异构烷烃和单环烷烃及芳烃,其结晶较为细小。在工业上和以往的许多文献中把前者称为石蜡,而把后者称为地蜡,而且多认为地蜡的晶形是针状的。近年来,由于观测工具的进步,一些研究工作者已实际观测到由渣油油料分出的所谓细小针状地蜡实际上是较小粒度的薄片结晶。因此,以结晶形态来区分石蜡和地蜡的观念是不确切的。在实用上,仍然保留石蜡和地蜡这两个名称是可以的,但是应当是这样来认识这两者之间的差别:石蜡主要是从馏分润滑油脱出的蜡,其中含正构烷烃较多些,蜡晶粒也较大些;地蜡则主要是从残渣润滑油脱出的蜡,其中含正构烷烃较少,而含异构烷烃和带较长侧链的环状烃(包括环烷烃和芳烃)较多,其晶粒也较细小。不同的润滑油料脱出的粗蜡的化学组成见表 10.23。

表 10.23　几种粗蜡的化学组成

油料类别		粗蜡的来源			
		低黏度锭子油料	一般润滑油料	中性油料	渣油润滑油料
化学组成/%	正构烷烃	70.7	33.4	16	12
	异构烷烃 + 烷基环烷烃	20	43.5	61	48.5
	烷基芳烃	8.5	20	23	35.5
	烯烃	0.3	0.6	—	1.5
	胶质	0.5	2.5	—	2.5

　　蜡在温度较高时溶解在油中,当温度低于其熔点时,它在油中的溶解度是有限的,而且随着温度的下降而降低。固体在液体中的溶解度可由下式给出:

$$\ln N = \frac{\Delta H_f \xi}{R}\left(\frac{1}{T_f} - \frac{1}{T}\right) \tag{10.18}$$

式中,N 为溶解度,分子数分数;ΔH_f 为熔融热;T_f 为熔点;T 为温度;R 为通用气体常数。

　　对于真实溶液,使用式(10.18)时常产生较大的偏差,但蜡 – 润滑油溶液则能很好地符合式(10.18)。

　　对于一个含蜡润滑油料,当温度降低时,蜡的溶解度降低,当它的溶解度降到已不能全部溶解体系中的蜡时,蜡就会从溶液中析出,与此同时,蜡从液相转为固相时放出溶解热。蜡的溶解热与蜡的相对分子质量有关,其数值为 126 ~ 209 kJ/kg。

　　从溶液中析出的蜡形成结晶的过程与其他的结晶过程类似,先析出的蜡先形成结晶核,随后析出的蜡再向结晶核扩散,于是结晶颗粒长大。如果降温或冷却速度过快,则析出固体的速度大于扩散速度,这时来不及扩散到晶核上的固体蜡就会形成新的晶核。于是晶核数目增多,每个结晶的体积就会减小,蜡结晶的大小不一,所有这些情况都会造成过滤的困难。所以,在脱蜡过程中常常需要控制冷却速度,特别是结晶初期的冷却速度。

10.5.2　溶　剂

1. 溶剂的作用

在润滑油脱蜡时,由于降低温度使油的黏度升高,不利于蜡结晶的扩散。因此,在中质和重质润滑油脱蜡时,常在油中加入溶剂,使蜡所处的介质的黏度减小,以便有利于生成规则的、大颗粒的结晶。由此可见,溶剂脱蜡过程中加入溶剂的目的是减小油蜡混合物中液相的黏度,实质上是起稀释作用。为达到此目的,加入的溶剂应当能在脱蜡温度下对油基本上完全溶解,而对蜡则很少溶解,否则溶解在溶剂中的蜡和油一起存在于滤液中,蒸脱溶剂后其中的蜡就存留在油中,使油的凝点升高。由于蜡不会绝对不溶于溶剂中,因此,为了得到一定凝点的油品就不得不把溶剂–润滑油料冷却到比所要求的凝点更低的温度,才能得到预期的产品。这个温度差称为脱蜡温差(也称作脱蜡温度梯度)。

$$脱蜡温差 = 脱蜡油的凝点 – 脱蜡温度$$

溶剂的选择性不好,溶剂对蜡的溶解度越大,则脱蜡温差越大。显然,这对脱蜡过程是很不利的,因为要得到同一凝点的油品,脱蜡温差大时就必须使脱蜡温度降得更低。例如,为制取凝点为 18 ℃ 的残渣润滑油,当脱蜡温差为 24 ℃ 时脱蜡温度必须冷到 42 ℃,但若脱蜡温差为 10 ℃,则脱蜡温度只需冷到 28 ℃。因此为避免过大的脱蜡温差,就必须要求溶剂对蜡具有极小的溶解能力。

若在脱蜡温度下,溶剂对油不能完全溶解,则会出现第二液相,这也是很不希望发生的。因为若油析出黏着在蜡上不仅造成润滑油理想组分的损失,而且在过滤时会生成没有渗透性的蜡饼而使过滤无法进行。

从上述情况可见,在润滑油溶剂脱蜡过程中,溶剂的作用主要是对油料进行稀释以降低油的黏度,同时通过降低温度使蜡从溶剂–油溶液中以固态析出。这种情况与前几节所讨论的液–液萃取过程的情况有很大的差别。

2. 对溶剂的要求

对溶剂脱蜡过程所用溶剂的主要要求如下:

(1)由于溶剂的作用主要是稀释作用,因此溶剂在脱蜡温度下的黏度应小,这样有利于蜡的结晶。

(2)溶剂应具有良好的选择性,即对油有很好的溶解能力,而在脱蜡温度下,对蜡则很难溶解。

(3)溶剂的沸点不应很高,它的比热容和蒸发潜热要低,以便于用简单蒸馏的方法回收。但沸点也不能过低,以避免在高压下操作。

(4)溶剂的凝点应较低,在脱蜡温度下不会凝固。

(5)溶剂应无毒,不腐蚀设备,而且化学安定性好,容易得到。

在工业润滑油溶剂脱蜡过程,曾使用过多种溶剂,目前主要使用的是酮类和苯类的混合物。其中,最为广泛使用的溶剂是甲基乙基酮(或丙酮)与甲苯(或再加上苯)以各种比例配成的混合溶剂。

3. 常用溶剂的性质

表 10.24 是常用溶剂的主要性质。

表 10.24　常用溶剂的主要性质

项目		丙酮	甲基乙基酮	苯	甲苯
分子式		$(CH_3)_2CO$	$CH_3COCC_2H_5$	C_6H_6	$C_6H_5CH_3$
相对分子质量		58.05	72.06	78.05	92.06
20 ℃密度/($g \cdot cm^{-2}$)		0.791 5	0.805 4	0.879 0	0.867 0
常压沸点/℃		56.1	79.6	80.1	110.6
熔点/℃		−95.5	−86.4	5.53	−94.99
临界温度/℃		235	262.5	288.5	320.6
临界压力/atm		47.0	41.0	48.7	41.6
20 ℃黏度/($\times 10^{-6} m^2 \cdot s^{-1}$)		0.41	0.53	0.735	0.68
闪点/℃		−16	−7	−12	8.5
蒸发潜热/($kJ \cdot kg^{-1}$)		521.2	443.6	395.7	362.4
比热容(20 ℃)/($kJ \cdot kg^{-1} \cdot ℃^{-1}$)		2.150	2.297	1.700	1.666
溶解度(10 ℃)(质量分数)/%	溶剂在水中	无限大	22.6	0.175	0.037
	水在溶剂中	无限大	9.9	0.041	0.034
爆炸极限(体积分数)/%		2.15~12.4	1.97~10.1	1.4~8.0	6.3~6.75

表 10.24 中的甲基乙基酮能与水生成共沸物,沸点为 68.9 ℃,共沸物中含水 11%,在酮类－苯类混合溶剂中,苯类的主要作用是溶解润滑油。但是苯类对蜡的溶解度较大,故加入对蜡溶解度很小的酮类可减小对蜡的溶解度。

苯在高温或低温下对油都有较高的溶解能力,能保证脱蜡油的收率,但苯的结晶点较高,在低温脱蜡时常会有苯的结晶析出,使脱蜡油的收率降低,因此,通常在酮－苯混合溶剂中总是要加入某种比例的冰点很低的甲苯。在低温下,甲苯对油的溶解能力比苯强,对蜡的溶解能力比苯差,因此,它的选择性比苯强。在混合溶剂中增加甲苯的含量对提高脱蜡油收率和降低脱蜡温差都有好处。甲苯的沸点比苯的沸点高,混合溶剂中加入甲苯后会增大溶剂回收的困难。因此,在脱蜡温度不太低时,混合溶剂中常常保留一定量的苯,但是也有一些工业装置的实践经验表明,当采用甲基乙基酮时,混合溶剂中只需加入甲苯即可。

丙酮－苯－甲苯混合溶剂是一种良好的选择性溶剂,它们对油的溶解能力强,对蜡的溶解能力低,同时黏度小,冰点低,腐蚀性不大,沸点不高,毒性也不大,因此,它们是润滑油溶剂脱蜡较理想的溶剂。但其闪点低,应特别注意安全。

近 20 年左右,用甲基乙基酮(有时也简称为丁酮)代替丙酮的趋势发展很快。甲基乙基酮的沸点和冰点比丙酮稍高,在水中的溶解度不大,与水能形成共沸物。它对蜡的溶解度也很小,但对油的溶解能力比丙酮大。采用甲基乙基酮代替丙酮可以提高脱蜡油收率及降低脱蜡温差。

表 10.25 列出了国内某溶剂脱蜡装置改用甲基乙基酮前后操作情况的效果比较。

表 10.25 某装置用甲基乙基酮代替丙酮的效果

项目	甲基乙基酮	丙酮
处理量/(t·d⁻¹)	1 100	1 000
脱蜡油收率/%	59.5	59
过滤温度/℃	−17	−24
脱蜡油凝点/℃	−13	−13
脱蜡温差/℃	4	11
冷冻电耗/(kW·h·t⁻¹)	34	43

酮类溶剂的相对分子质量越大,对油的溶解能力越强。因此,相对分子质量较高的酮类可以单独使用而不必加入苯类。使用相对分子质量较大的酮类做溶剂还可以降低脱蜡温差。但是相对分子质量较大的酮类在低温下黏度大,过滤速度太慢。因此,至今尚未见有工业装置使用相对分子质量大于丁酮的酮类做脱蜡溶剂的报道。

10.5.3 溶剂脱蜡工艺流程

溶剂脱蜡过程包括以下各系统(图10.29)。

结晶系统:它的作用是将原料油和溶剂混合后的溶液冷到所需的温度,使蜡从溶剂中结晶出来,并供给必要的结晶时间,使蜡形成便于过滤的状态。

冷冻系统:它的作用是制冷,取出结晶时放出的热量。

过滤系统:它的作用是将已冷却好的溶液通过此系统将油和蜡分开。

溶剂回收系统:它的作用是把蜡和油中的溶剂分离出来,包括从蜡、油和水中回收溶剂。

安全气系统:它的作用是为了防爆,在过滤系统及溶剂罐中用安全气封闭。

下面对上述系统分别进行介绍。

1. 结晶系统

图10.30所示是结晶系统的原理流程图。

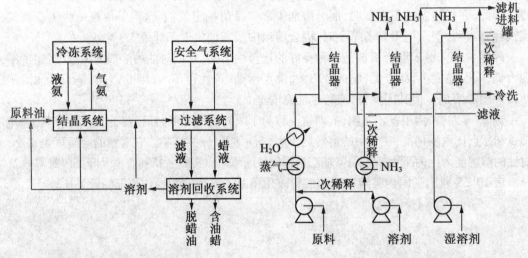

图 10.29 溶剂脱蜡过程原理流程　　　　图 10.30 结晶系统原理流程

原料油先经蒸气加热(热处理),目的是使原来的结晶全部熔化,再在控制的有利条件下重新结晶。对残渣油原料,通常是在热处理前加入一次溶剂稀释,对馏分油原料则可以直接在第一台结晶器的中部注入溶剂稀释,称为"冷点稀释"。通常在前面的结晶器用滤液做冷源以回收滤液的冷量,后面的结晶器则用氨冷。原料油在进入氨冷结晶器之前先与二次稀释溶剂混合。由氨冷结晶器出来的油-蜡-溶剂混合物与三次稀释溶剂混合后去滤机进料罐。三次稀释溶剂是经过冷却的由蜡系统回收的湿溶剂。由于湿溶剂含水,在冷冻时会在传热表面结冰,因此在冷却时也利用结晶器。若使用普通的管壳式换热器则需要用几台切换使用。氨冷结晶器的温度通过控制液氨罐的压力来调节。

在大型的溶剂脱蜡装置,需使用多台结晶器,为了减小压降,这些结晶器采用多路并联。

酮苯脱蜡过程的结晶器一般都用套管式结晶器。它是由直径不同的两根同心管组成的。通常外壳直径为 200 mm,内壳直径为 150 mm。原料油从内管通过,冷冻剂走夹层空间。内管中心有贯通全管的旋转钢轴,轴上装有刮刀来刮掉结在冷却表面上的蜡。一般每根套管长13 m,若干根组成一组,如有 16 根、12 根、10 根等几种。原料油和溶剂在套管结晶器内有一定的停留时间以便使混合物的冷却速度不致太快。由于油-蜡-溶剂混合物是个复杂体系,没有可供实用的准确的传热计算公式,工业设计中一般都采用经验的总包传热系数,其值大体上是 $41 \sim 52$ W/(m$^2 \cdot$ ℃)[$35 \sim 45$ kcal/(m$^2 \cdot$ ℃)]。设计时,在计算出传热面积之后还应核算在套管内的冷却速度是否在允许范围之内。

套管结晶器的结构对结晶过程的进一步改进有一定的局限性。在套管结晶器内,析出蜡晶是从内管的冷内壁处局部开始的,因而油料溶液中的蜡组分不能按熔点的高低顺序均匀地扩散到已有的蜡晶表面使蜡晶均匀生长。刮刀与套管内壁上的蜡晶相互碰撞还会助长蜡晶破碎和新晶核的生成,使蜡晶粒度更不匀。此外,套管结晶器的传热系数较低,需要大的传热面积,造价较高,维修保养费用也高。

近年来,一种名为稀释冷冻(dilchill)的新工艺在工业上广泛应用。此工艺是用稀释冷冻塔来代替用冷滤液冷却的结晶器(图 10.30 流程中的前面的结晶器)。这种工艺可以显著地改善蜡晶的生长,提高以后的过滤速度和脱蜡油收率,同时也显著地节省设备费用和操作费用。表 10.26 列出了以上两种结晶方法的比较结果。

表 10.26 两种结晶方法的比较

项目	稀冷结晶	套管结晶器结晶
过滤段数	1	1
溶剂组成(甲乙酮/甲基异丁基酮)	30/70	30/70
过滤温度/℃	−17.8	−17.8
总稀释比	4.7	4.4
脱蜡油收率/%	78	67
脱蜡油过滤速度/(m$^{-2} \cdot$ h^{-1})	97.8	57

图 10.31 所示是稀释冷冻塔的示意图。塔内用多孔板分成若干段。溶剂用喷嘴以高速喷入以利于与原料混合。塔中心有一旋转轴带动各段内的搅拌桨。由于强烈搅拌,原料与冷溶剂混合得很快,为了防止降温过快,冷溶剂分成多段喷入,使每段的温降不超过 $2.5 \sim 3$ ℃。关

于对稀释冷冻过程机理的认识,目前尚不太一致,但从结晶的显微照相观察,蜡形成球状结晶颗粒的堆集,颗粒大小比较均匀。

2.过滤系统

过滤系统的主要功能是通过过滤使蜡与油进行分离。过滤系统的主要设备是过滤机。

从结晶系统来的低温的油 – 蜡 – 溶剂混合物进入高架的滤机进料罐后,自流流入并联的各台过滤机的底部。滤机装有自动控制仪表控制进料速度。图 10.32 所示是鼓式真空过滤机的示意图。

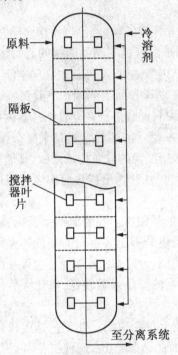

图 10.31　稀释冷冻塔的示意图

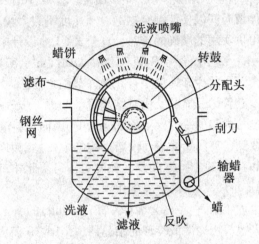

图 10.32　鼓式真空过滤机示意图

过滤机的主要部分是装在壳内的转鼓,转鼓蒙以滤布,部分浸没于冷冻好的原料油 – 溶剂混合物中(浸没深度约为滤鼓直径的 1/3)。滤鼓分成许多格子,每格都有管道通到中心轴部。轴与分配头紧贴,但分配头不转动。当某一格子转到浸入混合物时,该格与分配头吸出滤液部分接通,于是以残压 200 ~ 400 mmHg 的真空度将滤液吸出。蜡饼留在滤布上,经受冷洗,当转到刮刀部分时接通惰性气反吹,滤饼即落入输蜡器,用螺旋搅刀送到滤机的一端落入下面的蜡罐。我国目前通用的滤机每台有 50 m² 的过滤面积。滤机的抽滤和反吹都用惰性气体循环。滤机壳内维持 1 ~ 3 kPa(表压)以防空气漏入。惰性气体中含氧量达到 5% 时应立即排空换气,以保证安全。反吹压力一般为 0.3 ~ 0.45 MPa(表压)。

过滤后的蜡饼经冷洗后落入蜡罐,然后送去溶剂回收系统。冷洗液中含油量很少,经中间罐后可做稀释溶剂,这样可以减小溶剂回收系统的负荷。滤液被送回结晶系统进行换冷后进入溶剂回收系统。

过滤机在操作一段时间后,滤布就会被细小的蜡结晶或冰堵塞,需要停止进料,待滤机中的原料和溶剂混合物滤空后,用 40 ~ 60 ℃ 的热溶剂冲洗滤布,此操作称为温洗。温洗可以改善过滤速度,又可减少蜡中带油,但温洗次数过多及每次温洗时间变长则会占用过多的有效生产时间。

以上介绍的是基本的过滤系统流程和操作情况。在实际生产中还会根据具体情况做各种调整或改进。

例如,对于含蜡较多的油料,在过滤时往往蜡饼较厚而难以保证冷洗效果,导致蜡饼含油过多而影响脱蜡油的收率,此时可采用两段过滤和滤液循环工艺。在这种工艺中,将第一段过滤所得的含油较多的蜡饼经加入一定量的溶剂再稀释后,再与第一段过滤温度相同或比其稍高 3 ~ 5 ℃ 的温度送入第二段过滤机进行过滤。第一段的滤液即为脱蜡油液,可直接送去溶剂回收系统。第二段的滤液和第一段的冷洗溶剂都是含油量很少的溶液,相当于含很少的溶剂,而且其温度也很低,可以作为结晶系统的第二、第三次稀释溶剂使用。采用两段过滤及滤液循环工艺可以使脱蜡油收率比二段过滤明显提高,蜡饼含油量也大为降低而有利于脱油以制取蜡产品。同时,由于避免了相当一部分溶剂的循环汽化冷凝,从而可以明显地降低能耗。许多国产原油含蜡较多,润滑油料冷冻过滤时蜡饼量占原料油量的比例常高达 40% ~ 50% ,采用两段过滤及滤液循环工艺有明显的效益,因此,此工艺在国内得到了广泛的应用。

从过滤机出来的蜡液中还含有少量的油,需要通过蜡脱油过程把其中的油脱除后才能得到蜡产品。有些装置在过滤系统中同时进行脱蜡和脱油,除了得到脱蜡油外,还可以得到符合成品蜡要求的蜡。这种工艺包括一段脱蜡和两段脱油,并且一般也采用部分滤液循环的工艺。

鼓式真空过滤机的生产能力可以用不可压缩滤饼的过滤基本方程计算。下式表示瞬间的过滤速率:

$$dV/dt = S^2 \Delta p/\mu r v(V + V_c) \tag{10.19}$$

式中,V 为滤液体积,m^3;t 为过滤时间,s;S 为过滤面积,m^2;Δp 为滤饼两侧的压差,Pa;μ 为滤液的黏度,$Pa \cdot s$;r 为单位压差下的比阻,m^{-2};v 为过滤出单位体积的滤液时生成的滤饼的体积,m^3;V_c 为过滤介质的当量滤液体积,m^3。

对转鼓式过滤机,过滤介质是滤布,其阻力远比滤饼的阻力小,故介质的阻力可以忽略不计,式(10.19)可简化成

$$dV/dr = S^2 \Delta p/\mu r V \tag{10.20}$$

在恒压下对一定的原料在一定的结晶条件下,所得的冷却好的原料 - 溶剂混合料的 μ、r、v 近似为常数,故可对上式积分

$$\int_0^{V_c} V dV = (S^2 \Delta p/\mu r V) \int_0^{r_c} dr$$

积分,得

$$V_c^2 = 2S^2 \Delta p \phi/\mu r V n \tag{10.21}$$

浸入滤浆中的转鼓表面积占转鼓总表面积的分率为 ϕ,转鼓的转速为 n。所以从开始进入滤浆到离开滤浆所经历的时间为

$$t_c = 60\phi/n$$

式中的 t_c 为回转一周的过滤时间。代入式(10.21),得

$$V_c = (120S^2 \Delta p \phi/\mu r V n)^{1/2}$$

因此,每小时获得的滤液量 Q 为

$$Q = 60nV_c = 657 \times (nS \Delta p \phi/\mu r V)^{1/2} \tag{10.22}$$

由式(10.19)可以看到,影响转鼓式过滤机的生产能力的主要因素是蜡饼特性、滤液黏度、结晶条件(这些都与原料性质有密切关系)、压差、滤鼓在溶液中的浸入度,以及滤鼓的转

速。式中没有考虑滤布的阻力,但是滤布的阻力并不总是可以忽略的。在一个温洗周期内,开始时滤布阻力很小,但随着操作时间加长,它会被细小的蜡结晶或冰粒堵塞,造成滤布阻力增大,此时需要停止进料,进行温洗,否则生产能力会大大下降。

3. 溶剂回收系统

由过滤系统出来的滤液(油和溶剂)和蜡液(蜡和溶剂)进入溶剂回收系统回收其中的溶剂。图 10.33 所示是溶剂回收系统的工艺原理流程。

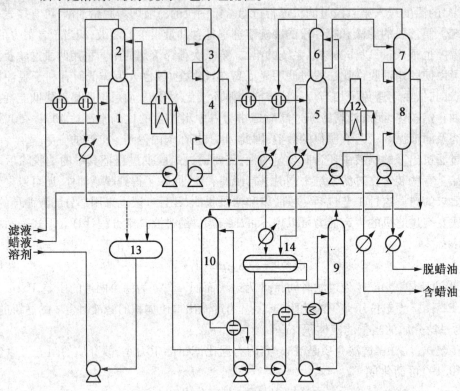

图 10.33 溶剂回收系统工艺原理流程

1—滤液低压蒸发塔;2—滤液高压蒸发塔;3—滤液低压蒸发塔;4—脱蜡油汽提塔;5—蜡液低压蒸发塔;
6—蜡液高压蒸发塔;7—蜡液低压蒸发塔;8—含油蜡汽提塔;9—溶剂干燥塔;10—酮脱水塔;
11,12—加热炉;13—溶剂罐;14—溶剂分水罐

在此流程中,滤液和蜡液是分别进行溶剂回收的。回收的方法都是采用蒸发 – 汽提方法。在溶剂蒸发部分都是依次进行低压蒸发、高压蒸发,然后又进行低压蒸发。高压蒸发塔的操作压力和温度分别为 0.3 ~ 0.35 MPa 及 180 ~ 210 ℃,低压蒸发塔在稍高于常压下操作,蒸发温度为 90 ~ 100 ℃。为了减小能耗,蒸发过程都采用多效蒸发方式。由汽提塔底得到的脱蜡油和蜡中含溶剂量一般可低于 0.1% 。

由滤液蒸发塔出来的溶剂蒸气经冷凝后进入溶剂罐,可作为循环溶剂使用。由蜡液蒸发塔出来的气体含有水分,经冷凝后进入溶剂分水罐。两个汽提塔顶出来的气体经冷凝后都进入溶剂分水罐。在分水罐内,上层为含水 3% ~ 4% 的湿溶剂,下层为含溶剂(主要是酮)约 10% 的水。由于甲基乙基酮与水会形成共沸物,因此溶剂与水的分离可以采用双塔分馏方法,最后得到基本上不含溶剂的水和含水低于 0.5% 的溶剂。

国外有的装置采用惰性气汽提代替水蒸气汽提,惰性气体中的溶剂则通过原料在吸收塔中回收。由于惰性气和溶剂不再需要经过汽化、冷凝,故可减小能耗。这样做还可以减少系统中的水分从而也减少了水结的冰,因而节省了冰的融化和水的蒸发所消耗的能量。

10.5.4　影响溶剂脱蜡过程的主要因素

溶剂脱蜡过程的工艺条件应能满足以下两个要求:使含蜡原料油中应除去的蜡完全析出,使脱蜡油达到要求的凝点;使蜡形成良好的结晶状态,易于过滤分离以提高脱蜡油收率和处理能力。

影响酮苯脱蜡的因素有很多,对其主要的讨论如下。

1. 原料油的性质

不同的原料油或同一种原料油的不同馏分的含蜡量不同,因而所需用的溶剂比和溶剂组成也应有所不同。

随着馏分沸点的升高,原料油中固体烃的相对分子质量逐渐增大,晶体颗粒逐渐变小,生成蜡饼的渗透性变差,而且细小的晶粒易堵塞滤布,过滤分离的难度增大。因此,重馏分油比轻馏分油难于过滤,而残渣油比馏分油难于过滤。

原料油的沸程越窄,蜡的性质越相近,蜡结晶越好。原料油的沸程宽,大小分子不同的蜡混在一起,可能生成共熔物,生成细小的晶体,影响结晶体的成长,使蜡结晶难于过滤。宽馏分油在操作上虽然比较简单,不用经常切换原料,但宽馏分油对结晶不利,不易找到合适的操作条件,常常是顾此失彼。因此,在实际生产中一般不希望用宽馏分原料。

原料中含胶质、沥青质较多时,会影响蜡结晶,使固体烃析出时不易连接成大颗粒晶体,而是生成微粒晶体,易堵塞滤布,降低过滤速度,同时由于易粘连,蜡的含油量变大。但原料油中含有少量胶质时却可以促使蜡结晶连接成大颗粒,提高过滤速度。

原料油中含水较多时易在低温下析出微小冰晶,吸附于蜡晶表面妨碍蜡晶生长,而且易堵塞滤布,增大过滤难度。

2. 溶剂比

溶剂比是溶剂量与原料油量之比,它分为稀释比和冷洗比两部分。溶剂的稀释比应足够大,从而可以充分溶解润滑油,在过滤温度下降低油的黏度,使之利于蜡的结晶,易于输送和过滤。同时,这也可使蜡中的含油量减少,提高脱蜡油的收率。但稀释比增大也增大了油和蜡在溶剂中的溶解量,使脱蜡温差增大,同时也增大了冷冻、过滤、溶剂回收的负荷。因此,溶剂比大小的选择应经过综合考虑。通常,在满足生产要求的前提下趋向于选用较小的溶剂比。

一般来说,若原料油的沸程较高,或黏度较大,或含蜡较多,或脱蜡深度较大(亦即脱蜡温度较低)时,须选用较大的溶剂比。

3. 溶剂的组成

考虑溶剂组成的基本出发点是溶剂应具有较高的溶解能力和较好的选择性,而且应避免出现第二相。溶剂中的酮含量增加时,对油的溶解能力降低,使出现第二相(分出润滑油)的温度升高。同时,对蜡的溶解能力也降低,使选择性提高。溶剂中的酮、苯、甲苯的比例应根据原料油的黏度大小、含蜡量大小以及脱蜡深度来确定。

重馏分油的黏度大、溶解度小,需要用溶解能力较大的混合溶剂,即其中的酮含量应小些。例如,残渣油脱蜡时,溶剂中的丙酮含量仅为 25% ~ 30%;而对像变压器油这样的轻馏分,则溶剂中的丙酮含量可达 50%。对于含蜡量少的原料如克拉玛依油,需用溶解能力较大或含酮量较少的溶剂;而对含蜡量高的大庆油,溶剂中的酮含量则可以较大些。当脱蜡深度大时,也就是要求脱蜡温度低时,由于低温下溶剂的溶解能力降低、原料堆的黏度增大,此时,溶剂中酮的比例应小些,同时增大甲苯的含量。

溶剂的组成不仅影响油的溶解能力,而且影响结晶的好坏。在含酮较多的溶剂中结晶时,蜡的结晶比较紧密、带油较少,易于过滤。从有利于结晶的角度考虑,常常希望用含酮较多的溶剂,但是含酮量过大容易产生第二个液相,不利于过滤。在酮含量较小的情况下,过滤速度和脱蜡油收率随酮含量增大而增大,但是当酮含量增大至一定程度后,再增大酮的含量时,过滤速度和脱蜡油收率反而下降。其原因是当溶剂中的酮含量增大到一定程度后,再增大酮的含量就不能使油在低温下全部溶于溶剂中,而使不该析出的组分也被析出,此时黏稠的液体与蜡混在一起,使过滤速度和脱蜡油收率反而下降。一般情况下,溶剂中的丙酮含量为25% ~ 50%。当超过50%时,常易出现第二液相。

4. 溶剂加入的方式

溶剂加入的方式对结晶和脱蜡效果有较大的影响。溶剂加入方式有两种:一种是在蜡冷冻结晶前把全部溶剂一次加入,称为一次稀释法;另一种是在冷冻前和冷冻过程中逐次把溶剂加入脱蜡原料油中,称为多次稀释法。使用多次稀释法可以改善蜡的结晶,并可在一定程度上减小脱蜡温差。生产中多采用三次加入的方式。

在采用多次稀释方式时,在一定范围内降低第一次稀释的稀释比及增大一次稀释溶剂中的酮含量可使脱蜡温差减小,有利于结晶,并使蜡中带油减少。国内有的溶剂脱蜡装置还采用将稀释点后移的"冷点稀释"方式,即把稀释用溶剂的注入点后移到开始结晶以后,稀释点后移的程度以不过多增大结晶器的压降为度。冷点稀释方式在用于轻馏分油时其效果较好,对重馏分油则效果差些,而对残渣油则不起作用。冷点稀释用于石蜡基原料油时的效果比用于环烷基原料油好。

进行多点稀释时,加入的溶剂的温度应与加入点的油温或溶液温度相同或稍低,温度过高,则会把已结晶的蜡晶体局部溶解或溶化;温度过低,则溶液受到急冷,会出现较多的细小晶体,不利于过滤。

5. 溶液的冷却速度

冷却速度是指单位时间内溶剂与脱蜡原料油混合物的温度降(℃/h)。

溶液的冷却速度,特别是结晶初期的冷却速度对蜡的结晶颗粒有一定程度的影响。

在脱蜡过程中,当温度降低到某个温度后,原料油中的蜡就达到过饱和状态,此时,蜡结晶就开始析出,首先是生成蜡的晶核。过饱和度越大,从过饱和状态到饱和状态的时间就越短,生成的晶核数目就越多,结晶也就越细小。因此,在冷冻初期,冷却速度不宜过快。

此外,冷却速度过快时,溶液的黏度增大较快,对结晶也是不利的。

对套管结晶器来说,一般在结晶初期,冷却速度最好在60 ~ 80 ℃/h,而后期则可提高到150 ~ 250 ℃/h,有的高达300 ℃/h。提高冷却速度可以提高套管结晶器的处理能力,对石蜡基的大庆原油轻馏分油,在结晶初期就把冷却速度提高到150 ~ 250 ℃/h,仍能正常操作。

6. 加入表面活性物质

加入某些表面活性物质做助滤剂可以增大蜡的晶体颗粒,提高过滤速度,从而提高设备处理能力和提高脱蜡油收率。关于助滤剂的作用机理,在文献中有各种解释。

按化合物的结构来看,脱蜡助滤剂大体上可分为三类:

(1)萘的缩合物。

烷基链的平均碳数为 25~40,缩合物的平均相对分子质量在 2 000 以上。

(2)无灰高聚物添加剂。

如丙烯酸酯、聚甲基丙烯酸酯、乙烯醋酸乙烯酯、聚 α 烯烃、聚乙烯吡咯烷酮和乙丙共聚物等。

(3)有灰的润滑油添加剂。

如硫化烷基酚、烷基水杨酸钙盐等。

据报道,在加入聚 α 烯烃助滤剂(加入量为 0.05%)时,过滤速度可提高到 2~3 倍。

第 11 章　石油产品精制与调和

从原油常减压蒸馏、焦化、催化裂化等加工过程得到的汽油、喷气燃料、煤油和柴油以及生产润滑油的馏分等,它们的性能不能全面满足产品的规格要求,这种半成品往往不能直接作为商品使用,还需要进一步加工。

例如,由含硫原油加工得到的汽油需要经过精制处理,除去硫或硫化物,使汽油的主要性质,如辛烷值、安定性、抗腐蚀性等指标得到改善。如果燃料是由低硫原油加工所得,这时虽然脱硫问题已不是突出的问题,但是它也需要通过一些加工过程才能成为商品。例如,直馏汽油的辛烷值往往比较低,为了提高其辛烷值,就应和辛烷值高的汽油(如催化裂化汽油、烷基化汽油等)掺和,或加入适当的高辛烷值组分或抗爆剂。焦化汽油含有大量烯烃,特别是二烯烃,使汽油的安定性变坏,在贮存期间易生成胶质,因而焦化汽油需经过精制除去这些不安定的组分。

直馏柴油则需精制除去环烷酸,才能使其酸值合格。从石蜡基原油得到的直馏柴油则需要脱蜡才能使其凝点合格。热加工(如焦化)柴油则需精制除去其中的胶质和含硫化物等非烃化合物,以改善柴油的安定性和抗腐蚀性。有时对于芳烃含量很高的柴油馏分,也采用精制的办法降低其芳烃含量,改善柴油的燃烧性能。

当用含硫量较多的原料生产喷气发动机燃料时,也需要用精制方法,去除硫、硫化物、有机酸和不饱和烃等。

同样,液化石油气(液态烃)也需除去硫化物,改善气味和消除腐蚀性。

润滑油由于其作用目的和使用条件差别很大,品种繁多,要求严格,往往需要将石油馏分或渣油经过一系列的精制过程,首先制成基础油,然后进行调和并加入适当的添加剂,才能得到最终的产品。

总之,应对各种加工过程所得的半成品进一步加工精制,使其满足产品规格要求,提高产品的质量,提高燃料的燃烧效率、降低燃料的消耗、充分发挥发动机的效能、提高功率,减少磨损和腐蚀,保证发动机及其他机件和设备的正常工作。另外,燃料燃烧后会生成大量废气排放到大气中,因此,燃料精制对减少大气污染、保护环境也有重要的意义。

将各种加工过程所得的半成品加工成商品,一般需要通过以下三种方法。

1. 精制

将半成品中的某些杂质或不理想的成分除掉,以改善油品质量的加工过程称为精制过程。在炼油生产中应用的精制过程主要有以下几种。

(1)化学精制。

使用化学药剂,如硫酸、氢氧化钠等与油品中的一些杂质,如硫化合物、氮化合物、胶质、沥青质、烯烃和二烯烃等发生化学反应,将这些杂质除去,以改善油品的颜色、气味、安定性,降低硫、氮的含量等,本章将叙述的酸碱精制和氧化法脱硫醇过程即属于化学精制过程。

(2)溶剂精制。

利用某些溶剂对油品的理想组分和非理想组分(或杂质)的溶解度不同,选择性地从油品中除掉某些不理想组分,从而改善油品的一些性质。例如,用二氧化硫或糠醛作为溶剂,降低柴油的芳烃含量,改善柴油的燃烧性能,同时还能使含硫量等大为降低。采用这种方法可使芳烃含量较高的催化裂化循环油生产出合格的成品柴油。柴油的糠醛精制在原理上与润滑油精制相同,由于糠醛对柴油有较大的溶解能力,因此溶剂对原料的比例比较小,一般不超过1:1,仅为80%左右,溶剂抽提温度较低。糠醛含有一定量的水可以调节其溶解能力,故含水糠醛中的水可以不除去。由于溶剂的成本较高,且来源有限,溶剂回收和提纯的工艺较复杂,因此溶剂精制在燃料生产中应用不多。

(3)吸附精制。

利用一些固体吸附剂如白土等对极性化合物有很强的吸附作用,脱除油品的颜色、气味,除掉油品中的水分、悬浮杂质、胶质、沥青质等极性物质。白土对烯烃叠合反应还有催化作用,在炼油工业发展的初期曾使用过白土气相精制法精制热裂化汽油,改善汽油的抗氧化安定性和颜色。由于白土气相精制法的技术落后、生产效率低,而且不脱硫,因此现已被其他的精制方法所代替。但在润滑油生产过程中,白土精制的方法仍在使用。

目前,在炼厂中应用的分子筛脱蜡过程也是一种吸附精制过程,由于分子筛具有直径一定的均匀孔隙结构,因此是一种高选择性的吸附剂。分子筛脱蜡过程所使用的5A分子筛的孔腔窗口直径为0.5~0.55 nm,它可以选择性地吸附分子直径小于0.49 nm的正构烷烃,而不能吸附分子直径大于0.56 nm的异构烷烃和分子直径在0.6 nm以上的芳烃和环烷烃。利用5A分子筛将汽油、煤油和轻柴油馏分中的正构烷烃吸附后脱掉,可以提高汽油的辛烷值、降低喷气燃料的冰点和轻柴油的凝点。分子筛吸附正构烷烃后,可用压力为1 MPa的水蒸气或戊烷进行脱附。分子筛由于长期在高温下与烃类接触,表面逐渐积炭而使活性下降,需定期采用水蒸气–空气混合烧焦,以恢复其活性,再供循环使用。

(4)加氢精制。

正如第7章"催化加氢"所述,由于有高压氢气和催化剂的存在,不但各种石蜡基及环烷基硫化物的脱硫反应容易进行,而且芳香基硫化合物也同样能进行反应。此外原料中的烯烃和二烯烃等不饱和烃可以得到饱和,含氧、氮等非烃化合物中的氮和氧亦能变成水、氨而从油中脱除,与此同时,烃基却仍旧保留在油品中,因而产品质量得到很大的改善,而精制产品产率在各种精制方法中也最高。目前加氢精制过程已逐渐代替其他的精制过程成为重要的油品精制过程。

(5)柴油冷榨脱蜡。

用冷冻的方法,使柴油中含有的蜡结晶出来,所得的油为低凝点的柴油,含油的蜡经脱油后可制成商品石蜡。

(6)吸收法气体脱硫。

以液体吸收剂洗涤气体,除去气体中的硫化氢。根据所使用的吸收剂不同,吸收过程可以是化学吸收,也可以是物理吸收。

2. 油品调和

调和是用不同质量的油品,选择适当比例进行掺和,使调和产品达到规格要求。例如,用辛烷值较高的催化裂化汽油和催化重整汽油与辛烷值较低的直馏汽油按一定比例调和,得到辛烷值符合一定规格要求的车用汽油;又如,十六烷值较低的催化裂化柴油和一部分十六烷值较高的直馏柴油掺和后,使柴油的燃烧性能符合规格要求。简单油品调和的设备及操作比较简单而且调和过程中油品几乎没有损失,因此,生产上将半成品加工成为成品时,首先应考虑用调和的方法,只有当半成品的性质与规格要求相差很远,采用调和方法已不能解决问题时才采用精制方法。采用调和方法在多品种产品生产中有很现实的意义,因为它并不需要改变主要生产装置的操作,只要改变从各装置取出半成品的调和比例,就有可能得到很多品种的产品。

3. 加入添加剂

在油品中加入少量称为"添加剂"的物质,可使油品的性质得到较明显的改善。

在本章中只介绍比较常用的几种精制方法,关于加氢精制过程在第 8 章已做介绍,润滑油生产中的溶剂精制、溶剂脱蜡、溶剂脱沥青则在第 10 章已做介绍,这里不再重复。

11.1 酸碱精制

原油蒸馏得到的直馏汽油、喷气燃料、灯油、柴油以及二次加工过程,特别是热裂化、焦化、催化裂化过程得到的汽油和柴油,均不同程度地含有硫化物、氮化物以及有机酸、酚、胶质和烯烃、二烯烃等,因此造成了油品性质不安定、质量差,需要进行精制,将这些有害物质不同程度地从燃料中除去。酸碱精制是最早出现的一种精制方法,这种精制方法工艺简单、设备投资和操作费用较低,目前仍是普遍采用的精制方法之一。在我国炼厂中采用的电化学精制就是酸碱精制方法的改进,它是将酸碱精制与高压电场加速沉降分离相结合的方法。

11.1.1 酸碱精制的原理

1. 碱洗

在碱洗过程中用质量分数为 10% ~30% 的氢氧化钠水溶液与油品混合,碱液对油品中的烃类几乎不起作用,它只与酸性的非烃类化合物起反应,生成相应的盐类。这些盐类大部分溶于碱液而从油品中除去。因此,碱洗可以除去油品中的含氧化合物(如环烷酸、酚类等)和某些含硫化合物(如硫化氢、低分子硫醇等)以及中和酸洗之后的残余酸性产物(如磺酸、硫酸酯等)。

硫化氢与碱液的反应如下:

$$H_2S + 2NaOH \longrightarrow Na_2S + 2H_2O$$
$$H_2S + NaOH \longrightarrow NaSH + H_2O$$
$$Na_2S + H_2S \longrightarrow 2NaSH$$

当碱用量大时生成 Na_2S,用量小时生成 $NaSH$。Na_2S 及 $NaSH$ 均溶于水中,因此,H_2S 可以用碱洗除去。

环烷酸、酚及低分子硫醇等与碱液的反应是一个可逆反应,生成的盐类可在很大程度上发生水解反应。随着它们的相对分子质量的增大,其盐类的水解程度也加大,而它们本身在油品中的溶解度则相对地增加,在水中的溶解度相对地下降。因此用碱洗的办法,并不能将它们完全从油品中清洗除去。环烷酸、硫醇与碱液的反应如下:

$$RCOOH + NaOH \Longleftrightarrow RCOONa + H_2O$$
$$RSH + NaOH \Longleftrightarrow RSNa + H_2O$$

这些盐类的水解程度随碱液浓度的加大及温度的降低而下降,所以如果要用碱洗较彻底地除去环烷酸及硫醇等非烃化合物,就必须采用较低的操作温度和较高的碱液浓度。

由于碱液的作用仅能除去硫化氢及大部分环烷酸、酚类和硫醇,因此碱洗过程有时不单独应用,而是与硫酸洗涤联合应用,统称为"酸碱精制"。在硫酸精制之前的碱洗称之为预碱洗,主要是除去硫化氢。硫化氢如不先除去,它在酸洗时很容易氧化生成元素硫,而元素硫是很难除去的。在硫酸精制之后的碱洗,其目的是除去酸洗后油品中残余的酸渣。由于上述两类反应可以进行得相当完全,因此在实际生产中为了降低操作费用,采用稀碱液及常温作为碱洗条件。

2. 硫酸洗涤

在精制条件下浓硫酸对油品起着化学试剂、溶剂和催化剂的作用。浓硫酸可以与油品中的某些烃类和非烃类化合物进行化学反应,或者以催化剂的形式参与化学反应,而且对各种烃类和非烃类化合物均有不同的溶解能力。

在一般的硫酸精制条件下,硫酸对各种烃类除可微量溶解外,对正构烷烃、环烷烃等主要组分基本上不起化学作用,但与异构烷烃,芳烃,尤其是烯烃则有不同程度的化学作用。

异构烷烃和芳烃可与硫酸进行一定程度的磺化反应,反应生成物溶于酸渣而被除去。

烯烃与硫酸在不同条件下,进行下列反应。

(1)酯化反应。

当硫酸用量多,温度低于 30 ℃时,生成酸性酯,反应如下:

$$R-CH=CH_2 + H_2SO_4 \longrightarrow R-CH{\overset{CH_3}{\underset{OSO_3H}{}}}$$

当硫酸用量少,温度高于 30 ℃时,生成中性酯,反应如下:

$$2R-CH-CH_2 + H_2SO_4 \longrightarrow SO_2{\overset{R-CH(CH_3)-O}{\underset{O-R-CH-CH_3}{}}}$$

酸性酯大部分溶于酸渣而被除去,而中性酯大部分溶于油中,影响油品质量,需要进一步用再蒸馏方法除去。

(2)叠合反应。

叠合反应在较高的温度及酸浓度下,通过生成酸性酯而进行,所生成的二分子或多分子叠合物大部分溶于油中,使油品终沸点升高,叠合物需用再蒸馏法除去。二烯烃的叠合反应能剧烈地进行,反应产物胶质溶于酸渣中。

硫酸对非烃类可较多地溶解,并显著地起化学反应。

胶质与硫酸有三种作用:一部分溶于硫酸中;一部分缩合成沥青质,沥青质与硫酸反应亦溶于酸中;一部分磺化后也溶于酸中,胶质都能溶于酸渣而被除掉。

环烷酸及酚类可部分地溶于浓硫酸中,也能与硫酸起磺化反应,磺化产物溶于酸中,因而基本上能被酸除去。

硫化物与硫酸的作用可由表11.1看出,硫酸对大多数硫化物可借化学反应及物理溶解作用而将其除去,但硫化氢在硫酸的作用下氧化成硫,仍旧溶解于油中,故在油品中含有相当数量的硫化氢时,须用预碱洗法先除去硫化氢。

表 11.1 硫酸对各类硫化物的作用

硫化物类型	作用	结果
硫	无作用,不溶于酸	未除去
硫化氢	作用生成硫,不溶于酸	仅反应,未除去
硫醇	作用生成二硫化物,大部分溶于酸	反应后大部分被除去
硫醚	溶于酸	基本上除去
二硫化物	大部分溶于酸	大部分除去
噻吩	作用生成磺酸后溶于酸	基本上除去
四氢化噻吩	无作用,不溶于酸	未除去

碱性氮化合物如吡啶等可以全部地被硫酸除去。

硫酸对于各类杂质的反应速度由大到小的大致顺序为碱性氮化物,如胺类、酰胺类及氨基酸等;沥青质胶质;烯烃;芳烃;环烷酸。

总之,硫酸洗涤可以很好地除去胶质、碱性氮化物和大部分环烷酸、硫化物等非烃类化合物,以及烯烃和二烯烃,同时也可能除去一部分良好的组分,如异构烷和芳烃。

3. 高压电场沉降分离

酸和碱在油品中分散成适当直径的微粒,在高电压(15 000 ~ 25 000 V)的直流(或交流)电场作用下,加速了导电微粒在油品中的运动,强化了油品中的不饱和烃、硫化合物、氮化合物等与酸碱的反应,同时加速了反应产物颗粒间的相互碰撞,促进了酸、碱渣的聚集和沉降作用,可达到有效的分离。

11.1.2 酸碱精制过程的工艺流程

酸碱精制的工艺流程一般有预碱洗、酸洗、水洗、碱洗、水洗等顺序步骤。依原料(需精制的油品)的种类、杂质的含量和精制产品的质量要求,决定某一步骤是否必须。例如酸洗前的预碱洗并非都需要,只有当原料中含有很多的硫化氢时才进行预碱洗;而酸洗后的水洗则是为了除去一部分酸洗后未沉降完全的酸渣,减少后面碱洗时的用碱量;对直馏汽油和催化裂化汽油及柴油则通常只采用碱洗。

图 11.1 为酸碱精制 – 电沉降分离过程的原理流程。原料(需精制的油品)先与碱液在文氏管和混合柱中进行混合反应,混合物进入电分离器经原料泵,为电分离器通入两万伏左右的高压交流电或直流电,碱渣在高压电场下进行凝聚、分离。一般电场梯度为 1.6 ~ 3.0 kV/cm,碱渣自电分离器的底部排出。经碱洗后的油品自顶部流出,与硫酸在第二套文氏管和混合柱中进行混合反应,然后进入酸洗电分离器,酸渣自电分离器底部排出。酸洗后油品自顶部排出,与碱液在第二套文氏管和混合柱中进行混合、反应,然后进入碱洗电分离器,碱渣自电分离器底部排出,碱洗后油品自顶部排出,在第四套文氏管和混合柱中与水混合,再进入水洗沉降罐,除去碱和钠盐的水溶液,废水自罐底排出,顶部流出精制油品。

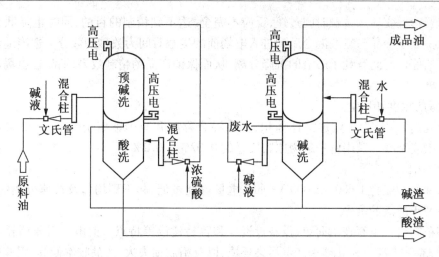

图 11.1　酸碱精制－电沉降分离过程的原理流程

11.1.3　酸碱精制操作条件的选择

酸碱精制,特别是硫酸精制一方面能除去轻质油品中的有害物质,另一方面也会和油品中的有用组分反应造成精制损失,甚至影响油品的某些性质。因此,必须正确合理地选择精制条件,才能保证精制产品的质量,提高产品收率。

硫酸精制的损失可以认为由两部分组成,即酸渣损失和叠合损失。酸渣损失的数量为酸渣量与消耗的硫酸用量之差;叠合损失的数量为精制产品与再蒸馏后得到的和原料终沸点相同的产品数量之差。

在精制过程中,过于苛刻的精制条件,如提高精制温度、增大硫酸浓度和用量,增加油品与酸进电分离器前的接触时间,都会使叠合等副反应增加,引起产品收率下降,而且过多的芳烃和异构烷溶于硫酸,进入酸渣而损失,会使汽油辛烷值降低。反之,精制温度过低、硫酸浓度过低、酸用量不足以及接触时间过短,就会使油品精制深度不够,精制油品的质量得不到保证。因而,正确合理地选择精制条件,对保证产品的质量,提高产品的产率,是非常重要的。

(1)精制温度。

采用较高的精制温度,对除去芳烃、不饱和烃以及胶质是有利的,但是叠合损失较大、产品收率低。采用较低的精制温度,有利于脱除硫化物,因而硫酸精制通常在 20～35 ℃的常温下进行。

(2)硫酸浓度。

硫酸浓度一般为 93%～98%,硫酸浓度增大,会引起酸渣损失和叠合损失增大。在精制含硫量较大的油品时,为保证产品含硫量合格,必须在低温下使用浓硫酸(98%),并尽量缩短接触时间。这样的条件不仅提高了脱硫的效率,同时由于降低温度后,硫酸与烃类作用减缓,使硫酸可以溶解更多的硫化物,更有利于脱硫的进行。

(3)硫酸用量。

一般为原料的 1%,对于多硫的原料则应适当增加硫酸用量。

(4)接触时间。

油品与酸渣接触时间过长,会使副反应增多,增大叠合损失,引起精制收率降低,也会使油品颜色和安定性变坏。接触时间过短,反应不完全,达不到精制的目的,同时也降低了硫酸的利用率。一般在油品与硫酸混合后到进入电场前的接触时间为数秒到数分。适当地延长油品在电场中的停留时间有利于酸渣的沉降分离,从而保证产品的精制效果,油品在电场内停留时间约为数分。

(5)碱的浓度和用量。

在碱洗过程中,为了增加液体体积、提高混合程度和减少钠离子带出,一般采用10% ~ 30% 的低浓度碱液。碱用量一般为原料质量的 0.02% ~0.2% 。

(6)电场梯度。

电场梯度一般为 1 600 ~3 000 V/cm。电场梯度过低,起不到均匀及快速分离的作用;但过高则不利于酸渣的沉聚。

酸碱精制过程虽有技术简单、设备投资少和容易建设等特点。但由于需要消耗大量的酸碱、产生的酸碱废渣不易处理和严重污染环境,以及精制损失大、产品收率低等,因此酸碱精制正被其他精制方法,特别是加氢精制所代替。

11.2　轻质油品脱硫醇

从含硫原油得到的煤油、催化裂化汽油都含有硫醇。油品中含有较多的硫醇不仅产生令人恶心的臭味,而且会影响油品的安定性,因为硫醇是一种氧化引发剂,它可使油品中的不安定组分氧化、叠合生成胶状物质。硫醇还有腐蚀性,并能使元素硫的腐蚀性显著增加。此外,硫醇还影响油品对添加剂,如抗爆剂、抗氧化剂、金属钝化剂等的感受性。因此,在石油加工过程中往往要脱除油品中的硫醇。由于硫醇有恶臭,因此在炼油工业中也常把脱硫醇过程称为脱臭过程。

硫醇的酸性随着相对分子质量的增大而减弱,而且与氢氧化钠溶液生成的盐容易水解,因此仅用碱洗方法只能除去大部分低分子硫醇,而对相对分子质量较大的硫醇,如煤油馏分中的硫醇,则难以通过碱洗来脱除。

现代炼厂中常用的脱硫醇方法是催化氧化脱硫醇法。该法是利用一种催化剂使油品中的硫醇在强碱液(氢氧化钠溶液)及空气存在的条件下氧化成二硫化物,其化学反应式为

$$2RSH + \frac{1}{2}O_2 \xrightarrow[\text{碱液}]{\text{催化剂}} RSSR + H_2O$$

最常用的催化剂是磺化酞菁钴或聚酞菁钴等金属酞菁化合物。采用这种催化剂的催化氧化脱硫醇法亦称梅洛克斯法(Merox Process)。图 11.2 所示是磺化酞菁钴的化学式。催化氧化脱硫醇法的工艺流程包括抽提和氧化脱臭两部分。根据原料油的沸点范围和所含有的硫醇的相对分子质量不同,可以单独使用一部分或将两部分结合起来。例如,精制液化石油气可只用抽提部分;精制汽油馏分可用两部分结合的流程;而精制煤油则只用氧化脱臭部分。当只采用氧化脱臭部分时,油品中的硫醇只是转化成二硫化

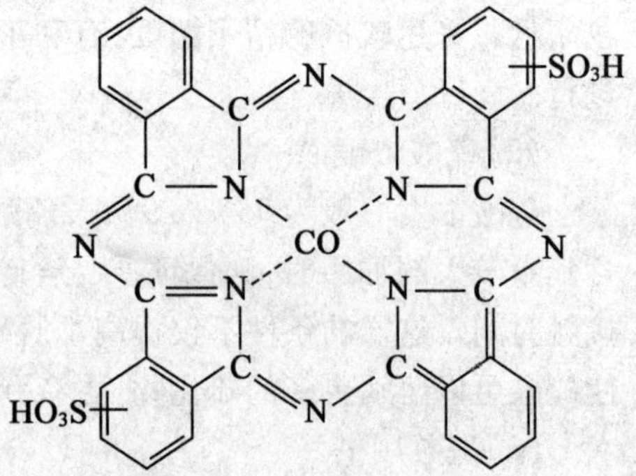

图 11.2　磺化酞菁钴的化学式

物,并不从油品中除去,因此,精制后油品的含硫量并没有减少。

　　原料油中含有的硫化氢、酚类和环烷酸等会降低脱硫醇的效果、缩短催化剂的寿命,所以在脱硫醇之前需用浓度为 5% ~10% 的氢氧化钠溶液进行预碱洗,以除去这些酸性杂质。

　　催化氧化脱硫醇法的工艺流程如图 11.3 所示。

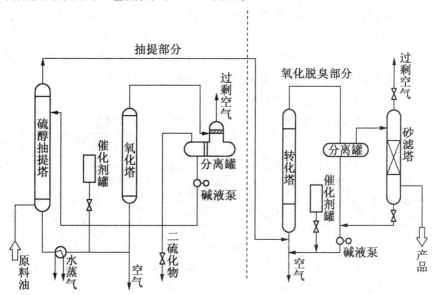

图 11.3　催化氧化脱硫醇工艺流程

　　经过预碱洗的原料油先进入抽提部分的硫醇抽提塔内,与含有催化剂的碱液逆流接触,低分子硫醇的大部分和较高相对分子质量硫醇的小部分被碱液抽提出而进入水相由塔底排出。含硫醇的碱液(含催化剂)经加热至 40 ℃ 左右进入氧化塔,同时混以空气,在氧化塔中,硫醇被氧化成二硫化物,然后进入二硫化物分离罐。在分离罐中,二硫化物因不溶于水,蓄积在上层而分出,同时,过剩的空气亦分出。由分离罐下部出来的是催化剂 - 碱溶液,送回抽提塔循环使用。由抽提塔顶出来的是脱去部分硫醇的油品,再与催化剂 - 碱液及空气混合后进入氧化脱臭部分的转化塔。在转化塔中,油品中的硫醇氧化成二硫化物而脱臭。脱臭后的油(二硫化物不溶于碱液,仍留在油中)与碱液及空气分离后,在砂滤塔内除去残留的碱液即为精制的产品。由分离罐分出的催化剂 - 碱液循环到转化塔重复使用。

　　所用碱液是浓度为 4% ~25% 的氢氧化钠溶液,催化剂在碱液中的浓度一般为 10 ~ 125 μg/g。磺化酞菁钴的平均相对分子质量为 730,含钴 8.1%,含硫 8.8%,其使用寿命为 8 000 ~14 000 m³(原料)/kg(催化剂)。

　　上述流程中,除抽提部分的氧化塔(实质上是催化剂再生塔)在 40 ℃ 操作外,其他各部分都在常温下操作,压力为 0.4 ~0.7 MPa。因此,此法中的油品和碱液都处于液相,故此法亦称为液 - 液法催化氧化脱硫醇。

　　此法的工艺和操作简单,投资和操作费用低,而脱硫醇的效果好,对液化石油气,硫醇脱除率可达 100%,对汽油也可达 80% 以上。

　　除了液 - 液法外,氧化脱硫还有固定床法和液 - 固法。

　　固定床法是先把催化剂(如磺化酞菁钴)载于载体上,以氢氧化钠溶液润湿后,将原料通过此床层并通入空气。在脱臭过程中,定期向床层注入碱液。固定床法多用于煤油脱臭,其优点是不必碱液循环。

液－固法是改进的液－液法、在液－液法的反应器中填充活性炭,它兼有液－液法和固定床法的优点。

1978 年以来,美国 UOP 公司在脱臭过程中使用了活化剂以提高脱臭率和延长催化剂寿命。使用的活化剂主要有烃基季铵盐、羟烷基季铵盐、烷基季铵盐及烷基季铵碱等。中国石油大学苏贻勋等于 1982 年研制成多种活化剂,采用液－固－活化剂法脱臭不仅不需要催化剂－碱液循环,而且大大降低了催化剂和碱的消耗量。表 11.2 是液－固－活化剂法与常规脱臭方法的消耗比较。由表可见,采用活化剂对航煤脱臭的效果更为显著。

表 11.2　液－固－活化剂法与常规脱臭方法的消耗比较

方法		催化剂(油)	NaOH(油)	活化剂(油)
催化汽油脱臭, 脱后 $S_{RSH} < 10\ \mu g \cdot g^{-1}$	液－液法	0.122 3	122.3	0
	液－固法	0.020 5	61.7	0
	液－固－活化剂法	0.013 2	39.7	0.002 3
航煤脱臭, 脱 RSH 率大于 85%	液－固法	0.059 5	178.6	0
	液－固－活化剂法	0.014 9	44.6	0.002 6

上述各法都存在共同的弱点,即脱臭过程中总要消耗碱并有一定量的废碱液排出。苏贻勋等于 1984 年研究出了无碱液脱臭法,该法的特点是使用一种碱性活化剂和助溶剂(醇类)。催化剂、活化剂和助溶剂形成的溶液可以与汽油或煤油完全互溶而成一均相体系,向该体系通入空气即可使硫醇氧化而脱臭。该法的优点是:完全不用碱液,也无废液排出;原料油与催化剂体系处于均相,对于常规方法中难以氧化的非水溶性硫醇的氧化,可大大提高脱臭效率;活化剂用量极微,虽留存于油中,但对油品质量没有影响。

11.3　炼厂气脱硫

在含硫原油的二次加工过程中,原油中硫化物的相当大部分转化成硫化氢,存在于炼厂气中。在很多天然气中也含有硫化氢。在以这样的含硫气体作为石油化工生产的原料或作为燃料时,会引起设备和管线的腐蚀,使催化剂中毒,危害人体健康,污染大气。同时,气体中的硫化氢也是制造硫黄和硫酸的原料。因而需要将炼厂气和天然气脱除硫化氢后,再作为石油化工生产的原料或燃料。

气体脱硫过程的类别很多,这些过程可以分为两个基本类别:一类是干法脱硫,它是将气体通过固体吸附剂的床层来脱去硫化氢;另一类是湿法脱硫,它是用液体吸收剂洗涤气体,以除去气体中的硫化氢。

干法脱硫所使用的固体吸附剂有氧化铁、氧化锌、活性炭、泡沸石和分子筛等。这类方法适用于处理含微量硫化氢的气体,它能基本上完全脱除硫化氢,脱硫后气体的硫化氢含量可以降低到 1 $\mu g/g$ 以下。但是干法脱硫是间歇操作,设备笨重、投资较高。

湿法脱硫按照吸收剂吸收硫化氢的特点又可以分为化学吸收法、物理吸收法、直接转化法和其他方法等。

（1）化学吸收法。

使用可以与硫化氢反应的碱性溶液进行化学吸收,溶液中的碱性物和硫化氢在常温下结合生成络盐,然后用升温或减压等方法分解络盐,释放出硫化氢。因为是化学吸收,所以基本上不受硫化氢分压的影响。但是和络离子结合的 HS^- 离子在水溶液中水解,会产生 H_2S,所以在本法所用的溶液中必然不同程度地存在 H_2S 的分压。

$$HS^- + H_2O \Longleftrightarrow H_2S + OH^-$$

化学吸收法的共同特征之一是大部分溶液呈碱性,吸收是以解离 HAS 的形式进行的。

化学吸收法所用的吸收剂大致上可分为两类:一类是醇胺类,如一乙醇胺、二乙醇胺、三乙醇胺、甲基二乙醇胺（ $OH—CH_2—CH_2)_2N—CH_3$ 、二甘醇胺（ $HO—C_2H_4—O—C_2H_4$ ）和二异丙醇胺（ $CH_3CH_nHC)_2NH$ 等;另一类是碱性盐类,如碳酸钾、碳酸钠、三氧化三砷、二甲基甘氨酸钾（ $CH_3)_2HCH_2COOK$ 等。工业上一般用乙醇胺。甘醇胺和丙醇胺是新发展起来的脱硫溶剂,其性能比乙醇胺好,技术经济指标也比较先进,有逐渐取代乙醇胺的趋势。

（2）物理吸收法。

利用硫化氢的分压效应,用有机溶剂吸收硫化氢。吸收剂如磷酸三正丁酯、醇胺一环丁砜的水溶液和聚乙烯乙二醇二甲醚等。

（3）直接转化法。

将除去的硫化氢在吸收液中直接转化成元素硫。

（4）其他方法。

如使用特殊的溶液（例如 N - 甲基 - 2 吡咯烷酮）选择性地脱除硫化氢。

湿式脱硫的精制效果虽不如干法脱硫,但它是连续操作,设备紧凑、处理量大,投资和操作费用较低。因而在石油工业中应用最广的气体脱硫方法是湿式脱硫法,目前在我国炼厂中气体脱硫装置所用的吸收剂大多是乙醇胺类。

乙醇胺溶液具有使用范围广、反应能力强、稳定性好,而且容易从沾污的溶液中回收等优点。由于一乙醇胺 $HO—CH_2—CH_2—NH_2$ 能与羰基硫（COS）反应而不能再生,因此乙醇胺一般只用于天然气和其他不含 COS、CS 的气体脱硫。在炼厂气中通常含有 CAS,所以选用二乙醇胺（ $HOCH_2CH_2)_2NH$ 溶液作为吸收剂来脱除硫化氢。

乙醇胺是一种弱的有机碱,它的碱性随温度的升高而减弱,乙醇胺能吸收气体中的硫化氢生成硫化物和酸式硫化物,吸收二氧化碳生成碳酸盐和酸式碳酸盐。以一乙醇胺为例,其化学反应如下。

脱除硫化氢:

$$2HOCH_2CH_2NH_2 + H_2S \Longleftrightarrow (HOCH_2CH_2NH_3)_2S$$

硫化胺盐

$$(HOCH_2CH_2NH_3)_2S + H_2S \Longleftrightarrow 2(HOCH_2CH_2NH_3)HS$$

酸式硫化胺盐　　　　　　　　脱除二氧化碳

$$2HOCH_2CH_2NH_2 + CO_2 + H_2O \Longleftrightarrow (HOCH_2CH_2NH_3)_2CO_3$$

碳酸胺盐

$$(HOCH_2CH_2NH_3)_2CO_3 + CO_2 + H_2O \Longleftrightarrow 2(HOCH_2CH_2NH_3)HCO_3$$

酸式碳酸胺盐

在 25 ~ 45 ℃时,反应由左向右进行（即吸收）,吸收气体中的 H_2S 和 CO_2;而当温度升到 105 ℃及更高时,则反应由右向左进行（即解吸）。此时生成的胺的硫化物和碳酸盐分解,逸出

原来吸收的 H_2S 和 CO_2，因此乙醇胺可以循环使用。

乙醇胺法气体脱硫过程的流程如图 11.4 所示。

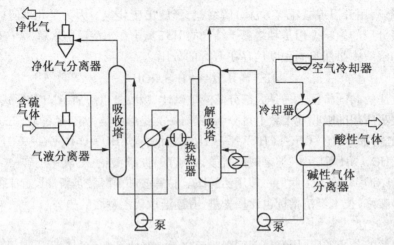

图 11.4　乙醇胺法气体脱硫过程的流程

含硫气体经冷却至40 ℃，并在气液分离器内分离出水和杂质后，进入吸收塔的下部，与自塔上部引入的温度为45 ℃左右的乙醇胺溶液（贫液）逆向接触。乙醇胺溶液吸收气体中的硫化氢和二氧化碳，气体得到精制。净化后的气体自塔顶引出，进入净化气分离器，分出携带的胺液后出装置。吸收塔底的乙醇胺溶液（富液）借助吸收塔的压力从塔底压出，经调节阀减压、过滤和换热后进入解吸塔上部。在解吸塔内与下部上来的蒸汽（由重沸器产生的二次蒸汽）直接接触，升温到120 ℃左右，乙醇胺溶液中吸收的硫化氢和二氧化碳以及存在于气体中的少量烃类大部分解吸出来，从塔顶排出。塔底溶液引出，进入重沸器的壳程，被管程的水蒸气加热后返回解吸塔。再生后的乙醇胺溶液从解吸塔底部排出，与吸收后的乙醇胺溶液（富液）换热，再经冷却器冷至40 ℃左右，由循环泵抽入吸收塔上部循环使用。解吸塔顶部出来的酸性气体（硫化氢、二氧化碳、水蒸气和烃类的混合物气体）经空气冷却器和后冷器冷却至40 ℃，进入酸性气体分离器。在分离器内分离出液体，液体送回解吸塔顶作为回流。分离出的气体干燥后送往硫黄回收装置。

气体脱硫装置所用的吸收塔和解吸塔多为填充塔，液化气脱硫则多用板式塔。

一乙醇胺溶液浓度为15%，二乙醇胺溶液浓度为15%～25%。采用较低的溶液浓度对减轻溶液的"发泡"现象有利。

吸收塔底富液中酸性气体（$H_2S + CO_2$）的物质的量数与溶液中乙醇胺的物质的量数的比值称为溶液负荷（或酸性气体负荷），它是决定气体脱硫装置技术经济指标的重要因素。溶液负荷的选择主要依据对装置腐蚀的影响。在用碳钢制造换热器、解吸塔和重沸器时，溶液负荷应限制在 0.35 mol（酸性气）/mol（乙醇胺）以下，在使用合金钢（如 1Cr18Ni9Ti 和 0Cr18Ni9）制造设备时，溶液负荷可限制在 0.70 以下。

乙醇胺吸收是化学吸收，因为吸收塔压力主要取决于原料气体的压力和净化后气体输送的压力。例如，加氢装置的循环氢脱硫压力高达 15 MPa，而炼厂气脱硫压力则为 0.8～1.0 MPa。解吸塔顶压力取决于根据产品要求的贫液解吸温度下的平衡蒸气压力，一般为0.135～0.215 MPa，通常要求保证有足够的压力使酸性气体能进入硫黄回收装置，使解吸塔出来的乙醇胺溶液能通过换热器而进入泵。

乙醇胺会变质,尤其是一乙醇胺。由于存在氧,气体中的硫化氢氧化生成游离的硫,硫在加热的条件下与一乙醇胺反应生成二硫化碳和硫胺,还生成能氧化分解的酸、甲酸胺和高分子化合物。由于存在二氧化碳,乙醇胺生成 N‒2‒羟基嗒乙二胺。由于存在二硫化碳,乙醇胺生成硫代氨基甲酸酯。由于存在氰氢酸 HCN,生成甲酰胺和甲酸。这些生成物的热稳定性都很高,在解吸塔中不能用加热的方法来再生。

乙醇胺溶液的"发泡"现象是由新设备中残留的润滑脂、进入吸收塔的气体携带的烃类凝液和液体雾沫以及硫化氢腐蚀设备所生成的硫化铁等引起的。为减轻溶液的"发泡"现象,除了使用分离器或吸附器等除去烃类凝液和采用较低浓度的乙醇胺溶液外,还可以加入消泡剂(如聚硅酮类的破泡剂、高级醇类的泡沫抑止剂)。

贫液进入吸收塔的温度在 25 ~ 40 ℃ 范围内,在此温度范围内乙醇胺溶液以很快的速度吸收硫化氢。

吸收后的乙醇胺溶液(富液)的再生温度主要取决于净化产品的规格要求和原料气体中 H_2S 和 CO_2 的相对含量。一乙醇胺和 H_2S 的络合物较易分解,当原料气体中的 H_2S 对 CO_2 的比值较高时,采用溶液再生温度 110 ~ 116 ℃,绝大部分 H_2S 已被解吸。过高的再生温度不能继续减少溶液中残存的 H_2S 含量,反而会增加对设备的腐蚀和乙醇胺溶液的分解。

近年来,环丁砜脱硫方法发展很快,一般是以含 35% ~ 45% 环丁砜、45% ~ 50% 二异丙醇胺和 10% ~ 15% 水的溶剂为吸收剂。此溶剂既有物理吸收作用,又有化学吸收作用,因而兼有二者的优点。物理吸收剂环丁砜对酸性气体具有很大的溶解能力,而化学吸收剂二异丙醇胺可使处理过的气体中残留的酸性气体减少到最低值。净化后的气体中 H_2S 含量可降至 5 mg/m^3 以下。环丁砜对设备的腐蚀性也远比乙醇胺的轻微,高温下的腐蚀速率只是乙醇胺的 1/4 ~ 1/10,一般也不产生发泡现象。

11.4　白土精制

有些油品经过酸碱精制、溶剂精制后还残留有胶质、沥青质、环烷酸、磺酸盐、硫酸酯、酸碱渣及抽提溶剂,这些杂质均为极性物质,很容易被活性白土吸附而除掉。在此同时也需要把油品中影响色度的物质以及光安定性很差的物质除掉,以保证油品色度良好。白土精制就是用活性白土在一定温度下处理油料,降低油品的残炭值及酸值(或酸度),改善油品的颜色及安定性。

白土是一种结晶或无定型物质,它具有许多微孔,形成很大的表面积。白土有天然的和活化的两种。天然白土就是风化的长石。活性白土是将白土用 8% ~ 15% 的稀硫酸活化、水洗、干燥、粉碎而得到的,它的比表面可达 450 m^2/g,其活性比天然白土大 4 ~ 10 倍。所以工业上多采用活性白土。

在白土精制条件下,白土对胶质和沥青质有很好的吸附作用,胶质和沥青质的相对分子质量越大,越易被吸附。氧化物和硫酸酯也容易被吸附。在烃类中,吸附顺序从大到小是:芳烃、环烷烃、烷烃。

用中和 100 g 白土试样所消耗 0.1 mol/L 的 NaOH 溶液的体积表示白土的活性度,白土的活性度越大,白土质量就越好,精制效果也越好。活性度与白土的化学组成、颗粒度、水分及表面清洁程度有关。

天然白土及活性白土的化学组成见表 11.3,活性白土规格见表 11.4。

表 11.3 白土的化学组成

%

组成	天然白土	活性白土
水分	24 ~ 30	6 ~ 8
SiO_2	54 ~ 68	62 ~ 63
Al_2O_3	19 ~ 25	16 ~ 20
Fe_2O_3	1.0 ~ 1.5	0.7 ~ 1.0
CaO	1.0 ~ 1.5	0.5 ~ 1.0
MgO	1.0 ~ 2.0	0.5 ~ 1.0

表 11.4 活性白土规格

名称	质量指标
脱色率/%	≥90
游离酸/%	<0.2
活性度(20 ~ 25 ℃)	≥220
黏度(通过 120 目筛)/%	≥90
水分/%	≤8

在工业上使用的白土精制方法有渗滤法和接触法。曾经有过连续渗滤法(移动床)的报道,但未见推广。渗滤法主要用于汽油、煤油、柴油等轻质油和变压器油的精制。它把颗粒白土装在立式罐内,油慢慢渗滤,当白土活性下降到一定程度后就切换到另外的罐中。废白土可以烧去吸附的物质,再行使用。此法的缺点是效率太低,一次投资太大,油料损失大,故在大规模工业生产中已不见使用。

目前使用比较广泛的白土精制方法是接触法。该法主要用于各种润滑油的最后精制,工业上常称为白土补充精制。它是将白土和油混成浆状,通过加热炉加热到一定的温度,并保持一定的时间,然后滤出精制油。

原料油经加热后进入混合器与白土混合约 20 ~ 30 min,然后用泵送入加热炉。随油品的性质不同,加热温度相差很大,见表 11.5。加热以后进入蒸发塔,塔顶有抽真空设备,一般用喷射泵抽真空。从蒸发塔顶蒸出在加热炉中裂化产生的轻组分和残余溶剂,然后进入中间罐。从中间罐先进入湿式过滤机,滤掉绝大部分白土。但是这种滤机较粗,有些细小颗粒仍能透过,所以需通过板框式过滤机再过滤一次,以保证产品无固体颗粒存在。白土用量随油品不同而异,润滑油白土补充精制时白土用量见表 11.6。

表 11.5 润滑油白土精制的接触温度

原料油	接触温度/℃
变压器油	150 ~ 160
机械油	200 ~ 210
内燃机发动机油	230 ~ 240
残渣润滑油	270 ~ 280

表 11.6　润滑油白土补充精制时白土用量

原料油	白土用量/%
机械油	2~4
内燃机发动机	1~3
变压器油	3~5
汽轮机油	10~15
真空泵油	10~15
残渣润滑油	15~25

润滑油的补充精制除采用白土精制之外,还越来越多地采用加氢精制。白土精制与加氢精制比较,各有特点。一般说来,白土精制的脱硫能力较差,但脱氮能力较强,精制油凝点回升较小,光安定性比加氢精制油好。白土精制的缺点是要使用固体物,劳动条件不好,劳动生产率低,废白土污染环境,不好处理。目前,尽管加氢精制发展很快,但白土精制还未被完全替代,某些特殊油品还必须采用白土精制。

11.5　油品调和

不同使用目的的石油产品具有不同的规格标准,每种石油产品的规格标准都包括了许多性质要求。企图在一套加工装置中生产出合格产品,在经济上是不合算的,并且是不可能的。因此,大多数石油产品都是经过调和而成的,调和是炼厂生产石油产品的最后一道工序。石油产品可以由几个基础组分(馏分)调和而成,也可以由基础油与添加剂调和而成。本节主要讨论油品之间的调和,而添加剂的加入,则在下节专门讨论。

11.5.1　油品调和的特点

各种油品的调和,除个别加入添加剂的调和之外,基本上是液-液体系相互溶解的均相调和。

调和油品的性质与各组分的性质有关。调和油品的性质如果等于各组分的性质按比例的加和值,则称这种调和为线性调和,反之则称非线性调和。石油的组成十分复杂,其性质大都不符合加和性规律,因而油品的调和多属于非线性调和。

例如由几个组分调和而成的汽油,燃烧时各组分的中间产物可能会相互作用,也可能会改变原来的燃烧反应历程,从而使表现出来的燃烧性能发生变化。有的中间产物作为活化剂使燃烧反应加速,有的作为抑制剂使燃烧反应变慢。因此,调和汽油的辛烷值与各组分单独存在时的实测辛烷值没有简单的线性加和关系。这就是为什么辛烷值有实测辛烷值和调和辛烷值之分。这种辛烷值的调和效应一般与敏感性(ROH – MOH)有关,敏感性小的,如烷烃、环烷烃调和后燃烧时相互影响较小,可以看成是线性调和,而敏感性大的,如烯烃、芳烃调和后燃烧时相互影响较大,则是非线性调和。调和汽油的组分变化及各组分比例变化后组分的调和辛烷值也会发生变化。

油品的其他性质,如黏度、凝点等,调和时也远远偏离线性加和关系,有的甚至出现一些奇特的结果。如大庆原油的 170~360 ℃ 直馏馏分(凝点为 – 3 ℃)与催化裂化的相同馏分(凝点

为 –6 ℃)按 1∶1 调和,调和油的凝点竟为 –14 ℃。文献介绍的计算调和性质的线性的或非线性的关联式,有的十分复杂,公式中包含了大量的系数,而确定这些系数还要进行大量的研究工作;有的则条件性很强,缺乏通用性。

实际应用中,油品调和仍采用经验的和半经验的方法。为了取得最好的经济效益,可用线性规划法确定混合时的最优配方。

11.5.2　调和油品性质的确定

油品规格标准中的许多性质要求主要是通过选择合适的加工工艺及操作条件来满足的,有些性质要求则可通过油品调和达到。下面对燃料及润滑油的调和油品主要性质的估算方法做一简介。

1. 汽油辛烷值

几个汽油组分调和时,可根据各组分的调和辛烷值按线性加和关系计算得到调和汽油的辛烷值。组分的调和辛烷值 A_{ON} 可表示为

$$A_{CN} = B_{ON} + 100(C_{ON} - B_{ON})/V_A \tag{11.1}$$

式中,B_{ON} 为基础组分的辛烷值;C_{ON} 为调和汽油的辛烷值;V_A 为调和组分含量(体积分数),%。

同一组分与不同的基础组分调和时,可表现出不同的调和效应。组分的调和辛烷值大于其单独存在时的实测辛烷值(即净辛烷值)时为正调和效应,反之则为负调和效应。有资料介绍,某催化裂化汽油调入直馏汽油中,其马达法调和辛烷值大于净辛烷值,而研究法则相反;调入重整全馏分汽油或重整重馏分汽油中,两者均低于净辛烷值,调入重整轻馏分中则高于净辛烷值;调入烷基化汽油中,马达法调和辛烷值小于净辛烷值,而研究法的辛烷值则基本相同。

2. 汽油蒸气压

调和汽油的蒸气压可用下式计算:

$$M_t(RVP)_t = \sum_{i=1}^{n} M_i(RVP)_i \tag{11.2}$$

式中,M_t 为混合产品的总物质的量数,mol;$(RVP)_t$ 为混合产品要求的蒸气压,kPa;M_i 为 i 组分的物质的量数,mol;$(RVP)_i$ 为 i 组分的蒸气压,kPa。

目前广为采用的是雪佛龙研究公司提出的一个简便的经验方法。该法把雷特蒸气压 (RVP) 换算为蒸气压调和指数 $(VPBI)$,然后按加和规律进行计算。

$$(VPBI)_t = \sum_{i=1}^{n} V_i(VPBI)_i \tag{11.3}$$

而

$$(VPBI)_t = (RVP)_t^{1.25} \tag{11.4}$$

$$(VPBI) = (RVP)_i^{1.25} \tag{11.5}$$

式中,V_i 为 i 组分的体积分数。

3. 柴油十六烷值

由于柴油的十六烷值可由其烷烃、环烷烃、芳烃的百分含量 P、N、A 按下式计算:

$$十六烷值 = 0.85P + 0.1N - 0.2A \tag{11.6}$$

因此调和柴油的十六烷值可用线性加和关系估算。

4. 柴油凝点

调和柴油的凝点估算可采用引入凝点换算因子的方法。

当凝点 $SP \leqslant 11$ ℃时，

$$SP = 9.465\ 6T^3 - 573.082\ 1T^2 + 129.075T - 99.274\ 1$$

当凝点 $SP > 11$ ℃时，

$$SP = -0.010\ 5T^3 - 0.864T^2 + 13.811T - 16.203\ 3$$

式中，T 为凝点换算因子，可由有关资料查得。

此法先用加和性关系（质量的）算出调和油的凝点，查出与之对应的换算因子，再代入式（11.6）计算。实际应用中发现，此法尚有一定的误差。使用时应根据原油性质、加工方法、调和比例等实际情况对换算因子做适当的修正。

5. 油品黏度

黏度是柴油、润滑油、燃料油等石油产品的最主要性能之一。下式是目前通用的油品调和黏度计算式：

$$\log \mu_t = \sum_{i=1}^{n} V_i \log \mu_i$$

式中，μ_t 为混合油在与组分油相同温度下的黏度；μ_i 为组分油黏度；V_i 为 i 组分的体积分数。

若以质量分数代替上式中的体积分数，也能得到满意的结果，据称调和油黏度计算值与实测值误差仅在 $\pm 0.1\ mm^2/s$ 范围之内。

国内外还有的采用黏度系数法或黏度因数法计算调和油的混合黏度。基本关系式为

$$C_t = \sum_{i=1}^{n} V_f C_i$$

式中，C_t、C_i 分别为调和油和组分的黏度系数或黏度因数。黏度系数和黏度因数与黏度的关系由专门的图表或公式提供。

11.5.3 调和方法

调和工艺相对比较简单。常用的调和方法有两种：一种是油罐调和；另一种是管道调和。油罐调和时有的采用泵循环，有的采用机械搅拌。油品调和还有的使用过压缩空气搅拌调和的方法，但此法挥发损失大，易造成环境污染，易使油品氧化变质，因此现在已很少使用。

泵循环调和法是先将组分油和添加剂加入罐中，用泵抽出部分油品再循环回罐内。进罐时通过装在罐内的喷嘴高速喷出，促使油品混合。此法适合于混合量大、混合比例变化范围大和中、低黏度油品的调和，且此法效率高、设备简单、操作方便。

机械搅拌调和法是通过搅拌器的转动，带动罐内油品运动，使其混合均匀。此法适合于小批量油品的调和，如润滑油成品油的调和。搅拌器可安装在罐的侧壁，也可从罐顶中央伸入。后者特别适合于量小但质量和配比要求又十分严格的特种油品的调和，如调制特种润滑油、配制稀释添加剂的基础液等。

管道调和是将需要混合的各个组分和添加剂按要求的比例同时连续地送入总管和管道混合器，混合均匀的产品不必通过调和油罐而直接出厂。调和过程简便，全过程可实现自动化操作。自动化操作调和系统主要由微处理机、在线黏度和凝点分析仪、混合器及泵等常规设备和仪表组成。此法适合于量大、调和比例变化范围大的各种轻质、重质油品的调和。

11.6 润滑油和燃料添加剂

提高石油产品质量的主要方法是选择合适的原料、改进加工工艺、提高加工和精制的深度。这样做虽能生产出某些质量较好的产品,但受到原料来源的限制,也必然会增加设备投资和操作费用、降低产品收率和提高产品成本,因而不能经济地提高产品质量。而且,润滑油和燃料等石油产品的使用要求是多种多样的,每种产品一般均需符合十几项甚至几十项质量指标,其中有些是很苛刻的。原油通过各种工艺加工过程得到的产物,即使经过深度精制和馏分调和,也很难完全达到产品标准规定的要求。因此,往往在油品中加入各种类型的添加剂来改善其某些使用性能。在油品中加入数量很少的一种物质,就可以大幅度地改进油品的某方面的性能,得到符合质量要求的产品,我们把这种添加的物质称为"添加剂"。在油品中加入合适的添加剂,可以有效地和经济地改善油品的质量,也就可以利用质量较差的原油采用比较简单的和经济的加工过程来生产润滑油和燃料的基础油,然后加入类型合适、数量适当的添加剂,生产符合质量要求的产品。添加剂除了上述的在改进加工工艺、提高产品质量时所起的辅助作用外,有时还能解决从改进加工工艺方面难以解决的质量问题。

添加剂的添加量一般是很少的,只占产品量的百分之几,甚至百万分之几,每种添加剂对某种产品都有一个合适的添加量范围,超过这个范围继续增加添加量并不能明显地提高添加剂的添加效果,有时甚至会产生相反的作用。而且添加剂的成本一般是比较高的,所以在使用添加剂时要注意选择合适的添加量。

石油产品添加剂中,润滑油添加剂的品种数量占了绝大部分,几乎所有的润滑油都或多或少地加有一种或几种添加剂,优质润滑油一般多采用复合添加剂。

11.6.1 润滑油添加剂

润滑油的质量除与基础油的组成和性质有关外,很大程度取决于添加剂的品种和质量以及它们之间的配伍关系。由于一种添加剂只能主要改善润滑油某一方面的性能,因此润滑油添加剂的品种很多。在我国,按其功能分为 10 组,分别是:①清净分散剂;②抗氧抗腐剂;③载荷添加剂;④油性剂和摩擦改进剂;⑤抗氧剂和金属减活剂;⑥黏度指数改进剂;⑦防锈剂;⑧降凝剂;⑨抗泡沫剂;⑩抗乳化剂。下面介绍其中的几组。

1. 清净分散剂

清净分散剂是内燃机润滑油的主要添加剂,其产量约为润滑油添加剂总量的60%。

内燃机润滑油的使用条件比较苛刻,在使用中不可避免地会由于氧化等原因在内燃机中生成酸性物质以及漆膜、积炭和油泥等沉积物。这些沉积物会导致腐蚀和磨损加剧、密封不严和油路及滤网堵塞等。清净分散剂的主要作用是将润滑油氧化产生的中间产物以及酸性物质进行中和和增溶,以阻止它们进一步缩合而生成漆膜和积炭,同时可将已生成的漆膜和积炭分散在润滑油中,以阻止它们黏附在活塞上,或将已黏附在活塞上的漆膜和积炭洗涤下来。

此类添加剂都属于油溶性表面活性剂,其分子结构由非极性基团和极性基团两部分组成。非极性基团一般是烃基;极性基团可以是离子型磺基、羧基或酚基的盐,也可以是非离子型的多胺等,主要有磺酸盐、硫化烷基酚盐、烷基水杨酸盐、硫代磷酸盐和无灰分散剂五种。

磺酸盐(包括磺酸钙、镁等)为应用最广的一类清净剂,具有很好的清净性和一定的分散性,它的碱值一般较高,中和能力强,同时具有很好的防锈性能。但有促进氧化的缺点。在内燃机润滑油中,磺酸盐(通常多为钙盐)一般是必加的清净剂,加量约为2% ~5%,如与其他清净剂复合使用时,其用量为1% ~2%。

硫化烷基酚盐和烷基水杨酸盐都具有一定的抗氧化能力,但分散能力差。

硫代磷酸盐具有较好的分散能力和一定的清净性,但高温稳定性较差。

上述的四种清净分散剂中都含有金属,因而燃烧后均残留有一定量的灰分,所以称为金属(或有灰)清净分散剂。近几十年来,随着汽油机压缩比的提高和大功率柴油机及增压柴油机的广泛应用,使得发动机的使用条件更加苛刻。此外,随着城市汽车,润滑油产生低温油泥的倾向也越来越大。只添加有灰清净分散剂不但不能解决这个问题,有时甚至还会起到不良作用。而无灰分散添加剂分子中不含金属,燃烧后不留灰分。无灰分散剂具有十分优良的分散性能,但其他性能却不佳。

现有的清净分散剂各有优点和不足,单独使用都不能使内燃机润滑油全面满足使用要求,因此常常将几种清净分散剂复合使用,以取长补短。确定复合配方时应综合考虑基础油的性质和添加剂的性能。必须指出的是,几种添加剂一起使用时,其效果并不是简单相加,有时相互产生协和作用,有时产生对抗作用。前者是指复合使用时某一性能优于各添加剂组分的该性能的加权平均值,后者则指复合使用时其性能劣于加权平均值。所以迄今只能用试验的方法寻求适宜的复合配方。实践证明,在添加剂配方中,采用有灰清净分散剂与无灰清净分散剂复合,在有灰剂中采用磺酸钙与硫化烷基酚钙或烷基水杨酸钙的复合,往往可以得到协和的效果。

2. 抗氧抗腐剂

润滑油在使用过程中因与空气接触,不可避免地会因氧化而变质,当处于高温并与金属接触的情况下,氧化变质的速度将会更快。因此,要延长润滑油的使用期限就得加入抗氧添加剂以抑制或阻滞其氧化反应。

润滑油中使用的抗氧抗腐剂主要有受阻酚型、芳胺型和硫磷型三类。

受阻酚型抗氧抗腐剂中最常用的2,4 - 二叔丁基对甲酚广泛用于工业润滑油中,适合于工作温度在100 ℃以下的油品。而受阻双酚型抗氧剂如4,4′ - 亚甲基双(2,6 - 二叔丁基)酚等的使用温度较高,可用于内燃机油和压缩机油等。

芳胺型抗氧抗腐剂的工作温度比受阻酚型的高,抗氧耐久性也比酚型的好,但毒性较大,且易使油品变色,其应用受到一定的限制。此类产品有对,对 - 二异辛基二苯胺、N - 苯基 - α萘胺。前者主要用于酯类合成油及内燃机油,后者主要与酚型抗氧剂复合用于汽轮机油、工业齿轮油等工业润滑油中。

硫磷型抗氧抗腐剂的主要品种是二烷基二硫代磷酸锌和二芳基二硫代磷酸锌。此类添加剂兼有抗氧化、抗腐蚀、抗磨损作用,是一种多效添加剂,广泛用于内燃机油、抗磨液压油及齿轮油中。

为了提高抗氧效果,一般使用复合抗氧剂。不同类型的抗氧剂复合后有协和效应,酚型和胺型复合后效果更佳。

3. 载荷添加剂

在机械中使用润滑油的目的是用油膜将摩擦部件隔开,以润滑油的内摩擦代替金属间的干摩擦,从而避免磨损及减少功率损失。一般情况下,油膜的厚度是足够的,但当负荷较大和相对运动速度较低时,润滑油的油膜会变得很薄,出现所谓边界润滑状态。此时,除非油膜具有相当的强度,否则便会发生近似干摩擦的情况,从而造成磨损,甚至烧结。为此,必须设法增加油膜的强度,使其在高负荷下也能存在于金属摩擦面之间而不被挤掉。载荷添加剂就是这样的一类添加剂,它能在边界润滑状态下,在金属表面形成吸附膜或反应膜,从而减少摩擦、降低磨损。

载荷添加剂按其能耐负荷的大小可分为油性添加剂和极压添加剂两类。

油性添加剂也称为摩擦改进剂,适用于较缓和的条件。它们在摩擦表面上形成定向排列的物理吸附膜或化学吸附膜,防止金属直接接触,并减小摩擦系数。但当温度高于 150 ℃时,这种保护膜就无法保持,油性剂就会失效。常用的油性添加剂有:脂肪酸及二聚酸,如油酸、硬脂酸、二聚亚油酸等;脂肪醇,如石蜡氧化脂肪醇等;脂肪酸皂,如油酸铝、硬脂酸铝等;酯类,如油酸丁酯、油酸单甘酯、油酸乙二醇酯等;硫化物植物油,如硫化棉籽油等,苯并三氮唑脂肪胺盐。

极压添加剂适用于高负荷条件。当金属表面承受的负荷极高时,由于摩擦产生的热量很多,因而温度很高,此时吸附膜已不可能保持。而在此重载、高温的条件下,极压添加剂会分解,分解的产物又可与金属表面反应生成一层化学反应膜,此膜比较稳定,摩擦系数也较低,能减少磨损并防止金属表面的烧结。一般使用的极压添加剂是一些含唑、硫、磷的化合物,主要有:硫化异丁烯,应用广泛,特别适合于配制齿轮油,烧结载荷高,但抗磨性较差;氯化石蜡,原料价廉易得,摩擦系数小,但遇水会分解生成腐蚀性很强的盐酸,且熔点较低,容易失效;亚磷酸二丁酯、酸性磷酸酯胺盐、磷酸三甲酚酯等,其中酸性酯的极压性最好,但腐蚀性强,中性酯腐蚀性小,但极压性差;氨基磷酸酯、氨基硫代磷酸酯和硫代磷酸复酯胺盐等极压添加剂含有多种活性元素,不仅具有较好的极压性,而且腐蚀性也比较小,所以获得广泛应用;硼酸盐极压添加剂是一种新型极压添加剂,极压性很好,但对水敏感,少量水存在时会降低其性能,大量的水则会使硼酸盐溶解而失效。硼酸盐的极压性与前几种极压添加剂不同,它并不与金属反应形成反应膜,而是由于摩擦部件相对运动时,其表面带电,使硼酸盐微粒附于其上,形成极压膜,此膜既厚又黏,起到无机润滑膜的作用。

4. 黏度指数改进剂

黏度指数改进剂又称黏度添加剂或增黏剂。内燃机润滑油应有良好的黏温性能,即较高的黏度指数,尤其对于冬夏通用的多级内燃机润滑油更是如此。为此,采用对黏度较低的基础油添加黏度指数改进剂的方法,可以增加其黏度,同时也可以提高其黏度指数。此类添加有黏度指数改进剂的润滑油称为稠化油。

黏度指数改进剂都属于油溶性高分子聚合物,它们是线型而不是网型,其单体多半只有一个双键,主链长度有 500 ~ 1 000 个碳原子。衡量黏度指数改进剂的好坏,除考虑其改善黏温性能的能力外,还要评定其增黏能力(即加入1%此类添加剂后润滑油黏度增加的百分比)、剪切稳定性(即在剪切力作用下高聚物分子链不易断裂)、热安定性、低温泵送能力等。

黏度指数改进剂主要有:聚异丁烯,是我国黏度指数改进剂的主要品种,原料价廉易得,数均相对分子质量约为 5×10^4,其剪切稳定性和热安定性都较好,但增黏能力及低温性能较差;聚甲基丙烯酸酯,增黏能力和黏度指数改进效果都不错,尤其低温性能很好,但剪切稳定性和热安定性都稍差,除能改进黏度指数外,还能同时降低油品的凝点,产品数均相对分子质量在 10^5 以上,聚丙烯酸酯作用与其相同;烯烃共聚物(乙烯－丙烯聚合),增黏能力强,剪切稳定性好,但低温性能较差,产品数均相对分子质量为 7×10^4 ~ 15×10^4。

5. 降凝剂

从含蜡原料,经脱蜡后是可以得到低倾点的润滑油的,但是如果脱蜡程度过深,则黏度指数降低过多,收率也会大大减少。所以采用适度脱蜡辅之以添加降凝剂以降低其倾点的方法,是比较经济合理的。

降凝剂是一类聚合或缩合的产物,其分子结构虽然不能阻止蜡结晶析出,但是能阻碍蜡结晶形成三维网状结构般含有较长的烷基链,从而使其倾点降低。降凝添加剂的主要品种有:烷基萘,平均相对分子质量约为 6 000,优点是相对分子质量分布很宽,但其有效组分是相对分子质量较大的部分,已使用了半个多世纪,原料易得,合成工艺简单,缺点是颜色深,会影响润滑油产品的色度,聚甲基丙烯酸酯既是黏度指数改进剂,又是降凝剂,但用作降凝剂时,数均相对分子质量一般低于 10^5;聚烯烃,数均相对分子质量约为 10^5,降凝效果与聚甲基丙烯酸酯大体相当。此外,醋酸乙烯酯及反丁烯二酸酯共聚物也是很好的降凝剂。

6. 防锈剂

防锈剂是一类油溶性表面活性剂。工作时,防锈剂分子中极性一端吸附于金属表面,烷基一端伸向油层,形成分子定向排列的致密分子膜,以阻止水分和氧渗入金属表面而产生锈蚀。防锈剂分子膜应具有较高的机械强度和抗水性,并有从金属表面除去有害物质的能力。

防锈剂主要有:磺酸盐类,石油磺酸钡是目前应用最广的油溶性防锈剂,其防锈性能好,特别是抗盐水性能比较突出,此类防锈剂还有石油磺酸钠、二壬基萘磺酸钡;胺酸、羧酸盐类,烯基丁二酸、环烷酸锌等,它们与磺酸盐复合使用时有明显的增效作用,脂肪酸的金属盐类通常比原来的脂肪酸的防锈性更好些,羧酸盐具有较好的抗潮湿性,但大多数羧酸及其金属盐的抗盐水性能较差;酯类,如山梨糖醇单油酸酯及羊毛酯;含氮化合物,如碳数在 12 ~ 14 的脂肪胺、脂肪胺油酸盐以及烷基取代咪喹啉及其有机酸盐、苯并三氮唑。

7. 抗泡沫剂

润滑油特别是含有强极性添加剂的油品(如内燃机油、齿轮油),受到震荡、搅拌等作用后,不可避免地会有空气潜入油中,同时,油品本身分解也会产生气体,从而在界面上形成泡沫。润滑油产生泡沫后会使润滑效果下降,管路产生气阻致使供油量不足,机件磨损加剧。对于液压油,起泡会导致液压系统压力不稳,影响正常工作,同时,由于泡沫存在,还会促进油品氧化,加速变质。

在润滑油中加入抗泡沫剂是减少泡沫的有效方法。目前所用的抗泡沫剂有硅油型和非硅型两类。

硅油型抗泡沫剂是最常用的抗泡沫剂,如二甲基硅油(又称聚二甲基硅氧烷),具有用量少(仅需加入 1 ~ 10 μg/g)、抗泡沫性、抗氧化性、抗高温性好等优点,但其调和工艺要求严格,在酸性介质中不够稳定。硅油是一种难溶于润滑油而表面活性很强的物质。它并不阻止润滑油生泡,但它可吸附在泡沫上,使泡沫的局部表面张力显著降低,泡沫因受力不均匀而破裂,从而缩短了泡沫的存在时间。

非硅型抗泡沫剂(聚丙烯酸酯型)对各种调和技术不敏感,在酸性介质中仍保持高效,稳定性好,可长期储存,但其用量较大,在 0.001% ~0.07% 之间。

11.6.2　燃料添加剂

随着发动机工作条件的强化和环境保护要求日趋严格,烃类燃料本身的性能已不能全面适应使用要求,为此,需要加入合适的添加剂以改善其某些性能。

燃料本身的性质对添加剂的添加效果有很大的影响,例如,燃料的烃类组成不同,添加同样数量的添加剂后,改进质量性能的效果也不同,亦即燃料对添加剂的感受性不同。燃料中含有的杂质,如硫化物、氮化物和氧化物等也会影响添加剂的效能。虽然添加剂的使用可以减轻油品的精制深度,但不能取消精制过程。因而在燃料生产中,必须根据对燃料质量的要求,以经济合理的加工工艺,经过适当深度的精制,生产出合适的燃料基础油料,然后添加数量合适的添加剂来生产高质量的燃料产品,满足国民经济发展和国防建设的需要。

燃料添加剂的种类也比较多,根据它们的功能一般分为:①汽油抗爆剂;②十六烷值改进剂(柴油抗爆剂);③表面燃烧防止剂;④抗氧剂;⑤金属钝化剂;⑥清净分散剂;⑦抗腐剂(抗氧抗腐剂);⑧防冰剂;⑨流动性改进剂;⑩其他添加剂,如抗静电剂、油性剂、抗烧蚀剂、抗微生物添加剂、抗泡沫剂、染色剂和抗磨防锈剂等;⑪重油添加剂,如锅炉燃料和燃气轮机燃料等用的添加剂。

不同品种的燃料所使用的添加剂类别有所不同,表11.7列出了各种燃料所使用的添加剂类别和添加量。

现将我国常用的燃料添加剂介绍如下。

1. 汽油抗爆剂

汽油抗爆剂是提高航空汽油和车用汽油抗爆震性能——辛烷值的添加剂。迄今常用的汽油抗爆剂是四乙基铅,它是一种无色油状液体,剧毒,能通过呼吸道及皮肤进入人体,使用时需加倍小心。加有四乙基铅的汽油均应染成红色或蓝色,以示有毒。

表 11.7　各种燃料所使用的添加剂类别和添加量

项目	航空汽油	车用汽油	喷气燃料	柴油	添加量
汽油抗爆剂	●	●	—	—	微量
十六烷值改进剂	—	—	—	●	极微量
表面燃烧防止剂	—	●	—	—	极微量
抗氧剂	●	●	●	●	极微量
金属钝化剂	●	●	●	●	极微量
清洁分散剂		●			极微量
抗腐剂	●	●	●	●	极微量
防冰剂	●	—	●	—	极微量
流动性改进剂				●	极微量
抗静电剂	—	—	●	●	超微量
油性剂	—	—	●		极微量
抗烧蚀剂	—	—	●		极微量
染色剂	●	●	—	—	超微量

四乙基铅之所以能提高汽油的抗爆性,是由于它在200 ℃时即能分解产生元素铅,铅与空气中的氧作用生成二氧化铅,二氧化铅再与未燃混合气中产生的过氧化物作用,生成化学性质

不活泼的有机含氧化合物和氧化铅。氧化铅再与空气中的氧化合生成二氧化铅,它又可与过氧化物作用。上述过程,可用反应式表示如下:

$$RCH_3 + O_2 \longrightarrow RCH_2OOH$$

$$Pb + O_2 \longrightarrow PbO_2$$

$$RCH_2OOH + PbO_2 \longrightarrow RCHO + PbO + H_2O + \frac{1}{2}O_2$$

$$PbO + \frac{1}{2}O_2 \longrightarrow PbO_2$$

这样,由于铅的作用减少了未燃混合气中的过氧化物,使它达不到自燃所必需的浓度,从而可以消除爆震。使用四乙基铅时,在汽缸中会产生铅沉积物,因此需要加入一定数量的导出剂予以消除。常用的导出剂有溴乙烷、二氯乙烷、二溴乙烷等,它们可使铅沉积物变成易挥发的卤化铅而排出。

汽油中加入一定量的四乙基铅后辛烷值提高的程度,称为汽油的感铅性。汽油的感铅性与烃类组成有关,烷烃的感铅性最好,其次是环烷烃,芳烃和烯烃最差。

由于四乙基铅有剧毒,目前各国都严格限制汽油的加铅量,并向无铅化方向发展。一些国家已经禁止使用含铅汽油。

除四乙基铅之外,在金属有机化合物中作为抗爆剂使用的还有甲基环戊二烯基三碳基锰,以金属质量计,它的抗爆性能与四乙基铅大体相当甚至更好些,没有毒性,但其成本高且易使发动机火花塞寿命急剧缩短,尚未得到广泛应用。

2. 十六烷值改进剂

随着柴油机的广泛应用,柴油需求量日益增多,需大量利用二次加工柴油,尤其是催化裂化柴油。而催化裂化柴油的十六烷值普遍偏低,即使与直馏柴油调和往往也不能达到规定的十六烷值指标。除用加氢、溶剂抽提等方法精制外,添加十六烷值改进剂是一种更经济且简便易行的途径。

可以作为十六烷值改进剂的化合物种类很多。例如,脂肪族烃(如乙炔、甲基乙炔、二乙烯基乙炔、丁二烯等),含氧的有机化合物(酸、醛、酮、醚和酚以及糠醛、丙酮、二甲乙醚、乙酸乙酯、硝化甘油和甲醇等),金属化合物(如硝酸钡、油酸铜、二氧化锰、硝酸钾和五氧化二钒等),硝酸烷基酯、亚硝酸烷基酯和硝基化合物(如硝酸戊酯、硝酸正己酯和 2,2 – 二硝基丙烷等),芳香族硝基化合物(如硝基苯和硝基萘等),亚硝基化合物(如甲醛肟和亚硝基甲基氨基甲酸乙酯等),氧化生成物(如臭氧),过氧化物(如丙酮过氧化物),多硫化物(如二乙基四硫化物等)以及其他化合物。然而在这些化合物中,只有很少几种化合物得到了实际应用,这是由于除了要求能够提高燃料的十六烷值外,添加剂还应满足其他的要求,如易溶于燃料而不溶于水、无毒,在储存时安定,价钱便宜等。已经得到了实际应用的有硝酸异辛酯、硝酸戊酯和2,2 – 二硝基丙烷,但并不广泛。

十六烷值改进剂加入柴油后,在发动机的压缩燃烧冲程中添加剂热分解的生成物促进了燃料的氧化,缩短了着火落后阶段,减轻了柴油机的爆震。添加剂的加入显著地降低了氧化反应开始的温度,扩大了燃烧前阶段的反应范围并降低了燃烧温度。

例如,硝酸烷基酯在燃烧前首先发生如下分解:

$$RONO_2 \longrightarrow RO \cdot + NO_2$$

夺取燃料分子中的氢,开始链反应,反应方程式如下:

$$RH + NO_2 \longrightarrow R \cdot + HNO_2$$

亚硝酸和氧反应生成 $HO_2 \cdot$ 和 $NO_2 \cdot$，反应方程式如下：

$$HNO_2 + O_2 \longrightarrow HO_2 \cdot + NO_2 \cdot$$

$NO_2 \cdot$ 继续反应，反应生成的烷基和烷氧基很容易继续反应。

添加剂的效果与添加剂的种类、加入量及燃料的种类有关。燃料的十六烷值越高，添加剂的效果越大，如对烷属燃料的效果比对裂化柴油或烷－芳香属燃料的效果好，对环烷属燃料的效果较差。表 11.8 列出了几种十六烷值改进剂的添加效果。

表 11.8　几种十六烷值改进剂的添加效果

硝酸酯名称	原十六烷值	添加 0.3%（体积分数）添加剂后的十六烷值	十六烷值增值
硝酸正丙酯	34.0	40.0	6.0
硝酸异丙酯	34.0	41.0	7.0
硝酸正丁酯	34.0	40.0	6.0
硝酸异丁酯	29.0	35.5	6.5
硝酸异戊酯	34.0	40.0	6.0
硝酸异辛酯	29.0	36.8	7.8

一般的柴油十六烷值越高，则低温启动性越好。使用添加剂虽然能提高柴油的十六烷值，可是并不能改善低温启动性。使用添加剂后，发动机活塞环周围的沉积物虽不增加，对活塞环没有磨损，但出现黏着活塞环的倾向，发动机功率有非常小的降低，燃料消耗量稍微增加或没有变化，降低了汽缸的最高压力和压力升高速度，缩短了着火落后期，黑烟稍微减少。

3. 流动性改进剂

流动性改进剂能降低柴油的低温黏度和凝点，改善低温流动性，但不能降低其浊点。它的作用机理与润滑油降凝剂基本相同，是由于共晶或吸附抑制石蜡晶体长大，阻止其形成三维网状骨架，因此柴油流动性改进剂可采用润滑油降凝剂。

我国生产和使用的柴油流动性改进剂主要是乙烯－醋酸乙烯酯共聚物，其相对分子质量一般为 1 500～2 000，其中醋酸乙烯酯含量为 35%～45%，在柴油中的加入量一般为 0.01%～1%，使用效果不仅取决于添加剂本身的结构，也取决于柴油的馏分组成和烃类组成。使用表明，对于此类添加剂，环烷基油比中间基油的感受性好，石蜡基的差。

4. 抗氧剂和金属钝化剂

轻质燃料油在储存过程中自动氧化生成胶质，这是油品中不安定的烯烃等氧化、聚合造成的。为了防止油品氧化和生成胶质而加入的添加剂称为抗氧剂，又称为防胶剂。

抗氧剂主要有两大类，即胺类和酚类。胺类，如 N,N′－二异丙基对苯二胺和 N,N′－二仲丁基对苯二胺；酚类，如 2,6－叔丁基－4－甲基苯酚、2,4－二甲基－6－叔丁基苯酚、2,6－二叔丁基苯酚和 β－萘酚。另外苯基－对－氨基酚和木焦油馏分也可作为抗氧剂。抗氧剂分子与传播链反应的游离基反应可将其钝化，从而使氧化链反应停止。

添加剂用量决定于添加剂抗氧化性能的强弱，与油品性质无关，一般的用量为 0.005%～0.15%。

抗氧剂在新炼成的油品和经过存放已氧化的油品中的效果是不同的。添加剂的作用效果随油品储存时间的增加而下降,因此必须在油品加工以后立即将抗氧剂加入,否则要加入数量更多的抗氧剂才能获得安定性好的油品。

汽油、喷气燃料等在制造、储存和输送过程中,由于和金属容器、管线和机器接触而混入微量的金属,这些金属,特别是铜具有促进油品氧化和生成胶质的催化作用,金属铜或铜离子与氧化生成的过氧化物反应生成二价铜离子和氢离子,它们参与氧化的链反应,如二价铜离子可降低添加剂的效能;铜离子与硫醇或苯酚反应,变为油溶性化合物,促进胶状物质析出;铜离子促进硫醇和过氧化物的反应,生成二硫化物和复杂的氧化物等。因此,在有金属存在时,为了防止油品氧化生胶,必须成倍地增加抗氧剂的加入量。例如,汽油中含有 1 $\mu g/g$ 的铜,则使邻苯二酚的添加量增大 2.1 倍,α – 萘酚增大2.5 倍,对苯基苯酚增大 6.5 倍。为了抑制金属,特别是铜对油品氧化的催化作用,可以在燃料中加入金属钝化剂。

为了充分发挥抗氧剂的作用,减少抗氧剂用量,常常是同时使用抗氧剂和金属钝化剂。金属钝化剂在燃料中的含量比抗氧剂要小得多,大约为 0.000 3% ~0.001%。

可以作为金属钝化剂的化合物种类很多,其中大部分为胺的羰基缩合物。已得到实际应用的有 N,N′ – 二水杨叉基 –1,2 – 丙二胺。

金属钝化剂和金属离子反应,形成螯合物,使金属处于没有促进氧化作用的钝化状态。生成的螯合物溶于油中,并且在很宽的温度范围内是安定的。

5. 抗静电剂

在燃料用泵输送、过滤、混合、喷雾时,贮罐、油槽车装油和抽油时,以及给车辆加油时都会发生静电电荷聚积的危险,以致发生火灾。甚至在静止状态时,由于水和硫酸等与油不混溶的液体、泥浆、锅垢、锈片等固体沉降以及空气和二氧化碳等气体上升都会产生静电。

把抗静电剂加到燃料里去可以提高燃料的导电性能,有助于静电电荷从贮罐、燃料管线、加油站等设备中"流走"。燃料的导电率一般在 0.3 ~40 pS/m 之间,一般认为燃料的导电率最低应不小于 50 pS/m。

抗静电剂还应在水存在下水解和溶于水并具备以下性质:低温下溶解性好,燃烧后灰分少,不产生有害气体;对皮肤无刺激和毒性;长期安定,防止带电的效果不变;可以与其他添加剂共存。抗静电剂多为表面活性剂,得到实际应用的有油酸的盐类(钙、铬)、一烷基和二烷基水杨酸的铬盐混合物(烷基含有 14 ~18 个碳原子)、四异戊基苦味酸胺、丁二醇和辛醇(2 – 乙基己醇)、磺化脂肪酸的钙盐等。我国目前常用的抗静电剂由三个组分复合组成,即烷基水杨酸铬、丁二酸双异辛酯磺酸钙及含氮的甲基丙烯酸酯共聚物。

6. 防冰剂

燃料中存在的少量水分,除了引起金属表面腐蚀生锈外,还能影响发动机的正常运转。对于汽油发动机,在低温高湿时,燃料中的水分和吸入空气中的水分由于轻质汽油组分汽化吸热凝聚成水滴,进而由于温度降低而结冰。生成的冰结晶堵塞汽化器的空气管路,破坏燃料的正常输送,造成发动机停止工作。对于喷气发动机,燃料中的水分结冰更是严重的问题。飞机在万米以上高空飞行时,周围温度可降至 60 ℃,燃料系统温度也可达 –30 ℃,在这种情况下,燃料中溶解的水析出结冰。造成滤网结冰堵塞。为了防止燃料中的水在使用时结冰,可以在燃料中加入防冰剂。

防冰剂分成两类:①添加剂与燃料中的水混合,并生成低结晶点溶液;②表面活性剂,它吸附在金属表面上,防止生成的冰的晶体黏附在金属上面,防止冰结晶生长。

　　常用的防冰剂有乙二醇单甲醚(或与甘油的混合物)、乙二醇单乙醚、乙二醇,二丙二醇醚和二甲基甲酰胺等。

7. 抗磨防锈剂

　　由于喷气燃料本身同时还要对燃料油泵起润滑作用,因此往往还需要加入抗磨防锈剂。此类添加剂是含有极性基团的化合物,它可吸附在摩擦部件的表面,避免金属之间的干摩擦,从而改善燃料的润滑性能;同时它又可保护金属表面不致生锈、腐蚀。

　　燃料的抗磨防锈剂主要由二聚亚油酸、酸性磷酸酯及酚型抗氧剂三者组成。

第3部分 炼油厂管理与技术经济

第12章 炼油厂的能量利用

12.1 概　　述

炼油厂是以石油为原料生产各类石油产品的加工地,是重要的能源生产基地,但同时在加工过程中也消耗相当多的能量,而且所消耗的这些能量主要是来自石油及其产品本身。因此,减少炼油厂的能耗就意味着从同样数量的原油中生产出更多的石油产品。国内炼油厂的总能耗大约是每加工1 t原油消耗3～4 GJ能量。若以4.187×10^4 kJ(或187×10^4 kcal)折算为1 kg原油,则相当于每加工1 t原油就要消耗约70～95 kg原油,占加工原油量的7%～9.5%。表12.1列出了1978年以来国内炼油厂能耗的变化情况。

表12.1　国内炼油厂能耗的变化情况　　　　　　　　　　　　　GJ/t

项目	年份				
	1978	1980	1985	1990	1995
总能耗	4.417	3.785	2.935	3.056	—
炼油能耗	4.028	3.458	2.755	2.964	—
单位能力因数能耗	—	1.026	0.708	0.645	0.613

由表12.1中数据可见,国内炼油厂的能耗是逐年降低的。1990年与1978年相比,炼油厂总能耗约降低了30%,相当于节约了原油处理量的2%～3%。由此也可以明显地看到炼油厂合理用能对充分利用石油资源和降低炼油厂生产成本的重要性。

不同类型的炼油装置由于其过程特点、复杂程度不同,其装置能耗没有可比性。对不同的炼油厂,由于同样的原因,其总能耗也没有可比性。为了使炼油厂的用能水平能在相同的基准上进行比较,提出了单位能量因数能耗这样一个指标。单位能量因数能耗等于炼油厂或炼油装置的实际能耗与能量因数之比。能量因数的值根据炼油厂或炼油装置的复杂程度来给定,复杂程度越高则给定的能量因数值也越大。由表12.1可见,十几年来,单位能量因数能耗是不断降低的,这表明在此期间,在原油加工深度和产品质量不断提高的情况下,炼油厂的用能水平也在不断提高。

表12.2列出了1978～1990年炼油厂总能耗的实物构成。由表可见,在此期间,水蒸气和工艺炉燃料所占的比例有了明显的下降(尽管如此,它们仍占总能耗的一半以上),而催化裂化烧焦的比例则明显增大,其主要原因是催化裂化进料中的渣油比例增大。

　　近40年来,虽然国内炼油厂的用能水平有了很大的提高,但是与国外先进水平比较还有一些差距。表12.3列出了主要炼油装置能耗国内外先进水平的比较。由于原料或产品等因素不尽相同,有些装置的能耗的可比性差,其数据仅供参考。但从总体上看,国内不少炼油装置的节能工作还有相当大的潜力。

表12.2　炼油厂总能耗的实物构成　　　　　　　　　kW

项目	年份			
	1978	1980	1985	1990
新鲜水	0.2	0.2	2.6	2.8
电力	12.4	14.2	15.0	16.0
蒸汽	38.2	36.4	32.2	28.0
工艺炉燃料	39.3	37.5	34.3	30.7
催化裂化烧焦	9.9	11.7	15.9	22.5
合计	100.0	100.0	100.0	100.0

表12.3　主要炼油装置能耗国内外先进水平的比较　　　　　　　　　MJ/t

炼油装置	国内	国外
常减压蒸馏	444	419
馏分油催化裂化	2 391	1 185
重油催化裂化	3 509	2 232
延迟焦化	833	770
加氢裂化	3 123	1 440
催化重整	5 866	1 250[①]
溶剂脱蜡	2 303	2 278
糠醛精制	1 089	1 110
丙烷脱沥青	1 206	879 ~ 1 089[②]

注:①四乙二醇醚芳烃抽提
　　②润滑油料和裂化料

　　世界各国的炼油厂对节约用能高度重视始于1973年中东石油危机。从其发展历史来看,大体上经历了两个发展阶段。在第一阶段,主要是针对一些用能明显不合理的地方,通过采取加强管理、改善工艺操作、较小的技术改造以及加强保温等投资少、费力小的措施,就能取得比较明显的节能效果。在第二阶段,要求对炼油厂用能情况做更深入地分析,如进行大系统优化、应用热力学第二定律或者有效能分析来指导节能工作,采用过程模拟、优化控制以及在工艺技术上进行革新等手段以达到进一步节能的目的。以日本炼油厂节能的投资与效益为例,若按两年回收全部投资计算,则每投资1万日元节约的能量(折合成立方米燃料油)的变化如下:1977年为0.70 m³;1978年为0.35 m³;1979年为0.09 m³。

　　自20世纪80年代以来,我国炼油厂的节能工作取得了较大的进步。但是,自20世纪90

年代以来,上到大企业下到各个基层的炼油企业都在集中精力搞扩建。在对多种原油的装置
进行配套深加工时,并没有同时采取热联合、功热联产以及装置大型化等综合性优化措施。由
于节能工作的停滞,能源消耗量走势有所抬头。1999 年,在二次加工比例增大的情况下,我国
炼油厂总炼油能耗为 3 575.5 MJ/t,比 1998 年增加了 23.2%,节能潜力巨大。21 世纪后,节能
工作重新得到重视。虽然炼油耗能量有所降低,仍比发达水平高出 1 046.7MJ/t。如果按照原
油加工耗能量平均比国外发达水平高 628.0 MJ/t 来计算,以 350 Mt/a 加工量计,我国的节能
潜力折合标准油为 5.25 Mt/a,经济损失巨大。

　　20 世纪 70 年代我国炼油厂的原料主要是渣油,还有炼厂气,能源结构比较单一。直到 20
世纪末,能源结构才发生了变化,发展为延迟焦化和催化裂化的焦炭、渣油、炼厂气还有部分网
电、煤等多种能源。今后,煤、焦炭和天然气将成为构成中国炼油业的主要能源。优化能源结
构,降低单耗和总耗,不但能带来良好的经济效益,还能为国家节省珍贵的石油资源,有效地减
少对石油进口的依赖。

　　本章主要是从提高炼油工艺过程用能水平这一目的出发,运用热力学基础知识阐述炼油
工艺中能量利用过程的基本原理和规律,并从中寻求节约用能的途径。对于制订一个具体的
改善用能状况的方案,可能还需要许多其他方面的知识,如过程模拟、系统优化等方面的知识,
掌握这些知识还有待于对其他有关课程的学习。

12.2　用能过程分析的基本原理

　　用能过程分析的理论基础是热力学第一定律和第二定律。本节主要是在重温热力学第一
定律和第二定律的基础上,进一步说明除了数量的概念外,对能量还应当有质的概念。

12.2.1　热力学第一定律的应用

　　热力学第一定律的最基本内容就是能量守恒定律。在形式上,热力学第一定律有多种表
述方法,其中之一是:虽然能量以多种形式存在,但总能量是守恒的,当能量以某种形式消失的
同时,就以另一种形式出现。此时,第一定律的最基本的形式可以写成

$$\Delta \text{体系的能量} + \Delta \text{环境的能量} = 0 \tag{12.1}$$

　　对一个稳定流动体系,上式可写成

$$\Delta H + \Delta u^2/2 + g\Delta Z = Q - W_s \tag{12.2}$$

式中,各项都代表单位质量流体的能量,方程式的左方各项表示体系能量的变化,依次为焓、动
能、位能的变化;右方的 Q 表示体系得到的热量(用正值),W_s 表示体系对外界做的轴功。在计
算时,各项能量应使用相同的能量单位。

　　在很多情况下,动能和位能的变化与其他各项比较相对来说很小,一般都可以忽略。于是
式(12.2)可简化为

$$\Delta H = Q - W_s \tag{12.3}$$

　　在能量转换、传递的实际过程中,向体系提供的总能量 E_T 中有一部分 E_A 被有效地利用
了,而总是有一部分 E_K 被排到周围环境而耗散掉了,因此就有一个能量利用效率的问题。根
据效率(η)的定义,可得

$$\eta = (E_A/E_T) \times 100\% \tag{12.4}$$

　　在实际应用中常遇到的热效率、热功效率等,其计算的基本原理都源于此,但是由于具体

情况不同或使用目的不同,往往对式(12.4)中的 E_A 和 E_T 所规定的含义会有所不同。

从上面的讨论中还可以看到,热力学第一定律所考虑的只是能量的数量问题,并不涉及能量的质的问题。

12.2.2　热力学第二定律的应用

热力学第一定律指出了任何过程中的能量守恒这一客观规律,但是它并没有指出能量转变的方向和限度,而实际经验表明,这种限制是客观存在的。例如在能量平衡中,若以同样的单位来衡量,则一个单位的热与一个单位的功是相当的。但是若将能量以热的形式传递给一体系,令其做功,则不管所用的机器如何先进,都不能做到使全部传递的热量都转变为功。

热力学第二定律是阐明能量转变的方向和限度的规律,有多种表述方法。这里介绍两种最为普遍的表述:

①不可能从单一热源取热使之完全转变为有用功而不引起其他的变化。

②不可能把热从低温物体传给高温物体而不引起其他变化。

第一种表述并不是说热不可能转变为功,而是说,除了热直接转变为功的那类变化外,不是在体系内就是在环境中必定有其他的变化发生。第二种表述也不是说热不可能从低温物体传给高温物体,而是强调这种过程是不可能自发进行的,例如冰箱的运转过程必须有外界加入的功。

根据热力学第二定律,一个在热源 T_1 和冷源 T_2 之间工作的热机从热源吸取的热量 Q_1 中,只能有一部分转变为功,而剩余的一部分热量 Q_2 则排到冷源中去,即

$$W = Q_1 - Q_2$$

通过推导可以证明,对可逆机:

$$W/Q_1 = (T_1 - T_2)/T_1 \tag{12.5}$$

此式表示了可逆机的热功效率。由此式可见,欲使此热机的热功效率趋近于100%,其唯一的条件是 T_1 趋于无穷大,或 T_2 趋于零。实际上这两个条件都不可能达到。所以,所有的热机都在远低于100%的效率下操作,如现代蒸汽动力装置的效率大约只有35%。

由于 $W = Q_1 - Q_2$,故式(12.5)可以写成

$$Q_2/Q_1 = T_2/T_1$$

考虑到习惯上规定体系吸收的热量为正,排出的热量为负,此式可写成

$$Q_1/T_1 = -Q_2/T_2 \tag{12.6}$$

必须注意以上各式中的温度 T 都是指绝对温度。

若定义 Q/T 为熵、以符号 S 表示,则对可逆过程,式(12.6)成立,即

$$\Delta S_{总} = Q_1/T_1 + Q_2/T_2 = 0 \tag{12.7}$$

此式表明,对可逆过程,其总熵变(体系的熵变+环境的熵变)等于零。

对不可逆过程,其总熵变总是大于零,为正值。因此,热力学第二定律提供了一个很重要的原理:一切自发过程都是向着总熵增大的方向进行,随着过程趋近于可逆过程,总熵变趋近于极限值——零,即一切自发过程的 $\Delta S_{总} \geq 0$,而总熵变为负值的过程是不可能发生的。

熵是一个状态函数,对于一个体系的可逆过程,其熵变:

$$dS = dQ_R/T$$

或

$$\Delta S = \int dQ_R/T \tag{12.8}$$

式中,$\mathrm{d}Q_R$ 为在可逆过程中体系与环境之间的微分量的热交换。

在前面讨论热力学第一定律时已知,对稳定流动体系有式(12.3),即

$$\Delta H = Q - W$$

若此过程是可逆过程,则可写成

$$\Delta H = Q_R - W_{\max}$$

式中,Q_R 为在可逆过程中供给体系的热量;$W_{\max}$ 为体系在可逆过程中所做的功,也就是可能做的最大功。

由于 $Q_R = T_e \Delta S$,上式可以写成

$$W_{\max} = -\Delta H + T_e \Delta S \tag{12.9}$$

式(12.9)表示,对于稳定流动体系,在理想情况(可逆过程)下,体系所减少的能量(以焓表示)中只有扣除 $T_e \Delta S$ 后的那一部分能量才可用于做功。

如果以环境状态 e 为体系变化的最终状态,则对处于状态 1 的体系(例如某个物质),它所能做的最大功为

$$W_{\max} = -\Delta H_{1 \to e} + Q_{R,1 \to e}$$

此时的 $W_{\max}$ 称为该体系在状态 1 下的"有效能",以 Φ_1 表示,则

$$\Phi_1 = W_{\max,1 \to e} = -\Delta H_{1 \to e} + T_e \Delta S_{1 \to e} \tag{12.10}$$

有效能的定义是:单位质量的物质从某个状态达到与周围环境(通常用 1 atm、25 ℃ 或 298 K 为基准,但也有用其他基准的)平衡时,它可能做出的最大功称为该物质在该状态时所具有的有效能。由式(12.10)可见,有效能也是个状态函数,它表示了物质处于某种状态下的一种热力学性质。

由式(12.10)可以推导出体系从状态 1 转变到状态 2 的过程中所发生的有效能的变化为

$$\Delta \Phi_{1 \to 2} = \Phi_1 - \Phi_2 = \Delta H_{1 \to 2} - T_e \Delta S_{1 \to 2} \tag{12.11}$$

从以上讨论可以看到,物质所具备的能量有有效能及不能用于做功的能之分,也就是说,热力学第二定律告诉我们,对用能过程进行分析时,不仅要注意它的量,而且要注意它的质。与第一定律的能量守恒和热效率的概念有所区别,在用能过程的分析中第二定律指导人们去分析有效能的平衡以及有效能的利用效率。

12.2.3　能量的质的概念

从以上的讨论中可看到,除了数量的多少之外,能量还有个质量的问题。下面再举一实例说明。

某热电厂出售电力和 9.8×10^5 Pa 饱和蒸汽。如果都以 1 000 kJ 计算,则相当于 0.277 kW·h 电或 0.373 kg 蒸汽。按 1 000 kJ 的能量计算,热电厂出售电力的价格要比蒸汽售价高一倍以上。但是用户并不会由于此售价的差别而抱怨电力的售价太高,相反地还乐于接受。原因就在于这两种能量虽然在量上相等,但却有质量高低之分。电力之所以优质在于这 1 000 kJ 的能量几乎可以全部转化为有用功。若考虑传导时的电阻和机械的效率,大约有 90% ~95% 的能量可以转化为有用功。而对于 1 000 kJ 的 9.8×10^5 Pa 饱和蒸汽,理论上最多只能有 32% 的能量可以转化为有用功。

下面再分析一个冷、热流换热过程的能量转换情况。

设在换热过程中没有热损失,于是热流给出的热量全部传给了冷流,即

$$- \Delta H_热 = \Delta H_冷$$

也就是说,从热力学第一定律来看,能量没有损失。

再从有效能的利用率角度来看,在传热过程中,热流和冷流的有效能变化分别为

$$\Delta \Phi_热 = \Delta H_热 - T_e \Delta S_热$$
$$\Delta \Phi_冷 = \Delta H_冷 - T_e \Delta S_冷$$
$$\Delta \Phi_总 = (\Delta H_热 + \Delta H_冷) - T_e (\Delta S_热 + \Delta S_冷)$$

由于没有热损失,方程式右方的第一项为零,又由于实际过程的总熵变总是大于零,即右方的第二项中的 $\Delta S_热 + \Delta S_冷 > 0$,因此,$\Delta \Phi_总 < 0$。即在没有热损失的情况下,冷、热流之间进行换热时,有效能总是有损失的。在这里,有效能的损失是由于高温位的热能转化为低温位的热能而造成的。换句话说,虽然能量的数量没有变化,但是能量的质量降低了,有效能的损失就是反映了在此过程中能质降低的程度。冷、热流换热过程的进行情况离可逆过程越远,或者说是传热温差越大,则有效能的损失也就越大。

从以上讨论可见,从热力学第一定律引出的热效率虽然已广泛应用于用能过程的分析,但是它是不够全面的。为了更深入地分析用能过程、挖掘节能潜力,除了运用第一定律引出的热效率之外,还有必要利用从第二定律引出的有效能效率这一概念来分析用能过程。

12.3　炼油过程的有效能分析

12.3.1　基本计算方法

1. 物理有效能和化学有效能

一般来说,凡是其 T、p 与环境状态(基准状态)的 T_e、p_e 不同的体系都具有物理有效能。物质的化学组成不同,或是化学组成相同,但是在混合物中的浓度不同,其化学位不同,因而具有不同的化学有效能。

对一个工艺过程做有效能分析时,应注意对同一种物质应当采用同一个基准状态。在计算物理有效能时,多数文献推荐 p_e 用 1 atm、T_e 用 298 K(25 ℃)。选择基准状态时还有一个相态问题,一般以 1 atm、25 ℃下物质的自然状态为基准状态。例如,水的基准相态是液态,CH_4 的基准相态是气态等。对于有几种结晶状态的固相物质,还需选定其中的某一种结晶状态作为基准状态。在多数情况下,主要是计算有效能的变化(差值),因此,只要选用统一的基准状态,都可以得到相同的计算结果。

至于计算化学有效能的基准状态问题,由于包含了基准物选择的问题,因而比较复杂。一般来说,应当选择地球表面上最稳定的元素或化合物作为基准物。例如,有的作者选择液体水作为氢的基准物,选择大气中的 CO_2 作为 C 的基准物等。但实际上,不同作者采用不同的基准物和数据,所发表的化学有效能的数值也不同。对这种情况,在选用时应予以注意。

2. 基本计算公式

某体系处于状态 1 时的有效能为

$$\Delta \Phi_1 = - \Delta H_{1 \to e} + T_e \Delta S_{1 \to e}$$

某体系由状态 1 到状态 2 的有效能变化为

$$\Delta \Phi_{1 \to 2} = \Delta H_{1 \to 2} - T_e \Delta S_{1 \to 2}$$

以上两式是计算有效能和有效能变化的最基本公式。如果得到了有关的焓和熵的数据，则由以上两式不难计算得到所需的有效能和有效能变化的数值。在计算时应注意若还有化学变化发生，式中的 ΔH 和 ΔS 应包括化学反应所带来的变化。

在运用上述两个基本公式计算时，常常会遇到缺乏焓和熵的比较完备的数据这一困难。此时，可以通过其他易得到的热力学参数来计算。根据热力学函数之间的关系，可以推导出另一种计算有效能变化的表达式：

$$\Delta \Phi_{1\to2} = \int_{T_1}^{T_2} c_p \left(1 - \frac{T_e}{T}\right) dT + \int_{p_1}^{p_2} \left[V - (T - T_e)\left(\frac{\partial V}{\partial T}\right)_p\right] dp \qquad (12.12)$$

式(12.12)即为体系由状态 1 变化至状态 2，而且只有物理变化时，计算有效能变化的一般公式。如果此式中积分的上、下限改为 T_1、p_1、T_e、p_e，其计算结果也就是体系在状态 1 时的物理有效能值。

对于有化学变化的有效能变化的计算可以分两步进行。第一步，假定压力、温度不变，而且 $T = T_e$、$p = p_e$，即先假定化学变化是在 T_e、p_e 下发生，只有组成变化，由此计算得化学有效能的变化(或称化学有效能)；第二步，计算反应物由 T_1、p_1 至 T_e、p_e 的物理有效能变化及反应产物由 T_e、p_e 至 T_2、p_2 的物理有效能变化。此三项有效能变化之和即为过程的总有效能变化。

对于第一步的化学有效能变化的计算，根据热力学，函数之间有如下的关系：

$$dG = dH - TdS$$

式中，G 为吉布斯(Gibbs)自由能(有的文献亦称自由焓)。

故在 T_e、p_e 下进行化学变化的有效能变化为

$$\Delta \Phi = \sum_{i=1}^{n} G_i \Delta n_i \qquad (12.13)$$

式中，G_i 为偏摩尔自由能，也称等压位；Δn_i 为 i 组分物质的量的变化。

式(12.13)即为在 T_e、p_e 下发生化学变化时的有效能变化计算一般式。表 12.4 和表 12.5 分别列出了某些元素和化合物的有效能和化学有效能的数据。

表 12.4　某些元素的化学有效能　　　　kJ/mol

元素	有效能	元素	有效能
C	410.8	Al	788.8
H	117.7	Ca	712.9
N	0.33	Fe	368.4
O	1.97	Na	361.0
S	606.0	Si	853.4

表 12.5　某些化合物的化学有效能　　　　kJ/mol

化合物	相态	化学有效能	化合物	相态	化学有效能
CH_4	气	830.7	苯	液	3 295.5
C_2H_6	气	1 474.8	甲苯	液	3 931.2
C_3H_8	气	2 150.6	甲醇	液	717.2

续表12.5

化合物	相态	化学有效能	化合物	相态	化学有效能
C_4H_{10}	气	2 803.0	乙醇	液	1 355.5
C_5H_{12}	气	3 458.0	CO	气	275.5
	液	3 457.0	CO_2	气	20.1
C_6H_{14}	气	4 112.4	H_2O	气	8.6
	液	4 108.3	NO	气	89.0
C_7H_{16}	气	4 766.8	NH_3	气	336.7
	液	4 759.9	SO_2	气	306.7
C_2H_4	气	1 360.6	SO_3	气	306.7
C_3H_6	气	2 001.4	H_2S	气	825.9
环己烷	液	3 903.9	NO_2	气	55.6

3. 简化计算方法

采用式(12.12)计算物理有效能时还是比较麻烦。在某些情况下可以将其简化为

$$\Phi = \int_{T_e}^{T} c_p \left(1 - \frac{T_e}{T}\right) dT + \int_{p_e}^{p} \left[V - (T - T_e)\left(\frac{\partial V}{\partial T}\right)_p\right] dp \tag{12.14}$$

对于一些处于温度较高、压力较低的气体，可以认为其性质近似于理想气体，因而服从理想气体状态方程式：

$$pV = RT$$

此时，式(12.14)可以简化为

$$\Phi = \int_{T_e}^{T} c_p \left(1 - \frac{T_e}{T}\right) dT + RT_e \ln \frac{p}{p_e} \tag{12.15}$$

若已知 $c_p = f(T)$ 关系式，上式即可积分而求得 Φ。

若 c_p 随温度变化很小，而且 $(T - T_e)$ 不太大时，c_p 可采用平均值并看作常数，则上式还可以简化为

$$\Phi = c_p(T - T_e) - T_e c_p \ln \frac{T}{T_e} + RT_e \ln \frac{p}{p_e} \tag{12.16}$$

当缺乏 c_p 数据时，也可以用焓差 $(H - H_e)$ 代替 $c_p(T - T_e)$：

$$\Phi = (H - H_e)\left[1 - \frac{T_e}{(T - T_e)\big/\ln \frac{T}{T_e}}\right] + RT_e \ln \frac{p}{p_e} \tag{12.17}$$

对于压力不太高的液体，式(12.14)中右方的第二项相对于第一项来说可以忽略，于是该式可以简化为

$$\Phi = \int_{T_e}^{T} c_p \left(1 - \frac{T_e}{T}\right) dT \tag{12.18}$$

若 c_p 为可视常数，则还可以进一步简化为

$$\Phi = c_p(T - T_e) - T_e c_p \ln \frac{T}{T_e} \tag{12.19}$$

同样,必要时也可以用焓差$(H - H_e)$来代替式中的$c_p(T - T_e)$。

从以上所述可以看到,在简化计算物理有效能的公式时有两条重要的途径:其一是简化处理c_p,其二是简化处理$p - V - T$关系。在实际应用中,对于石油馏分来说,用焓差代替c_p来计算比较方便,而且引入的误差也较小。对$p - V - T$关系来说,最简单的关系是理想气体状态方程式。如果必须采用更复杂的关系式,也应当选择其中较简单的,并根据具体情况做出适当的合理假设以简化计算程序。一般来说,对工艺过程用能分析来说,并不要求非常高的精度,因此,在可能的条件下应尽量使计算简化。

在计算化学有效能时,也可以根据具体情况做合理的简化。例如,许多元素或化合物的标准生成等压位可以从一些热力学参考书及手册中查到,但是许多化合物的有效能却不易得到。此时,可以由已知有效能的一些化合物来求得未知的化合物的有效能。例如,已知苯的化学有效能为 3 295.5 kJ/mol,求环己烷的化学有效能。

由反应式　　　　　　　　　　　　苯 $+3H_2 \longrightarrow$ 环己烷

得此化学反应的有效能变化为

$$\Delta \Phi_r = \Delta G^{\ominus}_{\text{环己烷}} - \Delta G^{\ominus}_{\text{苯}} - 3\Delta G^{\ominus}_{\text{氢}} = 30.6 - 126.8 - 3 \times 0 = -96.2 (\text{kJ/mol})$$

所以,环己烷的化学有效能为

$$\Phi = \Phi_{\text{苯}} + 3 \times \Phi_{\text{氢}} + \Delta \Phi_r = 3\ 295.5 + 3 \times 235.4 + (-96.2) = 3\ 905.5 (\text{kJ/mol})$$

12.3.2　单元过程的有效能分析

炼油、化工过程都是由一些单元过程组成的。本节介绍某些常见的单元过程的有效能分析,用以说明有效能分析方法的意义。

【例 12.1】　水蒸气节流过程。

一股过热蒸汽从 1.726 MPa 及 315 ℃经绝热节流膨胀至 0.686 MPa,现计算此过程的有效能变化。

流体的绝热节流膨胀是一个等焓过程。据此由热力学函数关系可计算得节流后的温度为 303 ℃。已知节流前后的温度和压力,可以从水蒸气表中查得节流前后的焓和熵值见表 12.6。

表 12.6　节流前后的焓和熵值

状态	压力/MPa	温度/℃	焓/(kJ·kg^{-1})	熵/(kJ·kg^{-1})
节流前,1	1.726	315	3 065.7	6.91
节流后,2	0.686	303	3 065.7	7.32

此节流过程的有效能变化为

$$\Delta \Phi = (H_2 - H_1) - T_e(S_2 - S_1) = 0 - 298 \times (7.32 - 6.91) = -122.18 (\text{kJ/kg})$$

从计算结果可见,过热蒸汽经节流膨胀后,其焓虽然不变,但其有效能却下降了,即其能质降低了。对其他高压气体的节流过程也会是这种结果。炼油厂中有些高压水蒸气或气体无谓地节流降压,从能量的数量来看,似乎没有损失,其实其质量已经降低了,实际上也是增大了能耗,因为白白地丧失了一部分可以回收的功。

【例 12.2】　冷、热流直接混合。

为了取得 1 kg 50 ℃的水,用 100 ℃的水和 0 ℃的水以 1:1 混合。计算此过程的有效能损失。

以 1 kg 50 ℃水为基准计算。为简化计算,采用水的平均比热容为 4. 187 kJ/(kg·℃),利用式(12.19)计算上述三个温度水的有效能。由此算得

50 ℃水的有效能为　　　　　　　$\Phi = 4. 14$ kJ/kg

100 ℃水的有效能为　　　　　　$\Phi = 33. 92$ kJ/kg

0 ℃水的有效能为　　　　　　　$\Phi = 4. 65$ kJ/kg

所以　　　　　　$\Phi_{入} = 33. 92 \times 0. 5 + 4. 65 \times 0. 5 = 19. 28(\text{kJ/kg})$

$$\Phi_{出} = 4. 14 \text{ kJ/kg}$$

此混合过程的有效能损失 $= 19. 28 - 4. 14 = 15. 14(\text{kJ/kg})$

损失占供给的有效能的分率 $= 15. 14/19. 28 = 78. 5\%$

由此可见,若没有散热损失,则仅从热能的数量(焓)来看,热效率为 100%;但从有效能的利用率来看,则其效率只有 21.5%。

冷流与热流的混合都会引起有效能损失,两者的温差越大,有效能损失也越大。工艺过程中,这类混合的事例是常见的。有些是出于工艺上的需要,例如向某些反应器注入冷氢或冷油等,但也有很多情况只是图个方便。

【例 12.3】 换热过程。

两股石油馏分在一台换热器内换热,如图12.1所示。

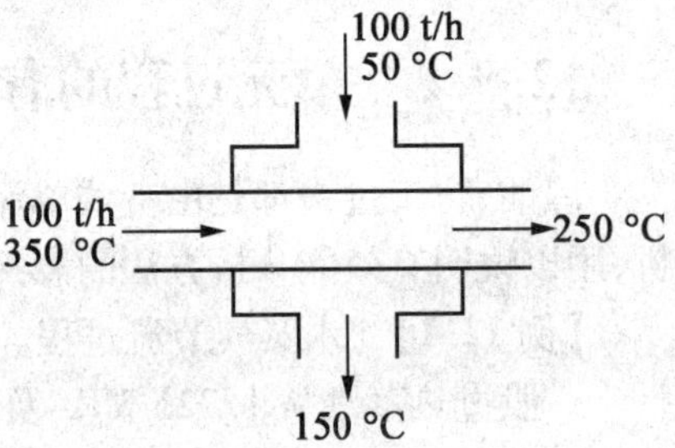

设换热过程中没有散热损失,且两流的平均比热容均为 2. 93 kJ/(kg·℃)。则

$$\Delta H_{热} = 2. 93 \times (250 - 350) \times 100 \times 10^3$$
$$= -2. 93 \times 10^6 (\text{kJ/h})$$
$$\Delta H_{冷} = 2. 93 \times (150 - 50) \times 100 \times 10^3$$
$$= 2. 93 \times 10^6 (\text{kJ/h})$$

热流减少的焓等于冷流获得的焓,故热力学第一定律热效率为 100%。

图 12.1　两股石油馏分在换热器内换热

现再考虑有效能的变化情况。因为过程中只有热量的传递,故冷流或热流的熵变为

$$\Delta S = \int_{T_1}^{T_2} \frac{c_p \mathrm{d}T}{T} = c_{p,\mathrm{av}} \ln \frac{T_2}{T_1}$$

故　　　　　$\Delta S_{热} = 2. 93 \times \ln(523/623) \times 100 \times 10^3 = -5. 13 \times 10^4 (\text{kJ/h})$

$$\Delta \Phi_{热} = -29. 3 \times 10^6 - 298 \times (-5. 13 \times 10^4) = -14. 03 \times 10^6 (\text{kJ/h})$$

$$\Delta S_{冷} = 2. 93 \times \ln(423/323) \times 100 \times 10^3 = 7. 9 \times 10^4 (\text{kJ/h})$$

$$\Delta \Phi_{冷} = 29. 3 \times 10^6 - 298 \times 7. 9 \times 10 = 5. 75 \times 10^6 (\text{kJ/h})$$

冷流获得的有效能占热流给出的有效能的分率为

$$(5. 75 \times 10^6/14. 03 \times 10^6) \times 100\% = 41\%$$

从以上计算结果可见,即使没有散热损失,在热流提供的有效能中也有 59% 在传热过程中损失了,其结果表现为高温位的热量转化成低温位的热量。传热温差越大,过程的不可逆程度越大,其有效能损耗也越大。从减少有效能损耗的角度来看,传热温差应越小越好。在实际的换热过程中,传热温差减小则换热面积需增大,设备投资增加。因此,应做综合的技术经济分析。

由以上分析可以得出这样的推论:在设计一个换热网络时,对于一个高温热流,应安排它

进行多次换热,即依几个冷流温度的高低依次进行换热,而不要直接与一个温度很低的冷流换热并使热流的温度降至很低。也就是说,换热分几次进行,而每次的传热温差较小,这样做能获得较好的总的换热效果。这种按能级的高低依次逐级利用的原则在许多场合下都是适用的。例如有的炼油厂将中压水蒸气减压后直接用作工艺蒸汽或用于加热温度较低的物流,这是不合理的。如果把中压蒸汽先用于驱动一个背压透平做功,排出的蒸汽再去做其他用途,则可以节约不少能量。又如某些精馏塔的进料温度较高(如常压塔约为 375 ℃,催化裂化分馏塔约为 500 ℃),进料带入的热量中的很大部分是由回流带走,在工艺要求能满足的条件下(例如满足分离精度的要求等),应尽量多抽出较高温位的中段回流以利于能量回收。

【例 12.4】 混合物分离过程。

由热力学函数关系可知:

$$G_i = G_i^0 + RT\ln a_i$$

式中,G_i^0、G_i 分别为纯组分及混合物中 i 组分的等压位;a_i 为 i 组分的活度,对理想气体,可用分压代替;对理想溶液,可用物质的量浓度代替。

已知 $\Delta\Phi = \Delta G$,分离过程中没有化学变化,G_i^0 的值在原料中或产物中都是相同的。因此可得

$$\Delta\Phi = \left(\sum_{i=1}^n n_i RT\ln a_i\right)_{产物} - \left(\sum_{j=1}^n n_j RT\ln a_j\right)_{原料} \tag{12.20}$$

今有一个由 40% 苯和 60% 甲苯组成的混合物,欲分离(例如通过精馏)为两个产物,其一含苯 95%、甲苯 5%,其二含苯 2%、甲苯 98%(以上都是指物质的量分数)。计算此分离过程的有效能变化。

以 100 mol 原料为基准进行计算,分离过程在 298 K 下进行。

由物料平衡计算得各物流的物质的量见表 12.7。

表 12.7　由物料平衡计算得各物流的物质的量

mol

物流	苯	甲苯	合计
原料	40	60	100
产物,1	38.8	2.05	40.85
产物,2	1.2	57.95	59.15

用式(12.20)计算此分离过程的有效能变化。苯 – 甲苯混合物是理想溶液,式中的 a_i 可以用物质的量分数 x_i 来代替。于是

$\Delta\Phi = (38.8RT\ln 0.95 + 2.05RT\ln 0.05) + (1.2RT\ln 0.02 + 57.95RT\ln 0.98) +$

$\quad (40RT\ln 0.40 + 60RT\ln 0.60)$

$= -132.1(\text{kJ}/100 \text{ mol 原料})$

$= -1.321(\text{kJ/mol 原料})$

以上计算时采用 $T = 298$ K;R 为通用气体常数,其值为 8.31 J/(K·mol)。

需要说明的是:上述计算结果只是原料分离成几个产物时原料的有效能与产物的有效能之差。由于有效能是状态函数,因此,当原料和产物的状态确定之后,不管具体的分离过程如何,其分离有效能变化都是相同的。但是对一个实际的分离过程来说,其有效能损耗除了与原

料和产物的组成有关外,还与实际分离过程中的流动、传质、传热的不可逆程度有关。所以,实际分离过程的有效能损耗与所使用的分离方法有关,而且其值大于上述计算所得的分离有效能变化值。也就是说,上述计算的分离有效能变化只是实际分离过程的有效能消耗的最低限。

还有一点要提出的就是为了分离过程能进行,常常需要对原料进行加热、汽化等,这里所需提供的能量常常比上述的分离有效能变化值大得多。以本例题为例,在采用精馏方法时,原料在进入精馏塔以前需加热到约 90 ℃(也可以采用较低的进料温度,但需有再沸器提供热量),而且原料的大部分需汽化,因此,必须提供大量的热能,粗略估算,约需4×10^4 kJ/kmol。这些热能主要是在产物冷凝、冷却时放出,其中一部分可以回收利用,而相当大部分则随产物出装置而排弃。即使是能回收75%的热能(实际上难以达到),也还有约1×10^4 kJ/kmol 的热能被排弃。上述分离过程的有效能变化值($0.132\ 1 \times 10^4$ kJ/kmol)与之相比可以说是小得微不足道。由此可以得到两个重要的概念:在精馏过程中,必须十分重视能量的回收环节;分离过程的热力学能耗是很小的,从降低能耗的角度来看,分离过程有很大的潜力,需要开发新的分离技术,大幅度地减少所需提供的能量(同时也减小了能量回收的负荷,而回收过程总是不可避免地发生损耗)。

【例 12.5】 加热炉加热过程。

某原油长输管线中间加热炉的加热条件如图 12.2 所示。原油的平均比热容为 2.1 kJ/(kg·℃),燃料油的低发热值为4×10^4 kJ/kg。

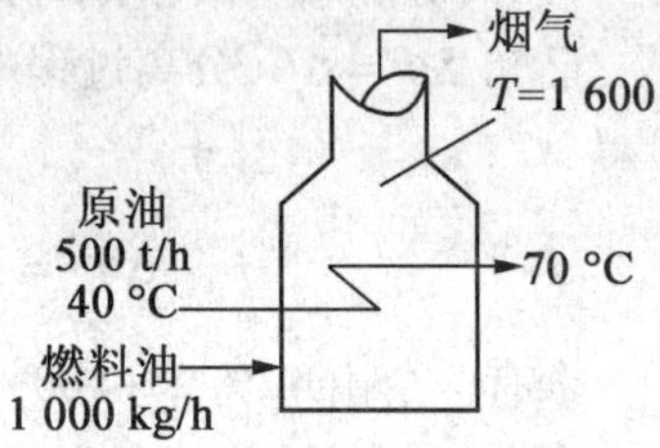

图 12.2 加热条件

首先计算热平衡。

燃料油提供的热量 $= 1\ 000 \times 4 \times 10^4 = 4\ 000 \times 10^4$(kJ/h)

原油获得的热量 $= 500 \times 10^3 \times 2.1 \times (70 - 40) = 3\ 150 \times 10^4$(kJ/h)

加热炉的热效率 $= 3\ 150 \times 10^4$ kJ/h$/4\ 000 \times 10^4$ kJ/h$= 78.7\%$

其余的 21.3% 的热量由烟气带走。

再从有效能的利用效率来考察。

原油增加的有效能为 $$\Delta \Phi = \Delta H - T_e \Delta S$$

其中 $$\Delta H = 3\ 150 \times 10^4 (\text{kJ/h})$$

$$\Delta S = W \bar{c_p} \ln \frac{T_2}{T_1} = 500 \times 10^3 \times 2.1 \times \ln \frac{343}{313} = 9.6 \times 10^4 (\text{kJ/h})$$

所以 $$\Delta \Phi = 3\ 150 \times 10^4 - 298 \times 9.6 \times 10^4 = 289 \times 10^4 (\text{kJ/h})$$

燃料提供的有效能可由燃料的化学有效能扣除燃料燃烧反应的有效能变化而计算得到,这需要各项有关的数据。现从另一简化的途径来计算。已知加热炉的火焰最高温度为 1 600 K,可以认为每千克燃料油给出的有效能相当于 1 600 K 烟气的4×10^4 kJ 热量给出的有效能。由于热量 Q 能做出的最大功(亦即有效能)为 $Q \times (T - T_e)/T$,故燃料油提供的有效能为

$$\Delta \Phi = 1\ 000 \times 4 \times 10^4 \times (1\ 600 - 298)/1\ 600 = 3\ 255 (\text{kJ/h})$$

因此,加热炉的有效能的利用效率为

$$289 \times 10^4 \text{ kJ/h}/3\ 255 \times 10^4 \text{ kJ/h} = 9.15\%$$

从以上计算结果可见,本例中的加热炉热效率与一般炼油厂中的加热炉热效率(一般在 85% 以上)相比,是比较低的。其主要原因是烟气的热量没有很好地利用。进一步从热力学第二定律来看,此加热炉的有效能利用效率非常低,只有 9.15%。其根本原因在于能级很高的一次能源(燃料油)直接转化成能级很低的 70 ℃原油的能量。从充分利用能源角度来说这

是不合理的。如果用温度不太高的热源来加热(通过换热)此原油,则有效能利用效率会大大
提高。采用热 – 功联合利用的途径也可以显著提高有效能的利用效率。例如,先用燃料油产
生中压蒸汽,蒸汽驱动背压透平做功,由汽轮机排出的蒸汽再去加热原油。这样,除了完成原
油加热的任务外,还可以获得 1 000 kW 的功率。诚然,此方案需增加投资,需要根据技术经济
比较来选择最合理的方案。

　　加热炉中的加热过程大致可分成两步:燃料通过燃烧反应产生高温烟气,高温烟气再通过
辐射、对流传热来加热另一个物流。每一步的能量转化都会引起有效能损失。例如,甲烷的燃
烧反应本身的有效能损失就占燃料有效能的约30%。在一个工艺过程中,能量转换的次数越
多,所引起的有效能损失也就越大。例如,在催化裂化装置,一定数量的焦炭在再生器内燃烧
是维持装置热平衡所必需的,但超过此需要时,多余的焦炭仍然在再生器内燃烧,而且烟气的
温度还必须控制在较低的温度(约700 ℃)。从有效能分析来看,尽管烟气的能量可以回收做
功及产生水蒸气,但已经引起较大的有效能损失。因此,从节能的观点来看,减小焦炭产率
(特别是重油催化裂化时)是有重要意义的。

　　从对一些单元过程的有效能分析中可以得到这样的概念:对于许多从热力学第一定律分
析认为热利用效率比较高的单元过程,如果从热力学第二定律来分析,则有可能发现许多过程
的有效能利用效率并不高,有时甚至是很低的。造成有效能损失大的根本原因是过程的不可
逆性。诚然,在实际生产过程中,不可能应用可逆过程,但是对于一些有效能损失大的过程,减
小过程的不可逆程度以降低有效能损失则常常是可能的,而这对更合理地利用能量是很有意
义的。

12.4　炼油装置和炼油厂用能分析

　　炼油厂使用的能源主要是燃料(燃料油、燃料气,有的还用焦炭)、电力和蒸汽等。在国内
的炼油厂,电力主要来自厂外的发电厂,而燃料和蒸汽则主要是厂内自产。但归根结底,产生
燃料和蒸汽所消耗的还是炼油厂的主要原料——原油。对某个工艺装置(或工艺过程)来说,
作为能源的燃料、电力、蒸汽主要是外来的。在有些情况下,还可能有外来的部分热量,如跨装
置换热取得的热量等。

　　在工艺过程中,能量主要是通过热和流动功两种形式予以利用的。多数炼油工艺过程都
必须将原料加热至某个温度,因而需要大量的能量。炼油过程几乎都是连续生产过程,要形成
某压力下的连续流动的物流就必须对流体做功。因此,热和流动功是炼油厂用能的主要形式,
在数量上占炼油厂用能的绝大部分。此外,化学反应过程或分离过程的产物与原料之间有化
学能差,因而也要消耗一些能量,称为热力学能耗。这部分能耗尽管在总能耗中所占的比例不
大,但却是绝对必要的。至于在工艺过程中以电能的形式直接使用的情况则极少遇到,在原油
脱盐脱水过程中使用高压电场可能是炼油厂内以电能的形式直接使用的最重要的例子了。

　　由上述情况可见,炼油厂的一次能源(燃料、电力、蒸汽)用于工艺过程(以热、流动功、化
学能差等形式)时,必须通过能量的传递和能量形式的转换。在前几节的讨论中,已经知道在
能量的传递和转换中,不可避免地会带来有效能的损失。即使从热力学第一定律能量平衡的
角度来分析,也会有能量损失。例如用电能驱动泵时,其转换为流动功的效率不可能达到
100%,其中一部分能量最终以热的形式损失于环境大气中。在最简单的能量传递过程,例如
换热器换热过程中,也总会有一部分散热损失。

　　炼油工艺过程排出的物流(产物或废料)一般具有较高的温位或可以利用的化学能,而且

大多数是传热性能好而又易于传输的流体,因此,应从这些排出的物流尽可能地回收其中的能量。例如,原油精馏塔的侧线馏出物和塔底渣油都具有较高的温位,而进入储罐又必须降至较低的温度,因此,从中可以回收利用相当可观的热能。又如催化裂化再生器排出的烟气不仅具有较高的温度(一般 600 ~ 700 ℃),而且还可以利用其中 CO 的化学能(每千克 CO 燃烧成 CO_2 时可产生 10.13 MJ 的热量)。从工艺过程排出物料中回收利用能量对减少一次能源消耗有很重要的实际意义。

许多研究者在进行过程能量综合优化研究时,特别是在进行热能的有效回收利用时曾提出过种种能量结构模型。

12.5　炼油厂节能途径

炼油厂合理用能、降低能耗对充分利用石油资源和降低生产成本有重要意义。1980 ~ 1991 年十年期间,国内炼油厂的平均能耗由 3.785 GJ/t 降至 3.048 GJ/t,单位能耗因数由 1.026 GJ/(E·t)降至 0.632 GJ/(E·t),表明在原油加工深度和产品质量提高的同时,用能情况也不断改善。从发展阶段来看,从 20 世纪 80 年代中期起,国内炼油厂的节能已从改进管理及较简单的技术改进的开始阶段向更深入、复杂的第二阶段过渡。表 13.8 的统计数据表明了这种趋势,自 1984 年、1985 年起,年均能耗降低率明显下降,而降低单位能耗所需投资则明显增大。

表 12.8　1978 ~ 1985 年国内节能情况

年份	1978 ~ 1983	1984	1985
能耗降低率/%	7.1(平均)	2.57	1.56
节约 1 t EFO 所需投资/元	51.9	590	550

注:EFO 指标准燃料油

12.5.1　系统优化方法

系统优化方法是指通过建立数学模型,用优化方法求得系统的最优设计方案和最优操作条件。系统优化方法应用于炼油厂设计和节能降耗已有多年,流程优化重组是应用得最多的一个领域,并且已取得了明显的效果。从原则上讲,系统优化方法可以运用于各种炼油工艺过程,但实际上,运用于反应过程的可能性较小,它主要是用于换热、多元精馏、溶剂回收等物理过程,其中分离多元混合物的精馏塔组的流程优化是系统优化方法应用的一个重要方面。

从过程系统洋葱模型可以看出,反应系统是过程系统用能的核心,当反应系统确定后,接下来需要考虑的是分离和循环系统,然后是换热网络和公用工程系统,其中分离和循环系统以精馏塔及其分离序列的优化为主要内容。

1.精馏系统

精馏是以能量作为分离剂的分离过程,在实际生产中,精馏系统消耗的能量占整个工厂能耗的比例较大,因此有关精馏过程的节能是过程系统节能研究中的重点内容之一。

从节能的角度来看,多元精馏系统的流程优化应包含两部分内容:其一是精馏塔排列顺序的优化;其二是系统内各物流之间的热组合,或者说是系统内的换热网络的优化。

将含有 n 个组分的混合物分离成 n 个产物时,需用 $n-1$ 个简单精馏塔。这些精馏塔的通常是按照塔顶产物的挥发度依次下降的原则来排列的。实际上,当 $n>2$ 时,可以有多种排列方案。例如,$n=4$ 时可有 5 个排列方案,$n=6$ 时则可有 42 个排列方案。我们可以从众多的可能方案中挑选出用能最省的方案,特别是当混合物中挥发度高的组分占多数时,选出一个节能效果显著的排列方案有更大的可能性。

对于多元精馏系统的优化,也可以将所有可能的排列方案列出,逐个给以技术经济评价,然后择其最优者。但是这种做法工作量太大,也太烦琐。通常可以根据一些经验性规则做出数目不太多的排列方案,再从中进行择优。

对于精馏塔次序的排列,可以提出如下的一些规则:

(1)当关键组分的相对挥发度接近于 1 时,分离过程应当在没有非关键组分的条件下进行。

(2)塔顶产物与塔底产物的物质的量流量相接近的排列方案是有利的。

(3)将各组分逐个依次从精馏塔顶馏出是有利的。

(4)数量过大的组分应尽早分出去。

上述规则之间可能出现矛盾,最终根据技术经济评价来判断。

对于各物流之间的热组合,也可以提出如下的一些规则:

(1)所有塔顶馏出物都是热源,它们之间不应互相匹配,它们应当与热阱相匹配;

(2)所有塔底产物都是热阱,它们之间不应互相匹配。

(3)任何一股塔顶产物(热源)只能与挥发度更高的塔底产物(热阱)换热,这是因为受到热力学第二定律的限制(当各精馏塔是在相同的压力下操作时)。

精馏塔排列顺序的选优与各物流之间热组合的选优是互相影响的,因为只有当热组合确定时才能最终确定哪个精馏塔排列顺序为最优,但是热组合的确定又必须以精馏塔排列方案为基础,这种耦合关系使得计算过程大大地复杂化。

对有三个产物的精馏系统进行热集成研究,可以产生九种分离序列,这九种分离序列可分为两类:简单精馏序列和热耦合塔系。简单精馏序列由一股物流将两个简单塔连接起来,产生的序列包括:直接序列、间接序列和分布序列;热耦合塔系由两股或多股气－液物流将两个塔连接起来,产生的塔系结构包括:侧线精馏塔系、侧线汽提塔系、预分馏塔系、Petlyuk 塔、分隔墙塔和部分耦合预分馏塔系。这九种分离序列的结构简图如图 12.3 所示。

从图 12.3 中可以看出,在直接序列中,第一个塔将最轻的产物作为馏出物在塔顶分离出来,塔底物流进入第二个塔进行分离;在间接序列中,第一个塔将最重的产物在塔底分离出来,塔顶馏出物进入第二个塔做进一步分离;在分布序列中,第一个塔对进料做初步分离后,塔顶、塔底物流分别进入第二个塔和第三个塔进行分离。在侧线精馏塔系中,主塔塔顶、塔底分别得到最轻、最重的产物,侧线采出气相物流进入侧线精馏塔,精馏后在塔顶得到中间产物;在侧线汽提塔系中,主塔塔顶、塔底分别得到最轻、最重的产物,侧线采出液相物流进入侧线汽提塔,汽提后在塔底得到中间产物;在预分馏塔系中,进料经初步分离后,塔顶气相物流和塔底液相物流分别进入主塔做进一步分离,在塔顶、塔底和侧线得到最终产物。Petlyuk 塔与预分馏塔系近似,只是预分馏塔的冷、热物流皆由主塔提供;分隔墙塔与 Petlyuk 塔在原理上是一样的,但操作在一个塔中进行;部分耦合预分馏塔系与 Petlyuk 塔相近,不同的是预分馏塔的热源不由主塔提供,而由再沸器提供。

在塔系的热集成研究中,对不同序列的投资成本和操作费用进行分析,就可以得到最优的精馏系统,这种计算的工作量是非常大的,可以借助现有软件工具进行分析,如 Aspen Distil。这里以苯乙烯分离过程的改造为例,对该分析方法加以说明。

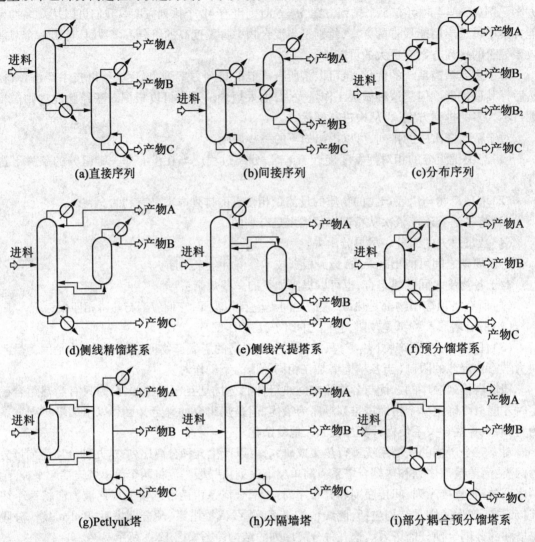

图 12.3　三个产物精馏的九种分馏序列

在原有苯乙烯的分离过程中,精馏系统采用直接序列,有两个塔:第一个塔有 55 块板,塔径为 8.6 m,冷凝器的传热面积为 123 m²,再沸器的传热面积为 34 m²;第二个塔有 30 块板,塔径为 5.6 m,冷凝器的传热面积为 38 m²,再沸器的传热面积为 34 m²。最终有三个产物。针对相同的产品要求,在 Aspen Distil 中可以进行九种不同分离序列的费用比较,见表 12.9。

表 12.9　九种不同分离序列的费用比较

结构	年成本相对值	投资费用相对值	操作费用相对值
部分耦合预分馏塔系	1.000	1.665	1.000
分隔墙塔	1.002	1.000	1.068
预分馏塔系	1.028	1.668	1.033

续表 12.9

结构	年成本相对值	投资费用相对值	操作费用相对值
Petlyuk 塔	1.054	1.608	1.068
分布序列	1.141	2.210	1.110
直接序列	1.196	1.675	1.227
侧线汽提塔系	1.258	1.753	1.292
侧线精馏塔系	1.304	1.626	1.359
间接序列	1.372	1.751	1.425

　　以上为满足分离要求情况下的计算结果,计算的设备尺寸与现存装置有差别,而改造是以充分利用现有设备为基础的,因此计算比较应针对现有设备尺寸进行。这里先重点比较年成本相对值及操作费用相对值都最低的部分耦合预分馏塔系,与直接序列相反,部分耦合预分馏塔系第一个塔的塔板数比主塔少,改造中需将直接序列的两塔顺序互换。通过调整回流比将直接序列各塔板数调整至 55 块板和 30 块板,部分耦合预分馏塔系各塔板数调整至 30 块板和 55 块板,此时按现有操作条件部分耦合预分馏塔系第一个塔的塔径为 5.817 m,第二个塔的塔径为 9.010 m,比现有塔径大,需要对操作条件进行调整。影响塔径的因素有气相密度、气相/液相流量,气相/液相流量受分离要求影响,不能够改变,而气相密度可变。根据已有的知识,气相密度与塔径成反比,而气相密度与操作压力相关,因此可通过改变操作压力来改变塔径。

　　通过加大部分耦合预分馏塔系各塔的操作压力,在满足现有设备尺寸情况下九种不同分馏序列的费用比较的结果见表 12.10。

表 12.10　现有设备尺寸情况下九种不同分馏序列的费用比较

结构	年成本相对值	投资费用相对值	操作费用相对值
分隔墙塔	1.002	1.000	1.034
预分馏塔系	1.027	1.668	1.000
Petlyuk 塔	1.052	1.608	1.034
分布序列	1.139	2.210	1.075
直接序列	1.160	1.682	1.149
部分耦合预分馏塔系	1.173	1.626	1.170
侧线汽提塔系	1.256	1.753	1.251
侧线精馏塔系	1.302	1.626	1.316
间接序列	1.370	1.751	1.380

　　从表 12.10 中的结果可以看出,通过一系列满足设备尺寸的调整,部分耦合预分馏塔系的年成本相对值反而要比直接序列高,这是由于第一个塔塔顶的气相直接进入主塔,导致主塔气相进料以上塔段气相负荷过高,从而导致塔径过大。减小塔径需要增加气相密度,气相密度的增加会导致回流比和操作压力增加,操作压力的增加导致需要温度更高的加热蒸汽,更高的加热蒸汽及回流比的增加意味着更高的操作费用。

由于热耦合导致气量过大,这里可以考虑选用形式相近但不含热耦合的结构,即预分馏塔系结构。按照前述方法对预分馏塔系结构各塔尺寸进行调整,得到的计算结果见表 12.11。

表 12.11　调整后下九种不同分馏序列的费用比较

结构	年成本相对值	投资费用相对值	操作费用相对值
分隔墙塔	1.002	1.000	1.000
预分馏塔系	1.052	1.608	1.000
Petlyuk 塔	1.090	1.701	1.033
分布序列	1.139	2.210	1.039
直接序列	1.160	1.682	1.111
部分耦合预分馏塔系	1.173	1.626	1.131
侧线汽提塔系	1.256	1.753	1.210
侧线精馏塔系	1.302	1.626	1.272
间接序列	1.370	1.751	1.334

从计算结果可以初步选定预分馏塔系结构作为改造后装置的目标结构,塔体不需变动,只是顺序发生改变,换热器的需求为第一个塔冷凝器的传热面积为 21 m²,可用原38 m² 的代替,再沸器的传热面积为 261 m²,可用原278 m² 的代替,主塔冷凝器的传热面积为 121 m²,可用原 129 m² 的代替,再沸器的传热面积为 67 m²,除原 34 m² 的代替外,额外还需 33 m²。改造后,每月节省能耗费用 17 333 美元,三个月可收回改造成本。

对于精馏过程的节能研究,也可以采用塔的总组合曲线(column grand composite curves,CGCC)方法。图 12.4 显示了多组分分离精馏塔的总组合曲线,该曲线描述了实际接近最小热力学状况下精馏塔内能流沿塔板的分布情况。采用 CGCC 进行精馏塔的用能分析,可以为塔的用能优化提供改进目标,如进料位置改变、回流比改进、进料状况调整和中间再沸器/冷凝器的设置。有文献叙述了 CGCC 的绘制方法,过程比较复杂。在现有的流程模拟软件中有些已经具有绘制 CGCC 的功能,如在 Aspen PLUS

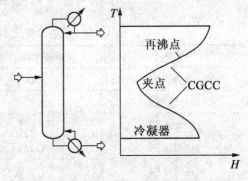

图 12.4　多组分分离精馏塔的总组合曲线

精馏塔模块 RadFrac、MultiFrac、PetroFrac 中提供了生成板数 – 焓和温度 – 焓曲线的功能,在完成流程模拟的同时就能生成 CGCC,非常方便。

下面就图 12.5 对 CGCC 在塔的用能分析方面的应用做一简述。

(1)减小回流比。

图 12.5(a)中 CGCC 夹点和纵坐标之间的水平距离表示塔的回流比减小目标。由图 12.5(a)可知,该塔的回流比可以适当减小。当减小回流比时,CGCC 将向左移动,这样就同时减小了再沸器和冷凝器的负荷。为了保证分离效果,减小回流比的同时要增加塔板数。

(2)进料预热。

不适当的精馏塔进料将在进料位置附近导致一个明显的焓值变化。例如,过冷状态的进料将导致一个急冷,这将在再沸器一侧引起一个明显的焓变(图 12.5(b)),这样就加大了再沸器中高温位公用工程负荷。对于这种情况,可以考虑对进料进行预热,这将减小再沸器的负荷,降低高温位公用工程的消耗。相同的分析对于进料预冷也是有效的。

（3）引入中间冷凝器/再沸器。

同样可以通过分析塔的 CGCC 曲线,判断一个塔是否适合增设中间冷凝器/再沸器。如果 CGCC 中在夹点以上或夹点以下有一段较"平坦"的区域,那么就可以考虑增设中间再沸器或中间冷凝器。如图 12.5(c)所示,CGCC 中夹点以上有一段较平坦的曲线,就应该考虑增设一台中间再沸器,这样也可减小再沸器的负荷,从而降低高温位公用工程的消耗。

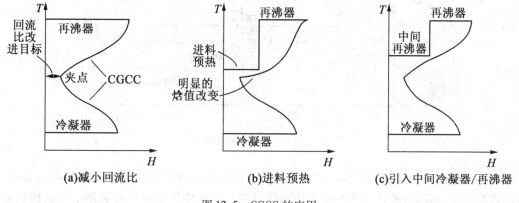

图 12.5　CGCC 的应用

上面叙述的是塔的用能分析。实际上,通过精馏塔的 CGCC 相互间的集成以及与背景过程总组合曲线的集成,也可以很容易地分析分离子系统内部热集成以及分离子系统与背景过程的热集成。具体方法是:①把分离子系统中每个塔的 CGCC 在同一张 $T-H$ 图上描绘出来,来分析分离子系统用能情况,加强塔间集成;②把塔的 CGCC 与背景过程的总组合曲线在同一张 $T-H$ 图上相匹配,分析塔与背景过程集成的可能性,充分利用背景过程中多余的热源和冷源,降低系统的能耗。

2. 换热网络

原油换热流程(或称换热网络)的优化是一个较典型、普遍的例子。国内多数炼油厂都在不同程度上对原油换热流程进行了优化,并且取得了良好的节能效果。下面对换热流程的优化做一简要介绍。

换热流程的优化通常包括以下内容。

（1）确定"最大"的总回收热量。

若在所有的热流中,温度最高的热流温度为 T_h,则冷流能升到的最高温度为($T_h - \Delta T_{min}$),其中 ΔT_{min} 为允许的最小传热温差。因此,冷流所能吸收的"最大"热量是所有冷流升温至($T_b - \Delta T_{min}$)所吸收的热量。同理,若温度最低的冷流的温度为 T_c,则热流能降到的最低温度为($T_c + \Delta T_{min}$)。因此,热流所能给出的"最大"热量 Q_h 是所有热流降温至($T_c + \Delta T_{min}$)所给出的热量。Q_c 和 Q_h 中的较小者就是可能回收的"最大"热量。以上所说的"最大"热量显然不是真实的能回收的热量,故冠以引号,它的实际用途只是用以衡量各种可能的换热网络的优化程度。

（2）换热网络的合成。

冷流或热流,或它们的各一部分可以互相配对,因此,冷流与热流之间的匹配可以有许多种方案。图 12.6 列出了某些可能的匹配方案,图中有阴影的方框表示已匹配的部分,而空框则表示第一次匹配后余下的未配对的部分。

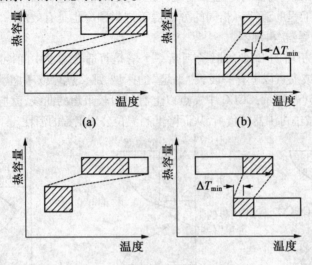

图 12.6　冷流与热流的匹配

在匹配过程中,一般趋向于使传热温差较小,这样做可以降低传热过程的不可逆程度,充分利用高温位热源,从而达到回收更多热量的目的。但是传热温差小将会使所需的传热面积增大。

在完成匹配工作的基础上,可以合成多种换热网络方案。关于如何合成换热网络,在文献中有多种规则可供选择。

(3)选择最佳的换热网络。

对已有可供选择的方案进行技术经济评价,根据设定的目标选择其中最优者。在实际工作中可以列出的方案的数目常常很大,例如对一个只有四股物流的换热系统可以列出多达 200 个方案。如果对所有的方案都进行评价,不仅计算工作量太大,而且没有必要,因为其中许多方案很明显地不可能是好方案。因此,一般都是初选出少数的方案,或根据一定的规则合成数目不大的方案,然后对之进行评价并优选其中的最佳者。

这样优选出的方案一般还不是最终确定的方案,通常还需要考虑某些定性的因素,如安全可靠性、可操作性、产生污染的可能性等,还要对所选定的方案进行某些必要的修改和调整。

(4)局部换热流程的优化。

炼油装置在建造和改造的过程中,常常为换热流程留下许多备用设备和旁路,造成了很大的浪费。如果企业能够根据换热流程的原理,对设备进行充分的利用,及时地对生产方案进行合理的调整和变化,节能效果会非常显著。比如,某种催化裂化的混合原料以 70 ℃ 进装置,直接同 310 ℃ 的循环油浆换热,同时 140 ℃ 的顶循回流会被冷却。如果变换顺序让进料先与顶循回流换热,再跟油浆换热,不仅可多产 5.3 t/h 的蒸汽,还可节省大约 30% 的冷却负荷。并且现场有利旧换热器,蒸汽发生器也很充足,有了切换条件,实施起来很方便。另外,利用偶然的装置停工机会,减少投资,短时间内,调整换热流程也是十分必要的。

(5)夹点技术。

综合上述技术形成的夹点技术在换热网络优化设计中应用比较广泛。夹点技术是指在冷、热流的热回收过程中,有一最小传热温差处即夹点,它决定了最小的加热和冷却公用工程用量,并由此引出若干换热匹配规则,从而可设计出投资和能耗最小的换热网络。夹点技术的特点是可以指出不可避免的最小损失是多少,从而为系统设计提供了更清晰的能量节约目标。

夹点技术在过程工业中得到了广泛的应用,并取得了巨大的经济效益。本节结合图12.7的案例,说明夹点技术的原理及其在能量利用环节的应用方法。

如图 12.7 所示的流程中,50 ℃的进料与反应产物换热后,温度升至 149 ℃,经蒸汽加热至 210 ℃,与循环物流一同进入反应器并发生反应。温度为 270 ℃的反应产物与进料换热后,温度降为 160 ℃,然后进入精馏塔进行分离,塔顶为 130 ℃的气相物流采出,经压缩升温至160 ℃,与补充物料混合后,经与塔底 220 ℃的产品物流换热后,升温至 178 ℃,然后再经蒸汽加热至 210 ℃,循环回反应器;塔底产品物流经换热后,温度降至 180 ℃,再用循环水降温至60 ℃并出装置。图 12.7 中换热器附近方块中的数值是换热量,单位为 kW。

这是一个考虑了热集成的简单系统,该系统实际使用蒸汽的加热量为 2 840 kW,那么这样一个系统的能量利用是否合理呢? 可以通过夹点技术进行分析。

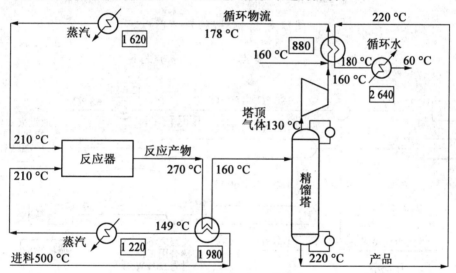

图 12.7　夹点技术应用案例流程

图 12.8 为系统的 $T-H$ 图,图中上面的曲线为热物流组合曲线,下面的曲线为冷物流组合曲线,夹点传热温差设为 20 ℃(原系统最小传热温差)。从图 12.8 中可以看出,热公用工程的目标值为 1 000 kW,冷公用工程的目标值为 800 kW,而如图 12.7 所示,现有系统的冷、热公用工程热量分别都多出了 1 840 kW。

通过夹点方程:

$$实际耗能 = 目标值 + 通过夹点的传热量$$

可以知道通过夹点的传热量为 1 840 kW。图 12.9 为现有换热网络的栅格图。从图中可以看出,通过夹点的换热量为 1 620 kW,在夹点之下使用的热公用工程量为 220 kW,这两者的和即为超过目标值的能耗量 1 840 kW。

为了使换热网络能耗最低,夹点的设计原则是:不通过夹点换热,在夹点之上不能使用冷公用工程,在夹点之下不能使用热公用工程。针对本系统,为了达到最优的能耗目标值,需要重新构建换热网络,这里采用栅格图的方法。在采用栅格图构建换热网络时,冷、热物流的一个匹配原则为 $CP_{IN} \leqslant CP_{OUT}$,其中,$CP_{IN}$ 为进入夹点物流的热容流率,CP_{OUT} 为离开夹点物流的热容流率。

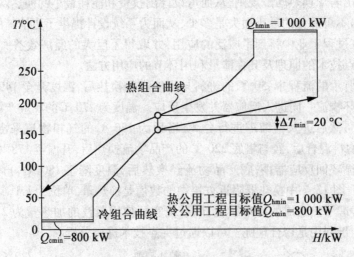

图 12.8　案例系统的 $T - H$ 图

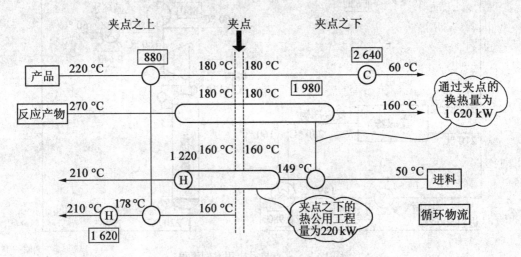

图 12.9　现有换热网络的栅格图

　　既然最优换热网络不通过夹点换热,那么可以将夹点之上的栅格图和夹点之下的栅格图分别考虑。图 12.10 为夹点之上的栅格图,图中左侧为栅格图,右侧表格为对应物流的焓变和热容流率,进入夹点的物流为热物流,即产品物流和反应产物物流,离开夹点的物流为冷物流,即进料物流和循环物流。对应 $CP_{IN} \leqslant CP_{OUT}$,夹点之上的热容流率匹配原则为 $CP_{热物流} \leqslant CP_{冷物流}$。下面按照这一匹配原则进行夹点之上换热网络的设计,先对具有较大热容流率的热物流,即产品物流进行匹配。对于产品物流,其热容流率数值为 22 kW/℃,与之匹配的冷物流的热容流率应大于这一值,根据表格数值,这一物流为循环物流,按图 12.10 所示将两者匹配,换热量为 880 kW,此时产品物流在夹点处的换热要求已经得到满足。接下来对反应产物物流进行匹配,将其与剩下的唯一冷流即进料物流进行匹配,换热量为 1 000 kW,则进料物流在夹点处的换热要求得到满足。此时物流在夹点处的换热已完成,反应产物物流与循环物流尚有部分热量可供换热,且传热温差大于夹点温度,二者的换热也可以不必遵循热容流率匹配原则。将二者进行匹配,换热量为 620 kW,此时循环物流的温度还没有达到要求,需要用热公用工程进行加热,热量需求为 1 000 kW。至此,夹点之上的初始换热网络已经合成完毕。

图 12.11 为夹点之下的栅格图。进入夹点的物流为冷物流,即进料物流,离开夹点的物流为热物流,即产品物流和反应产物物流。对应 $CP_{IN} \leqslant CP_{OUT}$,夹点之下的热容流率匹配原则为 $CP_{热物流} \leqslant CP_{冷物流}$。下面按照这一匹配原则进行夹点之下换热网络的设计。对于冷物流即进料物流,与之匹配的热物流只有产品物流,匹配后夹点处的换热量为 2 200 kW,此时冷物流的温度满足要求,热物流的不足部分用冷公用工程进行冷却,如产品物流和反应产物物流分别用冷公用工程冷却至 60 ℃ 和 160 ℃,夹点之下的初始换热网络合成完毕。

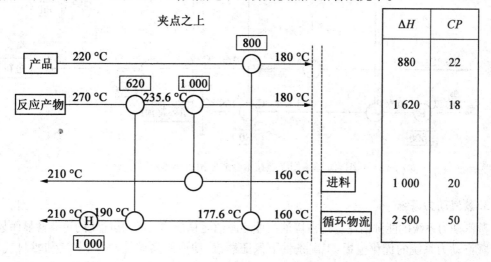

图 12.10　夹点之上的栅格图

将图 12.10 和图 12.11 组合后,就可以得到系统的初始换热网络,如图 12.12 所示。从图 12.12 中可以看出,原换热网络有五台换热器,而合成后的换热网络有七台换热器,多出两台换热器,意味着改造后的设备投资将增加。为了减少投资,还可以采用环回路和路径的方法对合成的初始换热网络进行调优,最终得到费用最小的换热网络。另外,由于反应产物物流最终进入精馏塔,其入塔温度如果可以不受 160 ℃ 的限制,那么就可以将入塔温度调至 180 ℃,这时就能够取消一台冷却器,并且通过进料位置的调整,还能够降低再沸器的热负荷,从而实现系统的整体优化。

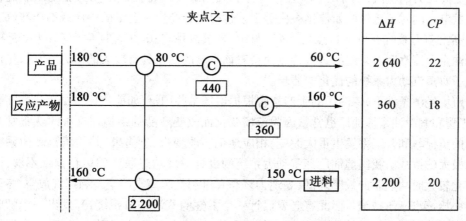

图 12.11　夹点之下的栅格图

最近几年,为了适应市场、加工方案的经常变化,国内外对换热网络的柔性研究也做了不少工作,这方面的工作称为柔性能量系统的综合,其目标是研究如何使某种结构确定的能量系统能适应不同的操作工况,而且使投资和能耗的增加与柔性指标的要求之间有一合理的折中。

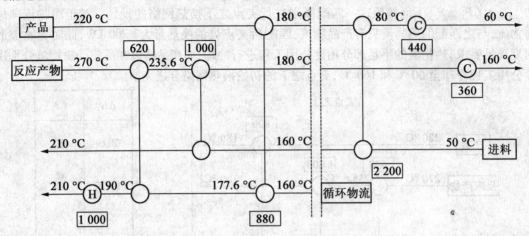

图 12.12　用夹点技术合成的初始换热网络

3. 蒸汽动力系统

蒸汽动力系统的能源消耗量约占炼油产业能源消耗总量的三成,其优化的重要性显而易见。

蒸汽动力系统的优化包括:工况条件下保证蒸汽、动力的品质及数量;蒸汽和燃料气平衡并在此基础上实现最佳功热联产;汽轮机、锅炉的停开、负荷率的分配及备用策略的优化;蒸汽管线的停开;合理设置疏水器;建立和优化凝结水回收系统;合理启用和监控减温减压器;夏季燃料气的平衡和利用等。当前的突出矛盾是夏季大量低压蒸汽放空和中压蒸汽的减温减压之间的矛盾,这是季节变化、生产方案变化和现有设备状况等诸多矛盾的综合反应,缺乏对蒸汽动力系统的认识,科学调度手段落后。所以才应当将蒸汽动力系统的优化纳入全厂计划的首位,在提供解决炼油工艺方案的同时,也要为蒸汽系统的改革进行指导。

炼油企业的蒸汽动力系统为工艺生产提供工艺用蒸汽和加热热源,一般多以 1.0 MPa 的蒸汽为主。燃烧瓦斯、重油或煤生产蒸汽,为了最大限度地合理利用能源,多生产 3.5 MPa 的中压或更高压力的蒸汽,中、高压蒸汽逐级利用,利用背压汽轮机输出动力驱动压缩机、风机、水泵或发电。同时工艺生产如催化裂化等工艺过程也会产生一定量的中压或高压蒸汽。炼油企业的蒸汽动力系统有以下特点:①多汽源;②多蒸汽用户;③多瓦斯生产点;④多瓦斯消耗点。炼油企业蒸汽动力系统的这些特点使得对该系统的优化具有较大的潜力,同时,生产变化也导致了对蒸汽动力系统的优化的要求。

在市场经济条件下,炼油厂的生产常常根据市场做些调整,如柴汽比根据市场的需要而改变,化工型和润滑油型炼油厂也常常因为市场变化而改变产品的结构。这种改变常常会使各个装置的负荷率和开工率发生重大改变,相应地也会改变汽、电需求,并给蒸汽动力系统的运行带来极大的挑战。我国炼油厂蒸汽动力系统的设计考虑功热联产的运行弹性不够,因而在生产变化较大时功热联产效率降低,表现为夏季有过剩低压蒸汽甚至是炼厂气放空,冬季则有大量的中压蒸汽减压减温。因此有必要设计一个柔性的蒸汽动力系统,开发出一个随时可以按照市场变化的需求快速估算生产方案变化及其对汽、电需求的预测系统,和一个根据不同汽、电需求给出锅炉、汽轮机等最优运行方案的辅助决策系统。它能快速反映市场变化对炼油装置、蒸汽、电的需求,给出满足需求的同时做到炼厂气联产利用、蒸汽逐级利用、无低压蒸汽放空和中压蒸汽减温减压的优化运营方案;而当现有设施不能满足优化运营要求时,则给出及时改造基础设施的科学决策方案。这是用先进信息技术和系统技术改造传统炼油厂蒸汽动力系统的重要课题。

系统优化方法还被应用到许多方面,如常见的溶剂萃取过程中的溶剂回收流程的优化等,在这里不再一一列举。

12.5.2　低温余热的利用

炼油厂的低温余热是指炼油生产过程中高于油品的储存温度或工艺本身需要温度的未被回收利用的热量。目前炼油厂中低温余热一般是指 80～170 ℃的工艺物流所具有的未被工艺过程利用的热量。低温余热在炼油厂总能耗中占有相当大的比例,有的高达 60%,它主要是由冷却水、冷却空气、加热炉排出烟气带走。由于低温余热在炼油厂总能耗中占的比例很大,将此部分热能回收利用有很大的吸引力。

目前,各大炼油厂都普遍存在低温余热的部分利用,具体数据见表 12.12。由表 12.12 可以看出,国内千万吨级炼油厂的低温余热利用量大都在 $(10～20) \times 10^4$ kW 之间。而千万吨级炼油厂中,除了已经利用的低温余热外,还存在大约 $(20～40) \times 10^4$ kW 的未能利用的低温余热,都被空冷及水冷设备散失掉了,千万吨级炼油厂可利用的低温余热折合标准油大约为 6～10 kg 标油/t 原油,这对炼油厂完成节能减排目标意义重大。

炼油厂能产生 80～170 ℃低温余热的部位,主要存在于常减压、催化裂化、延迟焦化及加氢类装置中,具体产能部位见表 12.13。

表 12.12　国内几大炼油厂低温余热利用情况

装置名称	已投产炼油厂		未投产炼油厂	
	大连石化已回收热量	广西石化已回收热量	云南石化可回收热量	四川石化可回收热量
渣油加氢	3 488	13 244		22 883
三蒸馏	5 768			
加氢裂化	20 628	19 209		6 000
制氢	11 500	23 200		
连续重整	32 558			
凝结水站	10 465	21 294	9 641	8 837
一蒸馏	13 819			
二蒸馏	14 419			
二催化	15 116			
三催化	17 442			
四催化	47 937			
常减压		13 668	18 317	15 698
催化裂化		12 694	46 520	52 325
芳烃抽提		4 687		
合计	193 140	107 996	74 478	105 743

表 12.13　常见炼油厂内低温余热热源

热源	产能部位	备注
常减压	初顶油气、常一线、常二线、冷蜡油等,需要用空气冷却器或循环水冷区降温的部位	
催化裂化	分馏塔顶油气、顶循、中段回流、柴油等,需要用空气冷却器或循环水冷区降温的部位	
延迟焦化	分馏塔顶油气、分馏塔顶循、柴油、蜡油、稳定汽油等,需要用空气冷却器或循环水冷区降温的部位	
加氢类装置	热低分气、汽提塔顶气、分馏塔顶气、各产出产品等,需要用空气冷却器或循环水冷区降温的部位	包括汽、柴油加氢、加氢裂化、渣油加氢、加氢改质等装置
凝结水站	工艺用蒸汽放热后产生的饱和凝结水	所含有的热量约为蒸汽全部热量的 20%~30%
其他装置	用空气冷却器或循环水冷区降温的部位	由于选择的工艺不同,有些炼油厂的连续重整、制氢、芳烃抽提等装置也会产生部分低温余热

低温余热的温度低,回收利用困难,其主要原因是缺乏合适的热阱,尤其是在工艺生产装置内更是如此。对低温余热做功,提高其温位后再加以利用,或者是利用其来发电,从技术上来说,都是可能的。但是采用这些办法往往会受到具体的技术条件或经济条件的限制。从根本上说,最好的办法是尽可能减少低温位热源的产生,如在设计换热流程时尽量按温位高低次序来安排换热等。但是,低温位热源的产生终究是不可避免的。

低温余热利用的原则是:在现有工艺装置内节能改造,首先必须以满足工艺装置的正常生产为前提,经济合理地选取热源进行综合利用,且利用的低温余热物流的选用需遵循以下几点:

(1)压力过高的热物流不选(采暖系统压力为 0.75 MPa);

(2)流量、热量较小的热物流不选;

(3)压力降要求苛刻的热物流不选;

(4)高毒热物流不选;

(5)装置现场具有改造空间。

目前,炼油厂的低温余热的利用途径主要有以下几种:

1. 加热生活用水

目前,随着劳保福利设施的不断完善,生活用能也相应增加。此外,随着企业的发展,办公楼、中控室、分析化验室等用能也不断增加,这部分能耗必然影响全厂综合能耗。如果以低温热取代上述用能,可直接降低全厂综合能耗。

2. 气体分馏装置利用

由于气分装置各塔塔底所需温度不高,能够利用其他装置的低温热,脱乙烷塔和丙烯塔可利用 70~110 ℃ 的低温热水作为热源,脱丙烷塔底温度大于 90 ℃,一般可利用催化装置分馏塔顶循环回流油作为重沸热源,也可以将全厂低温余热统一回收后,送至该装置加以利用。这样不仅降低了气分装置的能耗,还有利于降低全厂炼油能耗。

3. 油罐加热

以回收的热水为热源,设置热水 - 原油换热器,以提高原油进罐温度满足储存和脱水的加温需要,同时增设热水至各原油罐加热盘管跨线,用热水满足原油罐维温需要的热源。

4. 制冷站

利用低温热水为热源,通过低温余热制冷机组制取 5 ~ 15 ℃ 的冷水,用于焦化、催化、裂解吸收稳定吸收塔,降低吸收塔温度,提高吸收效果,降低焦化、催化、裂解装置干气中液化气含量。制取的冷水可使吸收塔的操作温度从 40 ℃ 降至 20 ℃,吸收效果大幅提高,从而降低干气中 C_3 以上组分含量,提高液化气和丙烯收率。同时,制取的冷水还可用于办公场所制冷,避免用电和蒸汽制冷增加的消耗。

5. 采用热泵技术

这种方法的基本原理是对流体做功,提高其温度,然后再利用其热量。这种过程相当于通过做功把低温位的热能“泵送”给较高温位的受体,因而有“热泵”之名。

有的炼油厂将热泵技术用于某些精馏塔。其基本方法如下:选用一种合适的工质,此工质在塔顶冷凝器吸收塔顶馏出物放出的潜热后汽化,经过压缩机压缩后送入塔底再沸器,在再沸器放出热敏而自身冷凝,又循环至塔顶冷凝器。总的效果是:以循环的工质为传递媒介,通过压缩机做功,将塔顶馏出物(较低温)的热量传到塔底再沸器,产生塔底气相回流(较高温)。

热泵的使用受到两个限制:第一个限制是只能在很小的温差范围内工作,如上述例子中的冷凝器与再沸器间的温差不能大,因为压缩机的功率受此温差的影响很大,有的文献认为此温差不应超过 20 ℃ ,但也有的认为此温差还可以更大些。由于受温差的限制,上述例子中的精馏塔只能限于塔底与塔顶温差较小的精馏塔。第二个限制是经济上是否合理。一些研究结果认为,关键的评价指标是回收热能与供入能之比(也称 COP 系数,即 coefficient of performance)以及能量的价格,只有当回收能量的价值高于供入能量的价值时,才有可能考虑热泵方案。

6. 低温余热发电

低温余热发电的原理是通过热媒水与低温热源换热后产生较高温度的热媒水,再经过热水扩容后产生湿蒸汽,在汽轮发电机组内做功发电。闪蒸出蒸汽后的热媒水的热量还可以进一步利用,以达到供热和发电相结合,提高低温余热的利用效率的目的。

以有机流体作为工质的朗肯循环(Rankine Cycle)发电和热水扩容蒸汽发电都可以作为低温余热利用的途径。这两种方法在国内个别炼油厂有应用。

国内某炼油厂将催化裂化装置和焦化装置的低温位油品(小于 150 ℃)与加热锅炉用水和催化剂厂用水、生活区供暖和供热水作为一个大系统来考虑,并且采用了热水扩容蒸汽发电技术,取得了良好的效果。该低温余热利用方案的基本流程如图 12.13 所示。

该流程用水作为传热介质,进行闭路循环。首先进入生产装置(45 ℃)与排放油品换热至128 ~ 130 ℃,再进入低温热电站。在这里,水先进入一级扩容蒸发器,产生 0.1 ~ 0.13 MPa 蒸汽,进汽轮机做功发电。其余的水进入二级扩容蒸发器,产生 0.03 ~ 0.05 MPa 蒸汽,进汽轮机的第二段做功发电,共发电 2 100 kW。余下的水与汽轮机排出的凝结水汇合,送去与锅炉用水等换热及生活区供暖后,再送回生产装置去换热。这个系统投产后,全厂能耗降低了 0.12 ~0.16 GJ/t,净年收益约 140 万元,投资回收期为 2.5 年。

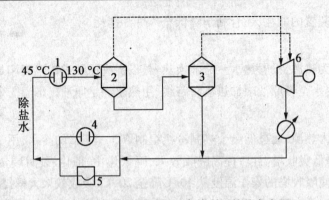

图 12.13　某炼油厂的低温余热利用的基本流程

1—油 - 水换热器;2——级扩容蒸发器;3—二级扩容蒸发器;4—锅炉给水换热;5—生活区供暖;6—汽轮机

国内某炼油厂在利用催化裂化分馏塔的塔顶循环回流及一中段回流的热量时采用了以氟利昂 - 11 为工质的朗肯循环发电,也取得了较好的效果。

关于炼油厂的低温余热的利用问题,有两点是必须说明的。其一是无论采用哪种回收方法,也只能回收利用低温余热的一部分,全部回收是不可能的;其二是从热量平衡来看,低温余热占炼油厂总能耗的比例很大,例如达 60% ,但是从有效能平衡来看,所占的比例要小得多,因为这部分热能的温位低。综合这两点可以看到,在炼油厂的全部低温余热中,只有不太大的一部分是值得回收的。

7.低温余热海水淡化

低温余热海水淡化是指利用低温余热从海水中获取淡水的技术和过程,通过脱除海水中的大部分盐类,使处理后的海水达到生活和生产用水标准的水处理过程。目前,常用的低温余热海水淡化主要有多级闪蒸(MSF)、低温多效(MED)和反渗透(RO)三大主流技术。以建设产水规模为 1 000 m³/h 的海水淡化厂为例,单位造水成本约为:多级闪蒸,6.026元/t;反渗透,5.582 元/t;低温多效蒸馏,5.285 元/t。

12.5.3　采用新技术

在对工艺过程的用能分析中,已提出过这样一个观点:为节约用能,根本的途径是减少对工艺过程的供入能。此观点的提出基于以下几点理由:

(1)真正为完成工艺过程的任务而必须消耗的能量(热力学能耗)只占供入能的很小的比例,一般不大于 5% 。绝大部分供入能是被产物带走而等待回收。因此,供给工艺过程的能量越多,待回收的能量也越多。

(2)无论从热力学第一定律还是从第二定律的角度来看,在回收能量的过程中,必然会发生损失。待回收的能量越大,损失也越大。

(3)供给工艺过程用的能量由一次能源提供,主要是燃料。燃料是能级很高的能源,在转化为工艺过程用的热能时,有效能的损失很大。工艺过程所需的供入能越多,这部分的损耗也越大。

下面分化学反应过程和分离过程两个方面举例说明采用新技术对节能的作用。

1.化学反应过程

双金属重整催化剂,如铂铼催化剂比铂催化剂有更高的稳定性和活性,因此可以在较低的温度、较低的压力以及较低的氢油比条件下进行重整反应,减少了过程用能。由于催化剂减活速率降低,延长了开工周期,也降低了能耗。表 12.14 列出了改用双金属催化剂后的节能效果。

表 12.14　常见炼油厂内低温余热热源

反应条件的变化		节能/(m^3 EFO $\cdot a^{-1}$)
反应温度	-13 ℃	1 394
反应压力	0.4 MPa	126
氢油分子比	-1	644
结胶速率	降低	332
合计	—	2 496

注:装置处理量为 100×10^4 t/a

催化裂化装置使用 CO 助燃剂后可以由于以下原因而减小能耗:

(1)对于焦炭产率低、烧焦热量不足以维持两器热平衡的催化裂化装置,可以减少或完全不用向再生器喷入燃烧油。

(2)CO 主要在再生器密相区燃烧,减小或避免了在稀相区发生二次燃烧的危险,因而可以减少稀相区和旋风分离器的冷却蒸汽喷入量。

(3)提高了烟气温度,有利于烟机回收能量。

(4)由于提高了再生温度、降低了再生剂含碳量,改善了催化剂的选择性,因此降低了焦炭产率。

2. 分离过程

精馏过程的能耗在炼油厂的总能耗中占有重要的地位。实际上,精馏过程所必需的热力学能耗只占供入能的非常小的一部分。但是遗憾的是至今尚没有合适的用能更省的新过程来替代它。虽然如此,在精馏过程中采用一些新技术以达到节能的目的也还是有可能的,如采用干式减压蒸馏技术代替常规的湿式减压蒸馏可以降低能耗约 5×10^4 kJ/ t。

溶剂萃取过程的能耗较高,主要原因是在回收溶剂时必须使提取液和提余液中的溶剂汽化,与油分离后又再冷凝冷却才能循环使用,加以所用的溶剂量比较大,故需要提供大量的热量。传统的溶剂萃取过程采用多效蒸发、流程优化等办法来减小能耗,虽然也有效,但是未能从根本上解决问题。采用新的具有更好的选择性和溶解能力的溶剂可以降低溶剂比,从而减少工艺过程所需的供入能。在某些萃取过程,如使用轻烃做溶剂的脱沥青过程,采用超临界条件下回收溶剂的技术也可以明显地降低能耗。

膜分离技术是一种很有发展前景的分离技术,目前在工业上已用于气体组分的分离。用膜分离技术从富氢气体中分离出氢气对炼油厂的节能、降低加氢过程成本有重要意义。制氢过程是能耗和费用都很高的过程,在可能的情况下采用膜分离技术(主要是消耗一些流动功)来代替传统的制氢过程会有明显的节能效果。

3. 变频技术

当前常减压装置大多利用离心泵传送原油,机泵设计的功率较大。在进行降量生产时常采用关小出口阀门的方式控制。而实际上这样的操作方式在极大程度上造成了能源的浪费。

而变频技术的使用则可有效节约能源。变频调速技术是对同一机泵进行转速控制过程中,机泵的流量与转速呈正比,由此可根据机泵流量的变化调节电机的功率,在流量降低时则可适当降低电机的输出功率实现能源的节约,具有较好的节能效果。

4. 提高加热炉运行效率

加热炉是炼油厂最重要的升温设备之一,炼油厂综合能源消耗的大约 1/3 都是通过加热炉进行转换的,具有巨大的节能潜力。加热炉效率提高可采取以下几种方式。可以将常规的烟气余热加热自用燃烧原油、空气独立换热流程转换为加热炉对流室冷流原油与烟气直接换热的流程,不仅可以优化常减压装置换热系统冷热物流和烟气余热回收系统的匹配,还可以将原来的气–气换热转换为气–液换热,最大限度地提高换热的效果。某炼油厂改造流程之后加热炉的平均效率由原来的 65% 上升到 85%。

5. 优化工艺操作

(1)严格操作,降低常压塔过汽化率。为保障常压塔精馏段最低侧线塔板以上具有足够的液相回流,原油进塔时一般设计 2%~4% 过汽化率。然而过汽化率的提高与加热炉的负担成正比,由此在实际生产过程中,应在保障侧线产品质量的前提下,调整现有操作,使汽化率降到最低,由此降低了加热炉的出口温度,从而节省了燃料消耗。

(2)调节减压塔急冷油回注量。常减压装置中,减渣是热容最大的高温位换热热源,减压塔在设计过程中,为减少渣油的高温裂解,提高塔顶的真空度,常需要在塔内回注一定的急冷油,使油渣温度低于 350 ℃,原油换热终温将随着减渣温度的变化而变化,较高的减渣温度将对原油的提高影响更为明显,同时减渣即使在 355 ℃ 裂解量也很小,由此可以改变现有操作中的局限,减少冷油的回注,提高减渣抽出温度以提高原油的换热终温,从而有效降低加热炉能源消耗。

采用新技术的范围很宽广,以上只是一些示例而已。对于炼油厂的节能来说,当然不能仅限于此。在其他许多方面,如提高管理水平、设备节能、全厂总流程和生产方案的优化等都可能对节能起积极的作用。

第13章 炼油厂污染的防治

石油加工过程中不可避免地会产生各种废水、废气和废渣,如不加以治理,必将严重污染环境,危害人们的健康。为了保护环境,炼油厂必须对所产生的各种废水、废气和废渣进行严格治理,达到国家规定的标准后方能进行排放或循环使用。此外,噪声也是一种污染,过强的噪声会引起多种疾病,同样需要加以治理。

13.1 废水处理

炼油厂在生产中需用大量的水,其用量约为加工原油量的 20~50 倍。虽然大部分的水可以循环使用,但是仍会产生相当量的废水。这些废水中含有烃类、含硫化合物、酚类等各种污染物,如不加处理就排出厂外,必然严重污染环境,危害居民的健康、水体生物的生存以及农作物的生长。

13.1.1 炼油厂废水的来源与性质

炼油厂新鲜水的用途大致可分为工业用水(工艺过程用水)、纯水(锅炉给水)、循环冷却水补充水、生活用水和消防用水等五类。由于加工流程和技术先进程度的不同,这五类用水在炼油厂总用水中所占的比例各不相同。先进的企业加工每吨原油的新鲜水耗量可小于 1 t,其中工业用水仅占 10%,而纯水和循环冷却水补充水则分别占了 50% 和 30%。

炼油厂的生产过程需要大量的水,虽然大部分水可循环使用,但是仍会产生废水,其数量约是原油加工量的 60%~70%。炼油厂废水中含有有害的物质,必须经过处理后才能排放。

炼油厂废水的来源主要有:原油脱盐水、循环水排污、工艺冷凝水、产品洗涤水、机泵冷却水及油罐排水等。所产生的废水量随炼油厂类型及加工工艺技术的不同而异,我国炼油企业加工每吨原油的废水量为 1~3 t。不同来源的废水的污染程度不同,其中所含的污染物也有差异。例如,油罐区排水中的污染物主要是石油烃类;催化裂化装置排水中的污染物除烃类物质外,还含有较多的含硫化合物、氨化合物及酚类化合物等。

对于废水受污染的程度,通常可根据其耗氧量的大小或等标污染负荷率来条件性地表示。耗氧量的指标有下列两种:①化学耗氧量(COD),它是用重铬酸钾、高锰酸钾或碘酸钾等强氧化剂定量地氧化废水中的有机物,以每升水所需氧的质量来表示。②生物需氧量(BOD),它是利用生化反应氧化废水中的有机物,也以每升水所需氧的质量来表示。因为生化反应进行较慢,通常规定以培养 5 天作为一般衡量水质污染程度的指标,称为 5 天生物需氧量(BOD$_5$)。

不同污染物对环境的危害程度可以用等标污染负荷率来描述。等标污染负荷率又分为污染物的等标污染负荷率和污染源的等标污染负荷率,都是在污染物的等标污染负荷的基础上定义的。等标污染负荷是指在污染物排放标准的基础上,反映各污染物相互间能比较的相对(等标)的污染负荷。由于各种来源的废水的污染情况不尽相同,炼油厂中往往将其废水分为含油废水、含硫废水、含盐废水和含碱废水等分别进行收集和处理。

13.1.2　含硫废水的预处理

加工含硫原油的炼油厂的含硫废水中的含硫量会高达数千毫克每升,其 COD 也可达 5 000 mg/L,同时还会含有较多的氨、酚类及氰化物。主要包括常减压装置塔顶油水分离器排水,催化裂化装置分馏塔顶油水分离器排水和富气洗涤水,加氢装置高低压分离罐排水和硫黄回收装置急冷塔排水等。该类水中硫化物和氨等污染物浓度较高。对于此类污染程度严重的废水,不能直接进入污水处理装置,必须经过预处理。含硫废水的预处理有两种方法,对于数量少且含硫浓度较低的废水可用空气氧化法,而对于数量多且含硫浓度较高的废水则需用蒸汽汽提法。

1. 氧化法

(1)空气氧化法。

空气氧化是利用空气中的氧气氧化废水中有机物和还原性物质的一种处理方法,是一种常规处理含硫废水的方法。空气氧化的能力较弱,为提高氧化效果,氧化要在一定条件下进行,如采用高温、高压条件,或使用催化剂。目前,从经济等方面考虑,国内多采用催化剂氧化法,即在催化剂作用下,利用空气中的氧将硫化物氧化成硫代硫酸盐或硫酸盐。采用的催化剂有醌类化合物,锰、铜、铁、钴等金属盐类以及活性炭等。

炼油厂废水处理工艺所采用的空气氧化法包括一段空气氧化法、一段催化空气氧化法和两段催化空气氧化法等。

一段空气氧化法是较老的处理含硫废水的一种方法。理论上氧化 1 kg 硫化物生成硫代硫酸盐需要 1 kg 氧,相当于 4.33 kg 空气。由于其中一部分硫代硫酸盐会进一步氧化成硫酸盐,因此空气用量还会增加。目前,该法已较少使用。

一段催化氧化法中,氧化塔填充铜和铁族的金属催化剂,pH 呈微碱性(7~9),温度为 100 ℃,水与充足的空气接触后,废水中硫化物大部分氧化成硫酸盐。

两段催化空气氧化法是一种含硫废水制硫的方法。含硫废水通过装有催化剂的第一段空气氧化后,废水中的硫化钠和硫化氨分别氧化成硫酸钠、硫代硫酸钠和硫酸铵,然后废水进入第二段催化空气氧化塔,生成元素硫和氨。

(2)湿式空气氧化法。

湿式空气氧化法(WAO)是一种有效去除有毒有害工业污染物的处理技术。在温度为 175~350 ℃、压力为 2.067~20.67 MPa 时,利用空气中的分子氧使废水中有机化合物和还原性无机物在液相中氧化的工艺过程,可以看作一种不发生火焰的燃烧。20 世纪 70 年代以来,湿式氧化法在国外发展很快,但由于该法需要在较高压力和较高温度条件下运行,对设备的要求较高,投资较大,因此国内运用较少。在含硫废水处理过程中,WAO 法能将废水中的硫成分充分氧化成无机硫酸根,有效地脱出臭味。对于难以生化处理的高浓度有机废水,经 WAO 处理后,废水中 BOD/COD 值显著提高,可作为生化处理的预处理。

美国某石油化学公司采用 WAO 法处理烯烃生产废洗涤液。进水 COD 为 24 g/L,出水 COD 为 0.792 g/L,去除率达 96.7%。进水硫化物为 9 g/L,出水硫化物为 0.009 g/L,去除率达 99.9%。可见处理效果显著。

(3)超临界水氧化法。

超临界水氧化法(SCWO)是一种新兴高效的废物处理方法。超临界水是指温度大于等于

374.2 ℃,压力大于等于 22.1 MPa 的气、液临界状态的水,它的密度、离子积、介电常数、黏度等物性也与常态有很大差别。这种状态的水表现出许多独特的性质,如对于有机物的高溶解性和对于盐类的低溶解性,各种气体如 O_2、N_2、CO_2 均能与水完全混溶,且溶解能力对温度、压力的变化极为敏感,易于工业调节。

在氧存在的条件下,废水进入 SCWO 装置后,有机物被氧化而得到处理。SCWO 法具有不使用催化剂,在均相下反应速度快,氧化分解彻底,处理效率高,过程封闭性好等特点。当废水中有机物浓度大于 20% 时,可利用反应放出的热维持过程的热平衡,节省能源,处理复杂体系时更具优势。

采用 SCWO 法处理废水对设备材质要求较高(尤其高温耐腐蚀方面的要求)。另外,因为盐在超临界水中的低溶解度,含盐废水在处理中易发生盐析出沉淀,导致反应器堵塞。目前由于缺乏反应的基础试验数据,SCWO 法仍处于研究阶段。尽管如此,由于 SWCO 法在废水处理中表现出的优良特性,在含硫废水处理中具有良好的应用前景。

2. 蒸汽汽提法

含硫废水中所含的硫和氮多半以 NH_4HS 及 $(NH_4)_2S$ 的形式存在,通过蒸汽汽提可以将它们分解为 H_2S 及 NH_3 而除去。蒸汽汽提的流程有单塔汽提和双塔汽提两种。双塔汽提历史较长,运转平稳,但能耗高,处理 1 t 水的能耗一般为 250~400 kg 蒸汽;而带侧线抽出的单塔汽提流程简单,且能耗较低,处理 1 t 水的能耗为 130~200 kg 蒸汽。现分述如下。

(1)单塔加压侧线抽出汽提。

单塔汽提又可分为单塔低压汽提和单塔加压汽提,典型的含硫废水单塔汽提侧线抽出流程如图 13.1 所示。该流程实质上是把双塔汽提流程中的氨汽提塔和硫化氢汽提塔重叠在一个塔内,利用 CO_2 和 H_2S 的相对挥发度比 NH_3 高的特性,将含硫废水中的 CO_2 和 H_2S 从塔顶汽提出去。通过控制适宜的塔体温度,在塔中部形成氨物质的量/(硫化氢物质的量 + 二氧化碳物质的量)大于 10 的液相及富氨气体,该气体从侧线抽出。含硫废水经换热至 150 ℃ 左右后进入压力为 0.3~0.5 MPa 的汽提塔中进行闪蒸,其气相中含有 H_2S 及 NH_3 等污染物。在汽提塔中,该上升的气相与从顶部打入的冷含硫废水逆流相遇,进行吸收和精馏。由于 H_2S 较之 NH_3 更易于挥发,导致 H_2S 在气相中不断富集而从塔顶逸出。塔底可借助再沸器或通入过热蒸汽以进行汽提,这样便使塔内下降液相中的 NH_3 浓度出现一个最高点,在该处即可从侧线抽出富含 NH_3 的气相。由于从侧线抽出的气相中还含有水汽及少量的 H_2S,因此还需经三级分凝以得到较纯净的 NH_3。经过汽提后,含硫废水中的 H_2S 及 NH_3 均可脱除 90% 以上,从汽提塔底排出的水已可回用或送往污水处理装置进行进一步处理。

(2)双塔汽提。

在此类流程中,含硫废水中的 H_2S 及 NH_3 是在两个汽提塔中分别加以脱除的。其主要操作条件是:硫化氢汽提塔塔顶温度约为 45 ℃,塔底温度约为 160 ℃,塔顶压力约为 0.5 MPa;氨汽提塔塔顶温度约为 120 ℃,塔底温度约为 140 ℃,塔顶压力约为 0.2 MPa。

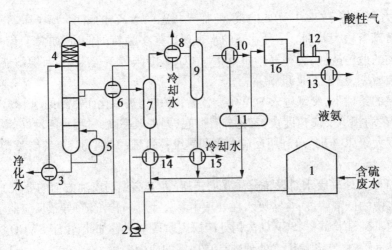

图 13.1   单塔汽提侧线抽出流程

1—含硫废水罐；2—含硫废水泵；3—换热器；4—汽提塔；5—塔底再沸器；6——级冷凝器；7——级分凝器；
8—二级冷凝器；9—二级分凝器；10—三级分凝器；11—氨压机；12—氨冷凝器；13，14—循环液冷凝器；15—氨精制区

13.1.3   废水处理方法

工业废水的处理方法很多，大体上可以分为两类：一种是通过各种外力，把有害物质从废水中分离出来，称为分离法；另一类是通过化学或生化作用，使废水中的有害物质转化为无害物质或可分离的物质，后者再经过分离予以除去，称为转化法。习惯上也按处理原理不同，分为物理法、化学法、物理化学法和生物化学法四类。现将在炼油厂中常用的一些废水处理方法分述如下。

1. 物理处理方法

（1）沉淀。

当废水中悬浮有较多的固体杂质时，就需要设置沉淀池，令这些固体杂质靠重力沉入池底而分出。

（2）隔油。

炼油厂废水中一般都含有污油，需用隔油池将其中大部分除去。隔油池有平流式、斜板式及斜管式等类型。

（3）聚结过滤。

聚结过滤（又称粗粒化）是利用亲油性的滤料（活性炭或粒状树脂）表面对分散在废水中的油珠和悬浮物具有较强的物理吸附能力的特性，使油珠等在滤料上聚结。而当用气、水混合流反冲洗时，即可将吸附物洗脱带出，继而循环进行操作。

（4）油水旋流分离。

利用离心分离法分离废水、污泥中的油及悬浮物具有明显的优点，它们分离速度快、效率高，已经在废水处理中逐步得到应用。其中，油水旋流分离技术是 20 世纪 80 年代的一项新技术，它具有分离效率高、装置紧凑、操作简单、维修方便、占地面积小等优点，在石油开采、石油炼制、机械加工和船舶运输等行业有广阔的应用前景。

2. 物理化学处理方法

（1）混凝法。

混凝过程包括混合、凝聚、絮凝等几种作用，是从液态介质中分离出呈分散状态的微粒杂质的重要手段。

废水中的乳化油和以胶体分散的微粒是不能单纯靠物理方法来分离的。因为这些胶体微粒的表面都带有同性的电荷，彼此之间存在着排斥力，所以不能相互靠近以结成较大的微粒。同时，许多水分子被吸引在胶体微粒的周围形成水化膜，这也会阻止胶体微粒与带相反电荷的离子中和，妨碍微粒之间相互靠近并凝聚。

为使此类胶体分散体系的稳定性下降，常需加入一些药剂（混凝剂和助凝剂），使其中的微粒杂质脱稳并聚集成较粗大的絮凝体，继而上浮或下沉得以分离。混凝剂主要有无机和有机两大类。

常用的无机混凝剂大多是铝盐和铁盐，铝盐主要有硫酸铝、明矾和聚合氯化铝三种，铁盐主要有硫酸亚铁、三氯化铁和聚合硫酸铁三种。此类无机混凝剂加入水中会解离出多价的离子，能与废水中带相反电荷的胶体微粒互相吸引，中和其电荷，使胶体微粒有可能相互聚结。与此同时，这些盐类所形成的 $Al(OH)_3$ 或 $Fe(OH)_3$ 等还可吸附并裹挟部分乳化油。在使用无机混凝剂时，需要注意调整废水的温度及 pH，以期改善其效果。

有机混凝剂大多是阳离子型、阴离子型或非离子型的高分子聚合物，用得较多的是聚丙烯酰胺类。由于此类高分子聚合物的分子链很长，且带有支链，它们可以同时在链上吸附若干个胶体微粒，对微粒的凝聚起架桥的作用。

无论是无机混凝剂还是有机混凝剂，它们的加量均需适当，如加量太多会适得其反。有时，将无机混凝剂与有机混凝剂结合起来使用会取得更好的效果。

此外，生物絮凝剂的研究也得到迅速发展。生物絮凝剂又称微生物絮凝剂，有人称其为第三类絮凝剂，该类絮凝剂是利用生物技术，通过微生物发酵抽提、精制而得到的一种新型、高效、廉价的水处理剂。与普通絮凝剂相比，它有以下优点：易于固液分离，形成的沉淀少；无毒，易于降解；无二次污染；适用性广；具有除浊、除油、脱色功能。

（2）气浮法。

气泡浮上法简称气浮法。在炼油厂中常用加压溶气气浮来处理废水中的乳化油等污染物，此法的效果较好，可大大降低废水中的含油量。

此方法的过程是：在加压至 0.3~0.4 MPa 情况下，将空气溶解在废水中达到饱和状态，然后突然降至常压，这时溶入水中的空气就成了过饱和状态，以极微细的气泡释放出来，在气泡的上升过程中，可使废水中的乳化油等细小杂质黏附于气泡的周围而一起浮至水面。

以直径为 1.5 μm 的油珠为例，它在水中上浮的速度很慢，一般只有 1 μm/s 左右，而气泡的上升速度则可达 1 mm/s 左右，要快一千倍之多。此法的效果还与气泡的分散度有关。在同一条件下，气泡的分散度越大，单位体积气体的总表面积就越大，气泡与乳化油等颗粒碰撞的机会也就越多，这样气浮的效果也就越显著。因而，近年来开发了超微细气泡的发生装置，可以进一步提高气浮的效果。

有时，还可将凝聚法与气浮法结合起来，既加入混凝剂又进行加压溶气气浮，气泡可将絮凝物连同乳化油一起带至水面形成浮渣，其脱油的效果更佳。

3. 生物化学处理方法

炼油厂的废水经隔油和气浮处理后，其中污染物含量已大大降低，但仍未达到排放的要求,还需要进行进一步的生物化学处理。

废水的生物化学处理法(简称生化法),是利用自然界大量存在的各种微生物,并采取一定的措施创造有利于微生物生长、繁殖的环境,来分解废水中的有机物和某些无机毒物,通过生化过程使之转化,从而使废水得以净化。

微生物可分为需氧的和厌氧的(或称好气的和厌气的)两大类。需氧微生物处理是在有氧的条件下,利用需氧微生物的作用来处理污水;厌氧微生物处理则是在无氧的条件下,利用厌氧微生物来处理污水。在炼油厂中采用的是需氧微生物处理,也就是微生物氧化过程。

微生物与废水中的有机物作用所发生的一切变化,都要在酶的参与下才能进行。酶是生物体内产生的一种生物催化剂,蛋白质是酶的基本成分。在细胞里面起催化作用的酶称为内酶,透出细胞外而起催化作用的称为外酶。

微生物具有很强的吸附能力,能迅速吸附废水中的大部分有机物。被吸附的相对分子质量较小、能溶于水的有机物会透过细胞壁进入细菌体内,在内酶的作用下完成氧化、合成等生化反应。而相对分子质量较大、不溶于水的有机物,则在细菌分泌的外酶的作用下转化成相对分子质量较小、能溶于水的物质,再渗入细胞在内酶的作用下进行氧化和合成。

当废水中所含有机物比较充足时,微生物通过氧化部分有机物而获得其生命活动的能量,即

$$有机物 + O_2 \xrightarrow{酶} CO_2 + H_2O + 能量$$

而另一部分有机物会合成为新的微生物原生质(细胞质),即

$$有机物 + NH_3 + O_2 + 能量 \rightarrow 微生物原生质 + CO_2 + H_2O$$

这样,便把有机物转化为不溶于水的可分离的生物体。

在炼油厂中最常用的生化处理方法是活性污泥法,也有用生物膜法(或称为生物过滤法)的。

(1)活性污泥法。

向有机废水中不断通入空气(即曝气),使水中有足够的溶解氧,为需氧微生物创造良好的生长条件,经过一段时间就会产生出富含大量微生物的褐色絮状的活性污泥。活性污泥中含有的微生物以细菌为主,原生动物次之,它具有很强的吸附和与有机物作用的能力。活性污泥在使用前还需用所处理的废水进行驯化,以使其中能适应此废水的微生物得以繁殖,而不适应者均被淘汰。

近年来,还有采用纯氧曝气池新技术的。它是利用纯度在90%以上的氧气作为氧源,因此容积负荷较高,曝气池的容积可显著缩小,其处理能力是空气曝气法的2~3倍,而且效果更好。

(2)生物膜法。

当废水通过滤料(碎石、瓷环或塑料制品)时,在滤料表面逐渐形成一层黏膜,黏膜中生长着各种微生物。这种黏膜称为生物膜,它主要由真菌组成,同时还有细菌、藻类和原生动物。生物膜的表面积很大,当滤料空隙有足够的氧气存在时,废水中的有机物就会被生物氧化。在水的冲刷下,老的生物膜不断剥落,新的生物膜继续成长,这样不断更新。进行生物过滤的设备形式很多,有生物滤池、生物滤塔、生物转盘等,在炼油厂中常选用生物滤塔。

尚需指出,生物膜法与活性污泥法可以串联起来使用,废水先经过生物滤塔再进入活性污泥的曝气池,两者结合起来可以进一步提高出水水质。

（3）膜法 A/O 工艺。

炼油废水的硝化－反硝化流程（A/O 脱氮工艺）是由好氧和缺氧两种不同的生物系统组成的。在好氧生物系统，有机物在好氧异养菌的作用下，作为碳源首先氧化降解；当有机物含量降低到一定浓度时，氨氮在自养菌（包括硝化菌、硝酸菌及亚硝酸菌等）的作用下，将还原态氮转化为氧化态氮，这就是生物硝化作用。生物硝化是废水生物脱氮的前提和关键步骤。然后，在缺氧生物系统发生反硝化作用，反硝化菌是一种兼性异养菌，它利用各种有机物（碳源）作为反硝化过程的电子供体，并把废水中的 NO_2^- 和 NO_3^- 还原为 N_2，反应方程式为

$$5C（有机物）+2H_2O+4NO_3^- \xrightarrow{反硝化菌} 2N_2\uparrow+4OH^-+5CO_2$$

根据上述反应，在反硝化阶段既有脱氮作用，也有不需要介质提供溶解氧的脱碳作用，A/O 工艺在生物处理系统中溶解氧的利用是最经济的。

考虑硝化微生物的菌膜虽然较薄，但附着坚牢，因此在硝化阶段采用膜法处理设备比较有利。由于反硝化速度远大于硝化速度，因此要求微生物菌膜和废水之间有很好的传质条件，采用活性污泥法比较有利。目前，我国建设的废水处理设施都是采用膜法 A/O 工艺。

13.1.4　污水处理流程

上述各种方法，可以根据废水的性质及其处理的难易程度来选用，并组合成最佳的处理流程。炼油厂废水处理一般均需经过隔油、溶气气浮（或聚结过滤）和生物氧化这三个步骤。用这种流程处理炼油废水一般能取得较好的效果。

13.1.5　污水处理场废渣处理

炼油厂废水在隔油、气浮和生化处理过程中会产生油泥、浮渣和剩余活性污泥等废渣。这些废渣中含有大量的污染物，必须进行处理。由于此类废渣中的含水量高达 99% 以上，因此要先进行脱水，然后再送入焚烧炉进行焚烧。

1. 废渣脱水

对于污水处理场废渣，一般采用自然脱水和强制脱水相结合的方法。自然脱水方法有污泥干化、重力浓缩等。强制脱水方法有以下几种。

（1）压滤脱水。

借助板框压滤机或带式压滤机进行压滤脱水。为改善其过滤性能，一般还需向废渣中加入适量的絮凝剂或助滤剂。

（2）离心脱水。

在卧式转筒离心机中，由于高速旋转产生的离心力的作用，密度较大的废渣颗粒会附着于转筒内壁，而密度较小的液体则可分离而流出。

（3）真空过滤脱水。

用真空转鼓过滤机对废渣进行脱水。

通过上述脱水过程，废渣中的含水率可从 99% 降至 60% ~ 80%，从而可显著缩小废渣焚烧装置的规模和能耗。

2. 废渣的焚烧

经脱水后的废渣，可采用回转式的或流化床式的焚烧炉进行焚烧处理。若排出的烟气有

异味,则还需对其进行脱臭,然后才能排入大气。

3.废渣的焦化处理

用焚烧方法处理废渣的成本太高,一般来说每处理1.5 t固体浮渣(其含水率为80% ~ 85%)约需0.4~0.7 t燃料油,使焚烧装置难以长期运转,积压的未处理废渣在厌氧作用下散发出难闻的气味,严重影响周围环境。用炼油厂焦化装置的余热来处理废渣是一种清洁生产技术,它不需要废渣的深度脱水,也无须建设新的设备,又充分利用了热源,回收了废渣中的烃类物质,对具有焦化装置的企业无疑是一种简便和经济的方法。

采用焦化工艺处理废渣可归纳为两种流程路线:一是掺入焦化原料进行处理;二是作为焦化急冷液的一部分进行处理。我国大部分采用后一种方法。

焦化过程是在500 ℃高温下进行的,当焦炭塔累积焦炭到一定高度时,需要切断进料并对焦炭塔实施急冷,准备出焦。将含水废渣直接引入焦炭塔,或将废渣与急冷液进行调制,作为急冷液的一部分进入焦炭塔。废渣在塔底350 ℃以上的高温焦层中骤热汽化,其中水和轻烃形成气流,并携带废渣中的重烃及灰分沿着焦层中直径约240 mm的孔道迅速上升。在塔顶,气流流速减缓,重烃及灰分便进入焦炭塔顶部的泡沫层中,重烃可进一步发生焦化反应,水和轻烃则并入焦化产物中。

13.2 废气处理

13.2.1 概 述

一座炼油厂有许多种废气排放,如烟气、油气、恶臭气体等,每种废气又有多个排放源,如催化烟气、硫黄装置尾气焚烧炉烟气、常压加热炉烟气、重整加热炉烟气等。油气、恶臭气体的排放源可能有几十处之多,例如,一座炼油厂可能有6个以上的酸性水罐在排放恶臭气体。种类多、排放源多、排放地点分散是炼油厂废气排放的共同特点。炼油厂的废气来源很多,其组成和性质也各不相同,需要采取不同的方法加以处理。

1.含硫气体的处理

前已述及,在炼油厂中诸如加氢精制、加氢裂化和催化裂化等装置的气体产物中都含有H_2S,当加工含硫原油时其含量更是可观。脱出的酸性气(含有H_2S及CO_2)必须回收其中的硫后才能排放,这一方面是为了防止污染大气,另一方面是可以为硫酸工业等提供原料,取得显著的经济效益。本节将就硫黄回收过程进行重点介绍。

2.锅炉及加热炉的燃烧废气处理

锅炉及加热炉在燃料的燃烧过程中会产生大量废气。加热炉一般以减压渣油为燃料,当硫含量较高时经燃烧将向大气环境排出硫化物、氮氧化物和粉尘。这部分废气组成相对单一,但其总排放量占废气排放总量的60%以上,排放的污染物绝对量大,目前多是经过除尘后直接高空排放。燃烧废气中的硫主要以SO_2状态存在,要脱除它在技术上并不困难,只是因燃烧废气的量很大,其中SO_2的浓度又较低,其投资及运转费用较高。目前常用的燃烧废气脱硫的方法为石灰/石灰石浆液洗涤法,使SO_2与石灰/石灰石反应生成亚硫酸钙和硫酸钙而除去。

3.氧化沥青尾气的处理

渣油在氧化过程中会产生具有恶臭且有毒的气体,其中含有3,4-苯并芘等致癌物质,必须予以处理。氧化沥青尾气中含有油蒸气,需先采用水洗或油洗等方法把它除去,然后将尾气通入焚烧炉内,在 850~1 050 ℃下进行燃烧,使废气中 3,4 - 苯并芘的含量降至 2 $\mu g/m^3$ 以下。

4. 火炬气的治理

炼油厂中的火炬原为产气装置开停工和事故处理时的安全设施,一般情况下不应向火炬排放气体。对于装置和系统因产需不平衡或操作波动而放空的低压气应设法加以利用,以减少损耗和大气污染。目前对火炬气的治理措施包括:设置低压石油气回收装置;采用新型火炬头和低耗长明灯,逐步实现自动点火。

5. 含烃废气的治理

石油化工企业在生产、储存和运输的各个环节都会有烃类的排放和泄漏。烃类排入大气后会造成环境污染。目前含烃废气治理的主要措施是采用密封性能好的管阀件和设备减少泄漏,利用各种改进工艺对轻烃进行回收利用,轻质油品使用浮顶储罐减少挥发损失,采用浸没式装车措施降低蒸发损失等。

6. 含颗粒物废气的治理

催化裂化装置再生器排出的烟气含有大量粉尘。一般再生器内均设有两级旋风分离器以回收催化剂循环利用,在再生器的烟气管道使用两级旋风分离器进一步回收细粉颗粒物。还可采用第四级旋风分离器、电除尘法或湿洗系统进一步降低粉尘排放量。

13.2.2　硫黄回收

迄今所用的从炼厂酸性气中回收硫黄的方法主要是克劳斯法,其主要反应包括高温热反应:

$$2H_2S + O_2 \Longleftrightarrow 2H_2S + \frac{2}{x}S_x \tag{13.1}$$

$$2H_2S + 3O_2 \Longleftrightarrow 2SO_2 + 2H_2O \tag{13.2}$$

和低温催化反应:

$$SO_2 + 2H_2S \Longleftrightarrow \frac{3}{x}S_x + 2H_2O \tag{13.3}$$

1. 克劳斯法工艺

根据酸性气中 H_2S 含量的高低,克劳斯法有三种可供选择的工艺,即部分燃烧法、分流法和直接氧化法,其中目前采用的最多的是部分燃烧法。另外,基于克劳斯工艺技术的改进,催化剂性能的提高,以及尾气处理技术的不同,在 20 世纪 80 年代相继出现了多种商业化的硫黄回收技术,如 SCOT、Selectox、SuperClaus 技术等。

我国大多数硫黄回收装置采用酸性气部分燃烧→外高温掺和→两级转化的流程。所谓外高温掺和,就是将焚烧炉出口的高温气体分别与捕集器出口的气体相掺和,以调节一级、二级转化器入口的温度,其原理流程如图 13.2 所示。这种方法操作弹性大,处理量低至原设计的 20% ~25% 时,装置仍可以操作,具有能适应炼油厂酸性气量变化大的特点。

自脱硫装置来的酸性气与适量空气在焚烧炉内进行部分燃烧,发生反应(13.1)及反应(13.2),空气的量仅够供酸性气中 H_2S 的 1/3 氧化成 SO_2,然后 SO_2 与未氧化的 H_2S 一起进入转化器,发生反应(13.3)。对于 H_2S 的部分焚烧反应,通入焚烧炉的空气量需严格控制,这是克劳斯法的操作关键。焚烧炉的温度约为 1 200 ℃，燃烧产物中除 SO_2、H_2O 及 N_2 外，还有少量由 H_2S 直接分解而生成的单质硫。为回收热量，燃烧产物在进入转化器之前先经余热锅炉产生蒸汽。转化器内装有天然铝矾土或合成氧化铝催化剂。反应(13.3)是可逆放热反应，因此降低反应温度对提高平衡转化率是有利的。但其温度至少要高于硫蒸气的露点 30 ℃，以避免硫黄沉积在催化剂表面上。一般转化器入口温度约为 230～280 ℃，因过程放热，所以出口温度会升至 270～300 ℃。

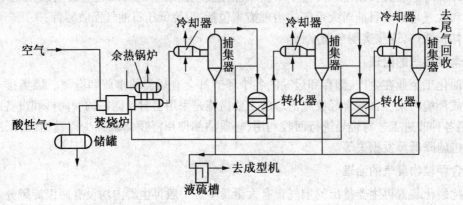

图 13.2　硫黄回收装置原理流程

自转化器出来的反应物经冷却器冷却，即可得到硫黄。为达到较高的硫回收率，工业装置中一般还设有二级、三级甚至四级转化器。采用两级转化时，硫的回收率为 93%～95%，三级转化时为 94%～96%，而四级转化时则可达 95%～97%。可见催化转化级数越多，总转化率也越高，但设备投资也相应增大，应综合考虑。用此法回收得到的硫黄纯度约为 99.8%。

原料气中 H_2S 含量在 15%～50% 的情况下，若也采用部分燃烧法，则反应热不足以维持焚烧炉高温转化的操作温度，故宜采用分流法。把 1/3 的酸性气导入焚烧炉，通入空气(H_2S 与 O_2 的比例为 1:1)使其中的 H_2S 全部转化为二氧化硫，然后在炉出口处再通入剩余的 2/3 的酸性气，去进行催化转化反应。当酸性气中 H_2S 含量低于 15% 时，原料气已不能正常燃烧，则需与足够量的空气一起在加热炉中预热到一定温度，然后直接进入反应器，使 H_2S 与 O_2 催化转化生成硫黄。

2. 克劳斯过程的影响因素

(1)酸性气中 H_2S 浓度的影响。

酸性气中 H_2S 的浓度高可增加硫的收率、降低尾气中的含硫量及降低装置投资。因此必须改进气体脱硫的操作，尽量减少酸性气中 CO_2 的含量，提高其中 H_2S 的浓度。

(2)酸性气中杂质的影响。

酸性气中的杂质有烃类、氨和水等。酸性气中如含有烃类，在燃烧器中将生成 COS 和 CS_2，会降低硫的收率及催化剂的寿命，还使所产硫黄的颜色变为灰黑，因此需严格控制烃类的体积分数不超过 4%。如含氨过多，易生成硫氢化铵、多硫化铵而堵塞冷凝设备，燃烧生成的氮氧化物会腐蚀设备并使催化剂中毒，所以应严格控制酸性气中氨的体积分数不超过 2%。酸性气中的水含量过高也会导致 H_2S 转化率及硫黄收率下降，应控制水含量低于 1%(体积分数)。

（3）空气与酸性气之比。

在克劳斯反应过程中，空气不足或过剩均不利于 H_2S 的转化，而空气不足更为不利，因此应控制空气适量过剩。对两级转化装置要求过剩空气不超过 2%，对三级转化装置不超过 1%。

（4） H_2S 与 SO_2 的比例。

这是克劳斯反应过程最重要的操作参数。当进入转化器的气体中 H_2S 与 SO_2 的物质的量之比为 2 时，才能获得最大的转化率。

（5）反应温度与空速。

焚烧炉的炉膛温度应控制在 1 100 ~ 1 300 ℃之间，催化转化温度应高于该气体中硫的露点温度 30 ℃左右。

对于天然铝矾土催化剂，空速以 500 h^{-1} 左右为宜，空速过高会使转化率明显下降。

3. 硫黄回收装置的尾气处理

从硫黄回收装置排出的尾气中还含有一定量的硫化物，如 H_2S、SO_2、COS、CS_2 等，其总量可达 8 000 ~ 28 000 mg/m^3，远远超过排放标准（GB 16297—1996 规定硫黄生产过程的 SO_2 最高允许排放浓度为 1 200 mg/m^3），必须进行处理。尾气处理的方法有加氢还原法、焚烧法、低温转化法和直接氧化法等。

加氢还原法即斯科特法。此法是在钴钼催化剂作用下将尾气中的硫化物加氢还原为 H_2S，然后以二异丙醇胺为选择性溶剂吸收 H_2S。溶剂再生后放出的 H_2S 气体再返回硫黄回收装置处理。加氢还原法的工艺可靠，操作简单，净化率高，净化后尾气中的 SO_2 含量可低于 300 $\mu g/g$。

焚烧法是将尾气中所有的硫化物全部燃烧为 SO_2。由于 H_2S 的毒性比 SO_2 大得多，通过此法可减少排放气体的毒性，但并未改变其中的总硫量，应注意不要超过当地环境所允许的排硫量限度。

低温转化法是指在低于硫的露点的温度条件下进行的克劳斯反应。其特点是在硫回收装置后面再配置 2 ~ 3 个低温转化器，其反应温度在 130 ℃左右。由于温度低，反应平衡向生成硫的方向移动，而生成的部分液硫随即沉积在催化剂上。低温转化器需周期性再生，循环使用。

13.3　噪声控制

炼油厂中，除需重视防治废水及废气的污染外，还需注意控制噪声。所谓噪声污染是指各种不同频率和强度的声音，无规则地杂乱组合在一起，造成对人体和环境的不良影响。

炼油厂内的噪声主要来自机泵、加热炉、气压机及风机等，其强度较高。由于炼油装置的生产是连续的，其设备及机械所产生的噪声多为连续的稳态噪声，而且以低中频的气流噪声为主。这些噪声的声压级多在 85 dB(A)以上，有时甚至高达 100 ~ 110 dB(A)。再者，炼油厂的设备及机械大多是露天的，又是高程传播，所以对周围环境的影响较大。

噪声会使人心情烦躁，容易疲劳，降低工作效率，也容易发生事故。长时间在强噪声环境下工作还会造成听力的减退及引起多种疾病，所以需要加以控制。为此，我国制定了《声环境质量标准（GB 3096—2008）》及《工业企业厂界噪声排放标准（GB 123489—2008）》两项国家标准,有些省市还根据具体情况制定了地方控制标准。

　　炼油厂噪声的防治在工厂设计时就应该予以考虑。对于噪声的治理,可以从降低声源的噪声、控制声音的传播途径及个人防护等方面来进行。

　　针对炼油厂中不同的噪声来源,需采取不同的防治方法。对于加热炉,可采用隔声罩以减少噪声,或采用低噪声的燃烧喷嘴。对于风机和压缩机,除在安装方面要严格要求外,还可在进出口装设消声器,在设备基础上装减振器或减振材料等。对于电机的噪声,可装设隔声罩,改善冷却风扇的结构,或选用低噪声的电机。在装置的各个放空口,均需安装不同形式的消声器,以控制其噪声。

第14章 炼油厂技术经济分析

一个工程项目的建设,包括新建工厂、装置,现有工厂、装置的改建和扩建及新工艺、新产品的开发,都需要对技术方案进行分析评价。在国民经济的范畴内,存在着非常复杂的内部联系,任何一个工业部门、企业都是处在这一大经济系统之中。因此,一个工艺过程、技术方案能否实现,应根据其能否满足政治、国防、社会、技术和经济诸方面的要求。不难看出,技术方案的评价内容是多方面的,其中,技术方案的经济评价占有十分重要的地位。国际化工界曾做过统计,近 10 年,平均每 15 min 就能开发出一个工艺上可行的新的品种或工艺过程,但通过经济评价认为具有经济吸引力的,既合理且能被工业界接受的仅占 1/15。当不同的技术方案基本上都能满足其他方面的标准和要求时,经济评价对技术方案的取舍就起着决定性的作用。技术经济评价就是按照经济衡量标准,寻找经济上最优的技术方案,用以作为决策的依据。

14.1 炼油工程项目的基本建设程序

一个炼油工程项目,从规划(或投资设想)到最后建成投产,是一个顺序的、连续的过程。项目的基本建设过程大体分为四个阶段:建设项目决策阶段、建设准备阶段、工程建设阶段和试车考核阶段。

建设项目决策阶段主要是做好技术经济分析工作,以选择合理、可行的最优方案,确保项目能成功实现并取得最佳经济效果。此阶段,国内由提出规划(机会研究)、项目建议书、可行性研究报告、总体统筹控制计划等几个步骤组成。国外做法稍有不同,如美国等分为机会研究、初步可行性研究、可行性研究、评价和决策等几个步骤。建设准备阶段包括了谈判和签订合同、设计、订货、征地、落实施工队伍等。在工程建设阶段,则是在施工的同时就要陆续进行生产的准备工作,包括人员培训、生产物料的准备、产品运销安排、编制试车方案等。试车考核阶段结束,通过验收后,就可以正式投入生产了。

以上的过程可用图 14.1 来表示。在项目建设的每个阶段,均需编制必要的文件并通过一定的评估审批手续。

各阶段需编制文件的内容要点分述于下。

1. 规划或计划研究

该阶段是研究项目机会选择的最初阶段。按照联合国工业发展组织推荐的纲要,一般机会研究通常需要做地区研究、部门研究和以资源为基础的研究。

一般机会研究是一种全方位的搜索过程,需要大量的信息数据的收集整理和分析。具体包括地理位置、自然特征、人口、地区经济结构、经济发展状况、地区进出口结构等状况;经营者或投资者所在部门(或行业)的地位作用,增长情况能否做出扩展等;分析资源分布状况、资源储量、可利用程度、已利用状况、利用的限制条件等信息,寻找项目机会。

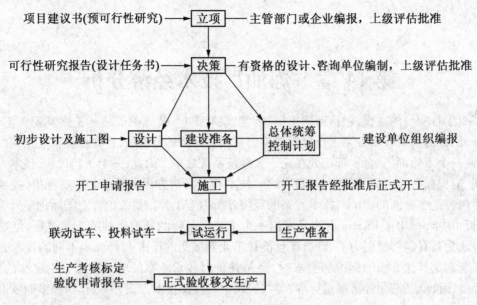

图 14.1　炼油工程项目基本建设程序图

2. 项目建议书

根据国民经济和社会发展的长远规划,结合资源、市场、环境等条件分析,在广泛调查、收集资料,基本弄清项目建设的技术经济条件后提出项目建设必要性的文件。项目建议书的内容应包括:项目建设背景和意义、原料来源和产品市场、建设规模和加工方案、建厂条件和投资环境、公共设施、环境保护、人员编制、项目实施规划、建设投资估算、资金筹措和经济评价等。

3. 可行性研究报告

可行性研究是基本建设前期工作的重要内容,是基本建设程序的重要组成部分。其基本任务是根据国家、地区或行业的规划及政策要求,对炼油工程项目的工艺技术、工程和经济进行深入细致的调查研究,全面分析和多方面比较,从而对项目是否应该建设及如何建设做出论证和评价,为决策部门提供投资决策依据,为编制工程建设计划提供依据,也是初步设计必须遵循的依据。

炼油工程项目可行性研究报告应按照中国石油化工股份有限公司《石油化工项目可行性研究报告编制规定》和中国石油天然气股份有限公司《炼油化工建设项目可行性研究报告编制规定》编写,主要内容包括:总论(可研结论和建议、产业政策和投资战略、项目范围、依托条件、实施计划及人力资源);市场分析及预测(产品、主要原辅材料、燃料供需分析及价格预测、产品营销策略研究);工程技术方案研究(建设规模、总工艺流程与产品方案、工艺技术、设备及自动化、建设地区条件及厂址选择、总图运输及土建、储运系统、厂内外工艺及热力管网、公用工程及辅助生产设施);生态环境影响分析(环境保护、劳动安全卫生与消防、能源利用分析与节能措施、水资源利用分析及节水措施、土地利用评价);经济分析与社会评价(投资估算、融资方案、财务评价、国民经济评价、社会评价);风险与竞争力分析。

4. 总体统筹控制计划

总体统筹控制计划是以审定的可行性研究报告为基础,落实和安排项目的各项建设工作。其主要内容应有:建设依据和项目概况;控制计划安排,包括工程内容和特点,建设总进度及分项建设安排(附统筹网络图),分年投资、资金、材料、劳动力安排,建设工作安排和各项建设条件的落实情况;工程进度、质量、资金管理;生产准备安排等。

5. 开工申请报告

开工申请报告应有建设依据及各项批准文件,资金、设计图纸、物资、施工力量、场地条件等的落实情况及建设进度安排。

6. 验收申请报告

验收申请报告应包括项目内容及建设过程、竣工资料、工程决算、试运行及考核结果等。

从上面的叙述可以看出,技术经济的分析评价工作贯穿于炼油工程项目建设的全过程,只不过是在不同的建设阶段,分析评价的深度各不相同,内容各有侧重。

14.2　投资及成本的估算

炼油工程项目在建设期间要投入资金、劳动力、材料和设备等资源;建成投产后再投入资金、劳动力、原料、燃料、水电气等资源进行生产;产品销售后获得经济收入,回收投资和取得利润。建设中和生产时所消耗的资源是投入,生产出的产品和副产品是产出。在做技术经济评价时,投入和产出的计量都是用同一种货币,这就是现金。经济评价的重要内容,实质上就是估算工程项目投入和产出之间的现金差额或比例。

炼油工程项目的现金流出(即投入的现金)包括项目建成投产之前的总投资和投产之后的总生产成本。工程建设项目的建设投资和生产成本是对技术方案进行经济分析、评价和优化比选的基础。在进行项目的技术方案评价时,优化方案的目标函数不外乎投资和生产成本,或通过它们计算出来的获利性经济函数。一个炼油工程建设项目在从设想到建成的整个过程中,要进行多次经济评价,其深度和要求一次比一次高,只有确认有明显的经济效果时,才会继续下一步的工作,否则应立即中止,以免造成人力和财力的浪费。

14.2.1　投资组成

投资是建设一个项目(工厂或生产装置),使之投入生产并继续运行下去所需的资金。投资一般由固定资本和流动资本两部分组成。固定资本是指工厂或生产装置从开始设计到投入生产所需的一切费用。而流动资本是指工厂或生产装置投产后,为使其继续运转下去所需的费用,它在项目终了时可以全部收回。

我国石油化工系统目前采用下式表示项目总投资:

$$总投资 = 建设投资 + 固定资产投资方向调节税 + 建设期借款利息 + 流动资金 \quad (14.1)$$

建设项目总投资组成可由图 14.2 表示。

1. 设备购置费

设备购置费指需要安装和不需要安装的全部设备费用,其中包括一次性装入的填充物料、催化剂及化学药品等的购置费。设备购置费由设备原价、设备运杂费和成套设备订货手续费(一般为设备原价的 1%)组成。

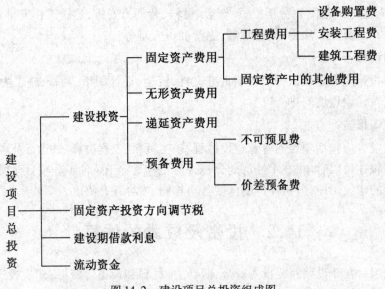

图14.2　建设项目总投资组成图

2. 安装工程费

安装工程费是指主要生产、辅助生产、公用工程等单项工程中需要安装的工艺设备、机械设备、动力设备、电器、电信、自控仪表、各种管道、各种填料、衬里防腐、隔热及各种电缆的安装费。

3. 建筑工程费

建筑工程费包括建设工程项目设计范围内的建设场地平整、竖向布置、土石方及绿化,各类房屋建筑,各类设备基础、地沟、水池、冷却塔(土建部分)、烟囱、烟道、栈桥、管架及码头等工程费。

4. 固定资产中的其他费用

其他费用包括土地征用费(含土地补偿费、青苗补偿费、居民安置费、地面附属物拆迁补偿费、征地管理费等)、耕地占用税、新菜地开发建设基金、建设期的城镇土地使用税、施工机构迁移费、超限设备运输特殊措施费、锅炉和压力容器检验费、进口设备材料国内检验费、建筑安装工程保险费等。

5. 无形资产费用

无形资产费用包括工业产权费用、专有技术费用、商誉费用、土地使用权出让金及契税等。

6. 递延资产费用

递延资产费用包括生产准备费(提前进厂人员费、培训费、办公和生活用具购置费)、出国人员费用(包括培训费)、外国工程技术人员来华费用、银行担保费、图纸资料翻译复制费等。

7. 预备费用

预备费用是考虑在建设期内设备材料的涨价及建设过程中可能有未估计到的事件发生,如自然灾害、超过预计的通货膨胀、设计修改、投资估算错误等因素而必须增加的费用。

8. 固定资产投资方向调节税

此税种体现了国家的产业政策。目的是控制投资规模,引导投资方向,调整投资结构,加强重点建设,促进国民经济持续、稳定、协调发展。按照财政部、国家税务总局、国家计委《关于暂停征收固定资产投资方向调节税的通知》(财税字〔1999〕299 号)规定,固定资产投资方向调节税自 2000 年 1 月 1 日起暂停征收。

9. 建设期借款利息

利息计算分单利和复利两种计算方法:

单利

$$I = P \times i \times M \tag{14.2}$$

复利

$$I = P \left[(1+i)^{M} - 1 \right] \tag{14.3}$$

式中,I 为利息额;P 为本金额;i 为利率;M 为计息期数。

在经济评价中,国内外借款无论按年还是按季、月计息,均可简化为按年计息,即将名义年利率按计息时间折算成有效年利率。计算式为

$$i_{有效} = \left(1 + \frac{i_{名义}}{M}\right)^{M} - 1 \tag{14.4}$$

式中,$i_{有效}$ 为有效年利率;$i_{名义}$ 为名义年利率;M 为每年计息期数。

如果剔除物价上涨因素,则实际利率 $i_{实际}$ 可用下式计算:

$$i_{实际} = \frac{1 + i_{名义}}{1 + 通货膨胀率} - 1 \tag{14.5}$$

当用不同档次的利率借款时,采用平均利率计算利息。平均利率的计算方法有两种:绝对额法和比重法,分别用下式计算。

绝对额法:

$$平均利率 = \frac{\sum(不同利率档次贷款额 \times 相应利率)}{贷款总额} \times 100\% \tag{14.6}$$

比重法:

$$平均利率 = \sum\left(\frac{不同利率档次贷款额}{贷款总额} \times 相应利率\right) \tag{14.7}$$

计息方法及年利率,视项目性质按贷款方规定选用。

10. 流动资金

流动资金有多种估算方法,原则上采用分项详细估算法,即可用流动资金为流动资产(包括应收和预付账款、存货及现金)与流动负债(即应付账款)之差的关系,分项详细估算;也可参照同类项目或企业流动资金占销售收入、经营成本或总成本费用(减借款利息)等的比例来确定。

14.2.2　炼油厂及其加工装置投资的估算方法

建设投资估算应在给定的建设规模、产品方案和工程技术方案的基础上,估算项目建设所需的费用。

建设投资的估算方法包括简单估算法和投资分类估算法。

简单估算方法有生产能力指数法、比例估算法、系数估算法和投资估算指标法等。前三种估算方法估算精度相对不高,主要适用于投资机会研究和项目预可行性研究阶段。在项目可行性研究阶段应采用投资估算指标法和投资分类估算法。

1. 生产能力指数法

该方法是根据已建成的、性质类似的建设项目的投资额和生产能力与拟建项目的生产能

力估算拟建项目的投资额。计算公式为

$$C_2 = C_1 \left(\frac{Q_2}{Q_1} \right)^X \tag{14.8}$$

式中,Q_1 为类似工厂(或装置)的加工能力(已知);Q_2 为拟建工厂(或装置)的加工能力(已知);C_1 为类似工厂(或装置)的投资(已知);C_2 为拟建工厂(或装置)的加工能力(已知);X 为规模指数。

运用这种方法估算项目投资的重要条件,是要有合理的规模指数,规模指数取值原则为:

(1)若已建类似项目的规模和拟建项目的规模相差不大,生产规模比值在 0.5~2 之间,则指数 X 的取值近似为 1。

(2)若已建类似项目的规模和拟建项目的规模相差不大于 50 倍,且拟建项目规模的扩大仅靠增大设备规模来达到时,则 X 取值约在 0.6~0.7 之间。

(3)若已建类似项目的规模和拟建项目的规模相差不大于 50 倍,且拟建项目规模的扩大靠增加相同规格设备的数量达到时,则 X 取值为 0.8~0.9 之间。

采用生产能力指数法,计算简单,速度快,但要求类似工程的资料可靠,条件基本相同,否则误差就会增大。

2. 比例估算法

比例估算法分为两种:以拟建项目的全部设备费为基数进行估算和以拟建项目的最主要工艺设备费为基数进行估算。

(1)以拟建项目的全部设备费为基数进行估算。

此种估算方法根据已建成的同类项目的建筑安装费和其他工程费等占设备价值的百分比,求出相应的建筑安装费及其他工程费等,再加上拟建项目的其他有关费用,其总和即为项目或装置的投资。计算公式为

$$C = E \times \left(1 + \sum_{t=1}^{n} F_t P_t \right) + K \tag{14.9}$$

式中,C 为拟建项目的投资额;E 为根据拟建项目当时当地加工计算的设备费(含运杂费)的总和;P_t 为已建项目中建筑安装费及其他工程费等占设备价值的百分比;K 为由于时间因素引起的定额、价格、费用标准等综合调整系数;F_t 为建筑安装费和其他工程费。

(2)以拟建项目的最主要工艺设备费为基数进行估算。

此种方法根据同类型的已建项目的有关统计资料,计算出拟建项目的各专业投资(总图、土建、暖通、给排水、管道、电气及通信、自控及其他工程费用等)占工艺设备投资(包括运杂费和安装费)的百分比,据此求出各专业的投资,然后把各部分投资(包括工艺设备费)相加求和,再加上其他有关费用,即为项目的总投资。计算公式为

$$C = E \times \left(1 + \sum_{t=1}^{n} F_t Q_t \right) + K \tag{14.10}$$

式中,Q_t 为各专业工程费用占工艺设备费用的百分比。

3. 系统估算法

(1)朗格系数法。

计算公式为

$$C = E \left(1 + \sum K_i \right) K_z \tag{14.11}$$

式中，C 为总投资；E 为主要设备费用；K_i 为管线、仪表、建筑物等各项费用的估算系数；K_z 为包括管理费、合同费、应急费等间接费在内的总估算系数。

总建设费用与设备费用之比为朗格系数 k_1，即

$$k_1 = (1 + \sum K_i)K_z \tag{14.12}$$

这种方法比较简单，但没有考虑设备规格、材质的差异，所以精确度不高。

（2）设备及厂房系数法。

一个项目，工艺设备投资和厂房土建投资之和占了整个项目投资的绝大部分。如果设计方案已确定生产工艺，初步选定了工艺设备并进行了工艺布置，这就有了工艺设备的质量及厂房的高度和面积。那么，工艺设备投资和厂房土建投资就可以分别估算出来，其他专业，与设备关系较大的按设备系数计算，与厂房土建关系较大的则以厂房土建投资系数计算，两类投资加起来就可得出整个项目的投资。这种方法，在预可行性阶段使用是比较合适的。

4. 投资估算指标法

估算指标是以独立的建设项目、单项工程或单位工程为对象，综合项目全过程投资和建设中的各类成本和费用，反映出其扩大的技术经济指标，具有较强的综合性和概括性。

投资估算指标分为建设项目综合指标、单项工程指标和单位工程指标三种。

建设项目综合指标一般以项目的综合生产能力单位投资表示，如元/吨；

单项工程指标一般以单项工程生产能力单位投资表示，如元/平方米；

单位工程指标按规定应列入能独立设计、施工的工程项目的费用，即建筑安装工程费用，如对于管道施工，区别不同材质、管径，以元/米表示。

14.2.3　成本组成

工业产品的成本是指工厂生产某种产品所需费用的总和。成本是决定工厂经济效益最重要的因素。我国石油化工系统目前采用下式表示项目总成本：

$$总成本 = 生产成本 + 管理费用 + 销售费用 + 财务费用 \tag{14.13}$$

总成本组成可用图 14.3 表示。

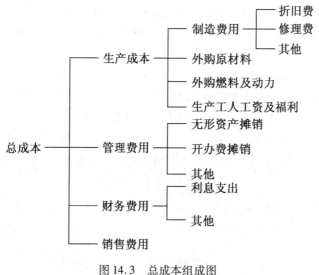

图 14.3　总成本组成图

①制造费用:包括企业各个生产单位(分厂、车间)为组织和管理生产所发生的折旧费、修理费及生产单位管理人员的工资、福利、办公、差旅、运输、保险、劳动保护等其他费用。

②原材料:原料及主要材料是指经过加工构成产品实体的各种原材料和半成品(包括添加剂)。辅助材料是指不构成产品实体,但有助于产品形成的材料。

③燃料及动力:是指直接用于产品生产的燃料、水、电、汽、风等。

④生产工人工资及福利:是指直接从事生产的工人的工资、奖金、津贴、补贴及福利费。

以上各项构成生产成本。

⑤管理费用:是指企业行政管理部门为管理和组织经营活动的各项费用,包括公司经费、工会经费、职工教育经费、劳动保险费、待业保险费、董事会费、咨询费、审计费、税金(房产、车船使用、土地使用、印花等税)、土地使用费、土地损失补偿费、技术转让费、技术开发费、无形资产摊销、开办费摊销、业务招待费以及其他管理费。

⑥财务费用:是指企业为筹集资金而发生的各项费用,包括生产经营期间的净利息支出、汇兑净损失、调剂外汇手续费、金融机构手续费以及筹资发生的其他财务费用。

⑦销售费用:是指销售过程中发生的各项费用,包括运输费、装卸费、包装费、保险费、展览费、差旅费、广告费,以及专设销售机构人员的工资和其他经费。

关于成本组成的划分,国内与国外、国内各工业系统之间略有差别。

14.2.4 成本折旧

1. 折旧费

在成本估算中,折旧费的估算占有重要的地位。构成一个工厂的设备、建筑物和其他物质性财产,即固定资产,由于磨损、破旧或过时等原因,价值逐年递减,这部分损失应作为生产支出而计入成本,这就是折旧。固定资产的分类折旧年限以及折旧计算的方法,国家和主管部门有规定,企业应按规定执行。石油化工系统通常使用的折旧计算方法有如下几种。

(1)平均年限法。

$$年折旧额 = (固定资产原值 - 预计净残值)/折旧年限 \qquad (14.14)$$

或

$$年折旧额 = 固定资产原值 \times 折旧率 \qquad (14.15)$$

$$固定资产原值 = 建设投资 - 无形资产 - 递延资产 + 投资方向调节税 + 建设期利息$$
$$(14.16)$$

$$预计净残值 = 固定资产原值 \times 预计净残值率 \qquad (14.17)$$

预计净残值率按 3% ~ 5% 计取。

$$折旧率 = (1 - 预计净残值率)/折旧年限 \qquad (14.18)$$

(2)年限总额法(年数总和法)。

$$年折旧率 = \frac{2 \times (折旧年限 - 已使用年数)}{折旧年限 \times (折旧年限 + 1)} \times 100\% \qquad (14.19)$$

$$年折旧额 = (固定资产原值 - 预计净残值) \times 年折旧率 \qquad (14.20)$$

(3)双倍余额递减法。

$$年折旧率 = (2/折旧年限) \times 100\% \qquad (14.21)$$

$$年折旧额 = 固定资产净值 \times 年折旧率 \qquad (14.22)$$

采用双倍余额递减法时,应在折旧年限的最后两年,将固定资产净值减去预计净残值后所得的净额平均分摊。

对于允许加速折旧的项目,其机器、设备的折旧计算应用年限总额法、双倍余额递减法两种方法。

2. 其他成本费用估算

其他成本费用可根据不同情况直接或间接估算。

原材料费用、生产工人工资可直接估算,如:

$$原材料费用 = 每吨产品消耗 \times 单价 \times 年产量 \tag{14.23}$$

$$生产工人工资 = 平均月工资 \times 每班人数 \times 班数 \times 12 \tag{14.24}$$

另外一些费用可通过经验系数计取,如修理费是固定资产原值的 3% ~ 6% ;福利费大约是工资总额的 14% 等。不同行业都有适合自己行业特点的规定。

14.3　经济评价

经济评价的目的是评估和比较各个技术方案的可取性。经济评价按是否考虑资金的时间价值分为静态法和动态法两大类,评价的指标有时间指标、金钱指标和利润指标三种。一个完整的项目的经济分析及评价,仅仅依靠计算出的上述指标是不够的,还必须考虑不确定因素可能导致的后果。因此,还应对方案做敏感性分析及盈亏平衡点分析,进一步研究方案的风险程度。关于经济评价的理论和方法,在专门的经济著作中有深入的论述,本节只介绍经济评价中常用的几个基本概念和基本方法。

14.3.1　现金流量图

在一个工程项目的预计寿命期内,把各年的现金流量累计起来,可以画出累计现金流量曲线,典型的累计现金流量曲线如图 14.4 中曲线 1 所示。曲线上的点和线段的意义是:

在现金流量曲线图中,把支出看作负现金流量,收入看作正现金流量。工程项目在某一时刻的累计现金流量数值称为现金位值。

工程项目开始时,其现金位值为零(A 点)。在工程项目的初期,要进行开发研究、可行性研究和设计等工作,要耗费资金,现金流量为负值,曲线由 A 点下降到 B 点。当大量的资金用于生产装置、厂房等建设时,曲线以更大的负斜率由 B 点下降到 C 点。建设完成时,投入流动资金开车试运行,曲线由 C 点下降到 D 点。在 D 点开始正式生产和销售。随着销售收入超过生产成本和经营成本,曲线开始上升。在 F 点,累计现金流量值为零,即此时所得收入正好与以前用于该工程项目的支出相平衡,故 F 点称为收支平衡点。

超过 F 点后,净现金位值上升为正值,并随着项目继续进行而增加。项目终止时,由于回收流动资金和残值,还可以收入最后一笔现金流量。H 点表示的即是项目经济活动寿命结束时的现金位值。

图 14.4 中的曲线 2 为累计贴现现金流量曲线。

累计贴现现金流量曲线图非常直观地表达了工程项目的可取程度,如项目需要多少资金,需要多少时间回收投资,到项目寿命终了时能够取得多少总收入等。因此,累计贴现现金流量曲线图对于经济评价是很有意义的。

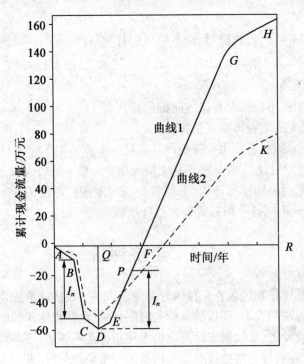

图 14.4　累计现金流量曲线图

AR—工程项目经济活动寿命;AB—前期费用(研究、开发、可行性研究、设计等);

BC—基建投资(土地、厂房、设备、界区外建设等);CD—试车前准备的支出;

DE—试车合格产品的销售收入;EFGH—获利性生产;P—基建投资回收点;

F—收支平衡点;QD—累计最大投资额或累计最大债务

14.3.2　资金的时间价值

工程项目建设中的现金流量,应考虑利息问题。如项目投资所需的资金由贷款而来,则将来必然要还本付息,贷款时间越长所付利息额越多。也就是说,现金流量是时间和利率的函数。现金流量的值不是固定不变的,随着时间变化,其值在不断变化。但在某一时刻,其值是一固定值,此值称为该时刻的现金流量的时值。例如,当现金的年利率为 5% 时,要在一年后得到 100 元,则现在就应投资 100/(1 + 0.05) = 95.24 元,此 95.24 元即是一年后 100 元的现在的时值;反过来,现在的 95.24 元,一年后的时值是 100 元。可见工程项目在建设期中的投资,随着时间的推移,其时值是不断增大的。建设期越长,早期投资的将来时值越大,回收投资所需要的时间也越长。

在进行工程项目的经济评价时,常常把将来的现金流量都折算成现在的时值,这就是折现(或称贴现),现金流量现在的时值称为现值。现值所指的时间就是进行评价的时刻,通常是项目开始之时,这时所采用的年利率称为折现率。

第 14.2.1 小节中介绍的复利计算公式(14.3)适用于间断的现金流进和流出的情况。但实际情况是现金几乎是连续地流进和流出的。因此,在进行现金流量计算时,应采用连续复利和连续现金流量方式。

若 M 为年计息周期数,$i_{名义}$ 是名义年利率,则金额 P 经过 t 年后的将来值为

$$S = P(1 + i_{名义}/M)^{Mt} \tag{14.25}$$

对连续复利, M 趋近无穷大,则

$$S = P\left[\lim_{M\to\infty}(1 + i_{名义}/M)^{Mt}\right] \tag{14.26}$$

$M\to\infty$ 即 $i_{名义}/M\to 0$,此时

$$\lim_{M\to\infty}(1 + i_{名义}/M)^{Mt} = e^{i_{名义}t} \tag{14.27}$$

故 $$S = Pe^{i_{名义}t} \tag{14.28}$$

或 $$P = Se^{-i_{名义}t} \tag{14.29}$$

式中, $e^{-i_{名义}t}$ 为连续复利时的折现因子。

从整个工程项目来看,早期的现金流量通常为负值,后期的现金流量通常为正值,逐年现金流量现值的代数和称为该工程项目的净现值(NPV)。若 S_t 是将来 t 年后的现金流量, i 为折现率, P 为该现金流量的现值, n 为工程项目的经济活动期,即建设期与服务寿命的年数之和,则

$$NPV = \sum P = \sum_{t=0}^{n} S_t (1 + i)^{-t} \tag{14.30}$$

计算工程项目的净现值对决定方案是否可取具有决定性的意义,因此,净现值是经济评价中的一个重要指标。

从图 14.4 中可以反映出贴现的影响。曲线 1 表示现金流量未经贴现,或认为贴现率 $i = 0$;曲线 2 则表示每年的现金流量都按一定的贴现率 i(如 $i = 0.10$)予以贴现,则将来的现金流经过贴现计算后,其现值的绝对值都少于原先的将来值的绝对值。贴现率越大,离现在的时间越远,二者相差越大。

14.3.3　评价方法

1. 静态评价方法

静态评价方法相对简单,比较方便。所使用的指标有单位生产能力投资、投资收益率、投资回收期、投资利润率、投资利税率、累计现金价值和增量评价等。择其要者介绍如下。

(1)单位生产能力投资。

单位生产能力投资用下式计算:

$$单位生产能力 = 总投资额/生产能力 \tag{14.31}$$

(2)投资收益率。

投资收益率(或投资回收率)是项目投产后所得年净收入与总投资之比,即

$$投资收益率 = (年净收入/总投资) \times 100\% \tag{14.32}$$

利用图 14.4 计算出项目服务寿命期中的平均年度投资收益率为

$$平均年度投资收益率 = (HP/DP) \times (1/QD) \times 100\% \tag{14.33}$$

(3)投资回收期。

投资回收期是工程项目从开始投资算起或从开始投入生产算起,达到收回全部投资所需要的时间,它是项目清偿能力和方案选择的评估指标。

投资回收期可用下式计算:

$$投资回收期 = 总投资/年净收入 \tag{14.34}$$

投资回收期也可以从图 14.4 中直接读出, F 点是收支平衡点,从 A 点到 F 点所经历的时间即是投资回收期。

我国石油化工行业规定用下式计算投资回收期（从建设开始年算起）：

$$投资回收期 = 累计净现金流量开始出现正值年份 - 1 +$$
$$上年累计净现金流量绝对值/当年净现金流量 \qquad (14.35)$$

投资回收期少于或等于基准投资回收期的项目是可以考虑接受的。

如果投资回收期从投产开始计算，则它是投资收益率的倒数。

（4）投资利润率。

投资利润率是项目在正常生产年份内每元投资的年利润额百分率，是衡量项目投资获利水平的评估指标。

$$投资利润率 = (年利润总额或年平均利润总额/总投资) \times 100\% \qquad (14.36)$$
$$年利润总额 = 年产品销售收入 - 年总成本费用 - 年流转税金 - 年技术转让费 -$$
$$年资源税 - 年营业外净支出 \qquad (14.37)$$

年流转税金是指年增值税、年营业税、年城乡维护建设税和年教育费附加。

$$总投资 = 建设投资(不包括生产期更新改造投资) + 建设期利息 + 流动资金 \qquad (14.38)$$

与此相类似的指标还有投资利税率、资本金利润率等。

2. 动态评价方法

静态评价方法由于没有考虑金钱的时间价值，比较粗糙，准确性差。要进行正确的投资分析和决策，必须采用动态评价方法。动态评价方法把不同时间的现金流量，按照同一时刻进行换算，然后在相同的基准上进行比较和评价。常用的动态评价方法有净现值法、净现值比法、内部收益率法、动态还本法等。

（1）净现值法和净现值比法。

净现值是反映项目在计算期内盈利能力的动态评价指标，它可以评估项目是否超过行业的平均收益水平。该法将各年的净现金流量根据部门的基准折现率折现为基准年（一般是建设期初）的现值之和：

$$NPV = \sum P = \sum_{t=0}^{n} S_t (1 + i)^{-t} \qquad (14.39)$$

此处 S_t 是 t 年的净现金流量，即现金流入与现金流出的代数和；i 为基准折现率。

净现值大于或等于零的项目是可以考虑接受的。

采用净现值法来做经济评价，是考虑了资金的时间因素，而且是用现金表示，可以直观地比较出某方案的经济优势。但是，该法没有反映出净现值与投资之间的关系。净现值比法能弥补此不足。净现值比的定义式是

$$净现值比(NPVR) = 净现值(NPV)/投资现值(PVI) \qquad (14.40)$$

净现值比是折现后的收益率，是投资获利指标，说明净现值是在什么投资水平上取得的。当几个方案的净现值都大于零时，就可以用净现值比法比较出最优的方案。净现值比越大，经济效果越好。

（2）内部收益率法。

内部收益率又称为折现现金流量回收率、内部利润率，是反映项目盈利能力的重要动态评价指标。内部收益率是工程项目净现值等于零时的折现率，其表达式为

$$NPV = \sum_{t=0}^{n} S_t (1 + i)^{-t} = 0 \qquad (14.41)$$

式中，i 为内部收益率（IRR）或折现现金流量回收率（$DCFRR$）。

IRR 是工程贷款资金所能承受的最高利率。贷款利率越低,则工程项目的净现值越大,也就是利润越大;如果贷款利率太高,则净现值可能为负,也就是利润为负。当贷款利率为 IRR 时,项目在整个寿命期内的收益刚够偿还本息。内部收益率应高于贷款利率,应等于或高于行业的基准内部收益率。在多个方案进行比较时,内部收益率最高的方案就是最佳的方案。

在用式(14.41)计算内部收益率 IRR 时,由于工程项目的经济寿命一般都在 5 年以上,即 t 一般大于5,因此要求解阶次在 5 以上的高次方程,通常只能用试差法或计算机进行计算。

(3)动态还本法。

动态还本法在评价投资回收速度时,考虑了金钱的时间价值。所用的基本计算关系式与上面所述的投资回收期相似,但是,必须先将现金流量折现,然后再代入公式计算。

在使用上述指标进行经济评价时,要与基准值相比较,各国和各行业都有各自规定的基准值,这些基准值还会随经济的发展和其他情况的变化而调整。

14.3.4　不确定性分析

1. 盈亏平衡分析

项目投产后,产量与现金收支关系可用图14.5表示。图中成本费用线与销售收入线的交点就是收支平衡点,或称盈亏平衡点。此点指出了使该项目勉强维持下去不亏损的最低销售量或销售收入。

盈亏平衡分析的优点是可以根据产品的销售价、成本和产量找出保本点,通过几个关键因素可以大体了解项目可能承担风险的程度,其缺点是不能动态地反映项目未来承担风险的能力。

2. 敏感性分析

敏感性分析是分析、预测影响经济评价结论的各个因素发生变化时,对经济效益的影响程度。这些因素主要有:建设周期、固定资产投资、产品价格、可变成本、生产负荷、借款利率、外汇兑换率等,应根据项目的需要选用或增加其他因素。通常是分析、考察项目的内部收益率对各因素的敏感程度。各因素的变化幅度一般为正常负荷的 $\pm(5\% \sim 10\%)$。单因素敏感性分析是某一因素变动而其他因素不变时对评价指标的影响。如有必要,也可做双因素甚至三因素同时变动时的敏感性分析。

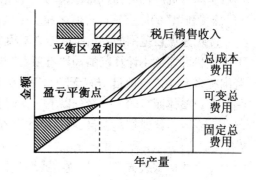

图 14.5　盈亏平衡图

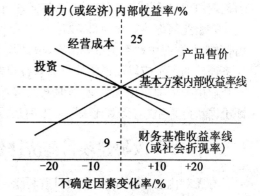

图 14.6　单因素敏感性分析图

进行敏感性分析,一般需绘制敏感性分析图。

图14.6 是单因素敏感性分析图,反映的是投资、经营成本、产品售价等因素单独变化对内部收益率的影响。

敏感性分析只能指出评价指标对各不确定因素的敏感程度,但不能表明这些因素对评价指标产生影响的可能性大小,以及在这种可能性下对评价指标的影响程度。可以通过概率分析来解决这一问题。

14.4 改扩建与技术改造项目经济评价简述

14.4.1 关于改扩建与技术改造项目经济评价

改扩建项目是指依托现有企业,在企业现有设施基础上进行的改建、扩建、迁建和技术改造项目的统称。改扩建项目投资由新增投资和项目范围(企业整体或局部)内原有资产价值(账面净值或重估值)两部分组成。新增投资包括新增建设投资、新增建设期利息和新增流动资金。按照国家对投资规模控制的要求,改扩建项目利用原有资产价值不计入投资规模,而在计算"有项目"投资效益的总资金时应包括原有资产价值。

当改扩建项目范围内企业原有资产分为"继续利用"和"不再利用"两部分时,在盈利能力分析与清偿能力分析中,"有项目"投资应采用不同数值。在盈利能力分析中,原有资产无论利用与否,均与新增投资一起作为"有项目"投资费用;在清偿能力分析中,为了计算企业改扩建后实际总资产价值,应剔除原有资产价值中"不再利用"的部分,"有项目"投资为新增投资与"继续利用"的原有资产价值之和。

改扩建项目范围的界定应以能说明项目的效益和费用为原则,在不影响评价结论的情况下应该尽可能缩小计算范围,但"有项目"与"无项目"计算范围应一致。无论改扩建项目界定范围有多大,将"有项目"与"无项目"的效益和费用对应相减,计算的增量效益和增量费用都是对企业整体而言的。一般分以下三种情况。

①企业整体改扩建项目,项目经济评价范围与企业范围基本一致。经济评价方法应采用"有无对比法",注重总量分析。

②企业局部改扩建项目,改造或增建的生产装置不影响企业原有其他生产装置的物料平衡,项目效益和费用与企业的效益和费用易于分开计算,项目可视同新建项目,项目经济评价的范围即项目范围。可简化处理,经济评价方法采用"直接增量法"。

③企业局部改扩建项目,改造或增建的生产装置影响到企业原有其他生产装置的物料平衡,对企业原有生产产生重大影响,项目效益和费用与企业的效益和费用难于分开计算,项目经济评价的范围应以能说明项目的效益与费用为准,应扩大到其所影响的范围,有时需要扩展到企业中的炼油或化工专业,有时甚至需要扩展到整个企业范围。因此,不宜简化处理,经济评价方法应采用"有无对比法",必要时还需采用"总量法"。

14.4.2 改扩建项目经济评价方法的选择

有无对比法:是在改扩建项目盈利能力分析原则上采用的方法,适用于所有改扩建项目。

增量法:如果改扩建项目不影响企业原有其他生产装置的物料平衡,项目效益和费用与企业的效益和费用易于分开计算,可视同新建项目,经济评价方法可直接采用增量法。

总量法:改扩建项目清偿能力分析应遵循由项目扩展到企业的原则,采用总量法,即对项目实施后企业的整体财务状况进行分析。对于企业整体改扩建项目,改造或增建生产装置影响到全部生产装置物料平衡的企业局部改扩建项目,以及上级主管部门等需要了解改扩建项目实施后企业整体情况的项目和满足竞争力评价要求的项目,盈利能力分析也要采用总量法。

14.4.3　改扩建项目财务评价主要数据与参数的确定

1. 项目计算期

改扩建项目计算期包括建设期(或改建期)和生产期。建设期按项目建设的合理工期或预计的建设进度确定,生产期一般应以该项目主要设备的经济寿命期确定,"无项目"与"有项目"计算期要保持一致,一般应以"有项目"的计算期为基准,对"无项目"计算期进行调整。一般情况下,可通过追加投资(局部更新或全部更新)来维持"无项目"时的生产经营,延长其"寿命期"到与"有项目"的计算期相同。

2. 项目生产期的生产负荷安排

"无项目"生产负荷的确定,是假定在不进行改扩建的情况下,企业未来可能的变化趋势,与企业现状相比,"无项目"生产负荷在计算期内可能增加,也可能减少,或保持不变。"有项目"生产负荷的确定,在建设期间"无项目",生产期应根据改扩建项目范围内各生产装置及配套工程的建设和生产情况,按生产期不同年份改扩建项目范围的物料流程计算。

3. 价格体系

"有项目"与"无项目"采用统一价格体系,即相同的投入物与产出物采用同一价格均为不含增值税价格,原材料为到厂价格,产品为出厂价格,原材料与产品价格应是同期配比价格。

14.4.4　改扩建与技术改造项目经济评价的特点

1. 销售收入与销售税金及附加估算

"无项目"销售收入与销售税金及附加估算,是应用"有无对比法"分析项目盈利能力的基础和前提。其估算依据是假定在不进行改扩建和预测企业未来变化趋势情况下所确定的"无项目"物料流程和产销平衡计算原则。

"有项目"销售收入与销售税金及附加估算是指改扩建项目范围(企业整体或局部)的销售收入与销售税金及附加。其估算依据是企业实施改扩建项目后所确定的改扩建项目经济评价范围内的"有项目"物料流程和产销平衡计算原则。

增量销售收入与销售税金及附加是指"有项目"销售收入与销售税金及附加减"无项目"销售收入与销售税金及附加。

2. "增量"盈利能力分析原则

改扩建项目盈利能力分析的基本方法是对"有项目"与"无项目"两个方案的营利性进行比较,并优选其中一个方案。因此,应遵循有无对比分析"增量"盈利能力分析指标计算的原则。

3. "总量"偿债能力分析原则

改扩建项目清偿能力分析应遵循由项目扩展到企业的原则,对项目实施后企业的整体财务状况进行分析,简称"总量"偿债能力分析原则。

参考文献

[1] SMITH J M, VAN NESS H C. Introduction to chemical engineering thermodynamics[M]. 3 rd ed. New York: MeGraw Hill Book Co. ,1975.

[2] LOGWINUK A K. 重油加工译文集[M]. 北京:中国石化出版社,1990.

[3] 陈俊武,曹汉昌. 催化裂化工艺与工程[M]. 北京:中国石化出版社,1995.

[4] BRUCE C G. Chemistry of catalytic process[M]. New York: MeGraw Hill Publisher,1979.

[5] 王光勋,林世雄,杨光华. Properties and kinetics of zeolite-type cracking catalysts[M]. // Cheremisinoff N P,eds. Handbook of Heat and Mass Transfer(Vol. 3). Texas: Gulf Publishing Company,1989.

[6] GATES B C, KATZER,J R,SHUI G C A. Chemistry of catalytic processes[M]. New York: MeGraw Hill Publisher,1979.

[7] 布鲁克斯 B T. 石油烃化学(第二卷)[M]. 北京:中国工业出版社,1965.

[8] GARY J H, HANDWERK G E, KAISER M J. Petroleum refining technology and economics [M]. 5th ed. New York: Marcel Dekker,Inc. ,2007.

[9] HOBSON, G D. Modem petroleum technology[M]. 5th ed. New Jersey: John Wiley Sons,1984.

[10] GARY J H, HANDWERK G E, KAISER M J. Petroleum refining technology and economics [M]. 3th ed. New York: Marcel Dekker,Inc. ,1994.

[11] KACAR Y, ALPAY E, CEYLAN V K. Pretreatment of Afyon alcaloide factory's wastewater by wet air oxidation(WAO)[J]. Water Research,2003,37:1170-1176.

[12] 白翠峰,金忠凯. 催化裂化再生烟气粉尘排放的控制[J]. 化学工程师,2001,83(2):34-35.

[13] 北京石油设计院. 常减压蒸馏工艺设计[M]. 北京:石油工业出版社,1982.

[14] 陈安民. 石油化工过程节能方法和技术[M]. 北京:中国石化出版社,1995.

[15] 丁忠浩. 有机废水处理技术及应用[M]. 北京:化学工业出版社,2002.

[16] 切尔诺茹科夫. 矿物油料化学[M]. 北京:石油工业出版社,1955.

[17] 葛维寰. 化工过程设计与经济[M]. 上海:上海科学技术出版社,1989.

[18] 韩德奇,蔡弛,刘慧丽. 催化裂化废平衡剂利用的新途径[J]. 石化技术,2000,7(2):116-120.

[19] 侯芙生. 炼油工程师手册[M]. 北京:石油工业出版社,1995.

[20] 侯祥麟. 中国炼油技术[M]. 2 版. 北京:中国石化出版社,2001.

[21] 侯祥麟. Advances of refining technology in China[M]. 北京:中国石化出版社,1997.

[22] 侯祥麟. 中国炼油技术[M]. 北京:中国石化出版社,1991.

[23] 华贲. 工艺过程用能分析及综合[M]. 北京:烃加工出版社,1989.

[24] 华贲. 中国能源形势与炼油企业节能问题[J]. 炼油技术与工程,2005,35(4):1-5.

[25] 姜峰,潘永亮,梁瑞,等. 含硫废水的处理与研究进展[J]. 兰州理工大学学报,2004,30(5):67-71.

［26］姜雪枫.炼厂低温余热系统回收利用的研究[J].研究与探讨,2008,6(12):19-24.

［27］解鑫,赵大鹏,王冬梅.炼油厂低温热利用[J].河北化工,2010,33(3):71-73.

［28］赖盛刚.低温余热利用技术调查与分析[J].炼油设计,1989(4):36.

［29］李会泉,祝刚,王世广,等.复杂精馏塔的用能分析法[J].高校化学工程学报,1998,12(2):146-151.

［30］梁文杰.石油化学[M].东营:石油大学出版社,1995.

［31］刘淑蕃.石油非烃化学[M].东营:石油大学出版社,1988.

［32］刘忠生,王新,廖昌建,等.炼油厂废气"第三管网"概念和集中处理技术应用[J].炼油技术与工程,2014,44(3):53-56.

［33］倪进方.化工设计[M].上海:华东理工大学出版社,1994.

［34］欧风.石油产品应用技术[M].北京:石油工业出版社,1983.

［35］上海化工学院.化学工程(第二册)[M]:北京:化学工业出版社,1980.

［36］石油大学炼制系.石油炼制及石油化工计算方法图表集[M].东营:石油大学出版社,1988.

［37］水天德.现代润滑油生产工艺[M].北京:中国石化出版社,1997.

［38］孙惠山,李胜山,傅宗茂,等.炼油厂低温余热利用与低温湿气发电设计[J].化工发展,2009,28(增刊):429-431.

［39］唐刚,陈辉,杨树成,等.炼油厂低温余热利用海水淡化工程设计与经济性分析[J].水处理技术,2015,41(1):128-131.

［40］佟玉衡.实用废水处理技术[M].北京:化学工业出版社,1998.

［41］汪红.炼油厂低温余热发电技术及其经济性分析[J].炼油技术与工程,2011,41(12):35-39.

［42］王经涛,王丙申.炼油节能的现状与方向[J].炼油设计,1993,23(1):42.

［43］王玲.低温低压湿式氧化法处理含硫废水[J].医药工程设计,1999(5):30-32.

［44］王元政.炼油厂节能降耗的优化措施分析[J].河南科技,2010,35(7):3-4.

［45］魏奇业.基于并行工程的炼油企业生产计划与能量系统集成研究[D].广州:华南理工大学,2004.

［46］吴芳云,陈进富,赵朝成,等.石油环境工程[M].北京:石油工业出版社,2002.

［47］吴国芳,陆雷.纯低温余热发电系统的热效率及㶲效率[J].新世纪水泥导报,2010(1):17-19.

［48］向波涛,王涛,刘军,等.超临界水氧化法处理含硫废水研究[J].化工环保,1999,19(2):75-79.

［49］谢绍东.2005环境影响评价工程师职业资格考试习题集——技术方法[M].北京:中国建筑工业出版社,2005.

［50］徐春明,杨朝合.石油炼制工程[M].4版.北京:石油工业出版社,2009.

［51］张崇伟,张晓光,田慧,等.炼油厂低温余热综合利用技术方案[J].中外能源,2012,17(8):88-91.

［52］张深.原有性质变化对我厂生产装置的影响(Ⅰ)——常减压装置的腐蚀及防腐措施[J].石油化工高等学校学报,1999,04:15-22.

［53］张万平.炼油厂常减压装置节能新措施的探讨[J].化工管理,2015(3):207.

[54] 张义玲,胡文宾,唐昭峥.硫回收技术进展[J].硫酸工业,2003(3):1-5.

[55] 郑世桂,郑卫平,顾春来.采用在线磁分离技术回收催化裂化平衡催化剂再利用[J].石油学报(石油加工),2003,9(4):15-19.

[56] 周金华.对炼油厂常减压装置节能新技术的探讨[J].中国石油和化工标准与质量,2012(3):87.

[57] 郭天民.多元汽–液平衡和精馏[M].北京:化学工业出版社,1983.

[58] WATKINS R N. Petroleum refinery distillation [M]. 2nd ed. Texas:Gulf Publishing Co.,1979.

[59] 石油化工规划设计院.塔的工艺计算[M].北京:石油化学工业出版社,1977.

[60] NELSON W L. Petroleum refinery engineering[M]. 4th ed. New York:McGraw – Hill Book Co. Inc,1958.